고효율 영상 부호화 기술

개정판

HEVC
표준 기술의 이해

심동규 | 조현호 지음

초보자를 위한 비디오 코딩 기초 이론과
HEVC/H.265 표준 기술의 개념 및 상세 소개

홍릉과학출판사

책을 출판하며..

본 저서는 MPEG과 VCEG이 공동 개발한 최신 비디오 압축 기술인 HEVC를 소개합니다. HEVC 기술은 향후 10여 년 동안 크게 이슈가 되어 많은 응용제품 및 서비스에 사용될 것으로 생각합니다. 본 저서가 HEVC를 기반으로 하는 다양한 연구개발 분야에서 많은 독자 분들에게 크게 도움이 되고자 집필을 계획하였습니다. 많은 부분에서 부족할 수도 있지만, 큰 아량으로 이해하시고, 의견을 주시면 감사 드리겠습니다. 기존의 비디오 표준 기술 저서들이, 기본 개념만을 설명하거나, 표준 문서를 번역한 듯한 경우 들이 있었습니다. 본 저서는 비디오 압축 기술의 기본 개념을 설명하고, 이를 바탕으로 각각의 비디오 압축 핵심 기술을 설명하는 방식을 취했습니다. 또한, 기존의 저서 들이 쉽고 일반적으로 공개된 내용은 자세히 설명하고, 실제 구현하거나 연구개발 시 필요한 핵심적인 부분은 매우 간단히 기술하여, 실제 교재가 많은 정보를 제공하지 못하는 경우 등도 있었으나, 본 저서에서는 HEVC의 핵심 기술의 기본 개념과 실제 구현 기술에 대하여 보다 상세히 다루었습니다. 또한, HEVC 표준 기술뿐만 아니라, 이를 이용하여 인코더나 디코더 시스템 구현 시 필요한 기술들도 다루었습니다. 아무쪼록, 본 저서가 비디오 코딩에 입문하거나 HEVC 기술에 대하여 처음으로 공부하는 많은 독자 분들에게 큰 도움이 되기를 기대합니다.

본 저서는 전체적으로 비디오 압축 기술을 공부하기 전에 기본이 되는 정보에 대하여 1장~3장에서 기술하고, 이를 바탕으로 4장~12장에서 HEVC 인코더/디코더의 핵심 모듈, HEVC 병렬화 기술, HEVC의 비트스트림 패킹 방법 등을 설명하였습니다. 또한, 13장에서 인코딩 기술로 비트율 조정에 대하여 기술하고, 14장에서 HEVC의 참조 소프트웨어인 HM의 구동 방법에 대하여 다루었습니다. 끝으로 부록에서는 HEVC 관련 기술의 이해를 돕기 위하여 기본적으로 사용되는 용어들에 대하여 정리해두었습니다.

한 저서에 이 모든 것을 완벽히 다루는 것이 무리가 있을 수도 있지만, 본 저서가 많은 독자들의 지속적인 연구개발의 초석을 다지는데 주춧돌이 될 것으로 믿습니다. 본 저서를 읽고 궁금한 사항이 있거나, 제안하고 싶은 것이 있다면, 웹 페이지 (http://ipsl.kw.ac.kr/)의 게시판 중 HEVC discussion 포럼에 질문이나 의견을 남겨주시면, 저와 관련 전문가들이 답을 해 드리도록 하겠습니다.

본 저서는 광운대학교 영상처리 시스템 연구실의 여러 학생들의 도움으로 완성될 수 있었습니다. 특히, 저서 작업에 큰 도움을 준 남정학, 이선오, 임웅, 안용조, 황태진, 유종훈, 김경혜, 류지우, 유선미, 유은경, 유성은, 장형문에게 깊은 감사를 드립니다.

저자 심 동규, 조 현호

차 례

Chapter 6 화면 간 예측 기술 • 118

Chapter 7 주파수 변환 • 146

Chapter 8 양자화 • 165

Chapter 13 레이트 컨트롤(Rate Control) • 313

Chapter 14 HEVC reference model(HM) • 337

Chapter 15 HEVC 확장 표준 • 385

HEVC 소개

01

우리는 세상을 살면서 끊임없이 정보를 생산하고 받아들이며 살고 있다. 이러한 정보는 빛, 소리, 음성 등과 같이 인간이 감지할 수 있는 것과 전파와 같이 인간이 감지할 수 없는 것도 있다. 이러한 정보들 중에 빛 정보는 인간의 눈으로 감지하여 뇌에서 인식하고 있다. 우리는 현재, 빛 정보의 취득, 저장, 전송, 및 재생이 가능한 세대에 살고 있다. 이러한 과정 중에서 저장 및 전송의 용이성을 위하여 영상정보를 압축할 필요가 있겠다. 인간은 매 순간 실시간으로 눈 앞의 화상을 쉽게 처리하지만, 실제 이 데이터량은 엄청나게 방대하다. 예를 들어, 한 개의 High Definition (HD) 카메라의 해상도가 1280×720이라고 하고, 초당 30장을 처리하는 경우를 가정하자. 또한, RGB 형태로 화소가 양자화되고, 각각 8bits로 양자화 된다고 가정할 경우, 초당 데이터 율은 1280×720×30× 3×8 = 663,552,000bps가 된다. 약, 663Mbps가 되는 것이다. 현재 저장 및 전송의 용량이 급속히 발전해 나가고 있지만, 이 정도의 데이터를 전송하는 것은 쉽지 않은 문제이다. 또한, 채널의 증가와 사용자의 증가에 비례하여 정보량이 늘어나기 때문에, 영상의 압축은 필수적이고, 높은 압축률은 대부분의 경우 이득을 줄 수 있는 유용한 기술이다.

비디오 압축 기술은 데이터 압축 기술에 근거하여 발전해 왔다. 많은 경우 데이터에는 불필요하거나, 반복되거나, 혹은 인간이 인지할 수 없는 데이터를 포함하고 있다. 이러한 데이터를 제거하여 전체 데이터의 량을 줄일 수 있을 것이다. 이러한 기본적인 아이디어를 바탕으로 20~30년 전부터 영상 데이터 압축 기술들이 발전하여 왔으며, 초기에는 이진 영상의 전송에 적용되었고, 이 후 정지영상 및 동영상으로 확장되었다. 이진 영상의 경우 배경 혹은 물체 (글씨)로 생각할 수 있고, 일반적으로 배경 주변은 배경인 경우가 많아, 이러한 특성을 이용하는 run-length 코딩 기술이 발전되었다. 이러한 기술은 Joint Bi-level Image experts Ggroup (JBIG)이라는 표준 기술로 제정되었으며, 실제 팩시밀리 등에 적용되었다. 또한, 이진 영상이 아닌 다수의 밝기 값 레벨을 가진 정지영상의 압축을 위하여, Discrete Cosine Transform (DCT)와 같은 변환을 적용한 후, 저주파 성분만을 양자화하여 엔트로피 압축하는 방법 등이 개발되었다. 이러한 변환/양자화 부호화 방법은 매우 많은 변형 기술들로 발전되었으며, 실제 Joint Picture Experts Group (JPEG)이라는 표준 기술로 개발되었다. 이후, 디지털 동영상 서비스의 상용화를 목표로 학계 및 산업계에서 동영상 압축 기술을 발전시켰다. 동영상 압축 기술은 정지영상의 모든 기술을 포함하며, 추가로 연속되는 영상 들 간의 데이터의 중복성 및 유사성을 이용하여, 정지영상 압축대비 큰 압축률을 이를 수 있게 되었다. 이러한 기본 개념을 바탕으로 ISO/IEC JTC1/SC29/WG11, 즉, Moving Picture Experts Group (MPEG)에서는 MPEG-1, MPEG-2, MPEG-4 비디오 압축 기술을 개발하였고, ITU-T Q.6/SG 16, 즉, Video Coding Experts Group (VCEG)에서는 H.261, H.262, H.263 이라는 표준화를 진행하여 표준기술로 사용되도록 하였다. 2000년 초 MPEG과 VCEG은 Joint Video Team (JVT)라는 임시 조직을 구성하여, 두 기관 공동의 표준인 H.264/AVC 표준 기술을 제정하였다. 본 기술은 모바일, 위성, 인터넷 기술의 발전과 더불어, 단기간에 많은 상용화 상품으로 만들어졌다. H.264/AVC는 full-HD 영상 정도 크기의 비디오 압축을 목표로 개발되었지만, 최근 Ultra High Definition Television (UHDTV)와 같은 고화질/고해상도 비디오 응용 제품의 필요성이 제기되었고, 또한, 하드웨어 및 소프트웨어 기술의 발전으로 좀 더 복잡한 알고리즘의 구현이 가능해졌다. 이에 따라 더 많은 계산량의 투여로 좀 더 높은 압축률과 고화질 비디오를 압축하려는 시도로 MPEG과 VCEG이 공동으로 High Efficiency Video Coding (HEVC)라는 새로운 비디오 압축 기술을 개발하였다. HEVC 비디오 압축 기술은 추후 방송, 모바일, 인터넷, 의료, 게임 등의 많은 응용 분야에서 사용될 것으로 확신한다.

비디오 압축 기술은 전술한 바와 같이 대용량 비디오를 적은 공간에 저장하거나 최소의 데이터율로 전송하기 위한 목적으로 연구 개발되었다. 이러한 기본적인 목적의 획득을 통하여, 지상파 디지털 비디오, 케이블 비디오, 위성 비디오 방송에 사용되고 있다. 지상파와 같이 공영성과 인프라가 필요한 경우 새로운 기술로 전환하는 것이 쉽지는 않지만, 최근에 신흥국을 중심으로 최신 기술 들이 적용되고 있다. 또한, 케이블이나 위성 방송의 경우 사업자의 투자를 통하여 수익이 창출될 수 있다면, 새로운 기술을 적극적으로 반영하고 있다. 이에, 위성 및 케이블 방송에서는 H.264/AVC와 같은 최신 기술이 사용되고 있으며, HEVC 기술도 조만간 상용으로 적용될 것으로 예상할 수 있다. 또한, 최근 모바일 멀티미디어 기기가 개인화되고 있으며, 그 확산 추세는 매우 빠른 형태이다. 이러한 모바일 기기에서는 압축률이 비디오 표준 기술을 사용하는 데 매우 중요한 요소 중의 하나여서, H.264/AVC 이후에 HEVC가 빠른 속도로 사용될 것으로 예상할 수 있다. 또한, 인터넷을 통한 개인화 컴퓨터에서는 기술의 적용 속도가 매우 빨라, HEVC 압축 기술이 쉽게 적용될 것으로 예상한다.

본 저서는 최신 비디오 압축 기술인 HEVC 표준의 핵심 기술을 자세히 기술한다. 먼저 비디오 압축 기술의 개념을 최대한 자세히 설명하고, 이것이 HEVC 표준 기술로 어떻게 나타났는지를 설명하도록 하겠다. 또한, 비디오 표준 기술을 소개할 뿐만 아니라 인코딩 기술 등과 구현 기술도 다루도록 하겠다.

본 저서의 2장에서는 비디오의 포맷과 기본 영상 취득과 표현, 평가에 대하여 다룬다. 3장에서는 비디오 압축 기본 원리에 대하여 설명하고, 이를 바탕으로 4장에서는 HEVC의 전체 구성과 모듈별 동작 개념을 설명한다. 5장부터는 HEVC의 세부 기술에 대하여 상세히 설명하도록 한다. 첫 번째로 5장에서는 Intra 프레임 코딩 방법에 대하여 설명하고, 6장에서는 Inter 프레임 코딩 방법에 대하여 다룬다. 7장과 8장에서는 예측 오차의 변환 부호화 및 양자화 기술에 대하여 설명한다. 9장에서는 in-loop 필터인 de-blocking 필터와 SAO 기술에 대하여 다룬다. 또한, 10장과 11장에서는 HEVC syntax 구조와 이의 CABAC 표현에 대하여 다룬다. 12장에서는 HEVC의 병렬 기술에 대하여 나열하고, 각각의 개념과 적용 방법에 대하여 공부한다. 13장에서는 실제 비디오 시스템을 설계시 핵심적인 요소인 rate control의 개념과 HM 소프트웨어에서 제공되는 rate control 기술을 다룬다. 14장에서는 HM 참조 소프트웨어의 인코더 소프트웨어와 디코더 소프트웨어의 구조와 사용 방법에 대하여 설명한다. 15장에서는 HEVC 비디오 압축 표준 기술에 바탕을 둔 Multi-view 비디오 압축 기술과 Scalable 비디오 압축기술의 개념을 설명한다. 마지막으로 부록에서 비디오 코딩과 HEVC 관련 용어를 이해하기 쉽도록 설명하였다. 기술 서적을 이해하는데 있어, 그 단어의 의미를 정확히 이해하는 것이 매우 중요하며, 실제 많은 사람이 단어를 오용하고 있고, 이것으로 개념을 이해하기 어렵거나, 기술자 간의 대화에서 오해가 발생할 수 있다. 본 저서가 비디오 코딩의 개념을 많은 사람에게 이해시키고, 독자들의 기술 개발에 조금이나마 기여하길 기대한다.

비디오 영상 포맷

02

HEVC를 비롯한 표준 비디오 코덱들은 디지털 영상의 해상도와 시간 길이에 비례해서 늘어나는 데이터의 표현량을 줄이는 인코더와 압축 스트림(Stream)만으로도 양질의 영상을 복원하는 디코더로 구성된다. 그림 2-1은 카메라로부터 취득된 영상이 압축과 복원과정을 거쳐 디스플레이 되기까지의 과정을 도식화한 것이다. 카메라로부터 취득된 영상은 저장, 전송 등의 목적을 위해 대부분의 경우 인코더의 압축 과정을 거쳐 표현량이 줄어든 압축 스트림 형태로 변환된다. 저장 혹은 전송된 압축 스트림은 디코더의 복원 과정을 거쳐 디스플레이할 수 있는 형태로 변환된다. 2장에서는 비디오 인코더의 입력이면서 디코더의 출력인 디지털 비디오 영상의 포맷에 대해 공부하고자 한다.

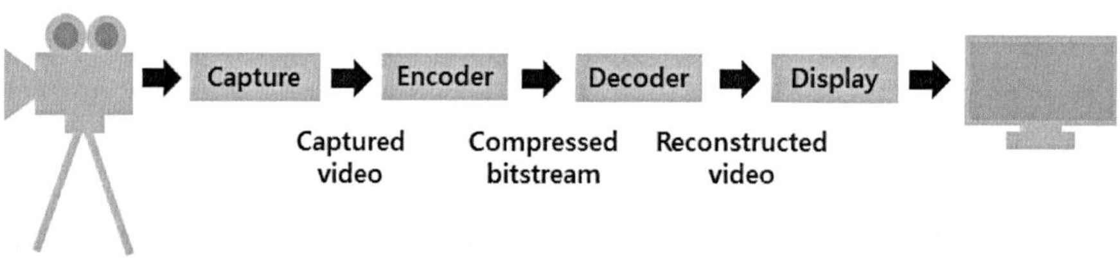

**그림 2-1 ▌ 카메라로부터 취득된 영상이 디스플레이 되기까지 거치는 과정

이를 위해, 2.1절에서 카메라와 같은 영상 취득 장치로 영상 신호를 취득하는 물리적인 원리와 과정에 대해 이해한 후, 2.2절에서 취득된 영상 신호를 표현하고, 저장하는 다양한 방식에 대해 알아본다. 이를 통해 취득된 영상신호가 표현/저장되는 대표적인 영상 포맷을 자세히 살펴본 후, 2.3절에서는 동영상 즉, 비디오가 취득되고 디스플레이되는 원리를 비디오 포맷과 연결 지어 공부한 다음 2.4절에서 압축과정을 거친 영상의 객관적, 주관적 품질의 개념과 각각의 측정 방법에 대해 살펴본다.

2.1 영상 취득

우리가 살아가는 자연계는 사람이 인식할 수 있는 범위 내에서 시・공간적(Spatio-temporal)으로 연속성을 가진다. 우리가 인지하는 3차원 공간의 모든 위치들은 (x, y, z) 세 개의 연속 변수들로 충분히 표현할 수 있고, 지속적으로 흘러가는 시간과 모든 순간들도 연속 도메인 위에 표현할 수 있다. 하지만,

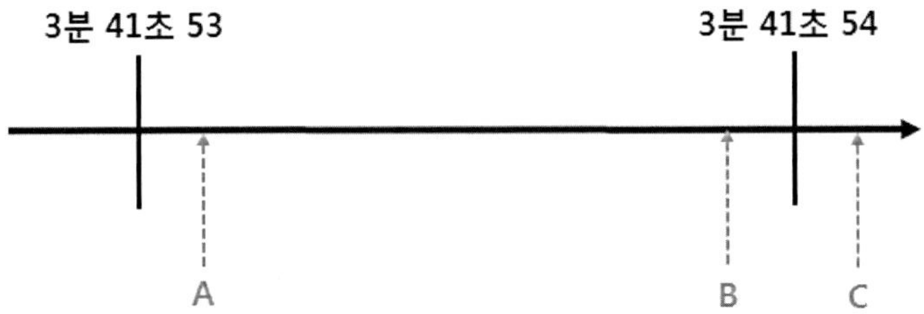

**그림 2-2 ▌ 수영 기록에서 사용하는 시간 도메인

이러한 신호들이 연속성을 가진다고 하더라도 이를 계측, 표현, 저장하기 위해서는 목적에 따라 적당한 정확도를 선택하여 이산적으로 표현할 필요가 있다. 예를 들어, 기업의 실적을 표현할 때에는 1년이나 4분기 단위를 주로 사용하고, 다이어트를 계획하는 경우에는 한 달 혹은 보름 단위로 목표를 설정할 수 있다. 방송국에서 TV를 편성하는 경우 1시간 혹은 15분 단위로 프로그램 편성을 하는 경우가 많고, 스포츠에서 육상이나 수영의 경기 기록은 주로 0.01초 단위로 측정하고 기록한다. 그림 2-2를 살펴보면, 박태환 선수가 2010년 11월 광저우 아시안게임에서 기록한 400미터 자유형 국내 최고기록인 3분 41초 53은 3분 41초 53과 3분 41초 54 사이에 무한한 경우들로 존재하는 시간 길이들 중 하나이겠지만, 수영 기록의 측정과 표현의 편의상 밀리세컨드(ms; 1/100초) 단위로만 표현한다. 이런 경우 3분 41초 530에서 3분 41초 539… 사이에 도착한 두 선수의 기록은 동일한 것으로 간주하게 된다. 이렇게 되면 A 시점에 결승점에 도달한 선수와 B 시점에 결승점에 도달한 선수의 기록은 동일한 것으로 판단한다. 이에 반해, C 시점과 B 시점 사이의 시간 길이는 A 시점과 B 시점의 시간 길이보다 짧지만 C 시점에 도달한 선수는 B 시점에 도달한 선수와 다른 기록을 부여받게 된다. 자연 시간은 연속적으로 존재하기 때문에 연속변수로 표현해야 하지만 수영 기록의 예와 같이 다양한 목적에 따라 적당한 길이의 자릿수로 줄여서 사용한다. 각 경우의 시각 혹은 시간 길이들을 최대한 많이 구분할 수 있으면서도 최소한의 노력으로 표현하고 기억할 수 있는 정도의 정확도를 선택하여 이산 신호로 표현하는 것이 일반적이다. 좀 더 세밀한 단위를 사용할수록 구분할 수 있는 시각과 시간 길이들의 경우가 많아지는 반면, 표현을 위해 사용하는 시간의 자릿수가 많아진다는 단점이 있다.

2.1.1 영상의 이산 표현

연속성을 가지는 시간을 이산 도메인에서 표현하는 경우는 동영상을 취득, 저장, 재현하는 경우에도 적용된다. 그림 2-3에 표현된 것과 같이, 우리가 멀티미디어 장치를 통해 시청하는 동영상은 약 1/25초 내지 1/30초 간격으로 재생되는 일련의 정지영상의 나열로 볼 수 있다. 사람의 눈을 비롯한 시각 인지 체계(Human visual system)가 시간 도메인에서 저대역 통과 필터(LPF : Low Pass Filter)의 특성을 가지고 있어, 짧은 시간 간격으로 취득된 정지영상들을 연속적으로 보면 자연스럽게 움직이는 것처럼 인식한다. 즉, 사람이 인지할 수 있는 범위 내에서는 연속 시간 도메인에서 존재하는 것을 관찰하는 것과 1/30초 단위의 이산 도메인에서 표현되는 것을 관찰하는 것 사이에 큰 차이가 없음을 의미한다. 시간 도메인에서 나타나는 사람의 인지적 특성을 이용한 샘플링으로 인해 데이터 손실이 일어나지만 사람이 연속적이라고 느끼는 범위 내에서 샘플링 작업이 이루어지기 때문에, 시간 도메인에서의 샘플링을 시간 도메인에서의 데이터 압축표현으로 해석하는 것도 가능하다.

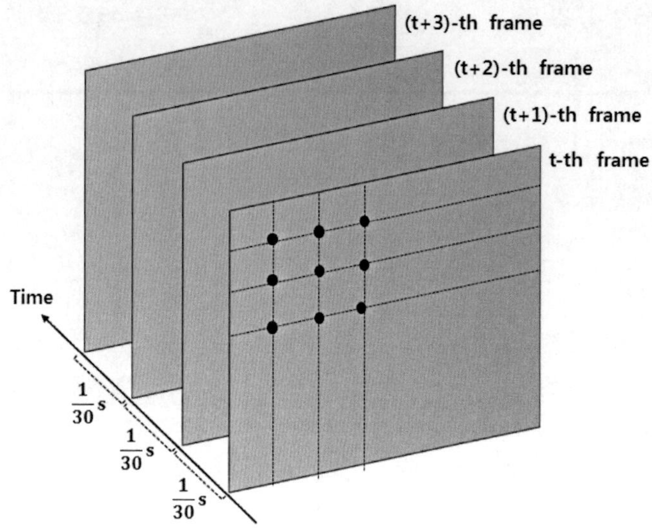

**그림 2-3 ▌ 동영상을 표현하는 시간 도메인 및 프레임 간격

2.1.2 3차원 공간과 2차원 디지털 영상

3차원의 실세계에서 발생하는 빛의 전달과정을 손실 없이 영상으로 기록하는 것은 쉽지 않다. 대부분의 경우 3차원 공간에서 표현되는 영상 신호를 2차원 매체로 투영(Projection)한 후 2차원 영상을 취득하는 방식을 취하고 있다. 그림 2-4는 3차원 공간의 장면이 2차원 영상으로 취득되는 과정을 도식화한 것으로, 광원으로부터 나온 빛이 물체에 반사되어 우리 눈의 망막에 투영되는 과정을 설명한다. 카메라를 통해 영상을 취득하는 경우 카메라 내의 영상 센서가 망막을 대신한다. 광원에서 발산된 빛은 직접 눈으로 향하는 경우(I_a)도 있고, 여러 물체를 향하는 경우를 비롯하여 사방으로 발산한다. 물체에 입사된 빛은 물체의 광학적 특성에 따라 물체에 흡수되기도 하고 표면에서 반사되기도 한다. 물체의 표면에서 반사된 빛은 다시 사방으로 발산 되는데, 이들 중 일부(R'(I_b))가 망막에 투영된다. 이들 빛이 모두 모여 망막에 맺히면 망막 내의 시세포를 통해 상이 형성된다. 안구의 수정체 혹은 카메라의 렌즈로 입사되는 빛들은 렌즈의 특성에 따라 공간적으로 흩어지는 현상이 일어나는데, 이러한 영상 취득 체계의 특성을 PSF(Point Spread Function)으로 나타낼 수 있다. 그림 2-5는 PSF 특성이 영상 형성에 미치는 영향을 보여주는 것으로, 형성되는 영상은 그 형태가 그대로 투영되지 않고 렌즈 특성에 의해 흐릿하게 나타나는 경우가 대부분이다. 눈을 비롯한 영상 취득 장치의 영상 센서 내 어떤 한 점에 투영된 빛 에너지는 주변의 여러 점을 근원으로 하는 PSF의 결과가 누적된 것이다. 그림 2-6을 보면, p 점에 누적된 빛 에너지의 크기는 p_1 점 위치로 입사되는 빛 에너지로 인한 PSF 함수로 인해 나타나는 p 점에서의 함수 값 $PSF_p_1(p)$와 p_2 점 위치로 입사되는 빛 에너지로 인한 PSF 함수로 인해 나타나는 p 점에서의 함수 값 $PSF_p_2(p)$의 합으로 이루어지는 원리를 이해할 수 있다.

디지털 카메라가 출현하기 이전에 사용하던 아날로그 필름 카메라는 렌즈를 통해 모아진 빛이 형성하는 실상이 필름 위의 감광성 재료에 기록되는 과정을 통해 영상이 저장된다. 필름 위의 감광성 재료가 연속 도메인을 형성하고 있기 때문에, 렌즈를 통해 카메라 안으로 들어온 영상은 그 크기가 축소되기는 하였지만 공간적으로 연속성을 유지한다. 때문에 필름에 취득된 영상을 표현하는 도메인 x와 y는

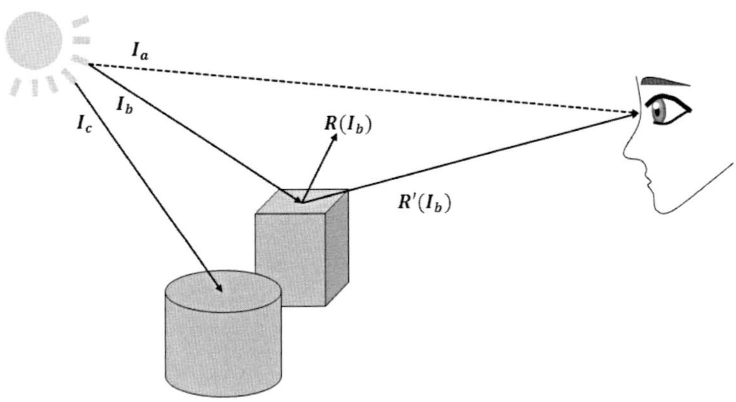

**그림 2-4 ▌ 3차원 장면 정보가 눈(카메라)으로 투영되는 과정과 원리

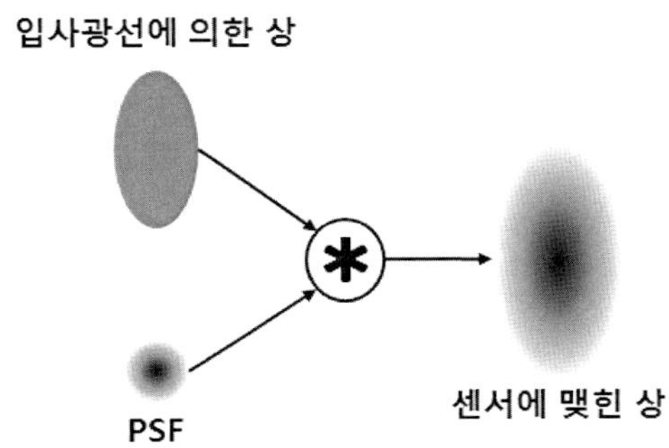

**그림 2-5 ▌ PSF이 영상 형성에 미치는 영향

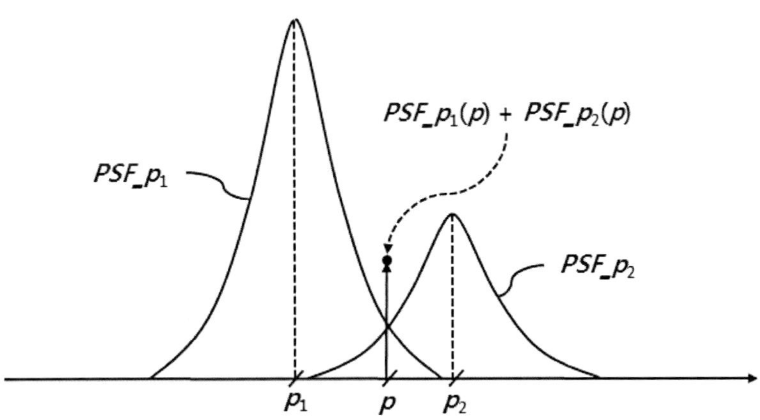

**그림 2-6 ▌ 영상 센서 한 점에서 상이 형성되는 원리

수학적으로 연속인 특성을 가진다. 필름으로 제작된 영화의 경우 1초에 24번 정도로 시간 도메인에서 이산성을 가지지만 공간적으로는 연속성을 가진다. 디지털 영상 취득 장치의 경우 CCD (Charge-Coupled Device) 혹은 CMOS (Complementary Metal-Oxide Semiconductor) 등의 센서가 아날로그 카메라의 필름을 대신한다. 이러한 경우, 광전효과(Photoelectric effect)에 의해, 센서에 도달한 빛의 에너지 크기에 따라 발생하는 각기 다른 전자의 양이 센서에 부착된 축전기에 기록되는 형태로 영상 정보를 취득한다. 그림 2-7의 설명과 같이, 어떤 원소의 원자와 자유전자 사이의 인력을 능가하는 에너지를 가지고 있는

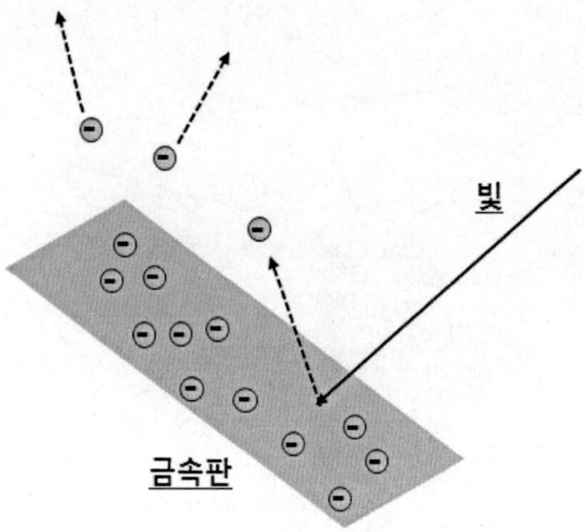

**그림 2-7 ▌ 광전효과의 원리

파장의 빛이 물질을 향할 경우 에너지를 얻은 자유전자가 물질을 이탈하게 되는데, 이러한 현상을 빛이 전자로 바뀌는 광전효과라 한다.

아날로그 필름과 달리, 디지털 영상 취득 장치에 사용되는 개별 센서는 빛을 수용하는 부분의 면적을 무한히 작게 할 수 없기 때문에, 디지털 광센서들을 이용하여 연속적인 도메인을 구성하는 것이 불가능하다. 여기서, 디지털 영상을 표현하는 데 필요한 공간 도메인을 구성하는 x와 y역시 이산변수이다. 즉, 사람이 연속으로 느낄 수 있을 정도로 촘촘하게 배치된 센서 각각에 감지된 빛이 하나의 픽셀을 구성하고, 수많은 픽셀들이 모여 하나의 영상을 구성하는 형태를 이루고 있다. 디지털 영상 기기 스펙에서 접할 수 있는 해상도(Resolution)라는 용어는 장치에서 영상 한 장 혹은 동영상에서 한 프레임(Frame)을 구성하는 픽셀의 수를 의미하는 것으로, 상대적으로 높은 해상도를 가지는 기기가 높은 품질의 영상을 다루는 것으로 이해할 수 있다. 그림 2-8은 2차원 영상이 지원되는 연속 영상 도메인의 영상을 이산 영상 도메인으로 공간 샘플링 하는 과정과 그 결과를 보여준다. 그림 2-8에서 알 수 있듯이 픽셀 하나가 차지하는 공간은 0이 아닌 면적을 가지고, 그 면적 내에 존재하는 무수히 많은 위치마다 각각의 밝기 값들이 존재한다. 하지만, 2차원 이산 공간을 사용하는 디지털 영상의 경우 한 픽셀 면적 전체를 대표해서 하나의 대표 밝기 값만을 저장하는데, 이러한 과정에서 정보 손실이 일어난다. 하지만, 공간 도메인

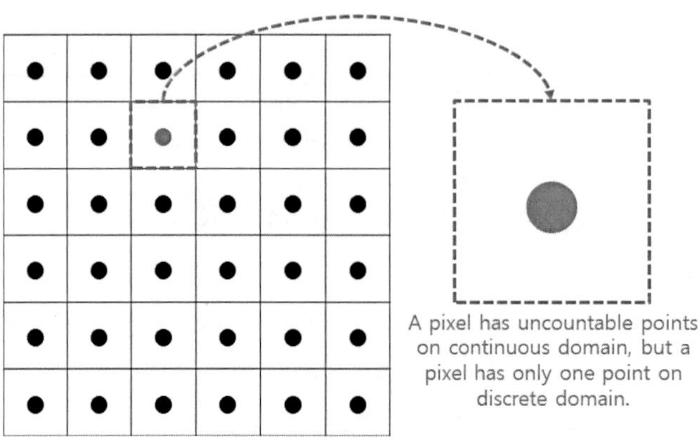

**그림 2-8 ▌ 픽셀들로 이루어진 2차원 디지털 영상 도메인

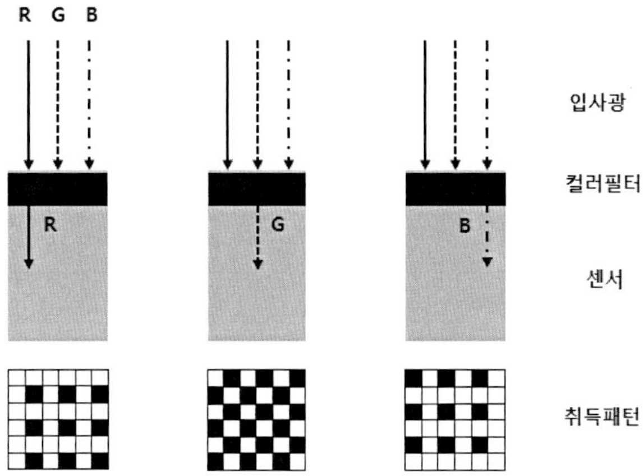

**그림 2-9 ▍ RGB 영상 취득 원리와 컬러 채널의 취득 패턴

에서 나타나는 사람의 시각 인지 과정에서의 저대역 통과 필터 특성으로 인해, 픽셀들이 충분히 촘촘하게 배치되고 사람들이 적당한 거리 이상 떨어져 시청하게 되면 2차원 연속 도메인에서 표현되는 영상과의 차이를 느낄 수 없을 정도로 자연스럽게 표현할 수 있다.

2.1.3 디지털 카메라를 이용한 RGB 영상 취득

RGB 컬러 공간을 이용하여 영상을 취득하는 디지털 카메라에서 R (적색), G (녹색), B (청색) 각 성분 에너지의 크기를 얻기 위해서는 입사된 빛을 각각의 성분으로 분해해야 한다. 입사된 빛으로부터 컬러 성분을 나누기 위해서 프리즘이나 필터를 사용해야 하는데, 디지털 카메라에서는 Bayer 필터를 가장 많이 사용한다. Bayer 필터는 실사가 투영되는 모든 위치에서 R, G, B 에너지의 크기를 얻는 것이 아니라 영상을 구성하는 전체 픽셀에 대해 녹색 성분은 1/2만큼, 적색과 청색 성분은 1/4 만큼 샘플링된 위치에서 각각의 에너지 크기를 얻는다. 그림 2-9는 입사광으로부터 각 성분을 분리하는 원리와 각 성분에 대한 센서 배치의 예를 보여준다. 각각의 센서는 광범위한 주파수 대역의 입사광선 중 감지하고자 하는 주파수의 빛만 통과시킨 뒤 해당 성분의 에너지 크기를 취득한다. 적색 성분과 청색 성분보다 녹색 성분에

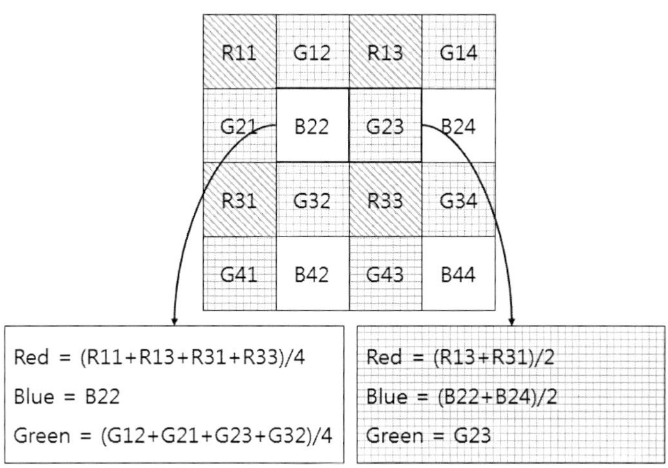

**그림 2-10 ▍ Bayer 필터를 위한 보간법

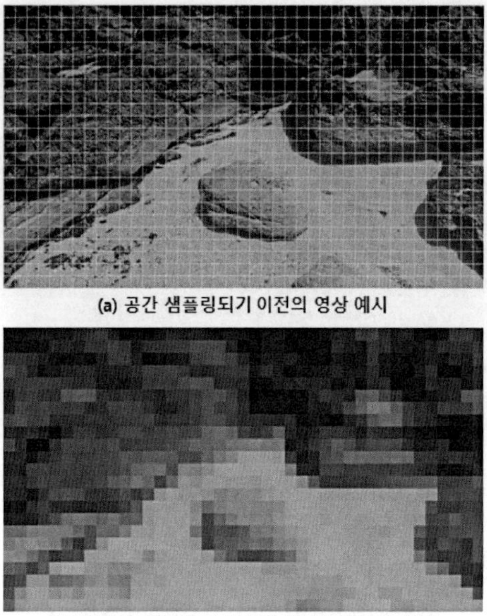

(a) 공간 샘플링되기 이전의 영상 예시

(b) 대표값 (평균값)으로 공간 샘플링된 영상 예시

**그림 2-11 ▌ 공간 샘플링 예시

대한 센서를 두 배로 배치하는 이유는 녹색 성분에 더 민감하게 반응하는 사람의 시각 특성을 반영한 것이다. Bayer 필터는 배치되는 방식에 따라 RGBG, GRGB, RGGB 등으로 분류할 수 있다. RGB 컬러 영상을 구성하기 위해서는 모든 픽셀 위치마다 R, G, B 값 모두가 필요하다. 하지만, Bayer 필터를 이용하면 R, G, B 값이 존재하지 않는 위치들이 존재한다. 이런 경우 가까운 위치에서 얻은 동일한 성분의 에너지 값을 이용하여 빈 곳을 채워야 하는데, 이러한 과정을 보간(Interpolation)이라 한다. 그림 2-10은 Bayer 필터의 R, G, B 보간 방법을 보여준다. 주변에 참조할 수 있는 값이 두 개가 있을 경우 두 값의 평균 값을, 네 개가 있을 경우 네 개의 값에 대한 평균값을 이용하여 빈 곳을 채운다.

2.1.4 샘플링과 양자화

앞에서 설명한 디지털 영상 취득 과정을 샘플링과 양자화(Quantization)라는 신호처리의 기본 개념으로 간단하게 정리할 수 있다. 픽셀의 개념은 공간 샘플링으로, 1 초 마다 연속되는 30 장의 사진이 동영상을 구성하는 개념은 시간 샘플링으로 이해할 수 있고, 밝기 값을 정해진 개수의 레벨로 표현하는 것은 양자화(Quantization)로 이해할 수 있다. 먼저, 샘플링과 양자화 개념으로 디지털 영상 취득 과정을 설명한다. 연속인 3차원 장면을 카메라로 취득하여 디지털 영상 포맷으로 저장하기 위해 연속 도메인에서 표현되는 영상신호를 2차원 이산 도메인으로 옮겨오는 과정을 공간 샘플링이라 한다. 디지털 영상에서 가장 가까운 두 픽셀 사이의 간격을 1이라고 하면, 연속도메인에서 1×1 면적의 정사각형에 투영되는 수 많은 점(함수 값)들을 하나의 대표 값으로 표현하는 것이 가능하다. 그림 2-11은 이러한 공간 샘플링 과정을 설명한다. 아날로그 도메인에 영상을 표현하는 경우, 그림 2-11(a)와 같이 공간적으로 세밀한 부분까지 도메인 위에 표현하는 것이 가능하다. 하지만, 앞서 설명한 것처럼, 디지털 영상 도메인은 영상 센서의 면적 축소 한계 때문에 단위 면적 당 표현할 수 있는 데이터 량이 한정되어 있다. 그림 2-11(a)에 표시된 정사각형 각각을 픽셀이라 하면, 각 픽셀당 하나의 에너지 값만 표시할 수 있다. 픽셀을 구성하는 정사각형 한 변의 길이를 1이라고 하면 모든 1×1 정 사각형 각각을 표현함에 있어 하나의 대표 값을 이용하는 것을 공간 샘플링이라 하고, 이러한 공간 샘플링을 통해 표현되는 픽셀들을 정해진 규격에 맞춰 모으면 디지털 영상이 생성된다. 픽셀의 대표 값은 정사각형 내부의 평균, 중간 값, 사각형 꼭짓점 중의 하나의 값 등 목적에 따라 다양하게 선택할 수 있다. 영상 취득 장치의 경우 해당 위치의 센서에 감지된 에너지의 크기가 해당 위치의 픽셀에 저장할 에너지 크기 값이 된다. 그림 2-11(b)는 그림 2-11(a)의 영상에서 각 픽셀의 대표 값으로 평균값을 이용하여 공간 샘플링 한 예를 보여준다. 정사각형으로 표현된 픽셀들은 하나의 에너지 값만을 나타내고 있는데, 이는 공간 샘플링의 과정을 쉽게 이해하기 위해 픽셀의 크기를 확대한 것이다. 실제 디지털 영상에서는 픽셀의 크기를 전혀 느낄 수 없을 정도로 작은 크기의 픽셀을 사용하기 때문에 동일 영상을 아날로그 도메인에서 표현하는 것과의 차이를 거의 느낄 수 없다.

공간 샘플링을 통해 한 장 혹은 한 프레임의 디지털 영상을 취득하고, 이러한 디지털 영상 프레임들을 초 당 25~35장 모아 동영상을 구성하게 된다. 즉, 앞에서 설명한 공간 샘플링을 1/25~1/30초에 한 번씩 반복하면 디지털 동영상 즉, 디지털 비디오를 얻을 수 있다. 연속적으로 흐르는 시간의 모든 시각 위치에서가 아닌 1/30초 마다 주기적으로 영상을 취득하기 때문에, 이를 시간 샘플링이라고 한다. 2차원 이산 공간 도메인에 이산 시간 도메인이 추가된 디지털 동영상의 모든 픽셀은 $f(x, y, t)$의 형태로 표현할 수 있고, 이 경우 $t_1 = t_0 + \frac{1}{30}\sec$가 된다. $t_{n+1} = t_n + \frac{1}{30}\sec$ (n은 자연수)

사람이 감지할 수 있는 소리의 크기와 빛의 밝기는 일정한 범위를 가진다. 감지할 수 있는 가장 작은 밝기와 가장 밝은 밝기의 비율을 다이나믹 레인지(Dynamic range)라 하는데, 빛에 대한 사람의 다이나믹 레인지는 대략 10억 배, 소리의 경우 100억 배 정도가 된다. 하지만, 빛의 자극을 수용할 수 있는 범위가 최소 자극치의 10억 배 가량이 된다고 하더라도 사람들이 다이나믹 레인지 내 모든 경우의 자극치를 한 번에 감지할 수 있는 것은 아니다. 다시 말해, 다이나믹 레인지의 최소 자극치와 최대 자극치를 동시에 수용하는 것은 불가능하다. 사람의 눈이 동시에 수용할 수 있는 자극의 범위는 다이나믹 레인지 전체 범위에 비해 훨씬 좁다. 사람의 눈은 주변의 밝기에 따라 홍채의 동공 크기 조절 기능과 로돕신의 합성과 분해를 통해 일어나는 명순응(Light adaptation)과 암순응(Dark adaptation) 과정을 통해 자극의 범위를 수용 가능한 범위 내로 조절한다. 그림 2-12는 실제 자연계에서 발생한 장면을 구성하는 빛의 밝기 영역이 조절 과정을 거치면서 우리 눈에 수용되는 과정을 보여준다. HVS (Human Visual System)는 입사되는 빛의 총 양을 조절하여 우리 눈이 인식 가능한 범위 내에서 가장 효과적으로 시각 정보를 인식할 수 있도록 한다. 이러한 과정을 통해서도 인식 가능한 범위를 벗어나는 크기의 밝기 값은 인식 가능한 최대 혹은 최소 수준의 밝기로 수렴한다. 이러한 프로세스를 거치면서 우리가 인지하는 빛 자극은 실제 자연계에서 발생한 절대 물리량과 다른, 우리 눈에서 수용 가능한 범위 내의 상대적인 값으로 변환된 형태로 수용된다. 이러한 현상은 카메라를 통해 영상을 취득하기 위한 전처리 과정인 이득 조정(Gain control)을 통해서도 나타난다. 이득 조정 기능은 입사되는 빛의 양을 적절하게 조절하여, 취득하고자 하는 빛의 밝기 수준을 카메라 센서가 수용할 수 있는 범위 내로 적절하게 조절하는 기능이다. 이를 통해 변환된 크기의 밝기 값이 공간 도메인 내 (x_n, y_m, t_l) 위에 투영되어 $f(x_n, y_m, t_l)$ 값으로 표현되고, 이들이 모여 동영상을 구성하게 된다.

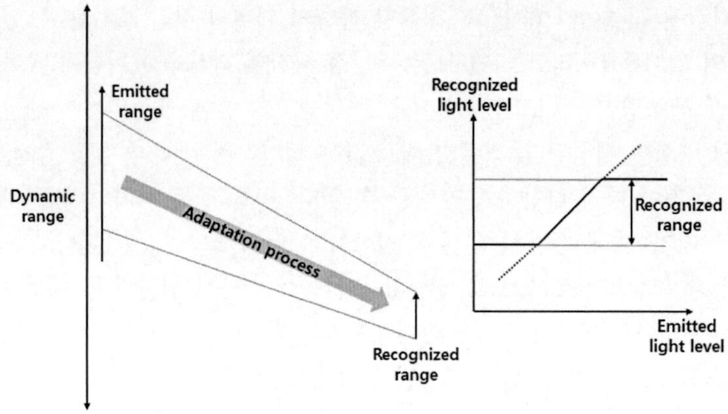

**그림 2-12 ▌ 자연계에서 발생하는 실제 밝기 범위와 취득되는 밝기 범위의 예

아날로그 도메인에서는 조절 과정을 거쳐 변환된 밝기 값의 크기가 1:1 대응되어 그대로 표현될 수 있다. 하지만, 디지털 영상 도메인의 경우 밝기 값을 표현하는데 사용하는 비트 수에 따라 표현 가능한 경우의 수가 한정되기 때문에 조절된 밝기 값 또한 다시 구간별 대표 값으로 양자화된다. 비트 수가 늘어날수록 표현할 수 있는 밝기 값은 좀 더 세밀해지지만 데이터 량이 늘어나는 단점이 있고, 비트 수가 줄어들수록 데이터 량은 줄어들지만 표현하는 밝기 값의 정밀도(Precision)가 떨어지기 때문에 사람이 느끼는 영상의 품질이 저하될 수 있는 단점이 있다. 이러한 특성들을 잘 조절하여 사람의 눈에 자연스럽게 느껴지고 최대한 효과적인 다이나믹 레인지를 포함하면서도 데이터 량을 최소화 할 수 있도록 하는 8비트 레벨이 지금까지 가장 많이 사용되어왔다. 흑백 영상의 경우 8비트가, RGB 컬러 영상의 경우 채널 당 8비트 즉, 24비트가 하나의 픽셀을 표현하는데 사용된다. 8비트 즉, 8자리의 2진수로 표현할 수 있는 데이터의 종류는 2^8인 256가지가 되고, 이를 흑백 영상 표현에 이용하면 가장 어두운 단계에서 가장 밝은 단계 까지 총 256단계로 밝기 값을 표현할 수 있다. 그림 2-13은 입력 밝기 값에 따른 양자화 함수의 한 예를 나타낸 것이다. 연속된 값으로 얻은 밝기 값들을 디지털 저장장치에 저장하기 위해서는 그림 2-13과 같은 양자화 함수를 이용하여 일정 구간의 밝기 값들을 하나의 대표 값 즉, 양자화 값으로 대응시켜야한다. 이러한 과정을 거치게 되면 조절 기능을 통해 변환된 밝기 값이 다시 한 번 다른 값으로 맵핑되는 과정을 거친다. 양자화를 위한

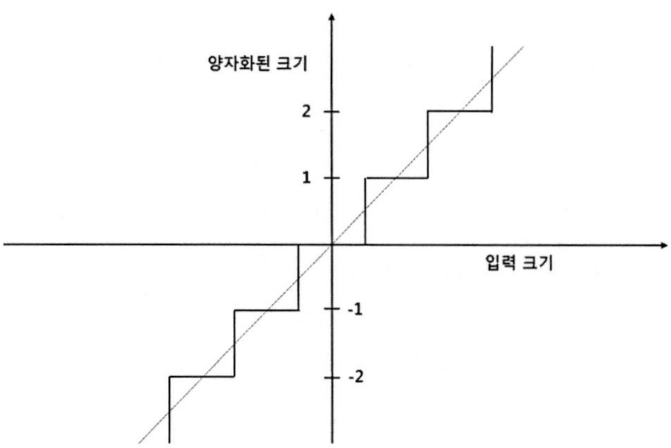

**그림 2-13 ▌ 밝기 값 표현에 있어서의 양자화 예시

대응 규칙은 목적이나 제한 사항에 따라 다양하게 설계할 수 있다. 흑백 영상 혹은 컬러 영상의 각 채널의 에너지 크기를 표현하기 위해서는 통상적으로 8비트가 사용되어 왔으나, 최근 밝기 값을 조금 더 세밀하게 표현하기 위한 의도로 10비트 등으로 bit 수를 늘리는 시도가 생겨나고 있다.

2.2 컬러 공간

컬러 영상을 취득하고 표현하는 원리는 흑백 영상을 취득하고 표현하는 방법과 크게 다르지 않다. 센서에 맺힌 실상의 밝고 어두움만을 표현하는 하나의 채널을 이용하는 흑백영상에서, 에너지의 크기를 저장할 수 있는 채널을 확장하면 컬러 영상을 표현하는 것이 가능해진다. 본 절에서는 가장 기본이 되는 RGB 컬러 공간과 HEVC 인코더의 입력과 디코더의 출력으로 이용되는 YCbCr 컬러 공간에 대해서 자세히 살펴본다.

2.2.1 RGB 컬러 공간

사람 눈의 망막에는 외부로부터 들어온 시각 신호를 수집하여 뇌로 전달하는 체계가 마련되어 있다. 망막에 맺힌 빛을 감지하는 역할을 하는 것이 시세포이고, 감지된 빛 자극을 뇌로 전달하는 기능을 하는 것이 시신경이다. 태양에서 방출되어 우리 눈으로 입사되는 빛은 광범위한 주파수 영역 성분을 포함하고 있다. 즉, 우리 눈에 보이는 가시광선 영역(380~780nm)을 비롯하여 780nm 이상의 적외선과 열선, 380nm 이하의 자외선, X선 등이 한꺼번에 방출된다. 광범위한 스펙트럼을 가지는 입사광은 시세포의 종류에 따른 파장별 에너지 흡수 정도에 따라 HVS가 인지할 수 있는 주파수 범위가 한정된다.

시세포의 종류는 비교적 약한 자극의 어두운 빛에서도 반응하는 간상세포(Rod)와 비교적 강한 자극의 밝은 빛에 잘 반응하는 원추세포(Cone)로 크게 나눌 수 있다. 사람의 망막에는 9천 만 개 이상의 간상세포와 약 600만 개 이상의 원추세포가 존재하는데, 원추세포의 종류는 크게 세 가지가 있다. 세 종류의 원추세포가 각 파장의 에너지에 반응하는 정도를 그림 2-14의 점선으로 확인할 수 있다. 그림 2-14의 가로축은 입사 광선의 파장을 나타내고, 세로축은 입사 광선 에너지 크기에 대비하여 각 시세포가

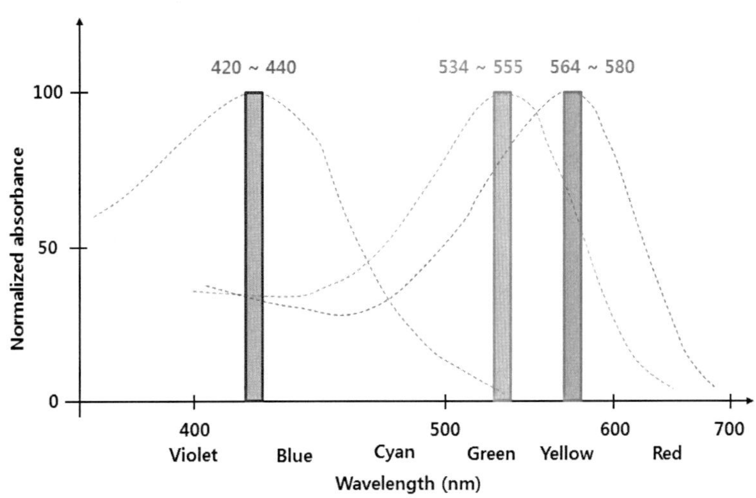

**그림 2-14 ▌ 원추세포와 RGB 컬러 센서에 수용되는 에너지의 파장

흡수하는 정도를 나타낸다. 장파장(Long-wavelength)을 의미하는 L 원추세포는 가시광선 가운데 가장 파장이 긴 노랑에서 녹색 사이의 빛(약 500~700 nm)에 민감하며, 564~580 nm 정도의 파장의 빛을 가장 잘 흡수하는 것으로 밝혀져 있다. 중파장(Medium-wavelength)을 의미하는 M 원추세포는 중간 파장인 청록과 파랑 사이의 빛(약 450~630 nm)에 민감하며, 534~555 nm 범위 파장을 가장 잘 흡수한다. 단파장(Short-wavelength)을 의미하는 S 원추세포는 짧은 파장인 파랑과 보라색 사이의 빛(약 400~500 nm)에 민감하며 파장이 420~440 nm인 파장에 가장 민감하게 반응한다. 세 종류의 원추세포를 통해 흡수되는 파장 영역은 서로 겹치는 부분이 넓은 영역에 걸쳐 존재하는 것을 확인할 수 있다. 특히 L, M 세포는 흡수하는 파장 영역 대부분이 겹치고, 에너지 흡수 정도도 비슷함을 확인할 수 있다. 이러한 원추세포의 파장별 에너지 흡수 특성을 반영하여 고안된 것이 RGB 컬러 공간이다. 즉, 각 원추세포가 가장 잘 흡수하는 파장의 에너지 즉, 564~580 nm(적색), 534~555 nm(녹색), 420~440 nm(청색)만으로 컬러 채널을 구성하여 영상을 취득, 저장, 출력한다. 이를 이용한 RGB 컬러 도메인에서 실제 그림이 어떤 식으로 표현되는지에 대해 그림 2-15에서 확인할 수 있다. 그림 2-15는 RGB 컬러 영상과 이를 구성하는 적색, 녹색, 청색 채널별 영상 정보를 보여주는 그림이다. 세 개의 채널 정보가 한꺼번에 나타나는 컬러 영상과 각 채널별 영상 각각은 공간적으로 중복되는 정보가 상당히 많이 존재하는 것을 확인할 수 있고, 이는 그림 2-14에서 각 원추세포의 파장별 흡수 곡선이 겹치는 것과 연관 지어 이해할 수 있다.

앞서 설명한 Bayer 필터 역시, 우리 눈에서 컬러를 인식하는 원추세포의 파장별 에너지 흡수 비율 특성을 고려한 RGB 컬러 공간을 위해 설계되었다. 그림 2-14에 표현된 것처럼, 디지털 컬러 영상 취득 장치는 우리 눈의 원추세포 종류 별로 가장 민감하게 반응하는 주파수 564~580nm(L), 534~555nm(M), 420~440nm(S) 근처의 파장에 해당하는 빛 에너지를 취득하여 각 각 RGB 컬러 도메인의 적색, 녹색, 청색 채널 정보로 저장하고 이용하는 방식으로 컬러 영상을 취득한다. 이렇게 취득된 각 채널 정보는 한꺼번에 이용해서 그림 2-15(a) 영상과 같은 형태로 사용된다.

2.2.2 YCbCr 컬러 공간

새로운 기술을 기반으로 하는 새로운 서비스가 시장에 도입되는 과정에서 가장 먼저 고려해야 할

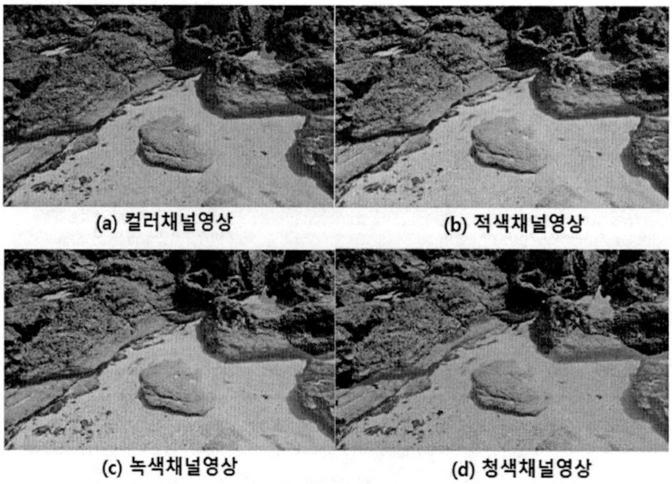

(a) 컬러채널영상 (b) 적색채널영상

(c) 녹색채널영상 (d) 청색채널영상

**그림 2-15 ▌ 컬러 영상을 구성하는 각 컬러 채널 구성

것이 새로운 서비스 도입으로 인해 생길 수 있는 기존 소비자들의 피해를 최소로 해야 한다는 점이다. 흑백 TV 방송에서 컬러 TV 방송으로 전환하는 과정에서 컬러 영상을 이용한 방송이 기존의 흑백 TV 로도 시청할 수 있도록 하기 위해, 기존 형태의 흑백 영상과 추가 컬러 성분 정보를 한꺼번에 송출하였다. 흑백 TV를 이용하는 소비자는 흑백 영상만을 수신하여 동일한 콘텐츠를 흑백으로 시청하고, 컬러 TV를 이용하는 소비자는 추가 컬러 성분까지 모두 수신하여 컬러 영상을 시청할 수 있도록 하였다. 이를 위해 생겨난 컬러 공간이 YCbCr 컬러 영상이다. 또한, YCbCr영상을 이용할 경우 R, G, B 각 성분들 사이에 존재하는 공간적 데이터 중복을 줄임으로써 전송과 저장에 있어서의 효율성을 높였다. 기본적으로 HEVC를 비롯한 일반적인 표준 비디오 압축 코덱들 대부분은 RGB 컬러 영상이 아닌 YCbCr 컬러 영상을 입/출력 포맷으로 사용한다. YCbCr컬러 공간은 각 픽셀마다 휘도 성분(Luma sample)과 색차 성분(Chroma sample)을 구분하여 저장하는 형태로, Y는 휘도 성분, Cb와 Cr은 색차 성분에 해당한다. 본 편에서는 디지털 영상 취득 장치를 통해 얻은 RGB 영상을 이용하여 YCbCr 영상으로 변환하는 과정을 살펴본다.

RGB 영상을 YCbCr 영상으로 변환하기 위해서는 RGB 감마보정, RGB to YCbCr 변환, 정규화 및 양자화를 거쳐야 한다. 아날로그 RGB 영상을 디지털 YCbCr영상으로 변환하기 위해서는 아날로그 RGB 신호의 감마보정이 가장 먼저 이루어져야 하는데, 이 책에서는 영상의 취득 과정에서 감마 보정이 이루어진 것으로 가정한다. 감마 보정된 R, G, B 값을 이용하여 정규화(Normalization)와 양자화를 거치기 이전의 아날로그 YCbCr 신호 즉, $E_Y(E'_B - E'_Y)(E'_R - E'_Y)$를 얻기 위한 변환식은 아래의 식 (2-1)~(2-3)과 같다 [1].

$$E_Y = 0.2999E'_R + 0.587E'_G + 0.114E'_B \tag{2-1}$$

$$\begin{aligned}(E'_B - E'_Y) &= E'_B - 0.299E'_R - 0.587E'_G - 0.114E'_B \\ &= -0.299E'_R - 0.587E'_G + 0.886E'_B\end{aligned} \tag{2-2}$$

$$\begin{aligned}(E'_R - E'_Y) &= E'_R - 0.2999E'_R - 0.587E'_G - 0.114E'_B \\ &= 0.701E'_R - 0.587E'_G - 0.114E'_B\end{aligned} \tag{2-3}$$

먼저, 감마 보정된 R, G, B 성분을 이용하여 식 (2-1)과 같이 휘도 성분을 도출한다. 휘도 성분을 얻은 후에는 R, G, B 컬러 성분과 휘도 성분과의 차이를 구한다. 이 책에서는 식 (2-2)를 이용하여 B 성분과 휘도 성분의 신호차이, 식 (2-3)을 이용하여 R 성분과 휘도 성분의 신호차이를 구한다. 휘도 성분과 컬러 성분과의 차이는 R, G, B 셋 중 두 성분에 대해서만 구하면 이후 YCbCr에서 RGB 컬러 공간으로의 역변환이 가능하기 때문에 모든 컬러 성분에 대해 컬러 성분 차를 구할 필요는 없다. 식 (2-1)~(2-3)에서, 프라임 (') 기호는 감마 보정이 되었음을 의미한다. E'_R, E'_G, E'_B는 0과 1 사이의 값을 가질 수 있으며 0은 최소 값을 1은 최대 값을 의미한다. 이렇게 변환된 값은 표 2-1과 같은 값을 가진다. E'_Y의 경우 1~0, $E'_R - E'_Y$ 값은 0.701~-0.701, $E'_B - E'_Y$ 값은 0.886~-0.886의 범위 내에 분포한다.

식 (2-1)~(2-3)에서 구한 $E'_R - E'_Y$ 값과 $E'_B - E'_Y$ 값의 범위를 0.5~-0.5로 재조정하기 위해서 $E'_R - E'_Y$ 값과 $E'_B - E'_Y$ 값에 식 (2-4)의 K'_R, K'_B 값을 곱하면 식 (2-5)~(2-6)과 같이, 재조정된 값 E'_{C_R}과 E'_{C_B}을 얻을 수 있다.

▌표 2-1▐ 정규화된 RGB 및 YCbCr신호의 대표 값

Condition	E'_R	E'_G	E'_B	E'_Y	$E'_R-E'_Y$	$E'_B-E'_Y$
White	1.0	1.0	1.0	1.0	0	0
Black	0	0	0	0	0	0
Red	1.0	0	0	0.299	0.701	-0.299
Green	0	1.0	0	0.587	-0.581	-0.587
Blue	0	0	1.0	0.114	-0.114	0.886
Yellow	1.0	1.0	0	0.886	0.114	-0.886
Cyan	0	1.0	1.0	0.701	-0.701	0.299
Magenta	1.0	0	1.0	0.413	0.587	0.587

$$K_R = \frac{0.5}{0.701} = 0.713,\ \ K_B = \frac{0.5}{0.886} = 0.564 \tag{2-4}$$

$$E'_{C_R} = 0.713(E'_R - E'_Y) = 0.500E'_R - 0.419E'_G - 0.081E'_B \tag{2-5}$$

$$E'_{C_B} = 0.564(E'_B - E'_Y) = -0.169E'_R - 0.331E'_G + 0.500E'_B \tag{2-6}$$

재조정된 E'_{C_R}, E'_{C_B}, E'_Y 값은 균등 양자화된 8bit 이진 인코딩을 통해 0000 0000(0) 에서부터 1111 1111(255)까지 총 256레벨로 양자화 할 수 있다. 디지털 표준 TV에 사용하는 ITU-R BT.601 표준을 보면 0과 255는 동기화를 위한 데이터로 사용하고, 비디오 레벨은 1부터 254까지 사용한다. 휘도를 위한 레벨을 220까지, 색차성분을 위한 레벨을 225까지 사용할 수 있다고 가정하면 양자화는 식 (2-7)~(2-9)에 의해 이루어질 수 있다. 검정색은 16값에 매칭 되고, 휘도 값이 220레벨을 차지하면서 흰색은 235가 되고, 나머지 휘도 성분 레벨 값은 식 (2-7)로 구할 수 있다.

$$\overline{Y} = 219(E'_Y) + 16 \tag{2-7}$$

식 (2-7)은 휘도 성분 양자화를 위한 것으로 우측의 계산 결과와 가장 가까운 정수로 매칭하면 된다. 이와 같은 방식으로 나머지 component들의 값들도 식 (2-8)~(2-9)와 같이 양자화 할 수 있다.

$$\overline{C_R} = 224[0.713(E'_R - E'_Y)] + 128\ ,\ \overline{C_R} = 160(E'_R - E'_Y) + 128 \tag{2-8}$$

$$\overline{C_B} = 224[0.564(E'_B - E'_Y)] + 128\ ,\ \overline{C_B} = 126(E'_B - E'_Y) + 128 \tag{2-9}$$

감마 보정 및 양자화 과정까지 거친 RGB 신호를 YCbCr로 변환하는 과정은 아래와 같은 식으로 수행할 수 있다. 감마 보정이 되었거나 양자화 까지 처리된 E'_R, E'_G, E'_B 신호로부터 Y, C_B, C_R 값을 변환하는 방법은 식 (2-10)~(2-15)와 같다.

$$E'_{R_D}(\text{in digital form}) = int(219E'_R) + 16 \tag{2-10}$$

$$E'_{G_D}(\text{in digital form}) = \text{int}(219\text{E}'_\text{G}) + 16 \tag{2-11}$$

$$E'_{B_D}(\text{in digital form}) = \text{int}(219\text{E}'_\text{B}) + 16 \tag{2-12}$$

$$Y = \frac{77}{256}E'_{R_D} + \frac{150}{256}E'_{G_D} + \frac{29}{256}E'_{B_D} \quad (2\text{-}13)$$

$$C_R = \frac{131}{256}E'_{R_D} - \frac{110}{256}E'_{G_D} - \frac{21}{256}E'_{B_D} + 128 \quad (2\text{-}14)$$

$$C_B = -\frac{44}{256}E'_{R_D} - \frac{87}{256}E'_{G_D} + \frac{131}{256}E'_{B_D} + 128 \quad (2\text{-}15)$$

이러한 방식으로 RGB 컬러 공간에서 표현되는 컬러 영상의 공간 중복성을 제거하여 YC_bC_r 컬러 영상으로 변환할 수 있다.

2.2.3 YC_bC_r 샘플링 포맷

사람의 눈이 컬러 영상을 인식하는데 있어서 색상을 인식하는 것이 영상의 밝고 어두운 정도를 인식하는 것에 비해 상대적으로 둔감한 특징이 있기 때문에, YC_bC_r의 경우 색차 성분을 샘플링한 형태가 많이 이용된다. YC_bC_r 샘플링 포맷은 4:4:4, 4:2:2, 4:2:0가 있는데, 일반적인 비디오 압축 코덱에서는 C_b와 C_r 색차 성분이 1:4 비율로 샘플링 된 YC_bC_r 4:2:0 포맷이 가장 많이 사용된다. YC_bC_r 포맷에서 색차성분을 샘플링하는 방법은 그림 2-16과 같다. 4:4:4, 4:2:2 및 4:2:0 서브 샘플링 포맷에서 Y, C_b, C_r 성분의 샘플링 여부를 나타내는 것으로, 원으로 표현된 2×2 크기의 픽셀 위치에서 검은색은 샘플링 과정에서 정보가 손실되지 않는 위치, 회색은 샘플링 과정에서 정보가 손실되는 픽셀의 위치를 나타낸다. 2×2 픽셀 기준으로 Y, C_b, C_r 성분이 네 개씩 모두 존재하는 형태가 4:4:4이다. 2×2 픽셀에서 수평 방향으로 C_b, C_r 성분을 1:2 비율로 샘플링한 형태가 4:2:2 샘플링 포맷으로 Y 성분은 네 개, C_b, C_r 성분이 각각 두 개씩 남게 된다. 마지막으로 2×2 픽셀에서 수평, 수직 양방향으로 C_b, C_r 성분을 1:2 비율로 샘플링한 형태가 4:2:0 샘플링 포맷으로, 2×2 픽셀에서 Y 성분은 네 개, C_b, C_r 성분이 각각 한 개씩 존재한다 [2]. 색상 자극보다 밝기 변화에 더 민감한 HVS의 특징을 이용하여 YC_bC_r 4:2:0를 사용하면, 사람이 느끼는 영상의 품질은 비슷하게 유지하면서 YC_bC_r 4:4:4 혹은 RGB 영상을 사용하는 것에 비해 이를 표현하는 데이터 용량을 줄일 수 있다. 때문에, HEVC를 포함한 대부분의 비디오 압축 표준 코덱들은 YC_bCr 4:2:0 샘플링 포맷을 영상 입출력 포맷으로 사용한다.

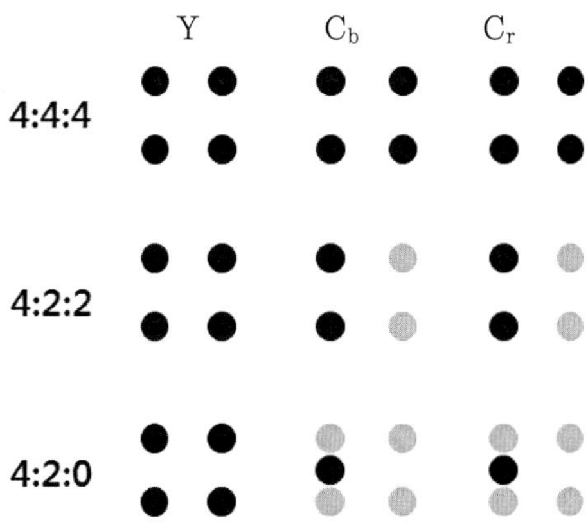

**그림 2-16 ▌ YC_bC_r 샘플링 포맷

2.3 비디오 포맷

비디오 혹은 비디오 디스플레이 장치들을 구분하는 다양한 방법들 중 가장 일반적으로 사용되는 것이 비디오 프레임 한 장을 구성하는 픽셀 수 즉, 해상도이다. 해상도는 가로, 세로축 각각에 개별적으로 존재하는 픽셀 수의 곱으로 표현하는데, 우리나라 지상파 디지털 방송에서 채택하고 있는 표준 해상도는 1920×1080 (Full-HD), 1280×720 (HD), 704×480 (SD), 640×480 (VGA) 이다 [3]. 1920×1080의 의미는 가로 길이로 1920개의 픽셀, 세로 길이로 1080개의 픽셀로 구성되는 직사각형 크기로 구성됨을 의미한다. 앞에서도 언급했듯이 해상도는 디스플레이 패널 특성에 의존적이기 때문에 디스플레이 단말기와 이를 이용하는 서비스마다 지원할 수 있는 해상도가 다르다. HEVC에서는 Full-HD (1920×1080) 혹은 4K (4096×2160 혹은 3840×2160) 이상의 초고해상도 영상의 압축을 고려한다. 본 절에서는 동영상을 취득하고 디스플레이 하는 두 가지 방식에 대해 이해한 다음 HEVC를 이용하여 압축해볼 수 있는 영상들에 대해 살펴본다.

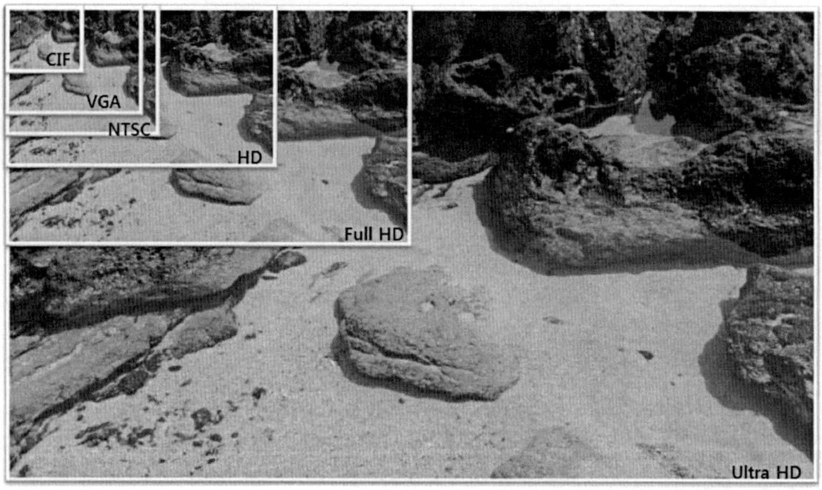

**그림 2-17 ▌ 해상도에 따른 대표적인 비디오 포맷

2.3.1 동영상의 순행 및 비월주사방식

동영상을 디스플레이하는 방식은 크게 화면전체를 한 번에 보여주는 순행주사(Progressive scan) 방식과 화면의 절반씩을 나눠서 보여주는 비월주사(Interlaced scan) 방식으로 나눌 수 있다. 최근 디지털 카메라의 동영상 취득 기능이나 캠코더를 이용하여 영상을 취득하려면 순행주사 혹은 비월주사 중 특정 주사 방식을 선택하도록 되어있다. 목적에 맞게 촬영하고 편집하기 위해서는 이러한 주사 및 스캔 방식에 대해 정확하게 이해할 필요가 있다.

비월주사 방식은 아날로그 텔레비전 방송에서 많이 사용하던 것으로, 1/60초마다 촬영된 장면들을 절반씩 나누어 취득하는 형태이다. 이러한 형태를 60i라 하며, 60은 영상의 초당 샘플링 빈도수를 의미하고 i는 비월주사를 의미한다. 비월주사 방식을 사용한 이유 중 하나가 동일한 데이터를 이용하여 표현할 수 있는 정보량이 순행주사 방식에 비해 많기 때문이다. 이는 비월주사 방식을 적용할 경우 순행

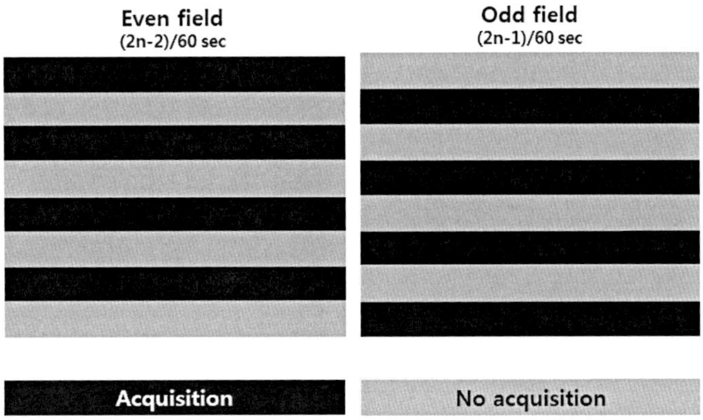

**그림 2-18 ▌ 비월주사방식

주사 방식을 적용한 경우에 비해 시공간 아날로그 도메인에서의 최대 샘플링 주파수가 증가하기 때문이다 [4]. 그림 2-18은 비월주사 방식으로 1/60초 마다 영상을 취득하는 방법을 나타내고 있다. 그림에서 검은색으로 표시된 픽셀 라인은 스캔하는 픽셀을 나타내고, 회색은 건너뛰는 픽셀 라인을 의미한다. 한 프레임을 구성하는 픽셀 라인들을 홀수 라인들과 짝수 라인들로 묶어, 홀수 필드(Odd field)와 짝수 필드(Even field)라 한다. 60i의 경우 0부터 58번째 프레임에서는 한 프레임씩 건너뛰면서 짝수 필드의 영상만을 취득하고 1부터 59번째 프레임에서는 동일한 방식으로 홀수 필드의 영상만을 취득한다. 비월주사 방식으로 취득된 후 복원된 영상은 디스플레이 할 때에도 1/60초마다 각각의 필드를 보여주는 방식을 취한다.

순행주사 방식의 경우 1/30초마다 취득된 영상의 온전한 한 프레임을 그대로 저장한다. 정지 영상을 취득하는 디지털 카메라를 이용하여 1/30초마다 한 프레임씩 취득하는 것으로 이해하면 쉽다. 이러한 순행주사 방식은 30p라고 표기하는데, 30은 영상을 취득하는 빈도수를 의미하고, p는 순행 주사 방식을 의미한다. 순행주사 방식의 경우 취득 빈도수와 초당 프레임 비율(FPS : Frames Per Second)는 동일한 값을 가진다. 60p의 경우 완전한 프레임을 1/60초마다 취득했다는 의미이다. 60p는 60i보다 사용자가 느끼기에 화면의 움직임이 좀 더 부드러울 수 있으나, 압축 이전의 동일 해상도 영상끼리 비교했을 경우 2배의 데이터 용량을 필요로 한다. 순행 방식과 비월 방식으로 취득된 영상은 한 프레임을 구성하는 필드의 취득 타이밍에 따라 각기 다른 특성을 지니기 때문에 H.264/AVC 및 HEVC등은 순행 방식과 비월 방식의 스캔 영상을 압축 인코더의 각기 다른 형태의 입력 영상으로 고려한다.

2.3.2 테스트 영상

HEVC는 현재 디지털 방송이 진행 중인 HD(1080×720) 해상도 영상을 뛰어넘는, Full-HD 및 Ultra-HD의 초고해상도 영상 압축을 중요한 목적 중 하나로 하는 국제 표준이다. 표준화 과정에서도 이러한 내용이 반영되었는데, JCT-VC는 HEVC는 표준화 과정에서 각종 테스트를 위한 영상들을 선정하였다 [5]. 다양한 테스트 영상들은 해상도별로 여섯 개의 클래스로 나누어지는데, A 클래스는 2560×1600, B 클래스는 1920×1080(Full HD), C 클래스는 832×480, D 클래스는 416×240, E 클래스는 1280×720, F 클래스는 Chinaseed(1024×768) 영상을 제외하면 1280×720의 해상도를 가진다. A~D

클래스는 일반적으로 쉽게 접할 수 있는 자연영상이고, E 클래스는 카메라 움직임이 적은 컨퍼런스 영상, F 클래스는 애니메이션, 컴퓨터 그래픽 등의 스크린 컨텐츠 영상이다. 각 영상의 프레임 수와 초 당 프레임율 그리고 컬러 채널을 구성하는 비트 심도(Bit depth)가 표 2-2에 나타나있다.

▌표 2-2▌ HEVC 표준화를 위한 테스트 영상

Class	Sequence name	Frame count	Frame rate	Bit depth
A	Traffic	150	30 fps	8
	PeopleOnStreet	150	30 fps	8
	Nebuta	300	60 fps	10
	SteamLocomotive	300	60 fps	10
B	Kimono	240	24 fps	8
	ParkScene	240	24 fps	8
	Cactus	500	50 fps	8
	BQTerrace	600	60 fps	8
	BasketballDrive	500	50 fps	8
C	RaceHorses	300	30 fps	8
	BQMall	600	60 fps	8
	PartyScene	500	50 fps	8
	BasketballDrill	500	50 fps	8
D	RaceHorses	300	30 fps	8
	BQSquare	600	60 fps	8
	BlowingBubbles	500	50 fps	8
	BasketballPass	500	50 fps	8
E	FourPeople	600	60 fps	8
	Johnny	600	60 fps	8
	KristenAndSara	600	60 fps	8
F	BaskeballDrillText	500	50 fps	8
	ChinaSpeed	500	30 fps	8
	SlideEditing	300	30 fps	8
	SlideShow	500	20 fps	8

2.4 압축 영상의 화질

HEVC는 전송이나 저장의 편의를 위해 비디오 데이터의 표현에 필요한 정보의 표현량을 줄이는 압축 방법 중 하나이다. 비디오 압축에는 데이터의 손실 여부에 따라 크게 무손실 압축(Lossless coding)과 손실 압축(Lossy coding)으로 구분할 수 있다. 데이터의 손실이 허용되지 않는 소수의 의료 분야나 군사

분야를 제외하면 대부분의 경우에 적용되는 비디오 압축은 손실 압축의 범주에 해당한다. 무손실 압축의 경우 압축 후 데이터량은 원본에 비해 줄어들 수 있지만 손실되는 데이터가 없기 때문에 압축 전후의 화질에 차이가 없다 [6]. 하지만, 손실 압축의 경우에는 압축률이 높아질수록 손실되는 데이터가 많아지게 되고, 이에 따라 비디오의 화질이 떨어지게 된다. 비디오 압축 코덱의 성능은 압축률과 압축 후의 화질에 따라 평가되는 것이 일반적인데, 압축률이 높고 화질 저하가 적을수록 좋은 압축 코덱으로 평가된다. HEVC의 압축 성능은 H.264/AVC와 비교했을 경우, 동일한 화질 기준으로 2배의 압축률을 보이는 것으로 평가되고 있다. 영상의 화질 수준을 평가하는 방법은 크게 객관적 (Objective)인 방법과 주관적 (Subjective)인 방법으로 나눌 수 있다 [7].

2.4.1 객관적 화질

객관적인 화질 평가는 수학적 공식에 의해 화질 수준 정도를 도출해 내는 방식으로 정확한 계산방법이 있기 때문에 평가 대상이 같다면 평가자나 평가 조건에 관계없이 정확하고 안정한 결과를 기대할 수 있고, 비교적 빠른 시간에 결과를 도출해낼 수 있다. 원 영상 대비 열화(Artifact) 영상의 에러 비율을 이용하여 화질을 평가하는 PSNR (Peak Signal to Noise Ratio) 방법이 대표적 예라 할 수 있다. PSNR은 신호의 최대치에 대한 잡음의 비율을 수치화 한 것으로, 주로 정지영상이나 동영상의 압축이나 전송에 있어 생겨난 손실 정보의 양을 평가할 때 사용한다.

$$PSNR = 10 \cdot \log_{10}\left(\frac{MAX^2}{MSE}\right) \tag{2-16}$$

MAX 값은 영상에서 사용하는 신호의 최댓값으로, 8비트 그레이 스케일 영상의 경우 255가 된다. 단위는 dB이며, 손실 정보가 적을수록 높은 값을 가진다. 또한, 무손실 영상의 경우에 적용하면 MSE가 0이 되기 때문에 PSNR은 정의되지 않는다. 처리 과정에서 데이터의 손실이 발생하는 손실 압축 (Lossy coding) 방법을 이용하는 비디오 압축 코덱에 PSNR을 적용하면 압축 과정에서 손실한 에러의 크기를 알아낼 수 있다. 즉, 동일한 코덱을 사용하는 경우 압축된 영상들의 PSNR로 각 영상들의 에러 손실 정도를 비교할 수 있다. 동일한 코덱으로 압축하는 경우 PSNR이 높을수록 에러가 적기 때문에 화질이 더 좋다.

HEVC를 비롯한 비디오 압축 코덱의 성능을 평가하는 가장 중요한 요소 중 하나가 압축 성능이다. 서로 다른 코덱의 압축 성능을 비교하기 위해서는 에러의 비율을 나타내는 PSNR 뿐만 아니라 최종 압축된 스트림의 비트레이트(Bitrate)를 동시에 고려하는 율-왜곡(RD : Rate-Distortion) 방법을 이용해야 한다. 둘 이상의 코덱으로 압축한 비디오의 PSNR이 동일할 경우 상대적으로 적은 양의 비트로 표현할 수 있으면 압축 성능이 더 좋은 것으로 혹은, 동일한 양의 비트로 표현되는 압축된 비디오의 PSNR이 상대적으로 높으면 해당 비디오를 압축한 코덱의 압축 성능이 더 나은 것으로 판단할 수 있다.

2.4.1.1 BD-rate metric의 필요성

HEVC 공통 실험 조건 (CTC : Common Test Condition)에서는 비디오 인코더의 성능을 측정할 때 양자화 파라미터 값으로 22, 27, 32, 37을 사용한다. 인코더에서 4개의 양자화 파라미터 (QP : Quantization Parameter)로 입력 동영상을 부호화하면 각 QP 별로 발생 비트량 (Kbps)과 해당 QP로 압축 된 비트스트림을 복호화하여 생성한 복원 영상과 원본 영상간의 PSNR 값을 얻을 수 있다. 예를 들어, 표 2-3의 reference 열에는 HM 참조 소프트웨어 인코더를 사용하여 Kimono 영상을 인코딩 했을 때 각 QP 별 발생 비트량과 PSNR을 보인다. 개발한 HEVC 인코더를 사용하여 동일한 QP 및 부호화 조건에서 부호화하면 역시 각 QP 별로 발생 비트량과 PSNR을 얻을 수 있다. 표 2-3의 Test 열에는 개발한 인코더를 사용하여 동일 영상을 인코딩 했을 때의 결과 값을 나타낸 것이다.

❙표 2-3❙ 인코딩 실험 결과의 예

QP	Reference		Test	
	Kbps	Y PSNR	Kbps	Y PSNR
22	5896.18	41.50	5234.59	41.52
27	2674.00	39.46	2354.27	39.50
32	1270.53	36.99	1150.40	37.03
37	616.13	34.46	580.83	34.70

Reference 인코더와 Test 인코더의 성능을 비교하기 위하여 마이크로소프트 사(社)의 엑셀 (Excel) 등을 사용하여 표 2-3의 데이터를 그래프로 그려보면 그림 2-19와 같이 그려볼 수 있다. 여기서 x 축은 비트레이트 (Kbps) 이고 y 축은 PSNR (dB)이다. 표 2-3의 인코딩 실험에서는 4개의 QP 값만을 사용했기 때문에 모든 비트레이트에 대한 PSNR 값을 알 수는 없지만, 엑셀에서는 자동으로 데이터가 존재하지 않는 구간의 값들에 대해서 보간 (Interpolation)하여 표현한다. 참고로 CTC에서 4개의 대표 QP 값을 사용하는 것은 인코더 성능 실험에 소요되는 시간을 최소화하기 위함이다. 그림 2-19를 참조하면 개발한 인코더 (빨간색 그래프)가 HM 참조 소프트웨어 인코더 (파란색 그래프)에 비해 부호화 효율이 더 우수함을 알 수 있다. 그러나 그림 2-19로부터는 개발한 인코더가 (Test) HM 참조 소프트웨어 인코더 (Reference)에 비해서 얼마만큼 우수한지에 대해서 수치적으로 정확히 말하기는 어렵다. 그래서 최근 비디오 코덱 분야에서는 인코더의 부호화 효율을 수치적으로 표현하기 위하여 BD-rate라는 메트릭 (Metric)을 사용하고 있다. 일반적으로 개발한 인코더와 참조 소프트웨어 인코더와 비교하여 그때의 BD-rate 값을 제시한다.

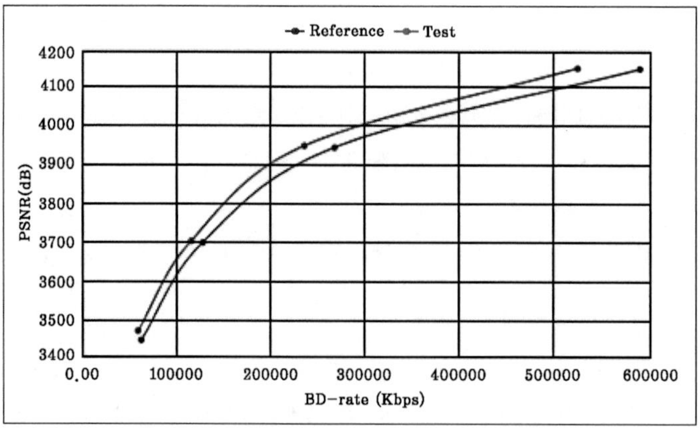

**그림 2-19❙ HEVC 인코딩 실험 결과의 RD 그래프 예

2.4.1.2 BD-rate 계산

비디오 인코더의 성능을 수치적으로 표현하는 메트릭 중 하나로써 BD-rate가 널리 사용되고 있는데, BD-rate는 표 2-3의 데이터로부터 그림 2-20과 같은 순서로 계산된다.

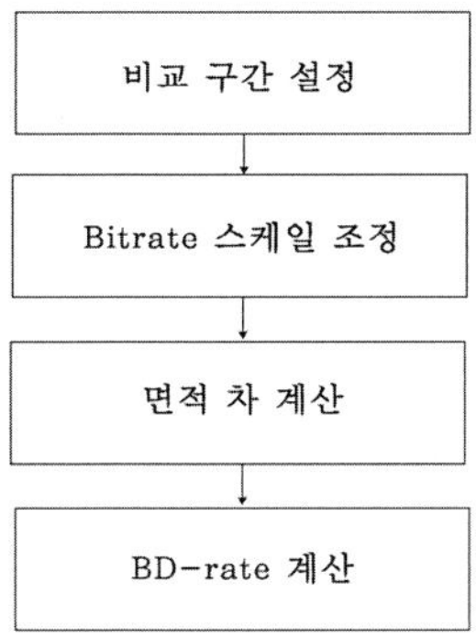

**그림 2-20 ▌ BD-rate 계산 과정

1) 비교 구간 설정

BD-rate는 그림 2-21과 같이 두 인코더의 RD 그래프로 구성되는 영역의 면적 차이로부터 계산되는데, 각 영역의 면적을 구하기 위해서는 영역이 정의되는 구간을 설정해야 한다. BD-rate는 각 PSNR 지점을 기준으로 test 그래프에서의 발생 비트와 reference 그래프에서의 발생 비트의 차이 값을 구하고, PSNR 지점을 변환 시킴으로써 구해지는 차이 값들의 평균 값으로 정의되는데, 이를 위해서는 PSNR 지점들을 먼저 정해야 한다. BD-rate에서는 PSNR 지점을 정하기 위해서 식 (2-17)과 같이 *minPSNR*과 *maxPSNR* 값을 계산한다.

$$\min PSNR = \max(\min(PSNR_{ref}, PSNR_{test})) \quad (2\text{-}17)$$
$$\max PSNR = \min(\max(PSNR_{ref}, PSNR_{test}))$$

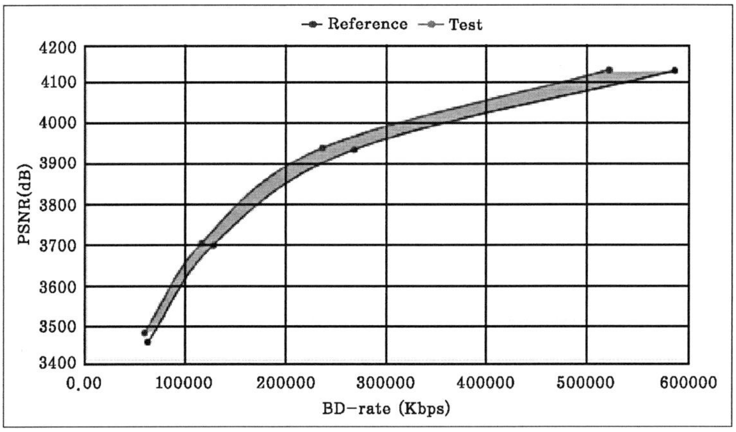

**그림 2-21 ▌ 두 영역의 면적 차

식 (2-17)에서 max와 min은 각각 최대, 최소 값을 리턴하는 함수이다. $PSNR_{ref}$은 reference 디코더의 PSNR 값으로 구성된 집합이고, $PSNR_{test}$는 test 디코더의 PSNR 값으로 구성된 집합이다. 표 2-3 데이터에서 $PSNR_{ref}$는 {41.50, 39.46, 36.99, 34.46} 이고, $PSNR_{test}$는 {41.52, 39.50, 37.03, 34.70}이다. 따라서 표 2-3의 데이터에서 *minPSNR* 값은 34.70이고, *maxPSNR*은 41.50이다. 그림 2-21은 표 2-3의 데이터에 대한 그래프와 *minPSNR*과 *maxPSNR* 값을 나타낸 것이다.

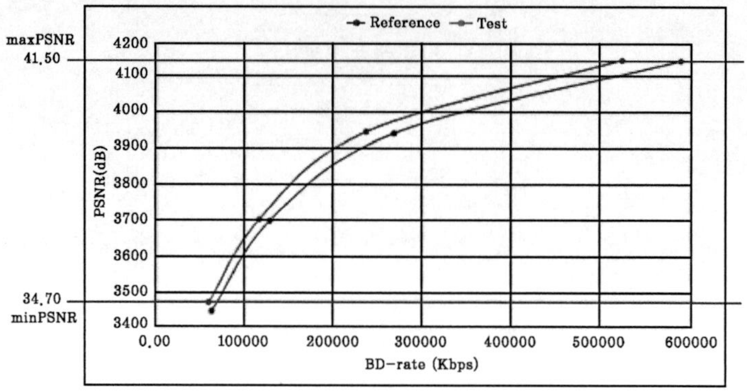

**그림 2-22 ▌ minPSNR과 maxPSNR

2) Bitrate 스케일 조정

그림 2-21과 같이 두 영역 사이의 면적을 구하기 위해서는 그림 2-23과 그림 2-24와 같이 test 그래프와 reference 그래프로 구성되는 면적을 각각 구한 후 두 면적의 차를 계산하면 된다. 그림 2-23과 같이 test 그래프로 구성되는 면적을 구하기에 앞서 먼저 x축의 비트레이트 값들을 상용로그 스케일로 조정하는 과정이 선행 된다. 예를 들어, 1000 kbps 값을 log10스케일로 조정하면 3 kbps 가 된다. 이렇게 x 축에 대해서 log10스케일로 값을 조정한 후 그림 2-23의 빗금 영역의 면적을 계산한다. 앞으로 이 영역을 "AREAtest"라 부른다. 마찬가지로 그림 2-24와 같이 reference 그래프로 구성되는 영역의 면적도 x축의 비트레이트 값들을 상용로그 스케일로 조정한 후 계산한다. 앞으로 이 영역을 "AREAref"로 부른다. "AREAtest"와 "AREAref"의 계산은 표 2-3의 데이터로부터 각각 4점을 지나는 다항식으로 근사화한 후 *minPSNR*과 *maxPSNR* 구간으로 적분함으로써 계산할 수 있는데, 4개의 주어진 데이터 사이의 보간은 다양한 방식이 사용될 수 있는데 주로 cubic interpolation과 piecewise cubic interpolation 기반의 방식들이 사용된다.

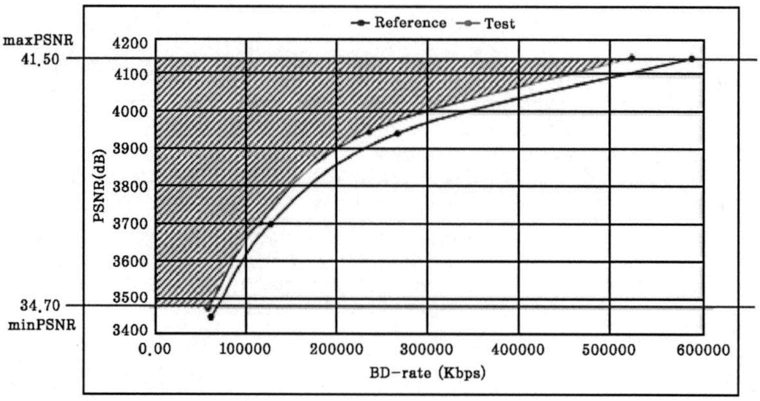

**그림 2-23 ▌ Test 그래프로 구성되는 영역

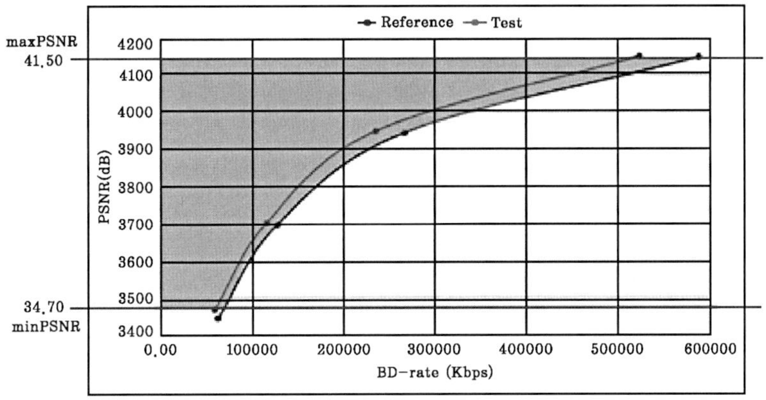

**그림 2-24 Refrence 그래프로 구성되는 영역

3) 면적 차 계산 및 BD-rate 계산

그림 2-23와 그림 2-24와 같이 각 그래프가 구성하는 영역을 적분하여 "AREAtest"와 "AREAref"를 구한 후에는 두 영역의 차이 값을 통해서 그림 2-21에서 표시 된 영역에 대한 면적을 계산한다. 계산 된 면적 차 값을 다시 식 (2-18)과 같이 *maxPSNR*와 *minPSNR* 값의 차이 값으로 나눠 줌으로써 해당 구간에서의 평균 값인 avg를 계산한다.

$$avg = \frac{AREA_{test} - AREA_{ref}}{\max PSNR - \min PSNR} \tag{2-18}$$

$$BD-rate = 10^{avg} - 1 \tag{2-19}$$

식 (2-18)을 통해 계산 된 avg는 식 (2-19)와 같이 10의 지수승으로 스케일 되는데, 이 값에서 1을 뺀 값이 BD-rate 값이 되며 그 단위는 %이다. 평균 값 avg가 log10스케일임을 고려하면 이 값을 10의 지수승으로 표현하는 것은 스케일을 조정하는 것임을 알 수 있다. 또한, test와 reference 인코더가 동일한 성능을 보여서 두 그래프가 구성하는 면적 차가 0일 때를 고려하며 식 (2-19)와 같이 -1을 통해 BD-rate 값이 0 %이 되는 것을 확인할 수 있다.

2.4.2 주관적 화질

객관적인 화질 평가 방법은 사람이 느끼는 주관적 체감 품질을 직접적으로 대변할 수 있는 결과를 얻지 못하는 경우들이 존재한다. 사람이 느끼는 체감 품질을 정확하게 얻기 위해서는 실제 사람에게 영상을 보고 자신이 느끼는 체감 품질을 직접 평가하도록 하는 주관적인 화질 평가 방법 즉, MOS (Mean opinion score) test가 이용된다. MOS test의 객관성을 얻기 위해서는 일정 수 이상의 평가자들이 필요하다. 즉, 평가 대상이 같다 하더라도, 평가자 개인의 특성을 포함한 평가 조건이 달라지면 결과가 일정하지 않을 가능성이 많아 통계적인 결과가 필요하다. 이를 위해 다수의 평가자들이 필요하기 때문에 객관적 화질 평가 방법에 비해 시간·재정적 비용 부담이 큰 단점이 존재한다. 이러한 단점뿐만 아니라 실시간 측정이 거의 불가능함에도 불구하고 MOS test를 실시하는 이유는 이 방법이 영상의 실 수용자에게 있어 객관적 방법보다 유효한 결과를 나타내기 때문이다.

MOS test 결과의 객관성을 확보하기 위해서는 정해진 룰에 따라 실험을 진행해야 하는데 이와 관련된

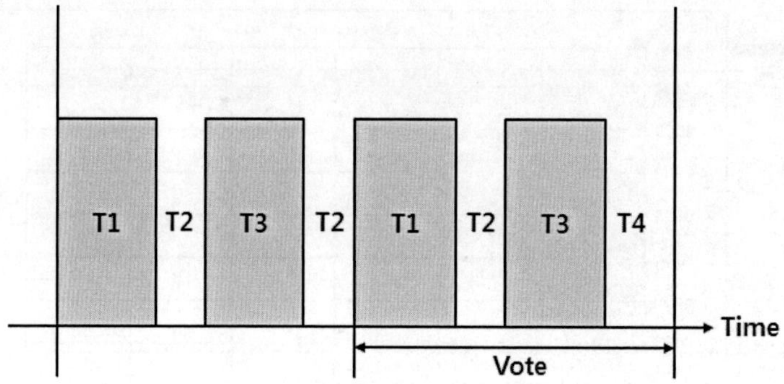

**그림 2-25 ▌ DSCQS 테스트 진행 방법

실험 조건, 실험 진행을 위한 방법과 절차 등을 정해놓은 표준문서들이 존재한다. 가장 많이 참조되는 것으로 ITU-R BT.500-13을 들 수 있는데, 해당 표준에서 제시하는 MOS test 방법으로 DSIS (Double-Stimulus Impairment Scale), DSCQS (Double-Stimulus Continuous Quality Scale)가 대표적이고, 대체 방법으로 SSCQE (Single-Stimulus Continuous Quality Evaluation), Stimulus-comparison 방법 등이 있다 [9]. 테스트 결과의 정확성 때문에 MOS 테스트에 가장 널리 적용되는 방식인 DSCQS 방법은 피 실험자가 손상되기 이전의 원본 영상과 손상이 일어난 영상 두 가지(Double-stimulus)를 순서에 상관없이 보고난 후 각각의 영상에 대한 평가 결과를 응답하는 방식으로 테스트를 진행한다. 한 쌍의 영상에 대한 테스트를 한 세션이라 하고 한 세션의 테스트 진행은 그림 2.25와 같이 이루어진다. T1과 T3는 테스트를 위한 영상을 보여주는 구간으로 10초의 시간이 소요된다. T1과 T3 구간 각각에는 동일한 영상을 보여주어야 하고, 원본 영상과 손상 영상 중 T1 구간과 T3 구간에 보여줄 것에 대한 선택은 무작위로 이루어져야 한다. T2와 T4는 회색 화면을 보여주는 구간으로 T2는 3초, T4는 5~10초 정도의 시간이 소요된다. 두 영상에 대한 평가는 vote라고 표시된 구간에 이루어진다. 두 영상에 대한 평가는 아래와 같은 응답지에 피 실험자가 표시하는 형태로 이루어지는 것이 일반적이긴 하나, 최근에는 PC의 UI를이용한 응답 방식도 많이 활용되고 있다.

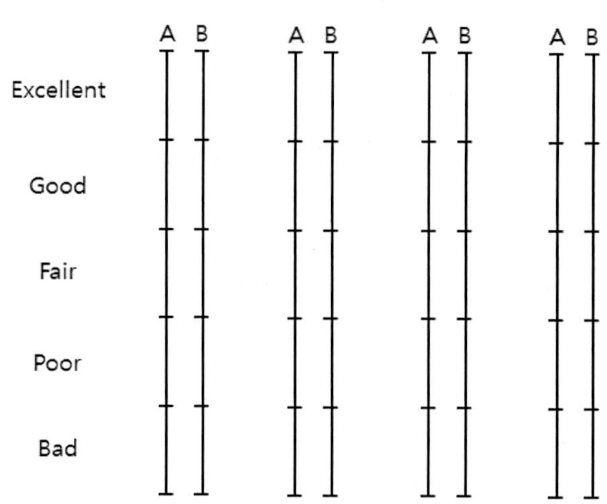

**그림 2-26 ▌ MOS 테스트에 사용되는 연속 스케일 응답지

그림 2.26은 DSCQS 방식의 MOS 테스트에서 사용하는 응답지이다. 피 실험자들이 A (T1 구간에서 디스플레이 되는 영상), B (T2 구간에서 디스플레이 되는 영상) 영상을 본 후 자신이 느낀 화질 점수를 각각 표시한다. 점수를 응답하는 방식이 연속된 스케일에 표시하는 방식이기 때문에 연속 화질 스케일이라 한다. 일정 정도 이상의 피 실험자들에 의한 MOS 테스트 결과로부터 원본 영상과 손상 영상의 MOS 값의 차이인 DMOS (Differential Mean Opinion Score) 값을 얻을 수 있고, DMOS 값이 작을수록 해당 영상의 주관적 품질이 나은 것으로 판단할 수 있다. DSIS의 경우 원본 영상에 대한 손상 영상의 손상 정도를 5 단계의 점수로 표시한다. 5 단계의 열화 점수는 Imperceptible (5), Perceptible, but not annoying (4), Slightly annoying (3), Annoying (2), Very annoying (1) 이다.

2.4.3 비디오의 인지 품질 측정 방법

영상 품질 평가에 있어, MOS test와 유효성이 강조됨에 따라 MOS test를 대체할 수 있는 객관적 화질 평가 방법에 대한 연구가 활발하게 진행되고 있다. 특히, ITU (International Telecommunication Union) 산하의 ITU-T (Telecommunication Standardization Sector)의 SG9, SG12과 ITI-R (Radio-communication Sector)의 WP6Q의 전문가들로 구성된 VQEG (Video Quality Experts Group)를 중심으로 이러한 기술에 대한 표준화 작업이 지속적으로 이루어지고 있다 [10]. 영상품질평가 기술은 화질의 평가를 위해 이용하는 정보의 종류와 양에 따라 몇 가지 범주로 나누어지고, 표준화 역시 이러한 범주와 적용하는 애플리케이션에 따라 나누어진다. 우선 미디어 스트림의 전송 또는 저장이 이루어진 후, 복호화 과정을 거쳐 복원된 신호를 이용하여 영상의 품질을 평가하는 방법이 있다. 이러한 방법은 해당 영상의 품질을 평가함에 있어 참조 영상, 즉 손상되기 이전 영상의 정보를 이용하는 정도에 따라 구분된다. 참조 영상의 모든 정보를 이용하는 전 참조법 (FR : Full-Reference), 참조 영상에서 추출된 일부 정보를 이용하는 감소 참조법 (RR : Reduced-Reference), 그리고 참조 영상 정보를 전혀 이용하지 않는 무참조법 (NR : No-Reference) 등이 이에 해당한다. FR 방법과 RR 방법은 정확한 평가 결과를 얻을 수 있지만, 주로 수신단의 품질을 평가해야 하는 애플리케이션을 생각해볼 때 참조 영상에 대한 정보를 추가적으로 전송해야 하는 문제가 있어 실제 서비스 환경에 대한 적용성이 떨어진다 [11][12]. NR 방법은 품질 평가를 위해 추가적으로 전송해야 하는 정보가 없는 반면, 측정 결과의 유효성이 상대적으로 부족한 문제를 가지고 있다 [13].

또한, 복원된 영상 신호를 이용하지 않고 복원되기 이전의 비트스트림 정보 혹은 복원 과정에서 발생하는 파라미터 등을 이용하여 복원 영상의 품질을 예측, 평가하는 방법이 있다 [14][15]. VQEG에서 표준화가 진행 중인 P.NAMS (Non-instusive Parametric Model)와 P.NBAMS (Non-instrusive Parametric Bit-stream Model) 방식은 각각 전송되는 패킷의 헤더 정보만을 이용하여 미디어의 품질을 평가하거나 헤더 정보에 추가적으로 압축된 비트스트림 정보를 이용하는 방법으로 화질 평가를 수행한다. 이 두 가지 방식은 NR 방법과 같이 추가적으로 전송 및 저장해야 하는 정보를 요구하지 않으면서도 품질 측정 결과에 있어서 RR이나 FR 이상의 유효성을 보여주기 때문에, 영상 정보를 직접 이용하는 기존 방법의 문제점을 해결할 수 있는 기술로 주목받고 있다.

참고문헌

[1] Encoding parameters of digital television for studios, ITU-R Rec. BT.601-4, 2007.

[2] B. Bross, W.-J. Han, G. J. Sullivan, J.-R. Ohm, and T. Wiegand, "Annex E of high efficiency video coding (HEVC) text specification draft 9," document JCTVC-K1003, Geneva, CH, Dec. 2012.

[3] 지상파 디지털 TV방송 송수신 정합, TTAS.KO-07.0014, 2010.

[4] Eric Dubois, "The sampling and reconstruction of time-varying imagery with application in video systems," Proc. of the IEEE, vol. 73, no. 4, pp. 502-522, Apr. 1985.

[5] Frank Bossen, "Common test conditions and software reference configurations, document," document JCTVC-I1100, Sanghai, CN, May 2012.

[6] Jung-Hak Nam and Donggyu Sim, "Lossless video coding based on pixel-wise prediction," Multimedia Systems, vol. 14, no. 5, pp. 291-298, Nov. 2008.

[7] Zhou Wang and Alan C. Bovik, "Subjective vs. objective image quality measures," in Modern Image Quality Assessment, San Francisco Bay Area, CA, Morgan and Claypool publishers, 2006, pp. 1-3.

[8] G. Bjontegaard, "Calculation of average PSNR differences between RD-curves," document VCEG-M33, Austin, TX, Apr. 2001.

[9] Methodology for the subjective assessment of the quality of television pictures, ITU-T Rec. BT.500-13, Jan. 2012.

[10] Video Quality Experts Group [Online]. Available: http://www.vqeg.org

[11] Seon-Oh Lee and Dong-Gyu Sim, "Objectification of perceptual image quality for mobile video," Optical Engineering, vol. 50, no. 6, Jun. 2011.

[12] Dong-Oh Kim, Dong-Gyu Sim, and Rae-Hong Park, "Joint feature-based visual quality assessment," ELECTRONIC LETTER 11th, vol. 43, no. 21, pp. 1134-1135, Oct. 2007.

[13] Ji-Woo Ryu, Seon-Oh Lee, Dong-Gyu Sim, and Jong-Ki Han, "No-reference peak signal to noise ratio estimation based on generalized Gaussian modeling of transform coefficient distributions," Optical Engineering, vol. 51, no. 2, Feb. 2012.

[14] Seon-oh Lee, Kwang-Su Jung, and Dong-Gyu Sim, "Real-time objective quality assessment based on coding parameter extracted from H.264/AVC bitstream," IEEE Trans. on Consum. Electron., vol. 56, no. 2, pp. 1071-1078, May 2010.

[15] Seon-Oh Lee and Dong-Gyu Sim, "Hybrid bitstream-based video quality assessment method for scalable video coding," Optical Engineering, vol. 51, no. 6, Jun. 2012.

비디오 압축의 기본 개념

03

이 장에서는 비디오 압축의 세부 기술을 배우기에 앞서, 비디오 압축이란 무엇이고, 비디오 압축이 왜 필요한 것 인지에 대해 알아본다. 또한, 비디오 압축이 어떠한 이론적 배경을 통해 압축을 달성 할 수 있었는지에 대한 설명을 바탕으로 정지 영상 및 동영상 압축 코덱을 구성하는 기본 기술 구성 요소를 개략적으로 살펴볼 것이다. 3.1절에서는 실제 생활 속 예를 통해 비디오 압축의 의미와 필요성에 대해 소개한다. 3.2절에서는 일반적인 비디오 압축 방법에서 사용하는 주요 기술에 대해 간략하게 설명할 것이다. 각각의 압축 기술은 이 책의 나머지 장에서 보다 자세하게 설명될 것이다. 3.3절에서는 ISO/IEC MPEG (Moving Picture Experts Group)과 ITU-T VCEG (Video Coding Experts Group)의 H.261, MPEG-1, MPEG-2/H.262, H.263, MPEG-4, H.264/MPEG-4 Part 10 (AVC) 등과 같은 HEVC 이전의 동영상 압축 표준들에 대해서 간략하게 설명할 것이다. 이 장에서 배운 비디오 압축의 기초 기술들은 향후 HEVC를 이해하는 데 매우 중요한 개념이 될 것이다.

3.1 동영상 압축이란?

3.1.1 동영상 압축의 필요성

2000년대에 접어들면서 디지털 신호 처리 기반 정보 통신 분야의 발전을 바탕으로 멀티미디어 기술과 네트워크 기술의 발전과 함께 멀티미디어 시대가 도래되었다. 최근에는 일반인들도 스마트 폰, 태블릿 PC 등의 휴대형 멀티미디어 장치를 들고 다니면서 손쉽게 동영상을 취득하여 저장하거나 이를 소셜 네트워크 서비스 (SNS : Social Network Service)를 통해 공유하고 있다. 이와 같이 개인 동영상의 저장 및 전송, 또는 온라인상의 동영상을 실시간으로 시청하는 스트리밍 서비스나 다운로드를 통해 동영상을 시청하는 VoD (Video on Demand) 서비스 등과 같이 우리가 실생활 속에서 다루고 있는 동영상은 모두 압축된 형태이다. 왜 동영상은 압축되어야 하는가? 그것은 동영상의 데이터 량이 매우 크기 때문이다. 예를 들어, 압축 없이 12비트의 비트 심도를 가진 Full-HD 해상도 정지 영상 한 장을 저장한다고 할 때, 이를 RGB 컬러 공간에 표현한다면 12 bit×1920×1080×3 (RGB) = 74,649,600bit = 9,331,200byte = 9,112.5 Kbyte ≒ 8.89 Mbyte의 데이터가 필요하며, 30 FPS (Frames Per Second) 동영상 1초를 저장한다면

8.89 Mbyte × 30 ≒ 266.96 Mbyte가 필요할 것이다. 우리가 만일 상영시간 2시간 30분인 동영상을 Full-HD 해상도로 본다면, 얼마나 많은 데이터 공간이 필요할까? 266.96 × (150분 × 60초/분) ≒ 2,402,640 Mbyte ≒ 2,346.32 Gbyte ≒ 2.29 Tbyte가 필요하다. 이를 초당 5Mbit의 속도로 네트워크에서 전송한다면 전체 데이터 전송에 약 5일 6시간이 걸린다. 즉, 제한된 네트워크 환경에서 동영상의 저장 및 전송을 위해서는 동영상 압축이 필수적이다.

비디오를 압축하여 데이터를 줄이는 과정을 '비디오 부호화 또는 인코딩'이라고 하며, 압축된 비디오를 재생하기 위해 압축 이전의 상태로 되돌리는 것을 '비디오 복호화 또는 디코딩'이라 한다. 흔히 사용하는 비디오 코덱이라는 말은 부호화기와 복호화기를 합쳐서 부르는 말이다. 비디오 압축은 크게 무손실 압축(Lossless coding)과 손실 압축(Lossy coding)으로 나누어진다. 무손실 압축은 복원 이후의 영상이 압축 이전의 영상과 완전히 동일한 결과를 얻을 수 있는 압축 방식으로, 동영상을 압축하는 과정에서 손실이 발생하지 않는다. 무손실 압축 방법은 주로 의료 분야나 정밀한 정보를 필요로 하는 군사 영역에서 주로 사용되어 진다. 반면, 손실 압축은 비디오를 부호화하고 복호화 했을 때, 원본과 동일하지 않고 에러를 포함하는 비디오로 복원되는 압축 방식이다. 손실 압축은 무손실 압축보다 높은 데이터 압축률을 얻을 수 있기 때문에, 일반적인 상업용 비디오 압축 응용 서비스에 널리 이용되고 있다.

3.1.2 동영상 압축 표준의 필요성

일반적으로 표준이란 어떠한 응용 목적을 원활히 상용화하기 위하여 필요로 하는 기술적 규범을 말한다. 우리가 생활에서 사용하는 대부분의 제품들은 대부분 표준 규격에 맞게 제작되어 사용되고 있다. 예를 들어, 기계적 장치에서 필요한 볼트 하나를 만들 때에도 표준 규격에 맞게 제작되어야 한다. 볼트를 생산하는 업체는 전 세계적으로 무수히 많이 존재하지만 사용자 입장에서는 회사에 관계없이 필요한 크기의 볼트를 구입하여 사용할 수 있어야 한다. 동영상의 경우에도 이와 유사하다. 전 세계에 수많은 업체와 개인 사용자들이 동영상 콘텐츠를 제작하여 공급하고 있다. 이러한 동영상들은 각기 다른 환경에서 다른 목적을 가지기 때문에 서로 다른 부호화 옵션에 의해서 생성될 수 있다. 문제는 그 동영상을 재생하고자하는 사용자에게서 발생한다. 만약 표준을 따르지 않고 동영상이 제작된다면 사용자들은 동영상 제작자들이 사용한 인코더를 통해 압축된 비트스트림을 복호화할 수 있는 수많은 디코더를 사용해야만 각각의 동영상을 재생할 수 있게 된다. 즉, 동영상과 함께 항상 해당 동영상만을 위한 코덱을 설치해야하는 문제점이 있다. 이러한 문제점을 해결하기 위해 동영상 압축을 위한 표준이 필요하다.

비디오 압축 분야에서 표준의 대상은 오직 디코더 부분뿐이다. 앞서 언급한 바와 같이, 동영상 제작자들은 각기 다른 부호화 옵션을 사용해서 동영상을 제작하는 것이 가능하다. 하지만 표준에 따르는 압축 파일을 생성해야 한다. 즉, 디코더의 표준 신택스(Syntax)에 부합이 되는 한도에서 인코딩 과정은 응용에 맞게 사용자에 의해서 임의로 변경될 수 있다. 이러한 인코딩 측면에서의 부호화 파라미터 및 기술을 선택하는 방안을 인코딩 이슈라고 부른다. 예를 들어, 화상 회의와 같이 실시간 비디오 인코딩 및 스트리밍을 위해서는 가용한 채널 밴드폭(Bandwidth)에 따른 목표 비트율(Bitrate)에 비트량을 맞추는 율-제어(Rate control) 기술이 필요하다. 즉, 인코더 단에서 양자화 파라미터를 조정하여 발생하는 비트량을 제어하는 율-제어 기술은 인코딩 이슈로 분류된다. 또한, 실시간 서비스를 위해서는 율-제어뿐만 아니라 고속의 인코딩도 가능해야 한다. 인코더에서 부호화 속도를 조절하기 위해서 탐색 범위(Search range), 모드 결정 방법, 참조 영상의 수, 부호화 블록의 크기 등의 부호화 파라미터를 조절할 수 있다. 이러한 부호화 파라미터의 조절은 기술적으로 디코더의 동작과는 관계가 없기 때문에 인코딩 이슈가 된다.

비디오 압축의 표준은 크게 신택스(Syntax), 시맨틱(Semantic), 디코딩 과정으로 구성된다. 신택스는 비트스트림(Bitstream)을 쓰는 문법을 의미한다. 비트스트림이란 동영상을 인코딩하여 생성된 0과 1의 비트열을 의미한다. 신택스에 의해 정의된 정보를 비트 단위로 하나씩 해석해 나가면 전체 동영상을 디코딩할 수 있다. 시맨틱은 각 신택스 요소에 대한 의미를 나타낸다. 각 신택스가 디코딩 과정에서 가지는 기술적인 의미와 가질 수 있는 값의 범위 등을 세부적으로 기술하는 부분이다. 디코딩 과정은 신택스를 해석해 새로운 값으로 변경하는 절차를 말한다. 예를 들어, 신택스 요소 중 움직임 벡터와 변환 계수 등을 이용하여 복원영상을 얻어내는 과정을 말한다. 자세한 신택스 및 시맨틱에 대해서는 10장에서 설명하며, 디코딩 과정은 각각의 HEVC 기술을 설명하는 챕터들에서 자세히 설명될 것이다.

3.1.3 동영상 압축의 기본 개념

동영상의 압축은 입력 비디오의 통계적인 특성을 고려하여 부호화하는 것으로 시간적/공간적 중복성을 제거하는 예측 부호화(Predictive coding) 기술과 인지 시각 기반의 변환 부호화(Transform coding) 기술 및 양자화(Quantization) 기술 그리고 엔트로피 부호화(Entropy coding) 기술 등이 있다. 예측 부호화 및 변환 부호화 기술은 데이터의 손실이 발생하지 않으면서 동일한 정보를 표현하여 데이터량을 줄이는 대표적인 방법으로, 예측 부호화와 변환 부호화를 동시에 사용하는 동영상 압축을 하이브리드 압축이라 한다 [1]. 양자화 기술은 데이터 및 정보의 손실을 발생시키면서 데이터를 압축하는 방법이다. 엔트로피 부호화는 예측 및 변환 과정에서 발생하는 모드 및 변환 계수 정보의 통계적인 특성을 이용하여 정보량을 줄이는 압축 방법이다. 즉, 발생 빈도가 높은 데이터나 심볼을 표현하기 위해 상대적으로 짧은 비트를 할당하여, 전송하고자 하는 데이터 전체의 표현량을 줄이는 것이다.

예측 부호화 기술은 압축하려는 영상의 내부 화소들 사이의 공간적 유사성과 현재 압축하려는 영상과 이전 시간에 취득된 영상 간의 시간적 유사성을 이용하여 현재 영상을 예측하는 압축 기술이다. 일반적으로 동영상은 초 당 24장에서 60장 정도의 정지 영상을 매우 짧은 시간 간격으로 취득하기 때문에 연속하는 두 정지 영상들은 유사할 가능성이 매우 높다. 따라서 이전 영상을 참조하여 현재 영상을 예측한 후 이전 영상과 차이가 있는 부분의 정보만 전송하는 방식으로 현재 영상을 부호화 할 수 있다. 동영상 압축에서 앞 뒤 영상 간의 시간적인 중복성을 이용하는 것을 시간적 예측(Temporal prediction) 또는 화면 간 예측(Inter prediction)이라고 한다. 반면, 정지 영상(Still image) 또는 동영상을 구성하는 가장 첫 번째 영상은 시간적으로 이전의 영상이 존재하지 않기 때문에 시간적 예측을 사용할 수 없다. 이러한 영상들은 하나의 화면 내에서 인접한 주변의 화소들을 이용하여 예측하게 된다. 이렇게 공간적인 중복성을 이용하여 영상을 부호화 하는 것을 공간적인 예측(Spatial prediction) 또는 화면 내 예측(Intra prediction) 이라고 한다. 동영상의 시작 프레임 외에 임의의 접근을 위한 프레임의 경우 공간적 특성을 이용한 예측만을 사용한다. 임의 접근(Random access) 영상이 아닌 경우에는 한 프레임 내에서 시간적인 예측뿐만 아니라 공간적인 예측이 모두 사용 가능하다. 시간적인 예측과 공간적인 예측의 선택은 부호화 과정에서 예측 성능의 정확도에 따라 선택적으로 결정될 수 있다. 일반적으로 시간적인

(a) 첫 번째 영상 (b) 두 번째 영상

**그림 3-1 ▌영상 간의 공간적 및 시간적 중복성

예측이 공간적인 예측보다 그 정확도가 높으나, 화면 전환(Scene change)이나 물체의 가림(Occlusion)이 존재하는 경우에는 공간적인 예측의 성능이 좋을 수도 있다. 복호화 과정에서는 부호화 과정에서 결정된 방법에 따른 예측 방법을 따른다.

그림 3-1은 영상 간에 존재하는 공간적 중복성과 시간적 중복성의 예를 보여준다. 그림 3-1(a)는 시간적으로 첫 번째 영상으로, 공간적 예측에 의해서 부호화된다. 배경의 하늘을 구성하는 화소들은 인접한 화소들 사이의 공간적 유사성이 매우 높게 나타난다. 반면, 3-1(b)는 두 번째 영상으로, 공간적 예측과 시간적 예측 모두를 이용하여 부호화될 수 있다. 이 영상은 이전에 부호화된 첫 번째 영상과 매우 유사하기 때문에 시간적 중복성을 이용하여 큰 압축 성능을 얻을 수 있다.

비디오 압축 기술 중 다른 하나인 인지 시각 기반의 변환 및 양자화 기술은 사람의 인지 특성을 이용한 압축 기술이다. 사람의 시각 체계는 공간적으로 유사성이 높은 저주파 영역에서는 신호에 포함된 왜곡에 민감하게 반응하지만, 텍스쳐(Texture)가 복잡하여 공간적인 유사성이 낮은 고주파 영역에서는 신호의 왜곡을 잘 인지하지 못한다. 이러한 특성을 이용하기 위해서는 먼저 공간 영역(Spatial domain)에서 표현되는 영상 신호들을 공간 주파수 영역(Spatial-frequency domain)으로 신호를 변환한 뒤 양자화(Quantization)를 수행한다. 대표적인 변환 방법은 이산 푸리에 변환(DFT : Discrete Fourier Transform), 이산 여현 변환(DCT : Discrete Cosine Transform), 이산 정현 변환(DST : Discrete Sine Transform) 등이 있다. 일반적인 비디오 압축 표준에서는 이산 여현 변환을 사용하는데, 이는 영상의 경우에서 공간적 중복성에 의해 원본 블록 또는 차분 블록들은 대체로 자기 상관도가 높고 이산 여현 변환이 자기 상관도가 높은 데이터에 대하여 정보량 집중도가 높기 때문이다.

$$\text{DCT type-II}: X_k = \sum_{n=0}^{N-1} x_n \cos\left[\frac{\pi}{N}\left(n+\frac{1}{2}\right)k\right], \qquad k = 0, \ldots, N-1 \tag{3-1}$$

이와 같은 변환 과정은 공간 영역에서 표현되는 영상 신호를 공간-주파수 영역으로 변환한 뒤, 이후의 양자화를 주파수 별로 구분하여 적용하기 위함이다. 즉, 변환 과정에서는 정보의 손실이 발생하지 않는다. 변환 이후 양자화 과정에서는 인지 시각 특징을 이용하여 인간의 눈에 쉽게 보이지 않는 고주파 영역을 제거하고, 이러한 양자화 과정에 의해서 정보의 손실이 발생된다.

G, G, G, G, G, G, G, G, G, G, G, G, G, G, B, B, A, B, Y, Y

(a) 20 바이트 문자열

(14,G), (2,B), (1,A), (1,B), (2,Y)

(b) 런-길이 코드

그림 3-2 런-길이 부호화의 예

마지막으로 소개할 비디오 압축의 기본 기술은 엔트로피 부호화 기술이다. 엔트로피 부호화 기술은 전송해야 하는 정보의 통계적인 특성을 이용하여 데이터의 표현량을 줄이는 방법이다. 즉, 발생 빈도가 높은 심볼에 짧은 코드워드를 할당함으로써, 보내야 하는 데이터의 표현량을 줄이는 것이다. 대표적인 엔트로피 부호화의 방법은 런-길이 부호화(Run-length coding), 허프만 부호화(Huffman coding), 산술 부호화(Arithmetic coding) 등이 있다. 런-길이 부호화 방법은 연속적으로 발생하는 심볼에 대해서 발생한 심볼의 발생 빈도와 해당 심볼을 (길이, 심볼) 쌍으로 표현하여 데이터를 줄이는 방법이다. 예를 들어, 그림 3-2(a)와 같은 20바이트의 문자열 심볼이 있다고 하자. 이 입력 심볼에 대해서 런-길이 부호화를 수행하면 그림 3-2(b)와 같이 10바이트로 표현할 수 있다. 즉, 런-길이 엔트로피 부호화를 통하여 50%의 데이터 압축이 가능하다. 허프만 부호화는 부호화 하려는 심볼의 발생 확률에 따라 코드를 할당하여 전송해야 하는 데이터양을 줄이는 방법이다. 즉, 자주 발생하는 심볼에 대해서는 짧은 비트를 할당하고, 발생 빈도가 낮은 심볼에 대해서는 긴 비트를 할당하는 것이다. 그림 3-2(a)의 심볼에 대한 발생확률과 허프만 부호화를 위한 코드워드는 표 3-1과 같다.

표 3-1 입력 심볼에 대한 발생 확률과 코드워드

데이터	발생 확률	코드워드
A	1/20	000
B	3/20	01
G	14/20	1
Y	2/20	001

허프만 부호화를 위한 코드워드는 그림 3-3의 허프만 부호화 트리에 의해서 구할 수 있다. 허프만 부호화 트리는 높은 확률의 심볼로부터 하나의 말단 노드(Leaf node)로 분리하면서, 코드를 할당하면 된다. 즉, 가장 발생 빈도가 높은 'G' 심볼은 한 비트가 할당되고, 낮은 발생 빈도를 가지는 'A'와 'Y' 심볼은 3비트씩 할당이 된다. 주어진 입력 심볼의 종류가 네 가지이기 때문에, 고정 비트로 심볼을 표현하는 경우에는 각 심볼 당 2비트씩 할당된다. 즉, 총 20개의 입력 심볼에 대해서 고정 비트로 부호화하는 경우 총 40비트가 필요하다. 반면, 허프만 부호화로 데이터를 표현하면 그림 3-4와 같이 29비트로 표현할 수 있다.

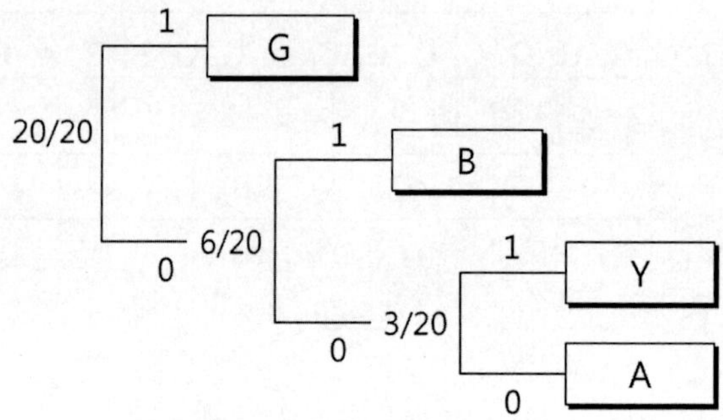

**그림 3-3 ▌ 허프만 부호화 트리

G, G, G, G, G, G, G, G, G, G, G, G, G, G, B, B, A, B, Y, Y

⇒ 11111111111111 0101 000 01 001001

**그림 3-4 ▌ 허프만 부호화 결과 비트 스트림

마지막으로 산술 부호화 방법은 데이터의 발생 확률에 따라 [0, 1] 사이의 확률 값의 범위로 데이터를 표현하는 것이다. 허프만 부호화에서는 각 데이터에 대해 하나 이상의 0과 1로 구성된 이진 심볼에 매핑하여 사용하지만, 산술 부호화에서는 다수의 데이터를 하나의 부동 소수점 값으로 표현할 수 있다. 산술 부호화 방법에 대해서는 11장에서 자세하게 설명할 것이다.

3.2 블록 기반 비디오 압축 기술

이 절에서는 비디오 압축에 사용되는 기본적인 기술에 대해서 소개한다. 비디오 압축의 기본 개념은 영상 간에 존재하는 시간적 중복성 및 영상 내에 존재하는 공간적인 중복성을 제거하고, 인지시각 관점에서 인간이 감지하기 어려운 정보를 제거하며, 정보 이론 관점에서 데이터를 최적으로 표현하여 영상 데이터의 양을 줄이는 것이다. 정지 영상 또는 동영상 압축 방법은 처리하는 단위에 따라 크게 프레임(Frame) 기반 압축 방법과 블록(Block) 기반 압축 방법으로 나뉜다. 프레임 기반 압축 방법은 영상 전체를 하나의 처리 단위로 압축하는 것으로 대표적인 프레임 기반 영상 압축 기술에는 웨이블릿 변환(Wavelet transform)을 이용한 정지 영상 압축 표준인 JPEG-2000이 있다 [2]. JPEG-2000 영상 압축 표준 기술은 주관적 화질에서 좋은 평가를 받고 있지만, 예측 기술 적용이 어렵고, 많은 메모리와 계산량을 요구하는 문제점이 있다. 따라서 대부분의 정지 영상 압축 표준이나 동영상 압축 표준들은 블록 기반의 영상 압축 방법을 사용한다. 블록 기반의 영상 압축 방법은 영상을 특정 블록 단위로 나누어서 처리하는 것으로, 적은 메모리와 계산량을 통해 보다 효과적인 부호화가 가능하다. 그림 3-5는 일반적인 동영상 압축 표준의 부호화기 블록도를 보여준다. 동영상 부호화기는 시간적 또는 공간적인 예측, 변환, 양자화, 루프 필터(Loop filter), 엔트로피 부호화 등으로 구성되어 있다. 블록 기반 동영상 부호화기는 각각의 모듈을 블록 단위로 처리하게 되는데, 블록의 크기는 각각의 동영상 압축 표준에 따라 16×16, 64×64 등과 같이 정해진 크기를 사용하게 된다.

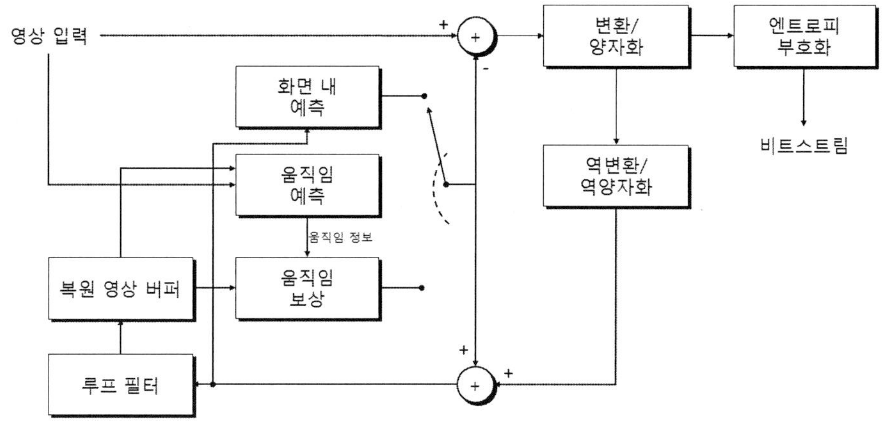

**그림 3-5 ▌ 기본 동영상 부호화기 블록도

3.2.1 시간적 예측과 공간적 예측

영상을 압축하기 위한 동영상 부호화기는 입력 영상의 한 블록에 대해서 가장 먼저 시간적 또는 공간적 예측을 수행한다. 비디오의 첫 번째 영상과 같이 시간적으로 이전의 영상이 존재하지 않는 경우 또는, 임의 접근을 위한 프레임은 공간적 예측만을 사용한다. 즉, 공간적 예측을 사용한 프레임은 다른 시간의 프레임과는 독립적으로 부호화 및 복호화가 가능하다. 이러한 공간적인 예측 (화면 내 예측)만을 사용하는 프레임을 비디오 압축 분야에서는 I-프레임 (I-frame : Intra predicted frame)이라 부른다. I-프레임은 영상의 공간적 중복성을 제거하는 방법으로 압축 효율을 높이게 된다.

그림 3-6은 I-프레임에서 공간 중복성의 예를 보여준다. 영상 내에서 두 개의 블록을 확대한 결과에서 보듯이, 영상 내에서 주변 화소 값들 간에 중복성이 존재한다. 즉, 기하학적으로 가까운 거리의 화소 값들 간에는 큰 유사성을 가진다는 것이다. 그림 3-6에서 보듯이 블록 내에 강한 에지가 존재하는 경우

**그림 3-6 ▌ I-프레임의 공간 중복성의 예

에는 화소 값 간에 큰 밝기 변화가 존재하지만, 특정 방향을 고려한다면 해당 방향으로 밝기 값 중복성이 큼을 알 수 있다. 즉, 공간적 중복성은 방향 등의 여러 가지 특징으로 함께 나타낼 수 있어, 공간 중복성을 제거하기 위한 공간 예측 방법을 다양하게 설계할 수 있다. 이러한 공간 예측방법을 화면 내 예측이라 한다.

시간적으로 앞서 복원이 된 픽쳐들을 참조할 수 있는 프레임들에 대해서는 공간적 예측뿐만 아니라 시간적 예측도 수행할 수 있다. 즉, 현재 프레임은 이전에 부호화된 픽쳐를 참조하여 부호화할 수 있으며, 이전의 부호화 혹은 복호화 된 픽쳐를 참조 픽쳐 (Reference picture)라 부른다. 이러한 참조 픽쳐는 한 장을 사용할 수도 있고, 여러 장을 사용할 수도 있다. 이전에 부호화 및 복호화 된 픽쳐를 참조한다는 말은, 이전의 원본 픽쳐를 참조 픽쳐로 사용하는 것이 아니라, 원본 픽쳐를 부호화한 후, 복호화 된 픽쳐를 사용한다는 것을 의미한다. 인코더에서는 이전 픽쳐에 대해 원본 픽쳐와 부호화 및 복호화 된 픽쳐가 모두 존재하지만, 디코더에서는 원본 픽쳐를 알 수가 없기 때문이다. 그림 3-7은 인코더와 디코더에서 현재 프레임에 대해 참조 가능한 영상과, 각각의 경우에 대한 복호화 영상 간의 일치/불일치 여부를 보여준다. 그림 3-7의 현재 프레임인 t 시간의 원본신호 $F(t)$는 인코딩 대상 영상의 한 블록이다. 그림 3-7(a)의 인코더에 입력되는 t 시간의 원본신호 $F(t)$는 t-1 시간의 원본 영상 $F(t\text{-}1)$ 내에서 움직임

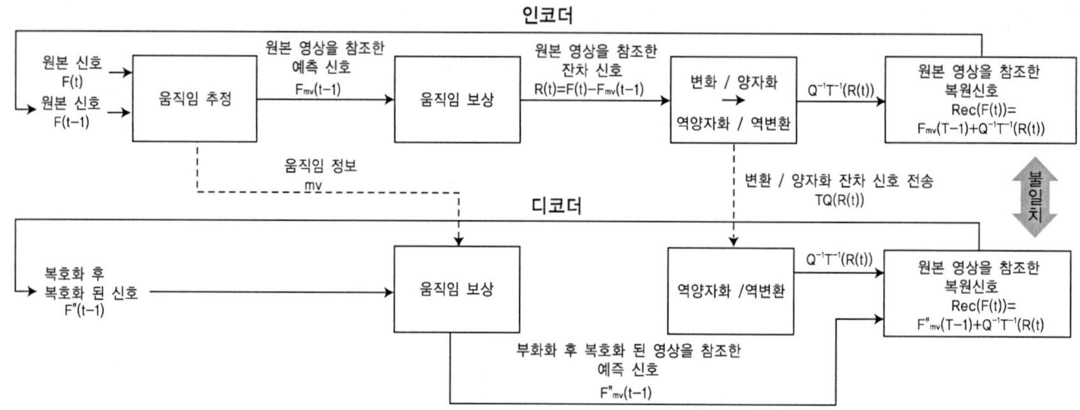

(a) 인코더와 디코더 다른 참조 영상 사용에 따른 불일치

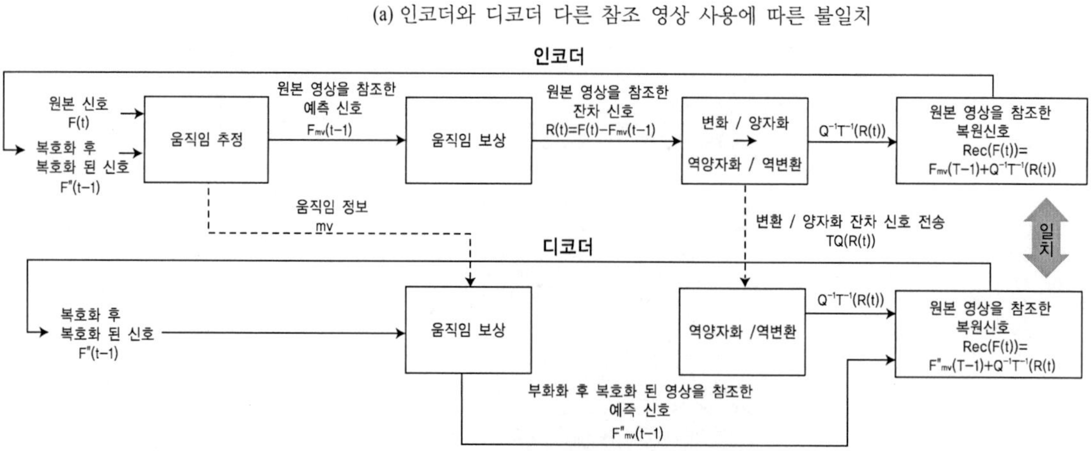

(b) 예측 영상으로 복원 영상을 사용하여 불일치 제거

**그림 3-7 ▌ 인코더와 디코더의 참조 영상 및 복원 영상 간의 관계

추정을 통해 중복성이 가장 높은 신호의 움직임 정보 *mv*와 이에 대한 $F_{mv}(t-1)$ 신호를 얻을 수 있다. 입력 신호인 $F(t)$는 $F_{mv}(t-1)$ 참조하여 움직임 예측을 수행할 수 있고, 이때 예측 결과로 생성되는 *t* 시간의 잔차신호 $R(t)$에 대해 인코딩을 수행하여 변환 및 양자화 된 잔차신호 $TQ(R(t))$가 전송되었다고 가정했을 때, 디코더에서는 *t*-1 시간의 원본 영상 자체가 없기 때문에 움직임 정보 *mv*가 전송되었다 하더라도 $F_{mv}(t-1)$와 동일한 예측 신호를 구할 수 없다. 따라서 디코더에서 참조 가능한 *t*-1 시간의 부호화 후 복호화 된 영상에 대한 움직임 예측 신호인 $F''_{mv}(t-1)$을 사용하여 움직임 보상을 수행하게 되면 복원 영상 $Rec(F''(t))$는 인코더의 $Rec(F(t))$와 일치하지 않게 된다. 반면, 그림 3-7(b)와 같이 인코더의 *t* 시간의 원본신호 $F(t)$에 대하여 *t*-1 시간의 부호화 후 복호화 된 영상 $F'(t-1)$을 참조하여 움직임 예측을 수행하면, 움직임 정보 *mv*와 이에 대한 움직임 추정된 예측 신호 $F'_{mv}(t-1)$를 얻을 수 있다. 디코더는 인코더와 동일한 *t*-1 시간의 부호화 후 복호화 된 영상이 존재하므로 전송된 움직임 정보 *mv*에 대한 움직임 예측을 통해 인코더와 동일한 예측 신호 $F'_{mv}(t-1)$을 생성하고, 이에 대한 움직임 보상을 통해 *t* 시간의 복호화 신호 $Rec(F'(t))$를 동일하게 생성할 수 있다. 즉, 인코더에서 참조 영상으로 이전의 원본 프레임을 사용하면 디코더에는 인코더에서 참조했던 이전의 원본 프레임이 없기 때문에 움직임 보상의 결과가 달라지고, 인코더 디코더 간의 불일치(Mismatch)가 발생할 수 있다. 따라서 그림 3-7(b)와 같이 참조 프레임은 반드시 이전에 부호화 후 복호화 된 프레임만을 이용해야 디코더에서도 동일한 예측 블록을 얻을 수 있게 된다. 즉 부호화기는 복호화기를 포함하므로, 수신 측에서 예측에 사용할 복원 영상을 동일한 방법으로 생성하여, 예측에 사용해야 한다는 것이다.

참조 픽쳐는 디스플레이 상에서 시간적으로 이전의 영상만 사용되는 것은 아니다. 시간적으로 현재 프레임의 이후의 영상도 참조 픽쳐로 사용 가능하다. 이 경우 미래의 영상은 현재 영상보다 먼저 부호화/복호화가 되어 있어야 한다. 시간적으로 과거의 영상을 참조하여 시간적 예측 또는 화면 간 예측하는 것을 순방향 예측(Forward prediction)이라 하고, 시간적으로 미래의 프레임을 참조하여 시간적 예측 또는 화면 간 예측을 수행하는 것을 역방향 예측(Backward prediction)이라 한다. 이렇게 순방향 혹은 역방향의 예측을 하나만 이용하여 부호화 하는 프레임을 P-프레임(P-Frame)이라고 한다.

(a) 순방향 예측의 예

(b) 역방향 예측의 예

**그림 3-8 ▌ 시간적 예측 방법

**그림 3-9 ▌ 양방향 예측의 예

그림 3-8은 P-프레임에 대한 화면 간 예측의 예를 보인다. 그림 3-8(a)는 *t* 시간의 영상을 기준으로 *t*-1 시간의 영상 내에 존재하는 참조 블록을 사용한 순방향 예측의 예이며, (b)는 *t* 시간의 영상을 기준으로 *t*+1 시간의 영상 내에 존재하는 참조 블록을 사용한 역방향 예측의 예이다. 이와 같이 현재 영상을 기준으로 과거 혹은 미래의 영상을 참조하여 시간적 중복성을 제거하는 프레임을 P-프레임이라고 한다. HEVC에서는 특히, '최대 한 개의 움직임 정보와 참조영상 인덱스를 갖는 프레임'을 P-프레임으로 정의한다.

순방향 예측과 역방향 예측을 모두 사용하여 양방향 예측을 사용하는 프레임을 B-프레임(B-frame)이라고 한다. 일반적으로 B-프레임은 P-프레임에 비해서 더 정밀한 예측 블록을 얻을 수 있기 때문에 부호화 성능을 높일 수 있다. 그림 3-9는 양방향 예측의 예를 보여준다. 그림 3-9의 양방향 예측은 *t* 시간의 영상을 기준으로 *t*-1시간의 영상과 *t*+1 시간의 영상을 모두 참조하여 예측하는 방법을 보여주고 있다. 이러한 양방향 예측은 일반적으로 참조하는 두 개의 블록을 현재 영상으로부터의 시간적 거리를 고려하여 가중 평균하는 방법을 사용한다. 이러한 양방향 예측을 사용함으로써 현재 블록과 더욱 유사한 예측블록을 생성하여 시간적 중복성을 효과적으로 제거할 수 있다. 하지만, B-프레임의 경우에는 역방향 예측을 사용하기 위해서 지연이 발생하게 된다. I-프레임, P-프레임 및 B-프레임의 사용은 매 프레임마다 선택적으로 결정될 수 있으며, 동영상을 부호화 할 때 사용된 참조 구조에 따라 결정된다. 참조 구조에 대해서는 다음 절에서 보다 자세히 설명할 것이다.

3.2.2 변환 부호화

시-공간적(Spatio-temporal) 예측으로부터 얻어진 예측 블록을 통해 블록과의 차이를 구하게 되는데, 이를 차분 블록(Residual block)이라 부른다. 차분 블록은 예측과정에 의해서 중복성이 많이 제거되었지만, 예측이 잘 되지 않은 일부 블록에는 여전히 부호화해야 하는 많은 정보가 존재하게 된다. 이 차분 신호에 대해서 인지 시각 관점의 데이터 압축이 가능한 변환을 수행한다. 그림 3-10(a)는 그림 3-1의 영상에서 추출한 하나의 8×8 블록의 예를 보여준다. 그림 3-10(b)에서 보는 바와 같이, 영상에서의 8×8 블록은 공간적으로 유사한 특성을 가지고 있다. 이 입력에 대해서 식 (3-1)의 DCT 기반의 변환을 수행하면 저주파 영역으로 데이터를 집중 시킬 수 있다. 변환의 목적은 데이터의 에너지를 줄이는 것이 아니라, 영상 신호의 에너지를 특정 주파수 영역에 집중 시키는 것을 말한다. 그림 3-11에서 보는 바와 같이, DCT 이후 대부분의 에너지는 낮은 주파수에 집중되는 것을 볼 수 있다. 또한, 동영상 압축에서 변환을 사용하는 것은 인간의 눈이 저주파 및 중간 주파수의 신호는 잘 인지하지만 고주파는 잘 인지 못하는 특성을 이용하여 양자화를 효과적으로 적용하기 위함이다. 인코더에서 변환 다음 단계인 양자화 과정에서 주파수 영역의 양자화를 통해 인간이 잘 인지하지 못하는 신호를 효과적으로 제거할 수 있다.

166	160	147	146	133	156	164	136
142	143	153	152	143	145	144	139
141	149	147	140	135	138	142	155
141	143	147	145	127	130	145	157
142	136	146	138	126	139	156	154
158	160	156	144	153	155	146	153
171	182	177	158	156	146	143	155
146	169	173	163	158	150	150	158

(a) 0 번째 영상과 한 블록 (b) 첫 번째 8×8 블록의 픽셀 값

그림 3-10 ▌ 입력 영상과 8×8 블록의 픽셀 값

798.1	-9.1	-11.3	0.12	-5.13	0.19	0.49	-0.63
-6.75	-1.34	6.92	-1.05	0.03	0.65	-0.64	-0.15
4.76	-1.76	-0.16	0.5	-0.03	-0.14	0.39	-0.56
0.28	-5.43	0.82	-0.47	-0.1	0.57	-0.39	-0.37
-0.38	-1.19	-0.26	0.11	0.38	0.01	-0.3	0.07
0.15	0.87	-0.29	0.04	0.15	0	0.32	-0.05
0.06	0.8	0.14	-0.12	-0.39	0.51	-0.34	0.19
-0.29	-0.68	0.2	0.48	-0.17	-0.55	0.16	-0.19

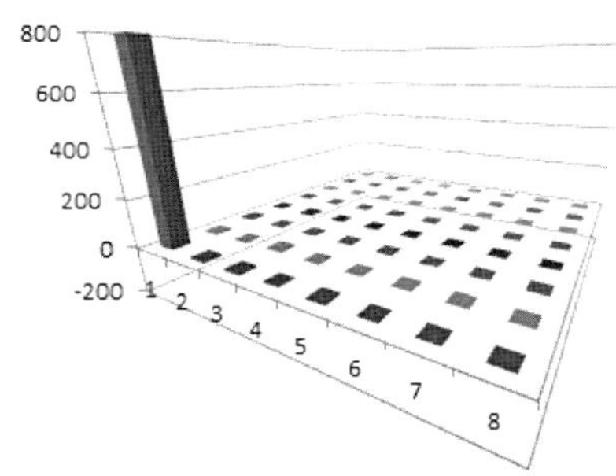

(a) DCT 계수 (b) DCT 계수 막대 그래프

그림 3-11 ▌ 8×8 블록에 대한 DCT 계수

3.2.3 양자화

양자화란 입력 값의 어떠한 범위를 이산적인 값으로 매핑을 하는 과정으로 변환에 의해서 주파수 영역으로 변경된 변환 계수에 적용된다. 앞에서 소개한 바와 같이, 시-공간적인 예측 및 주파수 변환 과정은 물리적인 관점에서는 데이터 손실이 발생하지 않고, 단지 데이터의 중복성을 제거하고 에너지를 주파수 평면으로 분할하는 무손실 과정이며, 데이터의 손실은 양자화 과정에서 발생된다. 연속 또는 대량의 이산적인 입력 데이터는 양자화 이후 소수의 이산적인 심볼로 매핑 된다. 양자화의 설계란 양자화 구간, 대표 값의 개수, 대표 값으로 구성될 수 있다. 양자화 구간은 양자화 되는 데이터의 범위를 의미하는 것으로, 하나의 값에 매핑되는 입력 값의 범위를 결정한다. 대표 값의 개수는 입력되는 데이터의 범위와 양자화 구간에 의해서 결정된다. 즉, 양자화 구간과 대표 값의 개수에 따라서 양자화에 따른 데이터 손실의 양이 결정된다. 대표 값은 하나의 양자화 구간 내에서 역양자화 시 데이터를 복원할 때, 원신호의 범위 중 하나의 값으로 복원하는 역할을 한다. 입력 신호가 균일 분포를 따를 때 대표 값은

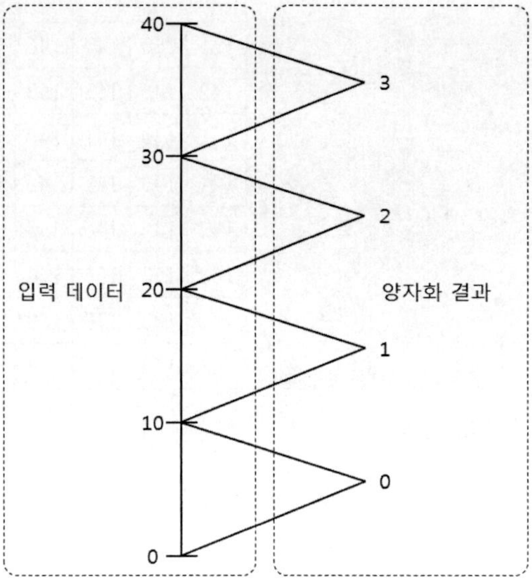

**그림 3-12 ▌ 양자화 과정

일반적으로 양자화 스텝의 중간 값을 사용한다. 만약, 입력 데이터의 확률 분포를 알고 있는 경우에는 양자화 오차를 최소화하기 위해서 대표 값의 위치를 조정할 수 있다.

그림 3-12는 일반적인 양자화의 개념을 보여준다. 0~40까지의 입력 데이터는 0, 1, 2, 3의 이산적인 값으로 양자화 된다. 양자화된 심볼은 역양자화를 통해 원신호 스케일로 복원될 수 있는데, 양자화된 구간의 값들 중 하나인 대표값으로 표현되어 진다. 양자화는 나눗셈과 반올림 연산 또는 테이블 매핑 방법에 의해서 수행될 수 있고, 역 양자화는 곱셈 또는 테이블 매핑 방법에 의해서 구현될 수 있다.

양자화는 양자화 구간의 크기에 따라 균등 양자화(Uniform quantization)와 비균등 양자화(Non-uniform quantization) 방법이 있다. 균등 양자화는 그림 3-13(a)와 같이 모든 구간에서 동일한 양자화 구간을 사용하는 양자화 방법이고, 비균등 양자화는 그림 3-13(b)와 같이 각 구간에 대한 양자화 구간이 동일하지 않은 방법이다. 균등 양자화와 비균등 양자화는 입력 데이터의 확률 분포나 양자화의 목적에 따라 선택적으로 사용할 수 있다. 일반적으로 입력 데이터의 확률 분포가 균등할 때에는 균등 양자화를 사용하며,

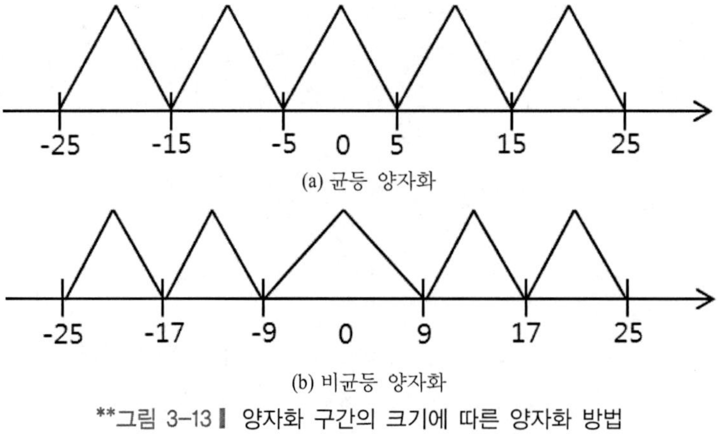

**그림 3-13 ▌ 양자화 구간의 크기에 따른 양자화 방법

입력 데이터의 분포가 균등하지 않을 때는 비균등 양자화를 사용하게 된다. 예를 들어, 입력 데이터의 확률 분포가 0에서 최댓값을 가지고 입력 데이터 값이 클수록 확률 분포가 낮은 가우시안 형태라고 가정해 보자. 0 근처의 양자화 구간은 작게 하고 데이터 값이 큰 영역은 양자화 구간을 크게 하는 비균등 양자화를 사용하면 양자화에 의한 에러를 줄일 수 있다. 비디오 압축에서도 0 근처의 입력이 많이 발생하지만 대부분의 0 근처 입력 데이터는 사람이 잘 인지하지 못하는 고주파 성분의 계수이기 때문에 이러한 입력을 제거하는 것이 바람직하다. 또한, 연속되는 0의 값은 엔트로피 코딩에서 적은 데이터로 표현할 수 있어, 율-왜곡(RD : Rate-Distortion) 관점에서 전체적으로 이익이 될 수 있다. 따라서 비디오 코딩에서는 0 근처의 양자화 구간을 크게 하고 나머지 구간을 작게 하는 데드 존 비균등 양자화기가 자주 사용된다.

양자화는 대표 값의 개수에 따라 Mid-rise 양자화와 Mid-tread 양자화로 구분할 수도 있다. 입력 데이터가 0을 중심으로 대칭적으로 분포할 때, 대표 값의 개수가 짝수인 경우는 Mid-rise 양자화라 하고, 대표 값의 개수가 홀수인 경우를 Mid-tread 양자화라 한다. 그림 3-14는 Mid-rise 양자화와 Mid-tread 양자화를 보여준다. 각각의 양자화는 그림에서 알 수 있듯이, Mid-rise 양자화는 출력 값으로 0을 가지지 않고, Mid-tread 양자화는 출력 값으로 0을 가진다. 비록 대표 값의 개수가 짝수일지라도 출력 값이 0이 필요한 응용에서는 Mid-tread 양자화로 양자화기를 설계할 수도 있다.

앞서 동영상 압축 표준은 디코더 과정만을 의미한다고 소개하였다. 따라서, 양자화 과정은 표준의 대상이 아니며, 역양자화 과정만이 표준이 된다. 비디오 압축에서의 양자화는 DCT 변환을 수행하여 얻은 주파수 영역의 변환 계수를 양자화 스텝(양자화 구간)으로 나누는 방법으로 수행한다.

$$C' = C \ / \ Q\_step \qquad (3\text{-}2)$$

C는 변환 이후의 변환 계수이고, C'는 양자화된 변환 계수를 의미한다. Q_step은 양자화를 위한 양자화율이다. 역 양자화 과정은 일반적으로 곱셈을 통하여 쉽게 이루어 진다.

$$R = C' \ * \ Scale \qquad (3\text{-}3)$$

여기서, $Scale$은 역양자화를 위해 양자화된 계수에 곱해지는 값이고, R은 복원된 변환 계수이다. 양자화에 대해서는 8장에서 좀더 자세히 설명한다.

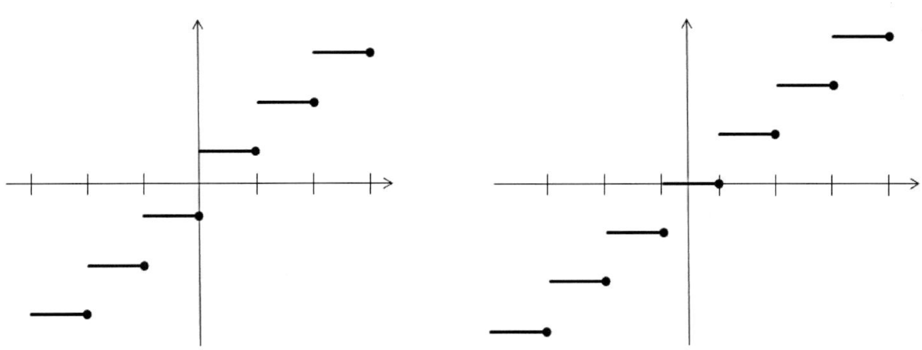

(a) Mid-rise 양자화 방법 (b) Mid-tread 양자화 방법

**그림 3-14 ▌ 대표 값 개수에 따른 양자화 방법

3.2.4 엔트로피 부호화

엔트로피 부호화는 무손실 압축 과정이며, 심볼의 발생 확률에 따라 심볼의 길이를 가변적으로 할당하여 표현에 필요한 데이터양을 최소화하는 것이다. 데이터는 자료의 단순한 나열을 의미한다. 이러한 나열된 데이터는 정보를 포함하고 있다. 하지만, 그 데이터의 양과 정보의 양이 일치하는 것은 아니다. 보다 정확하게는 정보의 양은 데이터의 양 보다는 항상 적거나 같다. Shannon은 데이터 발생 과정이 독립적이라고 할 때, 주어진 데이터에 포함되어 있는 정보량을 엔트로피로 측정할 수 있다는 것을 보였다. 이러한 가정 하에, 주어진 데이터를 엔트로피 양 이하로 표현할 수는 없다. 하지만, 실제 세계에서는 Shannon의 가정이 맞지 않은 경우가 대부분이어서, 더 큰 압축 효율을 낼 수 있고, 그 한계를 규정지을 수는 없다. 비디오 코딩 분야에서 엔트로피 부호화는 입력 비디오 데이터를 최적의 정보량으로 표현하는 노력으로 볼 수 있다. 디코더에서 비디오를 복원하기 위해서는 전체 비디오에 대한 정보, 각 프레임에 대한 정보, 각 블록에 대한 움직임 벡터 정보, 참조 영상 인덱스, 양자화 된 변환 계수 등의 정보가 필요하다. 엔트로피 부호화는 이러한 모든 정보를 확률 모델을 기반으로 0과 1로 구성된 가변 길이의 비트열로 표현하여 비트스트림을 만드는 것이다. 대표적인 엔트로피 부호화 방법으로는 가변 길이 부호화(VLC : Variable Length Coding)와 산술 부호화(Arithmetic coding) 등이 있다. 여기서, 가변 길이 부호화방법으로 허프만 부호화와 지수 골룸 부호화 등이 사용되기도 한다.

앞서 설명하였듯이, 비트스트림은 신택스의 나열로 구성되어 있다. 각각의 신택스 요소는 서로 다른 통계적인 특성을 가질 것이다. 효과적인 엔트로피 부호화를 위해서 각 신택스 요소마다 다른 엔트로피 부호화 방법을 사용할 수 있다. 즉, 각 신택스 요소마다 발생 확률을 고려한 맵핑 테이블을 별도로 정의하여 사용할 수 있다. 양자화 율에 따라 다르지만 일반적으로 비트스트림 중 70~80%는 양자화된 변환 계수가 차지하고 있다. 따라서, 동영상 압축 표준에서는 변환 계수에 대한 엔트로피 부호화를 잘 하는 것이 매우 중요하다. 예를 들어, H.264/MPEG-4 Part-10(AVC) 표준에서는 변환 계수를 위한 엔트로피 방법으로 VLC 기반의 CAVLC (Context-based Adaptive Variable Length Coding)와 산술 부호화 기반의 CABAC (Context-based Adaptive Binary Arithmetic Coding)를 선택적으로 사용하였다. 기본적으로 이 방법들은 많은 실험 비디오를 이용한 반복적인 실험을 통하여 변환 계수의 발생 확률에 대한 모델을 주변 블록의 결과와 연결하며, 실제 코딩 대상의 통계적 특성에 적응할 수 있는 엔트로피 방법을 설계한 것이다. 엔트로피 부호화에 대해서는 11장에서 자세히 설명한다.

3.2.5 루프 필터

앞서 설명한 동영상 압축을 과정을 수행하면 양자화에 의해 화질의 열화가 발생된다. 이러한 열화를 줄이기 위해서 영상에 필터링을 수행할 수 있다. 필터링은 크게 인-루프(In-loop) 필터링과 포스트 필터링 방법이 있다. 먼저, 포스트 필터링은 영상을 디스플레이하기 전에 양자화 오차를 줄이기 위해 필터링을 수행하는 방법으로 다음 프레임 디코딩에 영향을 주지 않는다. 즉, 포스트 필터링은 영상 복호화 과정에 영향을 주지 않으며 그렇기 때문에 동영상 압축 표준의 대상이 아니고 디스플레이 장치나 사용자에 의해서 선택적으로 사용될 수 있다. 반면, 인-루프 필터는 양자화 오차를 줄이기 위한 필터링의 역할은 동일하지만, 필터링 된 결과 영상이 다음 프레임의 참조에 사용되는 특징이 있다. 따라서 인-루프 필터는 표준에서 정의되며, 이에 따라 복호화 되어야 한다.

대표적인 인-루프 필터 중 하나는 디블록킹(Deblocking) 필터이다. 대부분의 동영상 압축 표준들이 블록 단위로 부호화를 수행 하는데, 인접한 두 블록은 서로 다른 위치에서 예측 블록을 얻고 서로 다른 양의 양자화로 인해 에러의 특성이 다를 수 있기 때문에 블록 경계가 보이는 열화가 발생할 수 있다. 이러한 현상을 블록킹 열화(Blocking artifacts)라고 부르며, 사람들이 민감하게 느끼는 주관적 화질 평가 요소 중 하나이다. 디블록킹 필터는 이러한 블록킹 열화를 제거하는 동시에 현재 프레임에 대한 오차를 줄이는 역할을 수행하여 주관적 화질을 향상시킬 수 있다. 또한, 앞서 설명한 바와 같이 디블록킹 필터는 모든 부호화 과정이 완료된 이후에 수행되지만 필터링 된 결과는 다음 프레임을 위한 참조 프레임으로 사용되기 때문에 다음 프레임에 대한 예측 성능을 향상시켜 부호화 성능을 높일 수 있다. 인-루프 필터에 대해서는 9장에서 자세히 설명할 것이다.

3.3 동영상 서비스 응용

지금까지는 비디오 압축의 필요성, 표준의 필요성 및 기본적인 비디오 압축 기술에 대해서 알아보았다. 이 장에서는 동영상 압축 기술을 이용한 다양한 동영상 서비스 응용에 대해서 알아본다. 앞서 비디오 압축에서 프레임의 예측 방법에 따라서 크게 세 가지 프레임 타입(I-프레임, P-프레임, B-프레임)을 살펴보았다. 이러한 프레임의 종류는 비디오 서비스 응용에 따라서 화면 내 예측 방법만을 사용하는 I-프레임과 화면 간 예측 방법을 사용하는 P-프레임 또는 B-프레임 등이 사용될 수 있다.

그림 3-15는 화면 내 예측 방법만을 사용한 All-intra 모드의 코딩 구조를 나타내며, POC (Picture Order Counter)는 디스플레이 순서(Display order)와 같다. 화면 내 예측 방법만을 사용하는 I-프레임은 다른 시간의 프레임을 참조하지 않기 때문에 독립적인 부호화 및 복호화가 가능한 특징이 있다. 즉, 그림 3-15의 코딩 구조에서 어떤 프레임을 선택하든지, 해당 프레임을 즉시 부호화 및 복호화가 가능하다. 비디오의 최초 프레임의 경우, 이전에 부호화 및 복호화 된 프레임이 없기 때문에 반드시 I-프레임을 사용해야한다. 또한, 각각의 프레임에 자유롭게 접근하여 편집과 같은 조작을 쉽게 해야 하는 카메라 및 비디오 편집 시스템에서는 프레임 간의 의존성이 없는 화면 내 예측만을 사용한다. 화면 간 의존성이 없는 I-프레임은 비디오에서 임의의 접근과 에러의 전파를 막는 기능을 제공한다.

그림 3-16은 화면 간 예측 프레임인 P-프레임과 B-프레임의 의존성을 나타낸 예이다. 그림 3-16(a)의

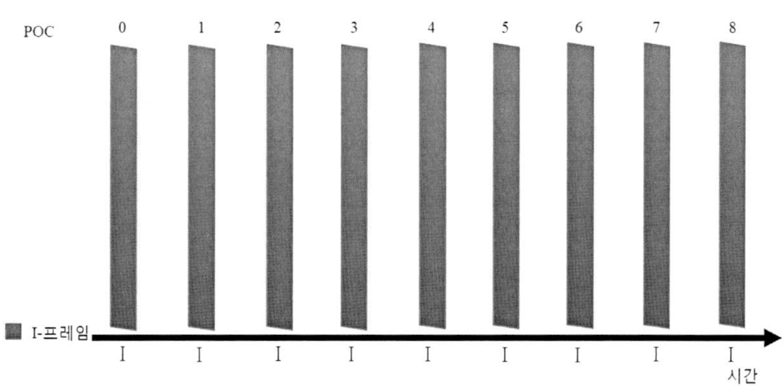

**그림 3-15 ▌ All-intra 모드의 참조 구조

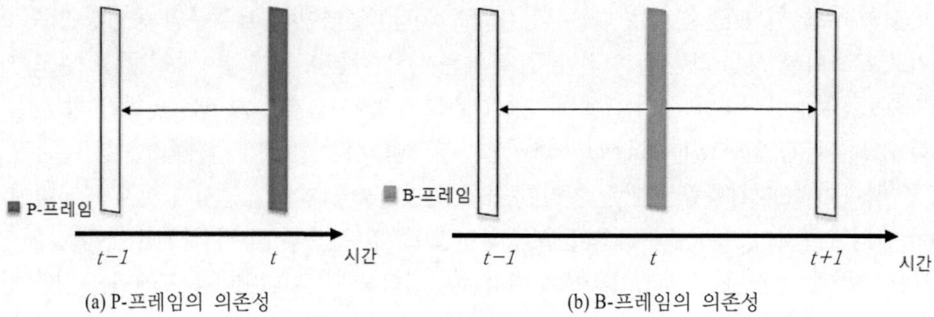

**그림 3-16 ▌ P-프레임과 B-프레임의 의존성

t 시간의 P-프레임을 부호화 또는 복호화 하기 위해서는 해당 P-프레임이 참조하는 *t*-1 시간의 참조 픽쳐가 반드시 복호화 되어야 한다. 또한, 그림 3-16(b)의 경우와 같이 *t* 시간의 B-프레임을 부호화 또는 복호화 하기 위해서는 해당 B-프레임이 참조하는 *t*-1 시간의 참조 픽쳐와 *t*+1 시간의 참조 픽쳐가 모두 복호화 되어야 한다. 해당 프레임이 다른 프레임을 참조하기 때문에 참조 픽쳐에 의존성을 갖는 P-프레임 또는 B-프레임인 경우에는 참조 픽쳐의 복호화가 반드시 선행되어야 하므로, 해당 프레임에 즉시 접근할 수 없다. 또한, 화면 간 예측을 수행하는 P-프레임과 B-프레임은 부호화 및 복호화 과정에서 참조 픽쳐들의 복호화 시간만큼의 지연을 가지며, 해당 P-프레임 또는 B-프레임을 부호화 또는 복호화 하기 전 까지 해당 프레임이 참조하는 픽쳐를 메모리에 저장해야 하는 단점이 존재한다. P-프레임과 B-프레임은 비디오 압축 성능 면에서 I-프레임 대비 약 3배 이상 좋은 것이 일반적이다. 그러나, 압축된 비디오의 전송과정에서 발생할 수 있는 패킷의 손실과 통신 채널을 통과하는 과정에서의 에러 등에 의해 손상된 영상이 발생할 경우, 손상된 해당 영상을 참조하는 다른 영상으로 에러가 전파(Propagation) 된다. 따라서, 일반적인 비디오 압축은 비디오의 중간에 주기적인 I-프레임을 삽입하여 수행된다. 현재 국내 방송에서는 일반적으로 임의의 접근 기능을 제공을 위하여 초 당 두 장의 I-프레임을 포함하여 전송하고 있다.

일반적으로 비디오 영상에는 화면 간 중복성이 화면 내 중복성 보다 높기 때문에, 시간적으로 주변에 위치하는 영상을 참조함으로써 압축 효율을 높일 수 있다. I-프레임만으로 부호화된 비디오의 경우, 편집이나 임의 접근이 용이한 장점이 있으나, P-프레임이나 B-프레임에 비해 부호화 효율이 낮기 때문에 많은 비트량이 발생하게 된다. 따라서, 임의 접근 고품질 비디오 서비스인 실시간 방송, 스트리밍 서비스 및 VoD 서비스 등에서는 주기적인 I-프레임을 포함하며, 화면 간 예측을 사용하는 P-프레임 또는 B-프레임을 사용한다. 반면, 화상 회의 응용 서비스를 위해서는 낮은 비트량을 가지는 동시에 양방향 대화를 위한 지연을 최소로 해야 한다. 따라서, 저 지연 모드(Low delay mode)로 서비스를 위해서 일반적으로 I-프레임은 비디오의 시작에만 사용하고, 이후 화면들에 대해서는 지연이 필요 없는 P-프레임만을 사용하여 순차적으로 부호화 한다. 즉, 화면 간 지연이 짧아야 하는 실시간 화상 회의 서비스 등을 위해서는 IPPP 형태의 참조 구조를 사용할 수 있다.

그림 3-17은 저 지연 모드를 위한 참조 구조의 한 예를 보여준다. 저 지연 모드의 경우에는 부호화 순서(Coding order)와 디스플레이 순서가 동일할 수 있다. 부호화 및 복호화 순서가 디스플레이 순서와 동일한 저 지연 모드는 현재 프레임의 복호화 즉시 디스플레이 될 수 있으므로 실시간 응용 서비스에

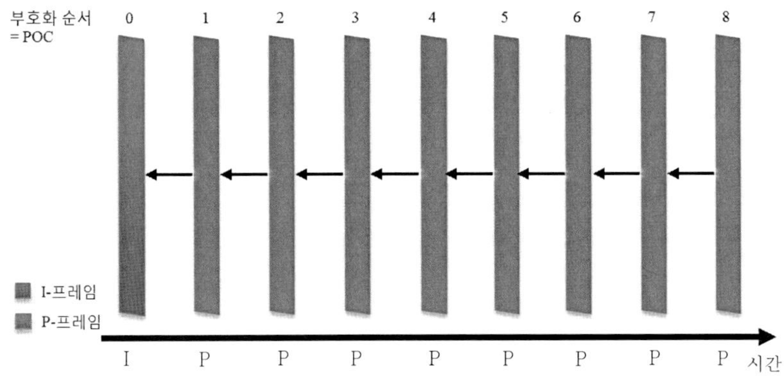

**그림 3-17 | 저 지연 모드의 참조 구조

유용하게 사용될 수 있다. 반면, 임의 접근 모드의 경우 응용의 특성상 일반적으로 고화질을 지원해야 특징을 갖는다. 이러한, 고화질 요구사항을 만족하기 위하여 B-프레임이 사용되고, 이러한 B-프레임은 현재 시간의 프레임이 복호화되 기 전, 시간적으로 과거의 참조 픽쳐와 미래의 참조 픽쳐가 복호화 된 이후에 현재 B-프레임의 복호화가 가능하므로 참조 픽쳐들의 복호화 시간만큼의 지연이 발생한다. 한 개의 참조 픽쳐를 사용하는 P-프레임에 비하여 두 개의 참조 픽쳐를 사용하는 B-프레임의 부호화 성능이 일반적으로 더 높기 때문에 고화질 응용 서비스에 적합한 것이다. 스트리밍 및 VoD 서비스는 일부 지연을 허용하는 대신 좋은 화질의 동영상 서비스를 제공해야 하는 응용 중 하나이다. 이러한 서비스에 대해서는 계층적인 참조(Hierarchical reference) 구조를 사용하여 높은 압축률을 제공하는 B-프레임을 사용할 수 있다.

그림 3-18은 임의 접근 모드(Random access mode)에 대한 참조 구조의 한 예를 보여준다. 임의 접근 모드에서는 부호화 순서와 디스플레이 순서가 다를 수 있다. 그림 3-18과 같이, 임의 접근 모드에서의 부호화 순서는 첫 번째 I-프레임을 부호화한 후, 여덟 번째에 위치한 P-프레임을 부호화 한다. 이후

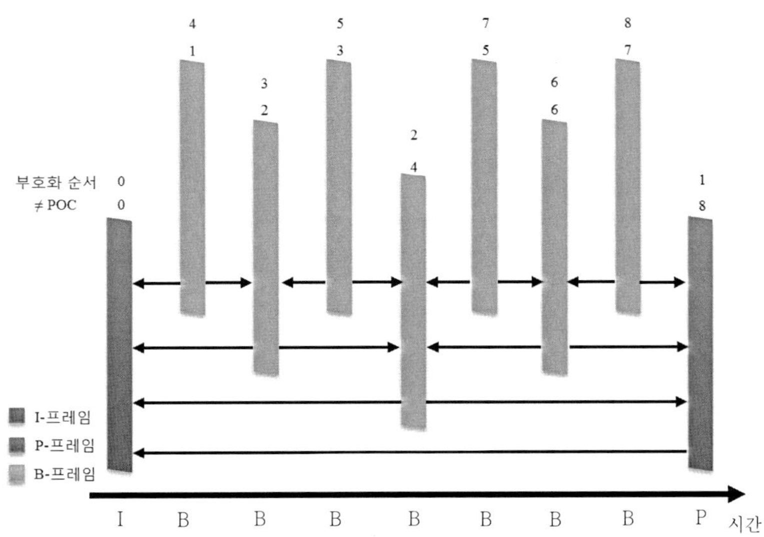

**그림 3-18 | 임의 접근 모드

사이에 있는 프레임들은 계층적인 구조로 부호화를 수행한다. 계층적인 구조로 부호화를 수행하면 대부분의 프레임에 대해서 양방향 예측을 수행할 수 있기 때문에 부호화 성능을 높일 수 있다. 하지만, 참조 구조 및 계층적 부호화 구조의 크기에 따라 많은 지연이 발생할 수 있다. 또한, 임의의 접근을 지원하기 위해서는 주기적으로 I-프레임을 넣어주어야 한다.

HEVC에는 다양한 응용 및 코딩 효율을 위하여 시퀀스 레벨 및 슬라이스 레벨에서 픽쳐 간 참조 구조와 관련된 정보를 직·간접적으로 전송할 수 있다. HEVC에서 사용되는 코딩 참조 구조 및 관련 신택스 등은 6장에서 자세히 설명된다.

3.4 동영상 압축 표준

지금까지 발표된 비디오 부호화 표준은 ITU-T SG16/WP3의 VCEG (Video Coding Expert Group) 과 ISO/IEC JTC1/SC29/WG11의 MPEG (Moving Picture Expert Group)에 의해서 주도적으로 제정되어 왔다. 1990년 VCEG은 낮은 비트율을 가지는 화상 비디오 서비스를 위해 H.261을 제정함으로써, 최초의 디지털 비디오 부호화 표준에 대한 선구자적 역할을 하였다. 이후 1993년 MPEG에서도 비디오 CD (Compact Disk)의 저장을 목적으로 하는 음성, 비디오 부호화에 대한 표준으로써 MPEG-1을 제정하였다. 본 장에서는 MPEG-1 이후의 MPEG에서 제정한 비디오 압축 표준인 MPEG-2, MPEG-4, AVC (Advanced Video Coding)에 대해서 알아본다.

3.4.1 H.261

9H.261은 ITU-T의 비디오 통신을 위한 첫 번째 표준으로 제정되었다. 기본적으로 H.261은 영상전화 및 화상회의 등의 응용에 사용되는 것을 목표로 표준화되었다 [3]. H.261은 영상의 공간 및 시간 중복성을 제거한 예측 차분신호를 공간 축에서 주파수 축으로 이동시키는 DCT를 주요 툴로 사용하였으며, 양자화된 변환 계수를 VLC를 사용하여 압축하였다. 현재까지 모든 비디오 압축의 근간이 되었다고 말할 수도 있겠다.

H.261은 352×288급 해상도, 4:2:0 형태의 순차주사 포맷, 약 30FPS (Frames Per Second) 급의 비디오를 40Kbps~2Mbps의 비트율로 압축하는 것을 목표로 한다. 표준에서 부호화 효율을 위해 사용된 주요 기술은 다음과 같이 요약될 수 있다.

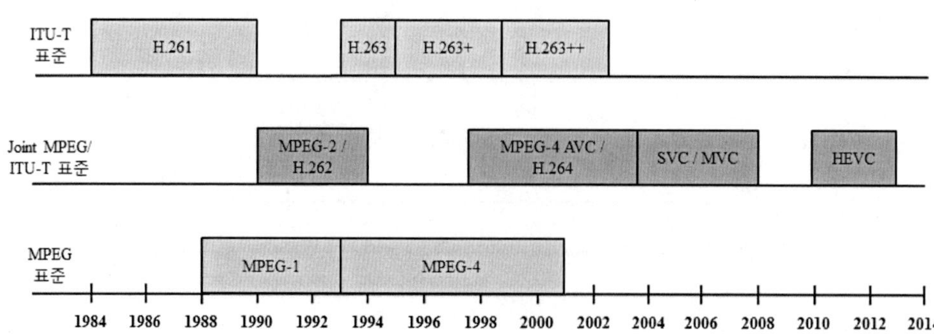

**그림 3-19 ▌ 동영상 압축 표준화의 역사

- 화면 내 예측 프레임에 대한 8×8 이산 여현 변환
- 환 계수에 대한 지그-재그 순서의 스캐닝
- 0 값을 갖는 양자화 변환 계수에 대한 런-길이 부호화
- 움직임 보상

이러한 주요 기술들은 이후의 비디오 압축 표준들에서 세부적으로 변형 및 개선되었지만, 커다란 의미에서의 개념은 크게 바뀌지 않았으며, 이후 비디오 압축 기술에 많은 영향을 미쳤다고 할 수 있다.

3.4.2 MPEG-1

MPEG-1은 동영상과 오디오를 약 1~1.5Mbps의 비트율로 압축하여 디지털 저장매체에 저장하는 것을 목표로 1988년부터 표준화가 시작 되었다. 이는 표준화 당시를 기준으로 한 시간에 해당하는 디지털 영화 콘텐츠를 압축하여 한 CD-ROM에 저장할 수 있는 압축률이다. MPEG-1은 당시 ISO JPEG (Joint Photographic Experts Group)과 H.261을 기반으로 표준화를 시작하여 1993년에 MPEG-1 Part-1, 2, 3가 국제 표준 11171으로, Part-4, 5가 1994년에 국제 표준으로 제정되었다. 이 중 비디오 압축 표준은 MPEG-1 Part-2이며, ISO/IEC 11172-2에 정의되어 있으며, 주요 기술은 다음과 같이 요약될 수 있다.

- 8×8 블록 단위 코딩
- 시간적 예측 부호화
- VLC를 이용한 엔트로피 코딩
- 이미지 보간

앞서 언급한 MPEG-1 표준의 목표에 따른 응용의 예는, 부호화 과정은 한 번 수행되고, 이후에 저장된 부호화된 비트스트림의 복호화는 자주 수행되는 비디오 CD, VoD 등이다. 이러한 응용들은 일단 부호화된 영상이 저장된 뒤에 수시로 복호화를 통하여 콘텐츠를 사용하는 예로써, 부호화 복잡도 보다는 낮은 복호화 복잡도를 고려하여 표준화 되었다.

3.4.3 MPEG-2 / H.262

MPEG과 VCEG은 각자 H.261과 MPEG-1의 표준화를 진행한 이후, 디지털 TV 방송을 위한 공동의 표준화를 진행하였다. MPEG에서는 이를 MPEG-2라 하며, VCEG 에서는 H.262라 부른다 [3]. MPEG-2 표준은 기존의 MPEG-1 표준의 문제점을 보완하여 발전시킨 표준으로, MPEG-1 표준과 역방향 호환성 (Backward compatability)을 가진다. MPEG-1 표준은 낮은 해상도의 비디오를 낮은 비트율로 압축하는 기술을 목표로 개발하였고, 전송을 고려하지 않아 에러에 취약하였기 때문에, 새로운 디지털 비디오 방송용 비디오 압축 표준이 필요하게 되었다. MPEG-2 표준은 디지털 TV 방송 및 DVD 서비스를 위해 다양한 비트율에 대한 압축을 지원하며, 순차 주사(Progressive scan) 방식의 비디오뿐만 아니라 비월 주사(Interlaced scan) 방식의 비디오 압축을 지원한다. MPEG-2 표준은 북아메리카와 우리나라의 방송 표준인 ATSC (Advanced Television Systems Committee) 표준에서 사용되고 있다.

MPEG-2는 하이브리드 비디오 부호화 표준으로, 예측, 변환, 엔트로피 부호화를 모두 포함하고 있다. 예측 부호화는 화면 내 예측과 화면 간 예측 방법 모두를 사용한다. MPEG-2의 화면 간 예측 방법에는

전방 예측 (Predictive)과 양방향 예측(Bi-directional)이 있다. MPEG-2의 화면 내 및 화면 간 예측은 16×16 크기의 매크로블록(Macroblock) 단위로 이루어진다. MPEG-2의 화면 내 예측 방법은 매크로블록 단위로 DC 예측을 수행한다. 화면 간 예측 방법은 하나의 매크로블록을 16×16 크기 블록 하나, 16×8 크기 블록 두 개, 혹은 8×16 크기 블록 두 개로 나누어 수행할 수 있다. 이후 차분 신호는 8×8 크기의 DCT 커널에 의해 변환되고, 양자화 행렬을 이용하여 양자화 된다. 양자화 된 DCT 계수는 VLC를 이용한 엔트로피 부호화를 수행하여 비트스트림을 만든다.

3.4.4 H.263 시리즈

H.263 버전 1은 ITU-T VCEG에 의하여 1993년에 시작하여 1995년에 승인된 비디오 압축 표준이다 [4]. H.263은 H.261에 호환성을 유지하는 동시에, 네 개의 모드를 추가함으로써 약간의 복잡도를 증가시키며 비디오의 화질을 개선시키는 것을 목표로 표준화 되었다. 1/2 화소 단위 움직임 예측, 중간 값 연산 기반 움직임 벡터 예측기술 등을 사용하였으며, 주요 특징으로는 영상의 바깥 영역까지 움직임 예측을 수행할 수 있는 비제한 움직임 벡터, 8×8 블록 단위 움직임 벡터, 중첩 블록 움직임 보상(OBMC : Overlapped Block Motion Compensation), 구문 기반의 산술 부호화(SAC : Syntax-based Arithmetic Coding), 양방향 움직임 예측 등이 있다. H.263의 모든 버전은 16 CIF (1408×1152)까지의 휘도성분 해상도를 지원하며, 8×8 크기의 매크로블록 단위로 부호화된다.

이후, H.263+는 H.263에 역방향 호환성을 가지면서 버전 1에 비하여 화질 및 강인성, 기능성 등의 개선을 위한 12개의 모드와 툴 등이 추가되어 1998년에 승인된 표준이다. H.263+는 특히, 율-제어 기술을 표준 소프트웨어에 추가함으로써, 고정 비트율(CBR : Constant Bit-Rate) 환경에서 안정정인 서비스가 가능해졌으며, 비디오와 관계된 음성 신호를 위하여 영상-음성 간 동기화 구문을 추가하였다. H.263++ (H.263 version 3)는 버전 1에 대하여 부호화 효율 및 저지연 응용, 무선 통신 환경에서의 오류 내성(Error resilience), 비월주사 비디오 압축 지원 등을 위한 기술을 추가하여 2003년에 완성되었다.

3.4.5 MPEG-4

MPEG-2 표준화 이후 ITU-T VCEG과 ISO/IEC MPEG은 독자적인 비디오 부호화 표준들을 발표하기 시작한다. 1995년 ITU-T는 H.263 표준을 시작으로 1997년 H.263+ 그리고 2000년 H.263++을 발표하였다. ISO/IEC에서도 1999년 비디오 부호화 표준인 MPEG-4 Part 2를 발표한다 [5]. MPEG-4 Part 2는 MPEG-4 Visual 이라고도 불린다. MPEG-4 Part 2 표준은 사실 미래 영상 부호화를 고려하여 다양한 기술들을 포함하였다. 예를 들어 화면을 구성하는 물체들을 층별로 나누어 부호화하는 object layer 부호화 기술은 MPEG-4 Part 2의 가장 특징적인 기술 중 하나이다. 전반적으로 MPEG-4 Part2는 MPEG-2와 비교할 때, 8×8 이하의 블록 크기들에 대해서도 화면 간 예측을 허용하였으며, 화면 간 예측 시 보다 높은 정확성을 위해 참조화면을 보간(Interpolation)하여 쿼터-펠(1/4 pel) 단위의 움직임 추정을 수행하였다.

3.4.6 MPEG-4 Part 10(AVC) / H.264

MPEG-4 Part 2 이후 ITU-T VCEG과 ISO/IEC MPEG은 다시 협력 단체인 JVT (Joint Video Team)을 결성한다. 이들은 JVT라는 이름하에 2003년 H.264/AVC (MPEG-4 Part 10)을 발표한다 [1][6].

H.264/AVC는 이전의 비디오 부호화 표준에 비해 압축 효율 성능 면에서 매우 우수한 결과를 냈으며, 압축 성능 향상은 보다 다양해지고 정밀해진 압축 방법들에 기인한다. H.264/AVC에는 좀 더 복잡하고 다양한 블록 크기를 이용한 움직임 예측/보상이 가능하고, 움직임 예측/보상을 위해 사용되는 움직임 벡터의 정확도가 1/4 픽셀 길이만큼 정밀해지면서 영상 범위를 넘어서는 움직임 벡터의 사용도 가능해졌다. 또한, 8×8 크기의 변환뿐만 아니라 4×4 크기의 변환도 가능해졌고, 문맥 기반의 산술 코딩 도입으로 상당한 수준의 압축률 향상이 있었다.

3.4.7 HEVC

HEVC (High Efficiency Video Coding)는 2010년 독인 드레스덴 미팅을 시작으로 2013년 1월에 버전 1, 표준화 완료를 목표로 시작되었다 [7]. ITU-T의 VCEG과 ISO/IEC MPEG은 JCT-VC (Joint Collaborative Team on Video Coding)을 결성하여 HEVC의 표준화를 시작하였다. HEVC는 MPEG의 MPEG-H Part-2와 ITU-T의 ITU Recommendation H.265로 각각의 명칭으로 명명된다. HEVC의 표준화 시점 이전의 최신 비디오 압축표준이었던 H.264/AVC는 위성, 케이블, 지상파 HD (High Definition) TV 방송 및 캠코더, 보안 응용, 인터넷/모바일 네트워크 비디오, 블루레이 디스크 등의 매우 다양한 응용분야에 사용되었다. 그러나, 디지털 비디오 관련 서비스가 다양해지고, HD급 비디오보다 향상된 해상도 (4K×2K, 8K×4K 등) 및 초고속 프레임 율(120FPS 등)을 갖는 초고화질 디지털 비디오에 대한 수요가 증가하고 있고, 특히, 모바일 환경에서 VoD와 같은 서비스가 필요해짐에 따라 기존의 H.264/AVC의 압축성능을 뛰어넘는 비디오 압축 표준이 필요하게 되었다. 이러한 비디오 압축 표준의 수요에 따라, HEVC는 H.264/AVC와 비교했을 때 전체적인 부호화/복호화 형태는 비슷하게 유지하면서 더욱 높은 해상도의 비디오 압축과 고속 병렬처리를 주요 이슈로 하여 표준화되었다.

주요 특징으로는 다양한 크기의 코딩 블록/예측 블록/변환 블록의 지원, 향상된 움직임 벡터 예측, 다양한 방향으로의 화면 내 예측, 향상된 문맥 적응적 이진 산술 부호화(CABAC, Context Adaptive Binary Arithmetic Coding) 등이 있다. 그림 3-21과 같이, 전체적인 구조는 기존의 H.264/AVC와 유사하지만, 각 모듈에서는 초고해상도 비디오의 효율적인 압축을 위해 기존의 방법보다 향상된 기술을 적용

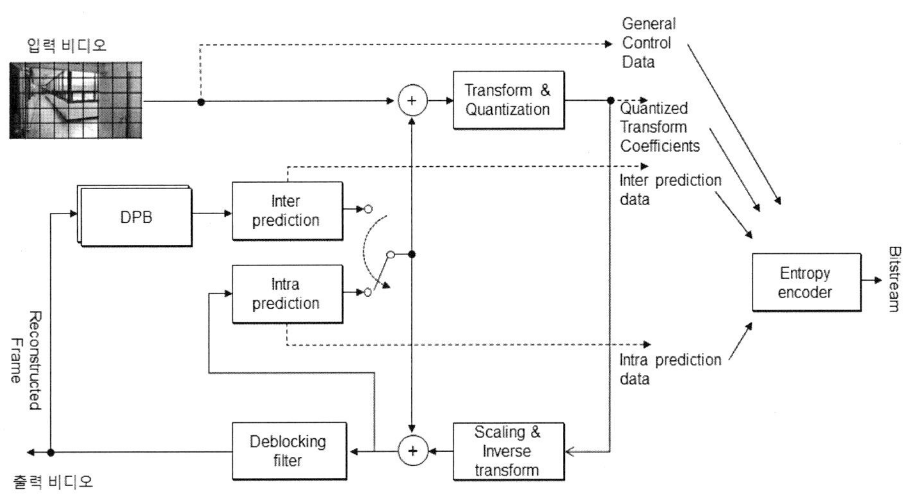

**그림 3-20 ▌ H.264/AVC 인코더 블록 다이어그램

하여 압축 성능을 월등히 높였다. 이후의 장들에서 HEVC에 포함된 각각의 모듈의 정의와 필요성, 물리적 개념, 구체적인 방법 등에 대해 상세히 설명될 것이다.

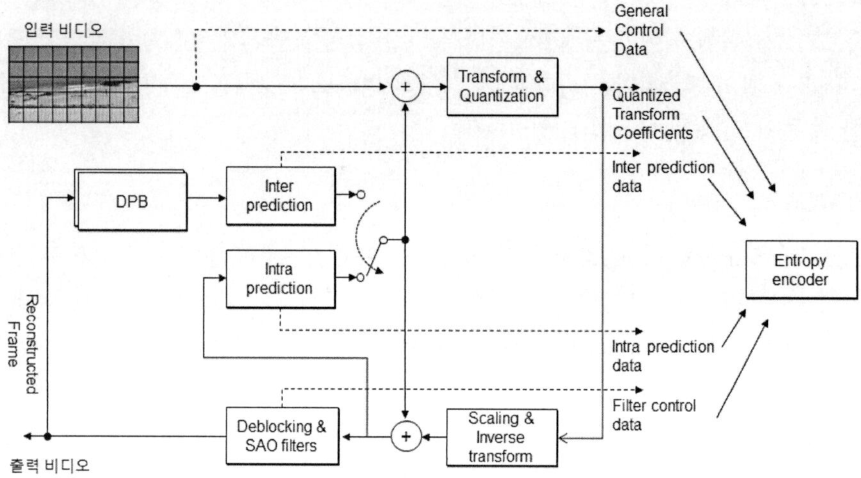

**그림 3-21 ▌ HEVC의 인코더 블록 다이어그램

3.5 HEVC 표준문서의 구성과 이해

앞서 언급한 바와 같이 HEVC는 MPEG의 ISO/IEC 23008-2 MPEG-H Part-2와 ITU-T의 ITU Recommendation H.265로 각각의 명칭으로 명명되며, 한 권의 표준 문서로 구성된다. HEVC 표준은 2013년 4월 발간된 버전 1 이후 2014년 10월, RExt (Range Extension), 멀티-뷰 코딩, 스케일러블 코딩의 확장 표준을 포함한 HEVC 버전 2가 발간되었다. HEVC 표준은 입력 비트스트림 내에서 영상의 복호화를 위해 존재하는 각각의 정보들인 신택스 요소(Syntax element)와 신택스 요소들의 구성인 신택스 구조(Syntax structure), 각 신택스 요소의 의미인 시맨틱(Semantic) 및 디코딩 프로세스를 정의한다. 다시 말하면, HEVC 표준은 디코딩 방법만을 정의하며, 인코더에서 각 신택스 요소의 값을 결정하는 방법에 대해서는 정의하지 않는다. HEVC 표준 문서는 총 11개의 절로 구성되며, 각 절의 주요 내용은 표 3-2와 같다.

HEVC 표준을 이해하기 위하여 표준 문서에서 제안하는 방법은 0.8절에 소개되며, 그 내용은 다음과 같다. 우선, 1절 ‘Scope'에서 시작하여 3절 ’Definition'의 순서로 이해하는 것이다. 1절은 HEVC 표준의 범위를 기술하며, 3절에는 표준에서 사용되는 용어들의 정의들이 사전 순으로 목록화 되어있다. 다음으로 6절은 HEVC 표준에서 다루는 입력 영상 및 디코더의 입/출력에 대하여 기술하는 부분이다. 표준 문서에서 가장 많이 참조되는 부분 중의 하나인 7절 'Syntax and semantics'는 NAL (Network Abstract Layer) 유닛으로부터 시작하여 HEVC에 정의되는 하이 레벨 신택스(High-level syntax)를 포함한 디코딩 프로세스를 C 언어 형태의 테이블로 기술한다. 또한, 각각의 신택스 요소에 대한 의미인 시맨틱을 포함한다. 9절은 7절에서 기술된 각 신택스 요소들을 실제로 파싱하는 방법에 대하여 기술하므로, 실제 HEVC 디코더로 입력된 비트스트림을 비트단위로 해석하는 것이 가능하다.

| 표 3-2 | HEVC 표준 문서의 각 절 및 주요 내용

절	제목 및 주요 내용
0	Introduction - HEVC 표준에 대한 개요
1	Scope - 문서가 다루는 표준기술의 범위
2	Normative reference - 표준에서 참조되는 다른 표준
3	definition - 표준에서 사용되는 용어들에 대한 정의
4	Abbreviations and acronyms - 표준에서 사용되는 약어 및 두문자어에 대한 나열
5	Conventions - 표준에서 사용되는 주요 연산자 및 수학적 표현들에 대한 의미
6	bitstream and picture formats, partitionings, scanning processes and neighboring relationships - 비트스트림 포맷 - 디코더의 source, input, output 간의 기하학적 관계 - 픽쳐, 슬라이스, 타일, CTU, CTB의 분할 및 관계 - 블록간의 유효성 확인 프로세스 - 스캐닝 프로세스
7	Syntax and semantics - 테이블 형태의 신택스 요소들과 시맨틱
8	Decoding process - 비트스트림의 입력에 대하여 디코딩된 픽쳐를 출력하기까지의 프로세스 - 7절에 정의된 신택스 요소들과 시맨틱을 통하여 입력된 비트스트림이 NAL 유닛으로부터 슬라이스, 화면 내 예측 또는 화면 간 예측으로 인코딩된 CU의 디코딩 프로세스, 스케일링, 트랜스폼을 통한 샘플의 복원 과정 - 인-루프 필터 프로세스
9	Parsing process - 대부분의 신택스 요소에 대한 실제 파싱 방법 - Exp-Golomb, CABAC을 이용한 파싱 방법
10	Sub-bitstream extraction process - 서브 비트스트림의 추출 프로세스

그림3-22는 HEVC 표준 문서 내에서 슬라이스 세그먼트 헤더에 포함된 정보인 'slice_pic_parameter_set_id'에 대해 해석하는 방법의 예를 나타낸다. 7.3.1.1절에 정의된 테이블 형태의 슬라이스 세그먼트 헤더를 통하여 전송되는 신택스 요소 중 하나인 'slice_pic_parameter_set_id'의 시맨틱은 7.4.7.1에 정의되어있다. 해당 신택스 요소에 대한 정의 내에서 참조되는 'PPS'는 4절의 약어 부분에 정의되어 있다. 이에 따라 3.98절에 정의된 'PPS'의 의미를 이해할 수 있다. 또한, 'slice_pic_parameter_set_id' 신택스 요소는 'ue(v)'함수를 통하여 그 값을 얻을 수 있으며, 이는 7.2절에 정의된 바와 같이, 0-차 지수-골롬 코드를 사용하여 파싱될 수 있고, 구체적인 파싱 방법은 9.2절을 통하여 알 수 있다.

7.3.1.1 General NAL unit syntax

slice_segment_header( ) {	**Descriptor**
first_slice_segment_in_pic_flag	u(1)
if(nal_unit_type >= BLA_W_LP && nal_unit_type <= RSV_IRAP_VCL23)	
no_output_of_prior_pics_flag	u(1)
slice_pic_parameter_set_id	ue(v)
if(!first_slice_segment_in_pic_flag) {	
if(dependent_slice_segments_enabled_flag)	
dependent_slice_segment_flag	u(1)
slice_segment_address	u(v)

7.4.7.1 General slice segment header semantics

slice_pic_parameter_set_id specifies the value of pps_pic_parameter_set_id for the PPS in use. The value of slice_pic_parameter_set_id shall be in the range of 0 to 63, inclusive. Let activePPS be the PPS that has ...

4 Abbreviations and acronyms

PPS Picture Parameter Set

3.98 picture parameter set (PPS): A syntax structure containing syntax elements that apply to zero or more entire coded pictures as determined by a syntax element found in each slice segment header.

7.2 Specification of syntax functions and descriptors

ue(v): unsigned integer 0-th order Exp-Golomb-coded syntax element with the left bit first. The parsing process for this descriptor is specified in clause 9.2.

9.2 Parsing process for 0-th order Exp-Golomb codes

This process is invoked when the descriptor of a syntax element in the syntax tables is equal to ue(v) or se(v). Inputs to this process are bits from the RBSP. Outputs of this process are syntax element values. Syntax elements coded as ue(v) or se(v) are Exp-Golomb-coded. The parsing process for these syntax elements begins with...

**그림 3-22 ▌ HEVC 표준 문서를 통하여 'slice_pic_parameter_set_id' 신택스 요소와 시맨틱, 파싱 방법을 해석하는 예

10절에서는 HEVC 디코더로 입력된 비트스트림의 일부인 서브-비트스트림을 추출하는 프로세스에 대하여 기술된다. 8절에서는 이전의 과정에서 정해진 순서에 따라 파싱된 신택스 및 그 의미인 시맨틱을 기반으로 비트스트림을 통해 전송된 압축된 비디오 정보들이 디코딩되는 과정을 기술하며, 이 과정은 전송된 비트스트림의 정보들이 디코딩될 픽처의 각 샘플들로 매핑되어가는 과정이라 할 수 있다.

HEVC 표준에서 정의하는 디코딩 프로세스를 표준 문서를 통해 이해하는 과정에서 2절의 'Normative reference', 4절의 'Abbreviations and acronyms', 5절의 'Conventions'를 통하여, HEVC에 참조되는 다른 표준 및 HEVC 표준문서에서 정의되어 사용되는 약어 및 두문자어, 주요 연산자 및 수학적 표현들에 대한 의미를 참조할 수 있으며, 이를 통해 그 의미가 명확해질 수 있다.

HEVC 표준 문서의 10절 이후는 부록(Annex)으로써, 각 부록의 제목과 관련 내용은 표 3-3과 같다.

HEVC는 애플리케이션 관점에서 각 세부 압축 기술들을 프로파일이라는 개념으로 분류하였다. 또한 각 프로파일 내에서 영상의 해상도 및 하드웨어의 성능, 최대 비트율 등을 고려하여 레벨과 티어의 개념으로 분류함으로써, 미래 시장에서 다양한 환경에서 HEVC 압축 표준이 사용될 수 있도록 표준화 되었다. 이러한 프로파일, 레벨 및 티어는 부록 A에 정의되어 있으며, 4장에서 더 자세히 다룰 것이다.

❙표 3-2❙ HEVC 표준 문서의 각 절 및 주요 내용

부록	제목 및 주요 내용
A	Profiles, tiers and levels - HEVC 표준에서 정의하는 프로파일, 레벨 및 티어
B	Byte stream format - 압축된 비디오의 전송을 위한 바이트 스트림 포맷 관련 신택스 및 시맨틱
C	Hypothetical reference decoder - 가상 참조 디코더, 비트스트림 및 디코더의 표준에 대한 부합성, 비트스트림 및 디코더의 부합성을 판단하기 위한 가상 참조 디코더의 사용 방법
D	Supplemental enhancement information - SEI (Supplemental Enhancement Information) 메시지를 위한 신택스 및 시맨틱
E	Video usability information - 시퀀스 파라미터 셋(SPS : Sequence Parameter Set) 내에 포함되는 VUI (Video Usability Information) 관련 신택스 및 시맨틱
F	Common specifications for multi-layer extensions - 비트스트림과 디코더의 다중 레이어 지원 방법
G	Multiview high efficiency video coding - 멀티-뷰 비디오 압축
H	Scalable high efficiency video coding - 스케일러블 비디오 압축

부록 B는 바이트스트림 포맷에 대하여 기술한다. 이는 10장에서 자세히 설명될 NAL (Network Abstraction Layer) 유닛에 대한 신택스 및 시맨틱에 대한 내용을 포함한다. 이는 네트워크 전송단위인 NAL 유닛의 시작과 경계를 정의하는 중요한 요소이다.

부록 C는 가상 참조 디코더에 대한 것으로, 이는 비트스트림과 디코더의 HEVC 표준에 대한 부합성을 테스트할 수 있는 중요한 툴이다. 가상 참조 디코더는 인코더 측에서 압축 비트스트림을 생성할 때, 해당 비트스트림을 처리할 디코더의 압축 픽쳐 버퍼(CPB : Coded Picture Buffer), 복호화된 픽쳐 버퍼(DPB : Decoded Picture Buffer) 및 해당 디코더의 디코딩 프로세스 등을 고려하여 이에 부합한 비트스트림을 생성할 수 있도록 인코더에 사용될 수 있다. 또한, 전송된 비트스트림에 대하여 해당 비트스트림이 HEVC 표준에 부합되도록 압축되었는지를 판단할 수도 있다. 부록 C는 이러한 가상 참조 디코더와 관련하여 시퀀스 파라미터 셋(SPS : Sequence Parameter Set) 또는 비디오 파라미터 셋(VPS : Video Parameter Set)의 일부로 전송될 수 있는 관련 신택스 및 시맨틱, 부합성 판단 방법 등에 대하여 기술한다.

부록 D는 SEI (Supplemental Enhancement Information) 메시지에 대하여 기술한다. SEI 메시지는 비디오 샘플 디코딩과는 관련이 없는 다양한 부가정보를 포함할 수 있다. 디스플레이 타이밍 관련 정보, CPB 및 DPB의 버퍼 딜레이 관련 정보, 에러의 복원과 관련된 정보들이 SEI 메시지에 포함될 수 있다.

부록 E는 VUI (Video Usability Information)와 관련된 신택스와 시맨틱을 기술한다. VUI 관련 파라미터들은 SPS에 포함될 수 있으며, 픽쳐의 출력 및 디스플레이와 관련된 정보를 포함한다. 비디오의 영상비, 컬러 스페이스 및 HRD 파라미터 등이 VUI에 포함될 수 있다.

HEVC 표준은 기본적으로 단일 계층 비디오에 대한 압축 기술을 정의하고 있다. 그러나 이러한 단일

계층 비디오 외에 이후의 장에서 소개된 멀티 뷰 비디오 및 스케일러블 비디오 압축과 같은 다중 레이어 비디오의 압축을 지원하기 위하여 제정된 확장 표준의 지원을 위한 공통적인 신택스 및 시맨틱을 부록 F에서 정의한다. 추가적으로 멀티 뷰 비디오 압축과 스케일러블 비디오 압축을 위한 추가적인 신택스 및 시맨틱이 부록 G와 부록 H에 각각 정의되어있으며, 이후 15장의 HEVC 확장 표준에서 관련 내용이 설명될 것이다.

참고문헌

[1] Iain E. G. Richardson, “The hybrid DPCM/DCT video codec model,” in H.264 and MPEG-4 video compression, Chichester, UK, Wiley, 2003, pp. 72-82.

[2] M. Rabbani, and R. Joshi, “An overview of the JPEG 2000 still image compression standard,” Signal Process. : Image Commun., vol. 17, no. 1, pp. 3-48, Jan. 2002.

[3] G. Morrison, “Video coding standards for multimedia : JPEG, H.261, MPEG,” IEE Colloq. on Technol. Support of Multimedia, Apr. 1992, pp. 2/1-2/4.

[4] M. W. Whybray and W. Ellis, “H.263-video coding recommendation for PSTN videophone and multimedia,” IEE Colloq. on Low Bit Image Coding, Jun. 1995, pp. 6/1-6/9.

[5] Coding of audio-visual objects – Part 2: Visual, ISO/IEC 14496-2 (MPEG4 Visual Version 1), 2004.

[6] A. Tamhankar, and K. R. Rao, “An overview of H. 264/MPEG-4 Part 10,” IEEE 4th EURASIP Conf. focused on Video/Image Process. and Multimedia Commun., Zagreb, Groatia, 2003, pp. 1-51.

[7] Gary J. Sullivan, Jens-Rainer Ohm, and W. Han, “Overview of the high efficiency video coding (HEVC) standard,” IEEE Trans. on Circuits Syst. Video Technol., vol. 22, no. 12, pp. 1649-1668, Dec. 2012.

HEVC 소개
(High Efficiency Video Coding)

04

HEVC는 H.264/AVC의 표준화를 수행하였던 ISO/IEC의 MPEG (Moving Picture Expert Group)과 ITU-T의 VCEG (Video Coding Expert Group)이 공동으로 개발한 차세대 동영상 압축 표준 기술이다 [1]. HEVC는 기존의 동영상 압축 표준 기술들과 유사하게 블록 단위의 예측, 변환, 양자화, 엔트로피 코딩을 통해 동영상을 효과적으로 압축한다. 또한, HEVC는 양자화 과정에서 발생하는 복원 영상의 화질 열화 문제를 해결하기 위하여, H.264/AVC와 유사한 디블록킹 필터를 사용하며, 추가로 디블록킹 필터가 적용된 영상에 SAO (Sample Adaptive Offset) 필터링을 한 번 더 수행하는 구조로 되어 있다 [2].

이 장에서는 4 장 이후에 전개 될 HEVC 상세 기술의 설명에 앞서 HEVC를 통해 동영상이 압축되는 기본적인 흐름 및 HEVC 표준 기술의 이해를 돕는데 필요한 핵심적인 개념들을 포괄적으로 다룬다. 이를 위해 4.1 절에서는 HEVC 표준화의 필요성 및 표준화 과정, HEVC 표준의 비전, 애플리케이션, 그리고 요구사항 등에 대해서 기술한다. 4.2 절에서는 HEVC가 입력 영상을 효과적으로 부호화기 위해서 사용하는 기본 개념들에 대해서 설명한다. 4.3 절에서는 HEVC 인코더 블록도를 활용하여 인코더 측면에서 예측 모듈, 변환 모듈, 양자화 모듈, 엔트로피 인코딩 모듈들의 동작 및 각 모듈의 입·출력에 대해서 살펴본다. 마지막으로 4.4 절에서는 HEVC의 프로파일 (Profile), 레벨 (Level), 티어 (Tier)의 개념에 대해서 설명함으로써, 이 후 HEVC 표준의 상세 기술을 좀 더 명확히 이해할 수 있도록 한다.

4.1 HEVC 표준 기술의 개발

동영상 압축 표준 기술의 개발 및 표준 제정 과정에는 보통 수 년의 기간이 소요되는데 각 표준 기술을 개발 할 때, 그 당시의 시점에서 향후 디스플레이 장치, 네트워크 기술, 미래 등장할 새로운 애플리케이션 등을 고려하여 동영상 압축 표준 기술을 개발한다. 2013년 현재 시장에서 가장 널리 사용되고 있는 동영상 압축 표준 기술인 H.264/AVC는 2003년에 표준화가 완료된 압축 기술이다 [3]. 2005년 12월 국내에서 세계 최초로 상용화 되었던 T-DMB (Terrestrial-Digital Multimedia Broadcasting) 서비스를 통해서 H.264/AVC가 표준화 되었던 그 당시의 상황을 상기해보자. DMB는 동영상 압축 코덱으로 H.264/AVC 베이스 라인 프로파일을 사용하며 지원하는 비디오의 해상도는 QVGA (320×240)이다. 2013년 상반기에 출시된 대다수의 스마트폰에서 Full-HD (1920×1080)을 지원하는 것을 고려해보면, QVGA 해상도는 상당히 낮은 해상도로 불과 몇 년 사이에 모바일디스플레이 장치의 해상도가 크게 증가했음을 알 수 있다. 이처럼 H.264/AVC가 표준화 될 당시에는 4K UHD (Ultra High Definition; 3840×2160)나 8K UHD (7680×4320)와 같은 초고해상도 영상에 대해서 크게 고려를 할 필요가 없었다. 실제 H.264/AVC의 표준 스펙을 살펴보면 H.264/AVC가 지원하는 최소 해상도는 128×96이며, 최대 해상도는 4096×2304이다 [4]. H.264/AVC의 표준 스펙에 따르면 H.264/AVC가 4K UHD 급의 영상을 압축할 수는 있지만 이것이 H.264/AVC가 해당 해상도에서 최적의 성능을 낼 수 있다는 것을 의미하지는 않는다. 이처럼 동영상 압축 표준 기술은 해당 기술이 사용되어질 시기의 기술 상황과 널리 사용되어지는 애플리케이션을 고려하여 개발되고 있다. 표준 기술의 계획 및 개발 단계에서의 이러한 예측과 실제 시장에서의 요구가 맞아 떨어질 때 해당 표준 기술이 시장에서 성공적으로 사용되어 진다.

4.1.1 새로운 동영상 압축 표준 기술 개발의 필요성

그림 4-1은 Full-HD, 4K UHD, 그리고 8K UHD 해상도의 정지 영상을 비교한 것이다. 그림 4-1을 참고하면 4K UHD 정지 영상은 Full-HD 정지 영상보다 화소 수가 4배 증가하게 되며, 8K UHD 정지 영상은 Full-HD 정지 영상보다 화소 수가 16배 증가함을 알 수 있다. 캠코더와 같은 동영상 취득 장치를 통해 1초에 30 프레임씩, 8K UHD 영상을 취득하는 경우에 대해서 데이터양을 분석해보자. 각 프레임이 RGB 4:4:4로 저장되고, R, G, B 각각의 컴포넌트들이 8비트의 비트 심도를 갖는다고 가정하면, 초당 데이터양은 7680×4320×30×3×8 = 23,887,872,000bits이다. 이 데이터양을 Gbyte (Giga byte)로 환산하면 초당 약 2.78Gbyte이다. 영화 저장에 많이 사용되는 저장 장치인 DVD(Digital Versatile Disc)에 약 4.37Gbyte의 데이터가 저장되는 것을 고려하면, 8K UHD 해상도의 비디오를 압축하지 않고 저장하는 경우 DVD 한 장에 약 1.57초 분량의 영상을 저장할 수 있다. 뿐만 아니라 일반적으로 동영상의 해상도가 증가되면, 프레임 레이트도 증가한다. 앞의 예에서 프레임 레이트를 30Hz에서 60Hz로 두 배 증가시키면 초당 데이터양은 2.78Gbyte에서 5.56Gbyte로 두 배 더 증가하게 된다.

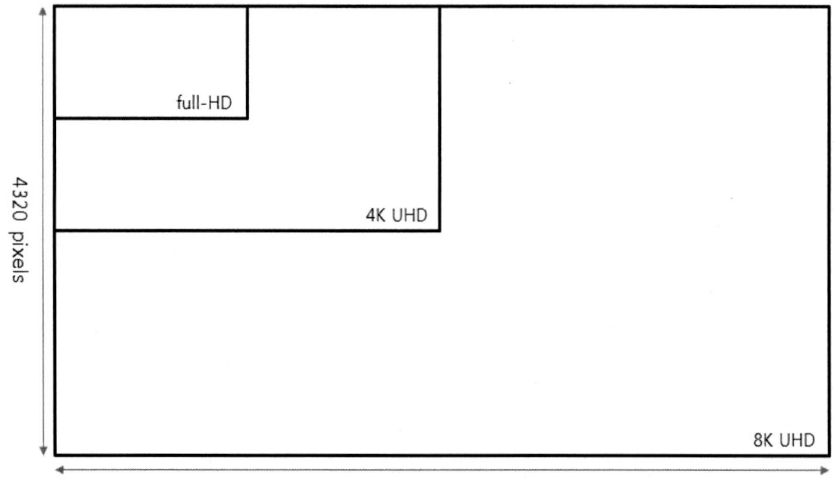

**그림 4-1 ▌ Full-HD, 4K UHD, 8K UHD 해상도의 비교

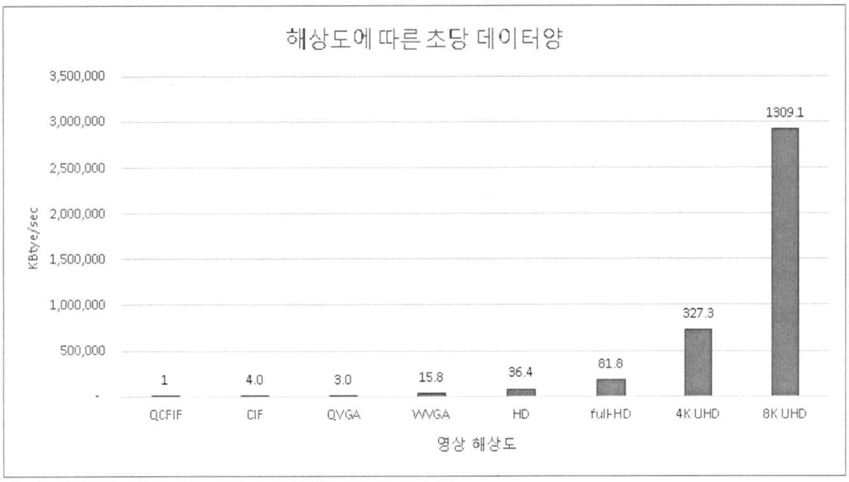

**그림 4-2 | 영상 해상도에 따른 데이터 양 비교 그래프

그림 4-2는 RGB 4:4:4, 30Hz의 프레임 레이트, 8비트의 비트 심도를 갖는 QCIF, CIF, QVGA, WVGA, HD, Full-HD, 그리고 UHD 영상에 대한 초당 데이터 율을 그래프로 나타낸 것이다. 그림 4-2에서 수평축은 "영상 해상도"이고 수직축은 "각 해상도의 영상에서 발생하는 초당 데이터양"으로 단위는 Kbyte/sec이다. 그림 4-2에서 각 해상도에 해당하는 막대그래프의 위쪽에 표시된 숫자는 해당 해상도의 초당 데이터양을 QCIF 해상도의 초당 데이터량으로 나눈 값이다. 그림 4-2를 참조하면 4K UHD 해상도 영상은 QCIF 해상도 영상보다 약 327배, 8K UHD 해상도 영상은 QCIF 해상도 영상보다 약 1309배의 데이터양이 발생됨을 알 수 있다. 이처럼 입력 동영상의 해상도가 증가함에 따라 데이터양이 큰 폭으로 증가하기 때문에, 네트워크 기술이 계속해서 발전되더라도 초고해상도 영상을 보다 효과적으로 압축할 수 있는 새로운 영상 부호화 표준에 대한 필요성이 대두되는 것이다.

4.1.2 HEVC의 표준화 과정과 HEVC의 비전, 응용 및 요구 사항

H.264/AVC는 MPEG과 VCEG이 공동으로 구성한 JVT (Joint Video Team)을 통해서 개발 및 표준 제정된 동영상 압축 표준 기술로 2003년 첫 번째 버전의 표준 이후에도 2005년 FRExt (Fidelity Range Extensions)라고 불리는 프로젝트를 통해서 High 프로파일과 같은 몇 가지 프로파일이 추가되었다 [5]. 2005년 VCEG은 FRExt 이후 KTA (Key Technology Area)라는 독자적인 소프트웨어 모델을 개발하였고, 정기적인 VCEG 회의를 통해서 H.264/AVC 이후의 새로운 동영상 압축 기술들에 대한 논의를 시작하였다. 이에 반해 그 당시 MPEG에서는 근시일 내에 구체적인 차세대 압축 표준 기술의 개발 논의보다는 JVT를 통한 H.264/AVC 기반의 SVC (Scalable Video Coding)와 MVC (Multi-view Video Coding) 표준화에 집중하였다.

H.264/AVC 이후의 차세대 동영상 압축 표준에 대한 초기 시점에서의 MPEG의 주요 활동을 살펴보면 표 4-1과 같다. 표 4-1을 참조하면 MPEG은 2008년 10월에 열린 86차 미팅에서 고성능 비디오 코덱 (HVC : High-Performance Video Coding)에 대한 비전과 요구 사항에 대한 문서의 발행을 시작으로 차세대 비디오 표준 기술에 대한 본격적인 논의를 시작하였다 [6]. 이는 VCEG이 2005년부터 차세대 비디오

| 표 4-1 | MPEG의 차세대 표준화 주요 일정 (표준화 초기)

일 시	주요 이슈
2008년 10월 (86차 MPEG)	HVC (High-Performance Video Coding)의 버전 및 요구 사항을 정리한 문서 초안 발행
2009년 04월 (88차 MPEG)	CfE (Call for Evidence) 문서 발행
2009년 07월 (89차 MPEG)	CfE 결과 문서 발행 공식적으로 CfP를 진행하기로 결정
2009년 10월 (90차 MPEG)	Draft CfP 문서 발행
2010년 01월 (91차 MPEG)	JCT-VC 구성 ToR 문서발행 Joint CfP 발행 HVC 비전, 응용, 요구 사항을 정리한 문서 발행
2010년 04월 (92차 MPEG)	Test Model 선정 작업 시작

표준 기술에 대한 준비를 시작한 것과 차이가 있음을 알 수 있다. 2009년 4월 MPEG은 H.264/AVC High 프로파일보다 압축 성능이 우수한 차세대 비디오 압축 기술이 존재하는지, 또는 그러한 기술들이 근시일 내에 표준화가 가능한지에 대한 것을 검토하기 위하여, HVC에 대한 CfE (Call for Evidence) 문서를 발행하였다 [7]. CfE에 대한 응답으로 여러 회사 및 연구 기관들로부터 아홉 개의 기고서가 제출되었으며, 제출된 결과 중 가장 성능이 뛰어난 기술은 Full-HD 해상도의 동영상에 대해서 H.264/AVC High 프로파일 대비 평균적으로 30% 정도의 압축률 향상이 있음을 보였으며, 모든 실험 영상에서 약 20% 이상의 압축률 향상을 보였다 [8]. CfE 과정을 통해서 MPEG은 H.264/AVC High 프로파일보다 상당히 높은 부호화 효율을 갖는 기술들이 존재함을 확인하였고, 새로운 비디오 압축 표준 기술에 대한 표준화를 위한 공식적인 CfP (Call for Proposal)를 진행하기로 하였다. 2009년 10월에 MPEG은 Draft CfP 문서를 발행하였고, 이를 NGVC (Next Generation Video Coding)라는 이름으로 독자적인 표준화를 진행하려고 했던 VCEG과 공동 표준화에 대한 논의를 시작하였다. 2010년 1월 MPEG과 VCEG은 공동으로 새로운 동영상 압축 표준 기술을 개발하기로 합의하였고, 이를 위해 새로운 협력팀인 JCT-VC (Joint Collaborative Team on Video Coding)를 구성하기로 결정했으며, 공동으로 최종 버전의 Joint CfP를 공지하였다. 2010년 4월 독일의 Dresden에서 열린 첫 번째 JCT-VC 미팅에서는 Joint CfP의 응답으로 총 27개의 기술이 제안되었으며, 이러한 기술들 중 가장 성능이 우수한 기술을 초기 Test Model로 결정하기 위한 작업이 진행되었다. 이후 선정된 초기 모델을 바탕으로 2013년 1월까지 총 12번의 JCT-VC 미팅을 통하여 차세대 비디오 코덱 기술의 개발 및 표준 제정을 진행하였다. 2009년 후반 MPEG과 VCEG이 서로 독자적으로 차세대 비디오 압축 표준 기술을 개발하려고 할 당시에는 개발되는 차세대 비디오 압축 표준 기술에 대해 MPEG에서는 HVC라고 불렀고, VCEG에서는 NGVC라고 다르게 명명했다. 하지만, 1차 JCT-VC 미팅을 통해서 MPEG과 VCEC은 공동으로 HEVC (High Efficiency

Video Coding)이라 부르기로 결정하였다. JCT-VC를 통해서 개발된 HEVC는 2013년 1월에 국제 표준 제정이 완료되면서 ITU-T에서는 H.265로 ISO/IEC에서는 ISO/IEC 23008-2라는 공식적인 이름으로 불리게 되었다. 지금까지 HEVC 표준화 과정을 대략적으로 설명했으며 이번에는 HEVC의 표준 과정에서 논의된 HEVC의 비전(Vision), 응용(Application) 그리고 요구사항(Requirements)에 대해서 정리한 부분에 대해서 간단히 살펴보도록 하자 [9].

1) 비전 (Vision)

JCT-VC는 HEVC를 표준화하던 시점에도 이미 많은 양의 비디오들이 방송망과 네트워크를 통해서 배포되고 있지만, 향후에는 더욱 더 향상된 해상도와 화질을 가지는 비디오에 대한 사용자들의 요구가 증가할 것으로 예측했다. 또한, 이러한 사용자들의 요구와 기술의 발전은 머지않아 비디오 캡쳐와 재생 장치들에서 빠르게 고해상도·고화질의 비디오를 지원할 것이라고 예측했다 [9]. 하지만, 그 당시의 방송망 및 네트워크 채널으로는 HDTV 해상도의 고화질 동영상을 효율적으로 전송하기가 어렵고, 방송망 및 네트워크 채널에 과부화를 만들 것으로 예측했다. JCT-VC는 무엇보다도 사용자들의 고해상도·고화질의 콘텐츠에 대한 요구가 무선과 유선의 네트워크 환경에서 경제적인 수준에서 콘텐츠의 전송을 가능하게 하는 네트워크 인프라의 보급보다 빠르게 증가하고 있기 때문에, H.264/AVC 보다 더 높은 압축 성능을 갖는 새로운 동영상 압축 기술이 필요할 것으로 생각했다.

2) 응용 기술 (Applications)

새로운 동영상 압축 표준 기술을 개발할 때 해당 코덱이 사용되어질 애플리케이션을 결정하는 것은 코덱의 표준화시 매우 중요한 고려 사항이다. JCT-VC에서는 HEVC가 홈 시네마(Home cinema), 디지털 시네마(Digital cinema), 감시 카메라(Surveillance), 방송(Broadcast), 영상 채팅(Video chat) 및 화상 통신 (Video conference)과 같은 실시간 통신(Real-time communications), 모바일 스트리밍(Mobile streaming), 저장 매체(Storage), 캠코더(Camcorder), VoD 서비스(Video on demand), 인터넷 스트리밍 서비스 (Internet streaming), 입체 영상(3D video), 원거리 영상 회의(Tele-presence), 콘텐츠 제작 및 배포 (Content production and distribution), 그리고 의료 영상(Medical imaging) 분야에서 사용될 수 있을 것으로 예상했다 [9].

3) 요구 사항 (Requirements)

JCT-VC는 HEVC를 표준화할 때 총 13개의 요구 사항을 정리하였는데, 이번 장에서는 이 중 몇 가지 핵심 요구사항에 대해서만 정리해본다 [9]. 요구 사항은 크게 의무적 요구사항과 권고적 의무사항으로 나눠지는데, HEVC 표준에서 필수적으로 다뤄야 하는 것들은 의무적 요구사항이고 필수가 아닌 경우가 권고적 의무사항이다.

먼저 "압축률(Compression performance)" 항목에서는 HEVC가 H.264/AVC High 프로파일보다 HEVC가 사용되어질 애플리케이션에서 상당한 비트레이트 절약을 보일 것을 요구했다. 특히, 표준 기술로 제정할 HEVC가 전체 비트율 구간에서 이미 존재하는 표준들보다 압축 성능이 나쁘지 않아야 함을 의무적으로 요구하고 있으며, 무손실 압축 기술의 포함 여부는 권고적 의무사항이다. "픽쳐 포맷 (Picture formats)" 항목에서는 HEVC가 QVGA부터 8K×4K까지의 일반적으로 사용되는 픽쳐 포맷을 지원하는 것이 의무적 요구사항이다. "컬러 공간과 컬러 샘플링(Color space and color sampling)" 항목에서는 YCbCr 4:2:0 샘플링과 8비트 입력이 의무적 요구사항이고, YCbCr/RGB 4:4:4 또는 YCbCr 4:2:2는 권고적 요구사항이다. "스캐닝 방법" 항목에서는 HEVC가 순차 주사(Progressive scan) 방식을 지원하는 것이 의무적 요구사항이다. 특히, 비월 주사에 대해서는 따로 요구 사항이 존재하지 않는데, HEVC 버전 1은 기존의 동영상 압축 코덱과 달리 비월 주사를 위한 특별한 기술들을 포함하지 않고 있다. "저 지연(Low delay)" 항목에서는 HEVC가 저 지연 동작이 가능해야 하는 것이 의무적 요구사항이다. 이외에도 "프레임 레이트(Frame rates)", "복잡도(Complexity)", "임의 접근(Random access)", "오류 복구(Error resilience)", "버퍼 모델(Buffer models)", "시스템 레이어와의 인터페이스(Interface to system layers)", "비트스트림 스케일러빌리티(Bitstream scalability)"와 같은 항목들에 대해서 의무적 또는 권고적 요구사항들이 명시되어 있다. JCT-VC는 표준화 과정에서 이러한 의무적, 권고적 요구사항들을 고려하여, HEVC라는 새로운 동영상 압축 표준 기술을 개발하였기 때문에, 요구 사항을 이해하는 것은 HEVC의 특성을 이해하는데 도움이 될 것이다.

4.2 HEVC 개요

HEVC는 이전의 동영상 압축 표준 기술인 H.264/AVC와 비교하여 주관적 화질 평가 기준에서 50%, 그리고 객관적 화질 평가 기준에서 약 40% 정도의 비트 감소를 보여 줌으로써, 의미 있는 차세대 동영상 압축 기술로 평가 받고 있다. HEVC는 기존의 동영상 압축 표준과 유사하게 블록 기반의 하이브리드 영상 부호화(Hybrid video coding) 기반으로 동작된다. 하지만, HEVC는 확대된 블록 크기(Large block size), 계층적 문법 구조(Hierarchical syntax structure), 향상된 화면 간/화면 내 예측 기술 등과 같은 새로운 압축 기술을 포함함으로써 이전의 동영상 압축 기술들보다 우수한 부호화 성능을 보여준다. 이 절에서는 HEVC를 이해하는데 필요한 픽쳐 분할에 관한 기본 개념과 코딩 트리 유닛(CTU : Coding Tree Unit), 코딩 유닛(CU : Coding Unit), 예측 유닛(PU : Prediction Unit), 그리고 변환 유닛(TU : Transform Unit) 등의 개념에 대해서 자세히 설명한다.

4.2.1 HEVC 인코더 블록도

HEVC는 이전의 동영상 압축 표준과 마찬가지로 블록 단위의 하이브리드 영상 압축 기술을 기반으로 영상 압축을 수행한다. 즉, 입력 영상을 일정 블록 단위로 분할한 후, 각 블록에 대해서 예측, 변환, 양자화, 엔트로피 부호화 과정을 수행한다. 그림 4-3은 HEVC 인코더의 블록도를 보이는데, 샘플 적응적 오프셋 블록이 추가된 것을 제외하면 H.264/AVC의 인코더 블록도 구조와 동일하다. 동영상 압축 기술을 이해할 때 인코더와 디코더의 블록도를 이해하는 것은 매우 중요한데, 특히, 어떠한 단위로 블록도 내의 기술들이 수행되는지, 그리고 블록도 내의 기술들의 입·출력 값에 대해서 정확히 이해하는 것은 매우 중요하다.

그림 4-3을 참조하면 HEVC 인코더 블록도의 입력으로 한 장의 정지 영상이 들어가는데, 이때 입력된 정지 영상이 블록 단위로 분할되어 있음을 알 수 있다. 이처럼 HEVC 인코더는 입력 영상을 CTU (Coding Tree Unit)라는 단위로 먼저 분할하고 분할 된 각 CTU에 대해서 순차적으로 인코딩을 수행한다. HEVC에서 입력 영상과 CTU의 관계에 대해서는 4.2.2 절에서 보다 자세히 다룰 예정이므로, 여기에서는 64×64 픽셀의 휘도 성분 (Y)과 이에 대응하는 32×32 픽셀의 두 개의 색차 성분 (Cb, Cr)의 블록들이라고

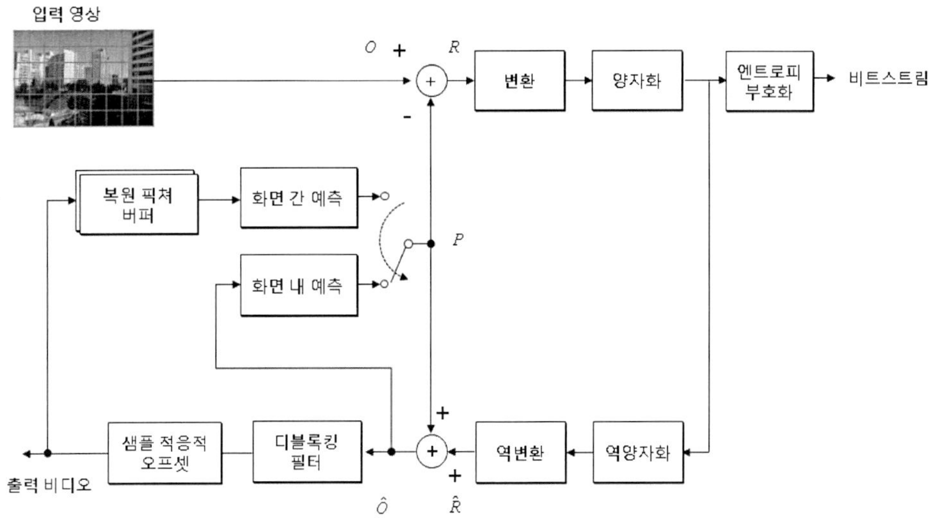

**그림 4-3 ‖ HEVC 인코더 블록도

간단히 생각하자. 예를 들어, 640×640 크기의 입력 영상이 HEVC 인코더로 입력되면 해당 영상은 64×64 크기 (두 개의 32×32 색차 블록 포함)의 CTU 100개로 분할되고, 각 CTU 단위로 순차적으로 인코딩이 수행되는 것이다.

HEVC 인코더는 각 CTU를 보다 효과적으로 인코딩하기 위해서, CU (Coding Unit)라는 블록으로 분할하여 인코딩할 수 있다. 예를 들어, CTU가 64×64일 때, 이를 네 개의 32×32 블록으로 분할하여 부호화할 수 있는데, 이때 각각의 32×32 블록이 CU에 해당한다. 물론 CTU를 하나의 CU로 보고 해당 CU를 인코딩할 수도 있는데, CTU와 CU에 대해서는 4.2.3 절을 통해서 보다 자세히 다룰 예정이다. 여기에서는 입력 영상이 먼저 CTU 단위로 균등하게 분할되고, 각 CTU는 CTU보다 같거나 작은 CU라는 단위로 분할될 수도 있다고 간단히 개념적으로 이해하고 넘어가도록 하자. HEVC에서 CU의 개념이 중요한 이유는 그림 4-3에서 화면 간 예측 또는 화면 내 예측 모드가 결정되는 코딩의 단위이기 때문이다. “Coding Unit”이라는 이름에서 알 수 있듯이 HEVC에서 CU는 코딩이 수행되는 블록의 단위이다. 앞의 예에서처럼, 64×64 CTU가 4개의 32×32 CU로 분할된 후, 각 CU 단위로 부호화되는 경우에 한 CU는 화면 내 예측 모드로 코딩되고, 또 다른 CU는 화면 간 예측 모드로 코딩 될 수 있다. 이때 각 CU 내에서 보다 정확한 예측을 위해서 CU를 다시 PU (Prediction Unit)로 나눌 수 있다. “Prediction Unit”이라는 이름에서 알 수 있듯이, HEVC에서 PU는 예측을 수행하는 블록 단위인데, PU에 대한 보다 자세한 설명은 4.2.4절에서 다뤄질 예정이다. 여기에서는 예측 블록을 생성하는 기본 단위라고 개념적으로만 이해하도록 하자.

그림 4-3을 참고하면 하나의 CU에 대해서 화면 간 예측 또는 화면 내 예측을 수행하여 예측 값 (P)을 생성하고, 이를 원본 CU (O)에서 빼주면, CU 크기와 동일한 차분 블록(R)이 생성된다. 그림 4-3의 HEVC 인코더 블록도에서 입력 신호와 예측 신호가 만나는 지점에서 각각 “+” 와 “-” 기호가 있음을 상기하자. 즉, 현재 인코딩 하려는 CU (O)에서 화면 간 예측 또는 화면 내 예측을 통해서 생성된 예측 블록 (P)을 빼줌으로써 CU 크기와 동일한 차분 블록(R)이 생성되는 것이다. 그림 4-3에 따르면 생성된

차분 블록(R)은 변환, 양자화, 엔트로피 부호화 과정을 거치게 되는데, 이때 보다 효과적으로 변환 부호화를 수행하기 위하여, HEVC에서는 TU (Transform Unit)라는 단위를 사용한다. "Transform Unit"이라는 이름에서 알 수 있듯이, HEVC에서 TU는 변환의 기본 단위를 의미한다. TU에 대한 보다 자세한 내용은 4.2.5 절에서 다뤄질 예정이며, 먼저 CU 크기의 차분 블록 (R)이 TU로 분할된 후 TU 단위로 변환 부호화가 수행된다는 점을 기억하자. 변환된 TU는 양자화되는데, 양자화된 변환 계수 값들은 엔트로피 부호화과정을 통해서 엔트로피 코딩된다.

3장에서 알아본 것처럼 인코더와 디코더에서 미스매치가 발생되지 않도록 하기 위해서는 인코더에서 예측을 수행할 때 디코더에서도 사용가능한 값을 사용해야한다. 이를 위해 HEVC 인코더에서는 인코딩한 현재 블록을 다시 복원하는 과정을 수행하게 된다. 따라서, 그림 4-3과 같이 양자화된 계수 값에 대해 다시 역양자화를 수행하고, 이를 다시 역변환 함으로써 차분 값($\hat{R}$)을 복원하게 된다. 이때 주의해야 하는 점은 양자화 과정에서 에러가 발생되기 때문에, 변환 과정을 거치기 전의 차분 블록(R)과 인코더에서 복호화 과정을 통해서 복원한 차분 블록($\hat{R}$)은 서로 다르다는 점이다. 복원된 차분 블록($\hat{R}$)은 화면 간 예측 또는 화면 내 예측 블록(P)과 더해져서 CU 단위의 복원 블록($\hat{O}$)이 된다. 이와 같은 과정을 통해서 입력 영상에 존재하는 모든 CU를 인코딩한 후에는 디블록킹 필터와 샘플 적응적 오프셋을 영상에 적용한 후 필터링 된 영상을 복원 픽처 버퍼에 넣고, 동시에 복원된 픽쳐를 출력하기 위해 출력 버퍼로 내 보내게 된다. 이때 현재 인코딩 되는 영상 내에서 화면 내 예측에 대한 예측 값들은 디블록킹 필터와 샘플 적응적 오프셋이 적용되지 않은 픽셀 값인데, 그림 4-3에서 화면 내 예측에 입력 값에 대해서 주의 깊게 살펴볼 필요가 있다. (CU 단위의 복원 블록($\hat{O}$)이 화면 내 예측으로 입력됨을 기억하자.)

본 절에서는 HEVC 인코더 블록도를 활용하여 대략적으로 HEVC의 기술들에 대해서 살펴보았다. 특히, 뒤따르는 절을 통해 상세히 다루게 될 CTU, CU, PU, 그리고 TU의 개념들을 미리 간단히 언급하여, HEVC 인코딩 알고리즘을 간단히 이해할 수 있도록 하였다. 일반적으로 HEVC 인코더 블록도는 그림 4-3처럼 표현되는데, HEVC에서는 CU 단위로 예측, 변환, 양자화, 엔트로피 부호화, 엔트로피 복호화, 역양자화, 역변환이라는 일련의 부호화 및 복호화 과정이 수행된다. 그러나, 앞에서도 언급하였듯이 예측은 PU, 변환과 양자화는 TU 단위로 수행되지만, 그림 4-3의 인코더 블록도 상에서는 이러한 부분이 상세히 표현되지는 않는다는 점을 기억해야 한다. 특히, HEVC의 디블록킹 필터와 샘플 적응적 오프셋은 구현 관점에 따라 수행 단위가 달라질 수 있다. 예를 들어, 그림 4-3에는 역변환 모듈 이후에 디블록킹 필터와 샘플 적응적 오프셋이 연결되어 있지만, 디블록킹 필터와 샘플 적응적 오프셋의 수행은 CTU 단위로도 구현이 가능하며 슬라이스 또는 픽처 단위로도 구현 가능하다.

4.2.2 픽쳐의 분할과 CTU

이번 절에서는 HEVC 인코더의 입력인 픽쳐와 픽쳐를 분할하는 기본 단위인 CTU에 대해서 살펴보도록 한다. 동영상은 다수의 픽쳐로 구성되어 있는데, 한 픽쳐는 다시 한 개 이상의 슬라이스(Slice)로 구성된다. 예를 들어, 그림 4-4는 동영상 내의 한 픽쳐가 두 개의 슬라이스로 분할되는 경우에 대한 예이다. 일반적으로 동영상 압축 코덱에서는 픽쳐와 슬라이스라는 두 개념을 모두 사용한다. 먼저 H.264/AVC 표준 기술을 살펴보면, H.264/AVC는 슬라이스를 "정수 개의 매크로블록"으로 정의한다.

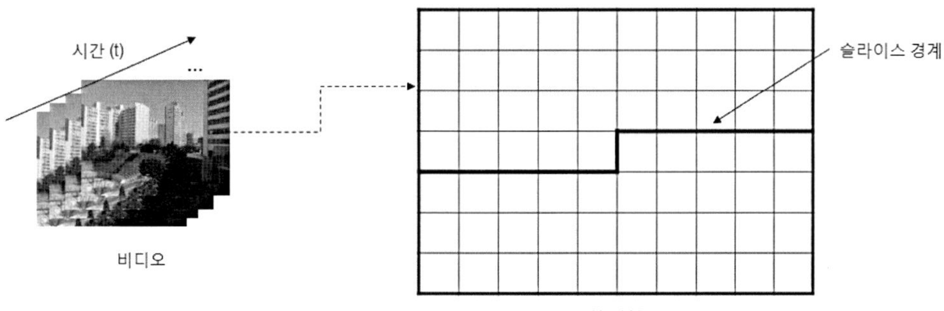

**그림 4-4 ▌ 픽쳐의 슬라이스 분할의 예

여기서, 매크로블록이란 16×16 픽셀의 휘도 성분 (Y)과 그에 상응하는 두 개의 색차 성분 블록 (Cb, Cr)을 의미한다. 예를 들어, YCbCr 4:2:0 포맷에서 매크로블록이란 16×16 Y, 8×8 Cb, 8×8 Cr 블록을 통칭한다. 그림 4-4를 H.264/AVC에서 정의된 개념들을 바탕으로 살펴보면, 첫 번째 슬라이스는 35개의 매크로블록으로 구성되어 있고, 두 번째 슬라이스도 35개의 매크로블록으로 구성되어 있는 것으로 볼 수 있다. 이처럼 H.264/AVC와 그 이전의 여러 비디오 코덱들은 각 픽처를 매크로블록 단위로 분할하고 매크로블록을 포함하는 슬라이스들에 대해서 순차적으로 코딩하였다. 그러나, 비디오의 해상도가 큰 경우에는 16×16 픽셀의 고정 크기인 매크로블록 보다는 더 큰 크기의 블록을 사용함으로써 부호화 효율을 더 향상 시킬 수도 있을 것이다.

HEVC에서 슬라이스는 H.264/AVC 보다 확장된 개념으로 정의되어 있다. HEVC의 하나의 슬라이스는 하나의 독립 슬라이스 세그먼트(Independent slice segment)로 구성되거나, 하나의 독립 슬라이스 세그먼트와 연속되는 다수의 종속 슬라이스 세그먼트(Dependent slice segment)의 집합으로 구성될 수 있다. 예를 들어, 그림 4-5는 HEVC에서 입력 동영상의 한 픽쳐가 두 개의 슬라이스로 분할되고, 그 중 첫 번째 슬라이스가 한 개의 독립 슬라이스 세그먼트와 뒤따르는 두 개의 종속 슬라이스 세그먼트로 구성되는 예를 보인다. 그림 4-5에서 두 번째 슬라이스에는 하나의 독립 슬라이스 세그먼트로만 구성되는 예를 나타낸다. HEVC에서 종속 또는 독립 슬라이스 세그먼트는 "CTU의 시퀀스"로 정의된다. 이 말은 종속 또는 독립 슬라이스 세그먼트가 한 개 이상의 CTU로 구성됨을 의미하는데, H.264/AVC의

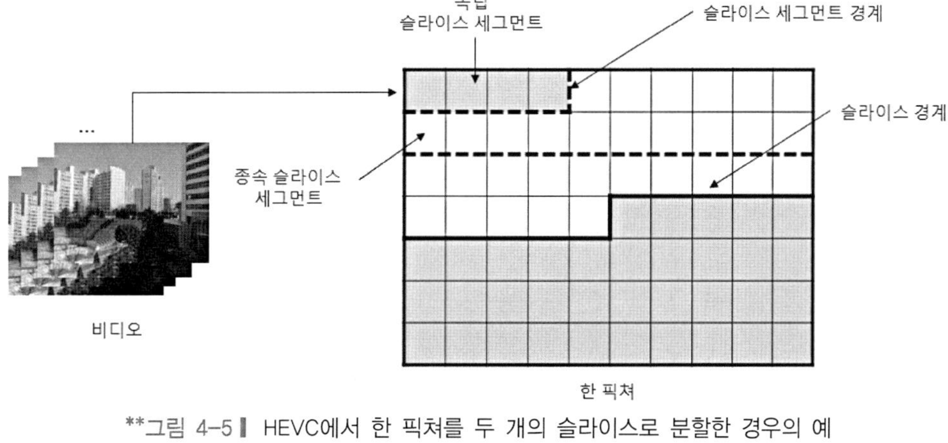

**그림 4-5 ▌ HEVC에서 한 픽쳐를 두 개의 슬라이스로 분할한 경우의 예

슬라이스가 정수 개의 매크로블록으로 정의된 것과 유사하다. 다만, H.264/AVC에서는 16×16 픽셀의 고정 크기인 매크로블록을 사용하는데 반해, HEVC에서는 가변 크기의 CTU를 사용한다는 점에서 차이가 있다. CTU는 4.2.3 절에서 자세히 설명하겠지만, 먼저 간략히 기술하면 64×64, 32×32, 16×16 중 하나의 크기를 갖는 블록이라고 생각하자. 결과적으로 HEVC에서는 그림 4-5와 같이 입력 동영상의 한 픽쳐를 CTU 단위로 분할하고, 이러한 CTU를 포함하는 종속 또는 독립 슬라이스 세그먼트들을 부호화한다.

동영상은 다수의 픽쳐로 구성되기 때문에, 픽쳐라는 개념만을 사용하면 되는데, H.264/AVC와 HEVC와 같은 동영상 압축 코덱에서는 왜 슬라이스라는 개념을 사용하는 것일까? 이 질문에 대한 답으로 입력 영상의 해상도가 크고, 압축된 데이터를 전송하는 전송 채널의 에러율이 높은 경우를 생각해보자. 한 픽쳐를 압축한 후 해당 데이터를 단일 패킷으로 전송하는 경우, 해당 패킷의 일부가 손상되면, 한 픽쳐 전체에 대한 복호화가 불가능해진다. 이러한 경우에는 한 픽쳐 전체를 코딩하기 보다는 여러 영역으로 분할하여 부호화하고 데이터를 전송하는 것이 보다 효과적일 것이다. 즉, 동영상 압축 코덱들에서는 에러 강인성 기능을 위해, 그림 4-6과 같이 픽쳐와 매크로블록 또는 픽쳐와 CTU 사이에 슬라이스는 중간 개념을 사용하는 것이다. 또한, 한 픽쳐를 다수의 슬라이스로 분할하면 슬라이스 사이에는 의존성이 존재하지 않으므로 각 슬라이스에 대해서 병렬 인코딩 및 디코딩을 할 수 있다. (슬라이스 사이에 의존성이 존재하지 않는다는 의미는 슬라이스 경계에서는 참조를 수행하지 않는다는 것이다.) 그러나, 픽쳐를 다수의 슬라이스로 분할하면 슬라이스 분할로 인한 추가적인 비트가 발생한다. HEVC에서는 이러한 문제를 해결하기 위하여 독립 슬라이스 세그먼트와 종속 슬라이스 세그먼트라는 새로운 개념을 도입한 것이다. 이에 대한 보다 자세한 설명은 12장을 통해서 다뤄질 예정이다.

4.2.3 CTU와 CU

4.2.2 절을 통해서 HEVC가 입력 동영상을 부호화 할 때, 하나의 픽쳐에 대해서 CTU 단위로 분할하고 순차적 스캔 순서(Raster scan order)에 따라 한 CTU씩 부호화를 함을 알아보았다. 즉, HEVC는 이전의 영상 압축 표준과 유사하게 블록 단위의 영상 압축을 수행한다. 하지만, H.264/AVC에서 16 × 16 크기의 매크로블록 단위로 부호화를 수행한 것과 달리, HEVC에서는 고정 크기의 블록 단위를 사용하지 않고 다양한 블록 크기를 가질 수 있는 CTU라는 개념을 사용한다. HEVC는 CTU의 크기로 64×64, 32×32, 16×16 중 하나의 크기를 선택하여 사용할 수 있다. 일반적으로 입력 동영상의 해상도가 큰 경우에는 64×64와 같이 크기가 큰 CTU를 사용하고, VGA와 QVGA와 같은 작은 해상도의 동영상에 대해서는

픽쳐 ⊇ 슬라이스 ⊇ 매크로블록

(a) H.264/AVC

픽쳐 ⊇ 슬라이스 ⊇ 슬라이스 세그먼트 ⊇ CTU

(b) HEVC

**그림 4-6 ▌ H.264/AVC의 매크로블록 그리고 HEVC의 CTU와 픽쳐, 슬라이스, 슬라이스 세그먼트 사이의 관계

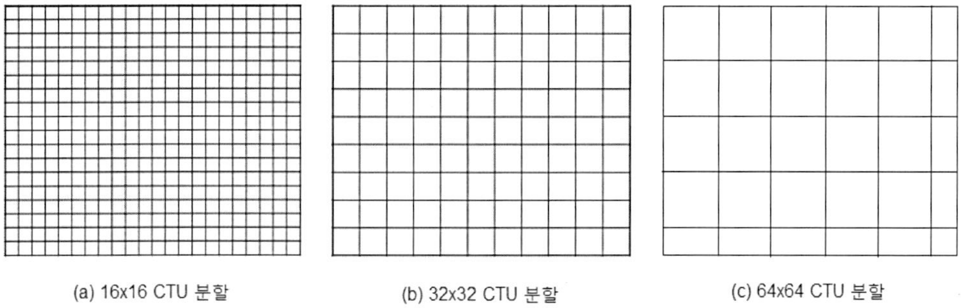

**그림 4-7 | CIF 영상에 대한 CTU 분할의 예

기존의 매크로블록과 동일한 16×16 크기의 CTU를 선택하여 부호화하는 것이 효과적이다. 그림 4-7은 CIF 입력 영상을 (a) 16×16 CTU를 사용하여 분할한 경우, (b) 32×32 CTU를 사용하여 분할한 경우, (c) 64×64 CTU를 사용하여 분할한 경우의 예를 보인다. 이처럼 HEVC는 입력 영상의 해상도 또는 입력 영상의 특징에 따라 적절한 크기의 분할 블록을 선택적으로 사용할 수 있다는 장점을 가진다. CTU는 매크로블록의 개념과 동일하게 그림 4-8처럼 휘도 성분에 대한 코딩 트리 블록(CTB : Coding Tree Block)과 대응하는 두 개의 색차 성분에 대한 CTB를 포함한다. 따라서, Y, Cb, Cr 성분 각각에 대한 블록을 지칭할 때에는 CTU가 아니라 Y CTB, Cb CTB, Cr CTB와 같은 용어를 사용해야 한다.

하나의 CTU는 "Coding Tree Unit" 이라는 이름에서 알 수 있듯이 쿼드-트리(Quad-tree) 형태로 블록 분할이 가능하다. HEVC에서는 CTU 내에서 분할되는 블록을 코딩 유닛(CU : Coding Unit) 이라 부른다. CU는 "Coding Unit" 이라는 이름에서 알 수 있듯이, 화면 내 예측 또는 화면 간 예측이 수행되는 코딩의 기본 단위(Unit)이다. 예를 들어, 그림 4-9는 입력 픽쳐의 한 CTU에 대해서 다양하게 CU를 분할한 경우에 대한 예이다. 64×64 크기의 CTU를 가정하면, 그림 4-9(a)는 CTU가 분할되지 않고, 그대로 64×64 CU가 되는 경우이다. 이러한 경우 64×64 CU가 화면 내 예측 또는 화면 간 예측 모드로 코딩된다. 그림 4-9(b)는 64×64 CTU가 네 개의 32×32 CU로 분할된 경우에 대한 예이다. 이러한 경우에 있어 네 개의 CU (CU_0, CU_1, CU_2, CU_3) 각각은 서로 독립적으로 화면 간 예측 모드 또는 화면 내 예측 모드로 부호화될 수 있다. 예를 들어, 그림 4-9(b)의 CU_2, CU_3은 CU_0, CU_1 영역에 비해 상대적으로 복잡하여 주변의 값을 사용하여 예측하는 화면 내 예측 보다는 이전에 복원된 픽쳐를 사용하는 기술인 화면 간 예측 모드로 분할하는 경우에 더 효과적일 수 있다. 이러한 경우에 있어 HEVC 인코더는 CTU를 그림 4-9(a)로

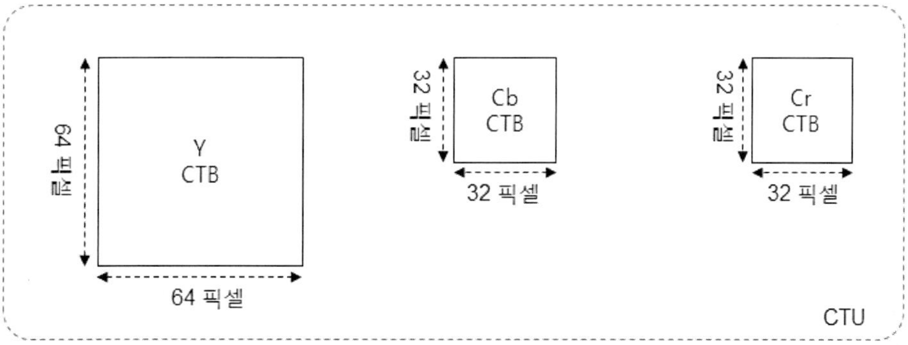

**그림 4-8 | 64×64 CTU의 경우에 CTU와 CTB의 관계

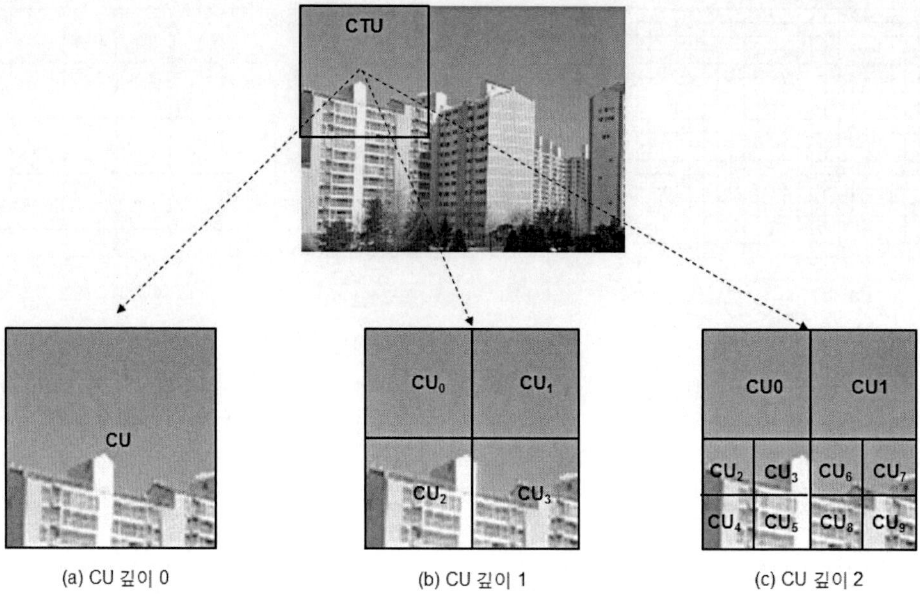

**그림 4-9 ▌ CTU에서 CU 분할의 예

분할하지 않고, 그림 4-9(b)와 같이 분할할 수 있다. CTU가 그림 4-9(b)와 같이 다수의 CU로 분할되는 경우에는 CU_0, CU_1, CU_2, CU_3의 순으로 코딩이 수행된다. 그림 4-9(c)는 64×64 CTU가 네 개의 32×32 CU로 먼저 분할되고, 세 번째와 네 번째 32×32 CU가 다시 한 번 더 하위 CU로 분할되는 경우에 대한 예이다. 이처럼 32×32 CU가 한 번 더 하위 CU로 분할되었기 때문에, 16×16 CU 네 개로 분할된다. 이러한 경우에 하나의 CTU는 총 열 개의 CU로 분할되게 되고, CU_0, CU_1, CU_2, CU_3, CU_4, CU_5, CU_6, CU_7, CU_8, CU_9의 순서대로 화면 내 예측 모드 또는 화면 간 예측 모드로 인코딩 되거나 디코딩 된다. CTU가 Y CTB, Cb CTB, Cr CTB를 포함하는 것처럼, CU는 Y CB (Coding Block), Cb CB, Cr CB를 포함하는 개념이다. 따라서, 휘도 또는 색차 성분에서 코딩되는 블록 각각을 지칭하는 경우에는 CB라는 용어를 사용한다.

앞서 언급한 것처럼 HEVC Main 프로파일에서 CTU의 크기는 16×16, 32×32, 64×64 중 하나일 수 있으며, CU의 크기는 8×8, 16×16, 32×32, 64×64 중 하나일 수 있다. (프로파일에 대한 설명은 4.4 절에서 다뤄진다.) HEVC의 CU에는 4×4 크기의 CU가 존재하지 않으며, CU의 최대 크기는 CTU보다 클 수 없다. HEVC 인코더는 디코더에 CTU의 크기를 알려주기 위해서, CTU의 크기를 직접적으로 명시하는 것이 아니라 휘도 성분의 최소 CB (Coding Block)의 크기, 그리고 휘도 성분의 최소 CB와 최대 CB의 크기에 대한 차이 값만을 명시한다. 이때 명시되는 정보에 대한 비트를 줄이기 위해서 휘도 성분의 최소 CB의 크기에 $\log_2$를 취한 값을 비트로 표현하고, 최소 CB와 최대 CB 크기에 대한 차이 값도 각 CB의 크기에 $\log_2$를 취한 후 각 결과 값의 차이 값만을 기술한다. 예를 들어, 그림 4-10에서 한 CTU가 다수의 CU로 분할되는 경우에 휘도 성분의 최소 CB의 크기는 8×8이고 휘도 성분의 CTB의 크기는 64×64이다. 이때 인코더에서 디코더로 보내지는 값은 먼저 최소 CB의 크기에 $\log_2$를 취한 값으로, 그림 4-10에서는 "$\log_2(8)$"의 값인 "3"이 보내지게 된다. 그리고, 추가적으로 "$\log_2$ (CTB 크기) − $\log_2$ (최소 CB 크기)" 값인 "3"이 보내지게 된다. 디코더에서는 전송 된 두 값을 통하여 휘도 성분에 대한 최소 CB의 크기인 "8×8"과

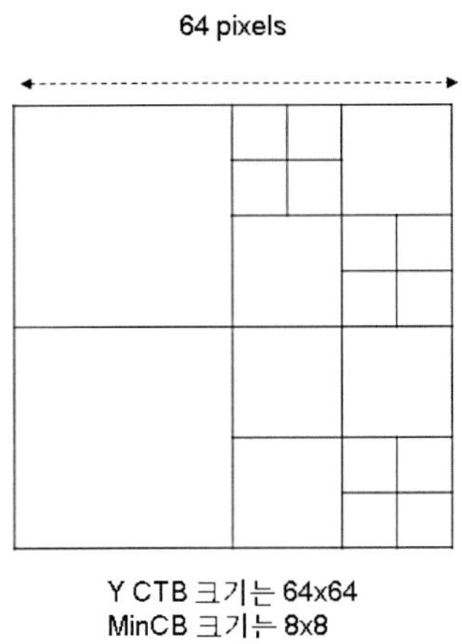

$$\log_2(\text{minCBsize}) = \log_2(8) = 3$$
$$\log_2(\text{CTBsize}) - \log_2(\text{minCBsize}) = 3$$
$$\downarrow$$
$$\log_2(\text{CTBsize}) = \log_2(\text{minCBsize}) + 3$$
$$\log_2(\text{CTBsize}) = 6$$
$$\text{CTBsize} = 2^6 = 64$$

**그림 4-10 ▌ CTU의 크기와 최소 CU의 크기를 표현하는 예

최대 CTB의 크기인 “64×64”를 계산할 수 있다.

CTU는 쿼드-트리 구조를 통해 CU로 분할될 수 있는데 하위 단계의 CU로 더 분할되는지에 대한 정보는 분할 CU 플래그(split_cu_flag)를 통해 기술된다. 예를 들어, 그림 4-11은 64×64 CTU가 하위 CU로 분할되지 않은 경우에 분할 CU 플래그가 쓰여지는 구조와 이에 따른 디코더 함수 동작 흐름의 예이다. 그림 4-11의 경우, 먼저 “coding_tree_unit (64×64)”에서 “coding_quad_tree (64×64)”를 호출하는데, 이때 “coding_quad_tree (64×64)” 내에서 분할 CU 플래그의 값을 확인한다. 해당 예제에서는 분할 CU 플래그(“split_cu_flag”)의 값이 “0”이므로 하위 CU로 분할되지 않으며, 따라서 “coding_unit (64×64)”이 호출된다. “coding_unit (64×64)”는 프로그램에서 함수와 같은 개념으로 이해하면 쉬운데, 64×64 크기의 CU를 디코딩하는 역할을 한다. 그림 4-11의 예에서는 CTU가 하위 CU로 분할되지 않았기 때문에, 네 개의 “coding_quad_tree(32×32)”가 호출되지 않는다.

그림 4-12는 64×64 CTU가 네 개의 32×32 CU로 분할되는 경우에 분할 CU 플래그의 기술과 디코더 함수 동작 흐름에 대한 예이다. 그림 4-12의 경우 먼저 “coding_tree_unit (64×64)”에서

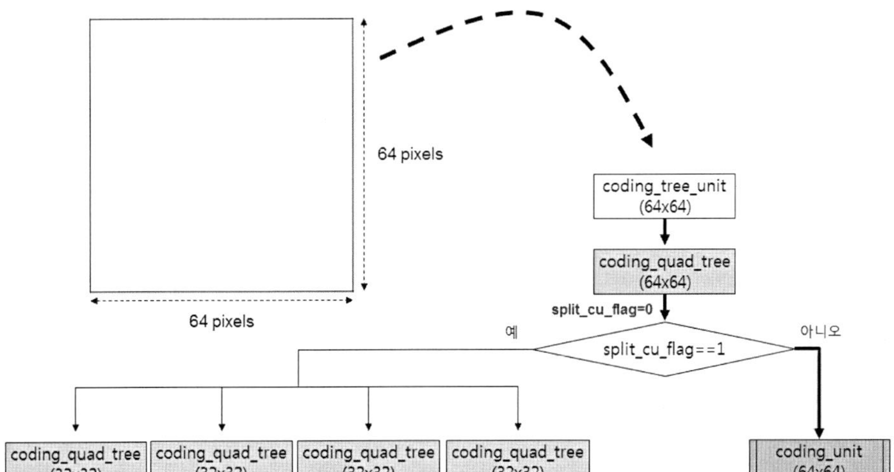

**그림 4-11 ▌ 64×64 CTU 분할의 예

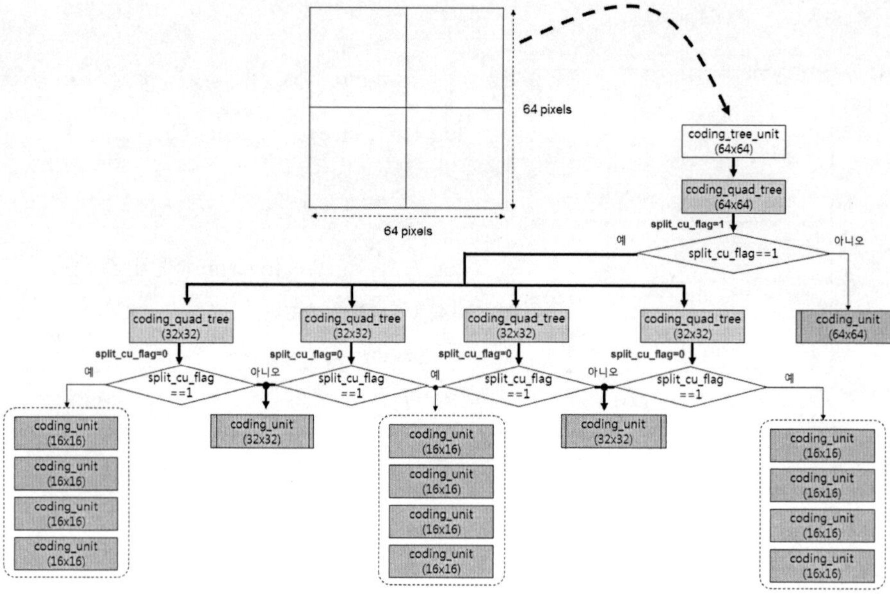

**그림 4-12 ▌ 64×64 CTU가 네 개의 32×32 CU로 분할되는 경우의 예

"coding_quad_tree (64×64)"를 호출하는데, 이때 "coding_quad_tree (64×64)" 내에서 분할 CU 플래그의 값을 확인한다. 그림 4-12를 보면 64×64 CTU는 네 개의 32×32 CU로 분할되었기 때문에, 분할 CU 플래그 값이 "1"이 된다. 분할 CU 플래그 값이 "1"이면 네 개의 "coding_qaud_tree (32×32)"가 순차적으로 호출된다. 각 "coding_quad_tree (32×32)" 함수에서는 함수 내에서 분할 CU 플래그 값을 확인하는데, 분할 CU 플래그 값이 "1"이라는 것은 다시 하위 CU로 분할되는 것을 의미한다. 그림 4-12에서 32×32 CU들은 더 이상 하위 레벨의 CU로 분할되지 않기 때문에, 네 개의 32×32 CU에서 분할 CU 플래그는 모두 "0"의 값을 가진다. 따라서 네 개의 "coding_quad_tree (32×32)" 함수는 각각 "coding_unit (32×32)"를 호출한다. 여기서, "coding_unit (32×32)"는 32×32 CU를 디코딩하는 함수이다. 이처럼 CTU가 쿼드-트리 형태로 CU로 분할되는 경우, 각 CU는 자기 자신의 레벨에서 하위 CU로 분할이 되는지에 정보를 "split_cu_flag"를 통해서 기술한다.

그림 4-13은 64×64 CTU 분할의 또 다른 예이다. 그림 4-13에서 CTU는 HEVC Main 프로파일이 지원하는 최소 CU의 크기인 8×8까지 쿼드-트리 형태로 분할되었다. 그림 4-13의 왼쪽에 있는 CTU의 분할을 트리구조를 사용하여 표현하면, 그림 4-13의 오른쪽과 같이 나타낼 수 있다. CTU가 CU로 분할되면 각 CU는 정해진 순서에 따라 인코딩/디코딩 되어야 하는데, 그림 4-13의 왼쪽과 오른쪽 그림의 숫자는 이러한 코딩 순서를 의미한다. 인코딩/디코딩되는 CU의 순서를 살펴보면 트리구조에서 깊이 우선 탐색 (DFS : Depth First Search)으로 리프노드 (Leaf node)를 순회하는 것과 동일함을 알 수 있다. 그림 4-13의 트리 구조에서 각 리프노드는 CTU에서 분할 된 CU에 대응된다. 트리 구조에서 리프노드가 아닌 내부 노드 (Internal node)에는 대응되는 CU가 존재하지는 않지만 해당 노드의 위치에서도 분할 CU 플래그 값은 기술된다. 예를 들어, 그림 4-13의 트리 구조에서 회색 원들은 내부 노드로 특정 CU로 대응되지는 않지만 "1" 이라는 CU 플래그 값을 갖는다. 이와 달리 리프 노드들은 실제 CU에 대응되는데 이때 CU 플래그 값이 존재하는 경우 (흰색 원)와 존재하지 않는 경우 (빗금 친 원)로 나뉜다. 그림 4-13을

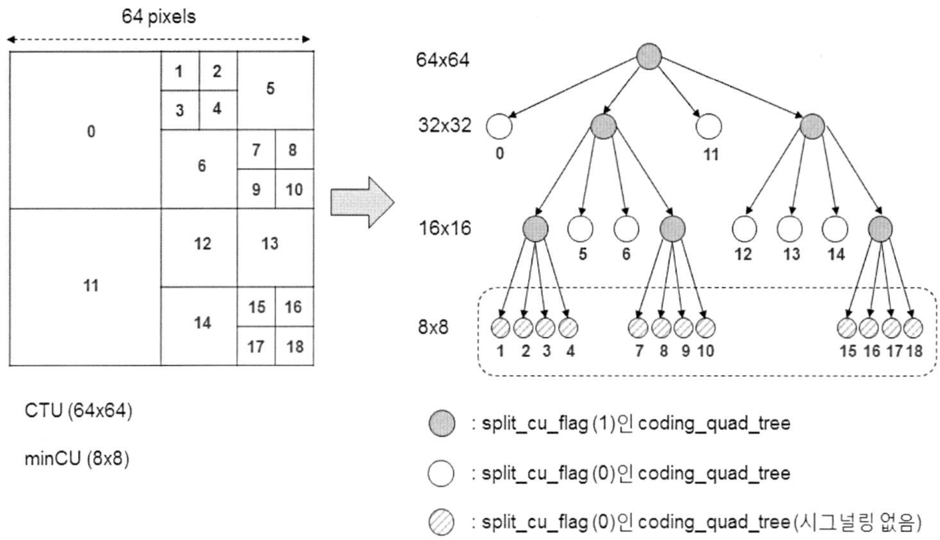

**그림 4-13 ‖ 64×64 CTU 분할의 또 다른 예

참고하면 단말 노드에 대응되는 CU가 가장 작은 크기의 CU인 8×8 CU에 대응되는 경우에는 분할 CU 플래그 값이 존재하지 않음을 알 수 있다. 이는 이미 가장 작은 CU의 크기를 인코더가 디코더로 명시적으로 알려주었기 때문에, 디코딩하려는 현재 CU가 가장 작은 CU인 경우에는 더 이상 하위 CU로 분할되지 않는다는 것을 디코더에서도 알 수 있기 때문이다. 그림 4-13에서는 가장 작은 CU의 크기로 8×8 CU를 예를 들어 설명했지만, 이는 인코더에서 코딩하는 조건에 따라 달라질 수 있다. 따라서, 8×8 CU에서만 분할 CU 플래그가 전송되지 않는다고 표현하는 것은 잘못된 표현이다.

지금까지 4.2.3 절을 통해서 CTU가 쿼드-트리 구조를 통하여 다양하게 CU로 분할될 수 있음을 살펴보았다. 이번 절에서 기억해두어야 할 점은 CU를 분할하면 분할 정보를 위한 추가 비트가 발생하지만, 분할을 하는 경우에 압축 성능이 더욱 향상 될 수도 있다는 점이다. 또한, CTU를 다수의 CU로 분할하게 되면, 각 CU 단위로 화면 간 예측 또는 화면 내 예측 모드로 코딩된다는 점이다. 인코더에서는 부호화 과정에서 다양한 CU 블록 분할을 직접 수행해본 후, RDO (Rate-Distortion Optimization)를 통해서 최적의 CU 분할 구조를 찾는다. 반면, 디코더에서는 비트스트림을 통해 기술되는 분할 CU 플래그를 통해서 CTU의 분할 정보를 얻는다. 마지막으로 CTU는 Y CTB, Cb CTB, Cr CTB를 통칭하는 말이고 CU는 Y CB, Cb CB, Cr CB를 통칭하는 말임을 기억해 두어야 한다.

4.2.4 HEVC의 예측 단위

4.2.3 절을 통해서 CU는 화면 내 예측 또는 화면 간 예측이 수행되는 코딩의 기본 단위이며, CTU로부터 쿼드-트리 형태로 분할되어짐을 살펴보았다. HEVC는 CU를 화면 내 예측 또는 화면 간 예측하는데, 이때 보다 효과적으로 압축하기 위하여, CU를 PU 단위로 분할한다. PU는 “Prediction Unit” 이라는 그 이름에서 알 수 있듯이, 예측의 기본 단위이다. 여기서, 예측의 기본 단위라는 말은 한 CU 내에서도 PU 단위로 서로 다르게 예측 블록 생성을 생성 할 수 있다는 의미이다. 이때 주의해야 할 점은 한 CU 내에 있는 PU 들이 화면 내 예측과 화면 간 예측이 혼합된 형태로는 사용되지 않는다는 점이다. 그

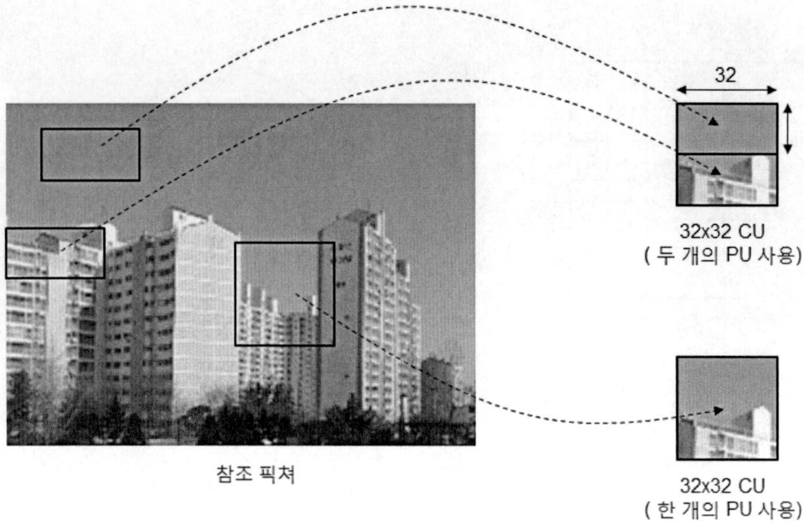

**그림 4-14 ▌ PU 분할을 통하여 CU에서 예측 값을 생성하는 예

이유는 화면 내 예측 또는 화면 간 예측에 대한 정보는 CU 단위에서 한 번 써지기 때문이다. 따라서, 한 CU 내에 있는 모든 PU 들은 인트라 혹은 인터의 동일한 예측 방법으로 코딩된다.

그림 4-14는 인코더에서 부호화하는 32×32 CU에 대해서 PU를 분할하여 코딩하는 것과 PU 분할을 사용하지 않고 코딩하는 것에 대한 예이다. 첫 번째 경우는 32×32 CU에 대해서 32×16 (너비×높이) 크기의 두 개의 PU로 분할한 것이다. 이러한 경우 각 PU 단위로 다른 참조 픽쳐에서 움직임 보상을 수행할 수 있다. 따라서, 32×32 CU 내의 "하늘 부분"과 "아파트" 부분에 대해서 서로 다른 위치로부터 더 정확한 예측 블록을 생성해 올 수 있게 된다. 두 번째 경우는 32×32 CU에 대해서 PU를 분할하지 않고, CU의 크기와 동일하게 32×32 PU로 움직임 보상을 수행하는 것이다. 이 경우 첫 번째와 달리 "하늘 부분"과 "아파트" 부분이 포함되어 있는 CU를 하나의 PU 블록으로 예측하기 위해서 인코더에서는 참조 픽쳐에서 가장 비슷한 영역을 탐색할 것이다. 그림 4-14에서는 참조 픽쳐의 중간 부분에서의 블록으로 움직임 보상 된 것을 나타낸다. 그림 4-14의 예와 같이 코딩하려는 CU를 PU로 분할하여 각 PU에 대해서 예측 블록을 생성하는 것은 원본 영상을 보다 잘 예측하는 예측 블록을 생성하는 것을 가능케 할 수 있다.

표 4-2는 CU와 PU에 대해서 비교한 것이다. CU는 CTU로 분할이 시작되며, 쿼드-트리 형태로 분할될 수 있는 반면, PU는 CU로부터 분할이 시작되며 쿼드-트리 형태로 분할되지 않고 한 번만 분할될

▌표 4-2 ▌ CU와 PU의 비교

유닛	CU	PU
분할 시작점	CTU로부터 분할됨	CU로부터 분할됨
분할 형태	쿼드-트리	단일 계층 다수 분할 모드
역할	코딩의 기본 단위 (화면 내 예측 또는 화면 간 예측)	예측의 기본 단위

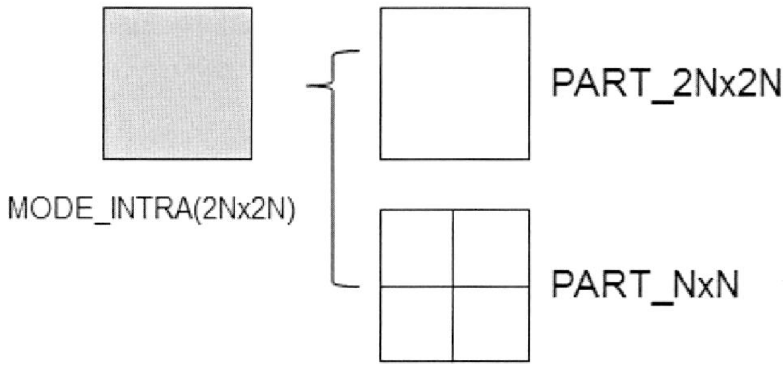

**그림 4-15 ▌ 화면 내 예측 모드의 CU에 대한 PU 분할의 예

수 있다. CU와 PU의 역할을 비교해보면 CU는 화면 내 예측 또는 화면 간 예측 모드가 수행되는 코딩의 기본 단위이고, PU는 PU 단위로 예측 블록을 생성할 수 있는 예측의 기본 단위이다.

HEVC에서 PU의 분할은 PU를 포함하는 CU의 코딩 모드에 따라서 달라진다. CU가 화면 내 예측을 사용하여 인코딩/디코딩되는 경우에는 그림 4-15와 같이 두 가지의 PU 분할만이 존재한다. 예를 들어, 인코딩/디코딩하려는 CU가 화면 내 예측 모드이고 CU의 크기가 2N×2N 인 경우를 생각해보자. HEVC Main 프로파일에서 CU의 크기는 8×8~64×64이면서 정사각형 모양이므로, CU의 크기를 2N×2N이라고 하면, N은 4, 8, 16, 32 등의 값들 중 하나가 될 수 있다. 그림 4-15에서 2N×2N CU가 PART_2N×2N으로 분할되는 경우에는 하나의 CU에 하나의 PU만이 존재함을 의미한다. 이와 달리 PART_N×N으로 분할되는 경우에는, 한 CU에 대해서 네 개의 PU로 분할되고, 각 PU 단위로 서로 다른 예측 블록을 생성할 수 있게 된다. 하지만, PART_N×N 모드는 인코딩/디코딩하려는 CU의 휘도 성분에 대한 CB의 크기가 최소 CB의 크기일 때에만 사용될 수 있다. 예를 들어, 입력 영상에서 CTU의 크기는 64×64이고, 최소 CU의 크기가 16×16인 경우에 현재 인코딩/디코딩하려는 CU의 크기가 32×32이면서 화면 내

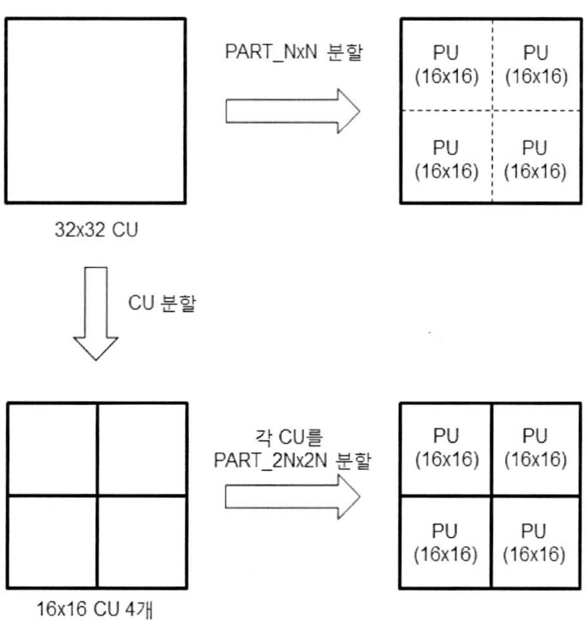

**그림 4-16 ▌ CU와 PU 분할 조합의 예

예측 모드로 코딩된 경우를 생각해보자. 이때 32×32 크기의 CU의 휘도 성분의 CB는 32×32이고, 이 CB는 최소 CB의 크기가 아니므로 해당 CU는 PART_N×N 모드로 분할될 수 없다. 이처럼 최소 크기의 CU에서만 PART_N×N 분할을 지원하는 것은 인코딩/디코딩하는 2N×2N 크기의 CU가 최소 크기의 CU가 아닌 경우, 해당 CU를 네 개의 N×N CU로 분할하고, 각 CU에 PART_2N×2N 분할을 사용하는 것과 차이가 없기 때문이다. 예를 들어, 그림 4-16은 32×32 CU를 최소 CU인 16×16 CU가 있음에도 불구하고 PART_N×N 분할을 사용하는 경우에 대한 예이다. 이러한 경우 32×32CU는 네 개의 16×16 PU로 분할되는데 이때 모든 PU는 동일한 화면 내 예측 또는 화면 간 예측 모드로 코딩되어야 한다. 이와 달리 32×32 CU를 먼저 네 개의 CU로 분할하고 각 CU에 대해서 PART_2N×2N 모드로 PU 분할할 수도 있다. 이 경우 그림 4-16과 같이 16×16 CU 네 개가 각각 16×16 PU로 분할될 수 있다. 이처럼 현재 CU의 크기보다 더 작은 크기의 CU가 존재하는 경우에는 먼저 CU를 하위 레벨로 분할하고 분할된 CU 각각을 PART_2N×2N PU 분할을 사용함으로써, 현재 CU를 PART_N×N 크기의 PU로 직접 분할하는 경우를 커버할 수 있다. 따라서, HEVC는 표준화 단계에서 이를 고려하여 최소 크기의 CU에서만 PART_N×N 분할을 지원하도록 제약을 두었다.

인코딩/디코딩하려는 CU가 화면 간 예측 모드로 코딩되는 경우에는 그림 4-17과 같이 여덟 가지의 분할 패턴 중 하나의 PU 분할이 가능하다. 화면 내 예측 모드와 유사하게 코딩하려는 CU의 크기를 2N×2N 이라고 할 때, PART_N×N은 해당 CU가 최소 크기의 CU인 경우에만 가능하다. CU가 화면 간 예측 모드로 코딩된 경우에는 화면 내 예측과 달리 추가적으로 PART_2N×N과 PART_N×2N 형태의 분할이 가능하다. (PART_X_Y에서 X는 PU 블록의 너비를 의미하고, Y는 높이를 의미한다.) 또한,

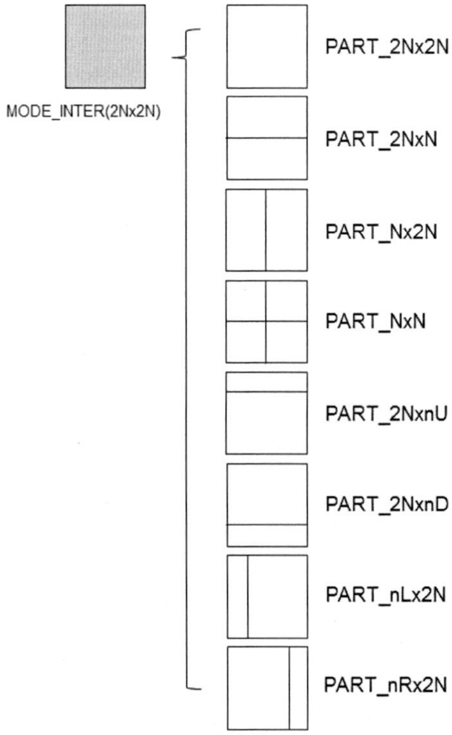

**그림 4-17 ▌ 화면 간 예측 모드의 CU에 대한 PU 분할의 예

화면 간 예측에서는 AMP (Asymmetric Motion Partition)라 불리는 PART_2N×nU, PART_2N×nD, PART_nL×2N, PART_nR×2N 형태의 분할도 지원한다. 하지만, AMP는 코딩하려는 CU가 최소 CU 크기의 CU인 경우에는 부호화 및 복호화 과정의 복잡도를 고려하여 사용할 수 없다. 참고로 AMP에서 'n'은 2N의 1/4의 값을 의미하는데, 예를 들어, 2N의 값이 16인 경우 n의 값은 4가 된다.

4.2.5 HEVC의 변환 단위

앞 절들을 통해서 CU가 CTU로부터 쿼드-트리 구조로 분할될 수 있고, PU가 CU로부터 단일 계층 분할될 수 있음을 알아보았다. 특히, CU는 화면 내 예측 또는 화면 간 예측 모드가 수행되는 코딩의 기본 단위이고, PU는 CU 내에서 각 PU 단위로 서로 다른 예측 블록의 생성을 가능케 하는 예측의 기본 단위임을 살펴보았다. 이 절에서는 추가로 HEVC의 변환 블록의 기본 단위인 TU의 개념 및 역할에 대해서 소개한다.

MPEG-2, MPEG-4, H.264/AVC, 그리고 HEVC와 같은 동영상 압축 기술은 예측과 변환 부호화를 함께 사용하는 하이브리드 방식 구조를 바탕으로 한다는 점을 여러 번 언급하였다. 이를 다시 한 번 상기해 보면 입력 영상은 블록 단위로 인코딩되는데, 이때 먼저 원본 블록은 화면 내 예측 또는 화면 간 예측을 통해 생성된 예측 블록으로부터 예측된다. 원본 블록과 예측 블록과의 차이를 차분 블록(Residual block)이라고 하는데, 차분 블록은 순차적으로 변환, 양자화, 엔트로피 부호화 과정을 거친다. 엔트로피 부호화는 발생하는 심볼의 통계적인 특성을 고려하여 자주 발생하는 심볼에는 짧은 비트를 할당하고, 덜 자주 발생하는 심볼에는 긴 비트를 할당하여 심볼을 표현하는 평균 비트량을 줄이는 방법을 기본으로 한다. 따라서, 엔트로피 부호화 과정의 입력 값으로 특정 심볼들이 자주 발생할 수 있도록 해줄 수 있다면 부호화 효율을 향상 시킬 수 있을 것이다. 이처럼 보다 효과적인 엔트로피 부호화 과정을 위해서 일반적으로 예측 과정을 엔트로피 부호화 앞에 위치시키는데 HEVC에서는 화면 내 또는 화면 간 예측이라는 크게 두 가지 기술을 사용하여 예측 값을 생성한다. 여기서, 중요하게 살펴볼 점은 단순히 예측 과정만으로는 데이터의 압축과는 상관이 없으며 오히려 값의 표현 범위가 더 넓어지게 된다는 점이다. 예를 들어, 비트 심도가 0~255인 픽셀 값들을 예측하게 되면 예측 후에 값들은 -255~+255로 오히려 표현 범위가 더 늘어나게 된다. 각 픽셀 값들을 아주 단순한 방법으로 표현한다고 할 때 예측 전의 0~255 범위의 픽셀 값은 픽셀당 8비트로 표현이 가능했지만 오히려 예측 과정 후에는 음수와 양수의 범위에서 픽셀 값이 존재하므로 픽셀당 9비트로 표현이 가능할 것이다. 하지만, 일반적으로 좋은 성능의 예측 알고리즘을 적용하는 경우에 예측 후의 결과 값들은 대부분이 0 근처에 분포하는 라플라스 분포(Laplace distribution) 형태를 가지게 된다. 이러한 성질은 예측 과정 이후에 있는 엔트로피 부호화 과정을 통해서 차분 값들은 보다 효과적으로 부호화할 수 있게 한다. 특히, 동영상 압축과 같이 전송하는 차분 값들에 일정량의 에러가 포함되는 손실 압축의 경우에는 양자화를 통해서 예측 후의 데이터를 보다 많이 0 근처로 분포하게 만들 수 있다.

H.264/AVC와 HEVC는 예측된 차분 블록 내의 픽셀 값을 양자화 하는 것이 아니라 변환 과정을 수행한 후 양자화를 수행한다. 이는 변환 과정을 통해서 입력 값을 픽셀 도메인에서 주파수 도메인으로 변경하면 보다 효과적으로 양자화가 가능하기 때문이다. 예를 들어, 연속하는 두 개의 픽셀이 존재할 때 두 픽셀 중 어떠한 픽셀에 양자화를 촘촘히 하고, 어떤 픽셀에 양자화를 듬성듬성하게 할지 판단하

2	2	2	2
2	2	2	2
2	2	2	2
2	2	2	2

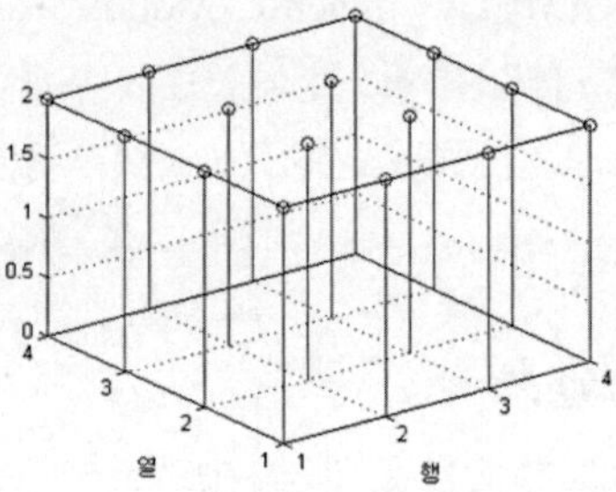

DCT

8	0	0	0
0	0	0	0
0	0	0	0
0	0	0	0

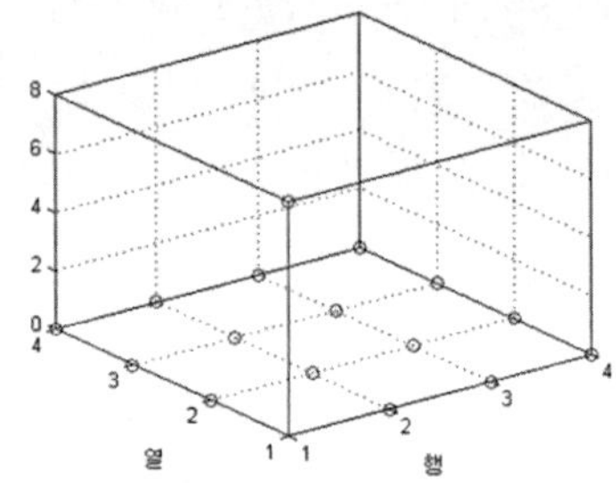

**그림 4-18 ▌ DCT 변환의 예

기는 어렵다. 하지만, HVS (Human Visual System)에 따르면 DC에서 중간 주파수 부분까지가 좀 더 민감하다는 특성을 주파수 도메인에서는 고려할 수 있기 때문에, 변환 과정을 거친 후에는 주파수별로 양자화가 가능하여, 주관적 화질 관점에서 보다 효율적인 부호화가 가능하다. 이처럼 양자화 전에 변환 과정을 수행하면 보다 효과적으로 양자화가 가능하지만, 변환 과정이 모든 입력 데이터에 대해서 항상 효과적인 것은 아니다. 예를 들어, 그림 4-18은 한 차분 블록에 대한 픽셀 값들과 해당 블록에 DCT를 수행한 후의 결과 값을 출력한 것이다. 변환 단계 전의 픽셀 값에서는 값의 분포가 퍼져 있지만, 변환 후에는 대 부분의 계수 값이 0이고 저주파 쪽에 에너지가 집중됨을 확인할 수 있다. 이와 같은 경우에는 변환 이후에 값들이 양자화 및 엔트로피 부호화 과정에 매우 효과적으로 사용될 수 있다. 하지만, 파시발 정리 (Parseval's theorem)에 따르면 변환과정을 수행하더라도 총 에너지는 변화하지 않으므로 변환 과정을 수행했다고 해서 압축이 이루어지는 것은 아니라는 것을 상기하자.

그림 4-19는 차분 블록에 DCT 변환을 적용한 또 다른 예이다. 그림 4-19를 참고하면 4×4 크기의 차분 블록은 예측 후에 15개의 픽셀 값이 0이고, 단 하나의 계수 값에서 2의 값을 갖는다. 하지만, DCT 변환 후에는 16개의 모든 계수 값의 위치에서 값이 존재하게 된다. 이러한 경우에는 오히려 변환 과정을 거친 후의 데이터 값이 양자화 및 엔트로피 부호화에 적합하지 않을 수도 있다. 일반적으로 변환과정의 입력 데이터 내에 높은 상관성이 존재하는 경우에 변환 후 에너지 집중이 발생하는데, 그림 4-19와 같이 입력 신호가 Sparse matrix 형태라면 변환 후에 에너지 집중이 나타나지 않게 된다. HEVC에서는 이러한 특성을 고려하여 일부 블록에 대해서는 변환을 생략하는 기술을 포함하고 있다.

H.264/AVC까지의 대부분의 동영상 압축 표준에서는 4×4 또는 8×8 블록 단위로 변환과정을 수행하였다. 일반적으로 변환 블록의 크기를 크게 하면 에너지 집중이 보다 잘 이루어져서 보다 효율적으로 압축이 가능해진다. 하지만, 변환 블록의 크기가 커지면 변환과정의 복잡도가 크게 증가한다. H.264/AVC까지의 동영상 압축 표준에서는 영상을 코딩할 때, 매크로블록 단위를 사용했기 때문에, 최대

0	0	0	0
0	2	0	0
0	0	0	0
0	0	0	0

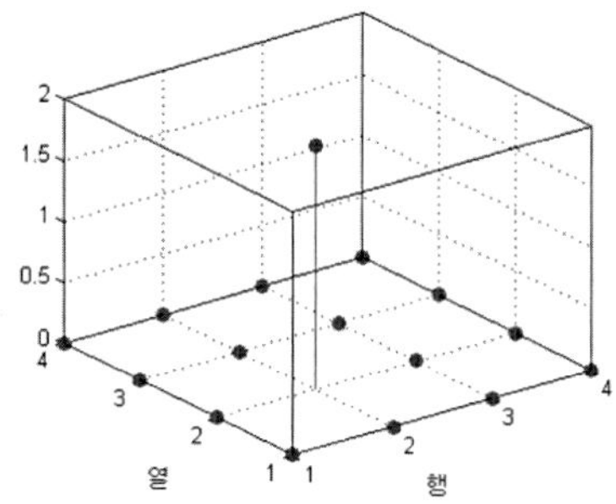

DCT

0.5	0.2706	-0.5	-0.6533
0.2706	0.1464	-0.2706	-0.3536
-0.5	-0.2706	0.5	0.6533
-0.6533	-0.354	0.6533	0.8536

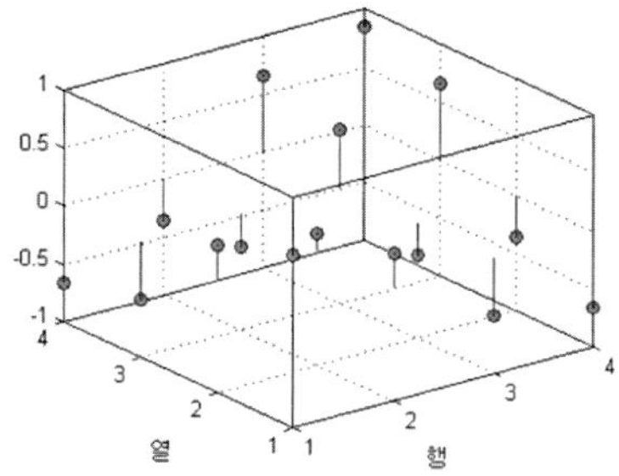

그림 4-19 ▌ DCT 변화의 또 다른 예

8×8 블록 크기의 변환은 크게 문제가 되지 않았다. 그러나, HEVC는 코딩의 기본 단위로 CU를 사용하는데, CU의 크기는 최소 8×8부터 최대 64×64까지의 가변 크기를 가진다. 따라서, CU의 크기가 큰 경우에는 보다 큰 변환 블록을 사용하는 것이 작은 변환 블록을 사용하는 것보다 효과적일 수 있다. HEVC에서는 변환 블록의 크기를 더 크게 함으로써 부호화 성능을 향상시키기 위해, 4×4, 8×8 크기의 변환뿐만 아니라 16×16, 32×32 크기의 변환도 지원한다. 이처럼 HEVC는 다양한 크기의 변환 블록을 사용할 수 있는데 최소 TU와 최대 TU의 크기를 명시적으로 기술할 수 있게 함으로써 입력 영상의 특성 또는 입력 영상의 해상도에 따라 적당한 크기의 변환 블록을 사용할 수 있도록 한다.

CU가 CTU로부터 쿼드-트리 구조로 계층적으로 분할되는 것과 유사하게 TU는 코딩하려는 CU로부터 쿼드-트리 구조로 계층적 분할이 가능하다. 그림 4-20은 CTU의 첫 번째 CU에 대해서 TU와 PU 분할에 대해서 나타낸 것이다. TU와 PU 모두 CU로부터 분할이 시작되지만 PU는 단순 분할되는 반면에 TU는 쿼드-트리 구조를 갖기 때문에, 한 번 TU로 분할 된 후에도 더 작은 TU로 더 분할될 수 있다. 또한, PU와 TU의 분할은 CU가 화면 간 예측 모드인 경우에는 서로 독립적이어서 PU의 분할 패턴과 상관없이 TU는 독립적인 분할 쿼드-트리 구조를 가질 수 있다.

TU는 CU로부터 쿼드-트리 형태로 분할 가능하지만, HEVC Main 프로파일에서 최소 크기의 변환 블록이 4×4임을 고려할 때 쿼드-트리로 분할될 수 있는 최대 깊이에 대한 제한이 두는 것이 필요하다. HEVC는 시퀀스 파라미터 셋(SPS : Sequence Parameter Set)을 통해서 화면 내 예측 모드로 부호화된 CU와 화면 간 예측 모드로 부호화된 CU 각각에 대해서 TU의 최대 분할 깊이를 명시해줄 수 있다. 시퀀스 파라미터 셋에 대한 보다 자세한 설명은 10장에서 다루어지므로, 여기에서는 여러 픽처에서 사용하는 공통 정보를 보내주는 단위라고만 이해하자. 예를 들어, 화면 간 예측 모드로 부호화된 CU에 대한 분할 깊이 값이 2이고, 현재 코딩하는 CU가 32×32 CU인 경우, TU의 크기는 32 × 32로부터 시작

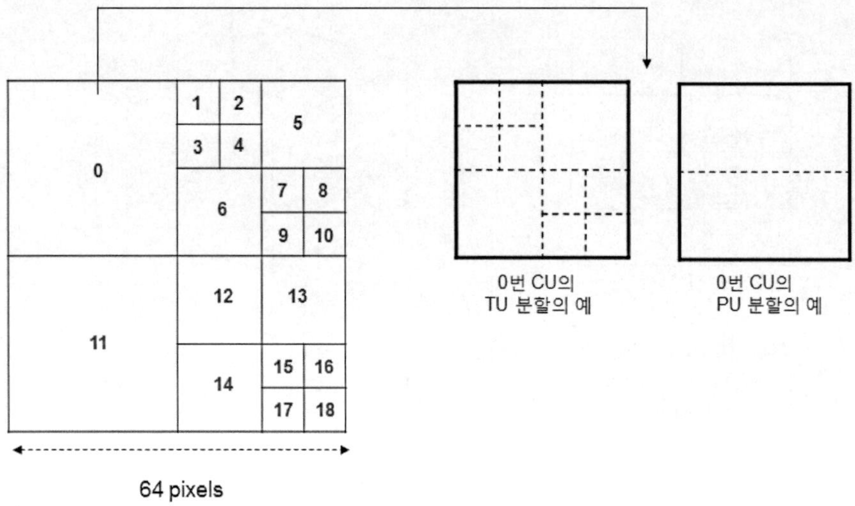

**그림 4-20 ▍ CU에 대한 PU 분할 및 TU의 분할 예

하여 16 × 16 (분할 깊이 1), 8 × 8 (분할 깊이 2) 크기의 TU까지 분할될 수 있다. 이 경우에 해당 CU에서는 4×4 크기의 TU는 사용되지 않게 된다. 코딩하는 CU의 크기가 64 × 64인 경우에는 64×64 TU가 존재하지 않으므로 CU의 크기는 64×64이지만 실제 분할은 32×32 TU로부터 시작하여 쿼드-트리 구조로 분할될 수 있다.

TU가 CU로부터 쿼드-트리 형태로 분할될 때, TU의 분할에 대한 정보를 명시하는 방법은 CTU로부터 CU가 분할될 때 CU의 분할 정보를 명시하는 것과 동일하다. 그림 4-21은 32×32 CU가 최소 4×4 TU로 분할되는 예를 보인다. 앞에서 언급한 것처럼 최소 TU의 크기는 시퀀스 파라미터 셋을 통해서 사전에 기술되어 진다. 그림 4-21의 CU가 TU로 분할된 모양을 트리구조를 사용하여 나타내면, 그림 4-21의 오른쪽 부분과 같이 표현된다. HEVC에서는 TU의 분할에 대한 정보를 "split_transform_flag"를 통해서 기술한다. 해당 변수의 값이 1이면 현재 레벨에서 하위 레벨로 한 번 더 TU가 분할되는 것을 의미하고, 값이 0이면 더 이상 하위 레벨로 TU 분할이 되지 않음을 의미한다. 그림 4-21에서 32×32 CU는 "transform_tree (32×32)"를 호출하는데 TU가 이미 분할되어 있으므로 "split_transform_flag"의 값은 1이 된다. 여기서, "split_transform_flag" 값이 1이므로 "transform_tree (32×32)"는 네 개의 "transform_tree (16×16)" 함수를 호출한다. 첫 번째 "transform_tree (16×16)"는 더 이상 하위 TU 레벨로 분할되지 않으므로 "split_transform_flag"의 값이 0이 된다. 두 번째 "transform_tree (16x16)"은 또 다시 분할되므로 "split_transform_flag"의 값으로 '1'을 갖는다. 또한, "split_transform_flag"의 값이 1이므로 다시 하위 레벨로 분할되며, 이에 따라 네 개의 "transform_tree (8×8)"를 호출하게 된다. 이와 같은 구조로 CU에서 TU가 쿼드-트리 구조로 분할되는 경우, 그림 4-21의 오른쪽 그림에서 회색 원과 흰색 원에는 "1" 또는 "0"의 값의 "split_transform_flag" 값이 써지지만, 본 예제에서 가장 작은 TU인 4×4 TU에서는 "split_transform_flag" 값이 써지지 않는다. 이는 이미 가장 작은 TU의 크기에 대해서 인코더에서 디코더로 명시적으로 알려주었기 때문에, 디코딩하려는 현재 TU가 가장 작은 TU인 경우에는 더 이상 분할되지 않는 다는 것을 디코더가 알 수 있기 때문이다.

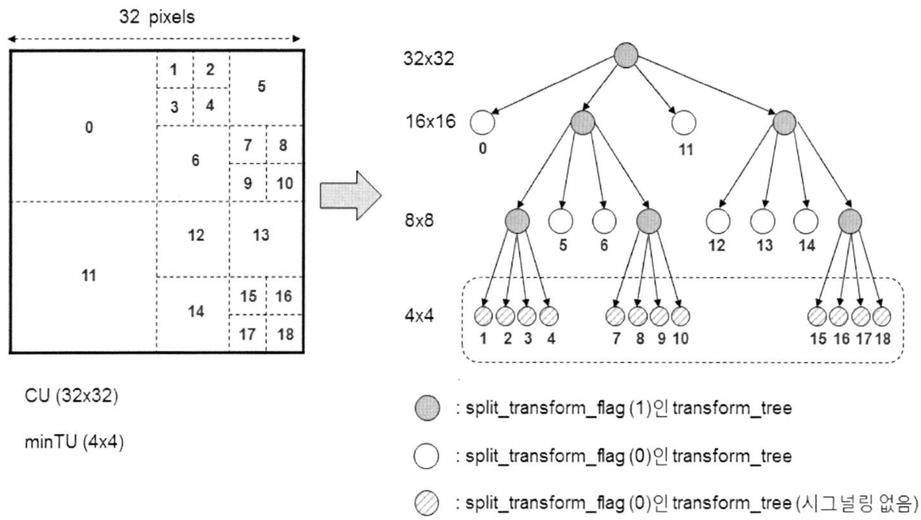

**그림 4-21 ▌ TU 분할 및 분할 변환 플래그

앞에서 언급한 것처럼 CU가 화면 간 예측 모드로 분할된 경우에 CU내에서 TU와 PU의 분할은 서로 독립적으로 이루어진다. 예를 들어, 32×32 CU가 화면 간 예측 모드로 코딩되었고, PU가 "PART_2N×N" 분할로 되어 있더라도 PU보다 더 큰 32×32 TU를 사용하여 차분 블록을 한 번에 변환할 수 있다. 하지만, CU의 부호화 모드가 화면 내 예측인 경우에는 해당 CU 내에서 TU가 PU의 크기보다 클 수 없다는 제약이 존재한다. 4.2.4절에서 살펴보았듯이 화면 내 예측 모드로 CU가 코딩된 경우에는 "PART_2N×2N" 또는 "PART_N×N"의 분할이 가능하다. TU는 기본적으로 CU보다 클 수 없으므로 PU 분할 타입이 "PART_2N×2N"인 경우에는 "TU는 PU보다 클 수 없다"는 제약을 기본적으로 만족하게 된다. "PART_N×N" 분할은 최소 크기의 CU에서만 가능한데, 이 경우 TU의 분할에 제약이 존재하는 것이다. 그림 4-22는 이러한 제약에 존재하는 경우에 대해서 그림으로 나타낸 것이다. 그림 4-22를 참조하면 "TU 분할의 예 (1)"과 "TU 분할의 예 (2)"는 가능하지만 "TU 분할의 예 (3)"은 TU의 크기가 CU 내의 PU의 크기보다 더 크므로 이러한 형태의 TU 분할은 HEVC에서 지원되지 않는다. 이렇게 화면 내 예측 모드로 코딩된 CU에서 "TU는 PU보다 클 수 없다"라는 제약이 존재하는 이유는 화면 내 예측 모드는 주변의 복원된 픽셀 값을 통해서 예측을 수행하기 때문이다. 코딩하려는 블록의 주변에 위치하는 블록이 복원되려면 해당 블록에 대한 역변환 과정이 선 수행되어야 한다. 예를 들어, 그림 4-22에서 "TU 분할의 예 (3)"과 같이 CU의 크기와 동일한 크기의 TU로 변환이 수행되는 경우에는 PU0에서 역변환이 수행되지 못하므로 PU0는 인코더에서 복원 값을 생성할 수 없게 된다. 따라서, PU1에서도 PU0의 복원된 픽셀 값을 참조하여 코딩할 수 없게 됨으로, 화면 간 예측 모드로 코딩된 CU에서는 TU의 크기가 PU보다 클 수 없다는 제약이 존재하는 것이다.

CU에서 TU의 분할이 결정된 후에는 각 TU 크기의 변환 커널을 사용하여 차분 블록에 대한 변환을 수행한다. HEVC는 기존의 동영상 압축 표준과 유사하게 이산 코사인 변환(DCT : Discrete Cosine Transform) 기반의 커널을 사용하며 추가적으로 일부 조건에 대해서 이산 사인 변환(DST : Discrete Sine Transform) 기반의 커널을 사용한다. DCT 기반의 변환 커널은 4×4, 8×8, 16×16, 32×32 크기의 네 개가 존재하며, DST 기반의 변환 커널은 4×4 크기만 존재한다. CU가 화면 내 예측 모드로 코딩되고

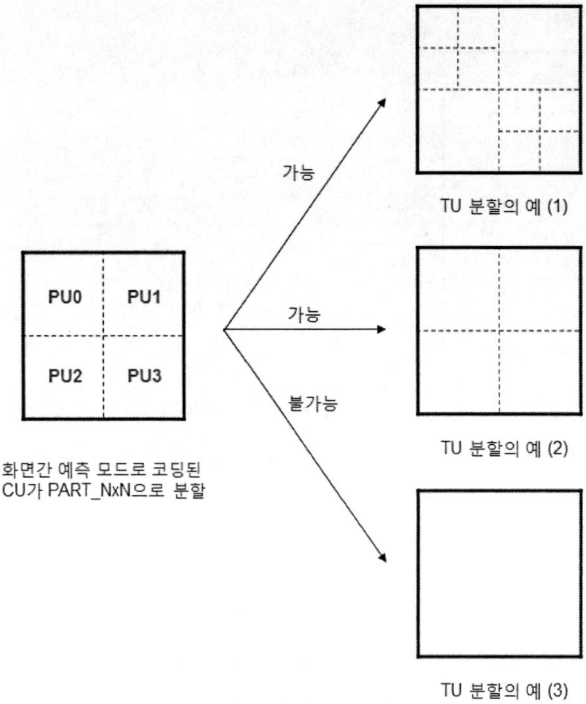

**그림 4-22 ▌ 화면 간 예측모드로 코딩된 CU에 대한 TU 분할의 예

TU의 크기가 4×4인 경우에 휘도 성분에 대한 4×4 TB에서만 DST 커널이 사용되고 나머지 경우에는 DCT 기반의 변환 커널이 사용된다. HEVC의 변환 부호화에 대한 보다 자세한 설명은 7장에서 다뤄질 것이다.

4.3 HEVC 인코더의 동작

4.2절을 통해서 HEVC의 CTU, CU, PU, TU의 개념에 대해서 알아보았다. 이를 한 번 더 정리해보면, 입력 영상은 그림 4-23과 같이 CTU 단위로 분할된다. CTU는 다시 CU로 분할될 수 있는데, 하나의 CU는 화면 내 예측 또는 화면 간 예측으로 코딩된다. 한 CU에서 PU는 그림 4-23과 같이 여덟 개의 패턴 중 하나로 분할되고, TU는 쿼드-트리 형태로 분할될 수 있다. PU는 예측의 단위로 화면 내 예측인 경우에는 PU 별로 서로 다른 공간 예측을 가질 수 있고, 화면 간 예측인 경우에는 PU 별로 서로 다른 움직임 보상 블록을 가질 수 있다. TU 분할은 32×32에서부터 4×4까지 다양한 변환의 단위로 계층적 분할되어 각각의 변환이 수행된다.

이번 절에서는 CU, PU, TU의 개념에 대한 이해를 바탕으로 HEVC의 인코더의 블록도를 통하여 보다 상세하게 예측, 변환, 양자화, 엔트로피 부호화, 엔트로피 복호화, 역양자화, 역변환, 복원, 디블록킹 필터, 샘플 적응적 오프셋과 같은 일련의 코딩 과정에 대해서 살펴본다.

그림 4-3의 HEVC 인코더 블록도를 참조하면 입력 영상은 CTU 단위로 인코딩이 수행된다. 앞서 여러 번 언급한 것처럼 CTU는 부호화 효율을 고려하여 다시 CU로 분할될 수 있다. 그림 4-24는 Full-HD 입력 영상을 64×64 크기의 CTU로 인코딩할 때, 첫 번째 CTU에서의 CU 분할의 예를 나타낸 것이다.

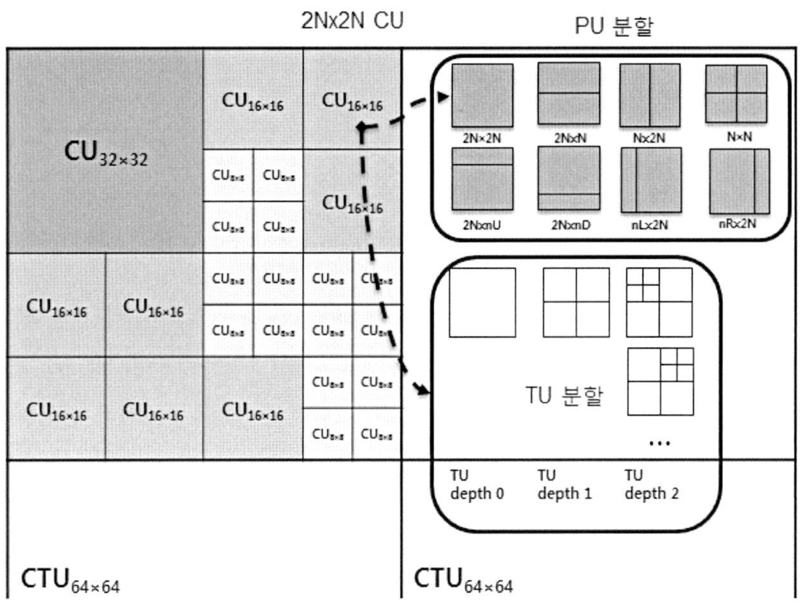

**그림 4-23 ▌ HEVC의 CU, PU, TU

본 예제에서는 64×64 크기의 CTU를 사용했지만, 이 값은 인코더에서 설정할 수 있는 값으로 동영상을 인코딩할 때 해상도나 영상의 특성을 맞춰 적절한 값을 사용할 수 있다. 그림 4-24(a)의 Full-HD 입력 영상에서 첫 번째 CTU (64×64)를 확대해서 나타내면 그림 4-24(b)와 같다. 인코더에서 CTU를 CU로 분할하는 것은 인코더의 구현에 따라서 달라질 수 있다. 예를 들어, 실시간 인코딩이 필요한 경우에는 CTU를 CU로 분할 할 때 복잡하지만 부호화 효율이 높은 분할 알고리즘 보다는 복잡도가 낮고 부호화

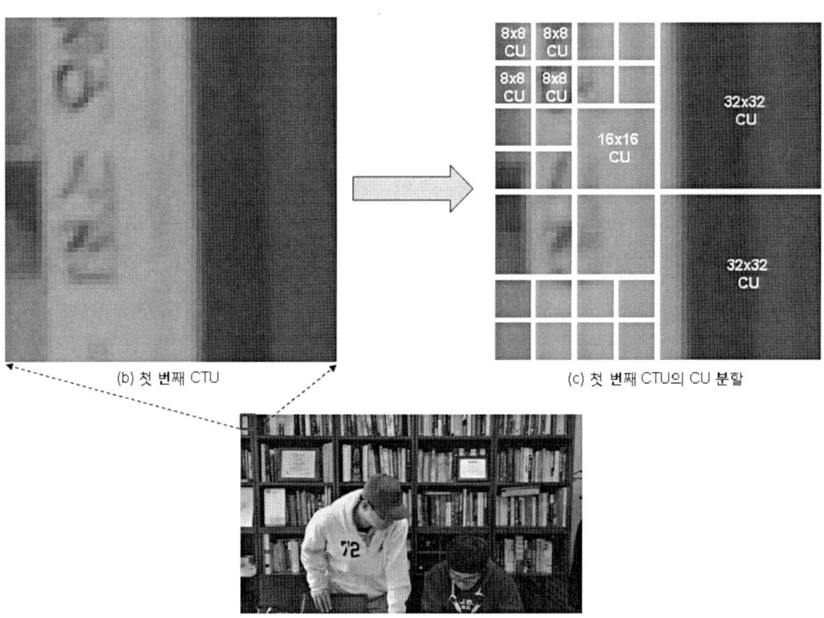

**그림 4-24 ▌ 입력 영상의 CTU 그리고 CU 분할 예

효율이 조금 떨어지는 분할 알고리즘을 선택할 수 있다. 앞에서 간단히 언급한 것처럼 HEVC는 최소 CU의 크기와 최대 CU의 크기(CTU와 같음)를 선택적으로 사용할 수 있기 때문에, CTU에서 CU로의 분할 깊이에 대한 조절도 가능하다.

그림 4-24(c)는 14장에서 다루게 될 HEVC의 참조 소프트웨어인 HM(HEVC Test Model)을 사용하여 그림 4-24(a) 영상을 인코딩할 때, CTU가 CU로 분할된 예를 나타낸다. 그림 4-24(c)를 살펴보면 CTU 내에서 글씨가 존재하는 영역은 상대적으로 작은 크기의 CU로 분할되었고, 배경 부분은 상대적으로 큰 크기의 CU로 분할되었음을 확인할 수 있다. 부호화 효율이 높은 HEVC 인코더를 개발하는 경우에는 CTU 내에서 모든 경우의 CU 분할 조합 중 최적의 CU 분할을 선택하면 되지만, 이는 인코더에서 매우 높은 복잡도를 필요로 한다. 또한, 앞서 언급한 것처럼 CU는 다시 PU와 TU로 분할되기 때문에, CTU 내에서 최적의 CU 분할을 결정하는 것은 CU의 코딩에만 국한된 문제가 아니라 최적의 PU 및 TU의 분할과 밀접한 관계가 있다.

이번 절에서는 CTU에서 CU의 분할 알고리즘에 대해서는 자세히 다루지 않으며, 그림 4-24(c)와 같은 모양으로 이미 CU가 분할되었다고 가정한다. 그림 4-24(c)에서 첫 번째 CU는 8×8 CU 인데 HEVC 인코더는 CU에 대해서 기본적으로 화면 내 예측 또는 화면 간 예측 모드로 코딩할 수 있다. 이때 현재 CU가 속해있는 슬라이스의 타입에 따라 제약이 존재한다. 예를 들어, 현재 슬라이스가 "I 슬라이스"인 경우에는 화면 간 예측을 사용하지 않기 때문에, 슬라이스 내의 모든 CU들은 화면 내 예측 모드로 부호화 되어야 한다. 그림 4-24(a)의 입력 영상은 동영상에서 첫 번째 영상이므로 해당 영상은 "I 슬라이스"로 부호화 될 것이다. 따라서, 그림 4-24(c)의 첫 번째 CU는 화면 내 예측 모드로만 예측될 수 있다. HEVC는 "I 슬라이스", "P 슬라이스", "B 슬라이스"라는 세 종류의 슬라이스를 사용할 수 있는데, 슬라이스 종류에 따라서 CU에서 사용 가능한 예측 모드가 달라진다. 앞서 설명한 것처럼, "I 슬라이스"인 경우에는 해당 슬라이스 내의 모든 CU는 화면 내 예측 모드로만 예측될 수 있다. 코딩하려는 현재 슬라이스가 "P 슬라이스" 또는 "B 슬라이스"인 경우 슬라이스 내의 CU들은 화면 내 예측 또는 화면 간 예측 모드로 예측될 수 있다. 여기서 "P 슬라이스"와 "B 슬라이스"의 차이는 "P 슬라이스" 내의 PU는 하나의 움직임 보상 블록으로부터 예측되지만, "B 슬라이스" 내의 PU는 최대 두 개의 움직임 보상 블록으로부터 쌍 예측 될 수 있다는 것이다. 이에 대한 보다 자세한 설명은 6장에서 다뤄 질 것이다.

그림 4-25는 HEVC 인코더에서 8×8 CU를 화면 내 예측 모드로 예측 부호화하는 예이다. 그림 4-25(a)는 그림 4-24(c) CTU의 일부만을 나타낸 것이다. 그림 4-25(b)는 인코딩하려는 8×8 CU에서 휘도 블록에 대한 픽셀 값과 영상을 나타낸 것이다. 앞서 언급한 것처럼 현재 슬라이스는 "I 슬라이스"로 부호화 되었으므로, CU는 화면 내 예측모드로 예측되어야 한다. 3장에서 설명하였듯이 비디오 코덱에서 화면 내 예측 모드란 코딩하려는 블록의 주변의 픽셀 값으로부터 예측 블록을 생성하는 것이다. 이

표 4-3 슬라이스 종류에 따른 CU 예측 모드

slice_type	슬라이스 종류	CU에서 가능한 예측 모드
0	B 슬라이스	화면 내 예측, 화면 간 예측
1	P 슬라이스	화면 내 예측, 화면 간 예측
2	I 슬라이스	화면 내 예측

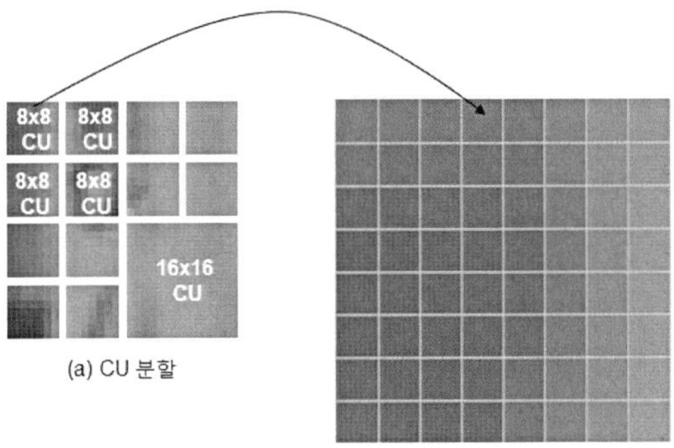

(a) CU 분할

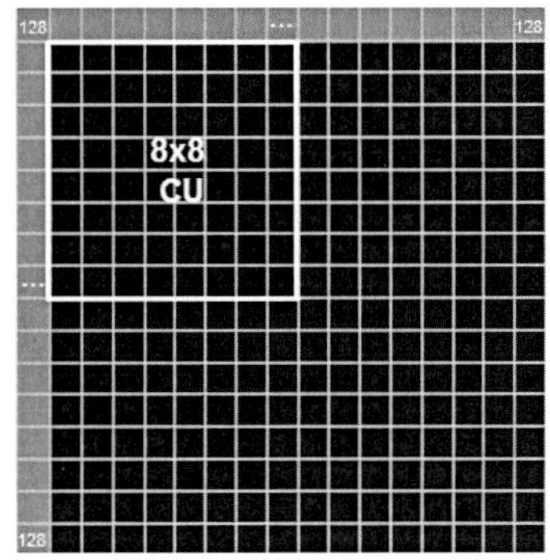

(c) 8x8 CU의 주변 복원 픽셀

118	116	114	112	113	124	140	149
111	109	109	108	109	121	138	149
101	101	102	102	105	117	136	149
96	97	98	100	103	115	134	149
96	97	98	100	104	115	134	150
98	98	99	101	106	117	134	152
99	99	98	101	108	118	135	152
99	98	96	100	109	119	135	152

(b) 8x8 CU 원본 픽셀

**그림 4-25 ▌ 8×8 CU에 대한 화면 내 예측 부호화의 예

때 주변의 픽셀 값들은 영상의 원본 픽셀 값이 아니라 복호된 픽셀 값임을 이해하는 것이 매우 중요하다. 본 예제에서는 첫 번째 픽처의 왼쪽 상단 모서리 부분의 CU를 인코딩하는 것으로 해당 CU의 왼쪽과 위쪽 주변에는 픽셀 값이 존재하지 않게 된다. HEVC는 그림 4-25(c)처럼 코딩하려는 블록의 좌-하, 좌, 좌-상, 상, 우-상 방향에 참조 가능한 픽셀이 존재하지 않는 경우에는 입력 비트심도에서 표현 가능한 범위의 중간 값으로(비트심도가 8인 경우, 중간 값은 128) 코딩 블록의 주변을 채우게 된다. 이렇게 채워진 값들은 화면 내 예측 모드에서 예측 블록을 생성하는데 사용된다.

HEVC의 화면 내 예측은 주변의 복호화된 픽셀 값을 사용하여 35개 중 하나의 화면 내 예측 모드에 따라 예측 값을 생성한다. 예를 들어, 그림 4-26(a)는 HEVC의 화면 내 예측 기술의 35개의 모드에 대한 방향성을 나타낸 것이다. 이때 0 번과 1 번은 "Intra_Planar" 모드와 "Intra_DC" 모드로써 특별한 방향성을 갖고 있지는 않다. 각 화면 내 예측 모드에 대한 보다 자세한 설명은 5 장에서 다뤄질 예정이다. HEVC의 화면 내 예측에서는 PU 단위로 화면 내 예측 모드에 따라서 생성되는 예측 블록이 달라지고, 따라서, 원본 블록과 예측 블록의 차이인 차분 계수 블록도 달라진다. 인코더에서는 PU를 효과적으로 부호화하기 위하여 35개의 화면 내 예측 모드 들 중 최적의 모드를 결정하게 되는데, 한 PU에서 최적의 예측 모드를 고속으로 찾는 것은 고속 인코더 개발에서 필수 기술이다.

본 절에서는 화면 내 예측 부호화에 대한 설명의 간략화를 위하여 현재 PU가 "Intra_Planar" 모드로 예측 된 경우에 대해 설명한다. 그림 4-26(b)는 "Intra_Planar" 모드를 통해서 계산된 화면 내 예측 블록을 보인다. 특히, 그림 4-25(c)를 참조하면 8×8 CU 주변의 참조 픽셀 값들이 모두 "128"이므로 "Intra_Planar" 모드로 예측 된 블록도 모두 "128"의 예측 값을 갖는 것을 알 수 있다.

HEVC 인코더 블록도 상에서 지금까지 설명한 부분을 되짚어 보면 그림 4-27에서 굵은 실선으로

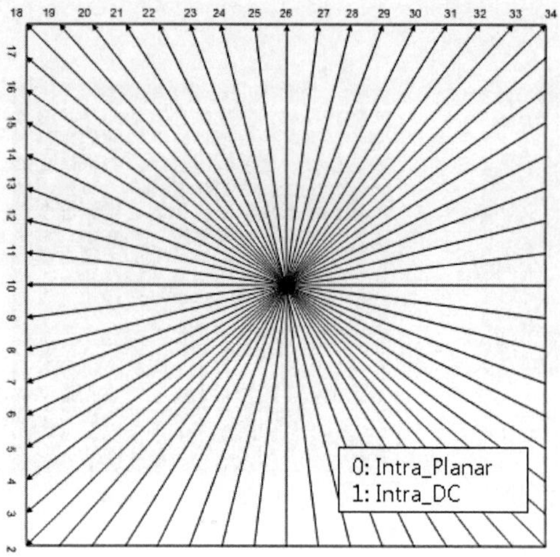

(a) 화면 내 예측 모드

128	128	128	128	128	128	128	128
128	128	128	128	128	128	128	128
128	128	128	128	128	128	128	128
128	128	128	128	128	128	128	128
128	128	128	128	128	128	128	128
128	128	128	128	128	128	128	128
128	128	128	128	128	128	128	128
128	128	128	128	128	128	128	128

(b) 8x8 PU 예측 값 (Intra_Planar모드)

**그림 4-26 ▌ 화면 내 예측 모드와 8×8 PU의 예측 값

표시된 부분과 같다. 입력 영상은 CTU 단위로 분할되고 각 CTU는 다시 CU 단위로 분할된 후 CU 별로 인코딩된다. 본 예제에서는 64×64 CTU에서 첫 번째 8×8 CU를 인코딩하는 예제에 대해서 살펴보았다. 특히, 슬라이스 타입이 "I 슬라이스"이어서 현재 인코딩하려는 CU에 대해서는 화면 내 예측만을 사용할 수 있었다. 입력 영상 내의 코딩하려는 8×8 CU 블록은 8×8 PU로부터 예측됨으로써 8×8 크기의 차분 계수 블록이 생성된다. 생성된 차분 계수 블록에는 변환, 양자화, 엔트로피 부호화가 순차적으로 적용될 것이다. 그림 4-28(a)는 본 예제에서 사용한 8×8 CU의 원본 픽셀 값이고, 그림 4-28(b)는 "Intra_Planar" 모드를 통해서 계산한 8×8 PU의 예측 픽셀 값이다. 원본 블록에서 예측 블록을 빼줌으로써 차분 블록이 생성되는데 생성된 차분 블록의 계수 값들은 그림 4-28(c)와 같다. 4.2.4절에서 설명하였듯이 현재 CU가 화면 내 예측으로 부호화되는 경우 PU는 CU의 크기와 같은 2N×2N PU 또는 너비와 높이가 각각 절반 크기인 N×N PU 일 수 있다. 이중 N×N PU는 가장 작은 크기의 CU에서만 분할

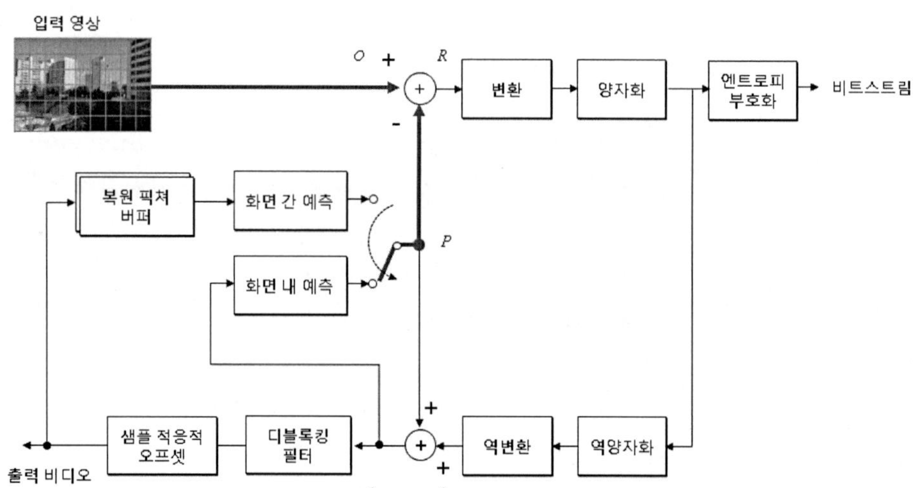

**그림 4-27 ▌ HEVC 인코더 블록도 (화면 내 예측 과정)

118	116	114	112	113	124	140	149
111	109	109	108	109	121	138	149
101	101	102	102	105	117	136	149
96	97	98	100	103	115	134	149
96	97	98	100	104	115	134	150
98	98	99	101	106	117	134	152
99	99	98	101	108	118	135	152
99	98	96	100	109	119	135	152

(a) 8x8 CU 픽셀 값

128	128	128	128	128	128	128	128
128	128	128	128	128	128	128	128
128	128	128	128	128	128	128	128
128	128	128	128	128	128	128	128
128	128	128	128	128	128	128	128
128	128	128	128	128	128	128	128
128	128	128	128	128	128	128	128
128	128	128	128	128	128	128	128

(b) 8x8 PU 예측 값 (Intra_Planar모드)

-10	-12	-14	-16	-15	-4	12	21
-17	-19	-19	-20	-19	-7	10	21
-27	-27	-26	-26	-23	-11	8	21
-32	-31	-30	-28	-25	-13	6	21
-32	-31	-30	-28	-24	-13	6	22
-30	-30	-29	-27	-22	-11	6	24
-29	-29	-30	-27	-20	-10	7	24
-29	-30	-32	-28	-19	-9	7	24

(c) 8x8 차분 블록 계수 값

**그림 4-28 ▌ 8×8 CU의 원본 픽셀, 예측 픽셀, 차분 픽셀 값

가능함을 살펴보았다. 본 예제에서 사용하는 CU의 크기는 8×8로 가장 작은 CU에 해당하므로 실제 인코더에서는 PU의 분할에 대해서도 2N×2N PU 와 N×N PU 중 하나를 선택할 수 있다. 본 챕터에서는 이러한 부분에 대해서 상세히 설명하지는 않으며, 인코더에서 2N×2N PU를 선택한 것을 가정한다.

그림 4-29(a)는 앞의 예제에서의 8×8 차분 블록 계수 값을 나타낸 것이고 그림 4-29(b)는 차분 계수 블록이 변환 블록을 거친 후에 결과 값을 나타낸 것이다. 4.2.5절에서 설명하였듯이 화면 내 예측모드로 코딩된 CU에서 PU와 TU 사이에는 "TU가 PU보다 크지 않다"라는 제약이 존재한다. 또한, TU는 CU로부터 쿼드-트리 구조로 분할되기 때문에 CU보다도 크지 않게 된다. 앞서 설명한 PU의 분할과 마찬가지로 실제 인코더의 구현에서는 한 CU 내에서 TU에 대한 최적의 분할 형태를 결정해야 한다. 본 예제에

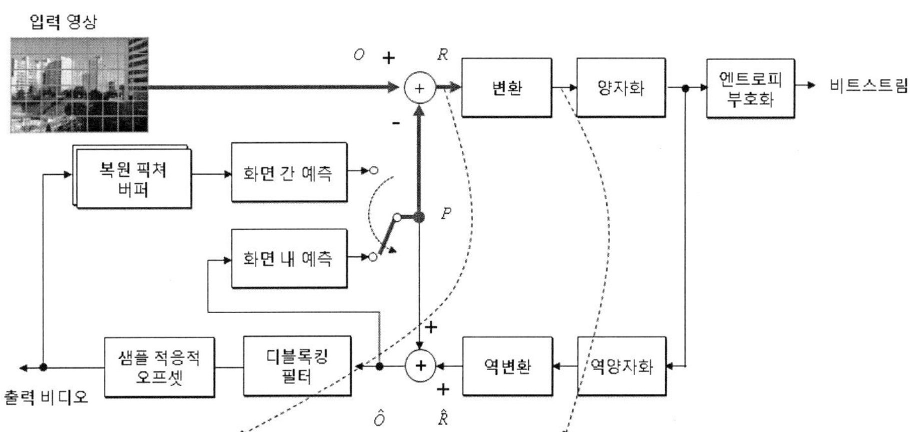

-10	-12	-14	-16	-15	-4	12	21
-17	-19	-19	-20	-19	-7	10	21
-27	-27	-26	-26	-23	-11	8	21
-32	-31	-30	-28	-25	-13	6	21
-32	-31	-30	-28	-24	-13	6	22
-30	-30	-29	-27	-22	-11	6	24
-29	-29	-30	-27	-20	-10	7	24
-29	-30	-32	-28	-19	-9	7	24

(a) 8x8 차분 블록 계수 값

-1660	-1928	1038	-329	80	2	16	-10
331	269	3	-5	-76	71	0	2
332	148	-1	74	0	-8	-2	4
139	78	-4	-8	-2	1	6	-2
-4	4	-4	11	0	-3	-11	-2
-1	-1	-1	-1	-3	-4	-6	-1
2	-7	2	2	0	-5	5	3
-1	-1	2	0	-5	-1	-9	7

(b) 변환 된 8x8 차분 블록 계수 값

**그림 4-29 ▌ HEVC 인코더의 변환 과정의 예

서는 설명의 간략화를 위해 8×8 CU가 8×8 PU와 8×8 TU로 분할된 경우에 대해 설명한다. 그림 4-29를 참조하면 변환 전의 차분 블록의 계수 값은 비슷한 크기의 값들이 넓게 분포한다. 반면, 변환과정 후의 변환 계수 값은 블록의 왼쪽 상단에 상대적으로 큰 값이 존재함을 알 수 있다.

변환 된 계수 값들은 양자화 단계를 통해서 각 계수 단위로 스칼라 양자화가 수행된다. HEVC 양자화에 대한 보다 자세한 설명은 8장에서 다룰 예정이며, 여기에서는 변환이 수행 된 블록 내의 각 계수 값에 대해서 어떤 정해진 값으로 나누는 연산이 수행된다고 단편적으로만 이해하도록 하자. 앞서 설명한 것처럼 엔트로피 부호화를 효과적으로 수행하기 위해서는 특정 심볼의 발생 확률을 높여주어야 하는데, 변환 된 계수 값을 정해진 값으로 나눠줌으로써 많은 계수 값들이 0으로 매핑된다. 그림 4-30(a)는 변환이 수행된 8×8 CU의 차분 블록의 계수 값이고, 4-30(b)는 변환 후 양자화가 수행된 블록의 계수 값들을 나타낸 것이다. 변환 된 차분 계수 블록에 양자화가 적용됨으로써 많은 계수 값들이 0으로 매핑 된 것을 확인할 수 있다. HEVC에서는 QP (Quantization Parameter)를 통해서 양자화의 에러를 결정할 수 있다. 예를 들어, QP 값은 0~51까지 존재하는데 QP 값이 클수록 양자화 에러가 크게 발생하게 된다. 따라서 입력 영상을 고화질로 인코딩하기 위해서는 인코더에서 상대적으로 낮은 QP 값을 사용한다. 하지만 QP 값을 낮추면 발생하는 비트량이 늘어나기 때문에 애플리케이션의 특성에 따라서 인코더에서 적당한 QP 값을 선택하는 과정이 필요하다.

양자화된 TU 블록의 계수 값들은 그림 4-31의 엔트로피 부호화 과정을 통해서 비트스트림으로 출력되고, 동시에 역양자화 과정을 거치게 된다. 엔트로피 부호화에 과정에 대한 보다 자세한 설명은 11 장

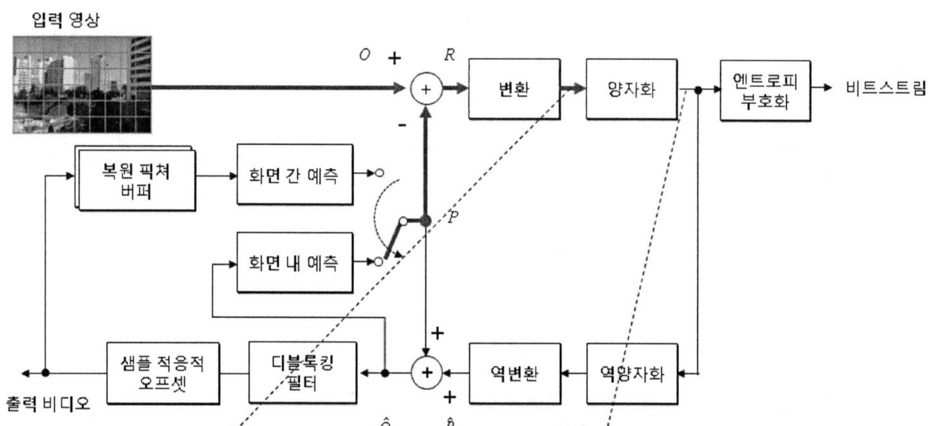

-1660	-1928	1038	-329	80	2	16	-10
331	269	3	-5	-76	71	0	2
332	148	-1	74	0	-8	-2	4
139	78	-4	-8	-2	1	6	-2
-4	4	-4	11	0	-3	-11	-2
-1	-1	-1	-1	-3	-4	-6	-1
2	-7	2	2	0	-5	5	3
-1	-1	2	0	-5	-1	-9	7

(a) 변환 된 8x8 차분 블록 계수 값

-4	-5	2	-1	0	0	0	0
1	1	0	0	0	0	0	0
1	0	0	0	0	0	0	0
0	0	0	0	0	0	0	0
0	0	0	0	0	0	0	0
0	0	0	0	0	0	0	0
0	0	0	0	0	0	0	0
0	0	0	0	0	0	0	0

(b) 양자화 된 블록 계수 값 (QP=32)

**그림 4-30 ▌ HEVC 인코더의 양자화의 예

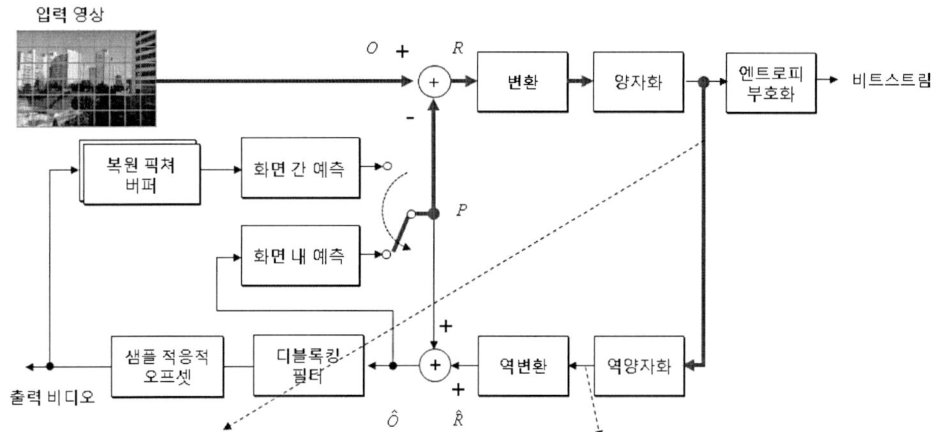

-4	-5	2	-1	0	0	0	0
1	1	0	0	0	0	0	0
1	0	0	0	0	0	0	0
0	0	0	0	0	0	0	0
0	0	0	0	0	0	0	0
0	0	0	0	0	0	0	0
0	0	0	0	0	0	0	0
0	0	0	0	0	0	0	0

(a) 양자화 된 블록 계수 값 (QP=32)

-1632	-2040	816	-408	0	0	0	0
408	408	0	0	0	0	0	0
408	0	0	0	0	0	0	0
0	0	0	0	0	0	0	0
0	0	0	0	0	0	0	0
0	0	0	0	0	0	0	0
0	0	0	0	0	0	0	0
0	0	0	0	0	0	0	0

(b) 역양자화된 블록 계수 값

**그림 4-31 | HEVC 인코더의 역양자화 예

에서 다뤄질 예정인데, 여기에서는 양자화된 블록 계수 값 또는 이를 표현하기 위해 기술되는 기타 심볼들을 비트로 표현하는 과정이라고 이해하도록 하자. 3장에서 언급한 것처럼 HEVC의 화면 내 예측 과정에서는 코딩하려는 블록의 주변에 위치하는 복원 픽셀들을 참조하고, 화면 간 예측에서는 이전에 복호된 픽처를 예측 값으로 사용한다. 따라서, 인코더에서는 현재 블록을 인코딩한 후 이를 다시 디코딩해야 한다. 그림 4-31을 참조하면 양자화된 차분 계수 값들은 역양자화 과정을 거치게 된다. HEVC의 양자화를 아주 단순히 표현할 때 변환 계수 값을 정해진 값으로 나누는 과정이라고 표현했는데, 역 양자화 과정은 이와 반대로 역 양자화 모듈의 입력 계수 값을 이미 정해진 상수 값으로 곱하는 과정이라고 말할 수 있다. 그림 4-31(b)를 참조하면 그림 4-31(a)의 양자화된 블록 계수 값들에 특정한 상수 값이 곱해져서 계수 값들의 크기가 커졌음을 알 수 있다.

HEVC 인코더에서 역양자화된 계수 값들은 그림 4-32에서 처럼 역변환 과정을 거치게 된다. 그림 4-32(a)는 역 양자화된 블록 계수 값을 나타내며, 그림 4-32(b)는 역영자화 및 역변환 과정을 거쳐서 복원된 차분 계수 값을 보인다. 변환 과정이 차분 계수들을 DC 값 주변으로 모아주는 역할을 했다면, 역변환 과정은 주파수 도메인의 값들을 다시 픽셀 도메인으로 되돌려주는 역할을 한다. 그림 4-32(b)의 복원된 차분 계수 값과 그림 4-32(c)의 원본 차분 블록 계수 값을 비교해보면 양자화 과정으로 인하여 두 차분 계수 값들이 서로 다름을 확인할 수 있다. 특히, QP 값이 증가하면 두 차분 계수 값의 사이의 에러가 더 커지게 되며, 이로 인하여 복원 영상의 화질의 저하된다.

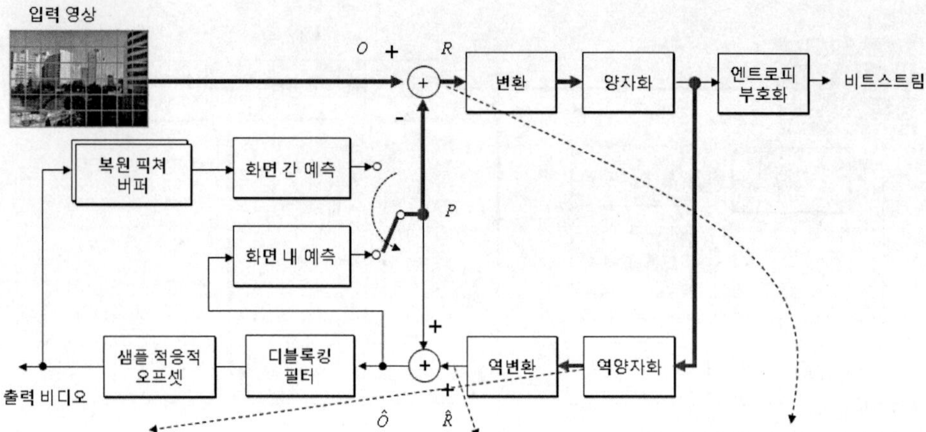

-1632	-2040	816	-408	0	0	0	0
408	408	0	0	0	0	0	0
408	0	0	0	0	0	0	0
0	0	0	0	0	0	0	0
0	0	0	0	0	0	0	0
0	0	0	0	0	0	0	0
0	0	0	0	0	0	0	0
0	0	0	0	0	0	0	0

(a) 역양자화된 블록 계수 값

-16	-13	-12	-13	-12	-3	12	24
-20	-17	-16	-16	-15	-6	10	22
-26	-23	-22	-22	-19	-10	6	19
-32	-29	-27	-26	-23	-12	4	17
-37	-33	-30	-28	-24	-13	5	18
-38	-34	-31	-28	-23	-11	7	21
-38	-33	-29	-26	-20	-7	11	25
-37	-32	-28	-25	-18	-5	14	27

(b) 8x8 차분 블록 계수 값 (복원)

-10	-12	-14	-16	-15	-4	12	21
-17	-19	-19	-20	-19	-7	10	21
-27	-27	-26	-26	-23	-11	8	21
-32	-31	-30	-28	-25	-13	6	21
-32	-31	-30	-28	-24	-13	6	22
-30	-30	-29	-27	-22	-11	6	24
-29	-29	-30	-27	-20	-10	7	24
-29	-30	-32	-28	-19	-9	7	24

(c) 8x8 차분 블록 계수 값 (원본)

**그림 4-32 HEVC 인코더의 역변환의 예

HEVC 인코더에서 역변환 과정까지의 적용을 통해서 복원 차분 계수 블록을 생성하였다. 그림 4-33은 복원된 차분 계수 값을 예측 블록과 더함으로써 영상을 복호화하는 과정에 대한 예이다. 그림 4-33(a)는 화면 내 예측을 통해서 유도한 예측 블록이다. 이때 유도된 예측 블록은 차분 계수를 구할 때와 영상을 복호화할 때가 동일하다는 것을 기억하자. 그림 4-33(b)는 역영자화, 역변환 과정을 통해서 복원된 차분 계수 블록이다. 예측 블록과 차분 계수 블록을 더함으로써 인코더에서 복원 영상 블록을 생성할 수 있다. 이 복원 영상 블록 내의 픽셀 값들을 그림 4-25(b)의 원본 8×8 CU 블록의 픽셀 값들과 비교하면 유사하지만 서로 값이 다른 것을 확인할 수 있다.

지금까지 HEVC 인코더의 블록도를 사용하여 영상이 예측, 변환, 양자화, 엔트로피 부호화되는 과정, 그리고 양자화된 블록이 역양자화, 역변환 과정을 거쳐 다시 블록 단위로 영상이 복원되는 과정에 대해서 간략히 살펴보았다. 아직 HEVC 인코더 블록도에서 디블록킹 필터와 샘플 적응적 오프셋에 대해서는 다루지 않았는데, 해당 기술들은 9장을 통해서 다루도록 한다. 여기에서 기억해두어야 하는 점은 그림 4-33을 참조하면 복원된 블록은 화면 내 예측 블록의 입력으로 사용되는데, 이때 디블록킹 필터가 적용되지 않은 상태로 입력된다는 점이다. 따라서 디블록킹 필터와 샘플 적응적 오프셋은 현재 코딩하는 슬라이스 내의 모든 CTU를 복원한 후 해당 슬라이스가 화면 간 예측에 사용되기 전에만 필터링을 수행하면 된다.

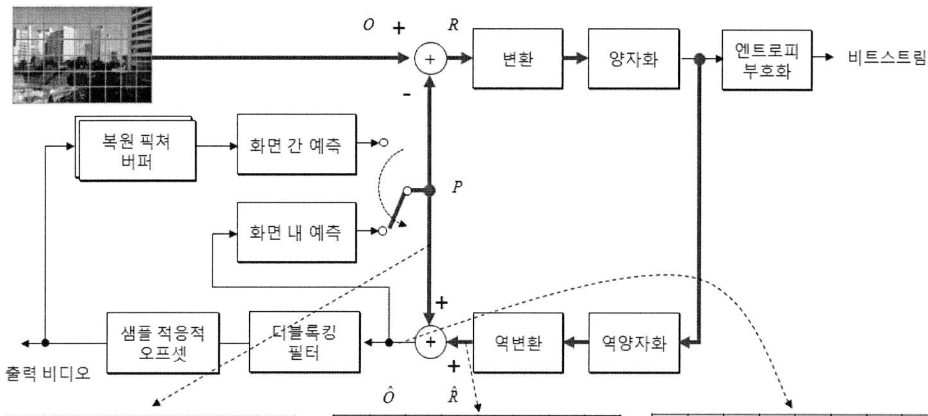

128	128	128	128	128	128	128	128
128	128	128	128	128	128	128	128
128	128	128	128	128	128	128	128
128	128	128	128	128	128	128	128
128	128	128	128	128	128	128	128
128	128	128	128	128	128	128	128
128	128	128	128	128	128	128	128
128	128	128	128	128	128	128	128

(a) 8x8 PU 예측 값 (Intra_Planar모드)

-16	-13	-12	-13	-12	-3	12	24
-20	-17	-16	-16	-15	-6	10	22
-26	-23	-22	-22	-19	-10	6	19
-32	-29	-27	-26	-23	-12	4	17
-37	-33	-30	-28	-24	-13	5	18
-38	-34	-31	-28	-23	-11	7	21
-38	-33	-29	-26	-20	-7	11	25
-37	-32	-28	-25	-18	-5	14	27

(b) 8x8 차분 블록 계수 값 (복원)

112	115	116	115	116	125	140	152
108	111	112	112	113	122	138	150
102	105	106	106	109	118	134	147
96	99	101	102	105	116	132	145
91	95	98	100	104	115	133	146
90	94	97	100	105	117	135	149
90	95	99	102	108	121	139	153
91	96	100	103	110	123	142	155

(c) 8x8 CU 계수 값 (복원)

**그림 4-33 HEVC 영상 복호화의 예

4.4 프로파일과 레벨

4.3절까지는 HEVC의 요소 기술들에 대한 소개와 이들 사이의 데이터 처리 및 흐름을 예시를 통하여 살펴보았다. 이번 절에서는 HEVC의 프로파일과 레벨의 개념에 대해서 살펴보도록 한다.

HEVC와 같은 동영상 압축 표준 기술들은 표준 제정 후 다양한 애플리케이션에 사용될 것이다. 예를 들어, 지상파 방송 서비스를 위한 동영상 압축 코덱으로 사용될 수도 있으며, DVD에 동영상을 압축하는 용도로도 사용될 수 있다. 이때, 방송과 같은 전송을 위한 애플리케이션에서는 에러 강인성을 가지는 기술들이 HEVC에 포함되어 있는 것이 유리할 것이며, 파일을 단순히 저장하는 애플리케이션에서는 에러 강인성보다는 압축률을 최대로 하는 기술들이 HEVC에 포함되어 있는 것이 유리할 것이다. 이처럼 애플리케이션에 최적화된 비디오 코덱을 개발하는 것은 해당 비디오 코덱이 시장에서 성공적으로 사용되는데 매우 중요한 요소이다. 따라서, 표준화 단체에서는 동영상 압축 표준 기술을 제정할 때 다양한 애플리케이션의 특성을 고려하여 프로파일이라는 것을 제정하는데, 이 프로파일들에 따라서 실제 세부 기술들이 달라진다. 예를 들어, HEVC의 버전 1 표준에서는 HEVC가 사용될 애플리케이션의 특성을 고려하여 “Main”, “Main 10”, “Main Still Picture”라는 세 가지 프로파일을 구성하였다. HEVC의 “Main” 프로파일은 기본적으로 동영상을 압축하여 전송하거나 저장하는 애플리케이션 모두를 고려하여 제정된 프로파일이다. 해당 프로파일에는 4장에서 살펴본 HEVC의 기본 기술들이 모두 포함되어 있으며, 이름의 의미 그대로 HEVC의 가장 기본이 되는 프로파일이다. “Main 10” 프로파일은 “Main”

프로파일의 기술들을 기본으로 하고, 추가적으로 10bits 입력 영상을 처리할 수 있도록 확장한 것이다. 최근 고해상도·고화질의 영상에 대한 소비자들의 요구에 따라 10비트 디스플레이들이 시장에 선보이고 있으며, 의료 영상 분야와 같이 비트심도가 높은 영상을 다루는 다양한 애플리케이션이 존재하고 있기 때문에, 이러한 점을 고려하여 제정된 프로파일이다. 마지막으로 "Main Still Picture" 프로파일은 동영상이 아니라 정지 영상을 부호화하는 애플리케이션을 위해 제정된 프로파일이다. 동영상 압축 코덱과 별개로 GIF, JPEG, JPEG2000, PNG와 같은 다양한 정지 영상 압축 기술이 존재한다. HEVC의 화면 내 예측의 부호화 효율이 기존의 JPEG, JPEG2000에 비해 약 61%, 20%의 성능 향상을 보였기 때문에 JCT-VC에서는 정지 영상 압축을 위해, "Main Still Picture 프로파일"을 제정한 것이다 [10]. "Main Still Picture" 프로파일은 정지 영상을 위한 프로파일이므로 Main 프로파일에서 화면 간 예측과 관련된 기술들이 빠져있는 형태로 되어있다. 이처럼 첫 번째 버전의 HEVC 표준에서는 HEVC가 시장에서 빨리 사용되는 것을 고려하여 H.264/AVC와 같은 기존의 동영상 압축 표준기술과 달리 다수의 프로파일을 제정하지 않았다. 또한, 데이터를 전송하는 것과 비전송하는 애플리케이션을 구분하여 별도의 프로파일로 구성하지 않고 "Main"이라는 단일 프로파일을 사용하는 것이 이전 동영상 압축 표준 기술과 다른 점이다. 정지 영상과 10bits 영상을 제외하면 실제로 "Main"이라는 프로파일만이 존재하기 때문에, HEVC가 시장에서 빨리 사용될 것으로 예상된다.

앞서 프로파일의 필요성을 설명하기 위해서 애플리케이션의 다양성을 예로 들었다. 이와 유사하게 동일한 애플리케이션 내에서도 제품의 특성에 따라 처리할 수 있는 성능의 차이가 발생할 것이다. 예를 들어, 텔레비전과 스마트폰은 둘 다 압축된 동영상을 전송 받아서 디스플레이를 하는 애플리케이션이라는 공통점을 갖는다. 따라서, 두 제품의 기능적인 측면에서는 동일한 프로파일을 사용할 것이다. 하지만, 스마트폰은 상대적으로 디스플레이 해상도가 낮고, 텔레비전은 상대적으로 해상도가 높다. 이처럼 동일한 특성을 갖는 애플리케이션 내에서도 실제로 처리하는 영상의 해상도와 같은 부분에서 차이가 발생할 것이다. 동영상 표준 기술에서는 이러한 점을 고려하기 위하여 레벨이라는 개념을 사용하며, 이러한 레벨에 따라서 성능적인 부분이 달라진다. 예를 들어, HEVC에서는 레벨 값에 따라서 처리 가능한 영상의 최대 해상도와 프레임 율이 결정된다. HEVC에는 총 13개의 레벨이 존재하는데 표 4-4는 각 레벨에서의 지원하는 최대 휘도 픽쳐의 샘플 수, 티어에 따른 최대 비트레이트(Kbit/s), 각 레벨에서 다룰 수 있는 대표적인 영상 해상도와 프레임 율을 나타낸 것이다.

추가로 HEVC는 이전 표준과 달리 티어(Tier)라는 개념을 사용한다. 표 4-4를 참조하면 HEVC에서 정의하는 레벨에는 메인 티어(Main tier)와 하이 티어(High tier)가 정의되어 있다. 표 4-4를 참조하면 레벨 4 미만까지는 메인 티어만 정의되어 있고, 레벨 4이상에는 메인 티어와 하이 티어가 각각 정의되어 있음을 알 수 있다. 앞서 설명한 것처럼 HEVC는 레벨에 따라서 최대 해상도와 프레임 율이 주로 결정되는 것처럼 티어는 최대 비트율에 대한 제약에 대한 것이다. 예를 들어, 동일 프로파일과 동일 레벨이라고 할지라도 애플리케이션에 따라서 고해상도·고화질로 영상을 압축하는 경우와 그렇지 않은 경우가 존재한다. 특히, 영상을 고해상도·고화질로 압축하는 경우 발생 비트율이 증가하는데 디코더에서는 이러한 비트율의 크기에 따라서 입력 비트스트림을 저장하는 최대 버퍼의 크기들을 고려해야한다. HEVC에서는 이를 고려하여 티어라는 개념을 추가하였으며, 메인 티어는 영상을 전송하거나 일반적인 화질의

▌표 4-4▐ HEVC 티어, 레벨의 제한

Level	Max luma picture size	Max CPB size		영상해상도와 프레임 율 적용 예 (최대 DPB수)
		Main tier	High tier	
1	36,864	350	-	128×96@33.7 (6) 176×144@15.0 (6)
2	122,880	1,500	-	176×144@100.0 (16) 352×288@30.0 (6)
2.1	245,760	3,000	-	352×288@60.0 (12) 640×360@30.0 (6)
3	552,960	6,000	-	640×360@67.5 (12) 720×576@37.5 (8) 960×540@30.0 (6)
3.1	983,040	10,000	-	720×576@75.0 (12) 960×540@60.0 (8) 1280×720@33.7 (6)
4	2,228,224	12,000	30,000	1,280×720@68.0 (12) 1,920×1,080@32.0 (6) 2,048×1,080@30.0 (6)
4.1	2,228,224	20,000	50,000	1,280×720@136.0 (12) 1,920×1,080@64.0 (6) 2,048×1,080@60.0 (6)
5	8,912,896	25,000	100,000	1,920×1,080@128.0 (16) 3,840×2,160@32.0 (6) 4,096×2,160@30.0 (6)
5.1	8,912,896	40,000	160,000	1,920×1,080@256.0 (16) 3,840×2,160@64.0 (6) 4,096×2,160@60.0 (6)
5.2	8,912,896	60,000	240,000	1,920×1,080@300.0 (16) 3,840×2,160@128.0 (6) 4,096×2,160@120.0 (6)
6	35,651,584	60,000	240,000	3,840×2,160@128.0 (16) 7,680×4,320@32.0 (6) 8,192×4,320@30.0 (6)
6.1	35,651,584	120,000	480,000	3,840×2,160@256.0 (16) 7,680×4,320@64.0 (6) 8,192×4,320@60.0 (6)
6.2	35,651,584	240,000	800,000	3,840×2,160@300.0 (16) 7,680×4,320@128.0 (6) 8,192×4,320@120.0 (6)

영상을 압축할 때 적합하며 하이 티어는 초고화질 영상과 같이 높은 비트율로 영상을 압축하는 경우에 주로 사용될 수 있다.

지금까지 프로파일, 레벨, 티어의 개념에 대해서 간단히 살펴보았다. 특히, 이러한 개념들은 비디오 인코더보다 비디오 디코더의 개발에 있어서 고려되어야 한다. 또한, 본 챕터에서 기억해야 할 점은 인코더는 표준의 제약에 대해서 디코더보다는 상대적으로 자유롭다는 점이다. 예를 들어, Main 프로파일에는 디블록킹 필터와 샘플 적응적 오프셋이 포함되어 있으므로, Main 프로파일을 지원하는 디코더는 디블록킹 필터나 SAO를 사용하는 경우에 대한 비트스트림과 사용하지 않는 경우에 대한 비트스트림을 모두 디코딩하여 복원 영상을 생성할 수 있어야 한다. 하지만, 인코더에서는 디블록킹 필터와 샘플 적응적 오프셋을 반드시 사용해야 하는 것은 아니며 해당 기술들을 선택적으로 on/off 할 수 있다. 이처럼 HEVC 코덱에서 사용하는 기술들에 대한 이해뿐만 아니라 HEVC의 프로파일, 레벨, 티어의 개념을 잘 이해하는 것은 실제 HEVC 코덱을 개발하거나 또는 개발된 하드웨어 또는 소프트웨어 코덱을 사용할 때 필요하다.

참고문헌

[1] Gary J. Sullivan, Jens-Rainer Ohm, and W. Han, "Overview of the high efficiency video coding (HEVC) standard," IEEE Trans. on Circuits Syst. Video Technol., vol. 22, no. 12, pp. 1649-1668, Dec. 2012.

[2] C. Fu, E. Alshina, A. Alshin, Y. Huang, C. Chen, C. Tsai, C. Hsu, S. Lei, J. Park, W. Han, "Sample adaptive offset in the HEVC standard," IEEE Trans. on Circuits Syst. Video Technol., vol. 22, no. 12, pp. 1755-1764, Dec. 2012.

[3] A. Tamhankar, and K. R. Rao, "An overview of H. 264/MPEG-4 Part 10," IEEE 4th EURASIP Conf. focused on Video/Image Process. and Multimedia Commun., Zagreb, Groatia, 2003, pp. 1-51.

[4] Advanced video coding for generic audiovisual services, ITU-T Rec. H, 2003.

[5] G. J. Sullivan, P. Topiwala, and A. Luthra, "The H.264/AVC advanced video coding standard: overview and introduction to the fidelity range extensions," Proc. SPIE 5558, Applications of Digital Image Processing XXVII, pp. 454-474, Nov. 2004.

[6] "Vision and requirements for high-performance video coding (HVC) codec," document ISO/IEC JTC1/SC29/WG11 N10175, Oct. 2008.

[7] "Call for evidence on high-performance video coding (HVC)," document ISO/IEC JTC1/SC29/WG11 N10553, 2009.

[8] "Results of call for evidence on high-performance video coding (HVC)," document ISO/IEC JTC1/SC29/WG11 N10721, 2009.

[9] "Vision, applications, and requirements for high-performance video coding (HVC)," document ISO/IEC JTC1/SC29/WG11 N11096, 2010.

[10] T. Nquyen and D. Marpe, "Performance comparison of HM 6.0 with existing still image compression schemes using a test set of popular still images," document JCTVC-I595, Geneva, CH, May 2012.

화면 내 예측

05

이번 장에서는 HEVC의 화면 내 예측에 대하여 알아본다. 자세한 설명에 앞서 예측의 개념을 다시 한 번 살펴보자. 비디오 압축에서 말하는 예측이란, 원본 신호와 유사한 예측 신호를 만드는 것을 의미한다. 예측을 그 방법에 따라 크게 나누면 공간적 복원 영상 참조를 통한 예측, 시간적 복원 영상 참조를 통한 예측, 그리고 그 밖의 심볼을 예측하는 것으로 나누어 볼 수 있다. 그 중, HEVC에서 말하는 화면 내 예측은 공간적 참조만을 허용하는 예측 기술로, 현재 부호화를 진행하려고 하는 블록의 주변에 이미 재구성 되어 있는 샘플들을 참조하여 현재 블록을 예측하는 방법을 말한다. 화면 내 예측에서 말하는 주변의 참조 샘플은 원 영상의 밝기 값이 아닌 예측과 복원으로 재구성된 밝기 값으로 후처리 필터링이 적용되기 이전의 값이며, 이전에 부호되고 복원 되었으므로, 부호화기 및 복호화기에서 참조 샘플로 사용할 수 있다.

이제 화면 내 예측의 특성을 살펴보자. 화면 내 예측은 개념적으로 주변의 참조 신호에 대해 연속성을 가진 평탄한 영역과 일정한 방향성을 가진 영역에서 효과적일 수 있다. 화면 내 예측은 단순히 효과적인 예측의 범주를 벗어나 비디오 코덱의 애플리케이션 관점에서도 접근이 가능하다. 예를 들어 동영상을 압축할 때, 첫 번째 픽쳐는 시간적으로 참조할 수 있는 픽쳐가 존재하지 않는다. 따라서, 픽쳐 내의 모든 블록이 화면 내 예측으로 부호화 된다. 또한, 화면 내 예측으로 부호화된 픽쳐는 임의 접근(Random access)과 에러강인성을 위해 영상의 중간 중간에 삽입되기도 한다.

그림 5-1은 화면 내 예측 방법에 대한 한 예로, 각각 주변 샘플들의 평균치(a), 수직 방향(b), 수평 방향(c), 그리고 45° 대각선 방향(d)으로 예측한 경우이다. 맨 위쪽 수평 방향 한 줄의 샘플들과 맨 왼쪽 수직 방향 한 줄의 샘플 들은 이미 예측과 복원으로 재구성된 참조 샘플들이며, 굵은 선 안의 8×8크기의 블록은 예측하고자 하는 블록이다. 화면 내 예측은 예측을 수행할 블록 주변의 참조 샘플들을 사용하여 여러 방향으로 예측을 수행할 수 있다. HEVC는 그림 5-1의 예측 방법을 포함하여 총 33가지 방향성 예측 방법과 두 가지의 무 방향성 예측 방법을 지원한다. HEVC의 화면 내 예측은 기존의 비디오 부호화기 보다 많은 모드를 지원하여 보다 나은 예측결과를 얻을 수 있다. 또한, 35가지에 이르는 모드를 효과적으로 표현하기 위한 모드 부호화 방법을 통하여 높은 압축 성능을 얻을 수 있다.

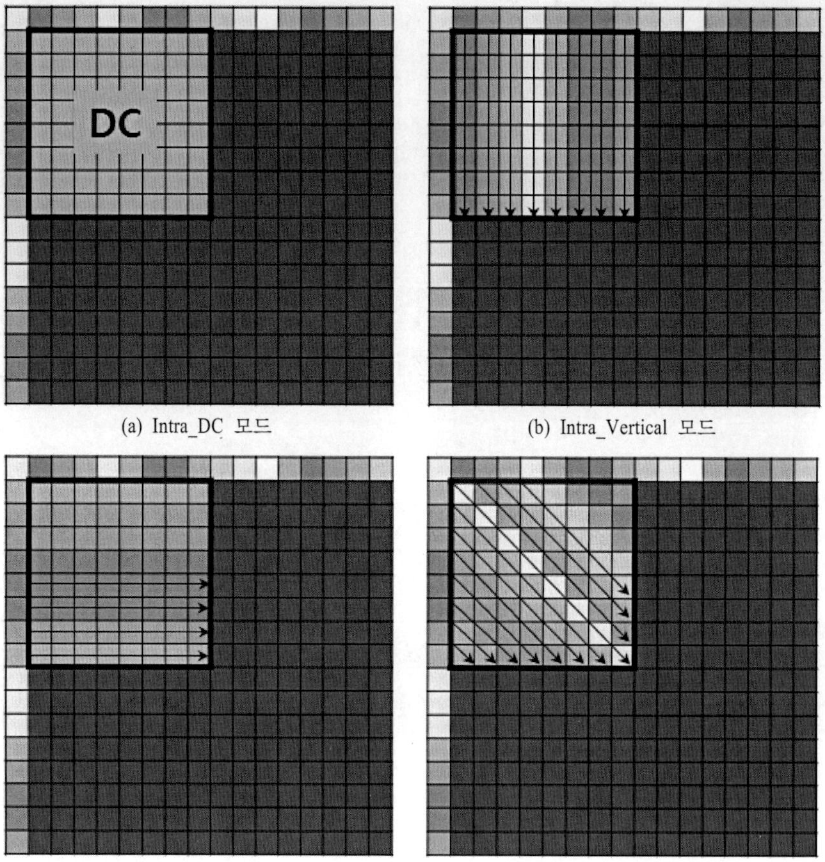

(a) Intra_DC 모드 (b) Intra_Vertical 모드

(c) Intra_Horizontal 모드 (d) Intra_Diagonal 모드

**그림 5-1 화면 내 예측의 예

이번 장에서는 앞서 간략하게 살펴본 화면 내 예측 기술에 대하여 살펴본다. 먼저, 5.1절에서 HEVC 화면 내 예측의 부호화에 대하여 살펴보고, 5.2절에서 실제 예측을 수행하는 방법에 대하여 살펴본다. 5.3절에서는 HEVC 참조 소프트웨어 HM 10.0에 적용되어 있는 고속 알고리즘에 대하여 살펴보고, 5.4절에서는 화면 내 예측모드에서 무 손실 압축 방법인 IPCM 모드에 대해 살펴보겠다. 마지막 5.5절에서는 화면 내 예측 복호화 과정에 대하여 살펴본다.

5.1 화면 내 예측의 부호화

이번 장을 시작하기에 앞서 그림 5-2를 살펴보자. 하나의 프레임을 일정한 크기의 블록 별로 나누어 그 특성을 살펴보면, 수없이 많은 경우가 나오겠지만, 화면 내 예측에 적합하다고 생각하는 몇 가지의 패턴들을 찾을 수 있다 [1]. 하나의 픽쳐 내에는 특이한 패턴을 가지는 경우도 많지만, 그림 5-2(a)와 같이 거의 변화 없이 주변 샘플들과 비슷한 밝기 값을 가지는 영역, 5-2(b), 5-2(c), 그리고 5-2(d)와 같이 일정한 방향성을 가진 영역들이 혼재한다. 이러한 영역들은 화면 내 예측에 유리한 영역들이며, 그림 5-3과 같은 방향으로 예측을 수행한다면, 원본 신호와 거의 차이 없는 예측 신호를 만들어낼 수 있을

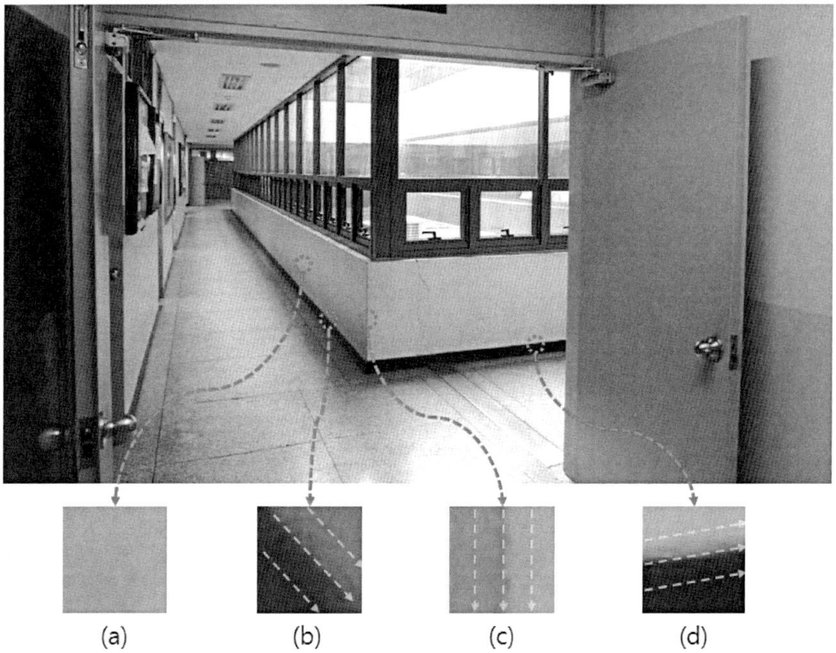

**그림 5-2 화면 내 예측에 유리한 영역

것이다. 그림 5-3은 각 패턴에 대한 화면 내 예측을 개념적으로 보여준다. 점선으로 표시된 부분은 참조 샘플들을 나타내며, 이를 이용하여 그림 5-3과 같은 방법으로 예측하면 효과적인 예측을 수행할 수 있다.

이번 장에서는 이러한 예측 신호를 만드는 방법뿐만 아니라 주변의 재구성된 샘플들을 관리하고 필터링하는 방법, 예측 방향을 표현하는 방법 등에 대하여 살펴 볼 것이다. 먼저, 이번 절에서 화면 내 예측의 부호화 과정에 대하여 전체적으로 설명하고, RQT (Residual Quad-Tree)와 함께 화면 내 예측이 실제로 어떻게 동작하는지 살펴보자.

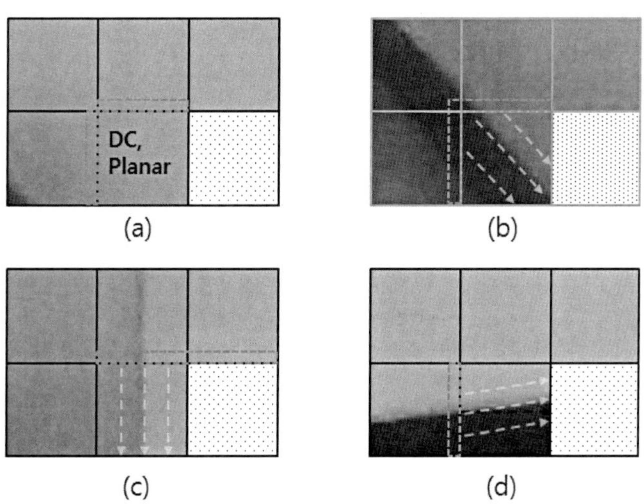

**그림 5-3 그림 5-2에서 선택된 화면 내 예측 모드

5.1.1 화면 내 예측 부호화 과정

이번 장의 화면 내 예측 알고리즘에 대한 자세한 설명에 앞서 먼저, 전체적인 부호화 과정에 대해 살펴보자. 탑다운 방식으로 픽쳐 내에서의 화면 내 예측, 다음으로 픽쳐를 구성하고 있는 CTU 내에서의 화면 내 예측, 마지막으로 CTU 내 각 CU에서 세부적인 화면 내 예측 과정을 살펴보도록 하자.

그림 5-4는 하나의 픽쳐를 일정한 크기의 CTU로 나눈 모습이다. 이렇게 나누어진 CTU들은 좌측 상단부터 우측 하단까지 순서대로 부호화가 진행된다. 부호화가 끝난 CTU는 재구성되어 부호화기 및 복호화기에서 같은 방식으로 복호 픽처 버퍼(DPB : Decoded Picture Buffer)에 저장되며, 이후 다음 CTU를 부호화 때 참조된다. DPB에 대해서는 다음 6장에서 자세히 살펴보기로 하고, 여기서는 화면 내 예측과정에서 재구성된 CTU들이 저장되는 공간으로 생각하자. 예를 들어, 그림 5-5는 14번째 CTU를 부호화 할 때의 참조 구조 및 DPB의 상태를 나타낸다. 어둡게 표시한 곳은 아직 부호화가 진행 되지 않은 곳을 의미하며, 밝은 부분은 부호화가 진행되어 재구성된 CTU들이 DPB에 저장된 모습을 나타낸다. 14번째 CTU에 대한 화면 내 예측은 점선으로 표시된 부분을 참조하여, CTU에 대한 화면 내 예측을 수행한다. 참조 샘플 중 23번째 CTU의 샘플과 같이 참조 샘플이 없는 경우 패딩을 통해 참조 샘플을 채우는 방법을 사용하며, 5.2.1절 참조 샘플 준비에서 자세히 설명하도록 하겠다.

**그림 5-4 픽쳐 내 분할 된 CTU

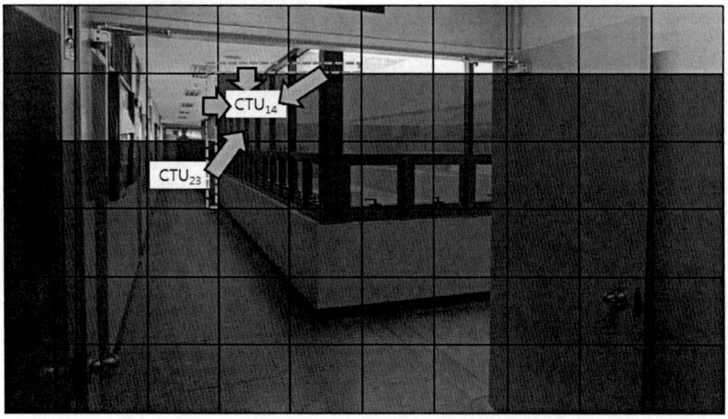

**그림 5-5 14번째 CTU를 부호화 할 때 DPB의 상태와 참조 가능 영역

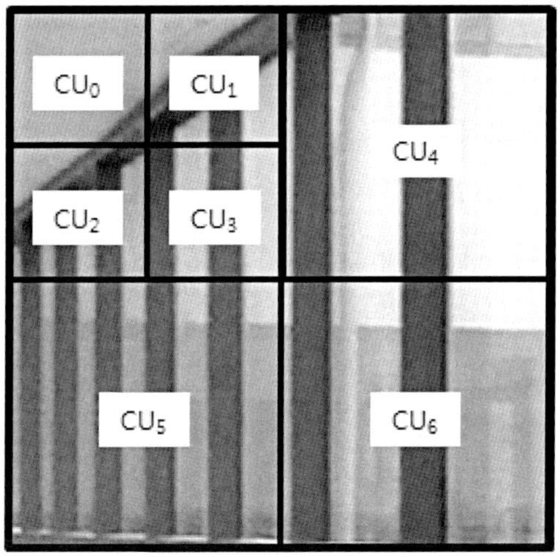

**그림 5-6 14번째 CTU 내 분할 된 CU

다음으로 하나의 CTU 내에서 화면 내 예측을 어떻게 수행하는지 알아보자. 하나의 CTU는 여러 개의 CU로 분할될 수 있으며, 그림 5-5에서 14번째 CTU에 대해 예를 들면, 그림 5-6과 같은 모양으로 분할 될 수 있다. CTU 내 부호화는 CU_0부터 CU_6의 순서로 Z-순서에 따라 진행되며, 픽처 단위 과정에서 설명한 것과 마찬가지로 하나의 CU에 대한 부호화가 끝나면 재구성된 블록이 DPB에 저장되어 다음 CU의 부호화에 참조 샘플로 활용된다. 그림 5-7은 CTU 내에서 각 CU들이 부호화 되는 과정을 나타낸다. 첫 번째 그림은 CU_0의 부호화가 끝난 상태를 나타내며, DPB에 저장된 CU_0가 참조 샘플로 활용되어 CU_1의 부호화가 진행된다. 두 번째 그림은 부호화가 더 진행되어 CU_1, CU_2가 추가로 수행되었으며, DPB에 저장된 CU_0, CU_1, CU_2를 참조 샘플로 CU_3의 부호화를 수행한다. 부호화된 결과로 하나의 CTU 내 각 CU들은 각각 다른 모드를 가질 수 있다. 그림 5-8은 14번째 CTU에서 그림 5-7과 같은 예측 과정을 모두 마쳤을 때, 각 CU에서 선택된 모드들을 나타낸 한 예이다.

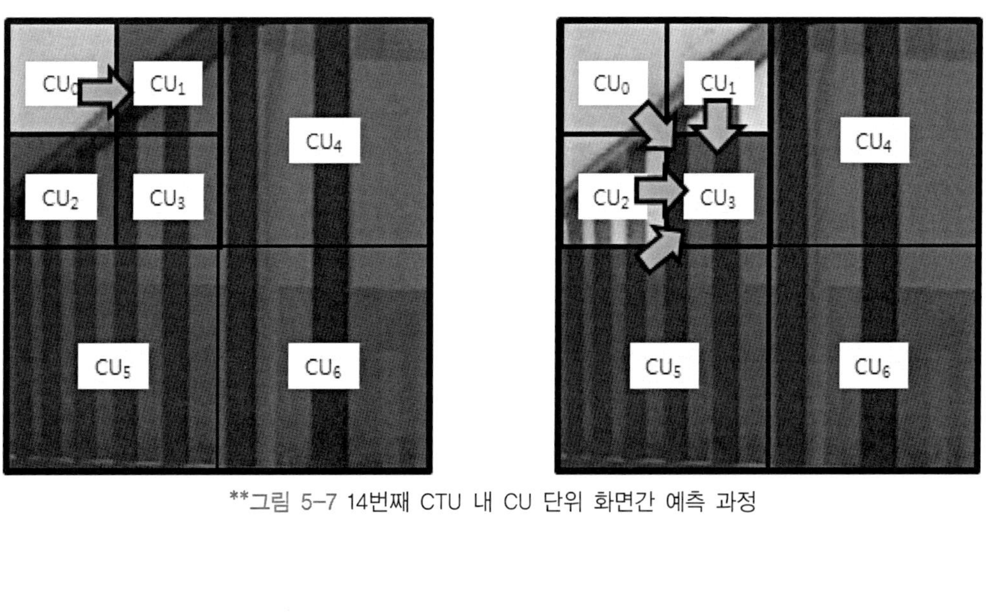

**그림 5-7 14번째 CTU 내 CU 단위 화면간 예측 과정

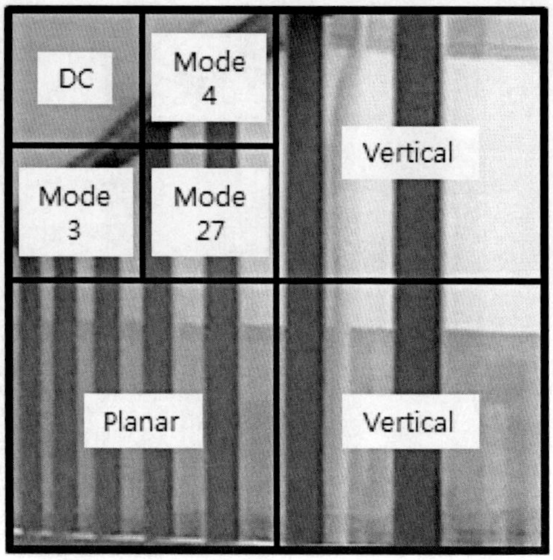

**그림 5-8 14번째 CTU 내 분할 된 각 CU의 모드

지금부터 각 CU에 대한 화면 내 예측 과정을 살펴보자. 그림 5-7의 CU_6의 경우 원본 휘도 성분은 그림 5-9와 같다. 화면 내 예측에서는 원본 신호에 대해 주변의 재구성된 참조 신호를 활용하여 예측을 수행하며, 그 차분 신호를 획득한다. 그림 5-10은 각각의 예측 모드에 따른 예측 신호(위쪽)와, 그 차분 신호(아래 쪽)를 나타내며, 차분 신호는 시인성을 위해 각 샘플에 128을 더하였다. 획득한 차분 신호는 변환 및 양자화 등의 과정을 거쳐 부호화되며, 예측 모드별 자세한 예측 방법은 5.2.2절 화면 내 예측 샘플생성에서 설명하겠으며, 여기서는 주변의 참조 신호를 이용하여 예측 신호를 획득하고, 또한 원본 신호와의 차이로 차분 신호를 구한다는 사실만 기억하도록 하자.9

이제 각 CU 내 PU와 TU 분할에 대하여 좀 더 자세히 살펴보자. 화면 내 예측에 사용되는 PU는 2N×2N, N×N(현재 CU의 크기가 최소 CU 크기 일 때)의 크기가 있다. 이 때, PU의 단어적 의미를 생각 했을 때 CU와 동일한 크기의 2N×2N PU를 사용하면, 그림 5-10과 같은 예측 신호와 차분 신호를 유일한 것으로 생각하기 쉽다. 그러나, 화면 내 예측에서는 PU 단위로 예측 모드를 선택하고, 선택된 예측모드에 대해 실제 TU 단위로 예측과 재구성을 수행한다. 따라서, 4장에서 살펴본 것처럼, 화면 내 예측에서 PU와 TU의 크기는 서로 의존성이 존재하게 된다. CU 내 PU에서 결정된 모드에 의해 PU 크기 이하의 TU 크기 내에서 실제 예측과 재구성이 이루어지므로 "화면 내 예측에서 TU는 PU의 크기보다 클 수 없다"라는 제약이 존재한다. TU의 크기에 대해서는 RD-cost를 비교하여 TU의 쿼드-트리 형태를 결정하게 되며, 이러한 기술을 RQT(Residual Quad-Tree)라 한다. RQT에 대해서는 7장에서 더 자세히 살펴보도록 한다. 화면 내 예측에서 TU 단위 예측과 재구성은 하나의 CU안에서 영상 특성에 맞게 좀더

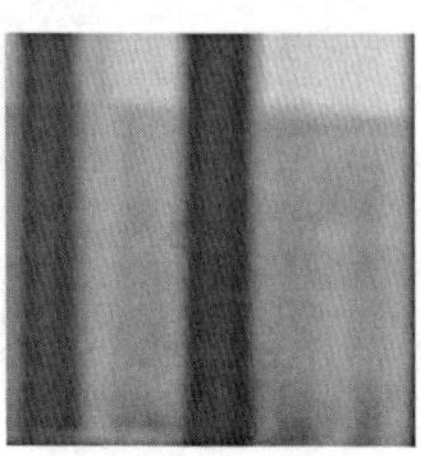

**그림 5-9 CU_6의 원본 휘도 성분 이미지

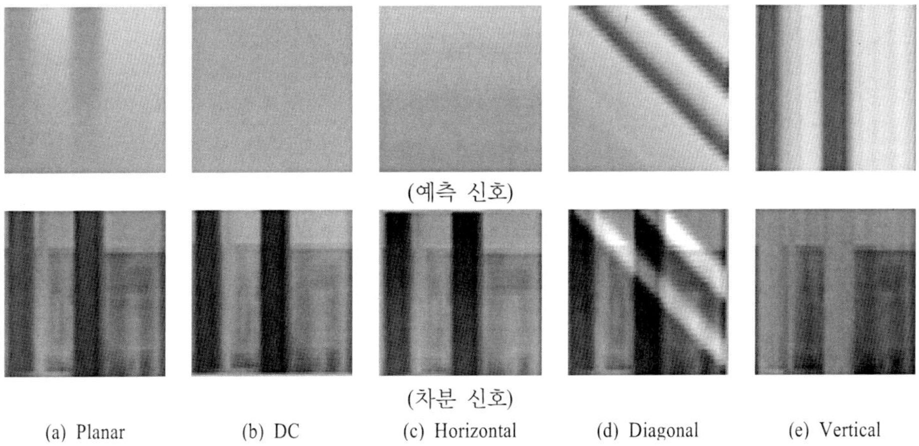

**그림 5-10 예측 모드에 따른 CU_6의 예측 신호와 차분 신호

정확한 예측을 가능하게 한다. 하나의 예를 들어 살펴보자. 그림 5-11은 CU_6에 대해 2N×2N PU에서 선택된 Vertical 모드로 각각 TU 깊이 0과 1로 예측을 수행하고, 그 차분 신호를 구한 것이다. TU 깊이가 0인 경우는 PU 크기와 같은 2N×2N크기로 CU내에 하나의 TU가 존재하고, 예측 신호 및 차분 신호는 그림 5-11(a)와 같이 나타난다. TU 깊이가 1인 경우는 그림 5-11(b)와 같이 CU 내에서 네 개로 분할되며, PU에서 결정된 Vertical 모드로 각 TU 단위 예측을 수행한다. TU 깊이가 0인 경우와 깊이가 1인 경우의 차분 신호를 비교해 보면, 1인 경우가 보다 정확한 예측을 수행하였음을 알 수 있다.

그림 5-11(b)에 대하여 예측과 재구성 순서를 자세히 표현하면, 그림 5-12와 같다. 그림 5-12의 그림들은 Vertical 모드에 대해, 첫 번째 TU_0가 주변의 재구성된 CU들의 참조 샘플을 참조하여 예측과 재구성을 수행하며, 또한 TU_1도 위쪽의 재구성된 참조 샘플을 참조하여 예측과 재구성을 수행한다. 두 번째 그림에서도 Vertical 모드에 대해 TU_0의 재구성된 참조 샘플을 이용하여 TU_2의 예측과 재구성을 수행한다. 마지막으로 TU_3역시 Vetical 모드에 대해 TU_1의 재구성된 참조 샘플을 이용하여 예측과 재구성을

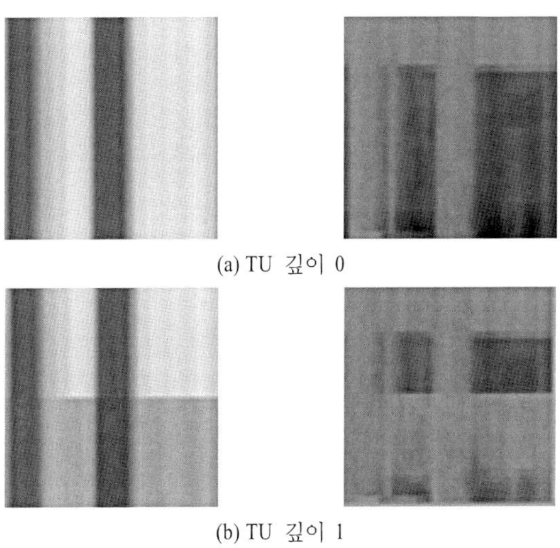

**그림 5-11 TU 깊이에 따른 CU의 예측 신호와 차분 신호

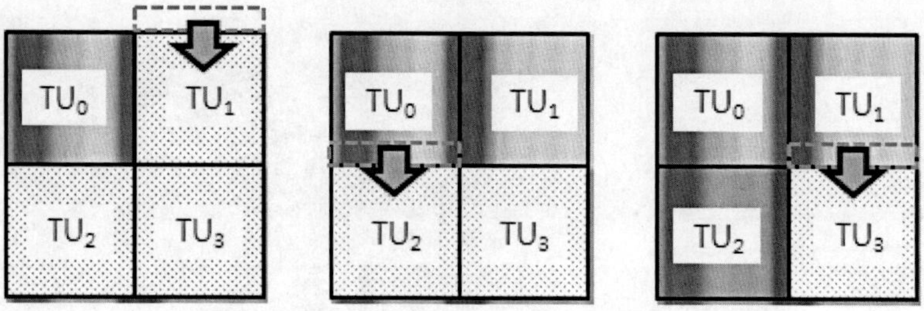

**그림 5-12 그림 5-11(b) CU_6 깊이 1에 대한 예측 과정

수행한다. 이렇듯, 화면 내 예측은 하나의 CU에 대해 PU에서 결정된 모드로 TU 단위로 같은 모드의 예측을 수행한다. 설명의 편의를 위하여 TU의 깊이가 0과 1인 경우에 대한 예제만을 제시하였지만, 실제로 각 TU의 깊이는 더 증가할 수 있으며, 이런 경우에도 위의 설명을 이해하였다면 쉽게 확장하여 생각할 수 있을 것이다. 이러한 과정으로 수행되는 화면 내 예측은 참조 샘플로 이용할 수 있는 정보의 양이 화면 간 예측과 같이 참조할 수 있는 시간적 주변 정보의 양보다 적기 때문에, 화면 간 예측에 비해 낮은 부호화 성능을 갖는다. 그러나, 밝기나 물체의 모양이 변하거나, 새로운 물체가 나타나는 등의 시간적 주변 정보만으로 예측하기 어려운 상황에서는 화면 간 예측 보다 더 좋은 성능을 가질 수 있다. 화면 간 예측을 수행하는 픽쳐 내에서도 이와 같은 이유로 화면 내 예측이 후보로 사용 될 수 있다.

5.2 화면 내 예측 알고리즘

지금까지 전체적인 화면 내 예측에 대해 탑다운 방식으로 살펴보았고, 지금부터는 화면 내 예측 주요 알고리즘에 대하여 자세히 살펴보자. 화면 내 예측의 주요 알고리즘을 크게 세 가지 그룹으로 나누었다. 첫 번째는 참조 샘플 준비, 두 번째는 화면 내 예측 샘플 생성 방법, 마지막은 화면 내 예측 모드 부호화 방법이다. 각각의 알고리즘 설명에 앞서 세 개의 그룹에 대한 과정을 살펴보자. 그림 5-13은 화면 내 예측 부호화 과정에서의 주요 알고리즘을 나타내었다. 먼저 예측 신호를 생성하기 위해 필요한 참조 샘플 준비 단계를 거치며, 참조 샘플 준비 단계는 다시 참조 샘플 패딩과 참조 샘플 필터링이라는 세부 알고리듬을 가지고 있다. 이후, 준비된 참조 샘플을 통해 화면 내 예측 신호를 생성하게 되며, 마지막으로 예측 모드를 부호화하는 과정을 거친다.

주요 알고리즘을 아래의 의사코드를 통해 좀 더 살펴보자. 현재 CU 내 부호화 과정에서의 PU 단위 모드 선택 및 TU 단위 RQT 과정에 대한 자세한 설명은 5.3절의 화면 내 예측 고속화 과정에서 자세히 살펴보기로 하고, 여기서는 의사 코드를 통해 화면 내 예측 부호화 과정의 주요 알고리즘에 대한 흐름을 먼저 파악하자. 현재 TU에 대해 화면 내 예측이 수행되기 위해서는 TU 주변 참조 샘플이 필요하며, 앞서 설명한 바와 같이 참조 샘플이 없는 곳에 대해 패딩을 통해 채워 넣는 방식을 사용한다. 또한, 참조 샘플은 예측 및 복원을 수행하였기 때문에 양자화 에러가 존재하며, 효과적으로 에러를 줄이기 위한 방법으로 35가지 모드에 대해 각 모드에 따른 참조 샘플 필터링 과정을 거친다. 준비된 참조 샘플을 통해 각 모드별 TU 단위 화면 내 예측 및 복원으로 재구성 단계를 거치며, RD-cost를 계산하고 최적의 모드를 갱신해 나가는 과정을 거쳐 복호화기로 전송될 최적의 모드를 결정한다. 이러한 각 단계의 알고리즘에 대해 HEVC 표준문서 [2]를 기준으로 하위 절에서 설명하도록 하겠다.

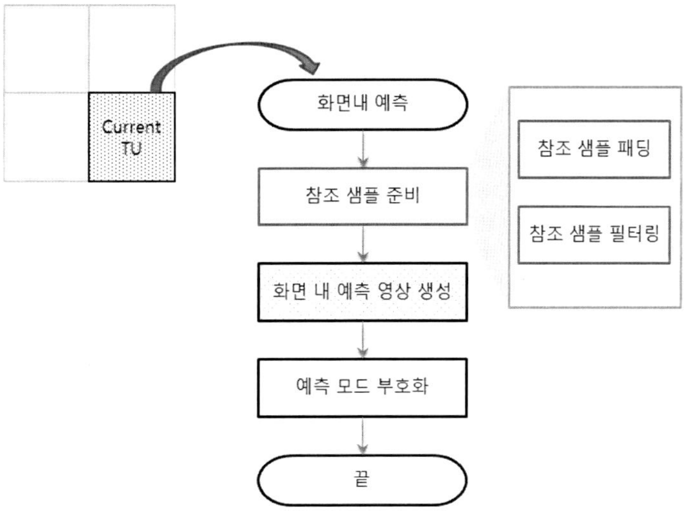

**그림 5-13 화면 내 예측 주요 알고리즘

```
BEGIN
참조 샘플 패딩

FOR INTRA_MODE =0 to 35 DO
  모드 별 참조 샘플 필터링
  모드 별 화면 내 예측 수행
  원본 영상과 예측 영상의 차분 신호에 대한 T/Q -> IQ/IT
  블록 재구성 및 RD-cost 측정
  최적 모드 저장
ENDFOR
END
```

5.2.1 참조 샘플 준비

앞서 설명한 바와 같이 화면 내 예측은 주변의 이미 재구성된 샘플들을 사용하여 예측을 수행하며, 이러한 샘플들을 참조 샘플이라 한다. 그림 5-14를 참고하면, 참조 샘플은 현재 CU에 대해 TU의 크기가 nT×nT일 때 상단에 2nT개, 좌측에 2nT개, 좌측 상단에 한 개로 총 4nT+1개의 참조 샘플이 필요하다. 참조 샘플 준비 단계는 이러한 참조 샘플이 존재 하지 않는 부분에 대해 패딩을 수행하는 단계를 거치며, 재구성된 참조 샘플에 포함된 양자화 에러를 줄이기 위한 예측 모드별 참조 샘플 필터링 과정을 거친다. 각 단계에 대해 아래에서 자세히 살펴보겠다.

1) 참조 샘플 패딩

참조 샘플 패딩은 참조 샘플들이 존재하지 않는 경우에 대해 패딩을 수행하여, 참조 샘플을 준비하는 단계이다. 예를 들어, 부호화 하고자 하는 TU가 픽쳐 또는 슬라이스/타일의 경계에 있다면, 경계 부분의 참조 샘플은 존재할 수 없다. 존재하지 않는 참조 샘플을 사용해야 하는 방향의 예측 모드를 사용하지

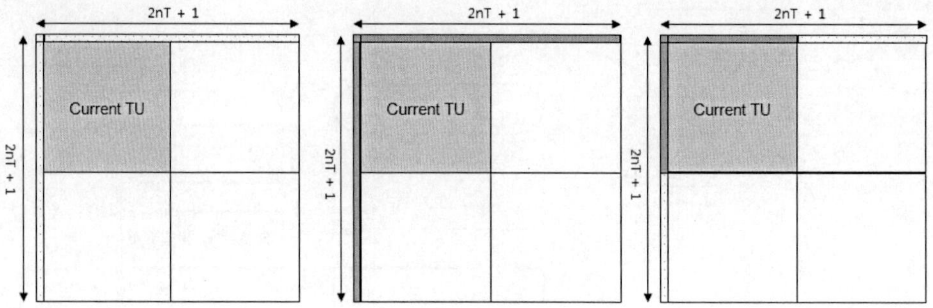

(a) 참조 샘플이 부 존재　　(b) 모든 참조 샘플이 존재　　(c) 참조 샘플이 부분적으로 존재

**그림 5-14 참조 샘플 패딩의 세 가지 예

않는다면, 문제가 해결될 수 있으나, 이러한 방법은 직관적으로 적용할 수 있는 하나의 방법일 뿐 보다 높은 부호화 효율을 위해서 최선의 방법이 아닐 수 있다. HEVC에서는 참조 샘플이 존재하지 않는 경우에도 모든 방향의 예측을 수행하여 부호화 효율을 향상시킬 수 있는 방법으로 참조 샘플 패딩을 수행한다. 참조 샘플 패딩의 기본 아이디어는 사용 가능한 샘플 중 가장 가까운 샘플을 이용하여 존재하지 않는 샘플을 채워 넣는 것이다. 이렇게 존재하지 않는 샘플들이 참조 샘플 패딩을 통해 사용가능 해 지면 화면 내 예측에 있어 모든 방향을 고려하여 예측을 수행할 수 있고, 부호화 효율을 높일 수 있다.

① 주변의 모든 참조 샘플이 존재하지 않을 경우
② 주변의 모든 참조 샘플이 사용 가능할 경우
③ 주변 참조 샘플이 부분적으로 사용 가능할 경우

기술에 대하여 자세히 살펴보면 주변 참조 샘플의 존재 유무를 위 세 가지로 나누어 볼 수 있다. 첫 번째 경우는 모든 참조 샘플들이 사용 가능하지 않을 경우로, 그림 5-14(a)와 같이 표현할 수 있다. 일반적으로 픽쳐 또는 슬라이스/타일의 시작 위치의 블록에 대한 경우이다. 이 경우 주변 참조 샘플의 밝기 값은 $(1 \ll (BitDepth_Y - 1))$으로 채워진다. 여기서, $BitDepth_Y$은 하나의 샘플을 표현하는 비트 해심도를 의미하며, 예를 들어 하나의 샘플을 8비트로 표현한다면, $(1 \ll 7)$값은 128이다. 즉, 모든 참조 샘플들이 사용 가능하지 않을 경우에는 표현 가능한 밝기 값 범위의 중간 값으로 모든 참조 샘플을 채워 넣는다.

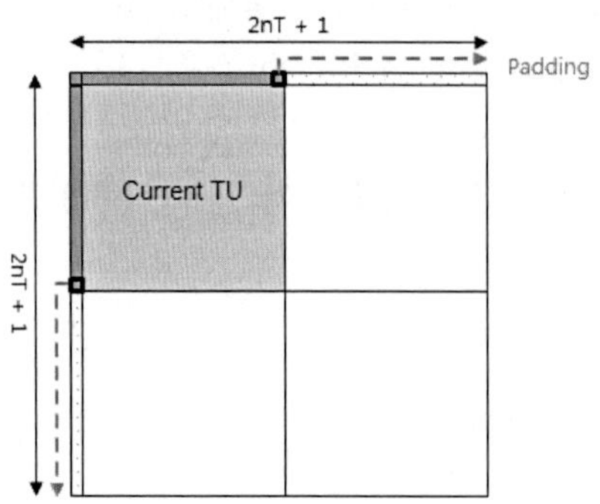

**그림 5-15 참조 샘플이 부분적으로 존재하는 경우 패딩 방법

두 번째 경우는 모든 참조 샘플들이 사용 가능한 경우로, 그림 5-14(b)와 같이 표현할 수 있다. 즉, 모든 참조 샘플이 사용 가능하므로 패딩 없이 참조 샘플을 그대로 사용한다. 마지막으로, 참조 샘플이 부분적으로 사용 가능한 경우는 그림 5-14(c)와 같이 표현 가능하며, 사용 불가능한 샘플들을 가장 가까운 가용 샘플들을 사용하여 그림 5-15와 같이 화살표 방향으로 패딩을 수행한다. 좌측 및 상단의 참조 샘플을 이용한 예측 샘플의 생성은 실제 하나의 참조 샘플 배열로 처리되며, 다음 5.2.2절 화면 내 예측 방법에서 Intra_Angular 모드의 설명과 함께 자세히 다루기로 한다.

2) 모드에 따른 참조 샘플 필터링 (Mode-dependent intra smoothing)

다음으로 모드에 따른 참조 샘플 필터링을 살펴보자. 화면 내 예측에서 주변 참조 샘플들은 양자화를 거쳐 재구성된 샘플들이기 때문에 양자화 에러가 포함되어 있다. 참조 샘플 필터링이란 양자화 에러가 포함된 참조 샘플들에 대해 저 대역 통과 필터를 적용하여 양자화 에러에 의한 예측 오차를 줄이는 기술이다. 참조 샘플 필터링은 TU의 크기와 화면 내 예측 모드에 따라서, 필터링의 유무가 결정된다. 표준 문서의 내용에 기반을 두어 필터링의 유무를 결정하는 과정을 설명하면 세 단계로 나누어 볼 수 있다.

단계 1. 현재 모드가 DC 모드 이거나, TU 크기가 4일 경우 필터링을 취하지 않는다. 단계 1을 만족하지 않으면, 필터링의 수행 여부를 판단하기 위해 추가적으로 2, 3 단계를 수행한다.

단계 2. minDistVerHor는 식 (5-1)과 같이 정의 할 수 있으며, 현재 모드와 Horizontal 모드 (10) 또는 Vertical 모드 (26) 사이의 모드 번호 차이의 최소 값을 의미한다.

$$minDistVerHor = min(Abs(intraPredMode - 26), Abs(intraPredMode - 10)) \quad (5\text{-}1)$$

단계 3. intraHorVerDistThres[nT]은 표 5-1과 같이 테이블로 정의되며, nT란 현재 TU의 크기를 의미한다. minDistVerHor이 intraHorVerDistThres[nT] 보다 클 경우 즉, Horizontal 모드 (10) 또는 Vertrcal 모드(26)와의 거리가 문턱치 이상일 경우에만 필터링을 취하며, 식 (5-2)와 같이 정의 할 수 있다.

$$filterFlag = minDistVerHor > intraHorVerDistThres[nT] \quad (5\text{-}2)$$

표 5-1 TU의 크기에 따른 필터링 문턱치 테이블

nT	8	16	32
intraHorVerDistThres[nT]	7	1	0

위의 세 단계의 과정을 거쳐 참조 샘플에 대한 필터링을 취하기로 결정되었다면, 두 가지 필터 (강한 참조 필터와 약한 참조 필터) 중 한 가지를 선택하게 된다. 필터의 종류는 아래의 세 가지 조건을 만족할 경우, 아래 식 (5-3)과 같이 양선형 필터링(Bi-linear filtering) 방법의 강한 참조 필터링이 수행되며, 조건을 만족하지 않을 경우 식 (5-4)의 약한 참조 필터링이 수행된다. 두 식에서 pF[x][y]은 필터링 된 결과 샘플을, p[x][y]는 필터링 할 참조 샘플을 의미하며, x= - 1에 대해 y의 범위는 - 1부터 2nT - 1까지 또는 y= - 1에 대해 x는 0부터 2nT - 1까지이다. 그림 5-16을 통해 참조 샘플들의 위치를 살펴보면 nT에 대해 x= - 1 위치가 좌측 및 좌측 상단 샘플들을 나타내며, y위치 범위는 - 1부터 2nT - 1까지 총 2nT+1개의

샘플이 존재 한다. 또한, y= -1 위치는 상단 샘플들을 나타내며 x위치 범위는 0부터 2nT - 1까지 총 2nT개의 샘플이 존재 한다. (x는 수평방향에 대한 인덱스, y는 수직방향에 대한 인덱스이다.)

조건 1. 강한 참조 샘플 필터링의 수행을 의미하는 `strong_intra_smoothing_enable_flag`가 1로 선택되었을 때

조건 2. TU 크기가 32×32, 즉 nT값이 32일 때

조건 3. `p[x][y]`와 $BitDepth_Y$에 대해 아래의 조건을 만족 할 때

$$Abs(p[-1][-1]+p[63][-1]-2p[31][-1]) < (1 \ll (BitDepth_Y - 5))$$

$$Abs(p[-1][-1]+p[-1][63]-2p[-1][31]) < (1 \ll (BitDepth_Y - 5))$$

$$pF[-1][y] = ((63-y)\times p[-1][-1] + (y+1)\times p[-1][63] + 32) \gg 6$$

$$pF[x][-1] = ((63-x)\times p[-1][-1] + (x+1)\times [p[63][-1] + 32) \gg 6$$

$$pF[-1][-1] = p[-1][-1]$$

$$pF[-1][63] = p[-1][63]$$

$$pF[63][-1] = p[63][-1] \qquad (5\text{-}3)$$

$$pF[-1][y] = (p[-1][y+1] + 2p[-1][y] + p[-1][y-1] + 2) \gg 2$$

$$pF[x][-1] = (p[x-1][-1] + 2p[x][-1] + p[x+1][-1] + 2) \gg 2$$

$$pF[-1][-1] = (p[-1][0] + 2p[-1][-1] + p[0][-1] + 2) \gg 2$$

$$pF[-1][2nT-1] = p[-1][2nT-1]$$

$$pF[2nT-1][-1] = p[2nT-1][-1] \qquad (5\text{-}4)$$

5.2.2 화면 내 예측 샘플 생성

화면 내 예측은 앞서 언급한 바와 같이 35가지 모드를 가지고 있으며, 예측 샘플 생성은 예측 모드에 따라 각각 다른 방법으로 생성된다. 화면 내 예측 모드를 크게 분류하면, Intra_Planar 모드와 Intra_DC

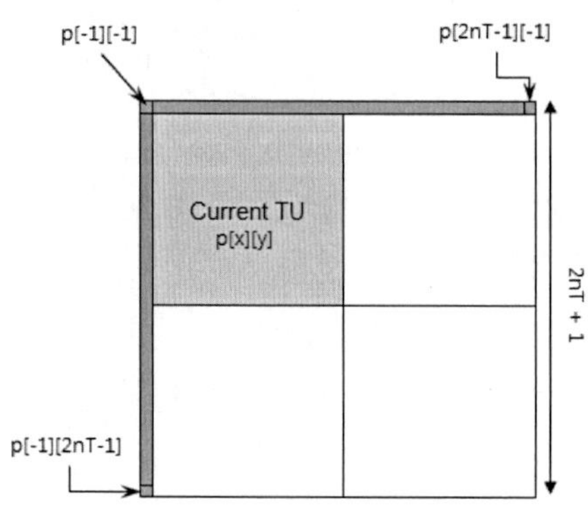

**그림 5-16 참조 샘플의 위치

모드, 그리고 Intra_Angular 모드로 나눌 수 있는데, Intra_Angular 모드는 그림 5-17과 같이 각 모드별로 방향성을 갖고 있다 [3]. 이번 절에서는 각 모드에 따른 화면 내 예측 샘플의 생성 방법에 대하여 살펴본다.

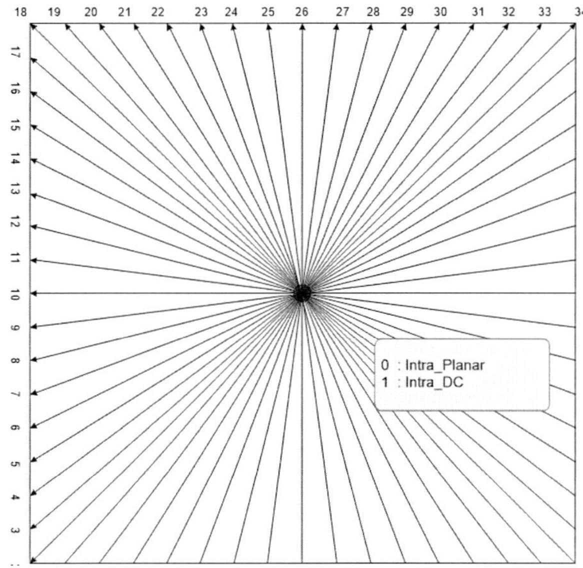

**그림 5-17 화면 내 예측 모드에 따른 방향

1) *Intra_Planar* 모드

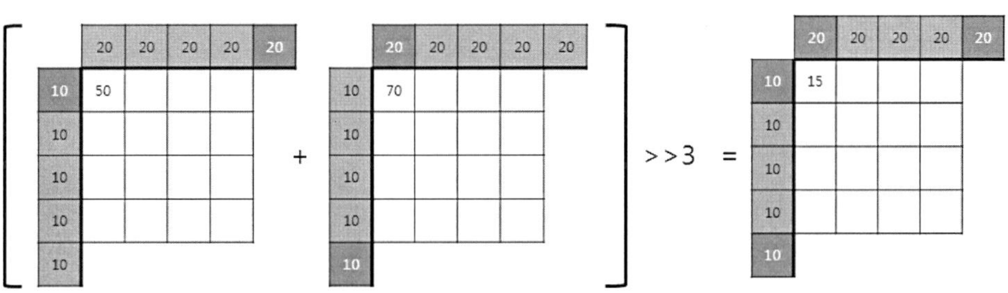

**그림 5-18 4x4 TU의 Intra_Planar 모드 예측의 예

먼저, Intra_Planar 모드에서는 참조 샘플에 대한 예측 샘플 $predSample[x], [y], with\, x, y = 0 \cdots nT-1$ 이, 아래 식 (5-5)와 같이 유도된다. 예를 들어, 그림 5-18은 4x4 TU에서 Planar 모드에서의 예측 방법을 나타낸 것으로 predSamples[0][0]을 예측 하고자 한다면, 예측 값은 다음과 같이 구할 수 있다.

$$\begin{aligned} predSamples[x][y] = (& (nT-1-x) \times p[-1][y] + (x+1) \times p[nT][-1] + \\ & (nT-1-y) \times p[x][-1] + \\ & (y+1) \times p[-1][nT] + nT) \gg (Log2(nT)+1) \end{aligned} \quad (5\text{-}5)$$

$$\begin{aligned} predSamples[0][0] &= (3p[-1][0] + p[4][-1] + 3p[0][-1] + p[-1][4] + 4) \gg 3 \\ &= (3 \times 10 + 20 + 3 \times 20 + 10 + 4) \gg 3 \\ &= (50 + 70 + 4) \gg 3 = 15 \end{aligned}$$

2) *Intra_DC* 모드의 예측 방법

다음으로, Intra_DC 모드는 예측 샘플들을 현재 블록의 주변 참조 샘플들의 평균값으로 채워 넣는 방법이다. 식 (5-6)은 참조 샘플들을 이용하여 평균값 dcVal을 구하는 방법을 나타낸 것이다. DC 모드로의 예측은 단순히 예측하고자 하는 블록에 대해 평균값을 예측 샘플로 사용하지 않고, 예측 샘플과 참조 샘플들과의 비연속성을 제거하기 위해 예측 블록의 경계에 위치하는 샘플에 대하여 필터링을 수행하며, 아래 식 (5-7)과 같이 나타낼 수 있다. 여기서, x, y의 범위는 1부터 nT-1까지 이다. 필터링은 참조 샘플들과 인접한 예측 샘플들에 대해 주변 참조 샘플들을 이용하여 취해지며, 좌측 상단 샘플은 {1/4, 2/4, 1/4} 필터를, 나머지 왼쪽 샘플들과 위쪽 샘플들은 {1/4, 3/4} 필터를 취한다. 그림 5-19는 4×4 TU에서 DC 모드 예측에 대한 한 예이다. 여기서, *nT*는 4, *k*는 2이며 화살표 순서대로 예측이 진행된다. 그림 5-19와 같이 주변 참조 샘플의 평균으로 예측 샘플을 생성하고, 필터링을 취하는 과정을 거쳐 최종 예측 블록을 생성한다.

$$dcVal = \left(\sum_{x'=0}^{nT-1} p[x'][-1] + \sum_{y'=0}^{nT-1} p[-1][y'] + nT\right) \gg (k+1), \quad \text{where } k = Log2(nT) \tag{5-6}$$

$$predSamples[0][0] = (p[-1][0] + 2dcVal + p[0][-1] + 2) \gg 2$$

$$predSamples[x][0] = (p[x][-1] + 3dcVal + 2) \gg 2$$

$$predSamples[0][y] = (p[-1][y] + 3dcVal + 2) \gg 2$$

$$predSamples[x][y] = dcVal \tag{5-7}$$

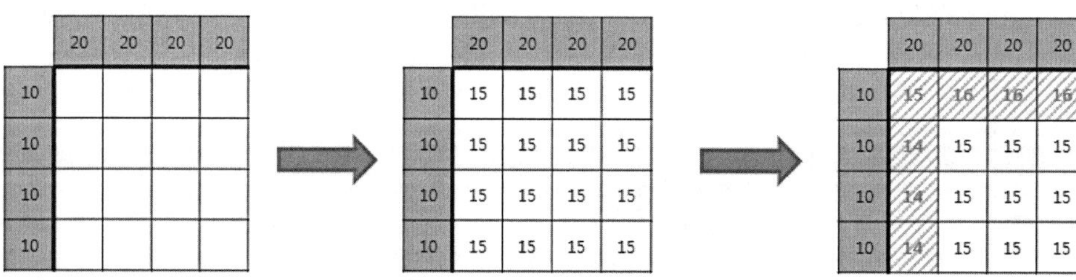

**그림 5-19 4x4 TU의 DC 모드 예측의 예

3) *Intra_Angular* 모드

마지막으로, Intra_Angular 모드에 대해 살펴보자. Intra_Angular 모드는 표 5-2의 화면 내 예측 모드들 중 모드 2에서 모드 34까지이다. 이 모드들은 참조 샘플들로부터 예측 샘플을 계산할 때, 방향성을 고려하여, 예측 샘플을 획득하는 방법으로 수행된다. 그림 5-20은 Intra_Angular 모드에 대한 33가지 화면 내 예측 모드와 예측 샘플을 생성하기 위한 파라미터 중 하나인 예측 각도(intraPredAngle)를 방향성과 함께 나타낸 그림이다. 이 정보는 표 5-3에 수치로 정리되어 있으며 부호화기와 복호화기 모두 테이블로 가지고 있다. Intra_Angular 모드에 대한 예측을 수행하기 위해서는 intraPredAngle 외에, invAngle 파라미터가 필요하다. 이 파라미터는 표 5-4에 정의 되어있다. 다소 복잡해 보이지만, 이 두 가지 파라미터를 이용하면, 간단한 방법으로 화면 내 예측 샘플들을 생성할 수 있다.

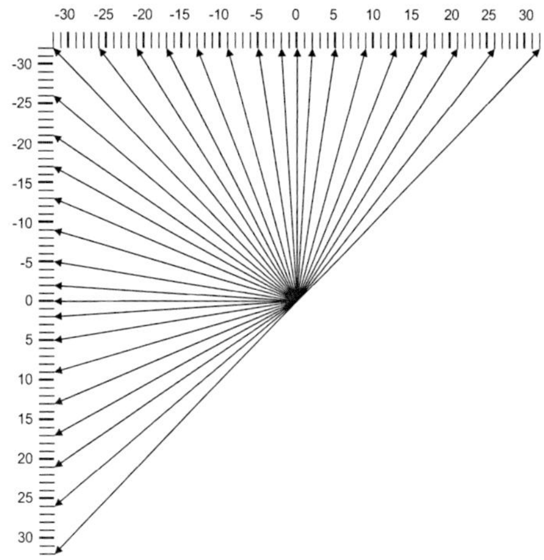

**그림 5-20 화면 내 예측 각도

▌표 5-2▐ 화면 내 예측 모드와 이름

Intra prediction mode	Associated names
0	*Intra_Planar*
1	*Intra_DC*
Otherwise (2⋯34)	*Intra_Angular*

▌표 5-3▐ 화면 내 예측 모드에 따른 *intraPredAngle*

intraPredMode	**0**	**1**	**2**	**3**	**4**	**5**	**6**	**7**	**8**	**9**	**10**	**11**
intraPredAngle	·	·	32	26	21	17	13	9	5	2	0	−2
intraPredMode	**12**	**13**	**14**	**15**	**16**	**17**	**18**	**19**	**20**	**21**	**22**	**23**
intraPredAngle	−5	−9	−13	−17	−21	−26	−32	−26	−21	−17	−13	−9
intraPredMode	**24**	**25**	**26**	**27**	**28**	**29**	**30**	**31**	**32**	**33**	**34**	**·**
intraPredAngle	−5	−2	0	2	5	9	13	17	21	26	32	·

▌표 5-4▐ 화면 내 예측 모드에 따른 *invAngle*

intraPredMode	**11**	**12**	**13**	**14**	**15**	**16**	**17**	**18**
invAngle	−4096	−1638	−910	−630	−482	−390	−315	−256
intraPredMode	**19**	**20**	**21**	**22**	**23**	**24**	**25**	**26**
invAngle	−315	−390	−482	−630	−910	−1638	−4096	·

먼저, intraPredAngle와 invAngle, 이 두 가지 파라미터의 의미와 역할에 대하여 살펴보기 위해, 그림 5-21의 예로 살펴보자. HEVC의 화면 내 예측은 하나의 배열에서 예측 샘플들을 생성한다. 예를 들어, 대각선 18번 모드의 예측 샘플들을 생성할 때에는 위쪽 참조 샘플들과 왼쪽 참조 샘플들이 모두 필요하다.

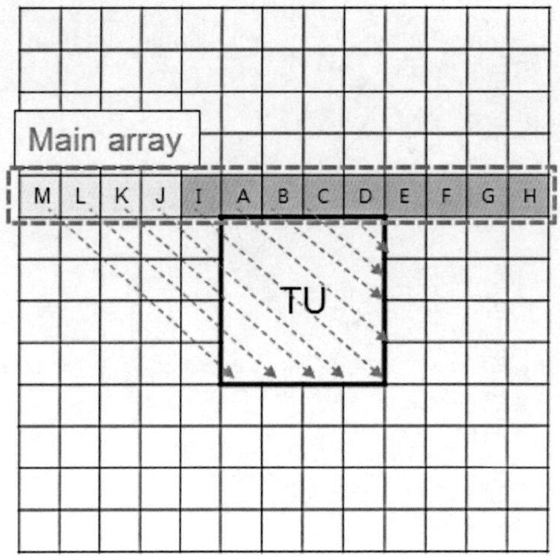

**그림 5-21 4×4 TU의 18번 모드에 대한 예측 샘플 생성 방법

단순히 위쪽과 왼쪽 참조 샘플들을 하나씩 참조해가며 예측 샘플을 생성할 수도 있지만, 왼쪽 참조 샘플의 경우 실제로 메모리에 연속적으로 저장되어 있지 않기 때문에 연속적인 메모리에 복사를 해놓고 사용한다.

좀 더 자세한 설명을 위해 그림 5-22와 같이 메인 배열과 사이드 배열이라 이름 붙인 두 종류의 배열을 정의 한다. 모드 2에서 34까지 Angular 모드에서 18번 모드를 기준으로 18번 이상의 모드들에 대해 예측 방향이 수직 방향이라 보고, 2번 이상 18번 미만의 모드들에서는 수평 방향이라고 본다. 먼저, 그림 5-22(a)의 수직 방향의 예를 통해, 메인 배열에 사이드 배열의 참조 샘플을 복사하는 과정을 살펴보자. 메인 배열에 사이드 배열의 값을 복사할 때, 예측 샘플을 만들기 위해 필요하지 않은 사이드 배열의 값은 복사할 필요가 없을 것이다. 또한, 예측 모드에 따라 결정되는 각도를 고려하면 복사할 참조 샘플의 개수도 각각 다르다. 따라서, 첫 번째로 결정해야 할 일은 몇 개의 참조 샘플을 메인 배열에 복사할지를 결정하는 일이다. 복사될 참조 샘플의 개수를 정하는 것은 예측 모드와 현재 TU의 크기로 알아

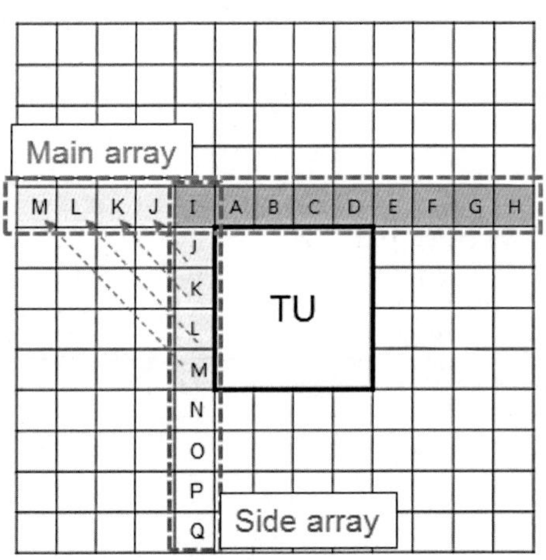

(a) 예측 방향이 수직 방향 일 때

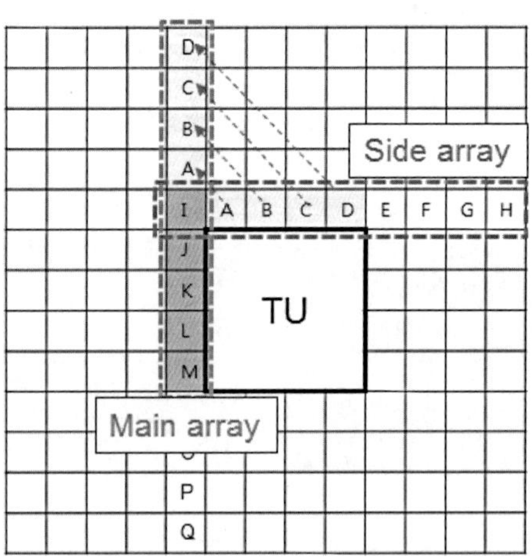

(b) 예측 방향이 수평 방향 일 때

**그림 5-22 4×4 TU의 화면 내 예측 참조 샘플 복사의 예

낼 수 있다. 이해를 돕기 위해, 그림 5-23과 같은 삼각형을 생각해 보자. 여기서, 예측 모드 즉, 예측하는 방향으로부터 θ값을 구할 수 있고, TU의 크기를 통해 a값을 구할 수 있다. 이 때, b의 값은 $\tan(\theta)$ 법칙에 의해 구할 수 있으며, 우리가 구하고자하는 복사할 참조 샘플의 개수가 된다. b를 구하기 위한 식을 정리하면 식 (5-8)로 나타낼 수 있다. 이 $\tan(\theta)$를 미리 계산하고 32배 하여 정수화 한 값이 바로 intraPredAngle이다.

$$b = a\tan(\theta) \tag{5-8}$$

두 번째로 사이드 배열의 어떤 참조 샘플이 메인 배열에 복사될지 결정해야 한다. 그림 5-23을 보면 이번에 알고 있는 값은 b와 θ가 되고 알아내야 할 값은 a가 된다. 정리하면 식 (5-9)과 같다. 식 (5-9)의 $1/\tan(\theta)$를 미리 계산하고 256배 하여 정수화 한 값이 invAngle이다. 표 5-4를 살펴보면 invAngle은 표 5-3의 intraPredAngle이 음수인 11번 모드에서 25번 모드까지만 정의된 것을 알 수 있다. invAngle가 정의되지 않은 모드 2에서 모드 10 그리고 모드 26에서 모드 34를 보면 사용될 참조 샘플들이 모두 메인 배열에 존재한다. 다시 말해, 사이드 배열의 참조 샘플을 사용하지 않기 때문에, 메인 배열로의 복사를 수행할 필요가 없다. 결과적으로 위의 사이드 배열에서 메인 배열로의 복사는 invAngle이 존재하는 모드에서만 일어나는 것을 알 수 있다. 메인 배열에 필요한 참조 샘플들이 모두 복사되었다면 (또는 메인 배열만 사용하는 경우) 모드 별 예측을 수행하면 된다.

$$a = b/\tan(\theta) \tag{5-9}$$

모드 별 예측에 있어, 결정 되어야 할 파라미터는 두 가지로 *iIdx*, *iFact* 이다. *iIdx*의 의미는 하나의 예측 샘플 Pred[x][y]를 생성하기 위해 메인 배열의 몇 번째 값을 사용할지 결정하는 파라미터이고 *iFact*는 두 개의 참조 샘플 사이 값을 얻어내기 위한 파라미터이다. *iFact*는 0부터 31 사이의 정수 값을 가질 수 있으며, 정수 밝기 값 사이를 intraPredAngle에 따라 32 등분하여 참조 샘플 사이 값을 취하기 위한 변수라고 이해할 수 있다. 그림 5-22(a)와 같이 수직 방향의 예측 샘플 predSamples[x][y]를 생성하기 위하여 *iIdx*와 *iFact*를 구하는 식은 각각 식 (5-10)과 식 (5-11)이다. 여기서, x와 y는 0에서 $nT-1$의 값을 가진다. 두 개의 파라미터를 계산한 후, 예측 샘플을 생성하는 과정은 식 (5-12)로 정의할 수 있다.

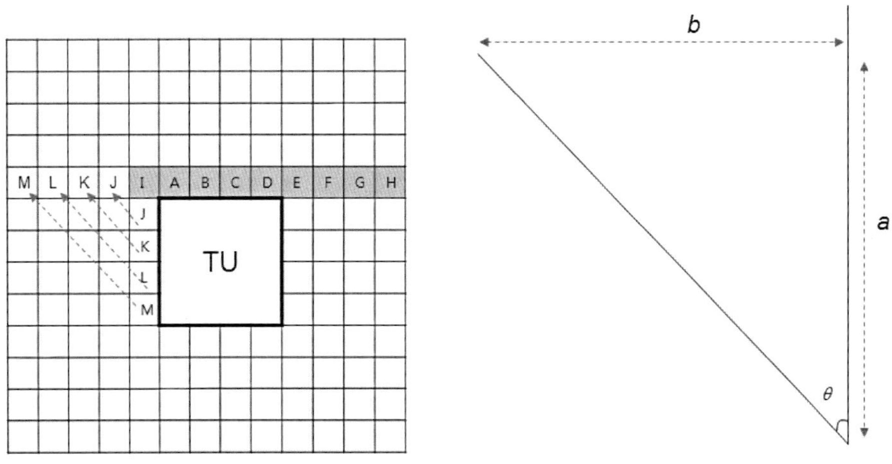

**그림 5-23 4×4 TU의 수직 방향 참조 샘플 개수를 구하기 위한 예

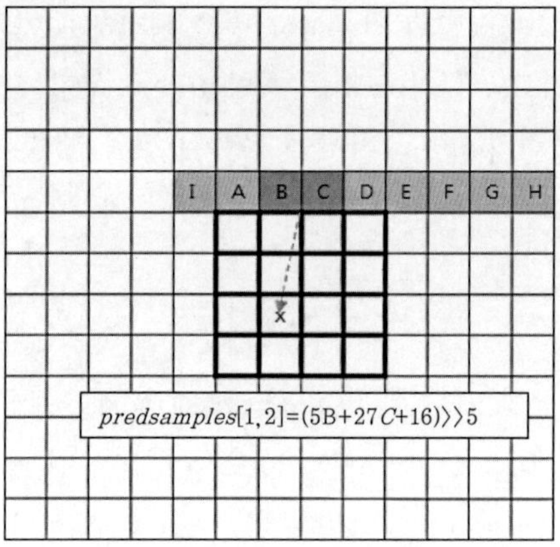

**그림 5-24 4×4 TU의 29번 모드 예측

여기서, *iFact*가 0인 경우 즉, 하나의 참조 샘플만을 사용하여, 예측 샘플을 생성하는 경우는 식 (5-12)를 정리하여, 식 (5-13)과 같이 표현할 수 있다. 수직 방향에 대한 예측과 유사하게 수평 방향에 대한 예측 역시 *iIdx*와 *iFact*를 각각 아래의 식 (5-14)과 식 (5-15)에 의해 구할 수 있고, predSamples[x][y]에 대해서 식 (5-16)에 의해 구할 수 있다.

$$iIdx = ((y+1)\times intraPredAngle) \gg 5 \quad (5\text{-}10)$$

$$iFact = ((y+1)\times intraPredAngle) \& 31 \quad (5\text{-}11)$$

$$predSamples[x][y] = ((32-iFact)\times ref[x+iIdx+1] + iFact\times ref[x+iIdx+2]+16) \gg 5 \quad (5\text{-}12)$$

$$predSamples[x][y] = ref[x+iIdx+1] \quad (5\text{-}13)$$

$$iIdx = ((x+1)\times intraPredAngle) \gg 5 \quad (5\text{-}14)$$

$$iFact = ((x+1)\times intraPredAngle) \& 31 \quad (5\text{-}15)$$

$$predSamples[x][y] = ((32-iFact)\times ref[y+iIdx+1] + iFact\times ref[y+iIdx+2]+16) \gg 5 \quad (5\text{-}16)$$

예제를 통해 살펴보자. 그림 5-24는 29번 모드에 대한 예측 과정을 나타낸 그림이다. 이 모드에서 predSamples[1][2]의 예측 샘플을 생성하기 위해서는 참조 샘플 B와 C 사이의 값이 필요하다는 것을 알 수 있다. 이 때, intraPredAngle은 9이고, *iIdx*와 *iFact*는 각각 식 (5-10)과 식 (5-11)에 의해, predSamples[1][2] 값은 식 (5-12)에 의해 아래와 같이 구할 수 있다.

$$iIdx = (3\times 9) \gg 5 = 0$$

$$iFact = (3\times 9)\&31 = 27$$

$$\begin{aligned} predSamples[1][2] &= (5ref[1+1]+27ref[1+2]+16) \gg 5 \\ &= (5B+27C+16) \gg 5 \end{aligned}$$

앞에서 살펴본 바에 의하면, Intra_Angular 모드 중에서 10번 Intra_Horizontal 모드와 26번 Intra_Vertical 모드는 메인 배열의 한 참조 샘플을 한 줄에 대한 예측 샘플 값으로 사용한다. 이 두 가지 모드에 대해 앞에서 살펴본, Intra_DC 모드의 평균 값에 대한 필터링과 마찬가지로, 두 가지 모드에서 참조되지 않은 인접한 샘플들과 예측 샘플의 비연속성을 제거하기 위한 필터링을 수행한다. Intra_Horizontal 모드에 대해서는 식 (5-17)과 같이 필터링 되며, Intra_Vertical 모드는 식 (5-18)과 같이 필터링 수행된다. 그림 5-25의 예를 통해 살펴보면, 그림 5-25(c) 또는 5-25(d)에서 위쪽의 참조 샘플에 대해 Intra_Vertical 모드로 점선의 화살표와 같이 한 줄에 대한 예측 샘플로 사용하였고, 원본 신호와 비교해 보면, 그림 5-25(a)의 예 Ⅰ과는 예측 오차가 작은 반면, 그림 5-25(b)의 예 Ⅱ와는 예측 오차가 크다. 이 때, 그림 5-26과 같이 비연속성을 제거하기 위해 인접한 p[-1][-1]와 p[-1][y] 샘플 값을 이용하여 필터링을 수행하면 예측 오차가 작은 예측 샘플을 구할 수 있다.

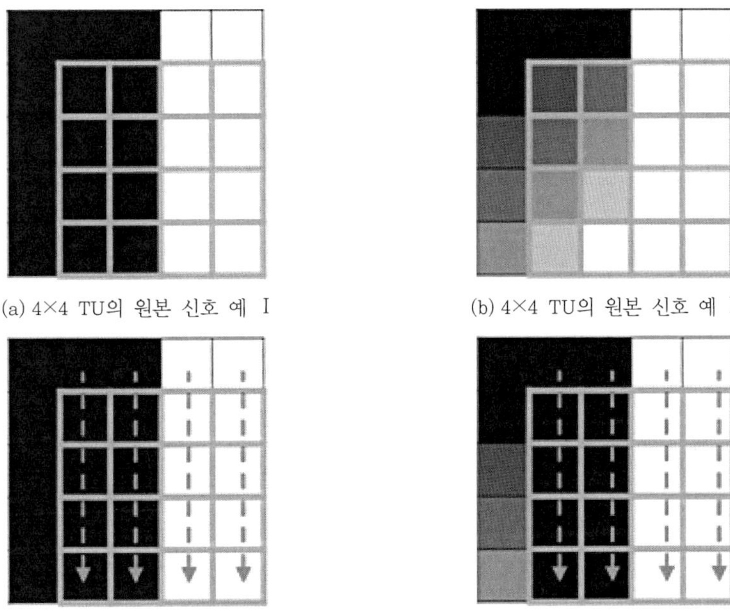

(a) 4×4 TU의 원본 신호 예 Ⅰ (b) 4×4 TU의 원본 신호 예 Ⅱ

(c) 예 Ⅰ에 대한 Intra_Vertical 예측 (d) 예 Ⅱ에 대한 Intra_Vertical 예측

**그림 5-25 4×4 TU의 원본 신호와 Intra_Vertical 모드(26) 예측의 예

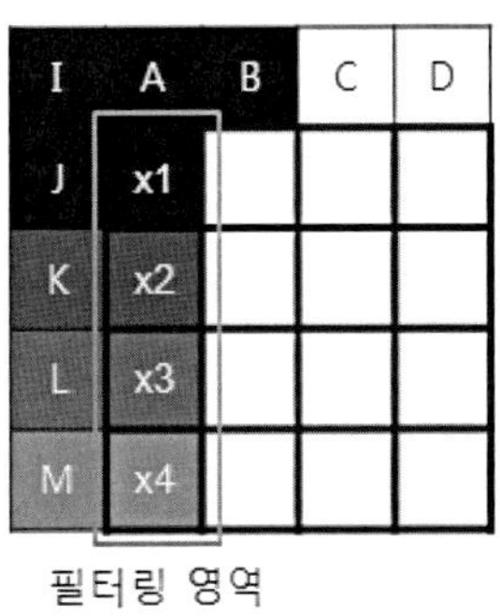

$$x1 = clip(A + (J - I) >> 1)$$
$$x2 = clip(A + (K - I) >> 1)$$
$$x3 = clip(A + (L - I) >> 1)$$
$$x4 = clip(A + (M - I) >> 1)$$

**그림 5-26 4×4 TU의 Intra_Vertical(26) 모드에 대한 필터링

$$predSamples[x][y] = Clip1_Y(p[-1][y] + ((p[x][-1] - p[-1][-1]) \gg 1)), (x = 0...nT-1, y = 0) \quad (5\text{-}17)$$

$$predSamples[x][y] = Clip1_Y(p[x][-1] + ((p[-1][y] - p[-1][-1]) \gg 1)), (x = 0, y = 0...nT-1) \quad (5\text{-}18)$$

4) 색차 성분의 화면 내 예측 방법

지금까지 휘도 성분에 대한 화면 내 예측 방법에 대해 살펴보았다. 색차 성분의 화면 내 예측 방법은 Intra_Planar, Intra_DC, Intra_Vertical, Intra_Horizontal, 그리고 Intra_DM 등 다섯 개 모드가 있으며, Intra_DM 모드를 제외한 나머지 모드들은 휘도 성분에서 설명한 방법과 동일한 과정으로 예측 샘플을 생성한다. Intra_DM 모드는 휘도 성분과 색차 성분이 유사하다는 특성을 이용하여, 색차 성분의 모드를 휘도 성분과 동일한 모드로 사용하는 방법이다. 이 모드를 통하여 이론적으로 색차 성분의 화면 내 예측 방법도 휘도 성분과 같이 35가지 방법을 사용할 수 있다. 또한, 나머지 네 가지 모드에 대해서 휘도 성분과 같은 모드일 경우는 Intra_DM 모드를 통해 수행하므로, 휘도 성분과 같은 모드가 아닌 34번 모드로 예측을 수행한다. 이에 대해서는 5.2.3절 화면 내 예측 모드 부호화에서 표 5-7을 통해 살펴 볼 수 있다.

5.2.3 모드 부호화

이번 절에서는 화면 내 예측 모드를 부호화하기 위한 기술을 다룬다. HEVC 화면 내 예측 모드 부호화의 목적은 35가지에 달하는 모드들을 보다 적은 비트로 표현하기 위함이다. 이를 위해 영상과 화면 내 예측 모드의 통계적 특성을 이용한다. 일반적으로 자연 영상을 일정한 크기의 블록으로 나누었을 때, 하나의 블록과 그 주변 블록은 비슷한 영상특성을 가지게 된다. 따라서, 화면 내 예측 모드 또한, 같거나 혹은 비슷한 모드를 가질 확률이 높다. HEVC에서는 이러한 특성을 고려하여 현재 PU를 기준으로 왼쪽 PU와 위쪽 PU의 화면 내 예측 모드를 기반으로 현재 PU의 모드를 부호화 한다. 그리고 이 주변 블록의 모드를 MPM (Most Probable Mode)으로 결정한다. 만약, 현재 PU의 화면 내 예측 모드가 주변 PU들과 비슷하다면, MPM으로 결정될 확률이 높고 모드 비트를 절약 할 수 있다. 또한, 현재 예측 모드가 MPM에 속하지 않더라도 세 개의 MPM을 제외한 32개 모드 중 하나의 모드를 부호화하기 때문에, 6비트가 아닌 5비트를 사용하여 모드를 표현 할 수 있다. 아래에서 휘도 성분과 색차 성분에 대해 나누어 살펴보자.

1) 휘도 성분의 모드 부호화

먼저, 휘도 성분의 모드 부호화 설명을 위해 MPM에 대하여 조금 더 알아보도록 하겠다. MPM은 세 가지 모드를 가지고 있기 때문에, 화면 내 예측 모드 35가지 중 MPM을 제외한 32가지 모드는 고정 5비트를 사용하여 부호화하고, MPM은 1비트 또는 2비트만을 사용하여 표현한다. 정확히 표현하면 해당 비트가 모두 전송되는 것이 아니라 CABAC을 통해 부호화 되며, CABAC에 대한 자세한 설명은 11장에서 살펴보도록 하겠다. 표 5-5는 MPM을 표현하기 위한 이진화 테이블이며 표 5-6은 MPM이 아닌 모드를 표현하기 위한 이진화 테이블이다.

▌표 5-5▐ MPM과 이진화 테이블

mpm_idx	Binarization TU, cMax =2
0	1
1	00
2	01

▌표 5-6▐ MPM을 제외한 나머지 모드와 이진화 테이블

rem_intra_luma_pred_mode	Binarization FL, cMax = 31
0	00000
1	00001
2	00010
...	...
31	11111

MPM의 결정은 그림 5-27과 같은 방식으로 결정된다. 기본적으로 세 개의 MPM을 만들기 위해, 첫 번째 MPM은 왼쪽 PU의 모드, 두 번째 MPM은 위쪽 PU의 모드로 결정한다. 그리고 마지막 세 번째 MPM은 Intra_Planar, Intra_DC, 또는 Intra_Vertical 모드가 들어갈 수 있다. 세 번째 MPM에서 세 가지의 경우가 있는 이유는, 첫 번째 그리고 두 번째 MPM이 Intra_Planar, Intra_DC, 또는 Intra_Vertical 모드일 경우 중복된 MPM을 제거하기 위함이다. 예를 들어 왼쪽 PU와 위쪽 PU가 각각 Intra_Planar 모드와 Intra_Vertical 모드를 가진다고 가정하면, 세 번째 MPM은 Intra_DC 모드로 결정될 것이다. 왼쪽 PU와 위쪽 PU의 모드가 같은 경우에는 또 다시 두 가지 경우로 나뉜다. 먼저, 중복된 모드가 모드 2보다 작은 경우, 즉 Intra_DC 또는 Intra_Planar 모드인 경우로 그림과 같이 첫 번째 MPM을 Intra_Planar로, 두 번째 MPM을 Intra_DC로, 세 번째 MPM을 Intra_Vertical 모드로 각각 설정한다. 만약 중복된 모드가 Intra_Planar 또는 Intra_DC 모드가 아닌 경우에는 첫 번째 MPM은 중복된 모드로 결정되고 두 번째와 세 번째 MPM은 첫 번째 MPM과 인접한 두 모드로 결정된다. 예를 들어 왼쪽 PU와 위쪽 PU가 모두 모드 번호 11을 가진다면 첫 번째 MPM은 11번 모드 두 번째 MPM은 10번 모드, 마지막 세 번째 MPM은 12번 모드를 가지게 된다. MPM은 의미 그대로 현재 PU가 가질 확률이 가장 높은 모드를 설정하는 것이 중요하다. 따라서, 통계적 확률에 기반하여 모드를 설정하며, 주변 PU가 없거나 모드가 중복된 경우 우선적으로 Intra_Planar, Intra_DC 그리고 Intra_Vertical 모드가 설정되는 것은 세 가지 모드가 일반적으로 높은 확률로 발생하기 때문이다.

2) 색차 성분의 모드 부호화

다음으로 색차 성분의 모드 부호화를 살펴보자. 색차 성분의 화면 내 예측 모드는 표 5-7과 같다. 앞의 5.2.2절에서 설명한 바와 같이 Intra_Planar, Intra_Vertical, Intra_Horizontal, Intra_DC, Intra_DM 등 다섯 개의 모드를 가지고 있으며, 다섯 가지 모드에 대해 0번부터 4번까지의 모드 번호를 사용한다. 표 5-7을 살펴보면 휘도 성분과 같은 모드에 대해서는 Intra_DM모드로 수행되며, Intra_DM을 제외한 나머지 모드에서 휘도 성분과 같은 모드일 경우 34번 모드로 예측을 수행한다.

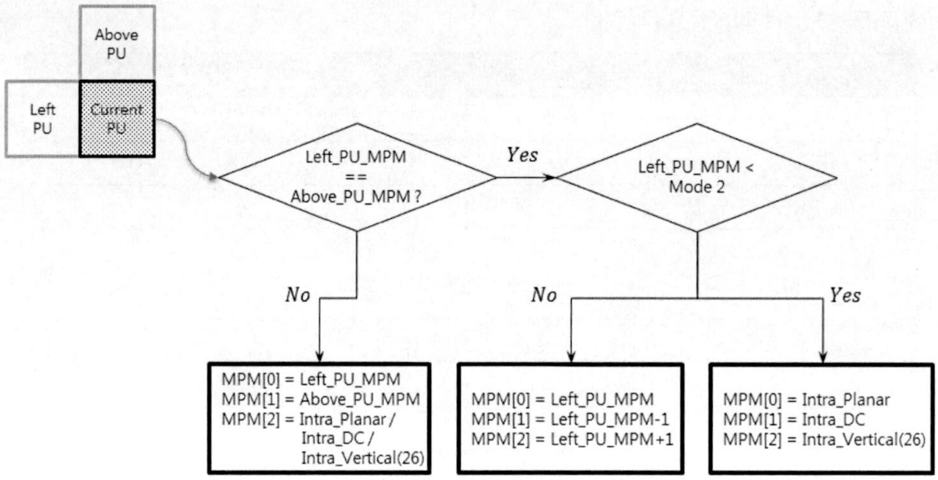

**그림 5-27 현재 PU에 대한 MPM 결정 과정

표 5-7 색차 성분의 예측 모드

intra_chroma_pred_mode	*intra_luma_pred_mode*				
	0	26	10	1	X(0<=X<35)
0 (Intra_Planar)	**34**	0	0	0	0
1 (Intra_Vertical)	26	**34**	26	26	26
2 (Intra_Horizontal)	10	10	**34**	10	10
3 (Intra_DC)	1	1	1	**34**	1
4 (Intra_DM)	0	26	10	1	X

5.3 화면 내 예측 고속화

지금까지 화면 내 예측의 전체적인 구조와 함께 주요 알고리즘에 대하여 살펴보았다. 이번 장에서는 실제 HEVC 참조 소프트웨어 HM 10.0에 적용되어 있는 고속 알고리즘에 대하여 살펴본다. HEVC가 지원하는 모드들에 대하여 최적의 모드를 찾기 위해서는 5.2절에서 살펴본 데로 진행되어야 할 것이다. 하지만, 가능한 모든 모드에 대하여 최적의 모드를 찾기 위해서는 많은 계산을 수행하기 때문에 지나치게 복잡도가 높다. 실제 시스템을 설계하기 위해서는 부호화 효율을 최대한 유지하면서, 고속의 결정 방법에 대한 연구가 필요할 것이다 [4][5][6]. HEVC 참조 소프트웨어 HM 10.0의 부호화기에서는 압축 효율은 비슷하게 유지하면서도 복잡도를 크게 줄일 수 있는 하나의 방법이 적용되어있다. 이를 RMD (Rough Mode Decision)라 부르며, 아래는 RMD를 적용한 화면 내 예측의 의사코드이다.

```
BEGIN
참조 샘플 패딩
FOR INTRA_MODE =0 to 35 DO
  모드 별 참조 샘플 필터링
  모드 별 화면 내 예측 수행
  예측 영상과 원본 영상의 SAD 측정
  최적 모드 후보 저장
ENDFOR

최적 모드 후보에 MPM 추가

FOR 0 to candidates_num DO
  모드 별 참조 샘플 필터링
  모드 별 화면 내 예측 수행
  단일 레벨 RQT
  최적 모드 저장
ENDFOR

다중 레벨 RQT

RD-cost 측정

END
```

단계 1. RMD (Rough Mode Decision)
단계 2. Single-level RQT
단계 3. Full-level RQT

위의 의사코드를 살펴보면 크게 세 단계로 나누어 볼 수 있다. 먼저, 첫 번째 단계 RMD는 예측에 대한 RD-cost만을 측정하여 35가지 모드 중에서 상위 N개의 후보를 결정한다. 후보 개수는 TU의 크기별로 다르게 테이블로 정리되어 있으며, 다음 표 5-8과 같다. 예측에 대한 RD-cost는 식 (5-19)와 같이 정의 된다. 식 (5-19)에서 SATD란 하다마드 변환(Hadamard transform)된 원본 블록과 예측 블록간의 SAD를 의미하며, 식 (5-20)과 같이 정의 된다. λ_{pred}는 라그랑지안 상수를 나타내며, 부호화 기술 문서 [7]에 정의된 값을 사용한다. B_{pred}는 예측 모드 부호화에 쓰이는 비트를 예측한 값이다. 첫 번째 단계에서는 RQT가 생략되며 단순히 원본 신호와 예측 신호의 왜곡 정도와 모드 발생 비트만을 예측하는 것이 특징이다. 두 번째 단계에서는 N개의 후보 모드와 MPM을 더한 모드들에 대하여 단일 레벨 RQT를 수행하여 하나의 최적의 모드를 결정한다. 여기서, 단일 레벨 RQT란 TU의 깊이를 0또는 1로 제한하는 것을 의미한다. 결국, TU 깊이를 하나로 제안하여, 복잡도를 줄이면서도 실제 재구성된 샘플을 얻을 수 있고, 원본과의 오차를 비교적 정확하게 예측하여 하나의 모드를 결정할 수 있다. 마지막, 세 번째 단계에서는 단일 레벨 RQT를 통해 결정된 최적에 모드에 대한 다중 레벨 RQT를 수행한다. 다중

【표 5-8】 PU 크기에 대한 RMD 후보 개수

PU 크기	RMD 후보 개수
64×64	3
32×32	8
16×16	8
8×8	8
4×4	3

레벨 RQT는 SPS (Sequence Parameter Sets)에 미리 정의된 TU의 깊이를 참조하여 TU의 쿼드-트리 형태를 결정한다. SPS에 대한 자세한 설명은 10장의 HEVC 신택스에서 살펴보자.

$$J_{pred,SATD} = SATD + \lambda_{pred} {}^{*} B_{pred} \tag{5-19}$$

$$SATD = (\sum_{i,j} |DiffT(i,j)|)/2 \tag{5-20}$$

5.4 IPCM (Intra Pulse Code Modulation)

IPCM 모드는 무 손실 압축 방법의 하나로 예측, 변환, 양자화, 엔트로피 코딩이 수행되지 않으며, 픽셀 샘플들을 PCM 샘플 비트 깊이에 대해 부호화 한다 [8][9]. 부호화기에서 PCM 모드는 정의된 부호화 비트량으로 상한을 제한하여 부호화를 수행한다. 따라서, 현재 CU에 대해 예측, 변환, 양자화, 엔트로피 코딩으로 부호화되는 비트량 및 RD-cost값을 비교하여 예측을 통한 부호화 효율이 PCM 모드에 대한 부호화 효율 보다 낮을 경우 PCM모드로 부호화를 진행하게 된다.

다음 그림 5-28과 같이 IPCM 모드가 선택 될 경우 휘도 성분 또는 색차 성분의 PCM 샘플 비트 깊이에 대해 입력 영상 및 복원 영상의 비트 깊이를 조절한다. 이해를 돕기 위해 아래의 의사 코드를 살펴보도록 하자. PCM 부호화를 위해 먼저, PCM 비트 깊이에 대한 연산이 있다. 입력 영상의 비트 깊이와 PCM 비트 깊이와의 차 값에 대해 PCM 쉬프트 값을 구하고, PCM 데이터를 원본영상에서 PCM 쉬프트만큼 스케일 다운을 한다. 예로, 입력 영상의 비트 깊이와 PCM 샘플 비트 깊이가 같을 경우, 원 영상의 CU 데이터가 그대로 부호화 되며, 입력 영상이 10비트 깊이의 영상이며 PCM이 8비트 깊이로 부호화되는 경우 영상은 8비트로 스케일링 다운하여 부호화가 진행된다. 다음으로 복원 영상의 경우 입력 영상의 비트 깊이와 PCM 비트 깊이의 차만큼 스케일 다운되어 저장된 PCM 데이터에 대해 다시 스케일 업 하여 저장한다.

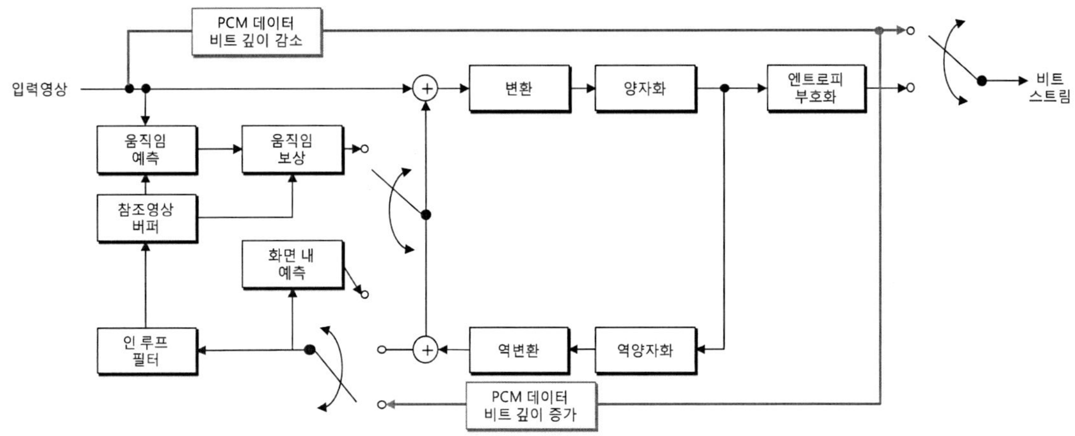

**그림 5-28 부호화기에서 IPCM 모드에 대한 전송 과정

```
BEGIN   PCM 부호화
PCM_SHIFT = 입력 영상 비트 깊이 - PCM 비트 깊이
FOR Y=0   to CU_HEIGHT DO
  FOR X=0 to CU_WIDTH DO
    PCM   데이터 = 원본 영상 >> PCM_SHIFT
  ENDFOR
ENDFOR

BEGIN   PCM 복호화

FOR Y=0   to CU_HEIGHT DO
  FOR X=0 to CU_WIDTH DO
    복원 영상 = PCM 데이터 << PCM_SHIFT
  ENDFOR
ENDFOR

END
```

이제 IPCM 모드의 후처리 필터링에 대해 살펴보자. 9장에서 살펴볼 디블록킹 필터는 손실 압축에서의 왜곡을 보정하는 필터이다. 따라서, 무 손실 압축에서 디블록킹 필터는 개념적으로 사용되지 않는다. 그러나, IPCM 모드에서 휘도 성분 또는 색차 성분에 대해 PCM 비트 깊이에 따른 스케일 다운으로 손실이 생길 수 있고, 디블록킹 필터링으로 왜곡이 보정될 수 있다. 이러한 IPCM 모드에서의 디블록킹 필터링을 수행할지 여부에 대해 SPS에서 정의한다. SPS에 대한 자세한 설명은 10장의 HEVC 신택스에서 살펴보자.

5.5 화면 내 예측의 복호화

화면 내 예측에 대한 복호화 과정은 그림 5-29와 같다. 먼저, 각 CU에 대한 전체적인 복호화 과정과 함께 화면 내 예측 복호화 과정을 살펴보자. 현재 CU의 모드가 화면 내 예측인 경우 PU 크기에 대한 복호화를 수행하고, IPCM 모드에 대한 플래그를 복호화 하여, IPCM 수행 여부를 결정한다. IPCM 모드가 아닌 경우 휘도 성분 및 색차 성분에 대한 화면 내 예측 모드를 결정하여, 현재 PU에 대한 화면 내 예측을 수행한다. 앞에서 설명한 바와 같이 실제 화면 내 예측은 TU 단위로 수행된다. 따라서, 그림 5-29의 오른쪽 아래 블록을 보면, TU 크기에 대해 복호화를 수행하고, 각 TU에 대해 앞의 부호화 과정과 마찬가지로 참조 샘플 준비 단계, 모드별 참조 샘플에 대한 필터링 단계, 모드에 대한 예측 샘플 생성 단계를 거치게 된다.

휘도 성분에 대한 화면 내 예측 모드의 복호화 방법을 그림 5-30과 함께 설명하면, 현재 PU에 대해 prev_intra_luma_pred_flag를 복호화 하여 예측 모드가 MPM에 포함되어 있는지를 확인한다. prev_intra_luma_pred_flag가 1인 경우 아래 왼쪽의 이진화 테이블을 통해 mpm_idx를 복호화 하여, 세 개의 MPM 중에 하나를 얻어 현재 PU에 대한 화면 내 예측 모드를 알 수 있다. prev_intra_luma_pred_flag가 0인 경우 MPM에 포함 되지 않은 정렬된 나머지 32개 모드에 대해 오른쪽 테이블의 고정 5비트 이진화 테이블을 통해 rem_intra_luma_pred_mode를 복호화 하여, 현재 PU에 대한 화면 내 예측 모드를 알 수 있다 [10]. 다음으로, 색차 성분에 대한 화면 내 예측 모드의 복호화는 다섯 개 모드에 대해 5.2.3항 모드 부호화 과정에서 살펴본 표 5-7을 통해 현재 PU에 대한 화면 내 예측 모드를 알 수 있다. 참조 샘플들을 준비하는 단계는 부호화 과정에서 설명한 내용과 동일한 과정을 거친다. 주변의 예측 및 재구성된 참조 샘플을 기반으로 참조 샘플 패딩과 모드 기반 참조 샘플 필터링 과정을 거쳐 참조 샘플을 준비한다. 유도된 화면 내 예측 모드로 화면 내 예측 샘플들을 획득하는 과정 또한 앞서 얻어낸 예측 모드에 해당하는 예측 샘플들을 계산해 낸다. 예측 샘플들을 계산하는 방법은 부호화 과정에서 설명한 것과 동일한 방법을 사용한다.

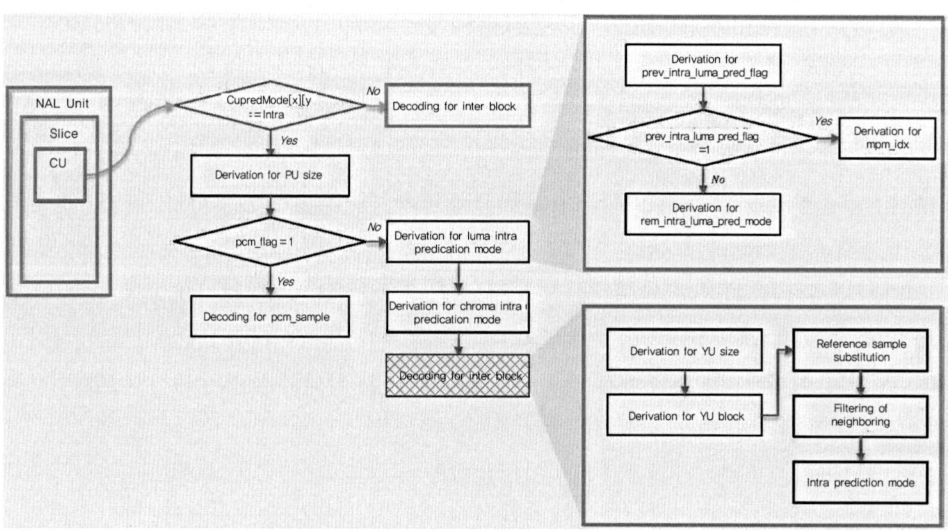

**그림 5-29 화면 내 예측 복호화 과정

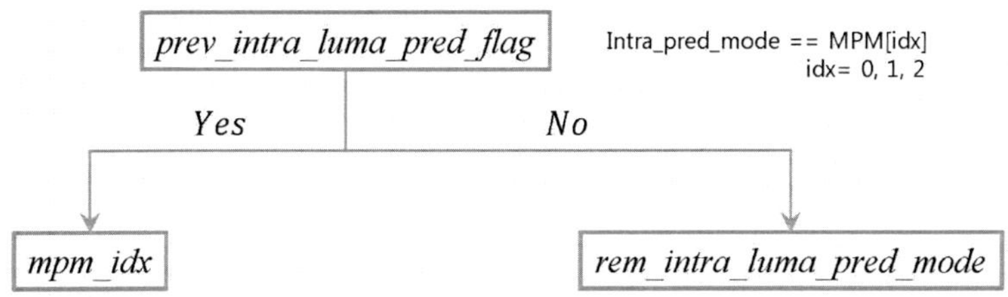

mpm_idx	Binarization TU, cMax = 2
0	1'b1
1	2'b00
2	2'b01

rem_intra_luma_pred_mode	Binarization FL, cMax = 31
0	5'b00000
1	5'b00001
...	...
31	5'b11111

**그림 5-30 화면 내 예측 모드 복호화

참고문헌

[1] 안용조, 황태진, 유성은, 한우진, 심동규, "HEVC 부호화기 소프트웨어의 통계적 특성 및 복잡도 분석," *방송공학회논문지,* vol. 17, no. 6, pp. 1091-1105, Nov. 2012.

[2] B. Bross, W. Han, J. Ohm, G. Sullivan, and T. Wiegand, "High efficiency video coding (HEVC) text specification draft 10," document JCTVC-L1003, Geneva, CH, Jan. 2013.

[3] E. Maani and A. Tabatabai, "Intra mode coding using logical mode numbering," document JCTVC-H0407, San José, CA, Feb. 2012.

[4] 유성은, 안용조, 심동규, "CU 깊이 우선 결정 기반의 HEVC 고속 부호화 방법," 방송공학회논문지, vol. 49, no. 3, pp. 40-50, May 2012.

[5] 임웅, 남정학, 정광수, 심동규, "통계적 확률 기반의 효율적인 고속 화면 내 모드 예측 방법", 전자공학회논문지, vol. 47, no. 3, pp. 44-53, May 2010

[6] D. -G. Sim and Y. Kim, "Context-adaptive mode selection for intra-block coding in H.264/MPEG-4 Part 10" Real-time Imaging, vol. 11, no. 1, pp. 1-6, Feb. 2005

[7] K. McCann, B. Bross, W. Han, I. Kim, and K. Sugimoto, "High efficiency video coding (HEVC) test model 9 encoder description," document JCTVC-K1002, Shanghai, CN, Oct. 2012.

[8] Y. Lee, K. Han, and G. Sullivan, "Improved lossless intra coding for H.264/MPEG-4 AVC," *IEEE Trans. on Image Process.,* vol. 15, no. 9, pp. 2610-2615, Sep. 2006.

[9] J. H. Nam and D. Sim, "Lossless video coding based on pixel-wise prediction," Multimedia Syst., vol. 14, no. 5, pp. 291 - 298, Nov. 2008.

[10] T. Kumakura, S. Fukushima, and M. Ueda, "Fixed length binarization of remaining intra prediction mode," document JCTVC-H0081, San José, CA, Feb. 2012.

화면 간 예측 기술

06

앞서 5장에서는 화면 내 예측 기술에 대하여 설명하였다. 화면 내 예측이란, 현재 픽쳐 내의 부호화된 인접 픽셀들로부터 코딩하려는 블록에 대한 예측 값을 생성하는 기술이다. 이러한 화면 내 예측은 한 픽쳐 내에서 인접하는 픽셀 간에 높은 상관성이 존재한다는 점을 바탕으로 한다. 이와 유사하게, 비디오를 구성하는 각 픽쳐들은 시간적으로도 서로 높은 상관성을 갖고 있다. 따라서, 비디오 코덱에서는 현재 코딩하려는 픽쳐와 상관도가 높은 일부의 복원 픽쳐를 저장하고 이를 화면 간 예측에서 참조할 수 있다. 이처럼 이전 시간에 코딩된 픽쳐로부터 예측 블록을 생성하는 기술을 화면 간 예측(Inter prediction)이라고 한다. 그림 6-1은 시간적 상관도가 높은 두 픽쳐에서 화면 간 예측을 수행하는 예를 보인다. 그림 6-1의 예에서, 현재 픽쳐의 부호화하려는 블록은 이미 코딩된 주변 블록과는 상관성이 높지 않다. 하지만, 이전에 코딩 된 픽쳐에는 현재 코딩하려는 블록과 높은 상관성을 갖는 블록이 존재한다. 즉, 그림 6-1에서 부호화하려는 블록에 대해서는 화면 내 예측 보다는 화면 간 예측 모드를 사용하여 예측 블록을 생성할 때, 차분 신호(Residual)를 0에 더 가까운 값으로 나타낼 수 있을 것이다.

그림 6-2는 화면 간 예측을 사용하는 비디오 인코더의 블록 다이어그램이다. 앞서 언급한 것처럼,

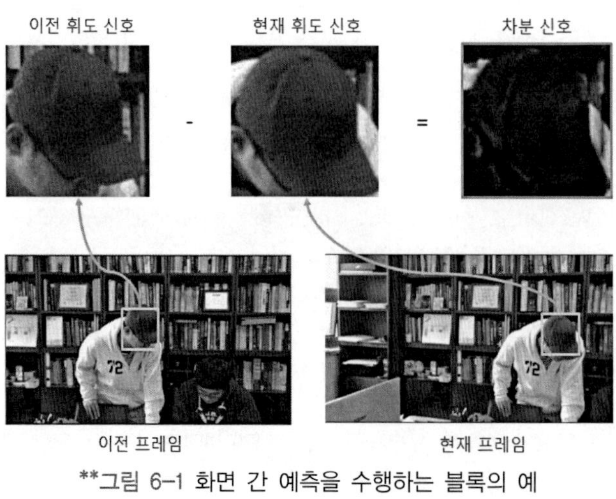

**그림 6-1 화면 간 예측을 수행하는 블록의 예

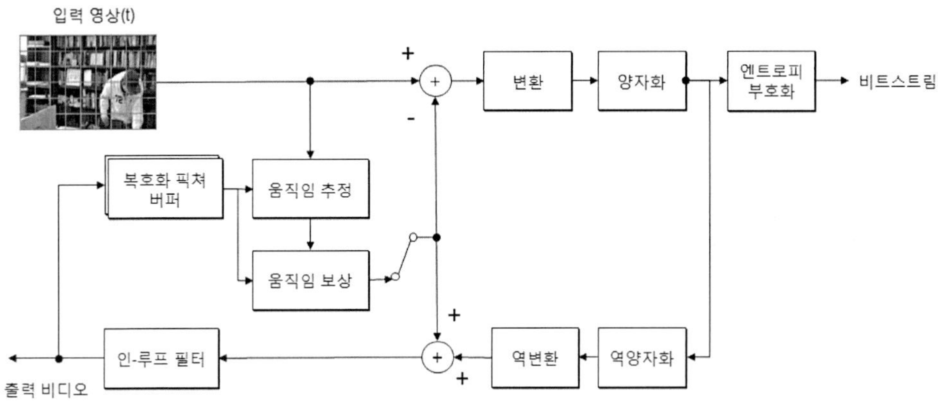

**그림 6-2 인코더의 화면 간 예측 블록 다이어그램

화면 간 예측은 이전 시간에 코딩 된 픽쳐들로부터 예측 블록을 생성하는데, 메모리의 제약으로 인해 모든 복원 픽쳐를 저장하고 이를 참조할 수는 없다. 따라서, 비디오 코덱에서는 코딩하려는 픽쳐와 상관도가 높은 일부의 복원 픽쳐를 저장하고 이를 화면 간 예측에 사용한다. 비디오 코덱에서는 복원 픽쳐가 저장되는 공간을 복호화 픽쳐 버퍼(DPB : Decoded Picture Buffer)라 부르며, DPB 내에 저장된 픽쳐 중 화면 간 예측에서 사용되는 복원 픽쳐를 참조 픽쳐(Reference picture)라 한다. 그림 6-2를 참조하면, 인코더는 화면 간 예측 과정에서 현재 코딩하려는 블록과 가장 유사한 예측 블록을 참조 픽쳐들로부터 찾은 후, 이 예측 블록에 대한 정보를 디코더로 전송하게 된다. 이 때 참조 픽쳐들로부터 최적의 예측 블록을 찾는 과정을 움직임 추정(Motion estimation)이라고 부른다. 보다 정밀한 움직임 추정을 위하여 비디오 코덱의 종류에 따라 복원 픽쳐를 보간(Interpolation) 한 후, 보간 된 영상에 대해서 부화소 단위로 움직임 추정을 수행하기도 한다. 움직임 보상(Motion Compensation)이란, 움직임 추정 과정에서 찾은 최적의 예측 블록에 대한 움직임 정보(모션 벡터, 참조 픽쳐 인덱스)를 바탕으로 예측 블록을 생성하는 것을 의미한다. 요약하면, 비디오 인코더는 움직임 추정 과정을 통해 참조 픽쳐들로부터 최적의 예측 블록을 찾고, 움직임 보상 과정을 통해 예측 블록을 생성한다 [1]. 비디오 인코더는 화면 간 예측으로부터 생성된 예측 블록과 원본 블록과의 차이 값인 차분 신호를 변환, 양자화, 엔트로피 부호화한다.

디코더는 현재 코딩 블록이 화면 간 예측 모드로 코딩된 경우 인코더에서 전송된 참조 픽쳐 정보와 참조 블록 정보를 사용하기 때문에 예측 블록에 대한 움직임 추정과정 없이 움직임 보상 과정만을 통해 예측 블록을 생성할 수 있다. 디코더는 생성된 예측 블록과 엔트로피 복호화, 역양자화, 역변환 과정을 거쳐 생성한 잔차 신호를 합함으로써 영상을 복원할 수 있으며, 코덱의 종류에 따라 인-루프 필터를 적용하고 최종적으로 복원 픽쳐를 DPB에 다시 저장함으로써 추후 해당 픽쳐가 참조 픽쳐로 사용될 수 있도록 한다.

본 장에서는 복원 픽쳐를 참조하여 움직임 추정 및 움직임 보상을 수행하는 화면 간 예측 기술에 대해 기술한다. 6.1절에서는 복원 픽쳐를 관리하는 방법을 설명하고, 6.2절에서는 예측 신호를 생성하는 움직임 보상 과정에 대하여 설명한다. 6.3절에서는 정밀한 움직임 예측을 위하여 참조 픽쳐의 부화소를 생성하는 보간의 개념과 실제 HEVC에 채택된 DCT 기반의 보간 필터를 적용하는 방법 및 보간 필터 과정의 정밀도에 대해 설명한다. 6.4절에서는 인코딩 과정에서 입력신호와 가장 상관도가 높은 예측 신호를 탐색하는 움직임 추정의 개념과 방법에 대해 설명하고, 6.5절에서는 움직임 추정의 결과로 출력되는 움직임 정보를 효과적으로 압축하기 위한 움직임 정보 표현 방법에 대해 설명한다. 마지막으로, 6.6절에서는 이러한 화면 간 예측 모드의 복호화 과정을 요약하는 것으로 본 장을 마무리한다.

6.1 복원 픽쳐의 관리

DPB는 복원 영상을 저장하는데 그 크기가 유한하기 때문에, DPB 내의 복원 픽쳐들을 관리하는 알고리즘이 필요하다. 예를 들어, 코딩하려는 픽쳐와 시간적으로 가까운 복원 픽쳐들만을 DPB에 저장하고, 상대적으로 먼 복원 픽쳐들은 DPB에서 자동으로 제거하는 방법을 사용할 수 있을 것이다. 또는, 인코더에서 코딩하려는 픽쳐에 대한 최적의 참조 픽쳐를 인코더가 결정하고, 해당 참조 픽쳐에 대한 정보를 디코더로 명시적으로 전송하는 방법을 사용할 수도 있다. 첫 번째 방법은 인코더가 디코더로 참조 픽쳐에 대한 추가적인 데이터를 전송할 필요가 없다는 장점이 있고, 두 번째 방법은 인코더가 최적의 참조 픽쳐를 지정해줌으로써 화면 간 예측 성능을 향상 시킬 수 있다는 장점이 있다.

HEVC는 두 가지 방법 중 인코더에서 디코더로 복원 픽쳐 정보를 명시적으로 전송하는 방법을 사용하며, 이 때 전송되는 정보를 RPS (RPS : Reference Picture Set)라 정의한다 [2]. RPS에 의해 선택된 복원 픽쳐는 참조 픽쳐로써 DPB에 계속 저장되고, RPS에 의해 선택되지 않은 픽쳐들은 비 참조 픽쳐로써 이후의 픽쳐들에 의해 참조되지는 않지만, 출력을 위해 DPB 내에 유지되며, 일정 시간 후 DPB에서 제거된다. 따라서, DPB에 저장되는 픽쳐들은 RPS에 의해 다음과 같이 크게 세 가지 상태로 구분된다.

1. 비 참조 픽쳐 (non-reference picture) : ‘unused for reference’로 마킹되는 픽쳐
2. 단기 참조 픽쳐 (short-term reference picture) : 'used for short-term reference'로 마킹되는 픽쳐
3. 장기 참조 픽쳐 (long-term reference picture) : 'used for long-term reference'로 마킹되는 픽쳐

모든 픽쳐들은 디코딩 이후 ‘used for short-term reference’ 상태로 분류되어 DPB에 저장된다. 이후에 전송되는 RPS 중 단기 참조 픽쳐와 관련된 정보에 의하여 계속 ‘used for short-term reference’ 상태로 유지되거나, RPS 중 장기 참조 픽쳐와 관련된 정보에 의하여 선택되어 ‘used for long-term reference’로 상태가 변경될 수 있다. RPS에 의해 선택되지 않은 픽쳐들은 ‘unused for reference’로 상태가 변경되어 출력 순서가 될 때까지 DPB 내에 존재한다. 결론적으로, 참조되는 모든 픽쳐들의 정보는 RPS에 포함되어야 한다.

그림 6-3은 픽쳐의 디코딩 순서 (POC (Picture order count) 0 -> POC 2 -> POC 1 -> POC 3)와 디스

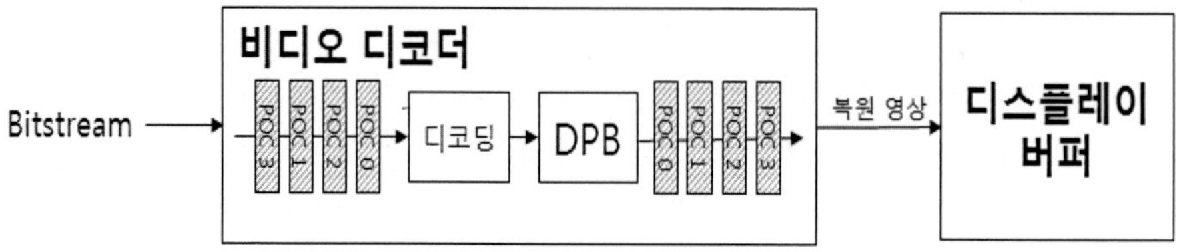

**그림 6-3 디코더의 입력과 출력과 DPB

플레이 순서 (POC 0 -> POC 1 -> POC 2 -> POC 3)가 다른 경우 일부 디코딩 된 픽쳐가 순서대로 디스플레이 되기 위해 DPB에서 유지되는 예를 나타낸다. 만일, 그림 6-3에서 POC 2의 경우, 이후에 디코딩 될 POC 1과 POC 3에 의해 참조되어야 하는 경우에는 'used for short-term reference' 또는 'used for long-term reference'의 상태로 DPB에 저장될 수 있다. 그러나, POC 2가 이후의 어떤 픽쳐에서도 참조되지 않는 'unused for reference'의 상태라 하더라도 출력 순서상 POC 1 이후에 출력되어야 하므로, DPB 내에 출력 시점까지 저장되어야 한다.

이러한 세 가지 상태로 분류된 DPB 내부의 픽쳐들 중 단기 참조 픽쳐와 장기 참조 픽쳐들은 RPS 정보에 의해 현재 픽쳐의 화면 간 예측에서 참조될 수 있다. 하지만, RPS에 포함된 단기/장기 참조 픽쳐들이 현재 픽쳐를 위한 화면 간 예측에 반드시 사용되는 것은 아니다. RPS에는 참조 픽쳐들에 대한 정보 뿐만 아니라, 각 참조 픽쳐가 현재 픽쳐의 참조 픽쳐로 사용되는지 또는 사용되지 않는지에 대한 플래그를 포함함으로써, RPS 정보에 의해 선택된 픽쳐들 전체 또는 일부만을 현재 픽쳐의 화면 간 예측에서 참조할 수 있다. 즉, RPS는 DPB 내에 존재하는 픽쳐들의 상태 정보와 현재 픽쳐에서 참조할 픽쳐에 대한 정보를 전송한다고 볼 수 있다.

PU(Prediction unit)가 화면 간 예측 모드로 코딩 된 경우 각 PU는 참조 픽쳐들로부터 예측 블록을 생성할 수 있다. 이때 인코더는 예측 블록 생성에 사용된 참조 픽쳐에 대한 정보를 디코더로 전송해야 한다. 예를 들어, 인코더는 각 PU가 참조하는 픽쳐의 POC 값을 명시적으로 전송할 수 있다. 또는, POC 값을 전송하는데 소요되는 비트량을 좀 더 줄이기 위하여 현재 픽쳐와 참조 픽쳐의 POC의 차분 값만을 전송할 수도 있을 것이다. 하지만, 이 경우 역시 부호화/복호화 하는 픽쳐의 POC의 차가 큰 경우에는 비효율적일 수 있다. 그림 6-4는 다양한 POC 값을 갖는 참조 픽쳐에 대한 하나의 예를 보여준다. POC 0, POC 100, POC 200, POC 300은 이전 시간에 복원되어 현재 픽쳐(POC 400)의 참조 픽쳐로 사용되는 픽쳐이다. 해당 참조 픽쳐들은 현재 픽쳐와의 차분 값이 크기 때문에, 참조 픽쳐에 대한 정보를 POC의 차분 값으로 전송하는 방법은 부호화 성능 저하를 유발할 수 있다.

HEVC는 PU 단위에서 참조 픽쳐 정보를 효과적으로 시그널링 하기 위하여 인코더와 디코더에서 각 픽쳐를 인코딩/디코딩하기 전에 DPB에 저장된 픽쳐들 중 참조 픽쳐로 분류된 픽쳐들을 사용하여 참조 픽쳐 리스트 (Reference picture list)를 구성한다. HEVC 인코더는 참조 픽쳐 리스트에서 참조 픽쳐가 위치하는 인덱스를 시그널링하고, 디코더는 전송 받은 인덱스를 통해서 인코딩 시 사용한 참조 픽쳐를 알 수 있다. 그림 6-4의 예에서 참조 픽쳐 리스트를 사용하는 경우, 리스트 내에서 각 참조 픽쳐를 구분하기 위한 인덱스 (0~3)만을 전송하기 때문에, 상대적으로 적은 데이터를 사용하여 참조 픽쳐를 구분할

**그림 6-4 다양한 POC 값을 갖는 참조 픽쳐의 예

수 있다. HEVC에서 참조 픽쳐 리스트는 슬라이스의 타입에 따라 최대 두 개까지 사용되며, 두 개의 리스트(참조 픽쳐 리스트 0, 참조 픽쳐 리스트 1)를 구분하기 위한 정보는 RPS를 통해 전송된다.

DPB와 참조 픽쳐 리스트는 앞서 설명한 것과 같이 RPS를 통해 제어되며, RPS 정보는 슬라이스 세그먼트 헤더 내에 포함된다. RPS는 DPB에 있는 픽쳐를 단/장기 참조 픽쳐 또는 비 참조 픽쳐로 구분하기 위한 정보와 참조 픽쳐 리스트를 구성하기 위한 정보를 포함한다. 먼저 참조 픽쳐 와 비 참조 픽쳐의 구분을 위하여 참조 픽쳐들에 대한 POC 정보가 RPS로 시그널링 된다. RPS로 전송되는 POC 정보는 현재 픽쳐와 단기 참조 픽쳐의 POC 차이며, 해당 단기 참조 픽쳐가 현재 픽쳐의 인코딩 및 디코딩에 사용되는지를 의미하는 1비트의 플래그가 추가적으로 포함된다. 또한, 장기 참조 픽쳐에 대해서는 장기 참조 픽쳐가 DPB 내에 긴 시간 동안 유지되는 특성을 고려하여 POC의 차분값 대신 POC LSB와 해당 장기 참조 픽쳐가 현재 픽쳐의 인코딩 및 디코딩에 사용되는지를 의미하는 1비트의 플래그, 동일한 POC LSB 값을 갖는 또 다른 픽쳐가 DPB 내에 동시에 존재할 가능성을 고려하여 POC MSB 값을 선택적으로 전송할 수 있다.

HEVC의 RPS는 SPS (Sequence Parameter Set)를 통해 최대 64개 까지 전송될 수 있고, 각 슬라이스 단위로도 전송될 수 있다. 각 슬라이스 단위로 RPS를 전송하는 것은 각 슬라이스 단위로 참조 픽쳐를 다르게 사용할 수 있지만, RPS 전송에 많은 비트량을 필요로 한다. 이와 달리 SPS 단위로 RPS를 전송하고, 여러 슬라이스가 SPS에서 전송된 RPS를 참조하는 것은 RPS의 전송 데이터양은 적지만, 슬라이스 단위로 참조 픽쳐를 컨트롤 할 수 없다. 하지만, 일반적으로 인코더는 SOP (Structure Of Picture) 단위로 유사한 참조 구조를 사용하기 때문에, 각 슬라이스가 SPS에서 전송된 RPS를 참조하는 방법이 주로 사용된다. 그림 6-5는 RPS가 전송되는 하이레벨 신택스를 보여준다. 디코더는 슬라이스 헤더에 전송된 RPS 인덱스를 사용하여 SPS에 전송된 RPS를 참조하거나 해당 슬라이스를 위해 명시적으로 RPS를 전송할 수도 있다.

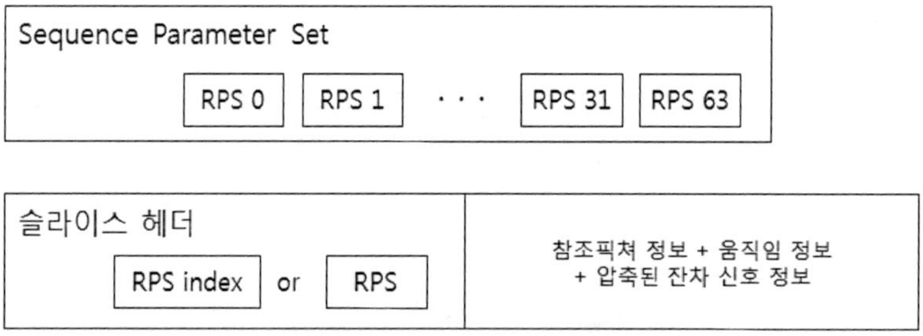

**그림 6-5 RPS의 전송 방법의 예

6.1.1 복원 픽쳐의 관리

HEVC의 DPB는 최대 16장의 복원 픽쳐를 저장할 수 있으며, HEVC의 레벨과 입력 영상의 해상도에 따라 사용 가능한 최대 DPB의 크기가 정의된다 [3]. 표 6-1은 레벨과 해상도에 따른 DPB의 크기를 보여준다. DPB의 크기는 레벨에 따라 정의된 최대 해상도 대비 부호화/복호화 하는 영상의 해상도의 비율에 따라 결정되며 표 6-1은 일부 영상에 대한 DPB에서의 영상 크기에 따른 저장 영상 수이다. 참고로

| 표 6-1 | 레벨과 영상의 해상도에 따른 DPB의 크기

Level	영상 최대 해상도	해 상 도				
		416×240	832×480	1280×720	1920×1080	3840×2160
1	36,864	-	-	-	-	-
2	122,880	6	-	-	-	-
2.1	245,760	12	-	-	-	-
3	552,960	16	8	-	-	-
3.1	983,040	16	12	6	-	-
4	2,228,224	16	16	12	6	-
4.1	2,228,224	16	16	12	6	-
5	8,912,896	16	16	16	16	6
5.1	8,912,896	16	16	16	16	6
5.2	8,912,896	16	16	16	16	6
6	35,651,584	16	16	16	16	16
6.1	35,651,584	16	16	16	16	16
6.2	35,651,584	16	16	16	16	16

레벨 별로 지원 가능한 최대 해상도를 초과하는 영상은 해당 레벨의 디코더에서는 복호화할 수 없다. 예를 들어, Full-HD 영상은 레벨 4부터 부호화/복호화가 가능하며, 레벨 4 환경에서 Full-HD 입력 영상이 사용된 경우 최대 DPB의 픽쳐 수는 6이다.

앞서 설명한 것과 같이 DPB의 크기는 제한적이기 때문에, 사용 가능한 픽쳐는 DPB에 저장하고, 사용되지 않는 복원 픽쳐는 DPB로부터 제거하는 과정이 필요하다. 이번 과정에서는 복원 픽쳐가 DPB에 저장되고 디스플레이 순서를 고려하여 DPB로부터 제거되는 과정을 단계적으로 상세히 알아본다. 그림 6-6은 DPB의 정리와 픽쳐 디코딩을 포함하는 전반적인 과정을 보인다. HEVC에서 한 픽쳐는 하나

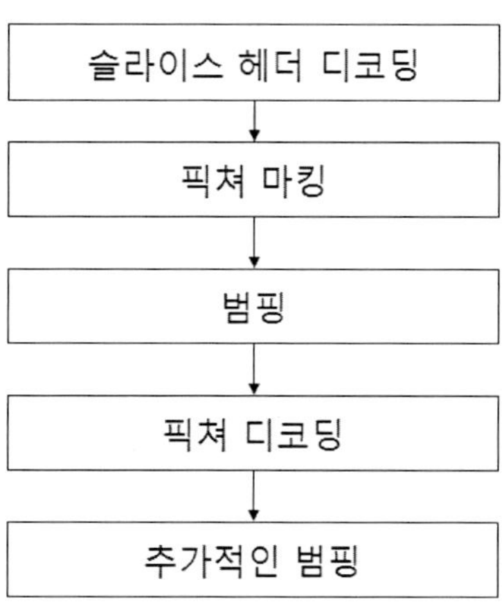

**그림 6-6 범핑 프로세스

이상의 슬라이스 세그먼트로 분할 될 수 있는데, 슬라이스 세그먼트는 슬라이스 헤더와 슬라이스 데이터로 구성된다. 이 중 슬라이스 헤더에는 해당 슬라이스가 사용할 RPS가 명시적으로 시그널링 되거나, 참조하는 RPS에 대한 인덱스 정보가 저장되어 있다. 디코더는 슬라이스 헤더를 디코딩함으로써 RPS를 얻을 수 있고, 복호화된 RPS 정보를 이용하여 현재 DPB에 저장되어 있는 픽쳐들의 상태를 결정하는 픽쳐 마킹 (Picture marking) 과정을 수행한다. RPS에서 POC 값이 전송된 복원 픽쳐는 참조 픽쳐로, 전송되지 않은 복원 픽쳐들은 비 참조 픽쳐로 표기되며, 현재 코딩 될 픽쳐는 참조 픽쳐로 취급되어 DPB에 저장 공간을 확보한다. 이때, RPS에 의해 비 참조 픽쳐로 한번 분류된 복원 픽쳐는 다시 참조 픽쳐로 사용되지 않는다. 그림 6-8에서 범핑 (Bumping)은 코덱 외부에 존재하는 디스플레이 버퍼로 복원 픽쳐를 전달하는 과정을 의미한다. 범핑이 수행되면 DPB 내의 디스플레이 되지 않은 픽쳐 중에서 가장 작은 POC 값을 갖는 복원 픽쳐가 디스플레이 버퍼로 전달되어 디스플레이 된다. HEVC 디코더는 디코딩 순서와 디스플레이 순서가 다른 경우 복원된 픽쳐들을 디스플레이 순서로 정렬하여 범핑을 해야 한다. 이를 위해 지연 파라미터 (max_num_reorder_pics) 값이 시퀀스 파라미터 셋 (SPS : Sequence Parameter Set)에서 전송된다. 이러한 지연 파라미터는 복원 픽쳐가 DPB로부터 디스플레이 순서에 맞춰 출력되기 위해 필요한 최소한의 지연 수 (DPB에 저장되어야 하는 복원 픽쳐의 수)를 의미한다. 예를 들어, 현재 DPB 내에 저장되어 있는 픽쳐의 수가 지연 파라미터 값보다 큰 경우에는 디스플레이 순서에 맞춰 출력이 가능하므로 이 경우에 범핑이 수행된다 [3]. 범핑 과정에서 비 참조 픽쳐가 디스플레이 버퍼에 전달 된 경우에는 해당 픽쳐는 더 이상 필요하지 않으므로 DPB에서 제거된다. 이 조건을 만족하지 않는 경우에는 비 참조 픽쳐라도 DPB에서 제거되지 않고 계속 유지된다. HEVC는 디스플레이 지연 시간을 최소화하기 위하여 한 픽쳐의 디코딩이 완료된 직후 추가로 범핑을 수행한다.

표 6-2는 지연 파라미터의 값이 3인 환경에서 RPS에 따른 DPB 상태의 예를 보여준다. 표 6-2에서 [R]는 참조 픽쳐를, [N]은 비 참조 픽쳐를 의미한다. POC 0의 픽쳐를 디코딩하기 위해 POC 0의 슬라이스 헤더가 복호화된 후, POC 0의 현재 픽쳐는 참조 픽쳐로써 DPB에 공간이 확보되고 POC 0의 디코딩을 수행한다. 현 시점에는 범핑 조건 (지연 파라미터 3 초과)을 만족하지 않기 때문에, 범핑이 진행되지 않는다. POC 4와 POC 2의 값을 갖는 픽쳐가 순차적으로 디코딩되고, POC 1의 복호화 시점에는 범핑 조건을 만족하기 때문에 가장 작은 POC를 갖는 복원 픽쳐 (POC 0)가 범핑된다. POC 3의 복호화 시점

▎표 6-2 ▎ RPS에 따른 DPB 구성의 예

POC	RPS			DPB						복원픽쳐 수	Display
0				0 [R]						1	
4	0			0 [R]	4 [R]					2	
2	0	4		0 [R]	4 [R]	2 [R]				3	
1	0	2	4	0 [R]	4 [R]	2 [R]	1 [R]			4	0
3	2	4			4 [R]	2 [R]	1 [N]	3 [R]		4	1
8	4				4 [R]	2 [N]		3 [N]	8 [R]	4	2

에서는 POC 0이 비 참조 픽쳐이고, 이미 디스플레이 되었기 때문에 DPB에서 제거되었다. 결론적으로 DPB에는 참조 픽쳐와 디스플레이를 위해 보관되는 픽쳐가 저장된다.

6.1.2 참조 픽쳐 리스트 구성

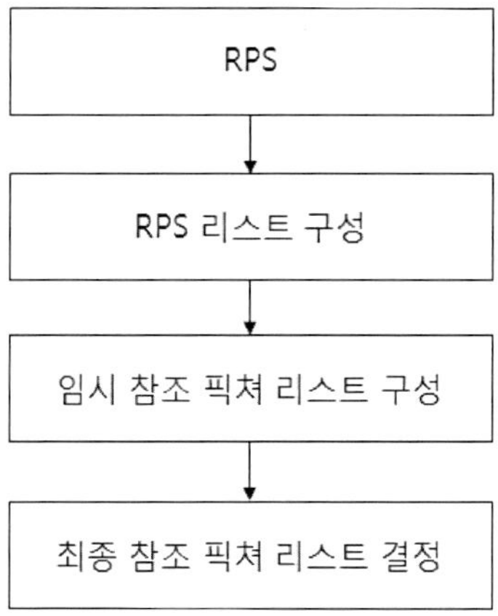

**그림 6-7 참조 픽쳐 리스트 구성과정

앞서 설명한 것처럼 참조 픽쳐 리스트는 참조 픽쳐의 POC값의 차를 전송하는 대신 참조 픽쳐 인덱스를 사용함으로써 PU 단위로 전송되는 참조 픽쳐 정보를 줄일 수 있다. 이를 위해 인코더와 디코더는 동일한 참조 픽쳐 구성과정을 거쳐야 하는데, 참조 픽쳐 리스트를 구성하는 과정은 그림 6-7과 같이 네 단계의 과정으로 구분할 수 있다.

HEVC 표준은 먼저, 슬라이스 세그먼트 헤더를 통하여 전송된 RPS 정보를 통하여 현재 픽쳐를 위한 참조 픽쳐 리스트를 구성하기 위하여 다음과 같이 5개의 RPS 리스트를 구성하여 DPB 내에 존재하는 픽쳐들을 관리한다.

1. RefPicSetStCurrBefore - 현재 픽쳐에 의해 참조되는 단기 참조 픽쳐 중 POC가 현재 픽쳐보다 작은 픽쳐들을 POC의 내림차순으로 정렬하여 관리하는 리스트
2. RefPicSetStCurrAfter - 현재 픽쳐에 의해 참조되는 단기 참조 픽쳐 중 POC가 현재 픽쳐보다 큰 픽쳐들을 POC의 오름차순으로 정렬하여 관리하는 리스트
3. RefPicSetStFoll - 현재 픽쳐에 의해 참조되지 않는 단기 참조 픽쳐들에 대한 리스트
4. RefPicSetLtCurr - 현재 픽쳐에 의해 참조되는 장기 참조 픽쳐들에 대한 리스트
5. RefPicSetLtFoll - 현재 픽쳐에 의해 참조되지 않는 장기 참조 픽쳐들에 대한 리스트

이후, 임시 참조 픽쳐 리스트 구성 단계에서는 이전 단계에서 구성된 5개의 RPS 리스트를 사용하여 임시로 "참조 픽쳐 리스트 0"과 "참조 픽쳐 리스트 1"을 구성한다. 임시 참조 픽쳐 리스트 0에는 가장 먼저 현재 픽쳐에 의해 참조됨과 동시에 현재 픽쳐의 POC보다 작은 POC를 갖는 단기 참조 픽쳐들을 관리하는 RefPicSetStCurrBefore의 픽쳐들이 추가된다. 이후에 현재 픽쳐에 의해 참조됨과 동시에 현재

픽쳐의 POC보다 큰 POC를 갖는 단기 참조 픽쳐들을 관리하는 RefPicSetStCurrAfter의 픽쳐들이 추가되고, 뒤이어 현재 픽쳐에 의해 참조되는 장기 참조 픽쳐를 관리하는 RefPicSetLtCurr의 픽쳐들이 추가된다. 임시 참조 픽쳐 리스트 1은 임시 참조 픽쳐 리스트 0과 달리 RefPicSetStCurrAfter, RefPicSetStCurrBefore RefPicSetLtCurr의 순으로 참조 픽쳐가 추가된다. 이와 같이 구성된 임시 참조 픽쳐 리스트 0과 리스트 1은 픽쳐 파라미터 셋(PPS : Picture Parameter Set) 혹은 슬라이스 헤더로 전송되는 참조 픽쳐 리스트 0와 리스트 1의 길이와 동일한 길이로 절삭됨으로써 최종 참조 픽쳐 리스트 0와 리스트 1이 구성된다. 만일, PPS를 통해 전송된 참조 픽쳐 리스트의 길이가 임시 참조 픽쳐 리스트의 길이보다 클 경우, 해당 길이와 동일해질 때까지 임시 참조 픽쳐 리스트 내의 픽쳐들이 반복적으로 삽입된다.

참조 픽쳐 리스트를 구성하는 또 다른 방법은 참조 픽쳐 정보를 직접 전송하는 것이다. 이 경우에는 임시 참조 픽쳐 리스트의 구성까지의 과정은 동일하며, 구성된 임시 참조 픽쳐 리스트에 대하여 참조 픽쳐 리스트의 길이만큼의 인덱스를 전송함으로써 최종 참조 픽쳐 리스트가 구성될 수 있다.

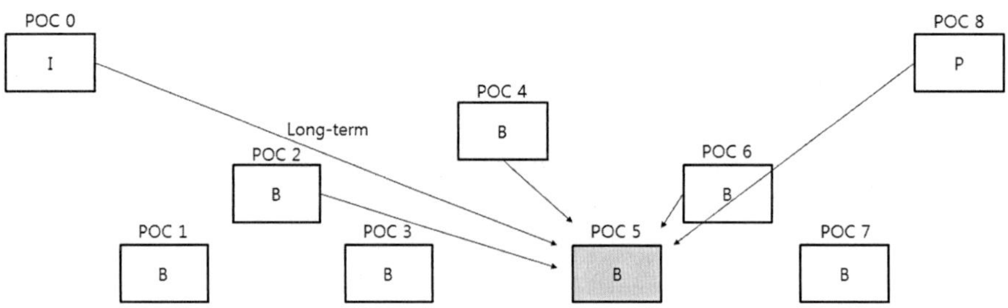

현재 픽쳐 (POC 5)를 위한 RPS	
RPS short-term	RPS long-term
POC(flag) : 2(1), 4(1), 6(1), 8(1)	POC : 0(1)

**그림 6-8 픽쳐 간 참조 구조와 RPS의 예

그림 6-8은 픽쳐의 참조 구조와 현재 픽쳐에 대해 전송된 RPS 정보를 보인다. 그림 6-8의 현재 픽쳐인 POC 5를 갖는 B 픽쳐를 위한 RPS 정보는 단기 참조 픽쳐들과 장기 참조 픽쳐를 위한 POC 정보와 해당 참조 픽쳐들이 현재 픽쳐의 참조 픽쳐로 사용되는지에 대한 플래그 정보를 포함한다. 전송된 RPS 정보를 통하여 단기 참조 픽쳐는 POC 2, 4, 6, 8을 갖는 픽쳐들, 장기 참조 픽쳐는 POC 0을 갖는 픽쳐임을 알 수 있다. 또한, 각 참조 픽쳐들에 대한 참조 플래그는 모두 1로 현재 픽쳐인 POC 5를 갖는 B 픽쳐에 의해 참조된다.

그림 6-8의 참조 구조와 RPS 정보를 통하여 구성되는 5 개의 RPS 리스트와 임시 참조 픽쳐 리스트는 표 6-3과 같다. 이에 대하여 PPS를 통하여 전송된 참조 픽쳐 리스트의 크기에 따라 최종 참조 픽쳐 리스트 0과 리스트 1이 표 6-4와 같이 구성된다. 그림 6-8과 같이 현재 픽쳐를 위하여 참조될 수 있는 참조 픽쳐의 수는 총 5장이지만, 만일 참조 픽쳐 리스트의 크기가 4일 경우 임시 참조 픽쳐 리스트에 가장 마지막에 추가된 참조 픽쳐부터 제거되므로, POC 0을 갖는 픽쳐 한 장이 제거된다. 만일 참조 픽쳐 리스트의 크기가 6인 경우 임시 참조 픽쳐 리스트에 가장 먼저 추가된 픽쳐부터 반복적으로 추가된다.

Ⅰ표 6-3Ⅰ RPS 정보에 따른 (a) RPS 리스트와 (b) 임시 참조 픽쳐 리스트 구성의 예

(a)

RPS 리스트	POC
RefPicSetStCurrBefore	4, 2
RefPicSetStCurrAfter	6, 8
RefPicSetStFoll	-
RefPicSetLtCurr	0
RefPicSetLtFoll	-

(b)

임시 참조 픽쳐 리스트 0	RefPicSetStCurrBefore	RefPicSetStCurrAfter	RefPicSetLtCurr
	POC 4, 2	POC 6, 8	POC 0
임시 참조 픽쳐 리스트 1	RefPicSetStCurrAfter	RefPicSetStCurrBefore	RefPicSetLtCurr
	POC 6, 8	POC 4, 2	POC 0

Ⅰ표 6-4Ⅰ PPS 정보 중 (a) 참조 픽쳐 리스트의 크기가 4인 경우와 (b) 참조 픽쳐 리스트의 크기가 6인 경우에 대한 최종 참조 픽쳐 리스트 구성의 예

(a)

참조 픽쳐 리스트 0의 크기 = 4 참조 픽쳐 리스트 1의 크기 = 4	
참조 픽쳐 리스트 0	POC 4, 2, 6, 8
참조 픽쳐 리스트 1	POC 6, 8, 4, 2

(b)

참조 픽쳐 리스트 0의 크기 = 6 참조 픽쳐 리스트 1의 크기 = 6	
참조 픽쳐 리스트 0	POC 4, 2, 6, 8, 0, 4
참조 픽쳐 리스트 1	POC 6, 8, 4, 2, 0, 6

6.2 화면 간 예측의 방법

화면 간 예측은 참조 픽쳐 리스트에서 현재 블록과 유사한 예측 블록을 선택하고 현재 PU와의 차분값을 부호화한다. 참조 픽쳐를 선택함에 있어서, 사용 가능한 참조 픽쳐 리스트는 현재 슬라이스 타입에 따라 제한되고, 슬라이스 내에 존재하는 PU는 슬라이스의 참조 픽쳐 리스트에서 독립적으로 참조 블록을 탐색하여 하나의 예측 블록을 생성한다. 이번 절에서는 슬라이스 타입에 따른 참조 픽쳐 리스트의 제한된 사용과 슬라이스내의 PU가 하나의 예측 블록을 생성하는 방법 및 과정에 대해 상세히 설명한다.

화면 간 예측에서 하나의 슬라이스는 P-슬라이스(Predictive slice), B-슬라이스(Bi-predictive slice)로 구분할 수 있다. P-슬라이스의 화면 간 예측에서, 하나의 PU는 한 개의 참조 픽쳐 리스트에서 참조 픽쳐를 선택하는 단방향 예측(Uni-directional prediction)만을 수행하고, B-슬라이스의 PU는 두 개의 참조 픽쳐 리스트를 사용하는 양방향 예측(Bi-directional prediction)과 하나의 참조 픽쳐 리스트를 사용

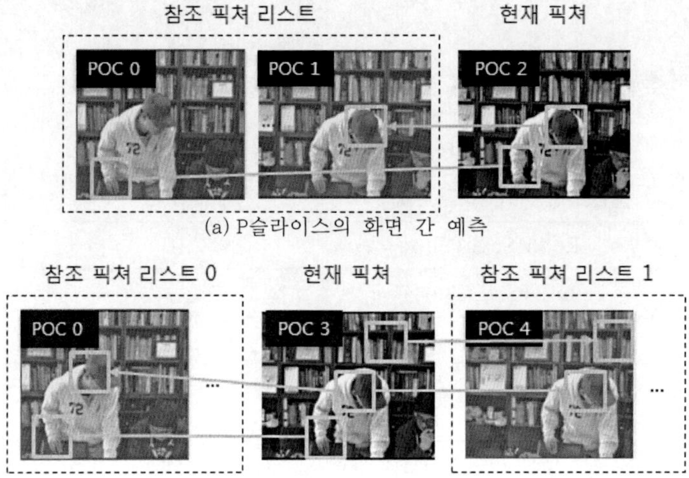

(a) P슬라이스의 화면 간 예측

(b) B슬라이스의 화면 간 예측

**그림 6-9 슬라이스 타입에 따른 화면 간 예측의 예

하는 단방향 예측을 선택적으로 사용할 수 있다. 그림 6-9은 슬라이스 타입에 따라 참조 픽쳐를 사용하는 예를 보여준다. 그림 6-9(a)는 현재 픽쳐(POC 2)가 P-픽쳐 인 경우의 예로, PU가 하나의 참조 픽쳐 리스트를 사용하여 독립적으로 참조 블록을 선택하는 단방향 예측을 수행한다. 그림 6-9(b)는 현재 픽쳐(POC 3)가 B-픽쳐인 경우의 예로 해당 슬라이스 내의 PU는 양방향 예측과 단방향 예측을 선택적으로 사용한다. 일반적으로 양방향 예측은 항상 두 개의 참조 블록을 사용한다는 것으로 오해하기 쉽지만, 실제로 하나의 참조 픽쳐 리스트에서 하나의 참조 블록을 예측 블록으로 사용할 수 있다. 또한, P-슬라이스와 B-슬라이스에 존재하는 PU는 화면 간 예측뿐만 아니라, 화면 내 예측을 수행할 수도 있다.

화면 간 예측을 예측 방법에 따라 분류하면 단방향 예측, 양방향 예측, 가중 단방향 예측, 가중 양방향 예측으로 분류할 수 있다. 앞서 설명한 것과 같이 단방향 예측은 하나의 참조 픽쳐 리스트를 사용하는 경우, 양방향 예측은 최대 두 개의 참조 픽쳐 리스트를 사용하는 것을 말한다. 가중 예측(Weighted prediction)은 참조 블록에 가중치와 오프셋을 적용하여 하나의 예측 블록을 생성하는 기술이다. 가중 예측은 빠른 움직임을 갖는 물체에서 부드러운 움직임을 얻을 수 있으며, Fade-in/out이 존재하는 블록에서 높은 부호화 성능을 얻을 수 있다. 그림 6-10은 B-슬라이스의 가중 예측의 예로, 현재 픽쳐(POC 3)의 하나의 PU가 참조 픽쳐 리스트 0에서 선택한 참조 블록과 참조 픽쳐 리스트 1에서 선택한 참조 블록에 가중합을 수행함으로써 하나의 예측 블록을 생성하는 과정을 보여준다. 가중치는 인코더에서 최적의 부호화 성능을 달성하는 가중치를 결정하여 디코더로 전송한다. 가중 예측은 양방향 가중 예측 뿐만 아니라 단방향 예측에서도 가중 예측을 수행할 수 있다. 식 (6-1)은 단방향 가중 예측, 식 (6-2)는 양방향 가중 예측에서 사용되는 수식이다.

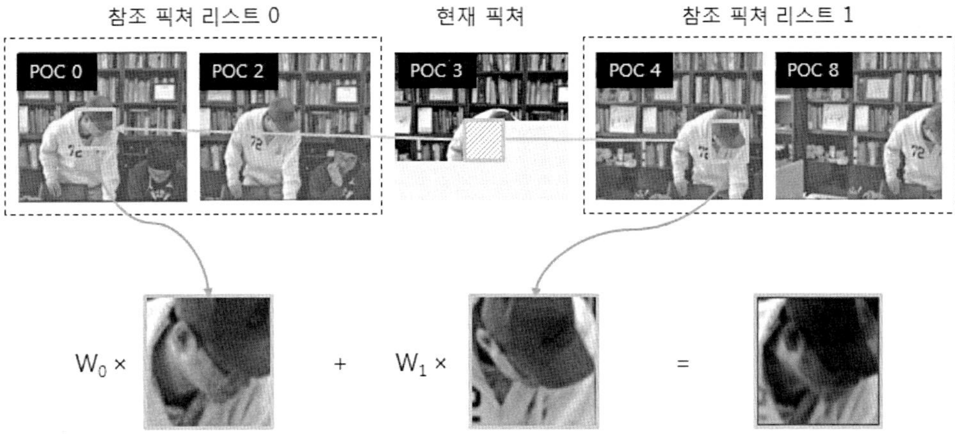

**그림 6-10 양방향 가중 예측의 예

$$P_{uni} = (w_0 \times P_0 + (w_{shift} \gg 1)) \gg w_{shift} + O_0 \tag{6-1}$$

$$P_{bi} = (w_0 \times P_0 + w_1 \times P_1 + ((O_0 + O_1 + 1) \ll w_{shift})) \gg (w_{shift} + 1) \tag{6-2}$$

P_0, w_0, O_0는 각각 참조 픽쳐 리스트 0에 위치하는 참조 블록, 가중치 값, 오프셋 값을 의미하며, P_1, w_1, O_1는 참조 픽쳐 리스트 1에서 사용되는 참조 블록, 가중치 값, 오프셋 값을 의미한다. 가중 예측은 PPS를 통해 사용 여부가 결정되고 가중 예측을 사용할 경우, 슬라이스 헤더를 통해 현재 픽쳐의 가중치 값, 오프셋 값의 파라미터가 전송된다. 가중 예측이 사용되지 않는 경우, 양방향 예측은 두개의 참조 블록의 평균값으로 하나의 예측블록을 생성한다.

인코더에서 양방향 예측을 결정하는 과정은 그림 6-11과 같다. 참조 픽쳐 리스트 1에서 현재 블록과 상관도가 높은 예측 블록 P1을 선택하고, 잔여 신호 (2×O-P1)과 상관도가 가장 높은 예측 블록 P0를 참조 픽쳐 리스트 0에서 찾는다. 다음으로, 선택된 예측 블록 P0을 고정시킨 뒤 잔여 신호 2×O-P0와 가장 상관도가 높은 예측 블록 P'1을 참조 픽쳐 리스트 1에서 찾는다. 이와 같은 과정을 반복하여 오차가 가장 적은 두 개의 예측 블록 P''0, P''1을 찾는다. 현재 블록의 예측 블록과 예측 모드를 선정하는 탐색 과정은 인코더에서 수행하는 알고리즘으로 단방향 예측, 양방향 예측, 가중 예측을 모두 수행한

**그림 6-11 양방향 예측을 위한 블록 선택 과정

뒤, 상관도가 가장 높은 하나의 예측 모드를 선택한다. 디코더에서는 인코더로부터 전송 된 양방향 예측 수행 여부, 참조 픽쳐 인덱스, 블록 위치 정보를 사용하여 인코더와 동일한 예측 블록을 생성한다.

6.3 영상 보간

하나의 영상은 연속 신호인 자연 영상을 양자화된 이산 신호의 형태로 디지털화 한 신호이다. 이로 인해 연속 신호가 제한된 화소로 표현됨에 따라 발생하는 엘리어싱(Aliasing), 객체의 빠른 움직임 등에서 기인하는 참조 블록의 예측 성능 저하가 관측된다. 뿐만 아니라 참조 픽쳐는 이전 시간에 부호화/복호화 시 블록 단위로 양자화와 역양자화를 거친 변환된 신호이다. 인루프 필터를 적용하기는 하지만 여전히 블록간의 경계에서 발생하는 블로킹 아티팩트(Blocking artifact), 링잉 아티팩트(Ringing artifact) 등이 여전히 관찰된다. 이러한 디지털 신호의 불연속, 밝기 값의 양자화로 인한 예측 성능 저하 문제를 해결하기 위해 화면 간 예측에서는 저 대역 필터(Lowpass filter)를 적용함으로써 픽셀과 픽셀 사이의 신호를 부화소 단위로 보간(Interpolation)한다 [4]. 여기서 부화소란 보간 필터를 적용하여 생성 된 실제 존재하지 않는 가상의 화소를, 정수 화소란 복원 픽쳐에 존재하는 실제 화소들을 일컫는다. 보간 방법에는 선형 보간법(Linear interpolation), 양선형 보간법(Bi-linear interpolation), 위너 필터(Wiener filter) 등 다양한 방법이 존재한다 [5]. HEVC에서는 복잡도와 부호화 성능을 고려하여, 휘도 성분에 대해 8탭 필터를, 색차 성분에 대해서 4탭 필터를 사용한다. 이번 절에서는 HEVC에서 필터를 적용하는 방법과 사용한 필터 정보를 디코더로 전송하는 방법, 필터 계수를 유도하는 과정에 대해 알아본다.

6.3.1 보간 필터의 적용

보간 필터는 복원 픽쳐에 적용되어 예측의 정밀도를 향상시킴으로써 압축 성능 향상을 위해 사용한다. 정수 화소에 보간 필터를 적용하여 보간 화소 블록을 만들고 보간 화소 블록을 예측 블록으로써 사용한다. HEVC는 휘도 성분의 경우, 네 종류 일차원 8탭 필터를 가로 축 방향, 세로 축 방향으로 각각 적용하여 최대 16개의 예측 후보 블록을 생성한다. 색차 성분의 경우, 8종류의 일차원 4탭 필터를 가로 축, 세로 축 방향으로 적용함으로써 최대 64개의 예측 후보 블록을 생성한다. 휘도 성분과 색차 성분의 보간 필터 적용 방법은 탭 수의 차이를 제외하고 동일하기 때문에, 본 절에서는 휘도 성분을 기준으로 설명한다. 또한, 가로축 보간 필터와 세로축 보간 필터는 적용 순서에 상관없이 동일한 결과 값을 얻으므로 해당 절에서는 가로축 보간 필터의 적용 후 세로축 보간 필터가 적용되는 것을 가정하고 설명 한다.

표 6-5 휘도성분의 보간 필터 계수

부화소 위치	필터 계수
0.00	0, 0, 0, 64, 0, 0, 0, 0
0.25	-1, 4, -10, 58, 17, -5, 1, 0
0.50	-1, 4, -11, 40, 40, -11, 4, -1
0.75	0, 1, -5, 17, 58, -10, 4, -1

그림 6-12는 보간 과정에서 생성하는 정수 화소와 부화소를 보여준다. 빗금이 들어간 위치의 화소는 휘도 성분의 정수 화소이며, 나머지 위치는 보간 필터에 의해 생성 되어질 부화소를 의미한다. 이 후

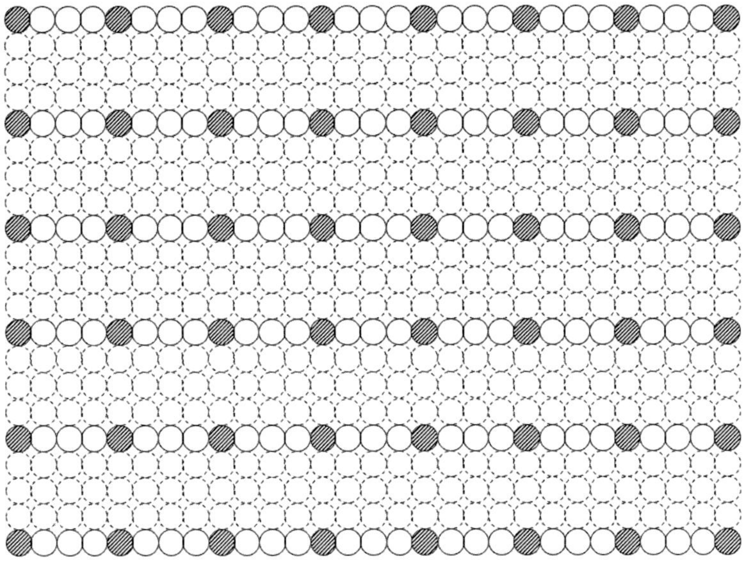

**그림 6-12 보간법에서 정수 화소와 부화소

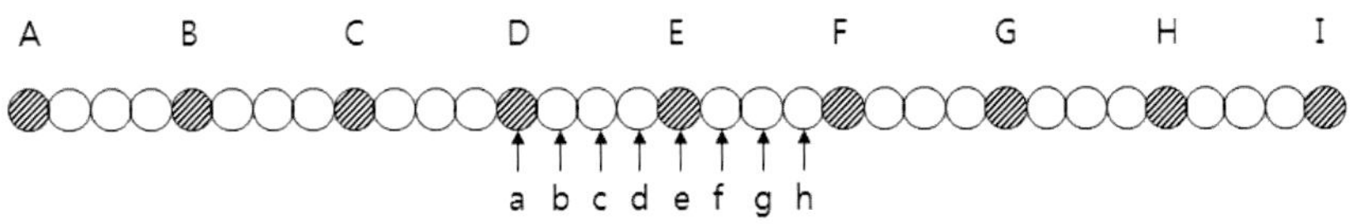

**그림 6-13 부화소의 생성 위치

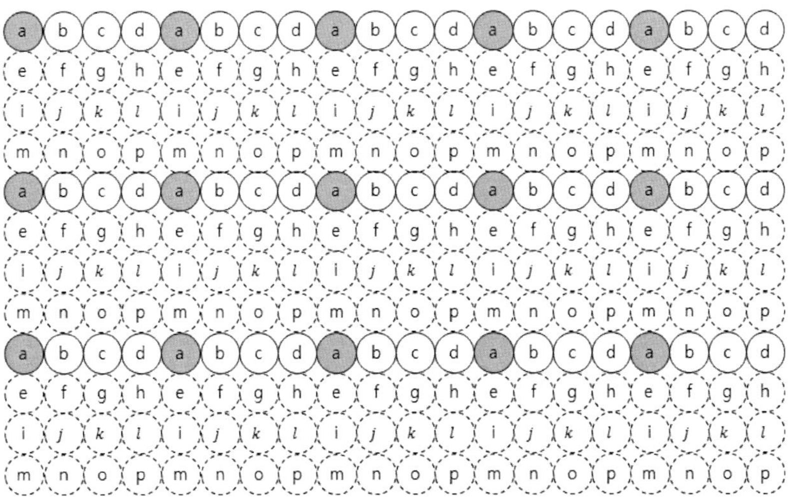

**그림 6-14 부화소의 분류

과정에서 설명하겠지만 4종류의 가로 축 보간 필터를 반복적으로 적용하면 그림 6-12에서 실선으로 이루어진 위치의 화소 값을 생성할 수 있으며, 가로 축 보간 필터가 적용 된 화소에는 세로 축 보간 필터를 적용함으로써 점선으로 이루어진 위치의 부화소 값을 얻을 수 있다. 이와 같이 보간 된 영상은 정수 화소로 구성된 영상 대비 가로 4배, 세로 4배로 큰 크기의 영상으로 생성된다.

휘도 성분의 보간에서 사용되는 네 종류의 필터 계수는 표 6-5와 같다. 표에서 부화소 위치는 정수 화소와 인접한 정수 화소의 거리를 1로 가정하였을 경우 부화소가 생성되는 위치를 의미한다. 그림 6-13은 휘도 성분에서 가로축 보간 필터가 적용되어 생성되는 부화소를 보여준다. 대문자 A-I는 정수 화소를, 나머지는 보간 될 부화소를 의미한다. A-H까지의 여덟 개의 정수 화소에 보간 필터가 적용되어 소문자 a-d 까지의 부화소가 생성된다. 표 6-5에서 적용위치가 0인 보간 필터를 적용한 결과 a 부화소가 생성되고, 0.25위치의 보간 필터를 적용한 결과 b, 0.5 위치의 보간 필터를 적용한 결과 부화소 c, 0.75 위치의 보간 필터를 적용한 결과 부화소 d가 생성된다. 적용 위치 0에 해당하는 보간 필터를 정수 화소에 A-H의 정수 화소에 적용하면 정수 화소 D 값이 그대로 출력되는 것을 확인 할 수 있다. 즉, 적용 위치 0은 정수 화소의 사용을 의미한다. 보간 화소 e-h를 생성하기 위해서는 B-I의 여덟 개 정수 화소가 사용되어야 한다. 다시 말해, 생성하려는 부화소를 기준으로 좌측 네 개 (정수 화소 기준 세 개)의 정수화소와 우측 네 개의 정수 화소가 추가적으로 필요하다. 이와 같이 순차적으로 가로축 보간 필터를 적용하여 그림 6-12의 실선 위치에 해당하는 모든 부화소를 생성할 수 있다. 세로축 보간 필터가 적용되는 방법은 가로축 보간 필터의 적용과정과 동일하며 생성하려는 부화소를 기준으로 위쪽으로 네 개의 정수화소, 아래쪽으로 네 개의 정수화소가 필요하다.

보간 필터가 적용된 영상은 앞서 설명한 것과 같이 원본 영상 대비 가로축으로 4배, 세로축으로 4배 확대된 영상이다. 따라서 원본 영상과 동일한 크기의 보간 영상을 생성하기 위해, 정수 화소를 기준으로 상대적으로 같은 위치에 존재하는 픽셀들을 추출하여 총 16개의 동일한 크기의 영상으로 구성한다. 그림 6-14는 정수 화소를 기준으로 상대적으로 같은 위치에 존재하는 부화소를 분류한 결과를 보여준다. a로 표기된 위치의 화소는 정수 화소로써 해당 화소를 모아 하나의 정수 화소 영상을 구성한다. 동일한 방법으로 b~p 에 대응되는 부화소를 모아 각각의 영상을 구성한다. 여기에서 확대된 영상으로부터 부화소를 추출한다고 보기 보다는 정수화소에 각각 다른 16개의 보간 필터를 적용하여 추가적인 참조 후보 영상을 얻는다고 봐야한다. 즉, 동일한 필터가 적용된 위치의 화소를 모아 하나의 영상으로 재구성하는 과정이다.

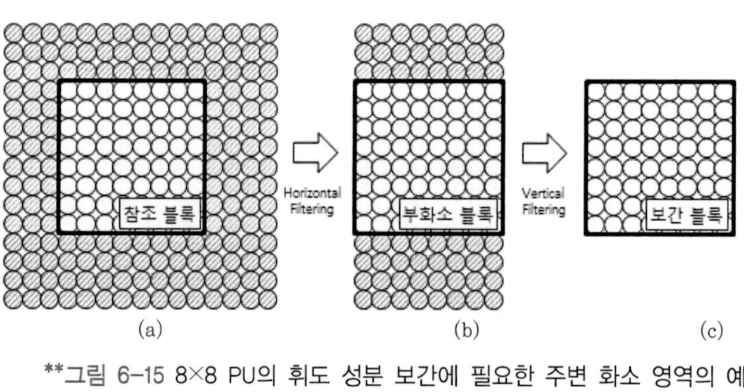

**그림 6-15 8×8 PU의 휘도 성분 보간에 필요한 주변 화소 영역의 예

디코더는 인코더로부터 전송된 부화소 정보와 참조 블록 정보를 사용하여 현재 참조 블록에 해당하는 보간 블록을 생성한다. 그림 6-15는 가로축 필터와 세로축 필터가 모두 사용되는 경우, 8×8 PU에서

필요한 정수 화소를 보여준다. 빗금친 영역은 보간 필터의 적용을 위해 참조 블록 이외에 추가적으로 필요한 "주변 화소"를 의미한다. 그림 6-15 (a)에서 참조 블록으로부터 왼쪽과 위쪽으로 세 개(부화소 기준 네 개), 오른쪽과 아래쪽으로 네 개의 추가적인 주변 정수 화소가 필요한 것을 확인할 수 있다. 좌측과 우측의 주변 화소는 가로축 필터를 적용하기 위해 사용되며, 위쪽과 아래쪽 주변 화소는 가로 축 보간 필터가 적용된 부화소 블록에 세로축 보간 필터를 적용하기 위해 사용된다. 그림 6-14의 b, c, d 위치에 대응되는 부화소는 가로 축 필터만 적용되어 생성되기 때문에, 위쪽과 아래쪽의 추가적인 주변 정수 화소가 사용되지 않는다. 동일하게 e, i, m 위치에 대응되는 부화소는 세로 축 필터만 적용되기 때문에 왼쪽과 오른쪽에 위치한 주변 정수 화소는 사용되지 않는다.

6.3.2 보간 필터의 정밀도

보간 필터 계수는 표 6-5와 같이 고속 연산을 위해 64배 업-스케일 되어있기 때문에, 보간 필터가 적용되면 원본 영상의 비트 깊이(Bit Depth)로 부터 6비트가 증가한다. 따라서 영상의 보간 과정이 끝나면 보간 영상은 원본 영상과 동일한 비트 깊이로 다운-스케일 해야 한다. 보간 필터는 생성하려는 보간 위치에 따라 그림 6-16과 같이 3종류로 구분할 수 있으며, 해당 예는 입력 영상의 비트 깊이가 8비트인 경우의 예이다. 그림 6-16(a)는 가로 축 필터와, 세로 축 필터가 모두 적용되는 경우로 보간 필터를 적용 한 후 비트 깊이가 6비트 씩 증가하며, 세로 축 필터가 적용 된 후 20비트에서 다운-스케일을 한 것을 확인 할 수 있다. 양방향 예측의 반올림 에러를 줄이기 위해 출력 비트 깊이를 14비트로 유지하며, 단 방향 예측과 양방향 예측을 최종적으로 수행한 후 출력 비트 깊이를 원본 값과 동일하게 유지한다. 그림 6-16(b)와 (c)는 가로축 필터 혹은 세로축 필터가 적용되는 예로써, 그림 6-16(a)와 같은 이유로 다운-스케일 없이 출력 비트를 14비트로 유지한다. 즉, 보간 필터의 출력은 양방향 예측을 고려하여 원본 비트 깊이 대비 6비트 스케일-업된 영상이 출력된다.

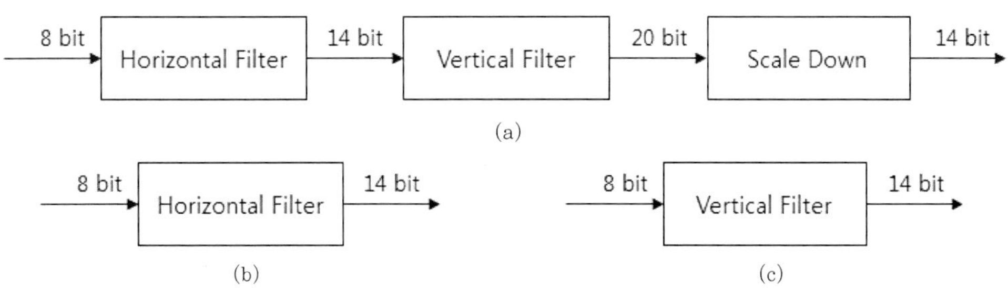

**그림 6-16 보간 필터에 따른 비트 정밀도의 예

HEVC의 레퍼런스 소프트웨어는 가로 축 보간 필터 적용 후 세로 축 보간 필터 적용 시, 동적 범위

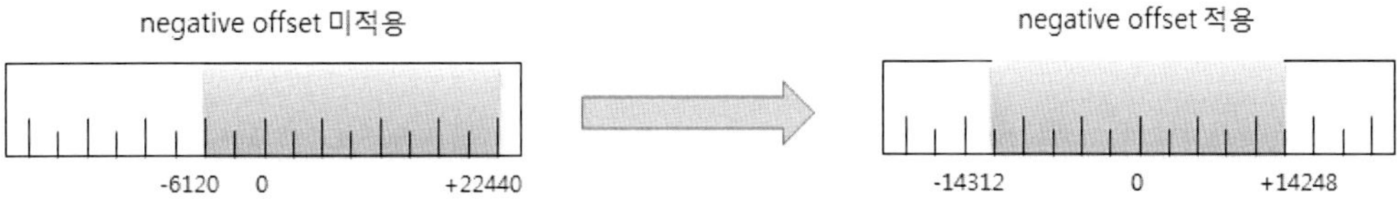

**그림 6-17 Negative offset 효과

(Dynamic range)를 고려하여 음수 상쇄 값(Negative offset)을 사용한다. 예를 들어, 1/4 부화소의 보간 값을 생성하기 위해 정수 위치의 화소에 가로 축 필터를 적용하면 양수 쪽으로 치우친 값이 생성이 된다. 양수 쪽으로 치우친 값은 수직 방향 필터 연산에서 생성되는 중간 값의 범위를 크게 만든다. 레퍼런스 소프트웨어의 음수 상쇄 값 -2^{13}은 중간 값 범위를 줄이는 효과가 있으며 보간 필터 적용 후 $+2^{19}$의 양수 상쇄 값으로 음수 화소 값을 보상한다. 그림 6-17은 음수 상쇄 값을 통해 보정 되는 값의 범위를 나타낸다.

음수 상쇄 값은 구현에 관련된 사항으로 어플리케이션의 사용 환경에 따라 음수 상쇄 값의 사용 유무를 판단해야 한다. 음수 상쇄 값은 동적 범위에만 영향을 미치고 음수 상쇄 값을 사용하지 않는 경우와 동일한 부화소를 얻는다. 가로 축 보간 필터 적용 후 세로 축 보간 필터 적용 시 부화소는 음수 상쇄 값을 이용하여 식 (6-3)로 계산된다.

$$h^p_{i,j} = (\sum_{k=0}^{N-1} A_{i-3+k,j} \times c_p(k)) - 2^{13} \tag{6-3}$$

$$O^p_{i,j} = ((\sum_{k=0}^{N-1} h^{p_{i,j-3+k}} \times c_p(k)) + 2^{19} + 2^{11}) \gg 12$$

i, j 는 정수 화소의 위치, $A_{i,j}$는 정수 화소의 화소 값, $c_p(k)$ 표 6-5의 보간 필터 계수, p는 위상, k는 필터 계수 인덱스, $O^p_{i,j}$ 는 보간 된 부화소를 의미한다. $h^p_{i,j}$는 가로 축 보간 필터가 적용된 값으로 8비트 입력 영상의 경우 14비트 깊이를 갖는다.

6.3.3 DCT-기반의 보간 필터

HEVC의 보간 필터는 복잡도와 부호화 성능을 모두 고려하여 DCT(DCT : Discrete Cosine Transform) 기반의 8탭 보간 필터를 사용한다. DCT 기반의 보간 필터 계수는 식 (6-4)의 DCT와 IDCT (Inverse Discrete Cosine Transform)로부터 유도된다.

$$F(u) = \sum_{l=0}^{N-1} p(l)\cos(\frac{(2l+1)u\pi}{2N}) \tag{6-4}$$

$$p(x) = \sum_{u=0}^{N-1} c(u)F(u)\cos(\frac{(2x+1)u\pi}{2N})$$

N은 보간 시 사용되는 화소의 개수를 의미하며, $p(l)$은 화소 데이터, $c(u)$는 정규화 값(Normalization)으로 u가 0일 경우 1/N, 나머지의 경우 2/N 이다. 식 (6-4)는 IDCT를 DCT 수식을 대입하여 식 (6-5)와 같이 정리할 수 있다.

$$p(x) = \sum_{u=0}^{N-1} c(u)\left(\sum_{l=0}^{N-1} p(l)\cos(\frac{(2l+1)u\pi}{2N})\right)\cos(\frac{(2x+1)u\pi}{2N}) \tag{6-5}$$

$$= \sum_{l=0}^{N-1} p(l) \sum_{u=0}^{N-1} c(u)\cos(\frac{(2l+1)u\pi}{2N})\cos(\frac{(2x+1)u\pi}{2N})$$

식 (6-5)는 화소 p(l)과 DCT에서 유도된 계수의 곱으로 볼 수 있으며, 이를 분리하여 정리함으로써 DCT 기반의 보간 필터 계수 생성 식 (6-6)을 유도할 수 있다.

$$c_x(l) = \sum_{u=0}^{N-1} c(u) \cos\left(\frac{(2l+1)u\pi}{2N}\right) \cos\left(\frac{(2x+1)u\pi}{2N}\right) \tag{6-6}$$

x는 위상(Phase)을 나타내고, l은 보간 필터 계수 인덱스이다. HEVC에서 사용하는 1/4, 1/2, 3/4 부화소 보간 필터는 위상을 지연시켜 대칭형태 만들고 정수 계수로 스케일링하여 사용한다. 실수 연산을 줄이기 위해 정수 계수로 업-스케일된 보간 필터 계수를 생성하였기 때문에, 보간 필터가 적용되면 원본 픽셀 값에 64배 업-스케일된 부화소 값이 생성된다. 인코더와 디코더에서는 업-스케일된 부화소 값에 6비트 시프트(Shift) 연산을 적용하여 나누기 연산 또한 제거한다. 표 6-5는 식 (6-6)에 의해 생성된 위상에 따른 보간 필터 계수를 보여준다. DCT 기반의 보간 필터는 샘플의 개수에 상관없이 필터 계수를 생성할 수 있는 유연한 특성을 갖고 있다. HEVC에서 사용하는 휘도 성분을 위한 보간 필터는 필터의 적용 시 발생하는 복잡도와 압축 성능을 고려하여 8 탭의 1 차원 분리 가능형 필터(1-D separable filter)를 사용한다. 이러한 8 탭의 1차원 분리 가능형 필터는 2 차원 필터를 사용하는 것과 비교하여, 복잡도 대비 압축 성능의 저하가 적기 때문에 표준에 채택되었다 [6]. 색차 성분은 4 탭 필터로써, 필터 계수는 휘도 성분과 동일한 방식으로 식 (6-6)에 의해 유도될 수 있다.

6.4 움직임 추정

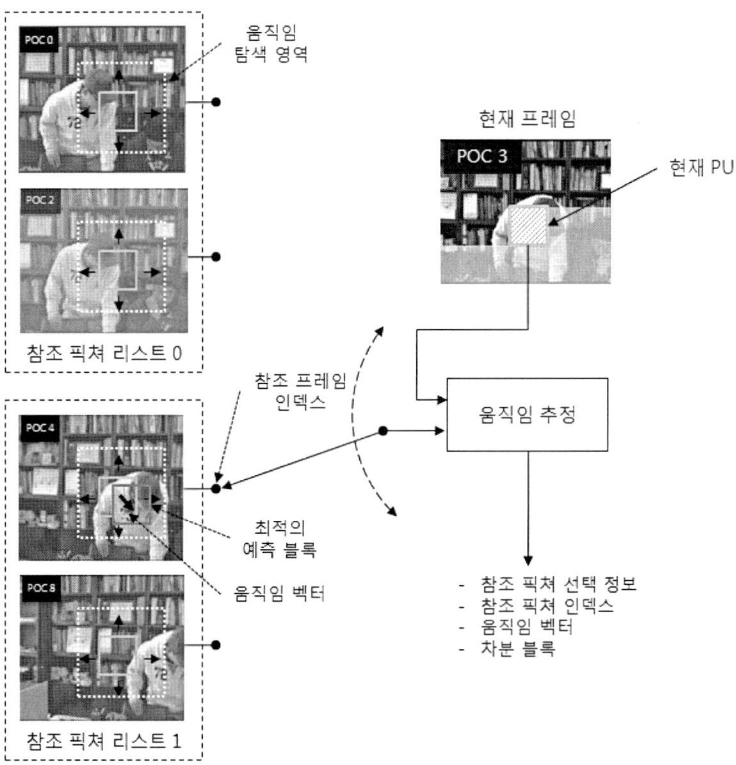

**그림 6-18 움직임 추정 과정

움직임 추정(ME : Motion Estimation)은 인코더에서 수행되는 과정으로 보간 된 참조 픽쳐에서 현재 PU와 상관도가 높은 예측 블록을 탐색하는 과정이다 [7]. 움직임 추정의 수행 결과, PU 단위로 참조 픽쳐 리스트의 정보, 참조 픽쳐 인덱스, 움직임 벡터와 차분 신호(Residual)를 변환 양자화 한 계수가 디코더로 전송된다. 디코더에서는 인코더로부터 전송된 주변 정보를 이용하여 인코더와 동일한 예측 블록을 생성하고 양자화된 잔차 신호를 사용하여 복원 블록을 생성하는 움직임 보상(MC : Motion Compensation) 과정을 수행한다. 그림 6-18은 보간 된 참조 픽쳐에서 움직임 탐색의 수행 결과 참조 픽쳐 리스트 1에서 참조 블록이 선택된 예를 보여준다. 참조 픽쳐 리스트에 존재하는 모든 참조 픽쳐에 보간 필터를 적용하고, 현재 블록과 참조 블록의 차분 값을 DCT, 엔트로피 과정을 수행함으로써 두 블록간에 정확한 상관도를 측정함으로써 최적의 예측 블록을 선택할 수 있다. 하지만 인코더는 부호화 성능뿐만 아니라 실시간 부호화 성능 또한 중요한 척도로 판단되기 때문에 인코더의 복잡도를 고려하여 고속화 알고리즘이 적용될 필요가 있다. 이번 절에서는 복잡도 문제를 고려하여 현재 블록과 참조 블록의 상관도를 측정하는 방법, 움직임 탐색 영역을 제한하는 방법에 대해 설명한다.

현재 PU와 참조 블록의 상관도를 비교하는 과정에서 정수 화소와 부화소의 특성을 고려하여 DCT와 엔트로피 코딩을 수행하지 않고 간략화 된 상관도 측정 방법을 사용한다. 식 (6-7)은 정수 화소의 상관도 측정에서 사용하는 SAD (Sum of Absolute Difference)를 나타낸다.

$$SAD(i,j,k,l) = \sum |B_{cur}(i,j) - B_{ref}(k,l)| \tag{6-7}$$

B_{cur}는 현재 블록, B_{ref}는 참조 픽쳐 내에 존재하는 움직임 추정 후보 블록, i, j는 현재 PU의 위치 k, l은 움직임 추정 대상의 PU 위치를 나타낸다. 정수 화소의 움직임 추정은 현재 블록과 참조 블록의 차분 값의 절대 값을 최소화하는 참조 블록을 선택함으로써 하나의 예측 블록을 선택한다. 반면, 보간 된 참조 픽쳐의 부화소는 실제 존재하지 않는 값이기 때문에 정수 화소 보다 정교한 고려를 위해 식 (6-8)의 SATD (Sum of Transform Difference)를 사용하여 현재 PU와 참조 블록들을 비교한다.

$$SATD(i,j,k,l) = \sum |T(B_{cur}(i,j) - B_{ref}(k,l))| \tag{6-8}$$

T(·)는 하다마드 변환(Hadamard transform)을 의미한다. 덧셈과 뺄셈으로 구성된 하다마드 변환을 사용함으로써 DCT 및 엔트로피 코딩을 수행한 것과 유사한 부호화 성능을 얻고 연산 복잡도를 크게 감소시킬 수 있다. 인코더는 정수 화소 단위에서 획득한 참조 블록과 부화소에서 선택된 참조 블록을 비교하여 최적의 율-왜곡 비용(RD cost : Rate-Distortion cost)을 갖는 블록의 참조 픽쳐, 참조 블록, 보간 필터를 결정한다 [8].

참조 픽쳐 내에서 움직임 탐색은 연산 복잡도를 줄이기 위해 모든 블록을 탐색하지 않는다. 현재 PU의 움직임 정보가 주변 블록의 움직임 정보와 유사할 확률이 높을 것이라 가정하고, 주변 블록의 움직임 정보(움직임 벡터, 참조 픽쳐 인덱스)를 사용하여 초기 탐색 시작 위치로 사용한다. 그림 6-19는 움직임 예측을 위한 움직임 벡터의 시작 위치를 결정하는 알고리즘을 보여준다. 주변 블록의 움직임 정보가 다수 존재할 경우에는 최소의 율-왜곡 비용을 가지는 인접 블록의 움직임 벡터를 움직임 탐색의 시작 위치로 결정한다. 주변 블록에 움직임 벡터가 존재하지 않는 경우는 제로(Zero) 움직임 벡터를 탐색의 시작 위치로 결정한다. 제로 움직임 벡터를 사용하는 것은 참조 픽쳐 내에서 현재 부호화하려는 PU와 동일한 위치를 움직임 탐색의 시작 위치로 사용한다는 의미이다.

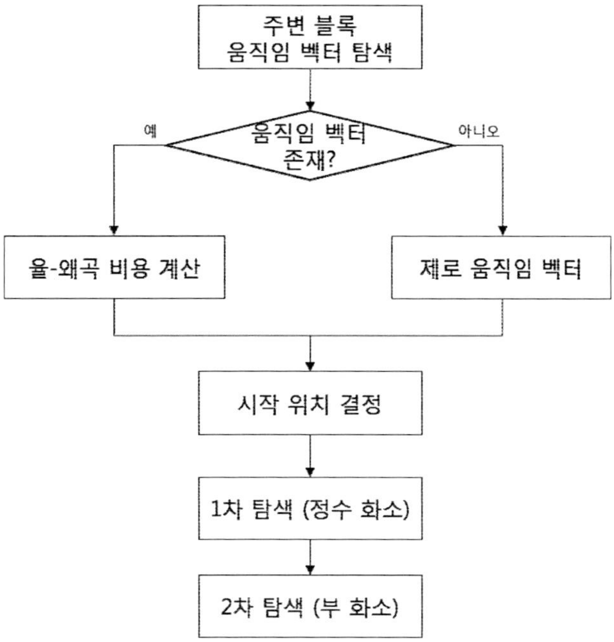

**그림 6-19 움직임 예측 시작 위치 결정 방법

움직임 추정의 시작 위치가 결정 되면, 정수 화소 단위의 움직임 탐색, 부화소 단위의 움직임 탐색 과정을 수행한다. 그림 6-20은 HEVC 인코더에서 사용하고 있는 정수 화소에 대한 세 가지 블록 탐색 알고리즘(Block search algorithm)을 보여준다. 표시된 위치는 참조 블록의 첫 픽셀 좌표를 의미한다. 정수 화소 단위에서 기본적으로 마름모형 탐색이 수행되지만 보다 넓은 범위에서 움직임 추정을 위해서 마름모형 탐색 대신 방형 탐색을 수행할 수 있다. 만일, 현재 부호화하려는 PU의 위치와 시작 위치 간의 거리 차이가 큰 경우에는 순차 탐색을 수행함으로써, 마름모형 탐색과 방형 탐색에 비해 더 넓은 범위에서 움직임 추정을 수행한다. 마름모 탐색, 방형 탐색, 순차 탐색에서는 참조 블록과 현재 PU의 상관도를 측정하기 위해 식 (6-7) SAD를 사용하여 최적의 참조 블록을 선택한다.

정수 단위의 블록 탐색 시작 위치가 결정되면 1/2 부화소 영상에서 주변 블록에 대한 움직임 탐색을 수행하며, 선택된 1/2 부화소 위치를 기준으로 다시 1/4 부화소 영상에서 움직임 예측을 수행한다. 그림 6-21은 부화소 단위의 움직임 추정에 대한 예시를 보여준다. 선택 된 정수화소와 동일한 위치의 1/2

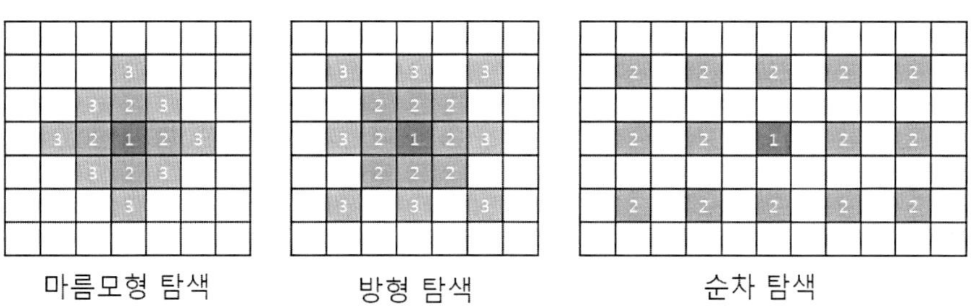

**그림 6-20 움직임 탐색 패턴

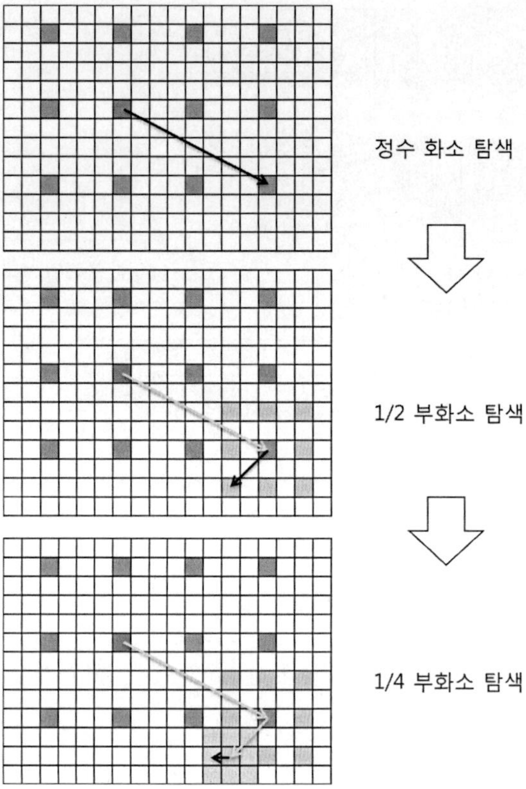

**그림 6-21 1/2, 1/4 부화소 단위의 움직임 추정 예

부화소 영상에서 주변 블록과 현재 블록의 상관도를 식 (6-8) SATD를 사용하여 측정함으로써 최적의 참조 블록을 선택한다. 1/4 부화소 영상까지 움직임 탐색을 수행하면 정수 화소에서 하나의 참조 블록과 부화소에서 두 개의 참조 블록이 선택된다. 이 중 하나의 예측 블록을 선택하기 위해 정수 화소의 참조 블록에 SATD를 적용한 뒤 동등한 조건에서 참조 블록들을 비교한다. 이와 같이 인코더는 주변 블록과 현재 블록의 유사성을 이용하여 제한된 위치를 탐색하지만, 인코더의 부호화 성능은 전체 탐색을 수행한 것과 유사한 결과를 얻는다 [7].

디코더에서는 인코더로부터 전송 받은 움직임 벡터, 예측 방향, 참조 픽쳐 인덱스, 예측 모드에 대한 움직임 정보를 획득하면 움직임 보상을 수행한다. 전송된 예측 방향, 참조 영상 인덱스로부터 참조 픽쳐 리스트 내의 참조 픽쳐를 선택하고 움직임 벡터를 사용하여 선택한 참조 블록에 보간 필터를 적용한다. 정수 화소와 부화소를 구분하기 위해 인코더에서는 4 배로 업-스케일(Up-scale) 된 움직임 벡터를 디코더로 전송한다. 예를 들어 움직임 벡터가 4의 배수일 경우 정수 화소를 의미하고 2의 배수인 경우 1/2 부화소를 그 외의 경우 1/4 부화소를 의미한다. 따라서 움직임 벡터를 이용하여 현재 블록에 대한 보간 필터를 인코더와 동일하게 선택할 수 있다. 해당 과정을 거쳐 생성된 하나의 예측 블록은 엔트로피 복호화, 역 양자화, 엔트로피 복호화를 수행하여 획득한 잔차 신호를 반영하여 최종 복원 블록으로 변환된다.

6.5 움직임 정보 표현 방법

화면 간 예측에서는 움직임 추정의 결과 참조 픽쳐 리스트 0와 참조 픽쳐 리스트 1을 구분하는 방향 정보, 참조 리스트 내의 참조 픽쳐를 구분하는 인덱스, 움직임 벡터를 디코더로 전송해야 한다. HEVC의 화면 간 예측 모드에는 PU 단위로 전송되는 움직임 정보의 양을 줄이기 위해 주변 블록과 현재 블록 간의 움직임 정보의 상관도를 이용하는 Merge 모드, AMVP (Advanced Motion Vector Prediction)를 사용한다. 두 가지 방법은 움직임 정보를 유도하기 위한 주변 블록들의 리스트를 구성하고, 리스트 내의 주변 블록 선택 정보를 디코더로 전송함으로써 움직임 관련 데이터의 양을 효과적으로 줄인다. 이를 위해 인코더와 디코더는 동일한 과정으로 주변 블록 후보 리스트를 구해야 한다. 본 절에서는 공간적으로 인접한 주변 PU의 움직임 정보와 시간적으로 이전에 부호화된 움직임 정보를 사용하여 움직임 관련 데이터를 줄이는 방법에 대해 알아보도록 한다.

6.5.1 Merge 모드

Merge 모드는 주변 블록으로부터 참조 방향, 참조 픽쳐 인덱스, 움직임 벡터 예측 값(MVP : Motion Predictor)을 유도하는 기술이다. 움직임 벡터 값은 Merge에서 유도된 움직임 벡터 예측 값과 전송된 움직임 벡터 차분 값(MVD : Motion Vector Difference)을 이용해 계산된다. 이는 다수의 움직임 정보를 디코더로 전송하지 않기 때문에, 인접한 블록과 상관도가 높은 블록에서 큰 부호화 효율을 얻을 수 있다. 인코더는 움직임 예측을 수행한 주변 블록들을 탐색하여 Merge 후보를 구성하고, 움직임 탐색 결과 선택 된 Merge 블록 정보를 Merge 인덱스 (Merge index)로써 디코더에 시그널링한다. HEVC의 인코더와 디코더에서 merge 모드의 후보를 구성하는 방법은 아래와 같다.

① 공간적 Merge 후보 탐색
② 시간적 Merge 후보 탐색
③ 혼합 리스트 (Combined bi-predictive merge)
④ 제로 움직임 벡터

최대 후보 수는 슬라이스 헤더에서 전송될 수 있으며, 기본적으로 다섯 개의 Merge 후보를 사용한다.

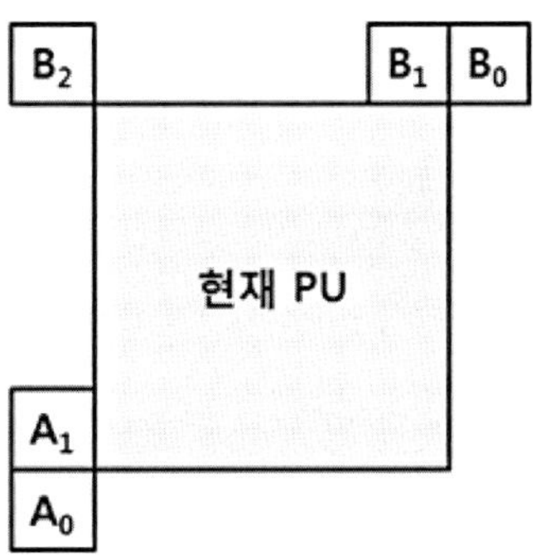

**그림 6-22 2Nx2N PU에 대한 공간적 후보

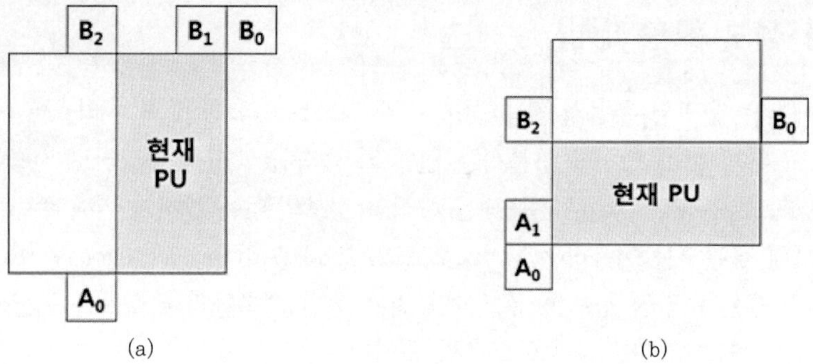

**그림 6-23 2NxN과 Nx2N에 대한 공간적 후보

공간적 후보는 최대 네 개, 시간적 후보는 한 개를 사용 할 수 있으며, 후보의 최대 개수가 채워지면 이후 과정을 진행하지 않는다. 본 절에서는 최대 Merge 후보의 수가 다섯 개라고 가정하고 설명한다.

현재 블록과 인접한 블록들의 움직임은 유사할 것이라는 가정으로 PU의 분할 모양에 따라 인접한 주변 블록들을 Merge 후보에 추가한다. 그림 6-22는 2Nx2N PU의 공간적인 Merge 후보 구성 과정에 사용되는 주변 블록의 위치를 보여준다. 2Nx2N PU는 주변에 위치한 다섯 개의 블록을 공간적인 merge 후보로 사용하며, A1, B1, B0, A0, B2를 순차적으로 탐색하여 최대 네 개까지 사용한다. 인접하는 블록이 프레임 경계이거나 화면 내 예측 모드로 부호화되어 움직임 정보가 존재하지 않는 경우에 사용될 수 없다.

2NxN, Nx2N, 2NxnU, 2NxnD, nLx2N, nRx2N PU의 경우에는 고속 복호화 알고리즘이 적용되어 그림 6-23과 같이 네 개의 주변 블록만을 사용한다. 이는 하나의 CU에 대해 병렬적으로 Merge 블록의 복호화를 수행하기 위해 적용된 알고리즘으로 인접하는 PU는 서로 참조하지 않도록 한다. 그림 6-23(a)는 2NxN, nLx2N, nRx2N PU에 해당 되며 좌측 PU와의 의존성을 제거하여 B_1, B_0, A_0, B_2순서로 후보를 구성한다. 그림 6-23(b)는 Nx2N, 2NxnU, 2NxnD PU에 해당하며 A1, B0, A0, B2 순서로 공간적 merge 후보를 구성한다. 해당 알고리즘의 사용으로 디코더는 하나의 CU에 존재하는 모든 PU에 대해 병렬적인 복호화를 보장한다.

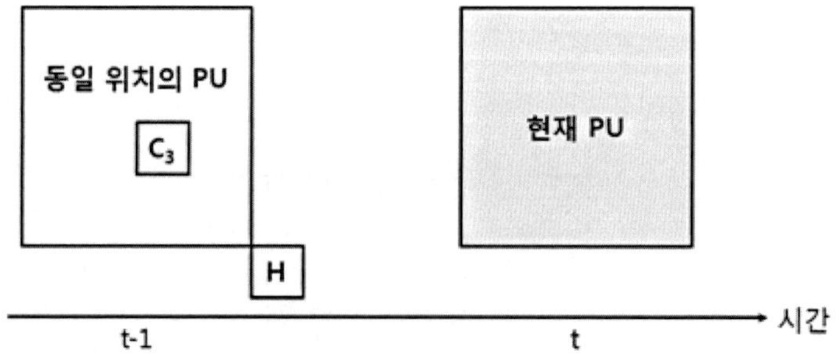

**그림 6-24 시간적 후보 위치

공간적 Merge 후보 구성이 완료되면 시간적 Merge 후보 구성과정이 진행 된다. SPS를 통해 시간적 후보의 사용 여부를 결정하고 슬라이스 헤더를 통해 시간적 후보의 사용을 별도로 결정할 수 있다. 시간적 후보의 사용이 허용된다면, 시간적 Merge 후보를 위한 참조 픽쳐의 방향과 참조 픽쳐 인덱스가

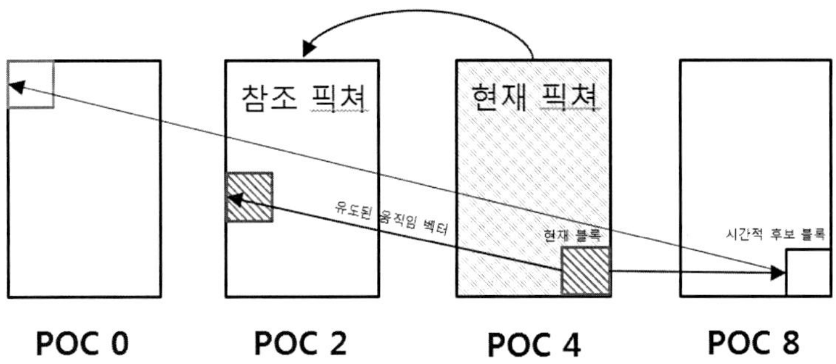

**그림 6-25 시간적 후보의 움직임 벡터 스케일링

슬라이스 헤더를 통해 디코더로 전송된다. 그림 6-24는 현재 PU의 시간적 Merge 후보의 선택 위치를 나타낸다. 동일 위치의 PU는 선택된 참조 픽쳐에서 현재 PU에 대응되는 위치에 존재하는 PU를 의미한다. 시간적 Merge 후보는 예측 성능의 이유로 참조 PU의 우측 하단 (H) 블록을 우선적으로 고려하고, 우측 하단 PU의 움직임 정보가 존재하지 않는다면 참조 PU의 중앙에 위치(C_3)하는 블록을 후보로 고려한다. 시간적 Merge 후보 블록은 CTB의 외곽에 위치하는 경우 사용하지 않으며, 영상의 경계, 화면 내 예측인 경우 움직임 정보가 존재하지 않을 수 있다. 현재 픽쳐가 사용하는 참조 픽쳐와 시간적 Merge 후보의 참조 픽쳐가 다른 경우, 움직임 벡터를 거리에 따라 스케일하여 사용한다. 식 (6-9)는 HEVC에서 사용하는 시간적 Merge 후보를 위한 움직임 벡터 스케일링 방법을 간략화하여 소개한다.

$$MV_{scale} = (((tb \times \frac{16384 + (td \gg 1)}{td} + 32) \gg 6) \times MV + 127) \gg 8 \qquad (6\text{-}9)$$

*td*는 시간적 Merge 후보와 시간적 Merge 후보의 참조 픽쳐간의 시간적 거리를 의미하고, tb는 현재 픽쳐와 현재 픽쳐의 참조 픽쳐의 시간적 거리를 나타낸다. 나눗셈 연산을 사용하지 않기 위하여 2^{14} 오프셋 값을 사용하여 고정 소수점 방식으로 계산한다. HEVC의 표준에는 시간적 거리(*td, tb*)와 스케일된 값 (MV_{scale})의 크기에 따른 하한 및 상한이 정의되어 있으므로 정확한 시간적 움직임 벡터의 수식은 표준문서를 참고하도록 한다 [3]. 그림 6-25는 시간적 Merge 후보를 위한 움직임 벡터 스케일링이 수행되는 한 가지 예를 보여준다. 현재 픽쳐(POC 4)의 시간적 Merge 후보가 참조하는 픽쳐(POC 0)와 현재 픽쳐의 참조 픽쳐(POC 2)가 동일하지 않기 때문에 움직임 벡터를 스케일링한다. Merge 후보가 위치한 픽쳐(POC 8)와 참조 픽쳐(POC 0)의 시간적 거리의 차이는 POC를 비교하여 *td* 값이 8로 계산되고 *tb* 값은 현재 픽쳐(POC 4)와 참조 픽쳐(POC 2)의 POC 차 2로 계산된다.

공간적 및 시간적 Merge 후보를 구성한 이후, Merge 후보가 슬라이스 헤더로 전송된 최대 후보의 수 미만인 경우에 현재까지 추가 된 후보들의 조합으로 양방향 예측을 위한 Merge 후보를 생성한다. 후보 구성을 위한 조합은 표 6-6과 같다. 구성 순서에 따라서 순차적으로 진행되며, 두 개의 후보 인덱스를 사용하여 Merge 후보 리스트에서 총 두 개의 주변 블록을 선택한다. 후보 인덱스(L0)를 선택 한 블록에서는 참조 픽쳐 리스트 0를 사용하는 움직임 벡터와 참조 픽쳐 인덱스를 추출하고, 후보 인덱스(L1)을 선택한 블록에서는 참조 픽쳐 리스트 1을 사용하는 움직임 벡터와 참조 픽쳐 인덱스를 추출한다. 추출된 두 개의 움직임 벡터를 조합하여 새로운 양방향 움직임 예측 후보를 생성한다. 각각의 참조 리스트에 해당하는 움직임 벡터가 모두 존재해야 하며, 기존에 존재하는 Merge 후보들과 중복되지 않는 경우에만 새롭게 Merge 후보로 추가된다. 총 열두 개의 조합이 가능하고 최대 다섯 개의 Merge 후보가 넘지 않을 때까지 조합을 시도한다. 혼합 리스트를 사용하여 구성하였으나, 여전히 다섯 개의 Merge 후보가 구성되지 않는 경우, 참조 픽처 인덱스를 변화시키며 제로 움직임 벡터를 후보 리스트에 추가한다.

Merge skip 모드는 Merge 모드의 특별한 경우로 양자화를 수행한 이후, 엔트로피 부호화를 위한 변환 계수가 모두 0에 가까운 경우로 잔차 신호의 전송 없이 주변 블록 선택 정보만을 전송한다. 이는 움직임이 적은 영상, 정지영상, 스크린 콘텐츠 영상에서 상대적으로 높은 부호화 효율을 얻을 수 있다.

6.5.2 AMVP 모드

AMVP는 주변 블록으로부터 움직임 벡터 예측 값만을 유도하기 위한 기술로써 차분 움직임 벡터, 참조 픽처 구분정보, 참조 픽처 인덱스가 디코더로 전송된다. H.264/AVC에서는 움직임 벡터를 표현하기 위한 데이터를 줄이기 위해 주변 두 개의 블록의 움직임 벡터 중간(Median) 값을 예측 벡터(MVP : Motion Vector Predictor)로 사용하고 움직임 벡터 차분 값을 디코더로 전송하였다. 이와 달리 HEVC는 다수의 주변 블록 중에서 하나의 움직임 벡터를 MVP로 사용하고 사용한 주변 블록의 위치 정보(AMVP flag)와 MVD를 디코더로 전송한다. 디코더로 주변 블록의 선택 정보를 추가적으로 전송하지만 움직임 벡터의 정밀도를 향상시킴으로써 예측 성능을 향상시킨다. AMVP 모드에서는 공간적 후보와 시간적인 후보를 최대 두 개까지 사용가능하며, 후보 리스트를 구성하는 과정은 아래와 같다.

① 공간적 AMVP 후보 탐색
② 시간적 AMVP 후보 탐색
③ 제로(Zero) 움직임 벡터

공간적 후보를 탐색하는 위치는 그림 6-22의 Merge를 위한 공간적 후보와 동일하지만 후보 구성 순서는 A0, A1, Scaled A0, Scaled A1 중 한 개의 후보와 B0, B1, B2, Scaled B0, Scaled B1, Scaled B2 중 한 개를 선택하여 총 두 개의 후보를 사용한다. Scaled 움직임 벡터는 공간적인 움직임 벡터의 참조 영상이 현재 탐색하는 PU의 참조 영상과 다를 경우, 해당 움직임 벡터를 보정하는 기술이다. Merge의 시간적 후보의 움직임 벡터 스케일 과정과 유사 하지만, AMVP의 공간적 후보 탐색에서는 인접한 블록의 움직임 벡터를 스케일 한다. 그림 6-26은 공간적인 AMVP 후보의 움직임 벡터 스케일을 보여준다. 슬라이스 헤더를 통해 전송된 현재 픽쳐의 참조 픽쳐(POC 2)와 공간적 AMVP 후보의 참조 픽쳐(POC 1)가 다르기 때문에 POC 거리를 기반으로 움직임 벡터를 스케일하여 사용한다. 스케일 하는 개념은 식 (6-8)의 Merge의 시간적 움직임 벡터와 동일하다.

표 6-6 Combined bi-predictive merge 후보의 구성 순서

구성 순서	0	1	2	3	4	5	6	7	8	9	10	11
후보 인덱스 (L0)	0	1	0	2	1	2	0	3	1	3	2	3
후보 인덱스 (L1)	1	0	2	0	2	1	3	0	3	1	3	2

❙표 6-7❙예측 모드에 따른 정보량

	움직임 벡터 차분값	예측 방향	참조 픽쳐 인덱스
Merge	전송 안함	전송 안함	전송 안함
AMVP	전송	전송	전송

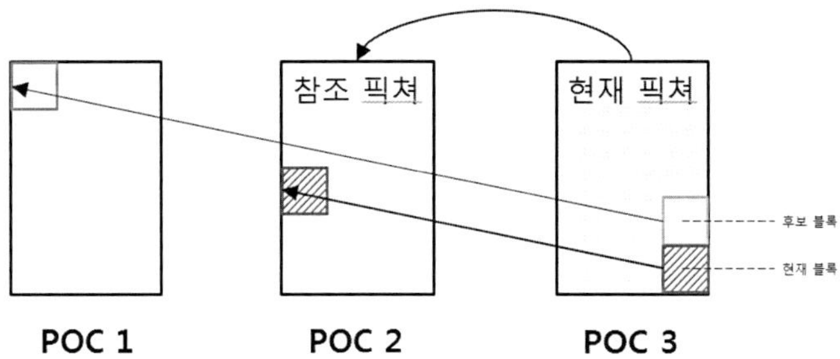

**그림 6-26 공간적 AMVP 후보 움직임 벡터 스케일

AMVP의 공간적 후보 탐색 결과 선택된 블록의 수가 두 개라면 후보 구성을 종료한다. 하지만, AMVP 후보의 개수가 두 개 미만이라면, 시간적 움직임 벡터를 추가하는 과정을 수행한다. 시간적 움직임 벡터의 추가 과정은 6.5.1 Merge 모드와 동일한 과정을 수행한다. AMVP모드에서 주변 블록의 모든 시간적 움직임 벡터가 사용이 불가능한 경우, MVP를 제로 움직임 벡터로 사용하고 움직임 벡터를 MVD로써 전송한다.

정리하면, Merge와 AMVP는 예측 방향, 참조 픽쳐 인덱스, 움직임 벡터와 관련한 움직임 정보의 데이터를 줄이기 위한 기술이다. Merge는 주변 혹은 시간적으로 대응되는 블록의 움직임 벡터, 예측 방향, 참조 픽쳐 인덱스를 유도하여 사용하고, AMVP는 오직 움직임 벡터를 표현하는 데이터를 줄이는데 그 목적이 있다. Merge는 주변 블록과 높은 상관도가 있을 경우 높은 부호화 성능이 관측되고, AMVP는 Merge로 부호화 효율을 얻지 못하는 경우에 추가적인 정보를 전송함으로써 부호화 효율을 높인다. 표 6-7은 Merge, AMVP에 따라 전송해야 하는 움직임 정보 및 변환 계수를 보여준다.

6.6 화면 간 예측을 위한 복호화 과정

HEVC는 화면 내 예측과 화면 간 예측을 구분하는 모드 관련 정보는 CU 단위, 예측 모드 관련 정보는 PU 단위, 변환, 양자화, 잔차 신호 관련 정보는 TU (Transform unit)로 전송한다. CU 단위의 복호화에서는 각 CU의 merge skip 모드 사용 여부, 화면 간 예측 여부, PU 종류, 양자화된 계수의 존재 여부 등에 대한 구문 정보를 복호화한다. PU에서는 슬라이스 타입에 따라 하나의 리스트를 참조하는 단방향 예측, 두 개의 리스트를 참조할 수 있는 양방향 예측을 구분하기 위한 예측 방향정보, Merge 모드 여부, Merge index, AMVP 플래그, 슬라이스에서 선택된 참조 리스트 내에서 한 장의 참조 픽쳐를 선택하기 위한 참조 픽쳐 인덱스, 블록의 위치정보를 표현하기 위한 움직임 벡터, MVD가 전송된다. TU 단위의 복호화에서는 TU 블록의 분할정보, 계수 존재 여부, 델타 QP, 변환 Skip 여부, 계수 값 등의 구문정보를 복호화한다. 본 절에서는 화면 간 예측 모드를 위한 복호화기의 구문 복호화 과정을 소개한다.

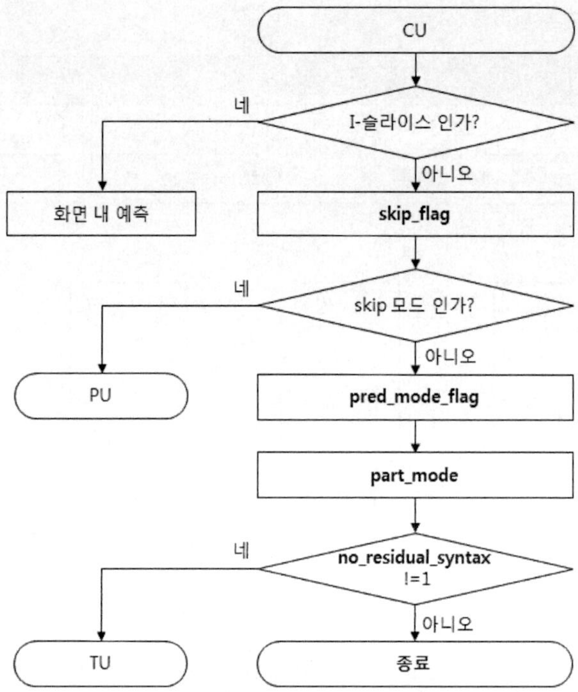

**그림 6-27 화면 간 예측을 위한 CU 복호화 과정

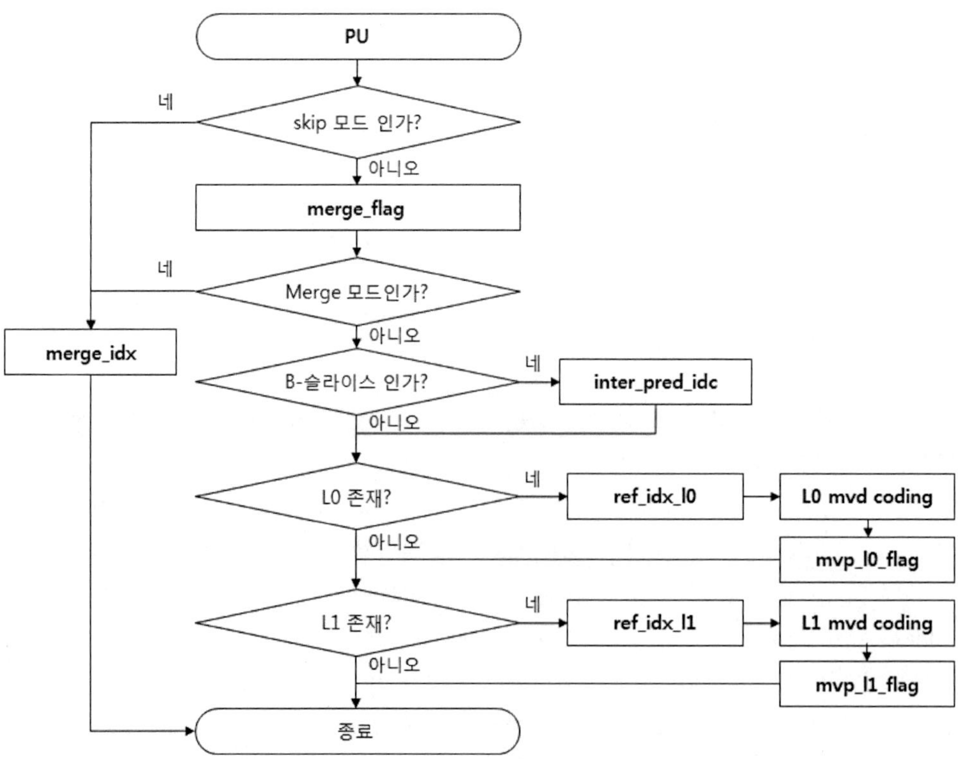

**그림 6-28 화면 간 예측을 위한 PU 복호화 과정

그림 6-27은 화면 간 예측을 위한 CU 복호화 과정을 보여준다. 각 CU에 대해서 인트라 슬라이스가 아닌 경우, skip_flag를 복호화 한다. skip_flag는 현재 CU가 Merge skip 모드인지를 알려주는 플래그 정보로 CU가 Merge skip 모드이면, CU 단위에서는 추가적인 복호화 과정 없이 PU 단위의 복호화 과정으로 넘어간다. Skip 모드가 아닌 경우, 화면 간 예측 여부, PU 종류, 양자화된 계수의 존재 여부를 추가적으로 복호화 해야 한다. 먼저, pred_mode_flag는 현재 CU가 화면 간 예측 모드인지 화면 내 예측 모드인지를 알려주는 플래그이고, part_mode는 현재 CU에 대한 PU 종류를 알려준다. 마지막으로 no_residual_syntax 구문은 현재 CU에 대한 양자화 계수의 존재 여부를 알려준다. 즉, no_residual_syntax 값이 0인 경우에만 TU 복호화 과정이 수행된다.

그림 6-28은 화면 간 예측을 위한 PU 복호화 과정을 보여준다. 가장 먼저 현재 PU가 Skip모드가 아닌 경우, merge_flag를 복호화 한다. merge_flag는 현재 PU가 Merge 모드 여부를 알려주는 플래그이다. 현재 PU가 Skip 모드이거나 Merge 모드인 경우, merge_idx를 복호화하여 Skip 모드 또는 Merge 모드를 위한 Merge 인덱스를 얻는다. Skip 모드 또는 Merge 모드가 아닌 경우에는 추가적으로 움직임 정보를 복호화해야 한다. 특별히, 현재 프레임이 B-슬라이스인 경우, 단방향 예측인지 양방향 예측인지를 알려주는 inter_pred_idc를 복호화해야 한다. inter_pred_idc 값에 따라, 참조 픽쳐 리스트 0와 참조 픽쳐 리스트 1 중 어디에서 움직임 정보를 가져와야하는지 결정된다. 만약, 참조 픽쳐 리스트 0의 움직임 정보를 사용하는 경우, 참조 픽쳐의 인덱스, 움직임 벡터의 차분 값과 AMVP 인덱스를 복호화 한다. 참조 픽쳐 리스트 1의 움직임 정보를 사용하는 경우에는 참조 픽쳐 리스트 0과 동일하게 복호화를 수행한다.

참고문헌

[1] I. Kim, K. McCann, K. Sugimoto, B. Bross, and W. Han, "High efficiency video coding (HEVC) test model 9 encoder description," document JCTVC-K1002, Shanghai, CN, Oct. 2012.

[2] R. Sjöberg and J. Samuelsson, "Absolute signaling of reference pictures," document JCTVC-F493, Torino, IT, Jul. 2011.

[3] B. Bross, W. Han, J. Ohm, G. Sullivan, and T. Wiegand, "High efficiency video coding (HEVC) text specification draft 10 (for FDIS & Last Call," document JCTVC-L1003_v34, Geneva, CH, Jan. 2013.

[4] Iain E. G. Richardson, "The MPEG-4 and H.264 Standards," in *H.264 and MPEG-4 video compression,* Chichester, UK, Wiley, 2003, pp. 85-98.

[5] N. Wiener, "Extrapolation, Interpolation, and Smoothing of Stationary Time Series," New York, Wiley, 1950.

[6] T. Davies, K. R. Andersson, R. Sjöberg, T. Wiegand, D. Marpe, K. Ugur, J. Ridge, M. Karczewicz, P. Chen, G. Martin-Cocher, K. McCann, W. Han, G. Bjontegaard, and A. Fuldseth, "Suggestion for a Test Model," document JCTVC-A033, Dresden, DE, Apr. 2010.

[7] Iain E. G. Richardson, "Motion estimation and compensation," in *Video codec design,* Aberdeen, UK, Wiley, 2002, pp. 93-124.

[8] 안용조, 황태진, 유성은, 한우진, 심동규, "HEVC 부호화기 소프트웨어의 통계적 특성 및 복잡도 분석," 방송공학회논문지, vol. 17, no. 6, pp. 1091-1105, Nov. 2012.

주파수 변환

07

신호 처리에서 변환부호화(Transform coding)란 입력 신호를 다른 영역의 신호로 변환(Transform)하여 부호화하는 것을 의미한다. 구체적으로 비디오 압축에서 변환 부호화의 첫 번째 단계는 공간 영역(Spatial domain)의 신호를 주파수 영역(Frequency domain)의 신호로 도메인을 변경하여 표현하는 것으로 시작한다. 공간 영역의 신호를 주파수 영역으로 변환하는 이유는 주파수 영역에서 양자화 및 엔트로피 부호화를 수행하는 것이 공간 영역에서 수행하는 것보다 데이터 압축에 효과적이기 때문이다. 일반적으로 비디오 압축에서는 예측 후의 잔차 신호에 대한 변환을 수행하고, 비트율과 화질을 동시에 최적화 하거나, 비트율을 조정할 목적으로 변환 계수를 양자화한다. 변환 부호화에서는 사용한 변환 블록의 크기와 변환 후 그 계수를 효과적으로 나타내어, 디코더에 전송하는 방식으로 수행된다.

변환 부호화는 소스 부호화 관점에서 화면 내 예측 및 화면 간 예측 기술과 함께 비디오 코덱의 대표적인 압축 기술 중 하나이다 [1]. 이 장에서는 주파수 변환의 기본 개념과 HEVC의 주파수 변환방법 및 변환 정보의 표현 방법에 대해서 알아본다. 이 장의 구성은 다음과 같다. 7.1절에서는 공간 영역과 주파수 영역의 비디오 압축 방법, 주파수 변환에 대해서 설명하며, 7.2절에서 HEVC의 주파수 변환 및 변환 계수의 유도 과정을 설명한다.

7.1 공간 영역과 주파수 영역

먼저 주파수 변환의 이론적 배경이라 할 수 있는 신호 분석 및 합성에 대해 알아보자. 예를 들어, 시간 영역의 입력 데이터를 주파수 영역으로 변환하면 변환된 데이터는 각각의 주파수에 해당하는 주기적인 주파수 신호가 시간 영역의 데이터에 얼마만큼 존재하는지를 표현한다. 입력 데이터로부터 각각의 주파수 성분에 포함된 양을 구하는 방법은 해당 주파수 성분을 표현하는 기저 벡터와 입력 데이터 간의 내적을 통하여 계산할 수 있다. 임의의 두 벡터에 대한 내적은 식 (7-1)과 같이 정의된다. 내적의 물리적인 의미는 어떤 성분 a안에 b라는 성분이 얼마만큼 내재되어 있는가를 의미한다. 그림 7-1과 식 (7-2)와 같이 2차원 공간에 존재하는 벡터 간의 내적을 통하여, 그 물리적인 의미를 이해할 수 있다. 그림 7-1의 벡터 $\vec{a}$에 대한 식 (7-2)의 내적 결과는 벡터 $\vec{a}$를 각각 x축과 y축으로 투영시킨

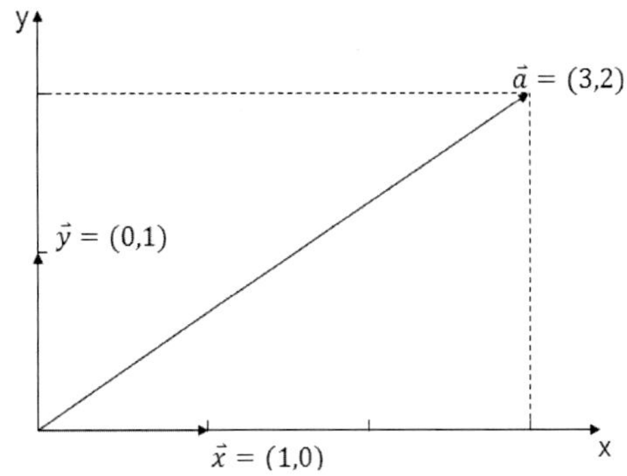

**그림 7-1 2차원 공간상의 벡터 $\vec{a}$와 x, y축의 단위 벡터 $\vec{x}$, $\vec{y}$

$$\vec{a} = \{a_1, a_2, \ldots, a_n\}, \vec{b} = \{b_1, b_2, \ldots, b_n\} \tag{7-1}$$
$$\vec{a} \cdot \vec{b} = a_1b_1 + a_2b_2 + \ldots + a_nb_n = \sum_{i=1}^{n} a_ib_i = |\vec{a}||\vec{b}|\cos\theta$$

$$\vec{a} \cdot \vec{x} = 3 \times 1 + 2 \times 0 = 3 \tag{7-2}$$
$$\vec{a} \cdot \vec{y} = 3 \times 0 + 2 \times 1 = 2$$

것과 같으며, 이는 벡터 $\vec{a}$에 x축 성분이 3, y축 성분이 2만큼 포함되어있음을 의미한다. 다음으로 설명될 정수변환의 이론에서 보일 변환 식은 입력 신호와 변환기저백터와의 내적을 통해서 수행됨을 확인할 수 있다. 즉, 변환은 입력되는 신호 내에 각각의 주파수 성분이 얼마만큼 내재되어 있는가를 구하는 과정이다. 입력 데이터에 대해서 변환을 수행하는 이유는 데이터를 다른 축으로 이동하여 데이터의 표현을 효과적으로 하기 위함이다. 즉, 정보의 손실 없이 데이터를 효율적으로 표현하여, 데이터를 표현하는데 필요한 비트 양을 줄일 수 있다.

그림 7-2와 같이 2차원 공간위에 데이터가 존재한다고 가정할 때, 변환을 통하여 입력 데이터를 표현하는 데이터양을 줄일 수 있다. 이 입력 데이터에 대한 X축 데이터의 제곱 평균 제곱근 값(RMS : Root Mean Square)은 6.72이며, Y축 데이터의 RMS는 6.85이다. 그림 7-3은 그림 7-2의 입력 데이터에 대하여

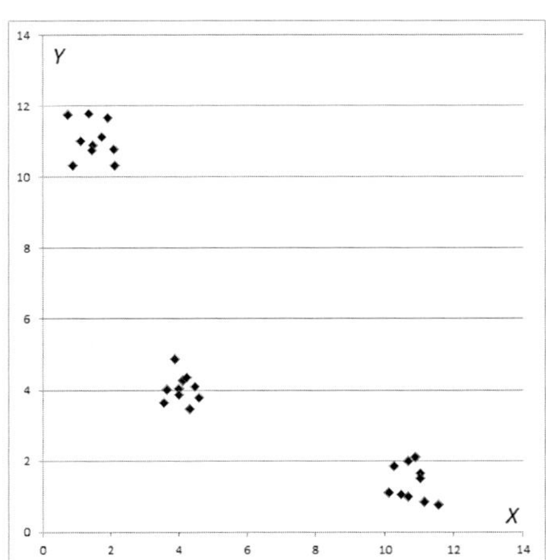

**그림 7-2 2차원 공간상의 입력 데이터

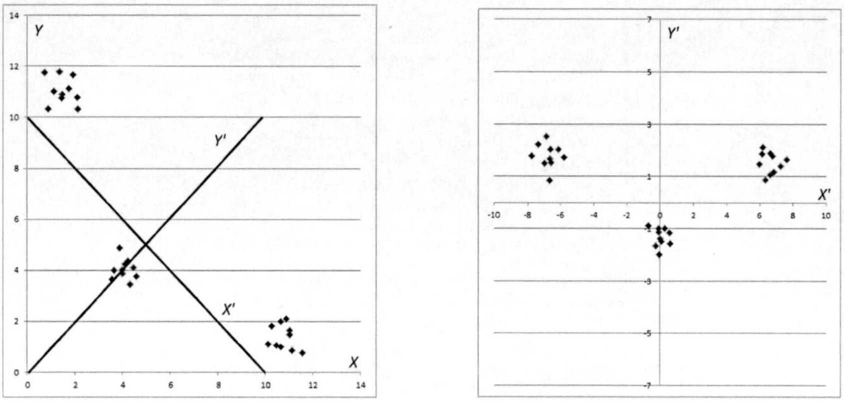

(a) 변환을 위한 새로운 축 (b) 새로운 변환 축에 대한 출력 데이터

**그림 7-3 변환 이후의 새로운 축과 출력 데이터

변환과 변환 이후의 출력 데이터를 보여준다. 그림 7-3(a)와 같이, 좌표축에 대한 데이터의 분산을 줄이는 축 변환을 얻을 수 있다. $y=x$ 직선으로 X'축을 변환하고, $y=-x+10$ 직선으로 Y'축으로 변환하는 경우, X'축에 대한 데이터의 RMS는 5.49이며, Y'축에 대한 데이터의 RMS는 단지 1.61로 된다. 또한, 2D 데이터들을 Y' 정보는 모두 양자화 하여 0으로 하고, X'에 대한 정보만을 전송하여도, RMS 오차는 1.61이 될 것이다. 이렇게, 축의 변환을 통하여, 특정 축으로 모든 데이터의 에너지를 집중시킬 수 있다. 그림 7-4는 그림 7-3보다 더 효과적으로 데이터 표현 정보량을 줄일 수 있는 변환의 예일 수 있다. 만약, X''와 같은 축 변환을 수행하면, 오차를 최소하며 입력 데이터를 표현하는 데이터 정보량을 더 최소화할 수 있을 것이다. 다만, 이러한 변환이 가역변환이면서 직교성(Orthogonality)이 있어야 변환을 다루는데 용이할 것이다. 따라서, 변환을 설계하는데 있어, 이러한 점들이 함께 고려되어야 할 것이다.

7.1.1 비디오 압축을 위한 변환

앞서 영상 데이터에 대한 주파수 변환의 효용성을 살펴보았다. 이 절에서는 비디오 압축에서 변환의 사용에 대해서 알아본다. 그림 7-5는 비디오 부호화 측면에서 변환과 역변환을 보여준다. 앞 절에서는

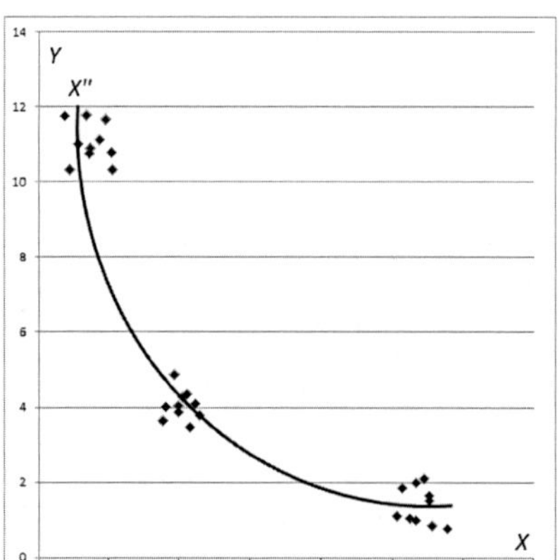

**그림 7-4 이상적인 변환의 예

공간 영역에 변환을 직접 적용한 예를 살펴보았다. 하지만, 대부분의 비디오 압축 기술에서는 주파수 변환을 공간 영역에 변환을 직접 적용하는 대신에 공간적 및 시간적 예측 이후의 차분 신호에 대해 적용한다. 앞서 5장과 6장에서 화면 내 및 화면 간 예측을 설명함으로써, 공간적 및 시간적인 중복성 제거에 대해서 소개하였다. 하지만, 예측 이후의 차분 블록은 여전히 공간적인 중복성이 존재하고 있기 때문에, 차분 블록을 주파수 영역으로 변환하면, 저주파로 큰 계수가 집중될 수 있으며, 고주파에는 작은 계수가 일반적으로 관측된다. 따라서, 주파수 변환은 영상의 압축에 있어, 공간 영역의 신호를 주파수 영역으로 변환하여 저주파 영역으로 에너지를 집중시킴으로써 효율적인 압축이 가능한 형태의 데이터를 생성하는 역할을 한다. 이러한 주파수 변환의 특성은 이후의 양자화 및 엔트로피 부호화 모듈에서 비디오 압축을 위해 매우 효율적으로 사용될 수 있다.

임의의 입력 데이터에 대해서 최적의 변환 방법은 KLT (Karhunen-Loève Transform)으로 알려져 있다. KLT는 입력되는 신호에 대하여 최소의 축에 에너지 집중을 최대화할 수 있는 최적의 변환 기저를 생성한다. 그림 7-6은 변환 방법에 따른 변환 부호화의 블록 다이어그램을 보여준다. 그림 7-6(a)와 같이 KLT를 사용할 경우, 최적의 변환 기저를 구하여 에너지 집중한 후 엔트로피 부호화함으로써 높은 부호화 성능을 얻을 수 있다. 하지만, KLT 변환은 계산된 변환 기저를 부호화하여 복호화기로 전송해야하기 때문에 부호화기에서 많은 계산량이 요구됨과 동시에 기저의 전송에 의해 비트율이 증가하게 된다. 이전의 압축 표준인 MPEG 및 H.264/AVC에서는 그림 7-6(b)와 같이 결정된 기저를 전송하는 KLT 변환 대신 인코더와 디코더에서 동일한 고정 기저를 갖는 DCT 근사 정수변환을 사용하고 있다

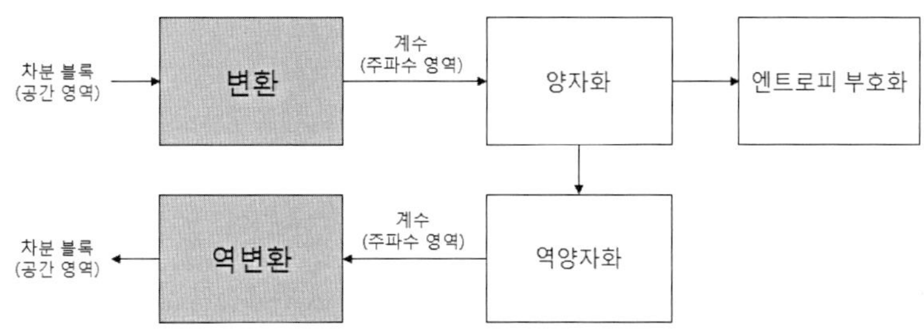

**그림 7-5 부호화기에서의 변환부호화

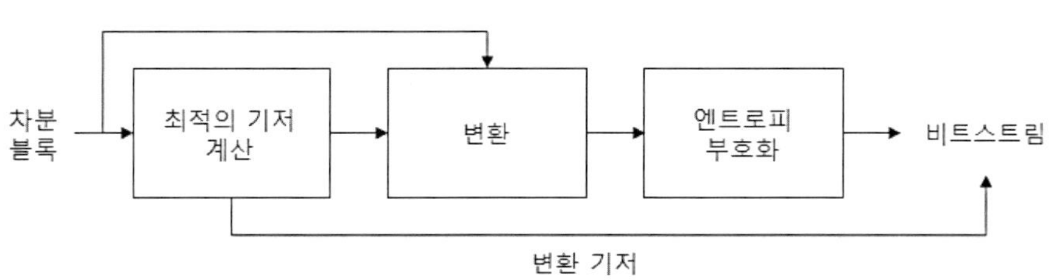

(a) KLT 변환

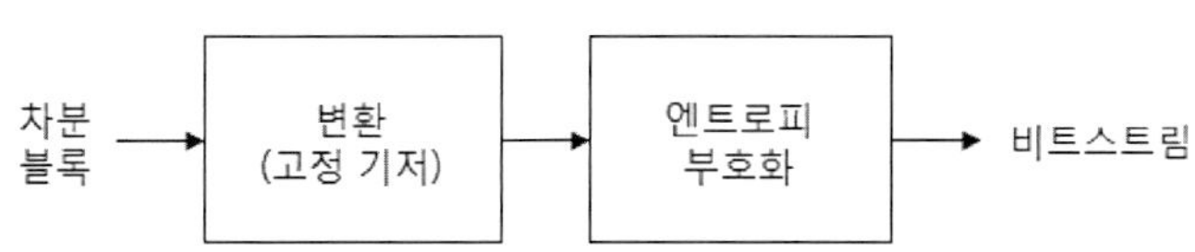

(b) 고정 기저 변환

**그림 7-6 변환 방법에 따른 부호화기의 블록 다이어그램

[2]. 이는 많은 실험 영상에 대해서 예측 이후의 차분 계수를 위한 KLT 변환 기저를 계산해 보았을 때, KLT 변환 기저가 DCT의 기저와 유사한 결과를 보였기 때문이다. 따라서, 고정된 변환 기저를 갖는 DCT를 사용하여도 부호화 성능에 큰 차이가 없으며, 부호화기에서 낮은 복잡도를 가질 수 있다. 또한, 고정된 변환 기저를 사용하기 때문에 복호화기로 기저를 전송하지 않아도 되는 장점이 있다.

7.1.2 DCT (Discrete Cosine Transform)

정지 영상 처리 및 동영상 압축 분야에서도 변환을 통한 효과적인 데이터 표현 방법이 널리 사용되고 있으며, 다양한 변환 중 코사인 기저 (Cosine basis)를 사용한 주파수 변환을 많이 사용하고 있다. 영상 데이터에 대해서 주파수 변환을 수행하면 DC (평균)성분의 계수가 크게 발생하며, 나머지 고주파 성분들 (AC) 계수가 0에 가깝게 발생하는 특성이 나타난다. 이는 작은 블록 단위에서 영상 데이터를 보았을 때에는 픽셀 값의 변화가 크지 않고 자기 상관도 (Auto-correlation)가 높기 때문이다. 즉, 영상에 주파수 변환을 적용하여 에너지 집중 (Energy compaction) 효과를 얻을 수 있다.

주파수 변환에 따른 각 주파수 위치별 계수 값은 주파수 변환을 위한 기저 (Basis)에 입력 영상 데이터를 내적하여 얻을 수 있다. 그림 7-7은 영상에 가장 널리 사용하는 주파수 변환 방법인 1차원 이산 여현 변환(DCT : Discrete Cosine Transform)의 한 주기에 대한 기저 함수를 보여준다. 여기서, 0차 기저 함수는 DC 성분을 추출하기 위한 것이며, 1차~3차 계수는 그림의 1차에서부터 3차까지 기저함수와의 내적을통하여 추출할 수 있을 것이다. 차수가 올라감에 따라 점점 더 높은 고주파 성분을 나타낸다. 변화가 크지 않은 입력 데이터에 대해서는 대부분 DC 성분에 에너지가 집중된다. 그림 7-8은 2차원 공간 영역의 영상 데이터에 대하여 주파수 변환 수행에 의한 에너지 집중 현상의 한 예를 보여준다. 그림 7-8과 같이 4×4

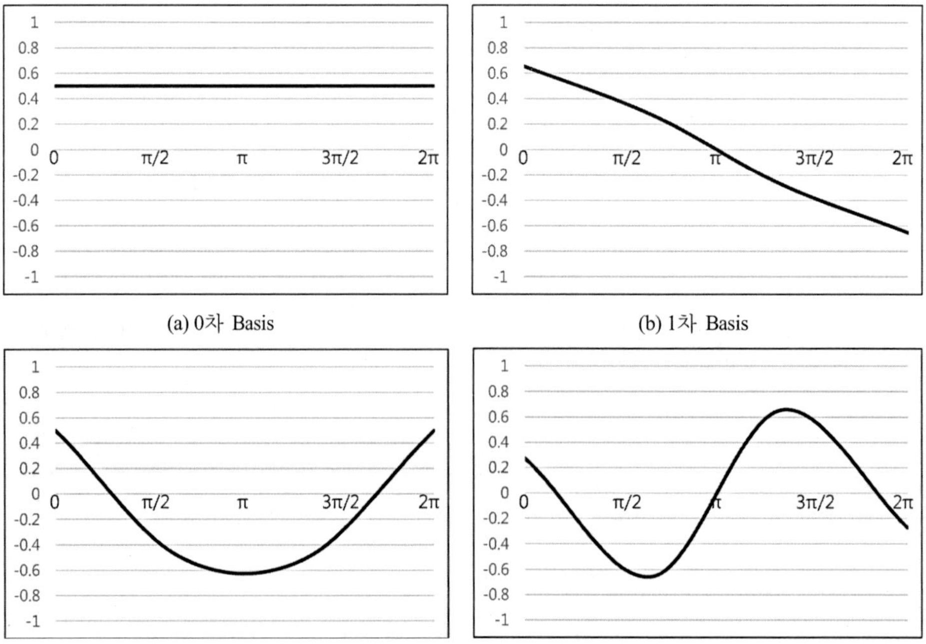

(a) 0차 Basis (b) 1차 Basis

(c) 2차 Basis (d) 3차 Basis

**그림 7-7 DCT의 주파수별 기저

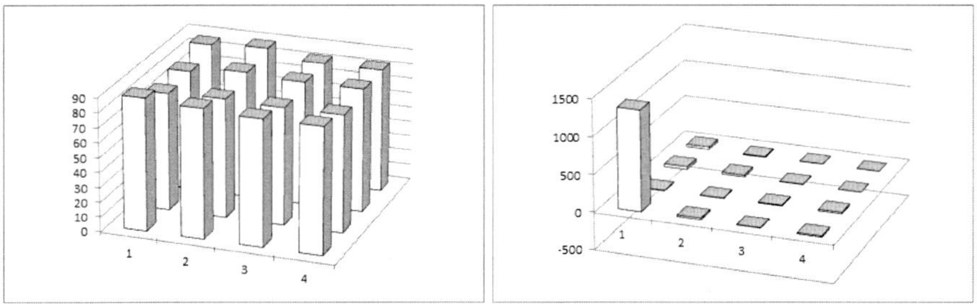

(a) 공간 영역의 영상 데이터　　(b) 주파수 변환 이후의 주파수 영역의 데이터

**그림 7-8 변환의 의한 에너지 집중 현상의 예

크기의 영상 데이터에 대해서 2-D DCT를 수행한 결과, DC 부분에서 비교적 큰 값이 발생함을 알 수 있다. 즉, 영상 데이터에 주파수 변환을 적용함으로써 입력된 데이터를 압축에 효과적인 형태로 표현할 수 있다. 특히, 양자화를 통하여 인간 시각 특성 관점에서 잘 관측이 되지 않는 주파수 영역의 신호를 효과적으로 제거할 수 있다. 또한, 변환 이후 계수들의 위치에 따른 계수 값들의 크기 분포를 이용하여 확률 기반의 엔트로피 부호화를 이용하면 정보량을 효과적으로 줄일 수 있다.

주파수 변환에서 유의해야 할 성질 중 하나는 변환에 의해 공간 영역의 신호가 주파수 영역으로 바뀌지만, 정보와 에너지의 압축은 발생하지 않는다는 것이다. 주파수 변환에 의해 입력 데이터와 변환 후 데이터의 표현 되는 도메인만 바뀌는 것이며, 데이터가 가지는 에너지의 양과 정보량은 동일하다. 파시발의 정리(Parseval's theorem)에 따라, 주파수 변환 전 공간 영역의 입력 신호에 대한 제곱의 합과 변환 후 주파수 영역의 출력 신호에 대한 제곱의 합은 같다. 에너지의 양이 동일하다는 것은 변환에 의해 데이터의 손실이 발생하지 않는다는 것을 의미한다. 따라서, 주파수 변환 이후 양자화 과정 없이 역변환을 수행하면 입력 신호와 완전히 동일한 신호를 다시 얻을 수 있다.

7.2 HEVC의 주파수 변환

앞서 소개한 바와 같이, HEVC의 주파수 변환은 화면 내 또는 화면 간 예측 이후의 차분 신호에 대해 수행하며, 차분 신호에 존재하는 공간적인 중복성을 제거하여 양자화 및 엔트로피 부호화 시 부호화 효율을 높일 수 있다. HEVC에서는 기존의 비디오 압축 표준과 달리 4×4, 8×8, 16×16, 32×32 등과 같이 다양한 크기의 주파수 변환을 사용할 수 있다 [3][4]. 주파수 변환을 위한 커널은 DCT를 기반으로 설계되었다. 특별히 4×4 크기의 화면 내 예측 모드로 선택된 휘도 블록에 대해서는 이산 정현 변환(DST : Discrete Sine Transform)을 사용한다. 또한, HEVC에서의 변환은 CU(Coding Unit) 또는 PU(Prediction Unit)의 크기에 의존적으로 고정된 크기의 변환을 사용하는 것이 아니라 현재 부호화하는 CU를 기준으로 변환의 크기를 쿼드 트리 형태의 계층적으로 분할할 수 있다. 주파수 변환을 수행하는 단위를 변환 유닛(TU : Transform Unit)이라 하며, TU의 분할은 부호화 과정에서 비트율 최적화에 따라 결정된다. TU의 크기는 현재 부호화하는 CU의 크기보다는 클 수 없으며, PU의 크기와는 상관없이 분할된다. 다양한 크기의 변환을 표현하기 위하여 각 TU에 대한 분할 정보는 쿼드 트리 형태로 복호화기로 전송한다. 이 절에서 HEVC를 위한 변환 커널과 TU의 분할 방법 및 표현 방법에 대하여 설명한다.

7.2.1 RQT와 cbf (coded block flag)

HEVC에서는 RQT (Residual Quad Tree) 기술을 통하여 하나의 CU에 대하여 변환 블록의 크기를 쿼드 트리 형태로 분할할 수 있다. 이러한 쿼드 트리 분할은 인코더 측에서 RDO를 통하여 이루어 질 수 있으며, 이러한 분할 정보를 디코더에 전송하도록 설계되어 있다. TU의 쿼드 트리 분할은 최상위 TU 레벨 즉, CU 레벨로부터 시작하여 해당 크기의 변환을 포함한 율-왜곡 비용 (RD-cost)을 기준으로 결정될 수 있다. TU의 최대 분할 깊이는 시퀀스 파라미터 셋에서 보낸 정보에 의해 결정되며, 메인 프로파일에서는 최대 3-깊이의 TU 분할을 지원한다. 3-깊이로 분할된다는 것은 TU 블록이 쿼드 트리 형태로 최대 두 번까지 분할될 수 있다는 것을 의미한다.

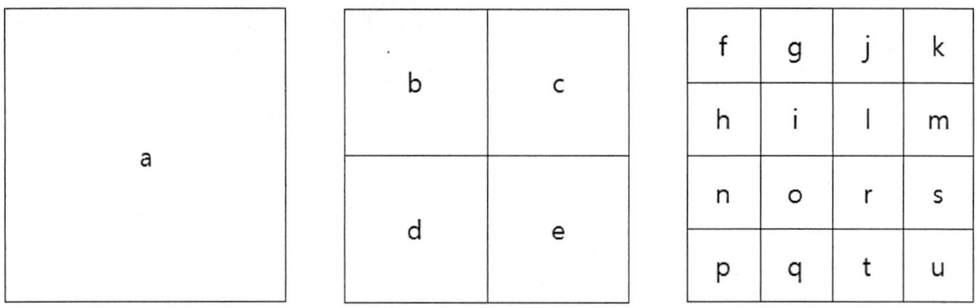

(a) TU depth = 0 (b) TU depth = 1 (c) TU depth = 2

**그림 7-9 TU 쿼드 트리 분할

그림 7-9는 RQT에 사용 가능한 TU 쿼드 트리의 깊이를 보여준다. TU 블록의 분할은 상향식 (Bottom-up) 방식으로 결정한다. 그림 7-9에서 0-깊이의 *a* 블록은 현재 CU의 크기와 같다. 0-깊이의 TU로부터 네 개의 1-깊이 TU (*b, c, d, e*)로 분할될 수 있으며, 각각의 TU는 다시 네 개의 2-깊이 TU로 분할될 수 있다. TU 분할을 결정하기 위하여, 부호화 구현 관점에서 가장 하위에 있는 2-깊이 TU의 RD-cost 부터 구할 수 있다. 예를 들어, 1-깊이 TU인 블록 *b*는 네 개의 2-깊이 TU (*b, c, d, e*)로 분할될 수 있으며, 각 2-깊이 TU에 대한 RD-cost를 구한다. 네 개의 TU (*f, g, h, i*)에 대한 비트율-왜곡 비용의 합과 블록 *b*의 RD-cost를 비교하여 더 작은 비용을 가지는 TU 분할을 선택하게 되며, 이 과정을 블록 *c*, 블록 *d*, 블록 *e*에 대해서 동일하게 수행한다. 네 개의 1-깊이의 TU 분할을 모두 결정한 이후 0-깊이의 TU인 블록 *a*와 RD-cost를 비교하여 최종 TU 분할 정보를 결정하게 된다.

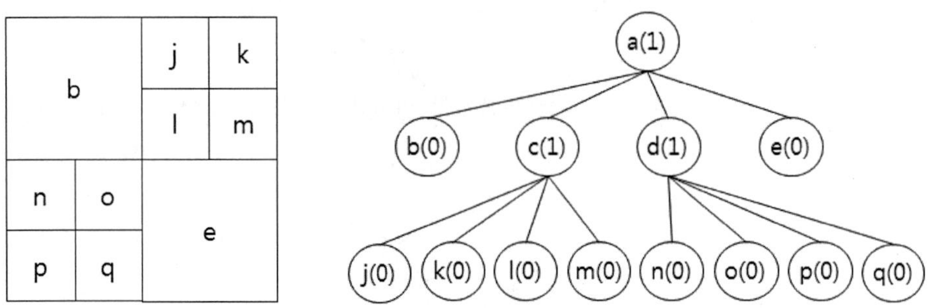

(a) 다양한 크기로 분할된 TU (b) 각 TU에 대한 분할 정보의 예

**그림 7-10 TU 분할의 예

그림 7-10은 실제 가능한 TU 분할 구조의 한 예를 보여준다. HEVC에서는 그림 7-9의 단순한 형태의 TU 분할 뿐만 아니라, 그림 7-10(a)와 같이 한 개의 CU가 다양한 깊이의 TU가 혼재된 계층적 쿼드 트리 구조를 지원한다. 여기서, TU 분할 정보는 비트스트림에 포함되어 전송된다. 즉, 인코딩 과정에서 결정된 최적의 TU 분할 구조는 그림 7-10(b)의 쿼드 트리 형태로 전송된다. 0-깊이 TU부터 분할 플래그 값(split_transform_flag)을 전송하여 더 이상 분할 정보가 없을 때까지 분할 플래그 값을 전송된다. 분할 플래그 값 1이면 추가적으로 하위 깊이로 분할됨을 의미하며, 분할 플래그 값이 0이면 TU가 더 이상 분할되지 않는 것을 의미한다. 현재 TU의 크기가 시퀀스 파라미터 셋에서 정의된 최소 TU 크기인 경우에는 더 이상의 분할 플래그 정보 값을 쓰지 않는다. 또한, 시퀀스 파라미터 셋에서 정의한 최대 깊이만큼 분할된 경우에도 더 이상의 분할 플래그 정보는 비트스트림에 쓸 필요가 없다.

각각의 TU 블록에 변환과 양자화가 수행되면, 많은 경우 모든 계수가 0으로 나타난다. 이러한 점을 근거로, 압축 효율을 높이기 위하여, cbf (coded block flag) 정보를 전송한다. cbf는 분할된 TU에 대해 양자화 이후에 하나 이상의 변환 계수가 존재하는지의 여부를 알려주는 플래그이다. 예를 들어, 현재 TU에 대한 cbf 값이 1인 경우, 해당 TU의 변환 계수를 비트스트림으로부터 읽어 해당 변환 계수들에 대해 역변환을 수행하여 공간축 차분 신호로 복원해야 한다. 반면, 현재 TU에 대한 cbf 값이 0인 경우, 해당 TU의 모든 변환 계수가 0이며, 복호화기에서 역변환 과정이 수행될 필요가 없다. 즉, cbf는 각각의

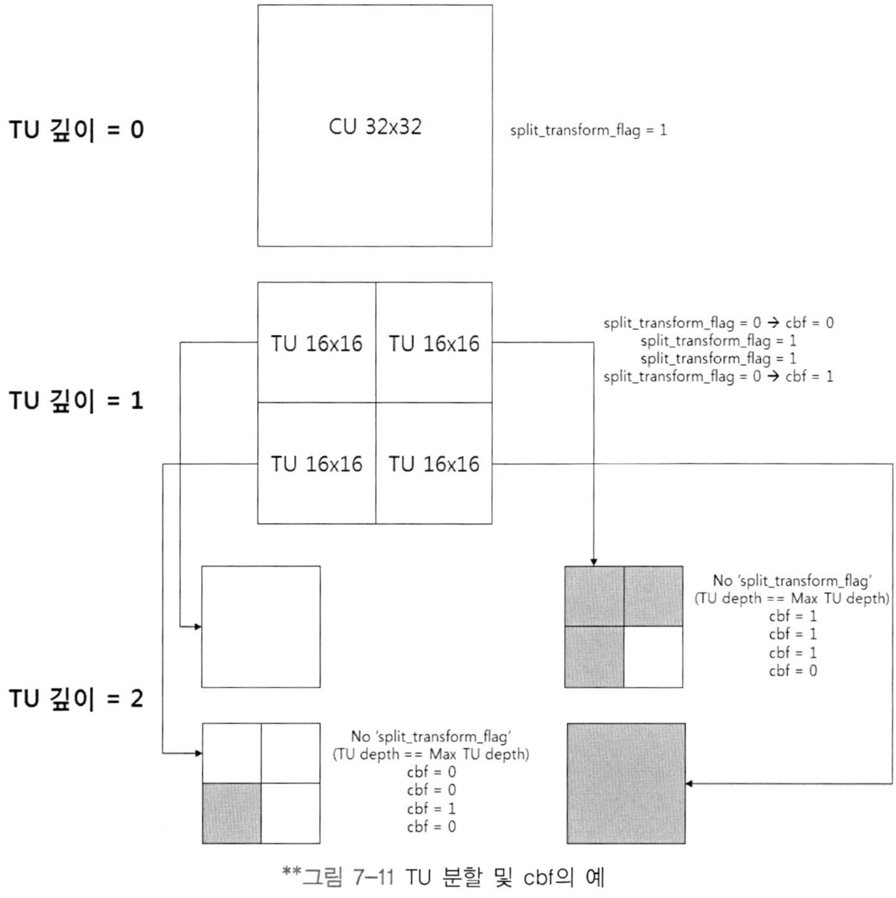

**그림 7-11 TU 분할 및 cbf의 예

TU에 0이 아닌 변환 계수의 존재 유무를 정의한다. cbf 값은 TU 분할 플래그와 함께 쿼드 트리 형태로 전송되며, 더 이상 분할되지 않는 각 TU에 대해서 전송된다.

그림 7-11은 구체적인 TU분할과 cbf의 예이다. 그림 7-11과 같이 TU 분할이 이루어졌다고 가정하였을 때, 현재 CU의 크기에서부터 시작하여 TU 분할 정보 및 각 TU에 대한 cbf 정보 전송을 보여준다. 현재 CU의 크기는 32×32이고, 이 TU는 분할되었기 때문에 0-깊이 TU에 대해서는 'split_transform_flag' 값 1이 전송된다. 0-깊이 TU가 분할되었기 때문에 네 개의 1-깊이 TU에 대한 분할 정보가 전송되어야 한다. 16×16 크기의 1-깊이 TU 중 첫 번째와 네 번째 TU는 더 이상이 분할이 되지 않았기 때문에 'split_transform_flag' 값 0이 전송되며, 각 블록에 대한 cbf 값을 전송한다. 첫 번째 블록에 양자화 된 변환 계수가 존재하지 않을 때, cbf 값으로 0이 전송된다. 이 경우 해당 블록에 대해서는 복호화 과정에서 역변환 과정이 수행되지 않는다. 네 번째 블록에는 양자화 된 변환 계수가 존재한다고 가정하면, cbf 값으로 1이 전송되고 이 블록에 대해서 복호화 과정에서 16×16 크기의 역변환이 수행된다. 두 번째와 세 번째 TU는 추가적으로 분할되었기 때문에, 'split_transform_flag' 값 1이 전송되며, 각각 네 개의 2-깊이 TU에 대한 정보가 전송된다. 하지만, 2-깊이의 TU에 대해서는 시퀀스 파라미터에서 정한 최대 분할 깊이이기 때문에 더 이상의 분할이 되지 않는 것을 알 수 있다. 따라서 2-깊이의 TU는 분할 정보인 'split_transform_flag' 값을 전송하지 않고, 각각의 8×8 블록에 대한 cbf 값만을 보낸다. 각각의 TU는 cbf 값으로 부터 해당 TU의 역변환 수행 여부가 결정된다.

7.2.2 HEVC DCT (Discrete Cosine Transform)

HEVC에서 사용되는 변환은 CU, TU, PU의 블록 형태로 처리되는 비디오 압축에 적합한 DCT를 바탕으로 하여, 적은 메모리를 사용하여 빠른 변환을 수행할 수 있도록 변환 기저를 정수 형태로 근사화 하여 사용한다. DCT와 이산 여현 역변환(IDCT : Inverse Discrete Cosine Transform)은 식 (7-3)과 식 (7-4)와 같다.

$$F(u,v) = \frac{2}{N} C(u) C(v) \sum_{i=0}^{N-1} \sum_{j=0}^{N-1} f(i,j) \cos\frac{(2i+1)u\pi}{2N} cos\frac{(2j+1)v\pi}{2N} \tag{7-3}$$

$$\text{for}\, i,j = 0, 1, 2, \cdot\cdot\cdot, N-1$$

$$C(u) = \begin{cases} \frac{1}{\sqrt{2}}, u = 0 \\ 1, \quad u = 1, 2, \cdot\cdot\cdot, N-1 \end{cases}$$

$$f(u,v) = \frac{2}{N} \sum_{u=0}^{N-1} \sum_{v=0}^{N-1} C(u) C(v) F(u,v) \cos\frac{(2i+1)u\pi}{2N} cos\frac{(2j+1)v\pi}{2N} \tag{7-4}$$

$$\text{for}\, u,v = 0, 1, 2, \cdot\cdot\cdot, N-1$$

$$C(u) = \begin{cases} \frac{1}{\sqrt{2}}, u = 0 \\ 1, \quad u = 1, 2, \cdot\cdot\cdot, N-1 \end{cases}$$

위의 식 (7-3)과 식 (7-4)에서 N은 변환하고자 하는 신호 블록의 크기를 의미한다. 만일 4×4 크기의 블록에 대한 정수 변환을 수행하기 위해서는 다음의 식 (7-5)를 사용한다.

$$F(u,v)=\frac{1}{2}C(u)C(v)\sum_{i=0}^{3}\sum_{j=0}^{3}f(i,j)\cos\frac{(2i+1)u\pi}{2N}cos\frac{(2j+1)v\pi}{2N} \tag{7-5}$$

$$\text{for}\, i,j=0,1,2,3$$

$$C(u)=\begin{cases}\frac{1}{\sqrt{2}}, & u=0\\ 1, & u=1,2,3\end{cases}$$

식 (7-5)의 DCT의 분리성(Separability)을 이용하여 행렬식으로 표현함으로써 식 (7-6)과 같이 표현할 수 있다.

$$Y=AXA^T=\begin{bmatrix}a & a & a & a\\ b & c & -c & -b\\ a & -a & -a & a\\ c & -b & b & -c\end{bmatrix}[X]\begin{bmatrix}a & b & a & c\\ a & c & -a & -b\\ a & -c & -a & b\\ a & -b & a & -c\end{bmatrix} \tag{7-6}$$

$$a=\frac{1}{2},\ b=\sqrt{\frac{1}{2}}cos\left(\frac{\pi}{8}\right),\ c=\sqrt{\frac{1}{2}}cos\left(\frac{3\pi}{8}\right)$$

식 (7-6)의 기저를 정수형으로 표현함으로써 식 (7-7)과 같이 유도할 수 있다. 식 (7-7)에서 사용되는 C는 정수 기저이고, S는 스케일벡터이다. ⊗ 연산은 매트릭스 곱이 아닌 원소 대 원소의 곱을 의미한다.

$$Y=CXC^T\otimes S,\ C=\begin{bmatrix}1 & 1 & 1 & 1\\ 2 & 1 & -1 & -2\\ 1 & -1 & -1 & 1\\ 1 & -2 & 2 & -1\end{bmatrix},\ S=\begin{bmatrix}a^2 & \frac{ab}{2} & a^2 & \frac{ab}{2}\\ \frac{ab}{2} & \frac{b^2}{4} & \frac{ab}{2} & \frac{b^2}{4}\\ a^2 & \frac{ab}{2} & a^2 & \frac{ab}{2}\\ \frac{ab}{2} & \frac{b^2}{4} & \frac{ab}{2} & \frac{b^2}{4}\end{bmatrix} \tag{7-7}$$

이전의 압축 표준인 H.264/AVC에서는 식 (7-7)의 정수 기저인 C를 이용한 정수 변환을 수행하며, 스케일 값 S는 양자화 과정에 포함하여 곱셈의 수를 줄였다. 따라서, 양자화를 위한 스케일벡터의 값이 DCT의 위치에 따라서 다른 특징을 가진다. HEVC에서도 연산 과정의 오차를 제거하고 고속 계산을 위해 정수 변환을 사용한다. 하지만, 정수 기저와 스케일 값을 분리하지 않고 식 (7-6)의 기저에 2^7의 스케일 값을 곱하여 기저 계수 값을 고정하였다. 식 (7-8)은 4×4 크기의 DCT에 대한 정수화한 기저를 보여준다.

$$M_{DCT}=\begin{bmatrix}64 & 64 & 64 & 64\\ 83 & 36 & -36 & -83\\ 64 & -64 & -64 & 64\\ 36 & -83 & 83 & -36\end{bmatrix} \tag{7-8}$$

변환은 역변환이 존재하여야 변환한 후의 신호를 원신호로 에러 없이 복원이 가능할 것이다. 또한, 변환 기저들 간에는 직교성(Orthogonality)이 있어야 역변환이 가능함과 동시에 데이터의 표현에 있어서 각각의 성분들 간의 중복성을 제거할 수 있다. 식 (7-8)의 변환 기저 행렬은 각각의 기저 간 내적이 0인 직교성이 존재하기 때문에 역함수가 존재하여, 역변환이 가능하다. 실제로 변환 전의 신호와 변환 이후의 신호 간에 에너지의 보존을 위하여 각 기저벡터의 크기는 1이 되어야 한다. 즉, 에너지를 그대로 보존함과 동시에 공간 영역과 시간 영역으로 신호의 본질에 변함이 없이 변환하기 위해서는 정규직교성(Orthonormality)이 존재해야한다. 정규직교성은 유니터리(Unitary) 변환 행렬의 모든 요소가 실수인 경우를 의미하며, $H \bullet H^T = I$를 만족하는 경우 행렬 H는 정규직교성을 갖는다고 말할 수 있다. 스케일 이전의 정수변환 기저인 식 (7-7)의 행렬 A는 $A \bullet A^T = I$ 를 만족하므로 정규직교성을 갖는다. 이는 다음 식 (7-9)와 같이 증명할 수 있다.

이와 같은 방법으로 정수변환 기저의 전치행렬(Transpose)은 정수변환의 역행렬의 기저와 같음이 증명되었다. 따라서, 해당 정수변환의 역변환은 해당 정수변환 기저의 전치행렬을 사용함으로써 수행될

$$A \bullet A^T = \begin{vmatrix} \frac{1}{2} & \frac{1}{2} & \frac{1}{2} & \frac{1}{2} \\ \sqrt{\frac{1}{2}}\, cos\left(\frac{\pi}{8}\right) & \sqrt{\frac{1}{2}}\, cos\left(\frac{3\pi}{8}\right) & -\sqrt{\frac{1}{2}}\, cos\left(\frac{3\pi}{8}\right) & -\sqrt{\frac{1}{2}}\, cos\left(\frac{\pi}{8}\right) \\ \frac{1}{2} & -\frac{1}{2} & -\frac{1}{2} & \frac{1}{2} \\ \sqrt{\frac{1}{2}}\, cos\left(\frac{3\pi}{8}\right) & -\sqrt{\frac{1}{2}}\, cos\left(\frac{\pi}{8}\right) & \sqrt{\frac{1}{2}}\, cos\left(\frac{\pi}{8}\right) & -\sqrt{\frac{1}{2}}\, cos\left(\frac{3\pi}{8}\right) \end{vmatrix} \bullet$$

$$\begin{vmatrix} \frac{1}{2} & \sqrt{\frac{1}{2}}\, cos\left(\frac{\pi}{8}\right) & \frac{1}{2} & \sqrt{\frac{1}{2}}\, cos\left(\frac{3\pi}{8}\right) \\ \frac{1}{2} & \sqrt{\frac{1}{2}}\, cos\left(\frac{3\pi}{8}\right) & -\frac{1}{2} & -\sqrt{\frac{1}{2}}\, cos\left(\frac{\pi}{8}\right) \\ \frac{1}{2} & -\sqrt{\frac{1}{2}}\, cos\left(\frac{3\pi}{8}\right) & -\frac{1}{2} & \sqrt{\frac{1}{2}}\, cos\left(\frac{\pi}{8}\right) \\ \frac{1}{2} & -\sqrt{\frac{1}{2}}\, cos\left(\frac{\pi}{8}\right) & \frac{1}{2} & -\sqrt{\frac{1}{2}}\, cos\left(\frac{3\pi}{8}\right) \end{vmatrix}$$

$$= \begin{vmatrix} 1 & 0 & 0 & 0 \\ 0 & \cos^2\left(\frac{\pi}{8}\right) + \cos^2\left(\frac{3\pi}{8}\right) & 0 & 0 \\ 0 & 0 & 1 & 0 \\ 0 & 0 & 0 & \cos^2\left(\frac{3\pi}{8}\right) + \cos^2\left(\frac{\pi}{8}\right) \end{vmatrix} = \begin{vmatrix} 1 & 0 & 0 & 0 \\ 0 & 1 & 0 & 0 \\ 0 & 0 & 1 & 0 \\ 0 & 0 & 0 & 1 \end{vmatrix} = I \tag{7-9}$$

수 있다. 이러한 정규직교성을 갖는 정수 변환 기저를 이용하여 입력되는 차분 신호 X에 대한 2-D 정수 변환은 식 (7-10)과 같이 가로·세로 방향에 대한 두 번의 1-D 정수 변환을 통해 수행될 수 있고, 변환된 주파수 계수 Y에 대한 2-D 역변환 역시 두 번의 1-D 역변환을 통해 식 (7-11)과 같이 수행될 수 있다.

$$Y = AXA^T \tag{7-10}$$

$$X = A^T YA \tag{7-11}$$

7.2.3 DST(Discrete Sine Transform)

7.2.2절에서 소개한 DCT와 유사한 개념의 DST 또한 HEVC에서 사용된다. HEVC 내의 DST 역시 DCT와 마찬가지로 정수형 기저를 사용한다. 특히, HEVC에서 DST을 사용하는 이유는 4×4 크기의 화면 내

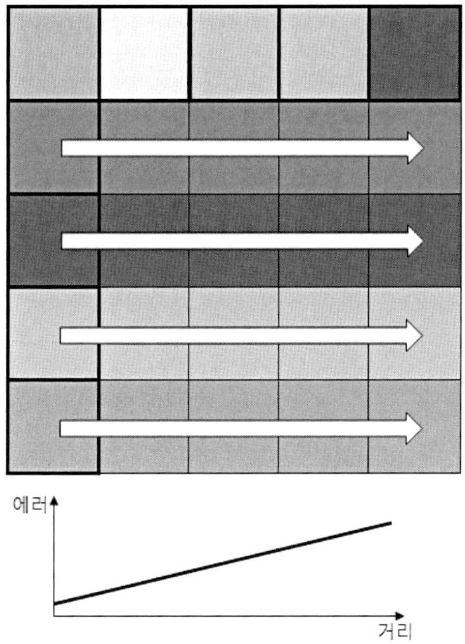

**그림 7-12 4×4 화면 내 예측 블록의 가로 방향 예측 및 예측 에러 특성의 예

예측 (Intra prediction) 블록의 차분 신호에 대해서는 DST가 DCT보다 최적 트랜스폼인 KLT의 기저에 가깝기 때문이다.

화면 내 예측은 현재 부호화하고자 하는 블록 주변의 복호화 된 화소 값들을 사용하여 다양한 방향으로 예측을 수행한다. 그림 7-12는 4×4 블록에 대한 가로 방향의 화면 내 예측 방법의 예를 보여준다. 화면 내 예측은 기본적으로 현재 블록의 주변에 존재하는 화소 값을 사용하는 방법이므로, 일반적으로 참조 화소로부터의 거리가 멀어질수록 원본 영상의 화소 값과의 에러가 커질 수 있다. 반대로 예측 화소와의 거리가 가까울수록 에러가 작아진다고 볼 수 있다. 이는 그림 7-12의 예와 같이 현재 블록과 왼쪽블록의 경계에서 화소 값의 차이가 작을 확률이 높다는 것을 의미한다. 즉, 화면 내 예측 블록은 일반적으로 주변 블록과의 거리가 가까울수록 화소차이가 작다고 볼 수 있다. 이러한 4×4 크기의 화면 내 예측 블록의 특성을 고려하기 위하여 HEVC는 다른 예측 모드 블록과 달리 DST를 사용한다. 결론적으로, 4×4 화면 내 예측으로 결정된 차분신호는 그 특성이 다르기 때문에 이러한 차분신호의 특성을 고려하여 DST를 이용하여 압축효율을 높일 수 있다. 1차원 DST는 다음의 식 (7-12)와 같이 정의된다.

$$F(u)=\sqrt{\frac{2}{N+1}}\sum_{i=0}^{N-1} f(i)\sin\frac{(i+1)(u+1)\pi}{N+1},\ 0 \le n \le N-1 \qquad (7\text{-}12)$$

이에 대한 이산 정현 역변환(IDST : Inverse Discrete Sine Tranform)은 다음의 식 (7-13)과 같이 정의된다.

$$f(i)=\sqrt{\frac{2}{N+1}}\sum_{i=0}^{N-1} F(u)\sin\frac{(i+1)(u+1)\pi}{N+1},\ 0 \le n \le N-1 \qquad (7\text{-}13)$$

위에서 언급한 바와 같이, DST 역시 정규직교성을 갖기 때문에 2차원 변환을 1차원 변환으로 분할

할 수 있으며, 역변환은 순방향 변환 기저의 전치 행렬과 동치이다. 따라서, DST와 IDST 또한 식 (7-10), 식 (7-11)과 같은 형태로 표현될 수 있다. 실제로 HEVC에서 사용되는 4×4 DST의 기저는 식 (7-14)과 같다.

$$M_{DST} = \begin{bmatrix} 29 & 55 & 74 & 84 \\ 74 & 74 & 0 & -74 \\ 84 & -29 & -74 & 55 \\ 55 & -84 & 74 & -29 \end{bmatrix} \tag{7-14}$$

7.2.4 변환 스킵

공간적 및 시간적 예측을 통해 얻은 잔차신호를 주파수 도메인으로 변환함으로써 저주파 부근으로의 에너지 집중현상이 발생하고, 이를 인지 시각적 특성에 따라 양자화 및 엔트로피 부호화하여 효율적인 비디오 코딩을 달성할 수 있기 때문에 변환을 수행한다. 그러나, 연속된 픽셀간의 밝기 값 변화가 적고 객체 경계 등에서 밝기 값이 급격하게 변하는 특성을 갖는 영역은 시간적 또는 공간적 예측 이후의 차분 블록에 포함된 오차 값이 드물게 분포하는 경우가 많게 된다. 이러한 블록에 대해 주파수 변환을 수행하여 양자화를 취하게 되면, 잔차 신호에서 적은 수의 오차 값들이 복원 후 블록 전체로 퍼지면서 오차의 양이 증가될 수 있다. 특히, HEVC의 요구사항은 자연 영상뿐만 아니라 컴퓨터 또는 다른 전자 장치에 의해서 제작된 스크린 콘텐츠 영상에 대한 압축도 포함하고 있으며, 이러한 스크린 콘텐츠에서는 급격한 밝기 변화가 나타나는 영역이 자연영상에 비해 많은 특성이 있다. 따라서, HEVC에는 이러한 급격한 밝기변화가 존재하는 영역에 대한 화질저하를 막기 위해서 변환 스킵 기술이 채택되었다. HEVC에서는 TU 블록 단위에서 변환 스킵에 여부에 대한 플래그(transform_skip_flag)를 가진다. 단, 이 플래그는 화면 내 모드, 화면 간 모드에 상관없이 TU 블록의 크기가 4×4로 분할된 경우에만 사용하며, 8×8 이상의 TU 블록에 대해서는 변환 스킵을 사용하지 않는다. 변환 스킵 방법이 선택된 경우에도 예측, 양자화 및 역양자화 방법, 엔트로피 부호화 및 복호화 기술은 주파수 변환을 적용했을 때와 동일하게 적용된다.

7.3 정수 변환의 계산 최소 비트 폭과 고속화

비디오 압축에서 주파수 변환은 다양하게 구현될 수 있다. 변환의 구현에 있어서, 최소의 데이터 폭으로 구현하는 것이 중요할 수 있다. HEVC에서는 4×4에서 32×32까지의 다양한 크기를 갖는 주파수 변환이 가능하며, 변환 기저들이 정수연산을 위해 스케일된 값을 갖기 때문에 최소한의 메모리 요구량과 관련된 입출력 값에 대한 최소 비트 폭을 제한하고 있다. 이러한 정수형 주파수 변환은 실수 기저를 최소의 에러를 갖는 정수형 기저로 스케일하여 사용함으로써, 실수 연산에 비해 빠른 변환이 가능하다. 따라서 이러한 입출력 범위의 제한은 실제 하드웨어 상에 정수 변환 과정을 구현함에 있어 정확한 명세를 제공하는 중요한 요소이다.

7.3.1. 주파수 변환의 데이터 폭

이 절에서는 주파수 변환의 연산 데이터 폭에 대해서 설명한다. 주파수 변환을 수행할 때, 발생하는 중간 값과 최종 결과 값은 16비트(2바이트) 범위를 사용한다. 앞서 설명한 바와 같이, HEVC에서는

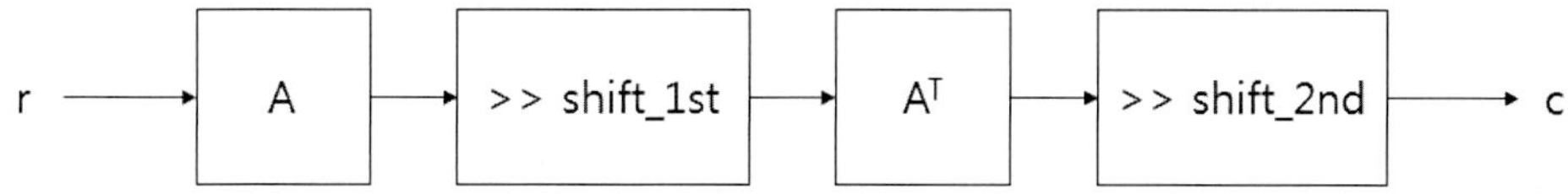

**그림 7-13 부호화기의 변환 부호화 처리 데이터 폭

주파수 변환을 위해 4×4에서 32×32까지 다양한 크기의 변환 기저를 사용한다. 또한, 각 1 차원 기저는 정수 변환을 위하여 스케일되어 있기 때문에, 각 기저의 norm은 1이 아니며, 변환 기저의 크기에 따라 달라진다. 즉, 기저의 크기에 따라서 입력되는 신호에 비해 출력 신호의 에너지가 증가한다. 따라서, 변환 부호화 과정 및 이후 소개될 양자화 과정까지 정수연산으로 수행하기 위해서는 표 7-1에 따른 시프트 연산을 고려해야 한다.

그림 7-13은 부호화기의 잔차신호 블록에 대한 변환 처리 데이터 폭을 보여준다. 앞서 설명하였듯이, 주파수 변환의 입력은 차분 블록이다. 차분 블록의 값은 -255~255의 범위를 가지므로 9비트의 범위이다.

▌표 7-1▐ 변환블록 크기에 따른 비트 증가량 및 정수변환 과정에서의 시프트 량

변환블록크기	기저에 따른 비트 증가량	log2(블록크기) − 1 + bit depth − 8 (= shift_1st)	log2(블록크기) + 6 (= shift_2nd)
4×4	7	1 + bit depth - 8	8
8×8	7.5	2 + bit depth - 8	9
16×16	8	3 + bit depth - 8	10
32×32	8.5	4 + bit depth - 8	11

식 (7-10)의 분리된 변환식 중 입력되는 잔차신호에 대한 1차 변환 A (1-D transform)를 수행하면 변환 커널의 벡터크기(Norm) 값에 따라서 최대 8.5비트의 범위가 증가 된다. 따라서, 비트 최소 데이터 폭은 17.5비트까지 사용한다. 하지만, 출력 신호에 대한 16비트 데이터 폭을 유지하기 위해서 중간 결과를 저장하기 전에 shift_1st 만큼의 오른쪽 시프트를 수행하여 16비트 이내로 데이터 폭을 유지한다.
식 (7-10)의 두 번째 변환식인 A^T 부분을 수행하면 다시 최대 8.5비트의 범위가 증가하며, 최종적으로 다시 shift_2nd만큼의 시프트를 수행한다. 즉, 양자화 단계로 넘어가는 변환 계수 c의 값은 16비트인 -32768~32767 범위 내에서 표현된다.

그림 7-14는 복호화기의 역양자화 블록에 대한 역변환 데이터 폭을 보여준다. 역양자화가 수행된 변환 계수 c'의 입력 16비트 데이터 폭을 가진다. 역양자화 된 변환 계수는 역양자화 과정을 수행한 변환 계수에 스케일 값 (2^4)을 곱하여 얻을 수 있다. 역양자화에 대해서는 8장에서 자세히 다룰 것이다. 역변환 부호화는 식 (7-11)과 같이, 변환 부호화와 반대의 형태로 분리된 변환식이 적용된다. 먼저, A^T

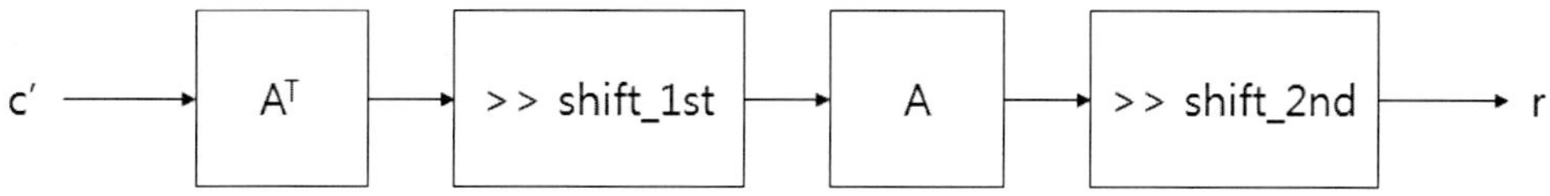

**그림 7-14 복호화기의 변환 부호화 처리 데이터 폭

변환식을 수행하면 정방향 변환과 마찬가지로 변환 기저의 크기에 따라 최대 8.5비트의 범위가 증가한다. 복호화기에서는 첫 번째 변환식에 shift_1st (= 7) 만큼의 오른쪽 시프트를 수행하여 데이터 폭을 유지한다. 식 (7-11)의 두 번째 변환식인 A 부분을 수행하면 다시 최대 8.5비트의 범위가 증가하고, 마지막 결과물은 역변환이 모두 수행된 차분 블록이기 때문에 shift_2nd (= 12) 만큼의 오른쪽 시프트 연산을 수행함으로써 출력되는 잔차신호 r'은 9비트의 데이터 폭을 갖는다. HEVC의 변환 과정에서 입력과 출력은 모두 16비트 데이터 폭을 가지며, 내부적으로는 참조 소프트웨어를 기준으로 최대 32비트의 변수로 수행될 수 있다.

7.3.2 변환 고속화

비디오는 입력되는 정보의 양이 매우 많고, 이에 따라서 비디오의 부호화 및 복호화는 많은 계산량을 수반한다. 특히, 주파수 변환은 비디오 코덱에서 상당한 계산량을 차지하는 모듈이다. 또한, HEVC의 경우 기존의 비디오 압축 기술대비 큰 변환 블록을 사용하기 때문에 높은 계산량을 요구하고 있다. HEVC를 포함하여 많은 비디오 압축 기술에서는 정수변환이 사용되고 있고, 이의 고속화 방법에 대한 많은 연구가 진행되어왔다. 많은 정수변환 고속화 방법 중 Chen 알고리즘에 대하여 소개한다. Chen 알고리즘은 다이어그램의 생김새 때문에 butterfly 알고리즘으로도 불린다. 그림 7-15는 네 개 샘플에 대한 Chen 알고리즘의 신호 흐름도를 나타낸다 [5]. 기존의 정수변환 기저를 사용하여 네 개 샘플에 대한 정수변환을 수행할 경우, 4×4 기저와 4×1 크기의 입력 샘플벡터의 곱을 통하여 변환이 가능하다. 총 16번의 곱셈과 12번의 덧셈을 수행하여 변환이 가능하다. 그림 7-11의 알고리즘에 따라서 동일한 정수변환을 수행할 경우, 8번의 덧셈연산과 8번의 곱셈만으로 변환이 가능하다. 실제로 비디오 코덱에서 사용되는 변환부호화 과정은 정수형 기저 행렬의 곱으로 수행되며, 양자화를 고려하여 스케일 된 정수 연산을 수행함으로써 고속화한다.

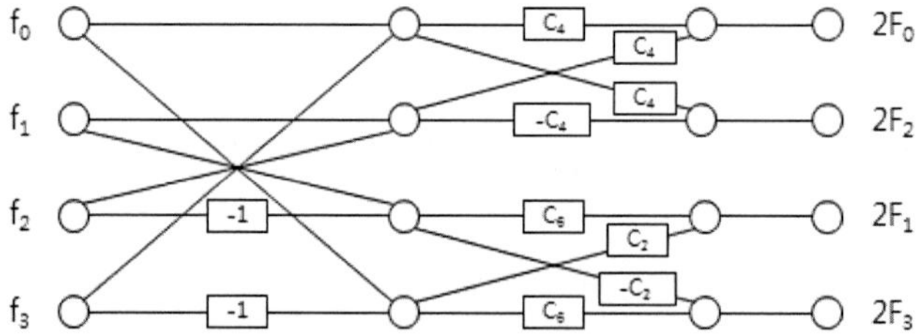

$$C_x = \cos\left(\frac{x\pi}{16}\right)$$

**그림 7-15 네 개 샘플에 대한 Chen 알고리즘의 신호 흐름도

HEVC의 정수 변환 방법은 고속 변환 방법인 Chen 알고리즘을 기반으로 구현될 수 있다 [5]. Chen 고속변환 알고리즘은 1차원 정수변환의 계산량을 줄이는 방법으로, HEVC에서 사용될 수 있는 고속 정수변환 방법의 신호 흐름도는 그림 7-16과 같다 [6]. 그림 7-16은 32개 샘플의 입력에 대한 일차원 정수변환 방법이며, 흐름도 내에 표시된 것과 같이 32개 샘플의 일차원 정수변환 내부에 16, 8, 4개 입력 샘플에 대한 정수변환 방법이 포함된 형태이다. 즉, $2N$ 샘플에 대한 정수변환은 N 샘플 정수변환을 재귀적으로 재사용할 수 있도록 구성되어있다. 각각의 16, 8, 4샘플에 대한 정수변환 커널은 그림 7-16 내에서 점선으로 구분되어 있으며, 가장 큰 최상위 레벨은 32샘플에 대한 정수변화 커널을 나타낸다.

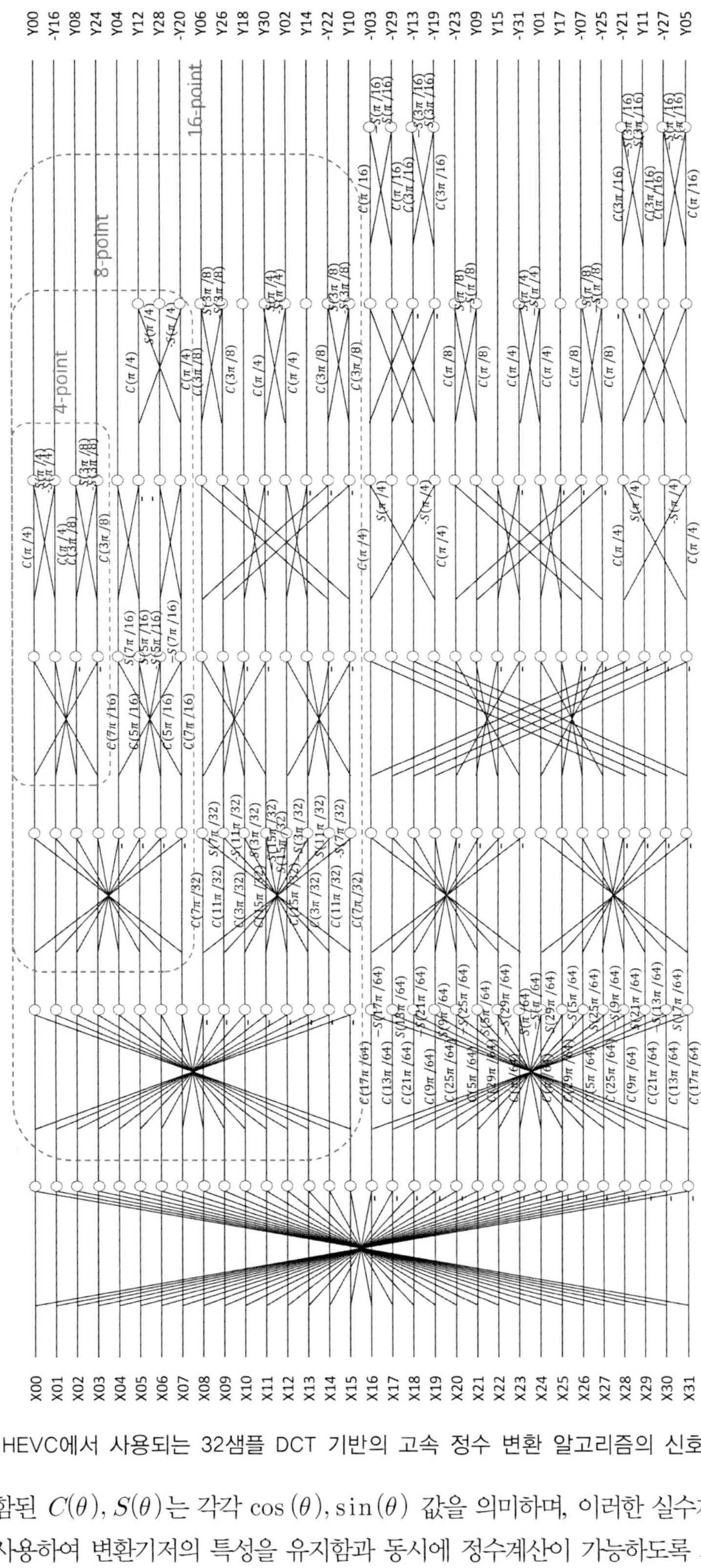

**그림 7-16 HEVC에서 사용되는 32샘플 DCT 기반의 고속 정수 변환 알고리즘의 신호 흐름도

그림 7-16에 포함된 $C(\theta), S(\theta)$는 각각 $\cos(\theta), \sin(\theta)$ 값을 의미하며, 이러한 실수계수들은 실제로 고정소수점 연산을 사용하여 변환기저의 특성을 유지함과 동시에 정수계산이 가능하도록 스케일링되어 있다.

그림 7-17은 실제로 HEVC에서 사용되는 32샘플 입력에 대한 정수변환 커널을 나타낸다 [7]. HEVC의 정수 변환 커널은 다음과 같은 성질을 갖는다.

- 0, 2, 4... 행에 해당하는 기저들이 *N*/2 샘플 위치를 기준으로 대칭성 (Symmetric)을 갖는다.
- 1, 3, 5... 행에 해당하는 기저들이 *N*/2 샘플 위치를 기준으로 반대칭성 (Anti-symmetric)을 갖는다.
- 0, 4, 8... 행에 해당하는 기저들이 *N*/4, 3*N*/4 샘플 위치에서 추가적으로 대칭성을 갖는다.
- 2, 6, 10... 행에 해당하는 기저들이 *N*/4, 3*N*/4 샘플 위치에서 추가적으로 반대칭성을 갖는다.

16, 8, 4 샘플에 대한 커널은 각각의 상위 커널을 1/2 샘플링함으로써 재귀적으로 구성되며, 이들 역시 위의 성질을 만족한다. 이러한 정수 변환 기저의 특성을 이용하여 Chen 알고리즘과 유사한 형태의 고속 정수 변환이 가능하다. 실제로 HEVC에서 사용하는 고속 변환방법은 DCT 기저를 근사화한 형태이며, 양자화 파라미터까지 고려하여 근사화한 기저를 사용함에도 불구하고 압축효율 측면에서 DCT와 거의 유사한 성능을 보인다.

	0	1	2	3	4	5	6	7	8	9	10	11	12	13	14	15	16	17	18	19	20	21	22	23	24	25	26	27	28	29	30	31
0	64	64	64	64	64	64	64	64	64	64	64	64	64	64	64	64	64	64	64	64	64	64	64	64	64	64	64	64	64	64	64	64
1	90	90	88	85	82	78	73	67	61	54	46	38	31	22	13	4	-4	-13	-22	-31	-38	-46	-54	-61	-67	-73	-78	-82	-85	-88	-90	-90
2	90	87	80	70	57	43	25	9	-9	-25	-43	-57	-70	-80	-87	-90	-90	-87	-80	-70	-57	-43	-25	-9	9	25	43	57	70	80	87	90
3	90	82	67	46	22	-4	-31	-54	-73	-85	-90	-88	-78	-61	-38	-13	13	38	61	78	88	90	85	73	54	31	4	-22	-46	-67	-82	-90
4	89	75	50	18	-18	-50	-75	-89	-89	-75	-50	-18	18	50	75	89	89	75	50	18	-18	-50	-75	-89	-89	-75	-50	-18	18	50	75	89
5	88	67	31	-13	-54	-82	-90	-78	-46	-4	38	73	90	85	61	22	-22	-61	-85	-90	-73	-38	4	46	78	90	82	54	13	-31	-67	-88
6	87	57	9	-43	-80	-90	-70	-25	25	70	90	80	43	-9	-57	-87	-87	-57	-9	43	80	90	70	25	-25	-70	-90	-80	-43	9	57	87
7	85	46	-13	-67	-90	-73	-22	38	82	88	54	-4	-61	-90	-78	-31	31	78	90	61	4	-54	-88	-82	-38	22	73	90	67	13	-46	-85
8	83	36	-36	-83	-83	-36	36	83	83	36	-36	-83	-83	-36	36	83	83	36	-36	-83	-83	-36	36	83	83	36	-36	-83	-83	-36	36	83
9	82	22	-54	-90	-61	13	78	85	31	-46	-90	-67	4	73	88	38	-38	-88	-73	-4	67	90	46	-31	-85	-78	-13	61	90	54	-22	-82
10	80	9	-70	-87	-25	57	90	43	-43	-90	-57	25	87	70	-9	-80	-80	-9	70	87	25	-57	-90	-43	43	90	57	-25	-87	-70	9	80
11	78	-4	-82	-73	13	85	67	-22	-88	-61	31	90	54	-38	-90	-46	46	90	38	-54	-90	-31	61	88	22	-67	-85	-13	73	82	4	-78
12	75	-18	-89	-50	50	89	18	-75	-75	18	89	50	-50	-89	-18	75	75	-18	-89	-50	50	89	18	-75	-75	18	89	50	-50	-89	-18	75
13	73	-31	-90	-22	78	67	-38	-90	-13	82	61	-46	-88	-4	85	54	-54	-85	4	88	46	-61	-82	13	90	38	-67	-78	22	90	31	-73
14	70	-43	-87	9	90	25	-80	-57	57	80	-25	-90	-9	87	43	-70	-70	43	87	-9	-90	-25	80	57	-57	-80	25	90	9	-87	-43	70
15	67	-54	-78	38	85	-22	-90	4	90	13	-88	-31	82	46	-73	-61	61	73	-46	-82	31	88	-13	-90	-4	90	22	-85	-38	78	54	-67
16	64	-64	-64	64	64	-64	-64	64	64	-64	-64	64	64	-64	-64	64	64	-64	-64	64	64	-64	-64	64	64	-64	-64	64	64	-64	-64	64
17	61	-73	-46	82	31	-88	-13	90	-4	-90	22	85	-38	-78	54	67	-67	-54	78	38	-85	-22	90	4	-90	13	88	-31	-82	46	73	-61
18	57	-80	-25	90	-9	-87	43	70	-70	-43	87	9	-90	25	80	-57	-57	80	25	-90	9	87	-43	-70	70	43	-87	-9	90	-25	-80	57
19	54	-85	-4	88	-46	-61	82	13	-90	38	67	-78	-22	90	-31	-73	73	31	-90	22	78	-67	-38	90	-13	-82	61	46	-88	4	85	-54
20	50	-89	18	75	-75	-18	89	-50	-50	89	-18	-75	75	18	-89	50	50	-89	18	75	-75	-18	89	-50	-50	89	-18	-75	75	18	-89	50
21	46	-90	38	54	-90	31	61	-88	22	67	-85	13	73	-82	4	78	-78	-4	82	-73	-13	85	-67	-22	88	-61	-31	90	-54	-38	90	-46
22	43	-90	57	25	-87	70	9	-80	80	-9	-70	87	-25	-57	90	-43	-43	90	-57	-25	87	-70	-9	80	-80	9	70	-87	25	57	-90	43
23	38	-88	73	-4	-67	90	-46	-31	85	-78	13	61	-90	54	22	-82	82	-22	-54	90	-61	-13	78	-85	31	46	-90	67	4	-73	88	-38
24	36	-83	83	-36	-36	83	-83	36	36	-83	83	-36	-36	83	-83	36	36	-83	83	-36	-36	83	-83	36	36	-83	83	-36	-36	83	-83	36
25	31	-78	90	-61	4	54	-88	82	-38	-22	73	-90	67	-13	-46	85	-85	46	13	-67	90	-73	22	38	-82	88	-54	-4	61	-90	78	-31
26	25	-70	90	-80	43	9	-57	87	-87	57	-9	-43	80	-90	70	-25	-25	70	-90	80	-43	-9	57	-87	87	-57	9	43	-80	90	-70	25
27	22	-61	85	-90	73	-38	-4	46	-78	90	-82	54	-13	-31	67	-88	88	-67	31	13	-54	82	-90	78	-46	4	38	-73	90	-85	61	-22
28	18	-50	75	-89	89	-75	50	-18	-18	50	-75	89	-89	75	-50	18	18	-50	75	-89	89	-75	50	-18	-18	50	-75	89	-89	75	-50	18
29	13	-38	61	-78	88	-90	85	-73	54	-31	4	22	-46	67	-82	90	-90	82	-67	46	-22	-4	31	-54	73	-85	90	-88	78	-61	38	-13
30	9	-25	43	-57	70	-80	87	-90	90	-87	80	-70	57	-43	25	-9	-9	25	-43	57	-70	80	-87	90	-90	87	-80	70	-57	43	-25	9
31	4	-13	22	-31	38	-46	54	-61	67	-73	78	-82	85	-88	90	-90	90	-90	88	-85	82	-78	73	-67	61	-54	46	-38	31	-22	13	-4

**그림 7-17 HEVC에서 사용되는 32샘플 DCT 기반의 정수 변환 기저

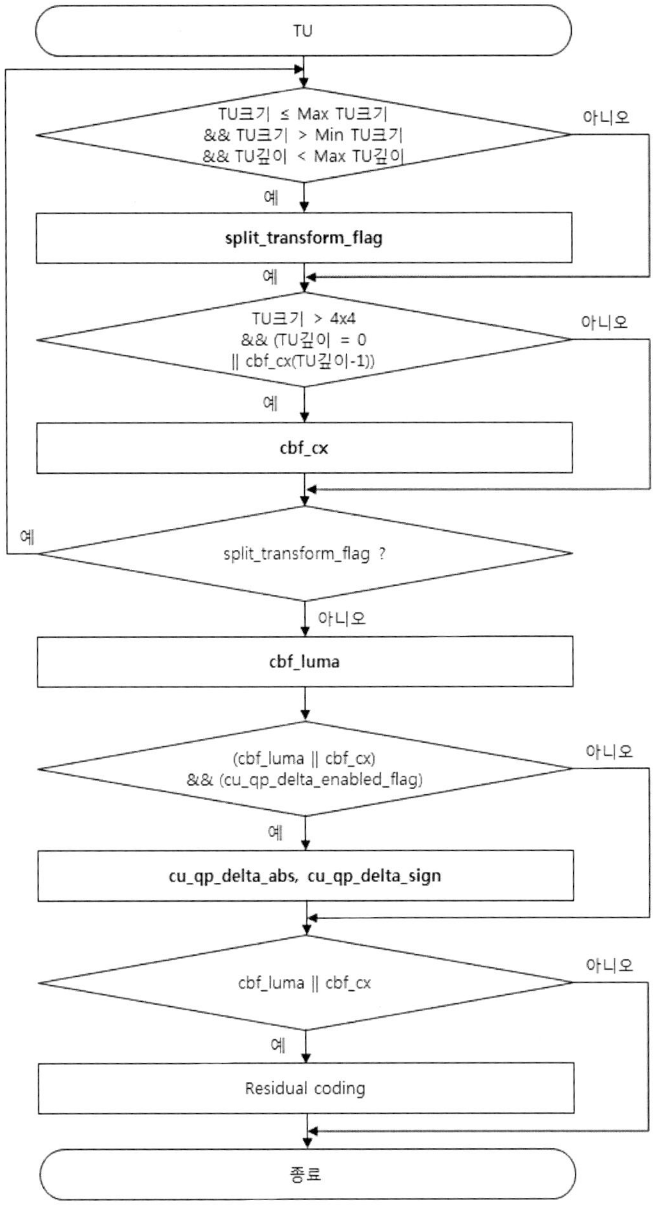

**그림 7-18 변환 부호화 복호화 과정

7.4 복호화 과정

그림 7-18은 TU의 복호화 과정을 보여준다 [4]. TU의 복호화 과정은 현재 PU에 대해 TU의 분할 여부를 나타내는 split_transform_flag정보로부터 시작된다. split_transform_flag는 현재 TU의 크기가 SPS (Sequence Parameter Set)에서 정의된 가장 큰 TU 크기보다 작거나 같아야 하며, 최소의 TU 크기보다 커야한다. 현재 TU의 크기가 SPS에 정의된 최소 TU 크기와 같은 경우에는 더 이상의 하위 TU로 나뉘지 않음이 자명하므로, 이러한 경우에는 분할 플래그 정보를 보내지 않는다. 또한, split_transform_flag는 현재 TU의 깊이가 SPS에 정의된 최대 깊이 보다 작을 때에만 전송된다. 이는 현재 TU의 깊이가 최대 깊이와 같은 경우에도 더 이상의 분할이 되지 않는 것을 알 수 있기 때문이다. split_transform_flag 다음으로는 cbf_cx가 전송되는데, 이것은 색차 성분인 cbf_cb와 cbf_cr의 변환 계수가 존재하는지 여부를 나타낸다. cbf_cx는 휘도 성분을 위한 cbf_luma와 다른 방식으로 전송되는데 TU 분할 정보와 관계없이 가장 큰 TU부터 계층적인 방식으로 전송된다. TU 크기가 4×4보다 큰 경우, TU 깊이가 0부터 cbf_cx를 전송하며 TU 깊이가 0보다 큰 경우에는 이전 TU 깊이의 cbf_cx 값이 1일 때에만 계속적으로 cbf_cx를 전송하게 된다. 즉, 쿼드 트리 형태로 플래그 값을 전송하게 된다. 일반적으로 색차 성분은 cbf 값이 0인 경우가 많기 때문에 쿼드 트리 형태로 보내는 것이 효과적일 수 있다. cbf_luma는 split_transform_flag 값이 0인 TU가 더 이상 분할이 되지 않는 마지막 TU에서 전송된다. HEVC에서는 TU 단위에서 양자화 파라미터 (QP : Quantization Parameter) 값을 바꿀 수 있기 때문에 현재의 TU를 포함하고 있는 CU의 QP가 슬라이스 레벨에 정의된 QP와 동일한지에 대한 정보를 cu_qp_delta_enabled_flag로 전송한다. 이는 PPS에서 정의된 구문으로 CU 단위에서 QP delta 값의 전송 여부를 나타내는 플래그이다. cbf 값이 0이 아니고 cu_qp_delta_enabled_flag 값이 1일 때, QP 차이의 절대 값을 cu_qp_delta_abs를 전송하며 그 값이 0이 아니면 부호정보인 cu_qp_delta_sign를 함께 전송하게 된다. 마지막으로 cbf 값이 0이 아닌 TU에 대해서 양자화된 차분 블록의 계수를 부호화하는 차분 부호화(Residual coding)를 수행한다. 차분 부호화는 부호화기에서 해당 TU의 양자화된 변환계수가 존재할 경우 이를 일련의 비트열로 효율적으로 부호화하기 위한 엔트로피 부호화와 관련된다. 양자화된 변환계수를 비트열로 압축하고 이를 복호화 하는 방법은 이후 엔트로피 부호화에서 자세히 설명될 것이다.

참고문헌

[1] Iain E. G. Richardson, “Transform and Quantisation,” in H.264 and MPEG-4 video compression, Chichester, UK, Wiley, 2003, pp. 187-194.

[2] T. Wiegand and G. J. Sullivan, “Overview of the H.264/AVC video coding standard,” IEEE Trans. on Circuits Syst. Video Technol., vol. 13, no. 7, pp. 560-576, Jul. 2003.

[3] Gary J. Sullivan, Jens-Rainer Ohm, and W. Han, “Overview of the high efficiency video coding (HEVC) standard,” IEEE Trans. on Circuits Syst. Video Technol., vol. 22, no. 12 pp. 1649-1668, Dec. 2012.

[4] B. Bross, W. J. Han, J. R. Ohm, G. Sullivan, and T. Wiegand, “High efficiency video coding (HEVC) text specification draft 10,” document JCTVC-L1003, Geneva, CH, Jan. 2013.

[5] W-H. Chen, C. H. Smith, and S. C. Fralick, “A fast computational algorithm for the discrete cosine transform,” IEEE Trans. on Commun., vol. 25, no. 9, pp. 1004-1009, Sep. 1977.

[6] Yoon Mi Hong, Min-su Cheon, and Il-Koo Kim, “Low-complexity 16×16 and 32×32 transforms and partial frequency transform,” document JCTVC-C209, Guangzhou, CN, Oct. 2010.

[7] A. Fuldseth, G. Bjøntegaard, M. Budagavi, and V. Sze, "CE10: Core transform design for HEVC," document JCTVC-G495, Geneva, CH, Nov. 2011.

양자화

08

양자화는 비디오 압축 기술에서 유일하게 정보의 손실이 발생되는 단계로서, 차분 블록의 주파수 변환 계수에 대하여 양자화를 수행하며, 변환 계수를 몇 개의 대표 값으로 근사화 하는 과정이다. 즉, 양자화는 엔트로피 부호화 과정에서 높은 압축 효율을 얻을 수 있도록 정보량을 줄이는 역할을 한다 [1][2]. 부호화기에는 양자화 파라미터에서 따라 양자화 율이 결정되며, 변환 계수를 양자화 율로 나누게 된다. 복호화기에서는 양자화 율을 곱하여 변환 계수 대표 값으로 되돌리며 이를 역양자화라고 한다. 비디오 압축에서 양자화는 인코딩 이슈이며, 표준화의 대상은 역양자화이다. 이 장에서는 양자화의 기본 개념과 HEVC의 양자화 및 역양자화 방법에 대해서 소개한다.

8.1 양자화 개요

양자화는 입력되는 데이터에 대해 특정 범위의 입력 값을 하나의 대표 값으로 매핑하는 것이다. 그림 8-1은 기본적인 양자화와 역양자화의 블록도를 보여준다.

입력 데이터 (X)에 대하여 양자화를 수행하면 양자화된 데이터 (Y)를 얻을 수 있다. 양자화는 양자화율 (Q)과 대표 값의 위치에 따라 수행된다. 양자화는 식 (8-1)과 같이 입력 데이터를 양자화율로 나눔으로써 간단히 계산할 수 있다.

$$Y = Sign(X) \times Round\left\{\frac{|X|}{Q}\right\} \qquad (8\text{-}1)$$

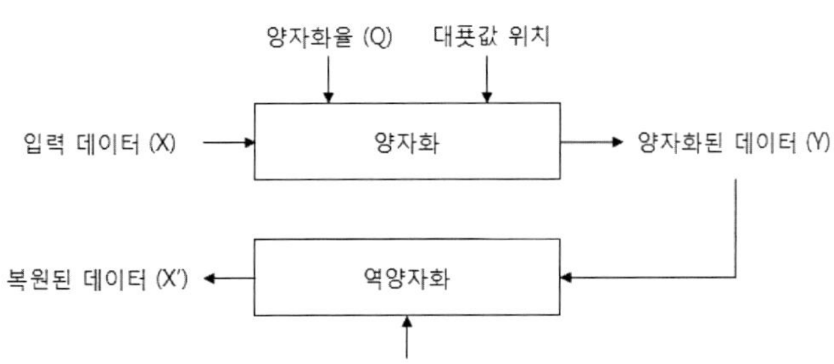

**그림 8-1 양자화 및 역양자화 과정

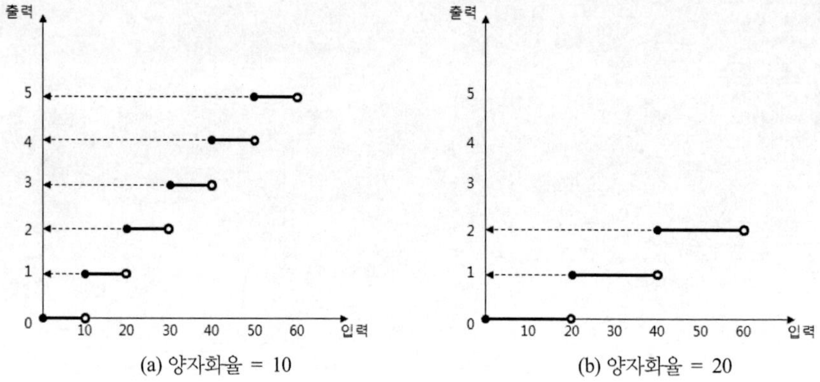

**그림 8-2 양자화율에 따른 양자화 결과

Round(·) 연산은 반올림 연산이며, Sign(·) 연산은 데이터의 부호를 얻어오는 연산이다. 양자화율은 양자화 구간(Range)으로도 표현할 수 있으며, 입력 데이터의 전체 범위가 정해진 경우, 대표 값의 개수로도 표현될 수 있다. 예를 들어, 그림 8-2는 0부터 59까지 범위를 갖는 입력 데이터에 대한 양자화를 보여준다. 양자화율 10으로 양자화를 수행하는 경우, 0~9 사이의 데이터는 양자화 이후 0으로 표현되고, 10~19사이의 데이터는 1로 표현된다. 이후 20~59사이의 데이터는 그림 8-2(a)와 같이, 2~5까지의 대표 값으로 표현될 수 있다. 그림 8-2(b)와 같이 양자화율 20으로 양자화를 수행하는 경우, 0~19 사이의 데이터는 양자화 이후 0으로 매핑되고, 20~39사이의 데이터와 40~59사이의 데이터는 각각 1과 2로 매핑된다. 양자화율 10은 양자화 구간이 10인 양자화 또는 대표 값이 여섯 개인 균등 양자화라고 말할 수 있다. 그림에서 보는 바와 같이, 양자화율이 클수록 양자화 될 데이터를 표현하는 대표 값의 수가 적어지기 때문에 데이터의 표현에 효과적이다.

양자화 된 데이터 (Y)는 역양자화를 통하여 복원된 데이터 (X')를 얻을 수 있다. 역양자화는 식 (8-2)와 같이 양자화 된 데이터에 역양자화 스케일 값 (Q)을 곱하여 계산된다. 일반적으로 양자화율과 역양자화 스케일 값은 동일하다.

$$X' = Y \times Q \tag{8-2}$$

예를 들어, 입력 데이터의 값이 15일 때, 양자화율 10을 사용하는 양자화에 의해 1로 표현되며, 역양자화에 의해 10으로 복원된다. 이와 같이 복원된 데이터는 원본 데이터의 정보가 손실되고 데이터의 오차가 발생하게 된다. 그림 8-3은 양자화율에 따른 데이터의 오차를 보여준다. 그림에서 보는 바와 같이 양자화율이 커질수록 데이터의 오차도 커지는 비례 관계에 있다. 단, 양자화 최대 오차는 양자화율보다

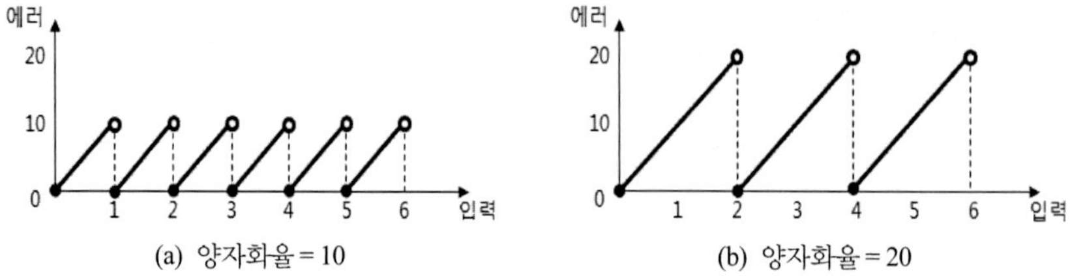

**그림 8-3 양자화율에 따른 오차

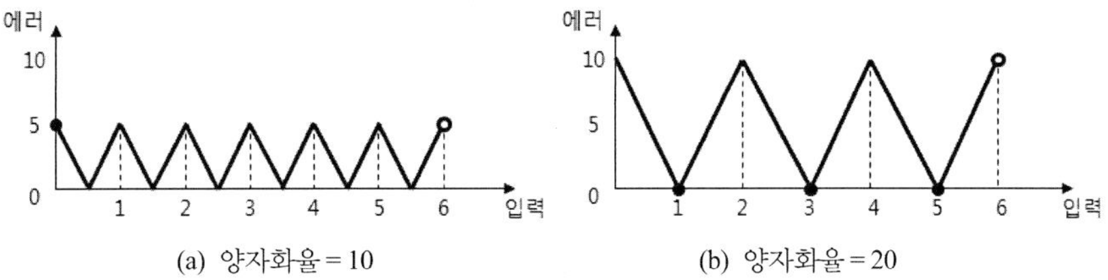

**그림 8-4 대표 값 변경에 따른 양자화 오차

클 수 없다.

예제에서 각 양자화를 위한 대표 값은 각 양자화 구간의 시작 값으로 표현된다. 다른 대표 값 표현 방법으로는 그림 8-4와 같이 각 양자화 구간의 중간 값으로 대표 값을 설정할 수 있다. 이 경우, 최대 에러의 크기를 양자화율의 절반으로 줄일 수 있다.

그림 8-4에서 보인바와 같이, 양자화 구간의 중간 값을 대표 값으로 사용하는 것이 평균 제곱 오차를 줄일 수 있는 것처럼 보인다. 하지만 최적의 대표 값은 아니다. 양자화 오차를 줄일 수 있는 대표 값은 양자화 구간에 분포한 입력 데이터의 확률 분포에 따라 결정된다. 비디오 코딩에서 양자화와 역양자화의 관계를 잘 고려해야한다. 이전에 언급한 것과 같이 역 양자화만이 표준에서 규정하는 부분이다. 즉, 양자화는 표준화의 대상이 아니라는 것이다. 그러나, 식 (8-2)와 같이 역양자화가 표준화 되었다면, 이의 특징과 입력 신호의 분포에 따라 양자화를 수행하는 것이 바람직하겠다. 또한, 주관적 화질 관점에서의 양자화는 더 정교한 양자화가 필요할 것이다.

8.2 HEVC의 양자화

HEVC에 채택된 역양자화 방법은 균등 복원 역양자화이며, 참조 소프트웨어를 통해 제공되는 방법은 데드존과 균등 문턱치 양자화이다. 균등 복원 역양자화는 이전의 압축 표준인 H.264/AVC 양자화에서 사용하던 방법이다. 이 절에서는 HEVC의 양자화 방법에 대해서 자세히 설명한다.

8.2.1 양자화 파라미터

일반적으로 비디오 압축에서는 양자화율을 변화 시킬 수 있으며, 변화된 양자화율을 이용하여 압축률을 조절할 수 있다. HEVC에서는 총 52개의 양자화율을 사용하며 양자화율은 정수 값이 아닌 실수 값을 사용한다. 하지만, 코덱의 구현관점에서 실수 값에 대한 접근이나 나눗셈을 방지하기 위하여 양자화율을 직접 사용하는 대신에 양자화 파라미터(QP : Quantization Parameter)를 사용한다. 즉, 양자화 파라미터는 0~51까지의 정수 값을 사용하며 각각의 양자화 파라미터에 대응된다. 표 8-1은 양자화 파라미터 값에 따른 실제 양자화율을 보여준다.

양자화율(QP_{step})은 0.625부터 시작하여 양자화 파라미터가 1증가할 때 대략 12% 정도 커지도록 설계되었다. 그림 8-5는 양자화 파라미터와 양자화율과의 관계를 보여준다. 양자화 파라미터가 6 증가할 때, 양자화율은 2배 증가한다. 기존의 H.264/AVC의 양자화와 유사하게 HEVC에서도 양자화 파라미터에 따른 화질이 선형적으로 변하도록 되어 있다. 즉, 양자화 파라미터를 변화시킴으로써 목표로 하는 화질을 달성할 수 있다.

▌표 8-1▐ 양자화 파라미터에 따른 양자화율

QP	0	1	2	3	4	5	6	7	8
QP_{step}	0.625	0.703	0.797	0.891	1.000	1.125	1.25	1.406	1.594
QP	9	10	11	12	…	16	17	18	…
QP_{step}	1.782	2	2.25	2.5	…	4	4.5	5	…
QP	24	…	30	…	36	…	42	…	51
QP_{step}	10	…	20	…	40	…	80	…	228

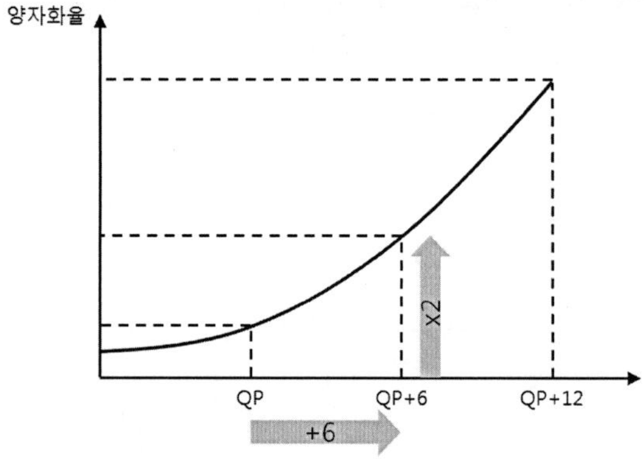

**그림 8-5 양자화 파라미터와 양자화율의 관계

휘도 성분과 색차 성분에 대한 양자화 파라미터 값은 다르게 사용할 수 있다. 색차 성분에 대한 양자화 파라미터는 PPS와 슬라이스 단위에서 오프셋 형태로 보내줄 수 있다. 이 오프셋은 휘도 성분을 위한 QP_Y에 더해지고, 표 8-2의 인덱스인 QP_i를 얻을 수 있다. QP_i 값을 이용하여 색차 성분을 위한 양자화 파라미터인 QP_C를 얻을 수 있다. QP_i 값이 30보다 작은 경우에는 QP_C의 값은 QP_i와 동일하며, 30 이상의 값에서는 휘도 성분의 양자화 파라미터보다 작은 양자화 파라미터를 사용한다. 43 이상의 QP_i에 대해서는 QP_i 보다 6만큼 적은 양자화 파라미터를 사용한다. 즉, 색차 성분에 대해서 2배 작은 양자화율을 사용한다.

▌표 8-2▐ QP_i에 따른 QP_C 값

QP_i	<30	30	31	32	33	34	35	36	37	38	39	40	41	42	43	>43
QP_c	$= Q_{Pi}$	29	30	31	32	33	33	34	34	35	35	36	36	37	37	$=QP_i-6$

8.2.2 양자화 과정

HEVC의 기본 양자화도 앞서 소개한 일반적인 양자화 방법과 개념적으로 동일하며, 부호화기에서 주파수 변환 이후에 수행된다. 양자화 과정은 부호화기에서 수행되는 것으로 표준 이슈가 아니다. 따라서, 이 절에서 설명하는 양자화 과정은 표준 문서에 명시되어 있지 않으며, 참조 소프트웨어를 기준으로 설명한다.

식 (8-3)과 같이, 양자화 과정은 변환 계수 (C)를 입력으로 하고 양자화율(Q_{step})로 나누어서 양자화된 계수 (C')를 얻을 수 있다.

$$C' = \frac{C}{Q_{step}} \tag{8-3}$$

하지만, 비디오 코덱에서는 나눗셈 연산의 오차 및 실수 연산의 계산 복잡도를 고려하여 나눗셈 연산을 사용하지 않는다. 따라서, 식 (8-4)와 같이 실수 값을 가지는 양자화율에 2의 지수승의 스케일을 곱하여 정수 형태로 만들고 스케일 값에 해당하는 값만큼 시프트 연산을 수행하게 된다. 여기서 *qbits*는 14를 사용, 즉 스케일 값은 2^{14}이다.

$$C' = \left(\frac{C}{Q_{step}} \times 2^{qbits}\right) \gg qbits \tag{8-4}$$

HEVC 부호화기에서는 양자화율과 스케일 값을 미리 곱하여 정수 형태로 가지고 있는 양자화 스케일(Quantization scale)을 정의하고 있다. 식 (8-5)와 같이 양자화 파라미터 0부터 5까지에 대해서 양자화 스케일 값을 정의하고 6이상의 양자화 파라미터에 대해서는 식 (8-6)의 양자화 스케일 값을 시프트하여 사용한다. 즉, 양자화 파라미터의 값이 6 증가할 때 양자화율은 선형적으로 2배씩 증가하게 된다.

$$QuantScale[k] = \{26214, 23302, 20560, 18396, 16384, 14564\},\ k = 0 \ldots 5 \tag{8-5}$$

최종적으로 식 (8-4)의 양자화는 식 (8-6)과 같이 쓸 수 있다.

$$C' = (C \times (QuantScale[QP\%6] \ll (QP/6)) + f) \gg (qbits + QP/6 + shift) \tag{8-6}$$

QP/6은 *QP*를 6으로 나눈 몫이고, *QP* % 6은 *QP*에 대한 6의 모듈러(나머지) 연산이다. *f*는 반올림을 위한 보정 값으로 화면 내 예측의 경우에는 $2^{(qbits+QP/6+5)}/3$이고, 화면 간 예측의 경우에는 $2^{(qbits+QP/6+5)}/6$을 사용한다. 양자화를 위한 시프트 연산에서 마지막에 있는 *shift* 값은 입력 데이터의 비트 심도와 변환 부호화의 크기에 따른 변환 부호화의 스케일을 고려한 것이다. 앞장에서 설명하였듯이, 부호화기에서 주파수 변환 계수는 16비트의 정밀도를 가진다. 예를 들어, 8비트 영상에 대한 차분 신호에 대해 4×4 크기의 주파수 변환을 사용하는 경우, 기저에 대한 스케일 값은 2^7이므로 수평 변환과 수직 변환을 수행하였을 때 총 2^{14}의 스케일이 증가된다. 하지만 부호화기에서 16비트의 정밀도를 유지하는 과정에서는 총 2^9의 다운 스케일만 수행되기 때문에, 여전히 2^5만큼 스케일이 증가된 상태이다. 따라서 양자화 과정에서는 양자화 율과 변환 부호화의 스케일을 함께 고려하여 양자화를 수행하는 것이다.

8.2.3 역양자화 과정

역양자화 과정은 복호화기와 관련된 표준으로, 표준 문서에 기록된 내용과 동일하게 수행되어야 한다. 역양자화는 식 (8-7)과 같이 양자화된 계수 (C')에 양자화율(Q_{step})을 곱하여 복원된 양자화 계수 $\tilde{C}$를 얻을 수 있다.

$$\tilde{C} = C' \times Q_{step} \tag{8-7}$$

하지만 양자화율은 실수이기 때문에 2의 지수승의 스케일을 곱하여 정수 형태로 계산된다. 역양자화를 위한 스케일 값은 2^6 이고, 양자화 파라미터에 따라 정의되어 있다. 식 (8-8)은 양자화 파라미터 0~5에 대한 계수 스케일 값(Level scale)을 보여준다. 6이상의 양자화 파라미터에 대해서는 이 스케일 값에 시프트를 적용하여 사용한다 [3].

$$LevelScale[k] = \{40, 45, 51, 57, 64, 72\},\ k = 0...5 \tag{8-8}$$

최종적으로 역양자화는 식 (8-9)와 같이 쓸 수 있다.

$$\widetilde{C} = (C' \times m \times (LevelScale[QP\%6] \ll (QP/6)) + (1 \ll (shift-1))) \gg shift \tag{8-9}$$

식 (8-9)의 *m*은 양자화된 변환 계수에 대한 스케일 값으로 기본적으로 16 (2^4)으로 모든 변환 계수에 대해 동일하게 적용된다. 이 값은 이후에 소개될 적응적 가중 양자화 방법에서 변환 계수에 대해 주파수별로 다른 스케일 값을 적용하는 방법에서 자세히 설명될 것이다. *shift* 값은 입력 데이터의 비트 심도와 변환 부호화의 크기에 따른 변환 부호화의 스케일을 고려한 것이다. 역양자화 할 때, 반올림을 위한 보정 값은 양자화 할 때와 달리 *shift*를 통해 나누는 값의 1/2을 사용한다. 즉, 균등 복원 역 양자화(Uniform reconstruction quantizer)이다. 역양자화 된 변환 계수는 16비트의 심도를 가지게 되며, 이것은 역변환 부호화의 입력으로 사용된다.

8.2.4 주파수별 가중 양자화

앞서 설명한 HEVC의 양자화 방법은 주파수 위치에 관계없이 동일한 양자화가 적용된다. 하지만, 인간의 눈은 주파수에 따라 다른 인지 특성을 가지고 있다. 일반적으로 DC, 저주파 및 중간 주파수의 열화는 인간이 잘 인지하는 반면 높은 주파수에 포함된 열화는 잘 인지하지 못한다. 즉, 저주파는 양자화에 의한 열화의 양이 비교적 적다고 해도 그 열화를 잘 느낄 수 있지만, 상대적으로 고주파 신호의 열화는 양자화 열화의 양이 크더라도 쉽게 눈에 띄지 않는다. 따라서, HEVC의 양자화에서는 주파수에 따라 양자화 강도를 조절하는 적응적 주파수별 가중 양자화(Adaptive frequency weighting quantization) 기술을 지원한다.

주파수별 적응적 가중 양자화 기술은 변환된 계수들에 대하여 주파수별로 양자화 강도를 다르게 적용하는 방법이다. 이는 기존의 H.264/AVC의 FRExt (Fidelity Range Extension, 충실도 확장) 프로파일에서 사용되는 양자화와 유사한 방법이다. 적응적 주파수별 가중 양자화는 미리 정의된 양자화 매트릭스를 사용하여 각 주파수별 양자화 강도를 다르게 적용한다. 예측 과정에서 생성된 차분 신호가 화면 간 예측에 의해 결정된 신호인지, 화면 내 예측에 의해서 결정된 신호인지에 따라 다른 양자화 매트릭스들이 정의되어 있다. 그림 8-6은 예측 모드 및 변환 크기에 따른 양자화 가중치 값을 보여준다 [3].

그림 8-6과 같이 적응적 주파수별 가중 양자화를 위하여 정의된 양자화 가중치 값은 해당 블록의 예측 모드와 위치에 따라서 다르게 정의되어 있다. 저주파 영역의 가중치가 고주파 영역에 비하여 작으며, 고주파 영역에 대해서는 화면 내 예측에 대한 가중치가 화면 간 예측에 대한 가중치보다 크다. 이는 사람이 잘 인지하지 못하는 고주파 영역 변환 계수를 0으로 만들기 위함이다. 그림 8-7과 같이 적응적 주파수별 가중 양자화를 사용하면 많은 고주파 계수가 0으로 양자화 된다. 양자화되어 특정 대표 값(0)의 발생 확률이 높아진 변환 계수는 이후에 수행되는 엔트로피 코딩 과정에서 이진 산술부호화를 통하여 효율적으로 압축될 수 있다. 또한, 일반적으로 예측 오차가 화면 간 예측보다 크게 발생하는 화면 내

16	16	17	21
16	17	20	25
17	20	30	41
21	25	41	70

(a) 4×4 화면 내 예측

16	16	17	21
16	17	21	24
17	21	24	36
21	24	36	57

(b) 4×4 화면 간 예측

16	16	16	16	17	18	21	24
16	16	16	16	17	19	22	25
16	16	17	18	20	22	25	29
16	16	18	21	24	27	31	36
17	17	20	24	30	35	41	47
18	19	22	27	35	44	54	65
21	22	25	31	41	54	70	88
24	25	29	36	47	65	88	115

(c) 8×8 화면 내 예측

16	16	16	16	17	18	20	24
16	16	16	17	18	20	24	25
16	16	17	18	20	24	25	28
16	17	18	20	24	25	28	33
17	18	20	24	25	28	33	41
18	20	24	25	28	33	41	54
20	24	25	28	33	41	54	71
24	25	28	33	41	54	71	91

(d) 8×8 화면 간 예측

**그림 8-6 주파수별 가중 양자화를 위한 양자화 가중치 값

예측 신호에 대하여 더 강한 양자화를 적용하기 위하여 화면 내 예측을 위한 양자화 가중치 값이 화면 간 예측의 양자화 가중치 값보다 더 크다.

적응적 주파수별 가중치 예측을 사용하는 경우, 식 (8-9)의 양자화는 식 (8-10)과 같이 다시 쓸 수 있다. *W*는 양자화 가중치 값으로 레벨 스케일 값과 함께 양자화 된 변환 계수에 곱해진다. 양자화 가중치에 대한 보상을 위해 *shift*에 추가적으로 2^4의 시프트 연산을 수행한다.

$$\widetilde{C} = (C' \times (LevelScale[QP\%6] \ll (QP/6) \times W) + (1 \ll (shift+4-1))) \gg (shift+4) \tag{8-10}$$

HEVC에는 주파수에 따라 서로 다른 가중 양자화를 적용하기 위하여 앞서 설명한 바와 같이 표준에 정의된 스케일 매트릭스를 사용하는 방법 외에 직접적으로 주파수 별 양자화 스케일 정보를 전송하는

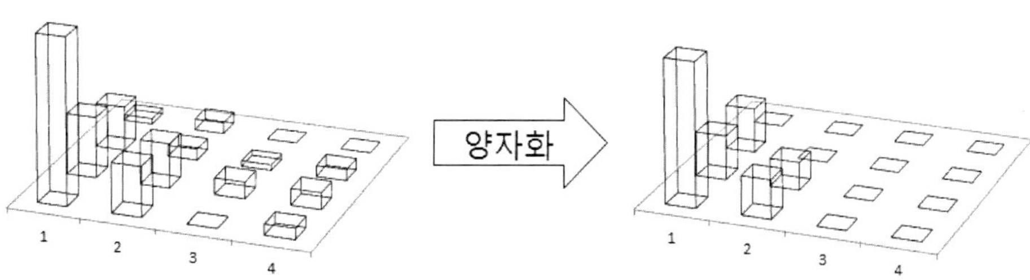

**그림 8-7 트랜스폼 계수 및 양자화 이후의 트랜스폼 계수의 예

seq_parameter_set_rbsp( ) {	**Descriptor**
...	
scaling_list_enabled_flag	u(1)
if(scaling_list_enabled_flag) {	
sps_scaling_list_data_present_flag	u(1)
if(sps_scaling_list_data_present_flag)	
scaling_list_data( )	
}	
...	
}	

**그림 8-8 주파수별 양자화 스케일과 관련된 SPS 신택스

방법이 존재한다. 이는 입력 영상의 주파수 특성에 따라 각 주파수에 해당하는 변환 계수들에 대해 서로 다른 양자화 스케일 값을 명시하여 임의로 주파수별 에러 범위를 조절하기 위한 방법이다. 주파수별로 서로 다른 양자화 스케일을 적용하는 방법은 인지 시각적 관점에서 주관적 화질을 향상시키기 위해 사용될 수 있다. 일반적으로 인간의 시각 시스템은 저주파 성분에 민감하며, 고주파 성분에 상대적으로 덜 민감하다. 이러한 특성에 근거하여 그림 8-6과 같이 고정된 형태의 양자화 스케일 행렬을 사용함으로써 주관적 화질에 이득이 발생할 수 있다. 그러나, 고정된 형태의 양자화 스케일 행렬이 모든 입력 영상에 대하여 적합한 것은 아니며, 이에 따라 각 주파수별 변환 계수에 적용할 양자화 스케일 값을 명시적으로 전송함으로써 주관적 화질 관점의 최적화를 수행할 수 있다. HEVC에서는 시퀀스 파라미터 셋(SPS : Sequence Parameter Set)과 픽쳐 파라미터 셋(PPS : Picture Parameter Set)을 통하여 주파수별 양자화의 사용 여부를 전송하며, 주파수별 양자화를 위한 SPS의 신택스는 그림 8-8과 같다. SPS의 신택스 중 scaling_list_enabled_flag 비트를 통하여 시퀀스 레벨에서 주파수별 가중 양자화를 사용할지 여부가 결정된다. 만일 scaling_list_enabled_flag의 값이 참이면 주파수별 가중 양자화가 사용되고, sps_scaling_list_data_present_flag를 추가로 분석한다. 만일 sps_scaling_list_data_present_flag가 참이면 추가로

pic_parameter_set_rbsp( ) {	**Descriptor**
...	
pps_scaling_list_data_present_flag	u(1)
if(pps_scaling_list_data_present_flag)	
scaling_list_data( )	
...	
}	

**그림 8-9 주파수별 양자화 스케일과 관련된 PPS 신택스

전송되는 주파수별 양자화 파라미터를 사용하고, 거짓인 경우 그림 8-6과 같이 표준에서 기본 값으로 정의된 양자화 파라미터 테이블을 사용한다.

SPS를 통해서 전송된 scaling_list_enabled_flag에 의해 전송된 주파수별 가중 양자화의 사용 여부에 의해 픽쳐 레벨에서 주파수별 가중 양자화의 사용 여부가 결정될 수 있다. PPS의 주파수별 가중 양자화 관련 신택스는 그림 8-9와 같다. 만일 SPS의 scaling_list_enabled_flag의 값이 거짓인 경우에는 PPS의 pps_scaling_list_data_present_flag의 값은 반드시 거짓이어야 한다. 그러나, SPS에서 주파수별 가중 양자화가 사용 가능한 경우에는 pps_scaling_list_data_present_flag에 의해 픽쳐 레벨에서 주파수별 양자화 스케일 값을 재정의 할지, 아니면 SPS에서 결정된 주파수별 양자화 스케일 값을 동일하게 사용할지의 여부가 결정된다. 만일 pps_scaling_list_data_present_flag의 값이 참인 경우, 주파수별 양자화 스케일 값이 새롭게 정의될 수 있다.

만일 SPS 또는 PPS에서 주파수별 양자화 스케일 값이 재정의 될 경우, 해당 주파수별 양자화 스케일 값을 재정의 하는 두 가지 방법이 존재한다. 첫 번째 방법은 그림 8-6과 같이 기본적으로 정의된 주파수별 양자화 스케일 매트릭스 중 하나를 선택하는 방법이다. 두 번째 방법은 각 주파수별 양자화 스케일을 직접적으로 전송하는 방법이다. 이 때, DC를 위한 양자화 스케일 값은 전송할 양자화 스케일 매트릭스의 크기가 4×4인 경우 8로 초기화 되며, 8×8 이상인 경우는 해당 스케일 값에서 8을 뺀 값을 직접 전송한다. 이후 DC를 위한 양자화 스케일 값을 기준으로 각 주파수별 양자화 스케일 값은 래스터 스캔 순서(Raster scanning order)에 따라 바로 이전의 양자화 스케일 값과 현재 주파수 위치의 양자화 스케일 값 간의 차이값을 전송한다.

8.2.5 delta QP

앞 절에서 살펴본 것처럼 HEVC는 변환 블록의 계수 값들에 대한 양자화를 위하여 0~51 중 하나의 값을 양자화 파라미터로 사용한다. 양자화 파라미터의 값이 클수록 양자화 율도 커지며 이에 따라 더 큰 양자화 에러가 변환 블록의 계수 값에 발생되며, 복원 영상의 화질 열화도 더 심해진다. 일례로, 그림 8-10은 입력 영상에 대해서 양자화 파라미터 값으로 25를 사용하여 압축하고 이를 복원한 영상 (그림 8-10(a))과 45를 사용하여 압축하고 이를 복원한 영상(그림 8-10(b)) 각각을 보인다. 그림 8-10(b)와 같이 높은 양자화 파라미터를 사용하는 경우 주관적 화질이 크게 저하됨을 확인할 수 있다. 하지만, 초당 발생 비트를 살펴보면 그림 8-10(b)의 경우가 100kbps로 그림 8-10(a)의 820kbps 보다 약 8배 정도 더 적게 발생함을 알 수 있다. 이처럼 양자화 파라미터의 값을 크게 하면 발생되는 비트양이 낮아지지만 화질이 저하되므로, 인코더에서는 압축률과 주관적 화질 열화를 고려하여 적절한 양자화 파라미터를 선택해야 한다. 또한, 인코더는 애플리케이션의 특성에 따라 양자화 파라미터를 결정해야 하기도 한다. 예를 들어, 압축된 동영상을 전송하는 경우에는 채널에서 전송 가능한 초당 비트양을 고려해서 양자화 파라미터를 결정해야 한다. 전송 채널에서 지원 가능한 초당 비트양이 낮은 경우에는 상대적으로 높은 양자화 파라미터를 사용하여 압축률을 높여야 한다.

일반적으로 비디오와 오디오를 압축하는 경우에 고정 비트레이트(CBR : Constant Bit-Rate) 또는 가변 비트레이트(VBR : Variable Bit-Rate)의 형태로 압축을 수행한다. CBR은 시간적으로 발생 비트율이 일정한 경우를 의미하며, VBR은 CBR과 달리 발생 비트레이트가 가변적인 경우을 의미한다. 앞에서 언급

(a) QP=25 (b) QP=45

**그림 8-10 양자화 파라미터에 따른 복원 영상의 화질 변화

한 것처럼 압축된 비디오나 오디오를 특정 밴드폭을 갖는 채널을 통해 전송하는 스트리밍 서비스에서는 일반적으로 CBR이 사용되며, 압축된 미디어를 저장하는 경우에는 VBR이 사용된다. CBR과 VBR을 HEVC와 관련하여 생각해보자. 먼저, 동영상 전체에 대해서 하나의 양자화 파라미터를 사용하는 경우에는 움직임이 많고 복잡한 특성을 갖는 입력 영상에는 많은 비트가 발생할 것이고, 그렇지 않은 입력 영상에서는 더 적은 비트가 발생할 것이다. 따라서, 이러한 경우에는 VBR 형태로 비트스트림이 생성될 것이다. 이처럼 영상 전체에 하나의 양자화 파라미터를 사용하면 양자화 에러가 일정하기 때문에 각 영상 단위로 일정한 객관적 화질 값이 측정 된다. 앞서 언급한 것처럼 HEVC를 통해서 영상을 압축하고 이를 스트리밍하는 애플리케이션을 고려하면 양자화 파라미터를 적절히 변경함으로써 CBR 형태의 비트스트림을 생성해야 한다. 움직임이 많고 복잡한 특성을 갖는 입력 영상은 많은 비트가 발생하므로 해당 영상에는 발생 비트를 줄이기 위해서 상대적으로 높은 양자화 파라미터를 사용해야 하며, 움직임이 적고 덜 복잡한 영상은 발생 비트가 적으므로 상대적으로 낮은 양자화 파라미터를 사용해서 발생 비트를 조금 더 증가 시켜야 할 것이다. CBR의 경우에는 발생 비트량은 일정하지만 각 영상 단위로 양자화 파라미터가 다르므로 객관적 화질은 일정하지 않게 된다.

동영상 압축 표준 기술에서 양자화 파라미터를 조절한다고 할 때, 어떠한 단위에서 양자화 파라미터를 조절할지는 상당히 중요하다. 예를 들어, HEVC에서 변환 및 양자화는 TU 단위로 수행되는데 인코더에서 TU 단위로 양자화 파라미터를 전송한다면 많은 전송 오버헤드가 발생하게 된다. 이와 반대로 슬라이스나 픽쳐 단위에서 한 번 양자화 파라미터를 전송한다면 양자화 파라미터 전송에 대한 오버헤드는 없지만, 세밀한 비트 컨트롤이 어려워 CBR 조건을 만족시키기 어려울 것이다. H.264/AVC까지의 동영상 압축 표준 기술에서는 매크로블록 단위로 코딩을 수행하고, 매크로블록 단위로 양자화 파라미터를 전송하였다. 그러나, 앞서 언급한 것처럼 HEVC는 CTU와 CU라는 개념을 사용하는데 둘 다 가변 크기를 갖기 때문에, HEVC에서는 양자화 파라미터를 전송하는 단위에 대해서 표준화 단계에서 많은 논의를 거쳐, CU 단위에서 양자화 파라미터를 전송하는 것으로 결정되었다. 또한, 양자화 파라미터를 블록 단위로 전송하는 방법에 있어서도 그림 8-11(a)과 같이 각 블록 단위에서 파라미터를 명시적으로 전송하는 방법과 블록 단위에서 양자화 파라미터를 예측한 후 그 차분 값만을 전송하는 방법 (그림 8-11(b))이 존재한다. 앞서 언급한 것처럼 양자화 파라미터를 인코더에서 디코더로 전송할 때 전송 오버헤드가 발생하므로 이를 줄이기 위하여 이미 전송된 양자화 파라미터 값에서 현재 전송하고자 하는 양자화 파라미터를 예측한 후 그 차분 값을 전송하는 것이다. 그림 8-11(b)에서는 양자화 파라미터를 전송하는 블록에서 순차 주사

22	23	23	23	23	23	23
23	23	23	23	23	23	24
25	25	25	25	25	25	25
25	25	25	25	25	25	25

(a) 각 블록 단위로 양자화 파라미터 기술

22	1	0	0	0	0	0
0	0	0	0	0	0	1
1	0	0	0	0	0	0
0	0	0	0	0	0	0

(b) 각 블록 단위로 양자화 파라미터를 예측하여 차분 값 만을 기술

**그림 8-11 양자화 파라미터의 시그널링 방법

순으로 예측을 수행하는 기술에 대해서 설명했지만, H.264/AVC에서는 양자화 파라미터를 전송하는 매크로블록의 왼쪽과 위쪽에 위치하는 매크로블록에서의 양자화 파라미터의 평균값을 계산하고, 계산된 평균 값을 통해 현재 코딩하는 매크로블록의 양자화 파라미터를 예측한다. 앞서 4장에서 설명한 것처럼 HEVC의 CU는 쿼드-트리 구조로 분할될 수 있기 때문에 H.264/AVC와 같은 기존의 동영상 압축 표준과 달리 왼쪽과 위쪽의 블록에 대해서 정의하는 것이 필요하다.

먼저 HEVC에서 양자화 파라미터의 차분값을 전송하는 단위에 대하여 살펴보도록 하자. HEVC 이전의 동영상 압축 코덱에서는 매크로블록 단위로 양자화 파라미터의 차분값을 전송하였다. 매크로블록이 화면 내 또는 화면 간 예측이 수행되는 기본 단위로 보면, 매크로블록은 HEVC의 CU와 개념이 유사하다. HEVC에서는 기본적으로 CU 단위로 양자화 파라미터의 차분값을 전송할 수 있도록 했는데, CU에서 TU가 분할될 때 최대 분할 깊이를 제한할 수 있는 것과 유사하게 양자화 파라미터가 전송되는 CU의 깊이를 CTU로부터 제한할 수 있다. 예를 들어, 그림 8-12(a)는 64×64 CTU가 네 개의 32×32 CU로 분할되었고 양자화 파라미터의 차분 값이 시그널링되는 CU의 크기도 32×32인 경우에 대한 예이다. 그림 8-12(a)의 경우 각 CU 단위에서 양자화 파라미터의 차분 값이 전송되게 된다. 그림 8-12(b)는 64×64 CTU가 최소 8×8 CU까지 분할된 경우에 있어서 양자화 파라미터의 차분 값이 64×64 CU 단위로 전송되는 경우에 대한 예이다. 그림 8-12(b)를 참조하면 CTU가 다수의 CU로 분할됨에도 불구하고 단 하나의 양자화 파라미터 차분 값만이 전송됨을 알 수 있다. HEVC 인코더는 양자화 파라미터 차분 값이 전송되는 CU의 크기를 인코더에서 디코더로 전송하기 위하여 픽쳐 파라미터 셋에서 휘도 성분의 CTB의 크기와 양자화 파라미터 차분 값이 전송되는 CU의 크기에 각각 $\log_2$를 취한 후 그 차분값 만을 전송한다. 예를 들어, 그림 8-12(a)는 CTU의 크기가 64×64이고 32×32 CU 단위로 양자화 파라미터 차분 값이 전송되므로 "$\log_2(64)$-$\log_2(64)$"의 결과 값인 "1"이 전송된다. 그림 8-12(b)는 CTU의 크기가 64×64이고 64×64 CU 단위로 양자화 파라미터 차분 값이 전송되므로 "$\log_2(64)$-$\log_2(64)$"의 결과 값인 "0"이 전송된다.

HEVC는 양자화 파라미터의 차분 값을 CU 단위로 전송하기 전에 픽쳐 파라미터 셋(PPS : Picture Parameter Set)과 슬라이스 단위로도 전송한다. 그림 8-13을 참조하면 PPS는 여러 픽쳐를 위해서 미리 한 번 전송되는 데이터인데, HEVC는 PPS 단위에서 "init_qp_minus26" 이라는 값을 전송한다. 이 값은 실제 양자화 파라미터 값에서 26을 빼준 값으로 양자화 파라미터의 범위가 0~51임을 고려하면 절반 정도의 값으로 예측하여 보내주는 것임을 알 수 있다. 예를 들어, 세 장의 픽쳐가 26, 26, 26의 양자화

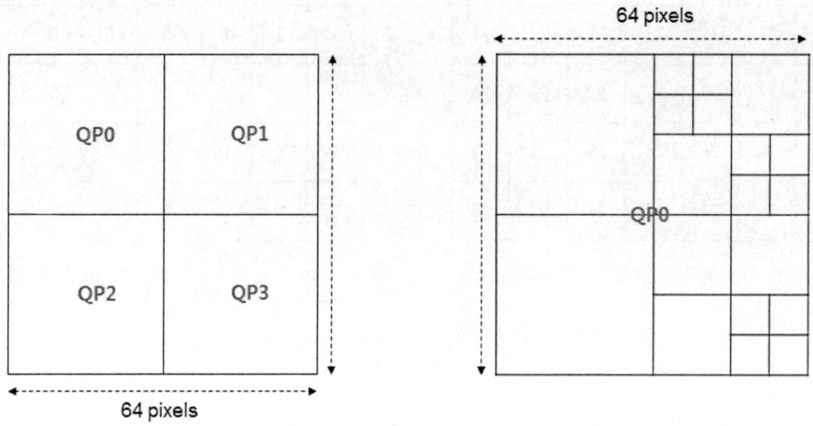

(a) 64×64 CTU에 32×32 CU 단위의 양자화 파라미터 차분 값 전송의 예 (b) 64×64 CTU에 64×64 CU 단위의 양자화 파라미터 차분 값 전송의 예

**그림 8-12 HEVC 양자화 파라미터 차분 값 전송의 예

파라미터를 값을 가진다면, 각 픽쳐 단위로 이 값을 전송하기 보다는 PPS에서 한 번 이 값을 전송하는 것이다. 또한, 해당 값을 전송할 때 "26"을 빼준 후 전송하게 된다. 본 예제에서는 "0"이라는 값이 PPS에서 한번 전송될 것이다. 추가적으로 HEVC에서는 슬라이스 양자화 파라미터의 차분 값을 전송할 수 있다. 그림 8-13과 같이, 픽쳐는 여러 슬라이스로 분할될 수 있는데 이때 각 슬라이스의 양자화 파라미터 값이 서로 다를 수 있다. 따라서, PPS에서 시그널링되는 "init_qp_minus26" 값에 26을 더하여 각 픽쳐 단위에서 양자화 파라미터를 계산하고 해당 값에 추가적으로 "slice_qp_delta"값을 더하는 것이다. 따라서 각 슬라이스에서 초기 양자화 파라미터 값 (*SliceQpY*)은 식 (8-11)과 같이 계산된다.

$$Slice\,Qp_Y = 26 + init\_qp\_minus26 + slice\_qp\_delta \quad (8\text{-}11)$$

앞서 언급한 것처럼 HEVC는 CU 단위로 양자화 파라미터의 차분 값 (*CuQpDeltaVal*)을 전송할 수 있는데, 이 경우 현재 CU의 양자화 파라미터 값은 왼쪽과 위쪽 CU로부터 계산되는 예측 값 (*QpYPred*)과 양자화 파라미터 차분 값(*CuQpDeltaVal*)을 더함으로써 계산된다. 양자화 파라미터를 위한 예측 값 (*QpYPred*)을 계산할 때 양자화 파라미터 차분 값이 전송된 CU가 슬라이스의 처음이거나 타일의 처음인 경우에는 주변에 참조할 수 있는 양자화 파라미터가 존재하지 않기 때문에 슬라이스의 초기 양자화 파라미터 값 (*SliceQpY*)를 예측 값 (*QpYPred*)으로 사용한다. 여기서, 슬라이스와 타일에 대한 개념은 12 장에서 다뤄질 것이다. 그림 8-14는 양자화 파라미터 예측 값 (*QpYPred*)을 구하는 것에 대한 예이다. 64×64 CTU에서 코딩하는 CU의 좌-상 픽셀의 좌표 값이 (48, 0)이고 양자화 파라미터 차분 값이 전송되는 CU의 크기가 32×32인 경우 양자화 파라미터 차분 값은 (*xQg, yQg*)를 좌-상 픽셀로 하는 32×32 CU에 시그널링된다. 본 예제에서 (*xQg, yQg*)의 값을 계산해보면 (32, 0)이 되고 개념적으로 32×32 CU의 첫 번째 픽셀로 좌표가 이동됨을 알 수 있다. 양자화 파라미터 예측 값 (*QpYPred*)은 (*xQg, yQg*) 픽셀 좌표를 기준으로 왼쪽 픽셀 (*xQg-1, yQg*)을 포함하는 CB (*Coding Block*)에서의 양자화 파라미터 값 (*QPa*)과 위쪽 픽셀 (*xQg, yQg-1*)을 포함하는 CB의 양자화 파라미터 (*QPb*)를 통해 식 (8-12)와 같이 계산된다. 이때 왼쪽 또는 위쪽 방향에 CB가 위치하지 않은 경우에는 해당 위치의 양자화 파라미터 값으로

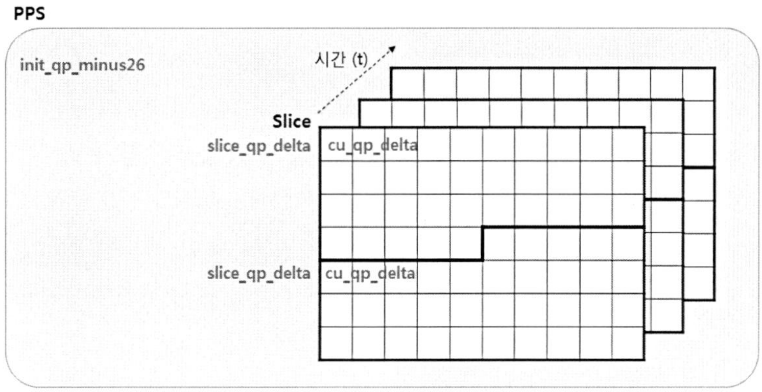

**그림 8-13 HEVC의 양자화 파라미터 관련 변수들

이전에 계산된 예측 값(*QpYPred*)를 사용한다.

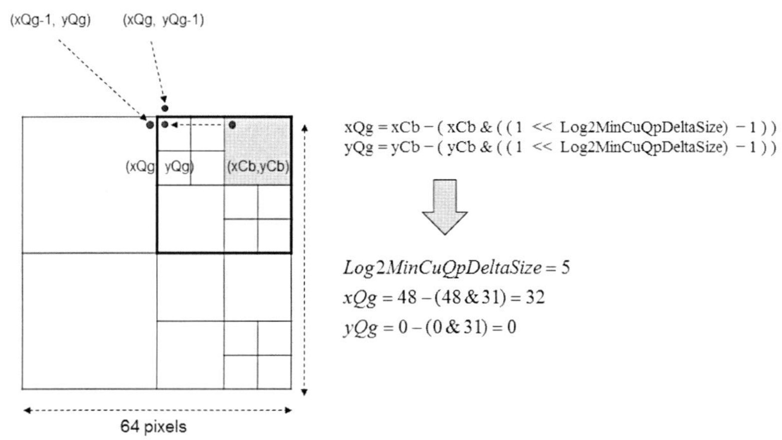

**그림 8-14 HEVC의 양자화 파라미터 예측 값 생성을 위한 주변 픽셀 좌표 계산의 예

$$QpYPred = (QPa + QPb + 1) \gg 1 \tag{8-12}$$

8.3 객관적 화질과 양자화

앞서 설명한 바와 같이 화면 내 예측과 화면 간 예측을 통하여 공간/시간적 중복성이 제거된 잔차신호를 변환한 뒤, 주파수 축의 잔차신호에 대하여 양자화가 적용되고, 이후 엔트로피 부호화를 통해 압축된다. 비디오 압축 과정 중 양자화는 유일하게 정보의 손실을 발생시키는 과정이다. 즉, 양자화의 강도를 조절하여 고주파 영역에 존재하는 잔차신호의 변환계수를 제거함으로써 화질의 저하가 야기된다. 양자화 과정에서 제거된 후 남아있는 0이 아닌 변환계수의 양에 따라 엔트로피 부호화 과정에서 해당 변환계수를 비트열로 압축할 때 발생하는 비트량이 달라진다. 이에 따라 입력되는 영상을 압축하는 과정에서 양자화를 통해 저하되는 화질의 정도가 클수록(양자화 강도가 높을수록) 비트량이 적게 발생함을 알 수 있다. 결론적으로, 압축과정에서 발생되는 비트량은 화질과 비례(에러의 양과 반비례)한다고 말할 수 있다. 비디오 압축의 목표는 보다 적은 양의 비트를 사용하면서 영상의 화질을 향상시키는 것인데,

위의 설명과 같이 비트량과 영상의 화질은 이율배반적 관계에 있다.

이러한 에러량과 비트량 간의 관계 때문에 비디오 코딩의 성능을 객관적으로 평가하기 위해서는 화질과 비트율을 동시에 고려해야한다. 즉, 동일한 화질에서 적은 양의 비트가 발생하거나 동일한 양의 비트에 대해 향상된 화질을 달성해야 비로소 높은 성능의 비디오 코딩 방법이라 할 수 있다. 즉, 비디오 압축과정에 존재하는 다양한 모드 중 최적 모드를 결정하는 과정에서는 반드시 비트량과 에러의 양 간의 관계를 고려해야한다. 그러나 비트량과 에러는 물리적 의미가 달라, 단순 비교가 불가능한 문제가 있으며, 이러한 문제를 해결하기 위해 부호화 과정에서는 율-왜곡 최적화(RDO : Rate-Distortion Optimization)를 사용한다.

일반적으로 부호화 과정에서 양자화 파라미터에 따른 최적의 모드는 율-왜곡 최적화를 통해 결정된다. 이는 입력되는 양자화 파라미터의 값에 따라 발생하는 에러의 양과 해당 모드로 압축과정을 수행함에 따라 발생되는 비트량 간의 관계를 모델링하여 적은 비트량으로 최고 화질을 달성할 수 있는 모드를 선택하는 방법이다. 압축된 영상의 화질은 일반적으로 PSNR (Peak Signal to Noise Ratio)을 사용하여 측정되기 때문에, 율-왜곡 최적화 과정에서 측정되는 에러의 양은 MSE (Mean Squared Error)를 사용하여 측정된다. 이는 원본 영상과 압축과정에서 손실이 발생된 복호화 영상 간의 화소차를 이용하는 에러 측정 방법으로 일반적으로 널리 사용되는 객관적 화질 측정 방법 중 하나이다. 실제로 HEVC에서는 SSE (Sum of Squared Error)를 사용한 율-왜곡 최적화를 통해 모드를 결정한다. 하지만, MSE는 단순한 SSE의 평균이므로, 물리적인 의미에서는 동일한 화질 기준으로 볼 수 있다. 이러한 객관적 기준에 의해서 측정된 에러의 양과 이 때 발생된 비트의 양을 사용한 율-왜곡 비용은 식 (8-13)과 같이 모델링된다.

$$J(\text{mode}, QP) = D(\text{mode}, QP) + \lambda(\text{mode}, QP) R(\text{mode}, QP) \tag{8-13}$$

식 (8-13)에서 D, R, J는 예측모드와 양자화 파라미터에 따른 에러의 양, 발생된 비트량, 율-왜곡 비용을 각각 의미한다. 수식 내에 존재하는 λ는 라그랑지안 값(Lagrangian multiplier)으로, 특정 비트량에서 화질과의 관계를 표현하기 위한 파라미터로 에러의 양과 비트량 간의 축 불일치 문제를 해결하기 위하여 사용된다. 즉, 서로 다른 축을 갖는 에러와 비트량을 동일한 축으로 이동시킴으로써 두 개의 압축 기준 값을 율-왜곡 비용 (J)이라는 하나의 값으로 표현 가능하다. 그러나, 영상의 특성에 따라서 발생되는 비트량과 그에 따른 에러의 양은 다양하다. 그러므로 최적의 λ 값을 결정하는 것은 율-왜곡 최적화를 이용한 영상의 압축 성능에 많은 영향을 미친다. 일반적으로 λ 값은 한정된 영상을 이용하여, 다양한 방법으로 부호화를 수행하여 각각의 경우에 발생되는 에러의 양과 비트량 간의 관계를 통해 경험적으로 정의된다.

결과적으로 율-왜곡 최적화 모델을 통하여 결정된 율-왜곡 비용의 비교를 통하여 에러량과 비트량을 동시에 고려했을 때 더 작은 비용을 발생시키는 모드를 최적 모드로 결정함으로써 압축 효율을 높일 수 있다. 이러한 율-왜곡 최적화 모델은 비록 비표준 이슈이지만, 비디오 코딩에서 압축 성능을 결정하는 매우 중요한 개념이며, 이를 이용한 모드 결정 방법은 이후 12장에서 더욱 자세히 설명될 것이다.

8.4 주관적 화질 개선을 위한 양자화

비디오 압축을 통해 달성하고자 하는 목표는 최소 비트량으로 최고 화질을 얻는 것이다. 8.3.6 절을 통하여 비디오 압축의 목표를 달성하기 위해 객관적 화질을 통한 율-왜곡 최적화 방법을 사용한다고 설명하였다. 객관적 화질은 영상을 신호적 관점으로 보았을 때, 저하되는 화질의 양을 정량적으로 표현할 수 있기 때문에 서로 다른 코딩환경에서 성능의 비교가 쉽고, 에러의 양에 따라서 영상의 화질이 결정될 수 있다는 가정 하에서 타당하다. 또한, 대체로 인간이 느끼는 화질은 에러의 양과 높은 연관성을 갖는다. 그러나, 인간의 시각 특성(HVS : Human Visual System)을 고려한 화질의 관점에서 PSNR과 같은 객관적 화질은 정확하다고 할 수는 없다. 실제로 인간의 눈은 다양한 특성을 갖고 있기 때문에 단순히 신호적인 관점에서의 에러량을 통해 측정된 화질과 실제로 느끼는 주관적인 화질은 다르다. 인간의 시각 특성을 고려하는 방법은 오랜 기간 동안 진행되어오고 있으며, 다양한 인간의 시각 특성을 고려한 비디오 코딩 방법이 존재한다.

인간의 시각 특성을 고려한 양자화 방법을 사용할 때, 율-왜곡 최적화 모델은 식 (8-13)으로부터 식 (8-14)와 같이 정의될 수 있다.

$$J_P(\mathrm{mode}, QP_{percept}) = D_P(\mathrm{mode}, QP_{percept}) + \lambda(\mathrm{mode}, QP_{percept})R(\mathrm{mode}, QP_{percept}) \quad (8\text{-}14)$$

식 (8-14)의 율-왜곡 최적화 모델은 인간의 시각 특성을 고려하여 해당 코딩 블록의 양자화 파라미터 값을 결정하고, 결정된 양자화 파라미터에 대한 에러량, 비트량을 비교한 것이다. 인간의 특성을 고려한 주관적 화질 관점에서의 최적 양자화 파라미터를 결정하기 위한 판단 기준은 명도대비 민감도 함수(Spatial contrast sensitivity function), 명도대비 마스크 효과(Contrast masking effect)등으로 매우 다양하다. 그 중 일반적으로 잘 알려져 있고, 많이 사용되는 방법으로 JND (Just Noticeable Difference)를 소개한다. JND는 인간의 눈이 명도 대비에 민감하며, 주변의 밝기에 따라 민감도가 달라진다는 특성을 모델링 한 것이며 그림 8-15와 같다. 그림 8-15의 x축은 기준화소 주변의 밝기를 의미하며, y축은 주변 밝기 대비 인지 가능한 명도의 차이 값을 의미한다. 그림 8-15를 통하여 인간의 눈은 매우 어둡거나 매우 밝은 영역에서는 밝기 차가 상대적으로 커야 해당 화소의 변화를 인지할 수 있고, 중간 영역의 밝기에서는 밝기 차가 매우 작은 화소까지도 인지할 수 있음을 알 수 있다. 즉, 인간의 눈은 중간정도의 밝기 환경에서 매우 민감하게 명도변화를 인지할 수 있음을 알 수 있다. 이러한 JND 모델이 적용된 율-왜곡 최적화 모델을 이용해 결정된 양자화 파라미터는 기존의 PSNR 기반의 율-왜곡 최적화 모델을 이용해 결정된 양자화 파라미터와 다른 값을 가질 수 있다. 즉, 해당 코딩 블록 내부의 평균 밝기에 대해, 인지 가능한 명도대비를 갖는 화소가 포함된 경우, 해당 블록에 대한 양자화 파라미터를 낮게 결정함으로써 인지 가능한 영상 정보를 보존하여 인지품질을 향상 시킬 수 있다. 반대로, 블록 내부에 고주파 성분이 존재한다 하더라도, 인간이 인지할 수 없는 영역인 경우에는 강한 양자화를 통해 불필요한

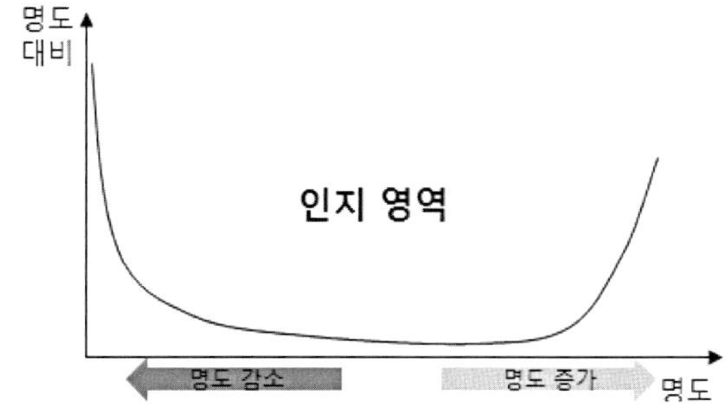

**그림 8-15 주변 밝기에 대한 명도대비의 JND 모델

고주파 성분을 제거함으로써 인지품질의 저하 없이 발생 비트량을 줄여, 압축 성능을 향상시킬 수 있다.

본 장에서 설명한 율-왜곡 최적화 모델 기반의 객관적/주관적 화질 향상 방법은 표준과 관련된 사항은 아니다. 하지만, 영상의 화질과 비트율을 동시에 고려하여 최적 모드의 결정을 통해 최고의 압축 성능을 달성하기 위한 매우 중요한 개념이다. 압축 성능의 향상을 위한 다양한 모드와 예측 기술들은 결국, 율-왜곡 모델을 통하여 어떻게 결정되는가에 따라 영상의 압축 성능이 향상될 수 있다.

8.5 무손실 압축 부호화

일반적인 비디오 코딩은 대부분 손실 압축 방식을 사용하고 있다. 압축되지 않은 순수한 비디오 데이터는 데이터량이 매우 크기 때문에 저장 및 전송을 위해서 높은 압축률로 압축을 한다. 하지만, 질병의 진단 및 진료를 위한 의료 영상, 정확한 지형과 위치를 파악해야 하는 군사 영상, 예술품의 저장을 위한 기록 영상 등과 같은 응용에서는 압축률보다 고화질의 영상을 얻는 것이 중요하다. 따라서, 이러한 응용에서 무손실 압축 방식을 사용하고 있다. 앞서 비디오 압축에서 예측, 변환부호화, 엔트로피 코딩 등의 과정은 무손실 압축이며, 양자화에 의해서 데이터의 손실이 발생한다고 소개하였다. 즉, 양자화를 수행하지 않으면 무손실 압축을 얻을 수 있다. 하지만, 양자화를 수행하지 않는 경우, 일반적으로 양자화 앞의 과정인 변환 부호화도 함께 수행하지 않는다. 변환 부호화는 양자화를 효과적으로 수행하기 위하여 인간 시각의 관점에서 사람이 잘 인지하지 못하는 부분의 양자화를 수행할 수 있도록 주파수 영역으로 변환해주는 과정이기 때문이다. 또한, 복원 영상을 만든 후에 양자화 오차를 보정하기 위해 수행되는 디블록킹 필터, 샘플 적응적 오프셋 등의 루프 필터도 수행하지 않는다. 이러한 무손실 압축을 위한

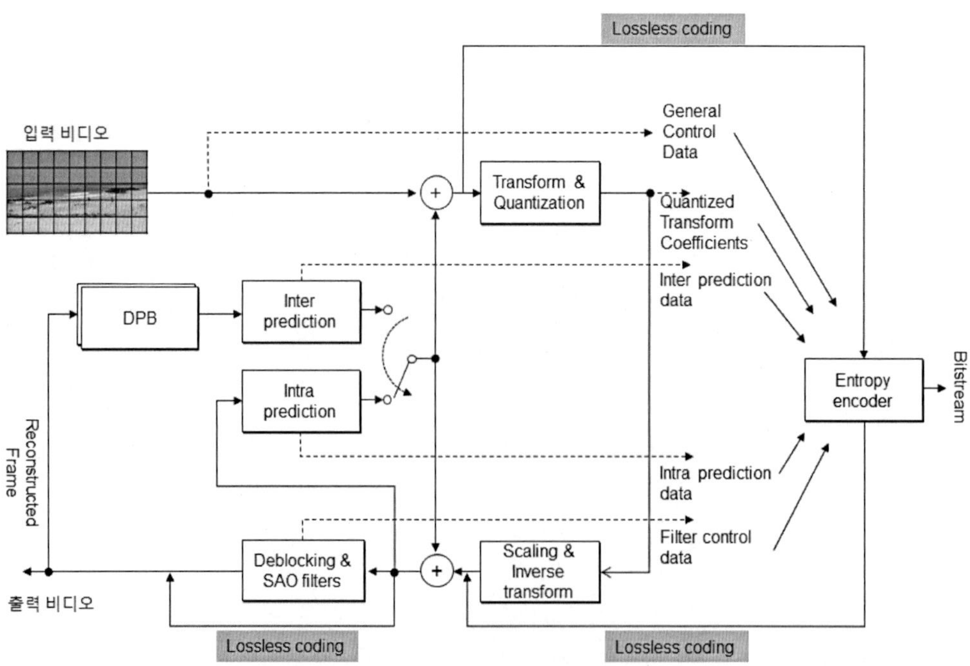

**그림 8-16 무손실 압축을 위한 인코더 블록도

HEVC 부호화기의 블록도는 그림 8-16과 같다. 그림 8-16의 부호화 과정 중 무손실 압축은 음영 처리된 루트에 따라 수행된다.

무손실 압축을 위한 구문은 PPS와 CU 단위에서 정의되어 있다. 먼저, PPS에 정의된 transquant_bypass_enable_flag에 의해서 픽처 단위에서 무손실 압축이 가능한지 여부를 보내준다. 이 플래그가 1인 경우, CU 단위에서 정의된 cu_transquant_bypass_flag를 전송하여 CU 단위에서 무손실 압축 여부를 다시 결정하게 된다. 이 플래그가 1인 경우, 해당 CU는 무손실 압축으로 부호화되며, 변환 부호화, 양자화 및 루프 필터가 수행되지 않는다.

참고문헌

[1] Iain E. G. Richardson, "Quantisation," in H.264 and MPEG-4 video compression, Chichester, UK, Wiley, 2003, pp. 51-56.

[2] Gary J. Sullivan, Jens-Rainer Ohm, and W. Han, "Overview of the high efficiency video coding (HEVC) standard," IEEE Trans. on Circuits Syst. Video Technol., vol. 22, no. 12, pp. 1649-1668, Dec. 2012.

[3] Benjamin Bross, Woo-Jin Han, Jens-Rainer Ohm, Gary J. Sullivan, Ye-Kui Wang, and Thomas Wiegand, "High efficiency video coding (HEVC) text specification draft 10 (for FDIS & Last Call," document JCTVC-L1003_v34, Geneva, CH, Jan. 2013.

HEVC 인-루프 필터

09

HEVC의 인코딩 과정은 예측, 변환, 양자화, 엔트로피 코딩으로 나눌 수 있는데 예측, 변환, 엔트로피 코딩과 달리 양자화 과정에서는 양자화 에러가 발생될 수 있음을 8장을 통해 살펴보았다. HEVC의 양자화는 QP (Quantization Parameter) 값에 의해서 컨트롤 되는데 QP 값이 작으면 변환 계수에 대해 촘촘한 양자화가 수행되어 양자화 에러가 상대적으로 작고, QP 값이 크면 양자화 에러가 크게 발생한다. 특히, QP 값이 큰 경우에는 양자화 에러로 인하여 복원된 픽쳐에 블록킹 열화(Blocking artifact)와 링잉(Ringing) 현상이 발생될 수 있으며, 이로 인해서 복원된 영상의 주관적 화질이 저하되는 문제가 발생한다. 이러한 주관적 화질 저하 문제는 HEVC 뿐만 아니라 양자화를 사용하는 모든 비디오 코덱에서 발생되는 문제로 이를 개선하기 위한 다양한 알고리즘들이 개발되어 왔다. 대표적으로 복원된 픽쳐에 필터링을 수행함으로써 주관적 화질을 향상 시키는 방식이 있다. 이러한 필터링 방식은 필터링 된 픽쳐를

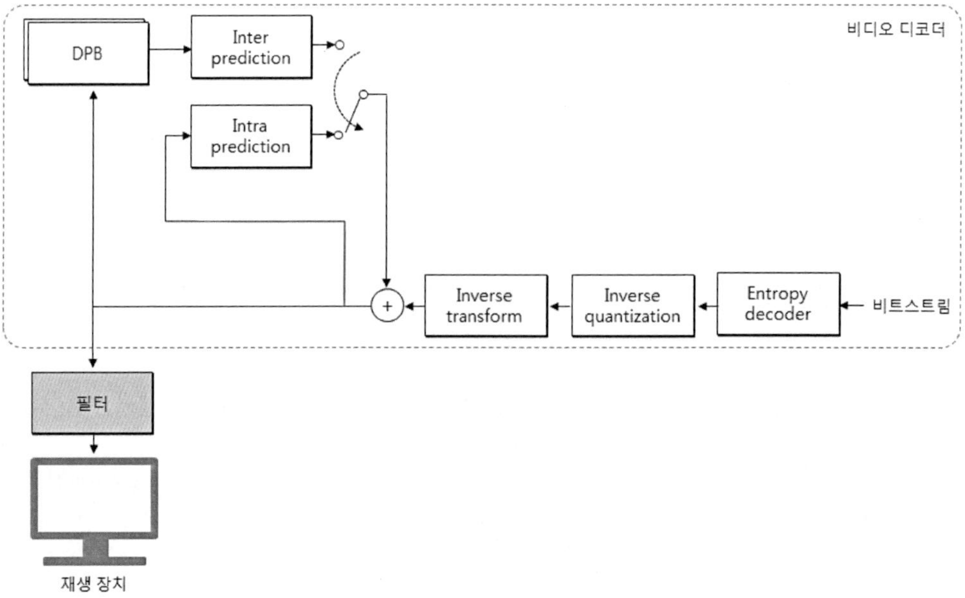

**그림 9-1 후처리 필터 방식

화면 간 예측 모드에서 참조 픽쳐로 사용하는지에 대한 여부에 따라 크게 그림 9-1의 "후처리 필터 방식"과 그림 9-2의 "인-루프(In-loop) 필터 방식"으로 나뉜다.

먼저, 후처리 필터 방식이란, 비디오 재생 장치가 비디오 디코더가 출력한 복원 픽쳐에 필터링을 수행한 후 필터링 된 픽쳐를 디스플레이 하는 방식이다. 후처리 필터 방식의 대표적인 예는 MPEG-2 비디오인데, MPEG-2 비디오는 비디오 디코더 표준에서는 필터링 기술을 포함하고 있지 않지만, 텔레비전의 제조사별 (재생 장치)로 서로 다른 필터 기술을 사용하여 복원 픽쳐에 필터링을 적용하고 필터링 된 영상을 디스플레이 한다. 이와 같은 후처리 필터 방식은 그림 9-1과 같이 비디오 디코더 외부에서 별도로 필터링이 수행되며, 단지 비디오 디코더의 출력물인 복원 영상에 대해서 디스플레이 직전에 필터링을 수행하는 것이다.

이와 달리 그림 9-2와 같은 인-루프 필터 방식은 필터링 기술이 표준 기술로써 비디오 디코더 내에 포함되어 있다. 따라서 그림 9-2와 같이 필터링 모듈이 비디오 디코더의 블록 다이어그램 내부에 위치한다. 특히, 인-루프 필터 방식은 복원된 픽쳐에 필터링을 적용한 후, 이를 재생장치로 출력할 뿐만 아니라 DPB (Decoded Picture Buffer)에도 삽입함으로써 화면 간 예측 모드에서 필터링된 픽쳐가 참조 픽쳐로 사용될 수 있도록 한다. 이처럼 필터링이 적용된 픽쳐를 화면 간 예측 모드에서 참조 픽쳐로 사용하기 때문에 필터링에 의한 주관적 화질 향상뿐만 아니라 화면 간 예측 모드에서 부호화 효율도 향상된다. 이는 블록킹 열화나 링잉 현상이 있는 복원 픽쳐를 참조 픽쳐로 사용하는 경우보다 필터링이 적용된 픽쳐를 참조 픽쳐로 사용 할 때, 좀 더 정확한 움직임 예측 및 보상이 가능하기 때문이다. 그러나 인-루프 필터링 방식은 주관적 화질 향상과 부호화 효율의 향상 이라는 장점을 갖지만, 인코더와 디코더의 복원 픽쳐에 필터링을 수행하는 부분에서 추가적인 계산량을 요구한다는 단점을 가진다. 특히, 디블록킹 필터는 필터링을 수행할 때 메모리에 저장되어 있는 복원된 픽셀들을 로드한 후 필터링을 수행하고 필터링이 수행된 픽셀을 다시 메모리에 저장하므로 잦은 메모리 접근을 야기한다. 또한, 디블록킹 필터는 필터링 연산 과정 자체도 복잡하며 이러한 연산 복잡도 및 메모리 접근에 대한 오버헤드로 인해 디코더

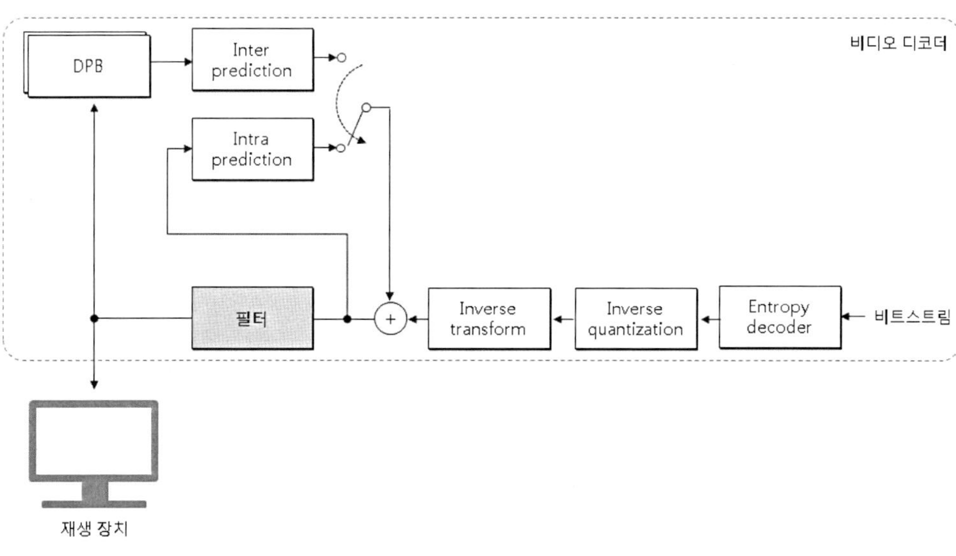

**그림 9-2 인-루프 필터 방식

에서 최대 20~30%의 복잡도를 차지한다. 이와 같은 인-루프 디블록킹 필터의 복잡도 문제 때문에, H.264/AVC 이전의 비디오 코덱들은 대부분이 후처리 필터 방식을 사용했으며, 상대적으로 최근에 표준화된 H.264/AVC와 HEVC는 인-루프 필터링 방식을 사용하고 있다. 표 9-1은 후처리 필터 방식과 인-루프 필터링 방식의 장·단점을 비교한 것이다.

▍표 9-1▍ 후처리 필터와 인-루프 필터 방식의 비교

방 식	장 점	단 점
후처리 필터	- 비디오 디코더의 복잡도 증가 없음 - 주관적 화질 향상	- 필터링에 의한 부호화 효율 향상은 없음
인-루프 필터	- 주관적 화질 향상 및 부호화 효율 증대	- 비디오 디코더의 복잡도를 증가시킴

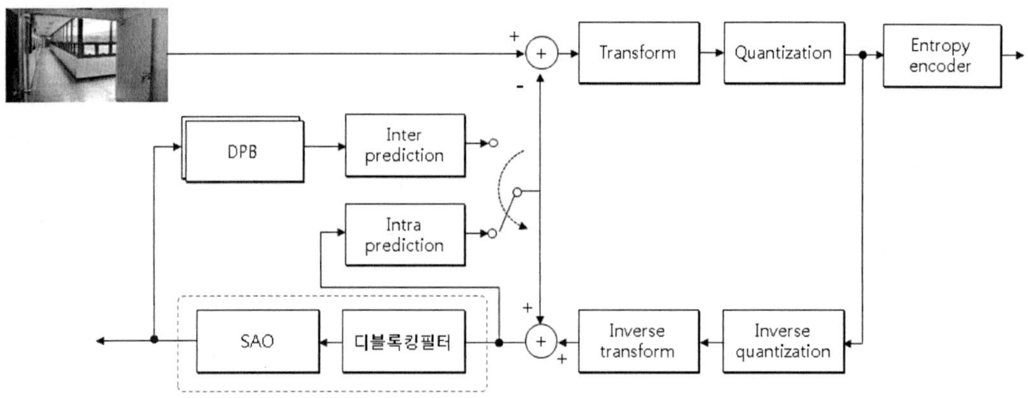

**그림 9-3 HEVC 인코더 블록 다이어그램

HEVC에서는 양자화 에러로 인한 화질 열화 문제를 해결하기 위하여 그림 9-3과 같이 디블록킹 필터와 SAO (Sample Adaptive Offset)라는 두 가지의 인-루프 필터를 사용한다. 그림 9-3에서 디블록킹 필터는 복원된 픽처에서 주로 블록킹 열화를 제거하기 위하여 사용되고, SAO는 링잉 현상을 제거하기 위하여 사용된다. 두 종류의 인-루프 필터 중 디블록킹 필터가 먼저 복원 픽처에 적용되고, 디블록킹 필터가 적용된 픽처에 다시 SAO가 적용된다. 이번 장에서는 9.1절에서 HEVC의 디블록킹 필터에 대해 먼저 설명하고, 9.2절에서 샘플 적응적 오프셋에 대해서 기술한다.

9.1 HEVC 디블록킹 필터

HEVC는 복원 픽처의 예측 유닛(PU : Prediction Unit) 또는 변환 유닛(TU : Transform Unit)의 경계에서 발생하는 왜곡 현상인 블록킹 열화를 개선하기 위하여 인-루프 형태의 디블록킹 필터를 사용한다 [1]. 먼저, 복원된 영상에 발생하는 블록킹 열화 현상에 대해 살펴보기 위하여, 그림 9-4와 같이 QP 값을 다르게 설정하여 HEVC 인코더로 입력 영상을 인코딩하였다. 해당 인코딩 실험에서는 HEVC 참조 소프트웨어인 HM (HEVC Test Model)을 사용하였으며, 인코더에서 디블록킹 필터를 사용하지 않도록

(a) QP=25 (b) QP=45

**그림 9-4 QP 값에 따른 블록킹 열화 현상의 비교

설정 후 인코딩하였다. 보다 자세한 HM의 설정 및 사용법에 관한 내용은 이 책의 14장에서 다루어진다. 그림 9-4(a)는 HM에서 QP 값을 25로 설정하고 인코딩한 경우의 복원 영상을 나타낸다. 그림 9-4(a)를 살펴보면 복원 영상에 화질 열화는 있지만 블록킹 열화가 눈에 띄게 발생하지는 않았음을 확인할 수 있다. 이에 반해 그림 9-4(b)는 QP 값을 45로 설정한 경우로 복원 영상에서 화질 저하뿐만 아니라 예측 또는 변환 블록의 경계에서 블록킹 열화가 발생한 것을 확인할 수 있다. 특히, QP 값이 높아짐에 따라 원본 잔차 신호(Residual)와 복원된 잔차신호 사이에서 더 큰 오차가 발생하고, 이로 인하여 복원된 두 블록의 경계면에서 화소 값의 불연속성이 발생하여 주관적 화질이 더 저하됨을 확인할 수 있다.

그림 9-5는 양자화에 의해 발생되는 블록킹 열화에 대해서 좀 더 자세히 설명하기 위한 예이다. 그림 9-5(a)는 원본 영상에서 서로 비슷한 밝기 값을 갖고 있는 인접 블록 *P*, *Q*에 대한 예를 보인다. 인코더는 *P*, *Q* 블록 각각에 대한 예측 블록을 결정하고 이를 원본 영상에서 빼줌으로써 *P*, *Q* 블록에 대한 잔차 신호를 생성할 것이다. 인코더에서 생성된 *P* 블록의 잔차 신호(*RP*)와 *Q* 블록의 잔차 신호(*RQ*)는 변환, 양자화, 엔트로피 코딩 과정을 거쳐 디코더로 전송된다. 디코더에서는 엔트로피 디코딩, 역양자화, 역변환을 통해서 *P* 블록의 복원된 잔차 신호(*RP'*)와 *Q* 블록의 복원된 잔차 신호(*RQ'*)를 구한다. 앞서 설명한 것처럼 양자화 과정으로 인해 *P* 블록에서 복원된 잔차 신호(*RP'*)는 인코더에서 *P* 블록의 잔차 신호(*RP*)와 같지 않고, "*EP*" 만큼의 에러가 발생할 수 있다. 그림 9-5에서 *Q* 블록은 복원된 잔차 신호 (*RQ'*)가 인코더의 잔차 신호(*RQ*)와 거의 같아, "*EQ*" 만큼의 소량의 에러만이 발생한 예이다. 이러한 경우에 복원 영상은 그림 9-5(b)에서 예측 블록과 복원 잔차 신호(*RP'* 또는 *RQ'*)를 더한 것이 되는데, 원본 영상에서는 *P*, *Q* 블록의 밝기 값이 거의 유사했지만, 잔차 신호의 에러로 인하여 복원 영상에서는 두 블록의 블록 경계에서 불연속이 발생하였음을 알 수 있다. 이처럼 비디오 코덱에서는 블록 단위로 변환 계수를

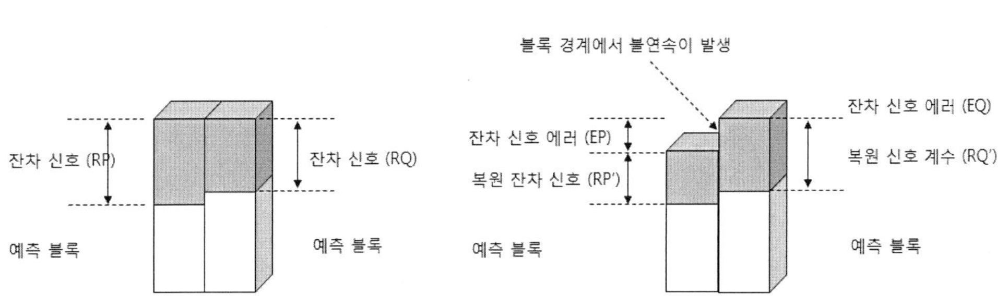

**그림 9-5 양자화 에러로 인한 블록킹 열화 발생의 예 (1)

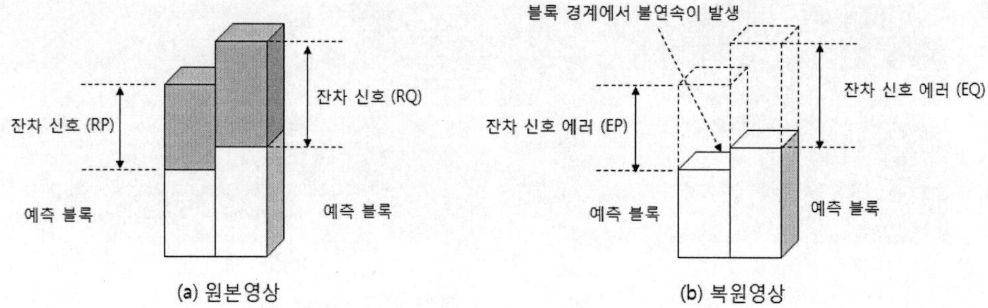

**그림 9-6 양자화 에러로 인한 블록킹 열화 발생의 예 (2)

양자화 하였을 때, 양자화된 변환 계수에서 양자화 오차가 발생하고, 이로 인하여 복원 영상의 블록 경계에서 화소 값의 불연속성이 발생할 수 있다.

그림 9-6은 양자화 에러로 인해 발생되는 블록킹 열화의 또 다른 형태에 대한 예이다. 그림 9-6(a)를 참조하면 원본 영상에서 *P* 블록과 *Q* 블록은 각각 예측 블록과 잔차 신호 블록으로 구성된다. 앞서 설명한 것처럼 *P* 블록과 *Q* 블록의 잔차 신호는 변환 및 양자화 되는데 양자화 과정에서 *QP* 값이 큰 경우에는 변환 된 잔차 신호 블록 내의 모든 신호 값이 0이 될 수 있다. 이러한 경우에 복원 영상은 잔차 신호 값없이 오직 예측 블록 값을 통해서만 복원된다. 그림 9-6(b)를 참조하면 *P* 블록과 *Q* 블록의 예측 블록 값이 서로 다름을 알 수 있는데, 두 블록에 복원된 잔차 신호가 없는 경우에는 예측 블록 간의 밝기 값의 차이로 인하여 블록 경계에서 픽셀 값의 불연속이 발생할 수도 있다. 물론 *P*와 *Q* 블록의 예측 블록의 값이 비슷한 경우에는 복원된 잔차 신호가 없는 경우에도 블록킹 열화는 발생하지 않는다. HEVC 디블록킹은 기본적으로 그림 9-5와 그림 9-6의 경우를 고려하여 디블록킹 필터의 적용 여부를 적응적으로 결정하는 알고리즘을 사용한다. 예를 들어, PU 또는 TU 경계에서 인접하는 *P*, *Q* 블록 모두에서 복원 된 잔차 신호가 존재하지 않고, *P*와 *Q* 블록이 서로 다른 위치에서 움직임 보상을 수행한 경우에는 해당 에지 경계에서 불연속이 발생할 것으로 판단하고 해당 에지 경계에 대해서 디블록킹 필터링을 수행한다 [2].

9.1.1 HEVC 디블록킹 필터의 블록 경계

앞서 블록 단위의 예측, 변환, 양자화로 인하여 블록 경계에서 복원 픽셀 값의 불연속이 발생할 수 있음을 살펴보았다. 또한, 앞 장들을 통하여 HEVC는 32×32, 16×16, 8×8, 4×4 크기의 TU를 사용할 수 있으며, PU는 2N×2N, 2N×N, N×2N, N×N 형태의 분할 뿐만 아니라 비대칭 움직임 분할(AMP : Asymmetric Motion Partition)의 사용 여부에 따라 비대칭 구조로도 분할될 수 있음을 살펴보았다. 따라서 블록 경계에서 발생하는 블록킹 열화를 제거하기 위해서는 기본적으로 모든 PU 또는 TU의 블록 경계에 대해서 필터링을 수행해야 할 것이다. 하지만, HEVC는 디블록킹 필터 과정의 연산 복잡도를 고려하여 8×8 블록 경계에 위치하는 PU 또는 TU의 경계에서만 필터링을 수행한다. 물론, 8×8 블록 경계에 위치하는 PU 또는 TU 경계라 하더라도 항상 필터링이 수행되는 것은 아니며, 몇 가지 조건을 만족하는 경우에만 실제 필터링이 수행된다. 이러한 조건에 대해서는 9.1.3~9.1.4에서 자세히 다루도록 한다.

그림 9-7은 그림 9-4(b)를 확대하여 나타낸 것으로 블록킹 열화는 수직 에지와 수평 에지 모두에서

**그림 9-7 수직 에지와 수평 에지 방향으로의 블록킹 열화 발생의 예

발생됨을 알 수 있다. 따라서 이러한 복원 픽셀의 불연속을 제거하기 위해서는 픽쳐 내의 수직 에지와 수평 에지 각 방향에 대해서 필터링을 수행해야 할 것이다. H.264/AVC는 그림 9-8(a)처럼 매크로블록(MB : Macroblock) 단위로 먼저 수직 에지들에 대해서 수평 방향으로 필터링을 수행한 후 수평 에지에 대해 수직 방향으로 필터링을 수행하였다. 이와 달리 HEVC 디블록킹 필터는 그림 9-8(b)와 같이 현재 복원하는 픽쳐의 모든 블록 경계 중 먼저 수직 에지에 대해서 수평 방향으로 필터링을 수행하고, 그 다음 수평 에지에 대해 수직 방향으로 필터링을 수행하는 구조이다. 이러한 필터링 구조는 디블록킹 필터의 병렬처리를 쉽게 한다는 장점을 갖는다 [3].

그림 9-9는 32×32 CTU가 네 개의 16×16 CU로 분할되어 코딩된 경우에 HEVC 디블록킹 필터링이 수행될 수직 에지 경계의 위치에 대해서 나타낸 것이다. 그림 9-9에서 CU#1은 16×16 CU가 16×16 PU와 16×16 TU로 분할된 경우의 예로, CU 내부에는 PU와 TU의 경계가 존재하지 않는다. 따라서 CU#1의 왼쪽 수직 에지 경계에서만 필터링이 수행된다. 여기서, CU의 경계는 PU와 TU의 경계이면서 8×8 블록

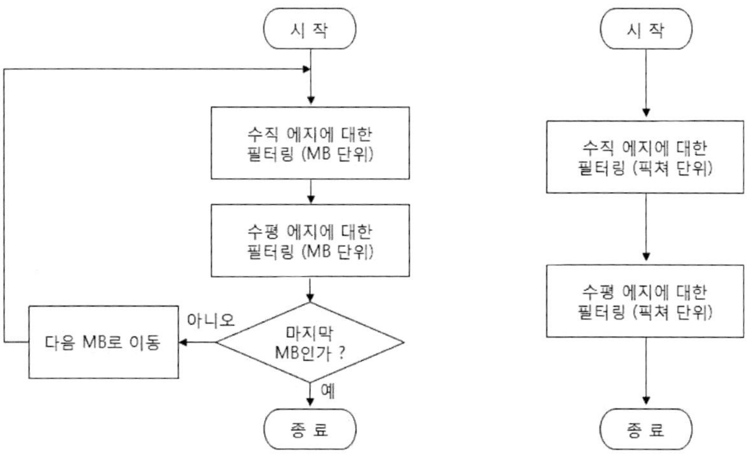

(a) H.264/AVC 디블록킹 필터 (b) HEVC 디블록킹 필터

**그림 9-8 H.264/AVC와 HEVC의 디블록킹 필터링 방식 비교

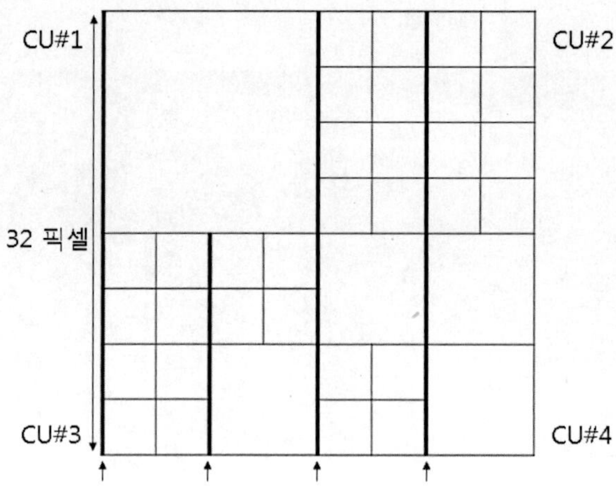

**그림 9-9 필터링이 적용될 수직 에지 경계의 예

경계 위에 위치하므로 항상 필터링이 수행됨을 알 수 있다. CU#2는 16×16 CU가 8×16 크기의 두 개의 PU로 분할되었고, 쿼드-트리 형태의 4×4 TU로 분할된 경우에 대한 예이다. 이 경우 PU 또는 TU의 최소 경계는 4×4 블록 단위로 존재하지만, 앞서 언급한 것처럼 HEVC의 디블록킹 필터는 8×8 블록 경계 위의 PU 또는 TU에만 필터링을 수행하므로, 그림 9-9의 CU#2 부분에서 굵은 선으로 표시된 부분만이 필터링이 수행될 수직 에지 경계에 해당한다. CU#3과 CU#4도 마찬가지로 동일한 방식으로 필터링이 적용될 에지 경계가 선택된다. 그림 9-9는 CTU 내에서 수직 에지에 대해서만 설명했지만, 수평 에지에 대해서도 동일하게 8×8 블록 경계에 위치하는 PU와 TU 경계에 대해서 필터링을 수행할 경계로 결정한다.

9.1.2 에지 경계에서의 HEVC 디블록킹 필터링 과정

9.1.1절에서 설명한 것처럼 HEVC는 복원된 픽쳐에서 먼저 수직 에지 경계에 대해서 수평 방향으로 필터링을 수행한 후 필터링 된 픽쳐에 대해서 다시 수평 에지 경계에서 수직 방향으로 필터링을 수행한다. HEVC 디블록킹 필터를 픽쳐 단위로 처리하는 것을 의사코드(Pseudo code)로 나타내면 다음과 같다.

표 9-2 HEVC 디블록킹 필터링의 의사코드

```
for( x = 0; x < 프레임 내의 CTU 개수; x++)
{
  DeblockCtuVerEdge(x);
}

for( x = 0; x < 프레임 내의 CTU 개수; x++)
{
  DeblockCtuHorEdge(x);
}
```

앞서 설명한 것처럼 HEVC 디블록킹 필터는 CTU 내에서 8×8 블록 경계에 위치하는 PU 또는 TU 경계에서 수행되는데 이때 필터링이 수행될 경계에서는 그림 9-10과 같은 과정을 거친다. 먼저, 8×8 블록 경계이면서 PU 또는 TU 경계인지를 판단하고, 현재 경계가 이 조건에 해당하면 경계 강도(BS : Boundary Strength) 값을 계산한다. BS 값은 에지 경계에서 4행 또는 4열 단위로 계산되는 값으로 0, 1, 2 중 하나의 값으로 결정된다. BS 값의 의미와 결정 과정에 대해서는 다음 절에서 보다 자세히 다룰 것이다. 이 절에서 먼저 간략히 설명하면 BS 값이 0인 경우에는 해당 에지 경계에서는 필터링이 수행되지 않으며, BS 값이 1 또는 2인 경우에는 필터링이 수행된다. 이처럼 HEVC는 8×8 블록 경계이면서 PU 또는 TU 경계라 하더라도 BS 값에 따라 디블록킹 필터링이 수행되지 않을 수 있다. BS 값이 1 또는 2인 경계에서는 필터링이 수행되는데, 이때 먼저 β, *tc* 값을 계산하고 β 값을 사용하여 다시 한 번 해당 에지 경계에서 필터링을 수행할지에 대해 결정한다. 필터링이 적용되는 조건을 만족한 경우에는 β, *tc* 값을 동시에 사용하여 해당 에지 경계에서 적용할 필터의 종류를 선택한다. HEVC의 디블록킹 필터는 강한 필터링(Strong filtering)과 약한 필터링(Weak filtering)이 존재하며 필터링이 수행될 에지 경계에서는 둘 중 하나가 선택된 후 필터링이 적용된다.

지금까지 휘도 성분에 대한 HEVC 디블록킹 필터의 적용 과정에 대해서 간단히 설명하였다. 여기에서 기억해두어야 할 점은 HEVC는 8×8 블록 경계에 위치하는 PU 또는 TU 경계에서 필터링을 수행하지만 이때 4행 또는 4열 단위로 계산되는 BS 값에 따라서 필터링이 적용 여부가 결정된다는 것이다. 또한, 추가적으로 해당 에지 경계에 인접하는 블록들의 QP 값을 이용하여 β, *tc* 값을 계산하고, 계산된 이 값들에 따라서 필터링의 적용 여부와 필터 종류가 재결정된다는 점이다. 이처럼 HEVC의 디블록킹 필터는 다양한 단계에서 다양한 조건을 사용하여 현재 에지 경계에서 존재하는 픽셀 값의 불연속이 원본 영상 내에 존재하는 실제 에지인지 아니면 양자화 과정에서 발생된 것인지를 판단하며, 불연속의 정도에 따라서 선택적으로 필터링을 사용하는 적응적인 구조로 되어있다.

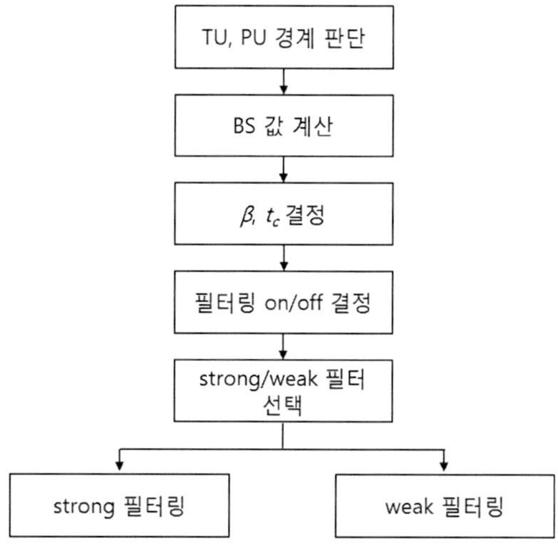

**그림 9-10 휘도 성분에 대한 디블록킹 필터링 과정

9.1.3 BS 값의 계산

BS 값은 현재 에지 경계가 8×8 블록 경계이면서 PU 또는 TU 경계인 경우에만 계산된다. HEVC는 필터링 과정의 복잡도를 감소시키기 위하여 4×4 단위의 TU 또는 8×4이나 4×8로 PU가 분할된 경우에서 4×4블록 경계에서는 필터링을 수행하지 않음을 앞 절에서 살펴보았다. 하지만, BS 값을 계산하는 경우에는 8×8블록 경계이면서 PU 또는 TU 경계인 에지 경계에서 네 개의 행 또는 네 개의 열 단위로 계산한다. 예를 들어, 그림 9-11은 8×8블록 경계이면서 PU 또는 TU 경계에 대한 예이다. 해당 에지 경계에서 BS 값을 계산할 때 여덟 개의 행에 대해서 하나의 BS 값을 계산하는 것이 아니라 네 개의 행 단위로 묶어서 각각 BS0과 BS1을 계산한다. 수평 에지에 대해 디블록킹 필터링을 수행하는 경우에는 네 개의 열 단위로 BS 값을 계산하게 된다.

앞서 언급한 것처럼 HEVC는 휘도 성분에 대해서 BS 값을 계산하는데 BS 값은 표 9-3에 따라 계산된다. 표 9-3에서 *P*와 *Q*는 그림 9-11에서 에지 경계를 기준으로 왼쪽과 오른쪽에 위치하는 4×4 블록을 의미한다. 수평 에지에 대한 디블록킹 필터링을 수행하는 경우에는 수평 에지 경계를 기준으로 위쪽에 위치하는 블록을 *P*, 아래쪽에 위치하는 블록이 *Q*가 된다. 표 9-3의 BS 결정 조건을 좀 더 살펴보면, 먼저, BS 값이 2인 경우는 *P* 또는 *Q* 블록이 하나라도 화면 내 모드로 코딩된 경우에 해당한다. HEVC는 화면 내 예측 모드로 코딩된 에지 경계에 대해서 화면 간 예측 모드로 코딩된 경우보다 큰 BS 값을 사용하며, 필터링 단계에서 이 값을 고려하도록 하였다. *P*와 *Q* 블록이 모두 화면 간 예측 모드로 코딩된 경우에 BS 값은 1 또는 0의 값을 가지는데, *P*와 *Q* 블록 사이의 에지 경계에서 픽셀 값의 불연속이 발생되지 않는 경우에 BS 값은 0이 되고 그렇지 않은 경우는 BS 값이 1로 설정된다. 먼저, *P*와 *Q* 블록 사이에 픽셀 값의 불연속이 발생하지 않는 경우에 대해서 생각해보도록 하자. 앞서 언급한 것처럼, 화면 간 예측 모드로 코딩된 경우에 *P*와 *Q* 두 블록 모두에서 0이 아닌 변환 계수가 존재하지 않는 다면, 영상의 복원은 움직임 보상 값으로만 결정될 것이다. 이때 두 블록이 동일한 정수 위치에서 움직임 보상을 수행했다면, *P*와 *Q* 두 블록 사이의 에지 경계에서는 복원 영상 간에 불연속이 존재하지 않을 것이

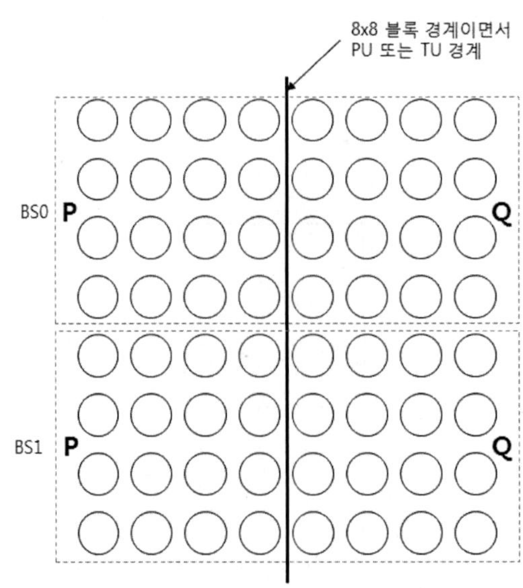

**그림 9-11 BS 값 계산 영역의 예

| 표 9-3 | BS 값의 결정 조건

BS 결정 조건	BS
P 또는 *Q* 블록이 화면 내 모드로 코딩	2
*P*와 *Q* 블록이 화면 간 예측모드로 코딩되었고, *P* 또는 *Q* 블록에 0이 아닌 변환 계수 값이 존재	1
*P*와 Q 블록이 화면 간 예측모드로 코딩되었고, *P*와 *Q* 블록에 0이 아닌 변환 계수 값이 존재하지 않지만 *P*와 *Q* 블록이 정수 단위에서 움직임 벡터가 다름	1
*P*와 *Q* 블록이 화면 간 예측모드로 코딩되었고, *P*와 *Q* 블록에 0이 아닌 변환 계수 값이 존재하지 않고, *P*와 *Q* 블록이 정수 단위에서 움직임 벡터는 같지만 서로 다른 픽쳐에서 움직임 보상을 하거나 모션 벡터의 개수가 다른 경우	1
그 외의 경우	0

다. 이러한 것을 고려하여 표 9-3에서는 *P*와 *Q* 블록에 대해서 정수 단위에서 움직임 벡터가 같은지를 판단하는 과정이 포함되어 있다. 하지만 움직임 벡터는 같더라도 서로 다른 참조 픽쳐에서 움직임 보상을 수행한 경우에는 움직임 보상된 블록의 픽셀 값들 사이에 불연속이 존재할 것이다. 따라서 BS 결정 과정에서는 모션 벡터뿐만 아니라 참조 픽쳐 인덱스를 동시에 고려해야 한다. 추가로, 참조 픽쳐 인덱스가 같고 모션 벡터가 정수 단위에서 동일하더라도 움직임 보상을 수행하는 블록의 개수가 다른 경우에는 복원 된 에지 경계에서 불연속이 발생할 수 있다. HEVC에서는 이러한 모든 경우를 고려하여 BS 값을 계산하며 BS 계산 과정에서는 *P*와 *Q* 블록에 대한 부호화 모드, 0이 아닌 변환 계수의 존재 여부, 참조 픽쳐 인덱스, 움직임 벡터, 보상 블록의 개수 등 다양한 컨텍스트들이 사용된다. HEVC의 BS 계산 과정은 다양한 컨텍스트를 사용하여 여러 조건들을 검사하는 과정이기 때문에 다수의 분기문을 갖는 구조로 구현되며, 이러한 분기문으로 인해서 BS 계산 과정에 복잡도가 높다.

HEVC는 색차 성분에 대해서도 디블록킹 필터링을 수행하는데 Cb, Cr 성분에 대해서는 BS 값을 계산하지 않고, 대응하는 휘도 성분의 위치에서 계산된 BS 값을 그대로 사용한다. 또한, 휘도 성분에 대한 디블록킹 필터링은 BS 값이 1 또는 2인 경우에 필터링이 수행될 수 있지만, 색차 성분인 경우에는 휘도 성분에서 대응하는 BS 값이 2인 경우에만 필터링이 수행된다. 표 9-3에서 BS 값이 2인 경우를 보면 *P* 또는 *Q* 블록이 화면 내 예측 모드로 부호화되어야 한다. 일반적으로 P 픽쳐나 B 픽쳐 내에서 화면 내 예측 모드로 코딩되는 CU가 많지 않음을 고려하면, 색차 성분에서는 디블록킹 필터가 많이 수행되지는 않을 것이라는 것을 유추할 수 있다.

9.1.4 블록 경계에서의 필터링 여부 재결정

HEVC의 디블록킹 필터는 8×8블록 경계에 위치하는 PU 또는 TU 경계에서 4행 또는 4열 단위로 BS 값을 계산하고, 계산된 BS 값이 0 보다 큰 값을 갖는 에지 경계에서 필터링을 수행한다. 이때 BS 값이 0 보다 크다고 해서 해당 에지 경계에서 항상 필터링을 수행하는 것은 아니며 식 (9-1)을 통해 d 값을 계산하고, 이 값을 양자화 파라미터로 계산되어지는 β 값과의 비교를 통해서 필터링 적용 여부를 재결정한다.

$$dp0 = |p_{2,0} - 2 \times p_{1,0} + p_{0,0}| \qquad (9\text{-}1)$$
$$dp3 = |p_{2,3} - 2 \times p_{1,3} + p_{0,3}|$$
$$dq0 = |q_{2,0} - 2 \times q_{1,0} + q_{0,0}|$$
$$dq3 = |q_{2,3} - 2 \times q_{1,3} + q_{0,3}|$$
$$dpq0 = dp0 + dq0$$
$$dpq3 = dp3 + dq3$$
$$d = dpq0 + dqp3$$

d 값은 4행 또는 4열 단위에서 한 번 계산되는데 그림 9-12와 같이 BS 값이 0이 아닌 에지 경계에서 첫 번째 행과 네 번째 행(수직 에지 경계인 경우) 또는 첫 번째 열과 네 번째 열(수평 에지 경계인 경우)에 위치하는 픽셀 값으로부터 계산된다. 수직 에지 경계인 경우에 d 값은 식 (9-1)을 통해 계산되는데, p와 q는 그림 9-12에 위치하는 한 픽셀을 의미한다. 식 (9-1)에서 *dp0*의 의미를 살펴보면 필터링을 수행할 에지 경계를 기준으로 왼쪽에 위치하는 픽셀들의 밝기 값의 변화량을 의미함을 알 수 있다. 예를 들어, $p_{2,0}$, $p_{1,0}$, $p_{0,0}$의 밝기 값이 그림 9-13(a)나 그림 9-13(b)와 같다면 *dp0*의 값은 0 근처의 값을 가질 것이다. 반대로 $p_{2,0}$, $p_{1,0}$, $p_{0,0}$의 밝기 값이 그림 9-13(c)와 같이 스텝 에지(Step edge) 형태와 같다면, *dp0*는 임의의 값을 가질 것이다. 즉, *dp0*의 의미는 블록 경계에서 첫 번째 행의 왼쪽 부분의 픽셀들의 밝기 값들의 변화의 정도를 측정한 값이라고 말 할 수 있다. 식 (9-1)을 참조하면 d 값은 *dp0*, *dp0*, *dp3*, *dq3*의 합이므로 d 값은 에지 경계를 기준으로 양쪽의 영역에서의 픽셀 값의 변화량을 의미한다.

4행 또는 4열 단위로 식 (9-1)을 통해 계산된 d 값이 β 값 보다 작은 경우에만 4행 또는 4열의 에지 경계에서 필터링이 수행된다. β 값은 표 9-4와 같이 인코더와 디코더에 이미 정의된 테이블로부터 Q 값에 따라 계산된다. 이때, 사용되는 Q 값은 P블록과 Q블록의 QP 값의 평균값이다. 예를 들어, P 블록의 QP가 25이고 Q블록의 QP가 26인 경우 Q 값은 26이 되며 이때 β 값은 표 9-4에 의해 16으로 계산된다. 이처럼 HEVC의 디블록킹 필터는 에지 경계에서 4행 또는 4열 단위로 계산되는 d 값을 양자화 파라미터로부터 계산되는 β 값과 비교해봄으로써 필터링을 수행할 에지 경계에서 4행 또는 4열 단위로 필터링 수행 여부를 재결정한다. 본 절의 예제에서는 수직 에지 경계를 기준으로 설명하였지만 수평 에지

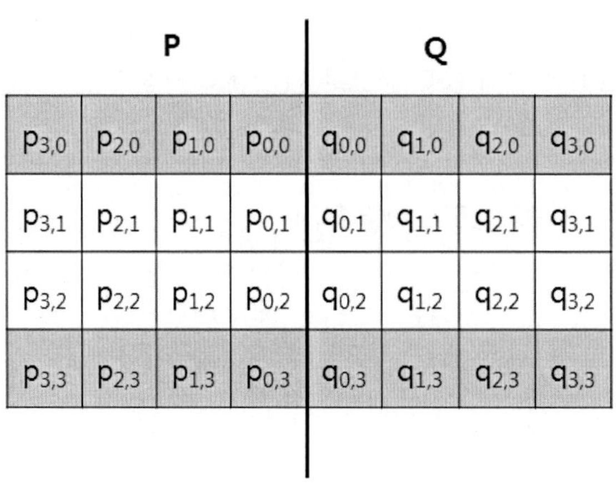

**그림 9-12 BS *d* 값의 계산에 사용되는 픽셀 들

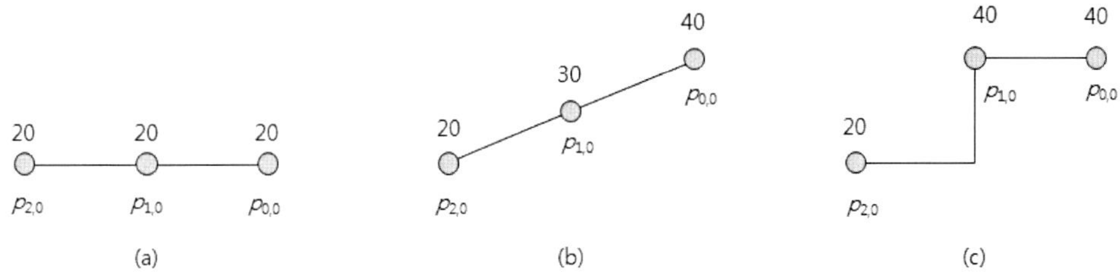

**그림 9-13 영상 내에서 픽셀 값의 패턴

경계에 대한 필터링을 수행하는 경우에도 위쪽에 위치하는 블록을 *P* 아래쪽에 위치하는 블록을 *Q*로 지정하여 동일한 알고리즘이 적용된다.

표 9-4 QP 값에 대한 β 및 *tc*

Q	0	1	2	3	4	5	6	7	8	9	10	11	12	13	14	15	16	17	18
β	0	0	0	0	0	0	0	0	0	0	0	0	0	0	0	0	6	7	8
tc	0	0	0	0	0	0	0	0	0	0	0	0	0	0	0	0	0	0	1
Q	19	20	21	22	23	24	25	26	27	28	29	30	31	32	33	34	35	36	37
β	9	10	11	12	13	14	15	16	17	18	20	22	24	26	28	30	32	34	36
tc	1	1	1	1	1	1	1	1	2	2	2	2	3	3	3	3	4	4	4
Q	38	39	40	41	42	43	44	45	46	47	48	49	50	51	52	53			
β	38	40	42	44	46	48	50	52	54	56	58	60	62	64	-	-			
tc	5	5	6	6	7	8	9	10	11	13	14	16	18	20	22	24			

9.1.5 강한 필터링과 약한 필터링의 결정

9.1.4절에서 *d* 값과 β 값의 비교를 통하여, *d* 값이 β 값보다 작은 경우에만 해당 에지 경계에서 HEVC 디블록킹 필터를 수행함을 살펴보았다. 이처럼 4행 또는 4열 단위로 필터링의 수행 여부를 재결정한 후에는 해당 에지 경계에 강한 필터링을 적용할지 또는 약한 필터링을 적용할지에 대해 결정한다. H.264/AVC의 디블록킹 필터는 BS 값에 따라서 직접적으로 필터링의 강도가 결정되었는데, 이와 달리 HEVC는 그림 9-12에서 첫 번째 행과 네 번째 행의 픽셀 값들과 앞에서 계산된 β, *tc* 값을 사용하여 필터링의 강도를 결정한다. 물론 동일한 QP 값을 사용하더라도 BS의 값이 2인지 또는 1인지에 따라서 *tc* 값이 다르게 계산되므로 HEVC에서도 여전히 BS 값이 필터링의 강도를 선택하는데 영향을 주고 있다고 말할 수 있다.

그림 9-12를 예로 들어 설명하면, HEVC 디블록킹 필터는 수직 에지 경계에 대해서 필터의 종류를 결정할 때 식 (9-2)~(9-7)을 모두 만족하는 경우 강한 필터링 (Strong filtering)을 사용하며 그렇지 않은 경우에는 약한 필터링 (Weak filtering)을 사용한다. 식 (9-2)~(9-4)는 그림 9-12에서 첫 번째 행에 대한 조건들이며, 식 (9-5)~(9-7)은 그림 9-12에서 네 번째 행에 대한 조건들이다. 첫 번째 행에 대한 조건들의

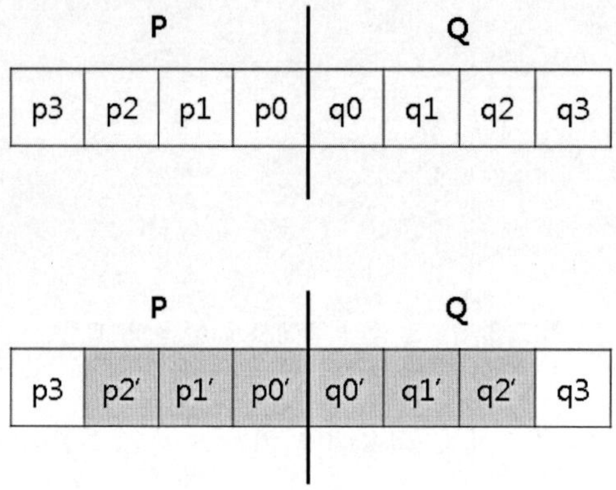

**그림 9-14 강한 필터링의 필터 적용 픽셀 범위

의미를 살펴보면 식 (9-2)의 좌변에 위치하는 값은 식 (9-1)에서 *dpq0*의 값에 2를 곱한 값으로 첫 번째 행에서 P 영역과 Q 영역의 픽셀 값의 변화량을 의미한다. 9.1.4 절의 필터링 재결정 과정에서는 d 값을 β 값과 비교했는데, 식 (9-2)에서는 2×*dpq0* 값을 β/4의 값과 비교를 수행한다. 즉, 첫 번째 행의 P 영역과 Q 영역의 픽셀 값의 변화량을 임계치 (β/4)와 비교하는데, 이 임계치 값이 필터링 재결정 과정에서 사용하는 임계치 (β)보다 더 작은 값이 사용되는 것이다. 식 (9-3)은 첫 번째 행에서 P 영역과 Q 영역의 첫 번째 픽셀과 마지막 픽셀을 사용하여 해당 영역들이 평평한 지에 대해서 확인하는 것이다. 식 (9-4)는 P 영역과 Q 영역에서 에지 경계에 인접하는 두 픽셀($p_{0,0}$, $q_{0,0}$)를 사용하여 두 픽셀의 밝기 값의 차이를 *tc*로부터 계산된 임계치와 비교한다. 식 (9-2)~(9-7)를 모두 만족한다는 것은 P 영역과 Q 영역 각각에서는 픽셀 값의 변화가 적지만 에지 경계에서는 불연속이 존재하는 경우이다. 표 9-4에서는 *tc* 값이 β 값보다 작지만 식 (9-2)~(9-7)까지의 임계치 비교 부분에서 β/4와 2.5×*tc*가 사용됨을 고려하면, 식 (9-4)의 우측의 임계치는 식 (9-2)와 식 (9-3)의 우측의 임계치보다 큰 값임을 알 수 있다.

$$2 \times \{|p_{2,0} - 2 \times p_{1,0} + p_{0,0}| + |q_{2,0} - 2 \times q_{1,0} + q_{0,0}|\} < \beta/4 \quad (9\text{-}2)$$

$$\{|p_{3,0} - p_{0,0}| + |q_{3,0} - q_{0,0}|\} < \beta/8 \quad (9\text{-}3)$$

$$|p_{0,0} - q_{0,0}| < (5 \times tc + 1) \gg 1 \quad (9\text{-}4)$$

$$2 \times \{|p_{2,3} - 2 \times p_{1,3} + p_{0,3}| + |q_{2,3} - 2 \times q_{1,3} + q_{0,3}|\} < \beta/4 \quad (9\text{-}5)$$

$$\{|p_{3,3} - p_{0,3}| + |q_{3,3} - q_{0,3}|\} < \beta/8 \quad (9\text{-}6)$$

$$|p_{0,3} - q_{0,3}| < (5 \times tc + 1) \gg 1 \quad (9\text{-}7)$$

9.1.6 강한 필터링

이번 절에서는 9.1.5 절에서 강한 필터링이 선택된 경우에 각 행 또는 각 열 단위로 수행되는 강한 필터링 연산 과정에 대해서 살펴본다. 강한 필터링 또는 약한 필터링은 필터 종류의 결정 과정과 달리 그림 9-12에서 각 행단위로 필터링이 수행된다. 물론, 수평 에지에 대한 디블록킹 필터링을 수행하는 경우에는 각 열 단위로 필터링이 수행된다. 그림 9-14는 그림 9-12에서 임의의 한 행을 나타낸 것으로

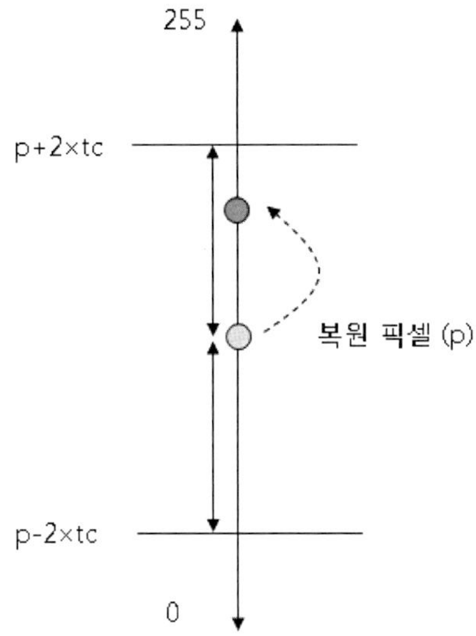

**그림 9-15 강한 필터링의 복원값 클립핑의 예

$p0$와 $q0$ 사이에 에지 경계가 위치한다. 필터링을 수행하는 에지 경계에서 강한 필터링이 선택된 경우, 에지 경계를 기준으로 P 영역과 Q 영역에서 세 픽셀씩 필터링을 수행한다. 각 픽셀 위치별로 필터링에 사용되는 입력 픽셀은 다르지만 FIR (Finite Impulse Response) 형태의 저역통과 필터 (Low-pass filter) 특성을 갖는다. 강한 필터링에 관한 연산 과정은 식 (9-8)과 같으며, 수식에서 p', q'는 강한 필터링이 적용된 픽셀 값을 의미하고 p, q는 필터링이 적용되기 전의 픽셀 값을 의미한다. 수평 에지에 대한 필터링을 수행하는 경우에는 에지 경계를 기준으로 위쪽에 존재하는 픽셀이 p이고, 아래쪽에 존재하는 픽셀이 q가 된다. 식 (9-8)에서 *Clip3*은 입력 값에 대해서 클립핑을 수행하는 함수이다. 예를 들어, *Clip3(a, b, c)*가 입력된 경우, c 값은 a 값과 b 값을 포함하는 범위 내로 수렴 된다. 해당 수식의 의미를 생각해보면 앞서 tc 값은 P블록과 Q 블록의 QP 값의 평균 값을 사용하여 표 9-4로부터 도출되는 값이었다. $p0$ 위치에 대해서 생각해보면, $p0$ 값은 필터링에 의해서 "($p2$+2×$p1$+2×$p0$+2×$q0$+$q1$+4)>>3" 값으로 대체되는데, 이때 원본 픽셀 값에서 변할 수 있는 범위를 tc 값에 따라서 상한 값 ($p0$+2×tc)와 하한 값 ($p0$-2×tc)으로 제한을 두는 것이다. 그림 9-15는 이러한 개념을 그림으로 나타낸 것인데, 표 9-4에서 tc 값은 Q 값이 커짐에 따라 같이 증가하므로, QP 값이 높은 경우에는 강한 필터링에 의해서 변할 수 있는 픽셀 값의 범위도 커지게 되는 것이다.

$$p0' = Clip3(p0 - 2\times tc, p0 + 2\times tc, (p2 + 2\times p1 + 2\times p0 + 2\times q0 + q1 + 4) \gg 3) \quad (9\text{-}8)$$
$$p1' = Clip3(p1 - 2\times tc, p1 + 2\times tc, (p2 + p1 + p0 + q0 + 2) \gg 2)$$
$$p2' = Clip3(p2 - 2\times tc, p2 + 2\times tc, (2\times p3 + 3\times p2 + p1 + p0 + q0 + 4) \gg 3)$$
$$q0' = Clip3(q0 - 2\times tc, q0 + 2\times tc, (p1 + 2\times p0 + 2\times q0 + 2\times q1 + q2 + 4) \gg 3)$$
$$q1' = Clip3(q1 - 2\times tc, q1 + 2\times tc, (p0 + q0 + q1 + q2 + 2) \gg 2)$$
$$q2' = Clip3(q2 - 2\times tc, q2 + 2\times tc, (p0 + q0 + q1 + 3\times q2 + 2\times q3 + 4) \gg 3)$$

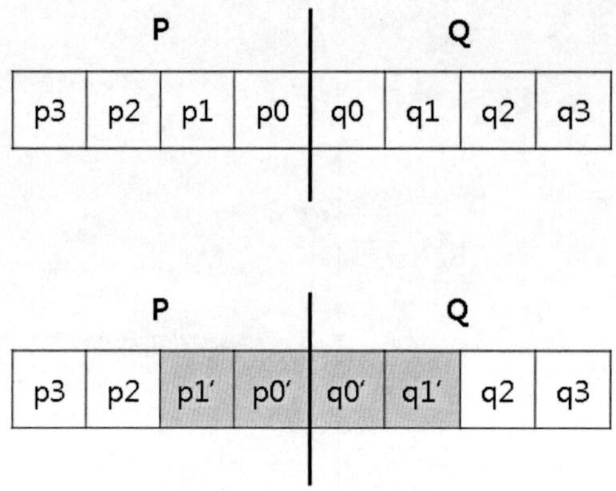

**그림 9–16 약한 필터링의 필터 적용 범위

9.1.7 약한 필터링

이번 절에서는 9.1.5절의 필터링 선택 과정에서 약한 필터링이 선택된 경우에 각 행 또는 각 열 단위로 수행되는 필터링 연산 과정에 대해서 살펴본다. 약한 필터링도 강한 필터링 연산과 마찬가지로 각 행 또는 열 단위로 필터링이 수행된다. 디블록킹 필터 중 약한 필터링이 적용되는 경우 그림 9-16과 같이 에지 경계를 기준으로 *P*와 *Q*영역 각각에서 최대 2픽셀까지 필터링 될 수 있다. 약한 필터링은 강한 필터링과 달리 각 행 또는 열 단위와 픽셀 단위에서 필터링을 적용할지에 대해서 재결정하는 과정을 포함하고 있다.

에지 경계에서 약한 필터링이 선택된 경우 먼저 △를 식 (9-9)와 같이 계산한다. △의 절대 값인 ABS(△)가 "*tc*×10" 보다 작은 경우에는 약한 필터링이 수행되고 그렇지 않은 경우에는 현재 행 또는 열에 대해서는 약한 필터링이 수행되지 않는다.

$$\triangle = (9 \times (q0 - p0) - 3 \times (q1 - p1) + 8) \gg 4 \qquad (9\text{-}9)$$

ABS(△) 값이 "*tc*×10" 보다 작은 경우에는 먼저 *p0*'와 *q0*'는 식 (9-10)과 같이 필터링 되며 그림 9-17과 같이 동작한다. *p0*'와 *p0*' 픽셀 위치에 약한 필터링을 적용 할 때 먼저 *p1*, *p0*, *q0*, *q1*의 픽셀 값을 사용하여 △값을 계산하고 이 값을 -*tc*와 *tc*로 클립핑 한다. 클립핑 된 △값을 p0에는 더해주고 *q0*에는 빼준 후 다시 8비트 비트심도 내로 표현하기 위하여, 0과 255의 값으로 최종적으로 클립핑을 한다. (단, 입력 영상의 비트 심도가 8비트인 경우) 그림 9-17을 참조하면 *p0*에서는 △를 더하고 *q0*에서는 △를 빼줌으로써 에지 경계에서 발생하는 불연속이 감소됨을 확인할 수 있다.

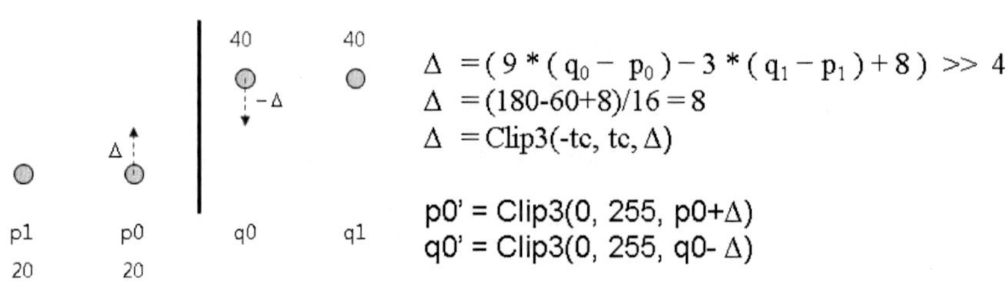

**그림 9–17 약한 필터링 동작의 예

$$\triangle = Clip3(-tc, tc, \triangle) \quad (9\text{-}10)$$
$$p0' = Clip3(0, 255, p0 + \triangle)$$
$$q0' = Clip3(0, 255, q0 - \triangle)$$

약한 필터링이 수행되는 경우 그림 9-16에서 $p1$과 $q1$ 픽셀에 대한 필터링은 식 (9-11)과 식 (9-12)의 결과에 따라 결정된다. $p1$에 대한 필터링은 식 (9-11)을 만족하는 경우에만 수행되고, $q1$에 대한 필터링은 식 (9-12)를 만족할 때 수행된다. 식 (9-11)의 의미를 살펴보면 좌변의 값은 그림 9-12에서 첫 번째 행과 네 번째 행에 대한 변화량의 정도에 대한 값이고, 우변은 "3/16×β" 이다. 즉, P와 Q 영역 각각에 대해서 픽셀의 변화량이 임계치 (3/16×β) 미만일 때, $p1$ 또는 $q1$ 위치의 픽셀에 대한 필터링을 수행한다.

$$|p_{2,0} - 2 \times p_{1,0} + p_{0,0}| + |p_{2,3} - 2 \times p_{1,3} + p_{0,3}| < (\beta + (\beta \gg 1)) \gg 3 \quad (9\text{-}11)$$

$$|q_{2,0} - 2 \times q_{1,0} + q_{0,0}| + |q_{2,3} - 2 \times q_{1,3} + q_{0,3}| < (\beta + (\beta \gg 1)) \gg 3 \quad (9\text{-}12)$$

$p1$'과 $q1$'은 식 (9-13)과 식 (9-14)와 같이 계산된다. 해당 수식에서 사용하는 △ 값은 식 (9-10)에서 Clip3까지 수행된 △ 값을 의미한다.

$$\triangle p = Clip3(-(tc \gg 1), tc \gg 1, (((p2 + p0 + 1) \gg 1) - (p1 + \triangle)) \gg 1) \quad (9\text{-}13)$$
$$p1' = Clip3(0, 255, p1 + \triangle p)$$

$$\triangle q = Clip3(-(tc \gg 1), tc \gg 1, (((q2 + q0 + 1) \gg 1) - (q1 + \triangle)) \gg 1) \quad (9\text{-}14)$$
$$q1' = Clip3(0, 255, q1 + \triangle q)$$

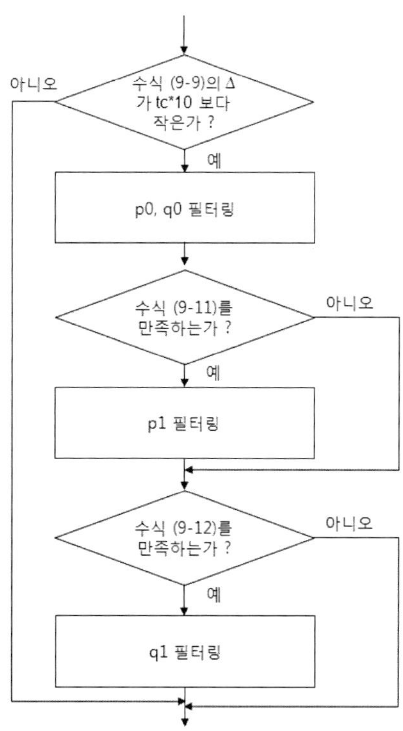

**그림 9-18 약한 필터링의 결정 과정 (각 행 또는 열 단위 수행)

지금까지 살펴본 약한 필터링의 결정 과정을 정리하면, 그림 9-18과 같다. 수직 에지 경계인 경우에는 각 행 단위에서 그림 9-18의 결정 과정이 수행되며, 수평 에지 경계인 경우에는 각 열 단위로 결정 과정이 수행된다.

9.1.8 색차 성분에 대한 디블록킹 필터링

Cb, Cr 색차 성분에 대한 디블록킹 필터는 상응하는 휘도 성분의 BS 값이 2인 경우에만 필터링이 수행된다. 앞서 언급한 것처럼, BS 값이 2인 경우는 P 블록 또는 Q 블록이 화면 내 예측으로 코딩된 것을 의미한다. 색차 성분에서는 복잡도를 고려하여 추가적으로 BS 값을 계산하지 않고, 휘도 성분에서 계산된 BS 값을 사용한다. 색차 성분의 에지 경계에서 대응하는 휘도 성분의 에지에서의 BS 값이 2인 경우, 각 행 또는 열 단위로 필터링을 수행하는데 그림 9-19와 같이 에지 경계를 기준으로 인접하는 한 픽셀씩 ($p0$, $q0$) 필터링한다.

색차 성분에 대한 필터링은 휘도 성분의 약한 필터링 과정과 유사하다. 필터링을 위하여 먼저 △ 값을 식 (9-15)를 통해 계산한다. 또한, 계산된 △ 값을 $p0$에는 더하고, $q0$에는 빼줌으로써 각 픽셀 위치에서의 필터링을 수행한다. 이때 필터링 된 결과 값은 비트심도 값 이내로 다시 클립핑 된다. 자세한 필터링 과정은 식 (9-16)과 같다.

$$\triangle = Clip3(-tc, tc, ((((q0 - p0) \ll 2) + p1 - q1 + 4) \gg 3)) \quad (9\text{-}15)$$

$$\begin{aligned} p0' &= Clip3(0, 255, p0 + \triangle) \\ q0' &= Clip3(0, 255, q0 - \triangle) \end{aligned} \quad (9\text{-}16)$$

9.1.9 HEVC 디블록킹 필터의 병렬화

HEVC 표준화 과정에서는 인-루프 디블록킹 필터가 디코더에서 높은 복잡도를 차지하는 문제를 해결하기 위하여, H.264/AVC의 디블록킹 필터보다 복잡도가 낮도록 HEVC 디블록킹 필터 기술을 표준화하였다. 앞서 언급한 것처럼, 8×8 블록 경계에서만 필터링을 적용하는 것도 복잡도를 고려한 것이다. 뿐만 아니라, HEVC 디블록킹 필터는 그림 9-8(b)처럼 픽쳐 단위에서 먼저 수직 에지 경계에 대한 필터링을 수행하고, 다시 수평 에지 경계에 대해 필터링을 수행하는 구조를 사용함으로써 데이터-레벨 병렬화를 적용하기에 용이한 구조를 갖고 있다. 데이터-레벨 병렬화에 대한 자세한 설명은 12장에서 다룰 예정

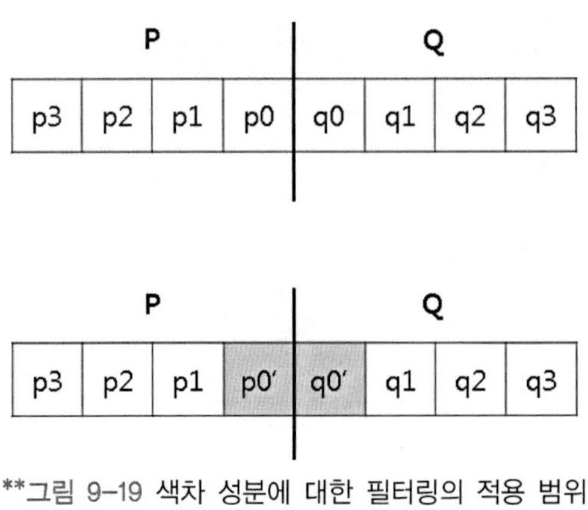

**그림 9-19 색차 성분에 대한 필터링의 적용 범위

인데, 이번 장에서는 HEVC 디블록킹 필터가 왜 데이터-레벨 병렬화에 적합한 구조인지에 대해서 간단히 설명한다.

데이터-레벨 병렬화란 의존성이 존재하지 않는 데이터를 다수의 코어 또는 스레드를 사용하여 동시에 병렬 수행하는 것을 의미한다. 예를 들어, 한 픽쳐에 400개의 CTU가 존재할 때 코어(Core) 한 개를 사용하여 순차적으로 디블록킹 필터를 수행하면, 하나의 코어가 400개의 CTU를 모두 처리해야 한다. 이와 달리 네 개의 코어를 사용하여 400개의 CTU에 대한 디블록킹 필터를 수행하는 경우에는 각 코어는 100개의 CTU만 처리하면 되므로 이론적으로 1/4 시간만으로도 한 픽쳐에 대한 필터링을 완료할 수 있을 것이다. 데이터-레벨 병렬화의 성능을 극대화하기 위해서는 데이터 간의 의존성이 존재하지 않아야 한다. 앞서 언급한 것처럼, HEVC의 디블록킹 필터는 8×8블록 경계 위의 PU 또는 TU에서 필터링이 수행될 수 있다. 또한, 필터링이 수행되는 조건으로 결정되면 강한 필터링 또는 약한 필터링이 수행되는데 강한 필터링 조건에서는 에지 경계를 기준으로 최대 3픽셀에 대한 필터링을 수행하고 약한 필터링에서는 최대 2픽셀에 대한 필터링을 수행한다. 따라서 그림 9-20과 같이 인접하는 수직 에지 경계를 동시에 필터링을 수행한다고 하더라도 "수직 에지 경계-1"에서 오른쪽 3픽셀과 "수직 에지 경계-2"의 왼쪽 3 픽셀이 최대로 필터링 되기 때문에 겹치는 픽셀이 존재하지 않게 된다. 따라서 이론적으로 HEVC의 디블록킹 필터는 8×8블록 단위로 동시에 병렬화를 수행할 수 있으며, 이보다 더 큰 단위에서도 병렬처리를 수행할 수도 있다. 또한, 그림 9-20과 같이 픽쳐 단위에서 먼저 수직 에지 경계에 대한 필터링을 모두 수행하고, 수직 에지 필터링이 된 픽셀들을 입력으로 다시 수평 에지에 대해서 동일한 방식을 사용하기 때문에, 수직 에지 경계 필터링과 수평 에지 경계 필터링 과정 내에서는 주변 에지 경계들과 의존성이 존재하지 않는다. 이러한 구조는 H.264/AVC처럼 매크로블록 단위에서 수직 에지 경계와 수평 에지 경계를 번갈아 가면서 필터링하던 방식에 비하여 보다 병렬화에 적합한 구조이다. 하지만, HEVC의 디블록킹 필터도 수직 에지 경계에 대한 필터링이 수행된 픽셀 값들을 수평 에지 경계에 대한 필터링 과정의 입력으로 사용하기 때문에 두 필터링 과정 사이에서는 동기화(Synchronization)를 고려해야 한다. 예를 들어, 네 개의 코어가 픽쳐를 4분할하여 각 분할 영역에 대해 디블록킹 필터링을 수행한다고 할 때, 특정 코어가 자신에게 할당된 분할 영역에 대해서 수직 에지 경계에서 모두 필터링을 수행한 후 바로 수평 에지 경계에 대한 필터링을 수행하는 경우 주변 분할 영역에서는 아직 수직 에지

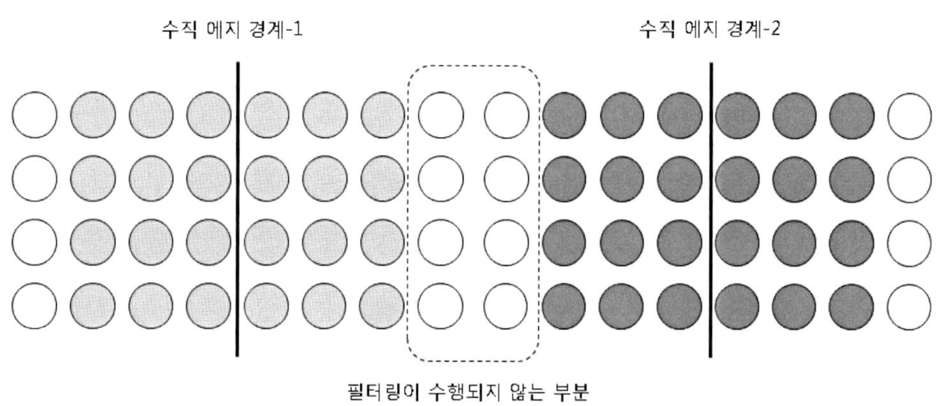

**그림 9-20 수직 에지 경계들에서의 수평 방향으로의 필터링의 예

경계에 대한 필터링 과정이 끝나지 않을 수 있다. 이러한 경우 수평 에지 경계 필터링 과정에서 정상적인 입력 픽셀 값을 사용하지 않아 미스매치가 발생하게 된다.

9.2 SAO (Sample Adaptive Offset)

본 절에서는 HEVC의 인-루프 필터 중 SAO에 대하여 설명한다. SAO는 디블록킹 필터와 달리 HEVC에 새롭게 추가된 개념의 인-루프 필터로써, 그림 9-3과 같이 디블록킹 필터가 적용된 후 수행된다. 따라서, 복원된 픽쳐에 수직 에지 경계에 대한 디블록킹 필터와 수평 에지 경계에 대한 디블록킹 필터가 적용 된 픽쳐에 대해 필터링을 수행한다. SAO는 “Sample Adaptive Offset”이라는 이름에서 알 수 있듯이 복원 픽셀(샘플)에 오프셋(Offset)을 더해줌으로써, 복원 영상과 원본 영상 간의 에러를 최소화시키는 기술이다. 앞서 여러 번 언급한 것처럼, 비디오 인코딩 과정에서는 변환 계수를 양자화할 때 데이터의 손실이 발생한다. 특히, QP 값이 큰 경우에 입력 영상의 에지 영역에서 링잉 현상(Ringing artifacts)이 발생할 수 있는데, 링잉 현상은 블록킹 현상과 함께 주관적 화질을 저하시키는 주요 원인이다. HEVC는 링잉 현상을 제거하여 주관적 화질을 향상 시키고, 동시에 복원 영상과 입력 영상간의 에러를 최소화함으로써 화면 간 예측 시 부호화 성능을 향상 시키기 위하여 SAO를 사용한다. 이처럼 SAO는 주관적 화질 향상뿐만 아니라 부호화 성능도 향상 시킬 수 있는 기술인 것이다 [4].

9.2.1 오프셋의 종류

HEVC의 SAO는 디블록킹 필터가 적용된 픽쳐에서 픽셀 단위로 오프셋 값을 더해준다. 이를 위해 HEVC 인코더에서는 복원 영상과 원본 영상간의 에러를 보정하기 위한 오프셋 값을 계산하고 이를 압축하여 디코더로 전송한다. 이때 픽셀 단위로 오프셋을 전송한다면 오프셋 전송에 너무 많은 비트가 소요될 것이다. HEVC의 SAO는 오프셋 값을 효율적으로 계산하고 이를 전송하기 위하여, 각 CTU에서 휘도 성분 (Y)과 색차 성분 (Cb, Cr)에 대해서 각각 4 개의 오프셋 값만을 전송한다. 즉, HEVC의 SAO는 CTU 단위로 수행되는데, 이때 휘도 성분과 두 개의 색차 성분에 대해서 서로 독립적으로 수행된다. 본 절에서는 CTU의 휘도 성분을 예로 들어 SAO의 수행 과정을 설명하지만 색차 성분에도 동일하게 적용된다.

HEVC의 SAO는 현재 코딩하려는 Y CTB에 대해서 해당 CTB 내의 픽셀 특성을 세분화하여 그림 9-21처럼, **1)** SAO를 사용하지 않는 경우, **2)** 에지에 대해서 에러를 보정하는 경우 (에지 오프셋), **3)** 특정 밝기 값 대역에 대해서 에러를 보정하는 경우(밴드 오프셋)로 세분화한다. HEVC 인코더에서는 코딩하려는 Y CTB에 대해서 SAO 기술을 사용할 것인지 또는 사용하지 않을 것이지 결정하여 이에 대한 정보를 디코더로 전송한다. 예를 들어, 특정 Y CTB에서는 네 개의 오프셋 값을 전송하여 복원 픽셀을 보정하는 것이 오프셋 값을 전송하지 않는 경우보다 압축률 관점에서 더 좋지 않을 수 있다. 이러한 경우에는 해당 Y CTB에는 SAO를 사용하지 않는 것이 효과적일 것이다. 이와 달리 일부 Y CTB에서는 오프셋 값을 전송하여 복원 픽셀의 에러를 보정할 때 보다 효과적일 수 있다. 특히, Y CTB 내에 특정 방향으로 에지가 있고 에지 방향의 픽셀들에 에러가 있는 경우에는 이러한 특성을 고려하여 인코더에서는 오프셋 값을 계산하고, 디코더에서는 전송된 오프셋 값을 더할 때 보다 효과적일 수 있다. 이러한 특성을 고려하는 기술이 “에지 오프셋(Edge offset)”이다. 또 다른 예로, Y CTB의 복원 픽셀들

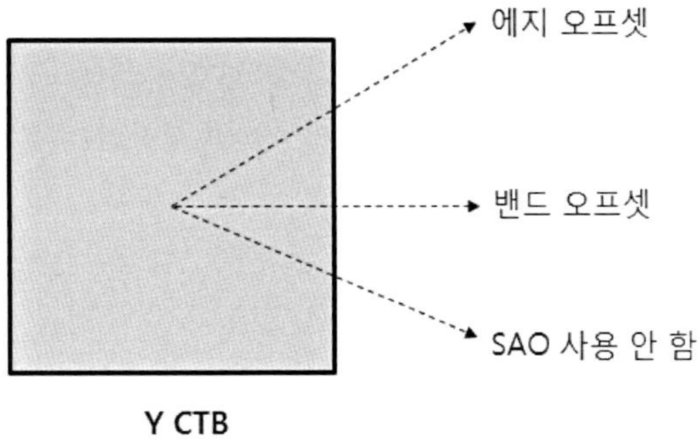

**그림 9-21 Y CTB에 대한 SAO 수행 옵션

에서 특정 밝기 대역에서 원본 Y CTB 내의 픽셀들과의 값의 차이가 발생할 수도 있다. HEVC SAO는 이러한 에러 특성을 고려하여 복원된 픽셀에서 특정 밝기 값 밴드 단위로 오프셋 값을 조정하는 기술을 포함하는데, 이를 "밴드 오프셋(Band offset)"이라고 한다. 다음 절에서는 에지 오프셋과 밴드 오프셋 기술에 대해서 다루도록 한다.

9.2.2 에지 오프셋(Edge offset)

HEVC SAO는 코딩하려는 CTB 내의 에지 방향을 고려하여, 복원 픽셀의 에러를 효과적으로 보정하기 위해 에지 오프셋을 사용한다. 앞서 언급한 것처럼, HEVC 인코더는 CTU의 휘도 성분과 색차 성분들 각각에 대하여 에지 오프셋을 사용할지, 밴드 오프셋을 사용할지, 또는 SAO를 사용하지 않을지에 대해서 결정하고 이를 디코더로 전송한다. 코딩하려는 CTU의 휘도 성분에 에지 오프셋이 사용되는 경우, HEVC 인코더는 그림 9-22와 같이 해당 Y CTB에서 어떠한 클래스를 사용하는지에 대한 정보를 추가로 디코더로 전송한다. 여기서, 클래스란 코딩 하려는 Y CTB에서의 주요 에지 패턴을 의미한다. 그림

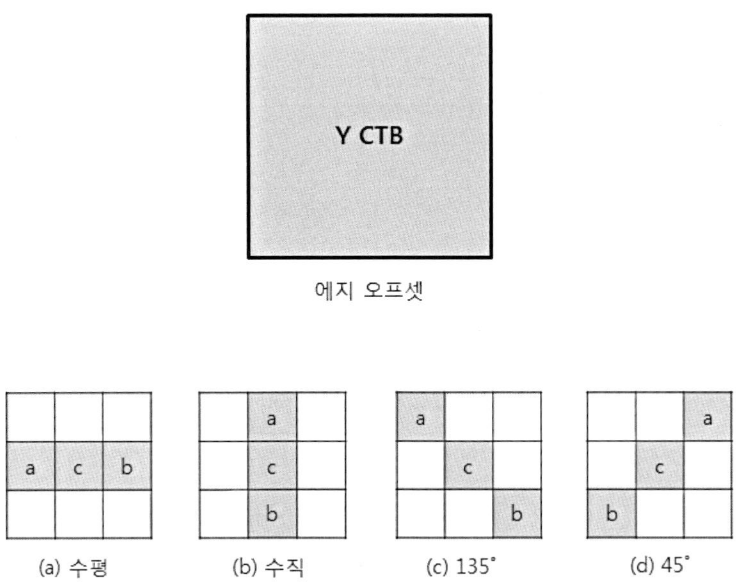

**그림 9-22 에지 오프셋의 클래스

9-22(a)는 수평 에지를, 그림 9-22(b)는 수직 에지를, 그림 9-22(c)는 135° 에지를, 그림 9-22(d)는 45° 방향의 에지를 각각 대표한다. 예를 들어, Y CTB에 수평 에지가 주로 존재하는 경우 인코더는 이러한 정보를 디코더로 전송하고, 디코더는 전송된 값을 통하여 디코딩하려는 현재 Y CTB 내에 수평 에지가 주로 존재함을 알 수 있다. 인코더에서는 그림 9-22의 네 가지 클래스 중 어떤 클래스를 선택했을 때, 에지 오프셋의 성능이 최대가 되는지 RDO 과정을 통해 결정하고, 결정된 클래스 정보를 디코더로 전송하는 것이다. 본 예제에서는 CTU에서 Y CTB를 예로 들어 설명했지만, 두 개의 색차 성분에 대해서도 클래스 정보가 인코더에서 디코더로 전송된다. 단, 클래스 정보는 Cb, Cr 각각에 대해서 전송되는 것이 아니라 두 색차 성분에서 공통으로 사용되는 하나의 클래스 정보만이 전송된다.

그림 9-23은 16×16 Y CTB에 에지 오프셋이 사용되고 수평 방향의 클래스가 선택된 경우에 SAO 필터링의 예를 설명한다. 16×16 Y CTB에 에지 오프셋이 사용되는 경우, 디코더는 Y CTB 내의 모든 픽셀에 대해서 필터링을 수행한다. 그림 9-23에서 Y CTB 내의 첫 번째 픽셀를 기준으로 필터링 과정을 보다 자세히 설명하면, 필터링을 수행할 픽셀 위치 (c0)에서 왼쪽에 위치하는 픽셀 (a0)과 오른쪽에 위치하는 픽셀 (b0)를 사용하여 카테고리 값을 계산한다. 해당 픽셀에서는 계산된 카테고리를 사용하여 카테고리 단위로 전송된 오프셋 값을 현재 위치의 픽셀 (c0)에 더하여 필터링을 수행한다. 그림 9-23의 예제에서는 수평 방향의 클래스가 선택된 경우를 가정하여 왼쪽 (a0)과 오른쪽 픽셀 (b0)이 사용된 것이며 실제로는 그림 9-22의 에지 오프셋의 클래스에 따라 주변 픽셀의 위치가 달라진다. 또한, Y CTB 내에서 첫 번째 픽셀에 대해서만 필터링 과정을 설명하였지만, 그림 9-23의 Y CTB 내의 모든 픽셀 (회색 부분)에서 동일한 방법으로 필터링이 수행된다.

앞서 픽셀 단위로 계산되는 카테고리는 표 9-5의 조건에 따라 인코더와 디코더에서 동일하게 계산되는 값이다. 표 9-5에서 c는 현재 픽셀을 의미하며 a와 b는 c 픽셀의 주변 픽셀로, 그림 9-22의 에지 오프셋 클래스에 따라 해당 위치가 결정된다. 코딩하려는 Y CTB에서 에지 오프셋이 선택되었다는 정보와 에지 오프셋의 클래스 정보는 인코더에서 최적의 값을 결정하여 디코더로 전송하는 값이지만, 픽셀 단위로 계산되는 카테고리는 전송되는 값이 아니다. 이는 디코더에서도 디블록킹 필터까지 적용된 픽셀 값을

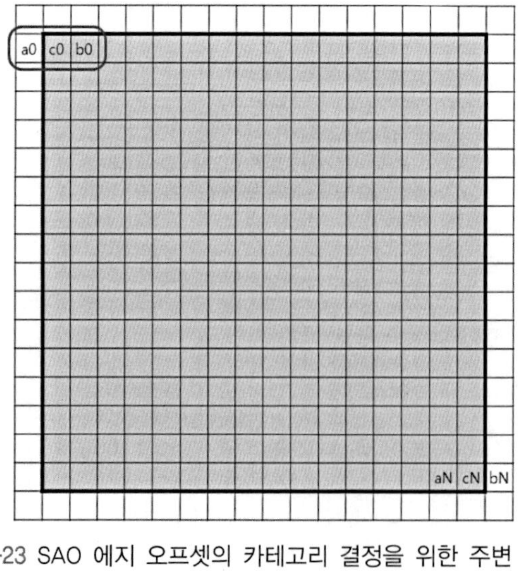

**그림 9-23 SAO 에지 오프셋의 카테고리 결정을 위한 주변 픽셀의 예

표 9-5 에지 오프셋의 카테고리 결정 과정 및 오프셋

구분	카테고리 조건	오프셋
1	c < a && c < b	O1
2	(c < a && c == b) || (c == a && c < b)	O2
3	(c > a && c == b) || (c == a && c > b)	O3
4	c > a && c > b	O4
0	위의 조건이 없는 경우	-

사용하여 카테고리를 결정할 수 있기 때문에 인코더에서는 카테고리 정보에 대해서 전송하지 않는 것이다. 하지만 이러한 방식은 디코더에서 Y CTB 내의 모든 픽셀 위치에서 카테고리를 계산하게 하므로 디코더의 복잡도를 증가시킨다.

에지 오프셋에서 카테고리 결정 과정은 FIR 구조로 되어있다. 예를 들어, 그림 9-23에서 c0 위치에서 카테고리를 결정할 때는 a0 와 b0를 사용한다. 이때 a0와 b0의 값은 SAO가 수행되기 전의 픽셀 값이어야만 한다. a0 위치의 픽셀은 현재 Y CTB보다 이전에 코딩된 Y CTB의 픽셀이므로 이미 SAO가 적용되었을 수 있다. 하지만 에지 오프셋의 카테고리 결정 과정에서는 SAO가 적용되기 전의 값을 사용해야 하므로 이를 위해 HM 소프트웨어에서는 라인 버퍼를 사용하여 SAO 적용전의 픽셀 값을 백업하는 방식을 사용한다. 물론 구현 방식은 다양할 수 있지만 여기에서는 카테고리 결정 과정에서는 주변의 픽셀 값이 SAO 필터가 적용되기 전의 값이 사용된다는 점을 기억하자. 또한, Y CTB 내부에서도 FIR 구조는 그대로 사용된다. 예를 들어, 그림 9-23에서 b0 위치에 대한 카테고리 계산 과정에서는 c0 위치의 픽셀 값이 사용되는데, 이때 SAO 필터가 적용되기 전의 값을 사용해야한다.

코딩하려는 Y CTB가 SAO 에지 오프셋으로 결정된 경우 카테고리 별로 오프셋이 전송된다. 표 9-5와 같이 에지 오프셋의 클래스와 상관없이 a, c, b 위치에 있는 픽셀 값의 관계에 따라 네 개의 카테고리로 구분되며, 인코더는 각 카테고리 별로 오프셋을 전송하게 된다. 디코더에서는 픽셀 단위로 카테고리를 계산 한 후 카테고리에 해당하는 오프셋을 복원 픽셀에 더함으로써 SAO 수행이 완료되는 것이다.

표 9-5의 각 카테고리의 의미에 대해서 좀 더 살펴보도록 하자. 표 9-5에 기술되어 있는 조건들을

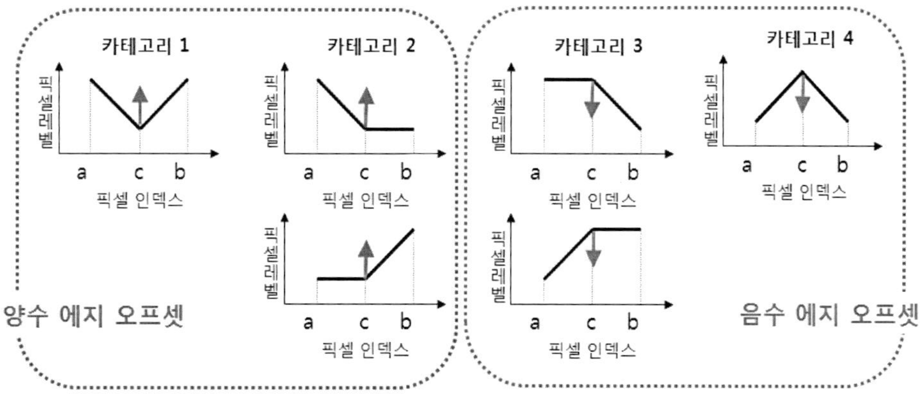

**그림 9-24 에지 오프셋 카테고리의 의미

그림으로 표현하면 그림 9-24와 같다. 카테고리 1은 현재 픽셀 (c)이 주변의 픽셀들 (a, b) 보다 더 작은 경우를 의미한다. 이 경우 현재 픽셀 (c)에 에러가 있는 것으로 가정하여 c의 값에 전송된 오프셋 "O1"을 더하게 된다. 그림 9-24에서 카테고리 1과 카테고리 2는 현재 픽셀 (c)이 주변 픽셀보다 작거나 같은 경우로 이러한 경우 현재 픽셀 (c) 값에 오프셋을 더하여 복원 픽셀의 밝기 값을 증가시키게 된다. 따라서 인코더에서 카테고리 1과 카테고리 2를 위한 오프셋 값을 전송할 때 오프셋의 크기만을 전송하며 부호는 따로 전송하지 않는다. 즉, 카테고리 1과 카테고리 2의 오프셋 값은 양수임을 가정한다. 이와 반대로 카테고리 3, 카테고리 4에서는 현재 픽셀 (c) 값이 주변의 픽셀 값보다 크거나 같은 경우로 이때에는 현재 픽셀 (c)의 값에 음수 오프셋을 더해서 복원 픽셀의 값을 감소시키는 역할을 한다. 인코더에서 카테고리 3과 카테고리 4에 대한 오프셋을 전송할 때에는 카테고리 1, 카테고리 2의 양수 에지 오프셋과 마찬가지로 오프셋의 크기만을 전송할 뿐 부호는 전송시키지 않는다. 즉, 카테고리 3과 카테고리 4에서는 오프셋 값을 음수로 만든 후 복원 픽셀에 더하게 된다.

지금까지 HEVC SAO의 에지 오프셋 기술에 대해서 살펴보았다. 디코더 관점에서 에지 오프셋의 수행 과정을 정리해보면 그림 9-25와 같다. HEVC SAO의 에지 오프셋에 대한 수행 블록도는 크게 "에지 오프셋 (EO) 엔트로피 복호화" 부분과 복호된 값들을 이용하여 픽셀 단위로 필터링하는 "픽셀 단위의 필터링부"로 구성된다. Y CTB에 대한 SAO의 에지 오프셋 수행 과정을 설명하면, 먼저 현재 디코딩할 Y CTB의 SAO 타입이 EO인지를 판단한다. 디코딩할 Y CTB의 SAO 타입이 EO인 경우 "에지 오프셋 (EO) 엔트로피 복호화부"는 네 개의 오프셋 값과 EO의 클래스 종류를 엔트로피 복호화 한다. 픽셀 단

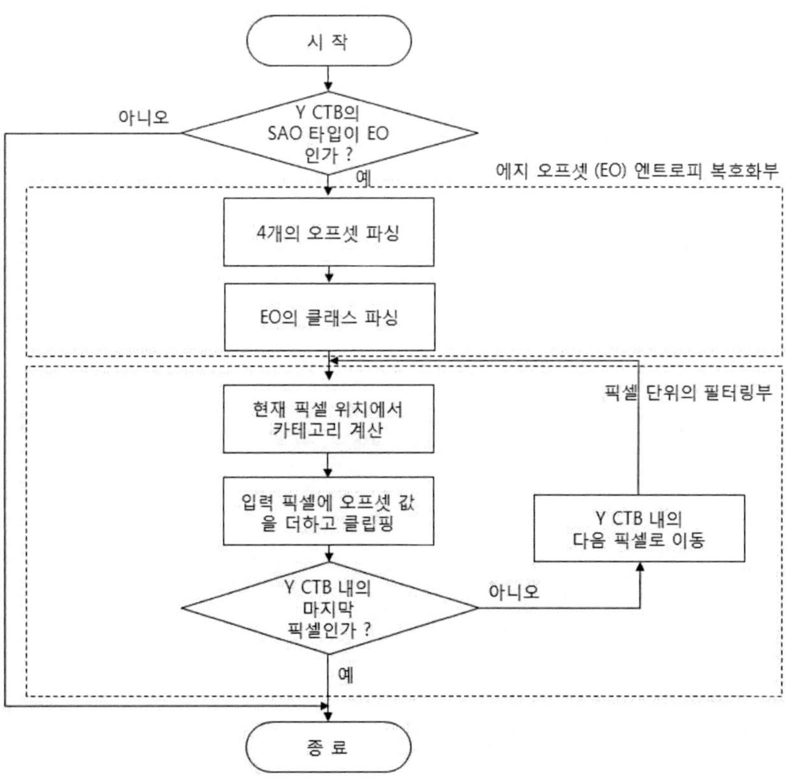

**그림 9-25 SAO 에지 오프셋의 수행 과정

위의 필터링부에서는 디코딩할 Y CTB 내에서 픽셀 단위로 수행된다. 각 픽셀 위치에서는 엔트로피 디코딩된 EO의 클래스 정보를 참조하여 카테고리를 계산한다. 계산된 카테고리 값에 따라 오프셋 값이 결정되며 해당 오프셋 값은 EO 과정의 입력 픽셀 값에 더해진 후 비트 심도를 고려하여 클립핑 됨으로써 SAO의 결과 값이 구해진다.

9.2.3 밴드 오프셋(Band offset)

이번 절에서는 HEVC SAO의 밴드 오프셋에 대해서 설명한다. 코딩하려는 Y CTB가 밴드 오프셋으로 결정된 경우 HEVC 인코더는 Y CTB 내의 픽셀들을 유사한 밝기 값을 갖는 대역으로 분류한 후 이 중 연속하는 네 개의 대역들에 대해서 오프셋을 전송한다. HEVC 디코더도 먼저 Y CTB 내의 픽셀들을 유사한 밝기 값을 갖는 대역으로 분류한 후 인코더에서 전송된 오프셋 값을 오프셋 값이 전송된 대역 내의 픽셀들에 더해줌으로써 복원 영상의 픽셀 값을 보정한다. 이처럼 밴드 오프셋은 복원 과정에서 대역 단위로 오프셋을 더해줌으로써 복원 영상과 원본 영상 간의 픽셀 값의 차이를 줄이는 기술이다. HEVC Main 프로파일을 예로 들면, 입력 영상은 8비트 심도를 가지므로 픽셀의 밝기 값은 0~255의 값을 가진다. Y CTB에 HEVC SAO의 밴드 오프셋이 선택된 경우, 먼저 픽셀들의 밝기 값에 따라 32개의 밴드(Band)로 구성한다. 즉, 첫 번째 밴드에는 픽셀 값이 0~7인 픽셀들로 구성될 것이며, 두 번째 밴드에는 8~15의 픽셀 값으로 구성될 것이다. 256단계의 밝기 값에 대해서 32개의 밴드로 구성하는 것이므로 하나의 밴드에는 8k 부터 8k+7의 픽셀 값을 갖는 픽셀들로 구성된다. 여기서, k는 0부터 31까지 값 중 하나이다.

그림 9-26은 HEVC 밴드 오프셋의 예이다. 그림 9-26처럼 HEVC 인코더는 32개의 밴드 중에서 연속하는 네 개의 밴드에 대해서 오프셋 값(O1, O2, O3, O4)을 전송한다. 이때 HEVC 인코더는 밴드 오프셋이 전송되는 밴드의 시작 위치에 대한 정보도 디코더로 같이 전송한다. 그림 9-26에서는 픽셀 값이 96~103, 104~111, 112~119, 120~127인 밴드에 대해서 오프셋 값이 전송된 경우를 보인다. HEVC 디코더에서는 밴드 오프셋이 선택된 Y CTB 내의 각 픽셀의 값을 해당되는 밴드로 매핑한 후, 매핑된 밴드에 해당하는 오프셋 값을 더한다. 이때 HEVC 디코더는 오프셋 값이 전송되지 않은 밴드에서는 오프셋 값을 0으로 간주한다. 앞 절에서 살펴본 에지 오프셋과 동일하게 밴드 오프셋에서도 Y CTB 당 네 개의 오프셋 값이 전송되는데, 밴드 오프셋은 에지 오프셋과는 달리 네 개의 오프셋 값에 대한 부호 정보를 생략할 수 없으므로 먼저 절대 값을 보내고 절대 값이 0이 아닌 경우에는 추가적으로 부호 정보를 전송한다.

지금까지 HEVC SAO의 밴드 오프셋 기술에 대해서 살펴보았다. 디코더 관점에서 밴드 오프셋의 수행 과정을 정리해보면 그림 9-27과 같다. HEVC SAO의 밴드 오프셋에 대한 수행 블록도는 에지 오프셋과 마찬가지로 크게 "밴드 오프셋(BO) 엔트로피 복호화" 부분과 복호된 값들을 이용하여 픽셀 단위로 필

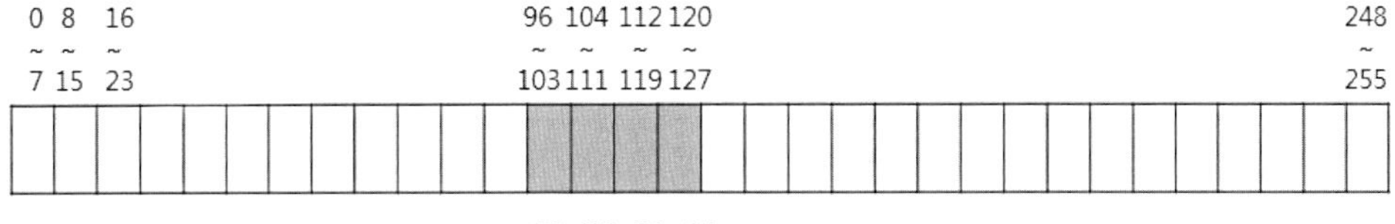

**그림 9-26 SAO의 밴드 오프셋의 예

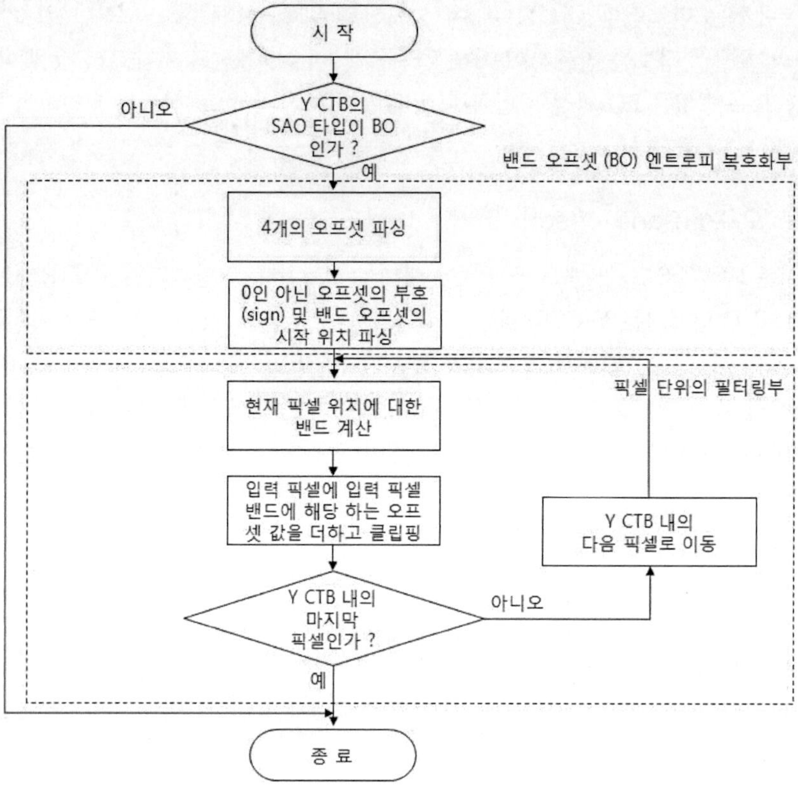

**그림 9-27 SAO SAO 파라미터 결정

터링하는 "픽셀 단위의 필터링부"로 구성된다. Y CTB에 대한 SAO의 밴드 오프셋 수행 과정을 설명하면, 먼저 현재 디코딩할 Y CTB의 SAO 타입이 BO인지를 판단한다. 디코딩할 Y CTB의 SAO 타입이 BO인 경우 "밴드 오프셋(BO) 엔트로피 복호화부"는 네 개의 오프셋 값을 엔트로피 복호화 한다. 엔트로피 복호화된 오프셋 값 들 중 0 아닌 오프셋에 대해서는 추가적으로 부호를 파싱한다. 또한, 32개의 밴드 중 실제 오프셋이 전송되는 연속하는 네 개의 밴드에 대한 시작 위치 정보를 파싱한다. 픽셀 단위의 필터링부에서는 디코딩할 Y CTB 내에서 픽셀 단위로 수행된다. 각 픽셀 위치에서는 현재 위치의 픽셀 밝기 값으로부터 32개의 밴드 중 하나의 밴드로 결정된다. 입력 픽셀(BO 과정의 입력)에 대한 밴드가 결정된 후에는 해당 밴드의 오프셋 값을 입력 픽셀에 더한 후 비트 심도를 고려한 클립핑을 최종으로 수행한다.

9.2.4 HEVC 인코더에서의 SAO 파라미터 결정

본 절에서는 HEVC 인코더에서 SAO 오프셋을 결정하는 알고리즘에 대해서 살펴본다. 앞서 언급한 것처럼 HEVC는 CTU 단위로 SAO를 수행하는데, 이때 휘도 성분과 색차 성분들에 대해서 독립적으로 수행한다. 휘도 성분을 예로 들어 설명 하면, Y CTB에 밴드 오프셋 타입의 SAO를 사용할지, 에지 오프셋 타입의 SAO를 사용할지, 또는 SAO를 사용하지 않을지에 대해서 RDO(Rate-Distortion Optimization)를 통해서 결정하게 된다. 결과적으로 인코더는 세 가지 경우에 대해서 모두 수행한 후 각 경우에 대한 RD (Rate-Distortion) 값을 계산하는 것이다. 인코더가 코딩 할 Y CTB에서 밴드 오프셋 타입의 SAO를 수행해보는 경우에도, 32개의 밴드 중 오프셋을 전송할 시작 위치에 따라 RD 값이 달라진다. 에지 오프셋 타입의 SAO를 수행해보는 경우에도 네 개의 클래스 중 어떤 종류의 클래스를 사용할지에 따라서 RD 값이 달라질 것이다. 인코더는 이러한 것들을 모두 고려하여 현재 코딩할 Y CTB에 어떠한 종류의 SAO를 수행할지에 대해서 결정하는 것이다.

코딩하려는 Y CTB 내에서 HEVC SAO가 수행되기 전의 복원 픽셀과 원본 픽셀과의 왜곡은 식 (9-17)로 정의된다. 식 (9-17)에서 $s(k)$와 $x(k)$는 코딩하려는 Y CTB 내에서 k 번째 픽셀의 원본 픽셀 값과 복원 픽셀 값을 의미한다.

$$D_{pre} = \sum_{k \in C} (s(k) - x(k))^2 \qquad (9\text{-}17)$$

코딩하려는 Y CTB에 밴드 오프셋 타입 또는 에지 오프셋 타입의 SAO가 수행되어서 픽셀에 오프셋이 더해지는 경우를 고려하면 SAO 적용 후의 픽셀과 원본 픽셀과의 왜곡은 식 (9-18)로 정의된다.

$$D_{post} = \sum_{k \in C} (s(k) - (x(k) + h))^2 \qquad (9\text{-}18)$$

Y CTB에 SAO를 적용하면 적용하지 않는 경우에 비해 추가적인 비트가 발생하므로 비트율이 증가할 것이다. 따라서 RDO 과정 후 SAO의 수행이 선택되려면 SAO를 적용한 후의 왜곡 (D_{post})이 SAO를 적용하지 않은 경우의 왜곡 (D_{pre})보다 작아야 한다. D_{post}와 D_{pre} 값의 차를 $\triangle D$로 정의하면 수식 (9-19)로 정리된다. 식 (9-19)에서 N은 코딩하려는 Y CTB 내의 픽셀 개수이고, E는 식 (9-20)의 정의된 값이다.

$$\triangle D = D_{post} - D_{pre} = \sum_{k \in C} (h^2 - 2h(s(k) - x(k))) = Nh^2 - 2hE \qquad (9\text{-}19)$$

$$E = \sum_{k \in C} (s(k) - x(k)) \qquad (9\text{-}20)$$

식 (9-19)에서 N 값은 CTB의 픽셀 개수이므로 상수 값이며, E는 원본 픽셀 값과 SAO 필터링 전의 픽셀 값으로 부터 계산되므로 코딩하려는 Y CTB에서 여러 번 구하는 값이 아니라 한 번만 계산하면 되는 값이다.

HEVC 참조 소프트웨어인 HM 인코더에서는 $\triangle D$를 사용하여 식 (9-21)과 같이 "delta RD" 비용을 정의하고 이 값을 최소로 만드는 h를 결정하게 된다. HM 인코더는 고속으로 h 값을 계산하기 위하여 초기 h 값으로 "E/N"을 사용하고 해당 값에서부터 0까지의 오프셋 값에 대해서 식 (9-21)을 통해 △j를 최소로 하는 h 값을 결정한다. 예를 들어, 초기 h 값이 +6인 경우에는 그림 9-28(a)처럼 h 값으로 6, 5, 4, 3, 2, 1, 0으로 사용하여 그 중 $\triangle j$를 최소로 만드는 h를 최적의 오프셋으로 결정한다. 초기 h 값이 -6인 경우에는 그림 9-28(b)처럼 h 값으로 -6, -5, -4, -3, -2, -1, 0을 사용하여, 그 중 $\triangle j$를 최소로 만드는 h를 최적의 오프셋으로 결정한다.

$$\triangle j = \triangle D + \lambda R \qquad (9\text{-}21)$$

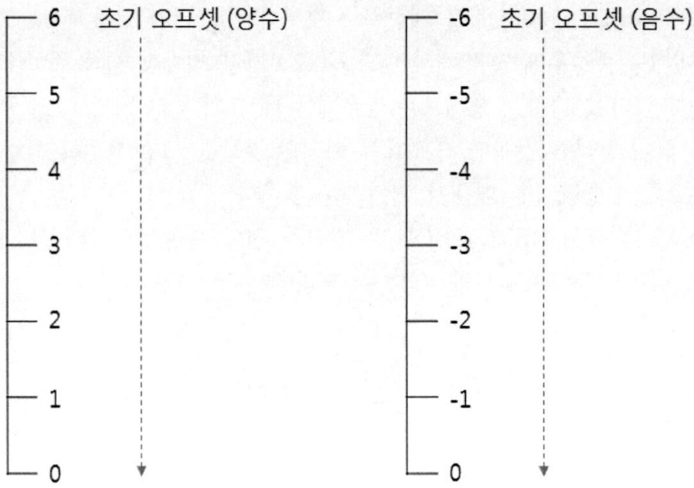

(a) h 값이 양수인 경우　(b) h 값이 음수인 경우

**그림 9-28 HM 인코더에서의 h 값 결정 과정의 예

참고문헌

[1] Gary J. Sullivan, Jens-Rainer Ohm, and W. Han, "Overview of the high efficiency video coding (HEVC) standard," IEEE Trans. on Circuits Syst. Video Technol., vol. 22, no. 12, pp. 1649-1668, Dec. 2012.

[2] A. Norkin, G. Bjøntegaard, A. Fuldseth, M. Narroschke, M. Ikeda, K. Andersson, M. Zhou, and G. Auwera, "HEVC deblocking filter," IEEE Trans. on Circuits Syst. Video Technol., vol. 22, no. 12, pp. 1746-1754, Dec. 2012.

[3] M. Ikeda, J. Tanaka, and T. Suzuki, "CE12 subset2: parallel deblocking filter," document JCTVC-E181, Geneva, CH, Mar. 2011.

[4] C. Fu, E. Alshina, A. Alshin, Y. Huang, C. Chen, C. Tsai, C. Hsu, S. Lei, J. Park, W. Han, "Sample adaptive offset in the HEVC standard," IEEE Trans. on Circuits Syst. Video Technol., vol. 22, no. 12, pp. 1755-1764, Dec. 2012.

10 HEVC 신택스 요소와 시맨틱

비디오 인코더는 입력 동영상에 존재하는 공간, 시간, 통계상의 중복성을 제거함으로써 영상을 압축한다. 앞 장들에서 살펴본 것처럼 공간, 시간상의 중복성은 화면 내 예측과 화면 간 예측 과정을 통해서 제거 될 수 있으며, 통계상의 중복성은 11장에서 다루게 될 엔트로피 코딩 과정을 통해서 제거될 수 있다. HEVC 인코더는 예측, 변환, 양자화, 엔트로피 코딩이라는 일련의 과정을 통해서 입력 동영상을 압축하는데, 인코더의 출력물을 비트스트림(Bitstream)이라 부른다. 비디오 디코더는 그림 10-1과 같이 인코더의 출력물인 비트스트림을 입력으로 받아서 정해진 규칙에 따라 영상을 복호화한 후 복원 영상을 출력한다.

비디오 디코더가 비트스트림만을 입력 받아 출력 영상을 복호화 하기 위해서는 비트스트림 내에 영상 복호를 위한 정보들이 정해진 순서에 따라 기술되어 있어야 할 것이다. 동영상 압축 표준에서는 비트스트림 내에서 영상 복호화를 위해 존재하는 각각의 정보들을 신택스 요소(Syntax element)라고 부르며, 이러한 신택스 요소들의 구성을 신택스 구조(Syntax structure)라고 부른다. 예를 들어, HEVC에서는 입력 영상의 너비 정보를 표현하기 위하여 "pic_width_in_luma_samples"라는 이름의 신택스 요소를 사용한다. 입력 영상이 832×480인 경우 HEVC 인코더는 "832"를 비트로 표현하고, 이를 "pic_width_in_luma_samples" 신택스 요소의 위치에 따라 비트스트림에 기록한다. 디코더에서는 "pic_width_in_luma_samples" 신택스 요소에 해당하는 비트를 파싱(Parsing)하고, 이를 복호화 함으로써 입력 영상의 너비를 알 수 있게 된다. 또 다른 예로는, 현재 부호화/복호화하려는 코딩 유닛(CU :

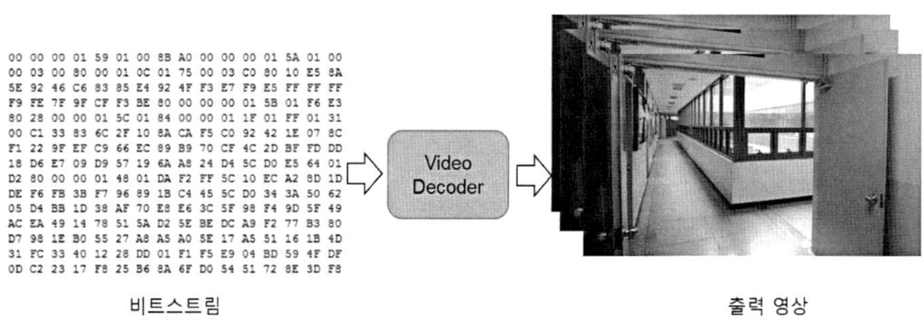

**그림 10-1 비트스트림과 비디오 디코더

Coding Unit)이 화면 내 예측 모드로 코딩 되었는지 또는 화면 간 예측 모드로 코딩 되었는지에 대해 알려주는 신택스 요소인 "pred_mode_flag"를 들 수 있다. HEVC 인코더에서는 현재 코딩 유닛이 화면 간 예측 모드로 코딩 된 경우 비트스트림에 비트 '0'으로 기록하고, 화면 내 예측 모드인 경우 비트 '1'을 기록한다. HEVC 디코더에서는 "pred_mode_flag"에 대한 신택스 요소를 파싱할 때 비트스트림에서 한 비트를 읽어온 후 해당 비트의 값에 따라서 화면 내 예측인지 화면 간 예측인지를 알아낸다. HEVC는 "pic_width_in_luma_samples"와 "pred_mode_flag" 신택스 요소를 포함하여, 약 286개의 신택스 요소를 사용하고 있다. 이처럼 HEVC의 비트스트림 내에는 수많은 신택스 요소가 존재하는데, 각 신택스 요소들은 미리 정해진 순서에 따라 위치한다.

그림 10-2는 HEVC 인코더의 블록도를 보인다. HEVC에서 입력 영상은 앞서 여러 번 언급한 것처럼 예측, 변환, 양자화, 역영자화, 역변환, 인-루프 필터 과정을 거친다. 인코딩 과정에서 각 모듈에서는 다양한 신택스 요소를 출력하며, 각 모듈에서 출력된 신택스 요소들은 11장에서 다뤄질 엔트로피 부호화 기술을 통해서 압축되는 것이다. 비디오 코덱을 신택스 요소와 신택스 구조 관점에서 살펴보면, 비디오 인코더란 입력 비디오를 여러 신택스 요소로 표현하고, 이를 인코더와 디코더 사이에서 미리 정의된 신택스 구조에 맞춰 비트로 출력하는 장치라고 말할 수 있다. 이와 반대로, 비디오 디코더란 신택스 구조에 맞춰서 각 신택스 요소에 해당하는 비트를 읽고, 신택스 요소의 값을 복호화하여 비디오를 복호화하는 장치라 말할 수 있다. 비디오 압축 표준에서 신택스 요소와 신택스 구조를 이용하면, 각 신택스 요소 단위로 인코더에서는 몇 비트를 쓰는지, 디코더에서는 몇 비트를 읽어야 복호화할 수 있는지를 알 수 있지만, 그 신택스 요소의 의미 자체는 알 수 없다. HEVC 디코더에서 각 신택스 요소를 위해 사용되는 비트 수 만을 알고, 그 의미에 따라 디코딩을 하지 않는다면, 비트스트림만을 가지고는 정상적으로 영상을 복원할 수 없을 것이다. 예를 들어, HEVC 디코더가 "pic_width_in_luma_samples" 신택스 요소의 의미를 모른다면 해당 신택스 요소의 복호된 값을 알더라도 영상을 제대로 복원할 수 없게 된다. 비디오 압축 표준 기술에서는 비트스트림 내에서 정의된 각 신택스 요소에 대한 의미를 시맨틱(Semantic)이라고 부르는데, 신택스 요소와 신택스 구조뿐만 아니라, 이 시맨틱을 이해하는 것은 비디오

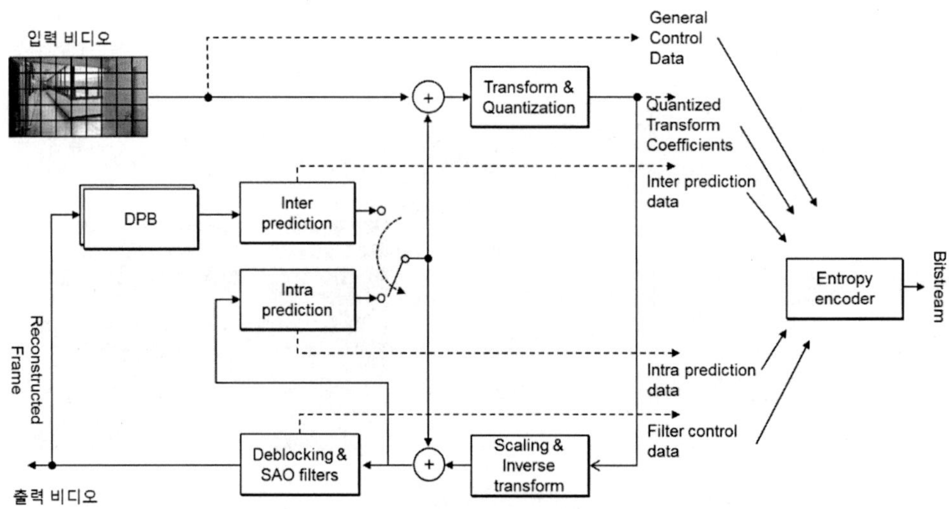

**그림 10-2 HEVC 인코더와 신택스 요소 출력의 예

압축 표준을 이해하는데 있어서 매우 중요한 요소이다. 추가적으로 신택스 요소 및 시맨틱에 따라 실제 비디오가 어떻게 디코딩 되는지에 대한 디코딩 프로세스를 이해하는 것도 또 다른 중요한 요소이다. 이 중 비디오 디코딩 프로세스에 대해서는 5~9장들을 통해서 각 모듈 단위로 살펴보았다. 이 장에서는 HEVC의 주요 신택스 요소와 시맨틱을 보다 상세히 살펴봄으로써 HEVC 표준을 좀 더 명확히 이해할 수 있도록 한다.

10.1 비트스트림 파싱

HEVC의 신택스 요소와 시맨틱을 이해하기에 앞서 먼저 복호화기에서 비트스트림을 읽어 들이는 동작인 비트스트림 파싱(Parsing) 과정에 대해서 알아보도록 하자. 각 신택스 요소는 인코더에서 최종적으로 비트로 표현되기 때문에 신택스 요소를 복호화하기 위해서는 비트스트림 내에서 비트들을 읽는 동작이 필요하다. 기본적으로 비트스트림 파싱을 위해서는 입력 비트스트림에서 현재 비트의 위치를 가리키고 있는 포인터가 존재해야 한다 [2]. 비트스트림을 처음으로 파싱하는 경우에 포인터는 비트스트림의 시작 부분을 초기 값으로 가질 것이며, 이미 이전에 한 번 이상 파싱이 된 경우에는 이전 파싱 과정에서 읽혀진 비트의 이후를 가리킬 것이다. 일반적으로 비트스트림 파싱 과정의 입력으로 파싱할 비트 수를 의미하는 n 값이 같이 입력된다. 그림 10-3은 비트스트림에서 비트를 읽는 두 가지의 대표적인 함수인 showbits (n)과 getbits (n)의 동작에 대해서 설명한다 [2]. 그림 10-3의 예제에서 두 함수 모두 n의 값은 6으로, 비트스트림에서 6비트를 읽어 들이는 것을 의미한다. showbits (n)와 getbits (n)는 포인터가 가리키고 있는 현재 비트 위치를 기준으로 n비트를 읽어 들인 후 해당 값을 반환한다. 추가적으로 getbits (n)은 비트스트림에서 비트의 위치를 가리키는 포인터를 이미 읽혀진 비트 수 만큼(n비트) 앞으로 이동 시키는 동작을 수행한다. 일반적으로 비트스트림의 파싱이란 특정 비트 수만큼을 비트스트림에서 읽어 들이는 동작이므로 getbit (n) 함수를 통해서 n비트를 읽어 들이고, 동시에 읽혀진 비트 수만큼 포인터를 앞으로 이동 시킨다. 하지만, 일부 신택스 요소는 해당 신택스 요소에 대해 할당된 비트 수를 복호화 순간에는 알 수 없고, 한 비트씩 추가로 읽어 가면서 해당 신택스 요소를 추출할 수 있다. 이러한 경우에는 비트스트림에서 비트의 위치를 가리키는 포인터를 이동 시키지 않아야 하는데, 이때 showbits (n)이 주로 사용된다. 예를 들어, showbits (1)을 통해서 포인터가 가리키는 위치로부터 한 비트를 읽어 온 후 해당 값으로 신택스 요소가 복호화 가능한지를 확인하고 복호화가 불가능하다면 비트의 위치를

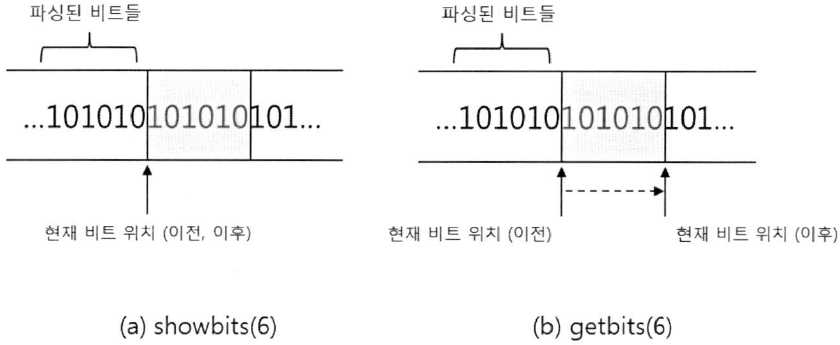

**그림 10-3 Showbits(n)과 Getbits(n) 함수 동작의 예

가리키는 포인터를 이동하지 않은 채로 다시 showbits(2)를 통해서 포인터가 가리키는 위치로부터 두 비트를 읽어온 후 신택스 요소의 복호화 가능 여부를 확인하는 것이다. 이러한 showbits(n)과 getbits(n) 함수는 비디오 코덱 또는 오디오 코덱의 그 종류와 상관없이 사용되는 기본 함수이다. 일반적으로 파싱할 신택스 요소의 길이가 정해진 경우 getbits함수를 사용할 수 있고, 길이를 모르는 경우, showbits를 이용하여 데이터 값과 길이를 알아내고, getbits를 이용하여 포인터를 옮겨 놓을 수 있다.

HEVC는 신택스 요소들을 복호화하기 위해 표 10-1과 같은 다양한 함수들을 사용하는데, 각 복호화 함수에서는 showbits (n) 또는 getbits (n) 함수를 통해서 비트스트림을 파싱하고, 신택스 요소의 값을 복호화하게 된다. 먼저, ae (v)는 11장에서 다루게 될 문맥 기반 적응적 이진 산술 부호화(CABAC : Context Adaptive Binary Arithmetic Coding)으로 부호화된 신택스 요소를 복호화하는 함수이다. b (8)은 getbits (8) 함수를 사용하여 임의의 비트 패턴을 갖는 8bits를 읽어 들이는 함수이다. f (n)은 getbits (n) 함수를 사용하여 n 비트를 읽어 들이는 함수이다. ue(v)는 unsigned 0th Exp-Golomb코드로 부호화된 신택스 요소를 디코딩하는 함수이다. 0th Exp-Golomb 코드는 가변길이 부호화(VLC : Variable Length Coding) 기반의 코드로서 자주 발생하는 심볼(Symbol)에 상대적으로 짧은 비트를 할당하고, 발생 빈도가 낮은 심볼에 상대적으로 긴 비트를 할당하여 심볼에 대한 평균 비트를 낮추는 방식을 기본으로 한다. 0th Exp-Golomb 코드는 표 10-2의 첫 번째 열과 같은데 “codeNum”의 값이 0일 때 가장 짧은 비트인 “1”를 할당하고, “codeNum” 값이 커질수록 조금 더 긴 비트열을 할당한다. 표 10-2의 비트스트링 (또는 코드워드) 항목을 살펴보면 codeNum에 할당되는 비트들에 일정한 규칙이 존재함을 알 수 있다. 0th Exp-Golomb 코드는 11장에서 알아볼 허프만 방식의 가변 길이 부호화와 달리 코드워드(Codeword)에 일정한 규칙을 사용함으로써 코드워드를 고속으로 복호화할 수 있도록 하였다. 0th Exp-Golomb의 코드워드들은 ‘1’을 기준으로 앞부분에 임의 개수의 비트가 존재하며 해당 비트의 개수만큼 ‘1’ 이후에도 비트가 존재한다. 예를 들어, “00100”을 살펴보면 ‘1’을 기준으로 앞쪽에 두 비트가 존재하고 뒤쪽에도 두 비트가 존재한다. 해당 코드워드에서는 뒤쪽에 존재하는 비트를 사용하여 각 코드워드를 구분할 수 있는데, “001xx”와 같이 ‘1’을 기준으로 앞부분에 두 비트가 존재하는 경우, “00100”, “00101”, “00110”, “00111”의 네 개의 코드워드가 존재한다. 표 10-2에서 각 코드워드들은 유일하기 때문에, “0011010100110001000”과 같이 다수의 코드워드들이 연속적으로 입력되더라도 복호화기는 codeNum 값이 ‘5’, ‘0’, ‘1’, ‘2’, ‘7’ 임을 알 수 있다. 0th Exp-Golomb코드의 신택스 요소 값은 부호(Sign)의 유무에 따라 표 10-2와 같이 ue (v) 또는 se (v)로 달리 해석된다. 예를 들어, 표 10-2에서 코드워드

▌표 10-1▐ HEVC 신택스 요소와 주요 복호화 함수

함수	함수의 기능
ae(v)	CABAC으로 부호화된 신택스 요소를 디코딩하는 함수
b(8)	8비트를 읽어오는 함수
f(n)	n비트를 읽어오는 함수
ue(v)	0차 Exp-Golomb (부호 없음)으로 부호화된 신택스 요소를 디코딩하는 함수
se(v)	0차 Exp-Golomb (부호 있음)으로 부호화된 신택스 요소를 디코딩하는 함수
u(n)	n비트를 읽어온 후, 첫 번째 비트를 MSB로 간주하여 해석 (부호 없음)

▎표 10-2▎ 0th Exp-Golomb으로 코딩 된 신택스 요소의 디코딩의 예

Bitstring (Codeword)	codeNum	신택스 요소 값	
		부호 없음(ue)	부호 있음(se)
1	0	0	0
010	1	1	1
011	2	2	-1
00100	3	3	
00101	4	4	-2
00110	5	5	3
00111	6	6	-3
0001000	7	7	4
0001001	8	8	-4

"011"은 codeNum 값이 2인데 ue(v)로 해석하는 경우에는 +2 값이고, se(v)로 해석하는 경우 -1 값이 된다. ue(v) 또는 se(v) 복호화 함수는 입력 파라미터로 v 값을 받는데, 이 값은 몇 비트를 읽어오는 것이 정해지지 않은 가변 값이라는 것을 의미한다. ue(v) 또는 se(v) 함수는 비트스트림에서 비트를 읽어올 때 먼저 포인터가 가리키는 위치에서부터 가장 처음 '1'을 만날 때까지 존재하는 리딩비트(Leading bits) 수를 확인하고, '1'을 기준으로 그 뒤쪽의 비트들에 대해서도 동일한 수만큼을 읽는다. 즉, 비트스트림에서 존재하는 리딩비트의 수에 따라 읽어오는 비트의 수가 달라진다. HEVC의 Exp-Golomb 코드에서는 '0'을 리딩비트로 사용하므로 HEVC 디코더는 비트가 '1'일 때까지 존재하는 '0'의 개수인 n 값을 먼저 계산하고, getbits(n) 함수를 사용하여 '2n+1'의 비트를 읽는다. 읽어온 비트열로 부터 codeNum 값이 먼저 계산되고 ue(v), se(v)에 따라 신택스 요소의 값이 최종으로 복호화된다.

표 10-1의 u(n)은 비트스트림에서 n 비트를 읽어온 후 읽어온 비트열에서 첫 번째 비트를 MSB로 간주하여 부호 없이 해석하는 함수이다. 예를 들어, "1001"을 읽은 경우 첫 번째 '1'을 MSB로 간주하고 부호 없이 해석하여 9로 복호화한다. 참고로 H.264/AVC에서 사용되는 tu(n)은 truncated unary code로 부호화된 신택스 요소를 복호화하는데 사용된다. "unary"의 사전적인 의미가 단일 요소 이므로 unary code는 '0' 또는 '1'로만 구성되는 코드를 말하는 것임을 유추할 수 있다. 그러나, 이러한 방식으로 코드

▎표 10-3▎ Truncated unary로 코딩 된 신택스 요소의 복호화 예

Bitstring	codeNum
0	0
10	1
110	2
1110	3
11110	4
...	...

워드를 구성하는 경우 두 개의 unary code가 연속하여 존재하는 경우 각 코드워드를 정상적으로 복호화 할 수 없게 된다. 예를 들어, 코드워드 "111"과 "1111"을 연속하여 부호화한 경우 비트스트림에는 "1111111"이 존재하므로 디코더에서는 이를 정상적으로 "111"과 "1111"로 분리하여 복호화할 수 없다. Truncated unary code는 이러한 문제를 고려하여 1로 코드워드를 구성하다가 코드워드의 마지막 비트는 '0'을 사용한다. 표 10-3은 truncated unary code로 부호화된 신택스 요소에 대한 복호화의 예를 보인다. 표 10-3에서 codeNum 값은 truncated unary code로 코딩 된 신택스 요소의 복호 값이 된다.

10.2 NAL 유닛의 이해

10.1절을 통하여 HEVC 비트스트림 파싱을 위한 기본 함수인 getbits(n)과 showbits(n), 그리고 HEVC 신택스 요소를 복호화 하는데 사용되고 있는 여러 복호화 함수들에 대하여 살펴보았다. 이번 절에서는 HEVC 비트스트림을 구성하는 기본 단위인 네트워크 추상화 계층(NAL : Network Abstraction Layer) 유닛에 대해서 알아보도록 한다 [1].

10.2.1 NAL 유닛

HEVC 비디오 인코더는 입력 비디오에 대하여, 그림 10-4와 같이 각 픽처(Picture) 단위로 부호화를 수행한다. 인코더에 입력된 픽쳐는 먼저 CTU (Coding Tree Unit) 단위로 분할되고, 분할 된 각 CTU는 순서대로 부호화된다. HEVC는 정수 개의 CTU를 묶어 슬라이스 세그먼트로 정의하는데, 부호화된 슬라이스 세그먼트는 그림 10-4와 같이 단일의 NAL 유닛으로 캡슐화(Encapsulation)된다. 이러한 NAL 유닛이 여러 개가 모여서 비트스트림이 되는 것이다. 따라서 비디오 디코더에서 비트스트림을 디코딩하기 위해서는 먼저 비트스트림을 NAL 유닛 단위로 분리한 후, 분리 된 각각의 NAL 유닛을 디코딩해야 한다.

HEVC의 슬라이스 세그먼트라는 개념은 이전의 비디오 압축 표준 기술에서 정수 개의 매크로블록을 슬라이스라고 정의했던 것과 유사하다. 일반적으로 비디오를 부호화하고 복호화하는 경우에는 슬라이스

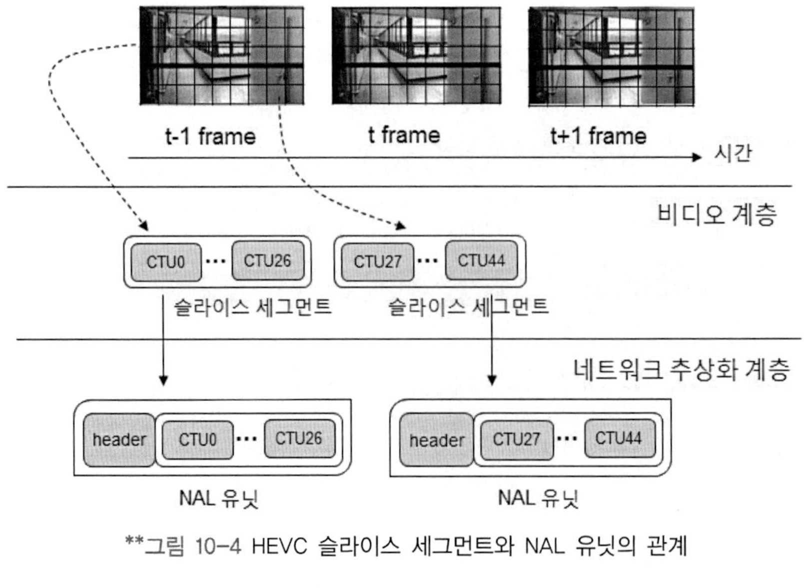

**그림 10-4 HEVC 슬라이스 세그먼트와 NAL 유닛의 관계

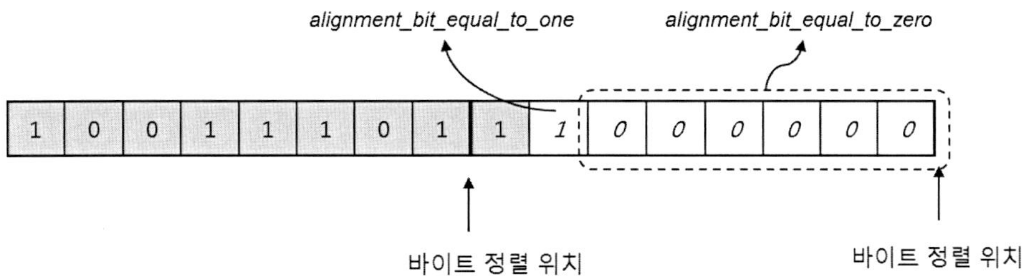

**그림 10-5 바이트 정렬의 예

또는 슬라이스 세그먼트라는 개념으로도 충분히 부호화 및 복호화가 가능하다. 그러나, HEVC 표준에서는 슬라이스 세그먼트 데이터를 패킷 기반의 네트워크상에서 전송하는 경우를 고려하여, 부호화된 슬라이스 세그먼트 데이터에 두 바이트의 헤더 정보를 추가해줌으로써 NAL 유닛이라는 새로운 계층으로 추상화한다. 이러한 비디오 데이터의 추상화는 네트워크 전송 계층에서 NAL 유닛 내부의 데이터를 디코딩할 필요가 없이 오직 두 바이트의 헤더 정보에 대한 디코딩만으로도 NAL 유닛 내부의 데이터에 대한 대략적인 정보를 알 수 있도록 하는 장점이 있다.

HEVC의 슬라이스 세그먼트는 슬라이스 세그먼트 헤더(Slice segment header)와 슬라이스 세그먼트 데이터(Slice segment data)로 구성된다. 슬라이스 세그먼트 헤더와 슬라이스 세그먼트 데이터는 하나의 NAL 유닛으로 캡슐화 되기 전에 먼저 바이트 단위로 정렬된다. 슬라이스 세그먼트 헤더 안에는 "first_slice_segment_in_pic_flag", "slice_pic_parameter_set_id"와 같은 다수의 신택스 요소가 존재하는데 각 신택스 요소들이 비트 단위로 써지기 때문에 슬라이스 세그먼트 헤더 단위에서 발생된 비트가 바이트 단위로 정렬되지 않을 수 있다. 엔트로피 인코더는 슬라이스 세그먼트 헤더에서 발생된 데이터가 그림 10-5와 같이 바이트 단위로 정렬되지 않은 경우, 먼저 비트 '1'를 추가한 후 바이트 정렬이 될 때까지 비트 '0'을 삽입하여 바이트 정렬을 수행한다. 표 10-4는 바이트 정렬과 관련된 신택스를 보이는데 비트 '1'을 "alignment_bit_equal_to_one" 신택스 요소라 부르며 비트 '0'을 "alignment_bit_equal_to_zero" 신택스 요소라 부른다. 이러한 바이트 정렬은 슬라이스 세그먼트 데이터에 대해서도 동일하게 적용된다.

HEVC에서는 바이트 정렬(Byte aligned)되어 NAL 유닛으로 캡슐화되는 신택스를 RBSP(Raw Byte Sequence Payload)라고 부른다. 그림 10-6은 슬라이스 세그먼트 레이어 RBSP의 신택스를 나타낸다. 그림 10-6을 참조하면, 슬라이스 세그먼트 레이어 RBSP는 슬라이스 세그먼트 헤더, 슬라이스 세그먼트 데이터, RBSP 슬라이스 세그먼트 trailing 비트로 구성됨을 알 수 있다. 그림 10-6에서 RBSP trailing 비트 신택스는 표 10-4의 바이트 정렬 신택스와 유사하다. 해당 신택스는 RBSP의 마지막 부분에 쓰여 지는데 우선 RBSP의 끝부분임을 알려주기 위하여, "rbsp_stop_one_bit" 신택스 요소가 추가된다. 해당 값은 항상

| 표 10-4 | 바이트 정렬 신택스

byte_alignment( ) {	Descriptor
alignment_bit_equal_to_one	f(1)
while(!byte_aligned( ))	
alignment_bit_equal_to_zero	f(1)
}	

7.3.2.9 Slice segment layer RBSP syntax

slice_segment_layer_rbsp( ) {	Descriptor
slice_segment_header( )	
slice_segment_data( )	
rbsp_slice_segment_trailing_bits( )	
}	

7.3.2.10 RBSP slice segment trailing bits syntax

rbsp_slice_segment_trailing_bits( ) {	Descriptor
rbsp_trailing_bits( )	
while(more_rbsp_trailing_data( ))	
cabac_zero_word /* equal to 0x0000 */	f(16)
}	

7.3.2.11 RBSP trailing bits syntax

rbsp_trailing_bits( ) {	Descriptor
rbsp_stop_one_bit /* equal to 1 */	f(1)
while(!byte_aligned( ))	
rbsp_alignment_zero_bit /* equal to 0 */	f(1)
}	

**그림 10-6 슬라이스 세그먼트 레이어 RBSP 신택스

'1'로 고정된 값이며, 바이트 정렬이 될 때까지 항상 0의 값을 갖는 "rbsp_alignment_zero_bit" 신택스 요소가 추가된다.

앞서 언급한 것처럼, HEVC는 그림 10-7과 같이 RBSP의 앞부분에 두 바이트의 NAL 유닛 헤더를 추가한 후, 이를 NAL 유닛으로 정의한다. HEVC는 NAL 유닛 안에 캡슐화 되어있는 RBSP의 종류 또는 NAL 유닛 자체의 역할에 따라 64 종류의 NAL 유닛을 사용하고 있다. 이러한 NAL의 종류 및 역할에 대해서는 10.2.3절에서 다루도록 한다.

그림 10-8은 NAL 유닛을 사용하여 비디오 데이터를 표현하는 한 예를 보여준다. 인코더에서 한 픽처를

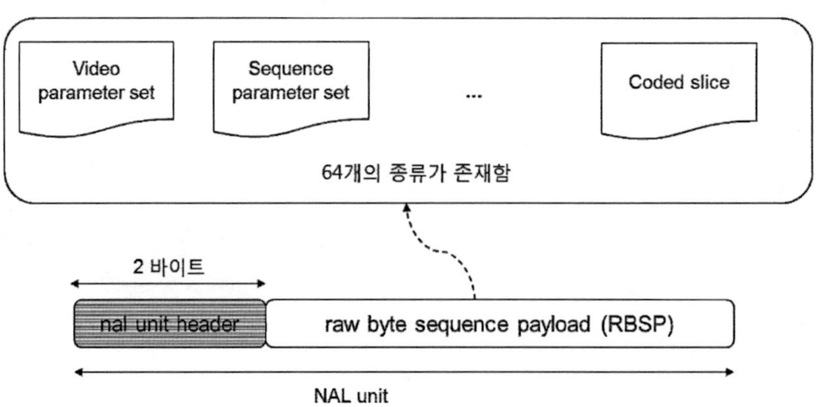

**그림 10-7 HEVC NAL 유닛

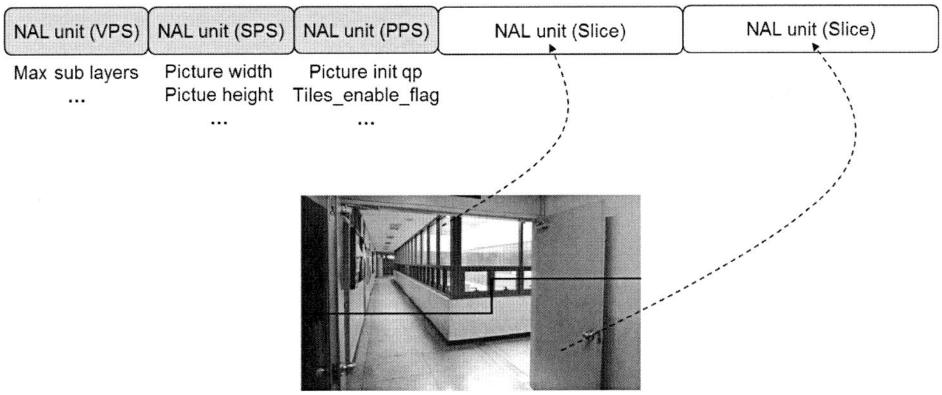

**그림 10-8 HEVC 비트스트림 구성의 예

두 개의 슬라이스로 나누어 부호화하는 경우 각 슬라이스 세그먼트는 독립된 NAL 유닛으로 캡슐화된다. 특히, 해당 픽쳐가 비디오 시퀀스의 처음인 경우 비디오 시퀀스 또는 픽쳐 단위에서 공통적으로 사용될 신택스 요소들은 비디오 파라미터 셋(VPS : Video Parameter Set), 시퀀스 파라미터 셋(SPS : Sequence Parameter Set), 픽쳐 파라미터 셋(PPS : Picture Parameter Set)을 통하여 미리 전송된다. 이 경우 비디오 파라미터 셋, 시퀀스 파라미터 셋, 픽쳐 파라미터 셋들도 각각 독립된 NAL 유닛으로 구성된다. 파라미터 셋에 대한 내용은 10.3 절에서 다루어질 예정이다. 부호화기에서 압축된 비트스트림을 살펴보면 일반적으로 그림 10-8과 같이 비디오 파라미터 셋 NAL 유닛, 시퀀스 파라미터 셋 NAL 유닛, 픽쳐 파라미터 셋 NAL 유닛이 순서대로 위치한 후 슬라이스 세그먼트 데이터를 포함하고 있는 NAL 유닛이 연속하여 위치하는 형태를 갖는다. 따라서 HEVC의 비트스트림을 복호화하기 위해서는 비트스트림에서 각각의 NAL 유닛을 추출한 후, 추출된 NAL 유닛에 포함된 RBSP 데이터를 해당하는 RBSP의 신택스 구조에 맞춰 복호화 하는 과정이 필요하다.

10.2.2 NAL 유닛의 캡슐화

HEVC는 RBSP를 캡슐화한 후 이를 NAL 유닛으로 정의하는데, NAL 유닛은 크게 VCL NAL 유닛과 non-VCL NAL 유닛으로 나뉠 수 있다. 예를 들어, 그림 10-8에 나타낸 것처럼 비디오 파라미터 셋, 시퀀스 파라미터 셋, 픽쳐 파라미터 셋과 같이 실제 영상 데이터는 아니지만 비디오를 복호화하는데 필요한 정보를 전송하는 RBSP를 포함하는 NAL 유닛을 non-VCL NAL 유닛이라고 한다. 이와 달리, 실제 부호화된 슬라이스 세그먼트 RBSP 등을 포함하는 NAL 유닛을 VCL NAL 유닛이라고 한다. 이러한 NAL 유닛들을 ITU-T H.222.0|ISO/IEC 13818-1 시스템과 같은 표준기술로 전송하기 위해서는 각 NAL 유닛의 경계를 구분하는 것이 필요한데, HEVC에서는 이를 위해 바이트 스트림 NAL(Byte stream NAL) 유닛이라는 개념을 추가로 사용한다. HEVC는 비디오 압축 표준이므로 해당 표준 내에서 완벽한 네트워크 전송 규격을 규정하고 있지는 않지만, 네트워크를 이용하여 비디오 정보의 전송을 지원하기 위하여 NAL 유닛을 바이트 스트림 NAL 유닛으로 다시 한 번 캡슐화 한 뒤, 여러 개의 바이트 스트림 NAL 유닛을 묶어 데이터를 출력하는 방법을 지원한다. HEVC는 하나 이상의 바이트 스트림 NAL 유닛이 연속하여 위치하는 경우 이를 바이트 스트림 포맷(Byte stream format)이라고 한다.

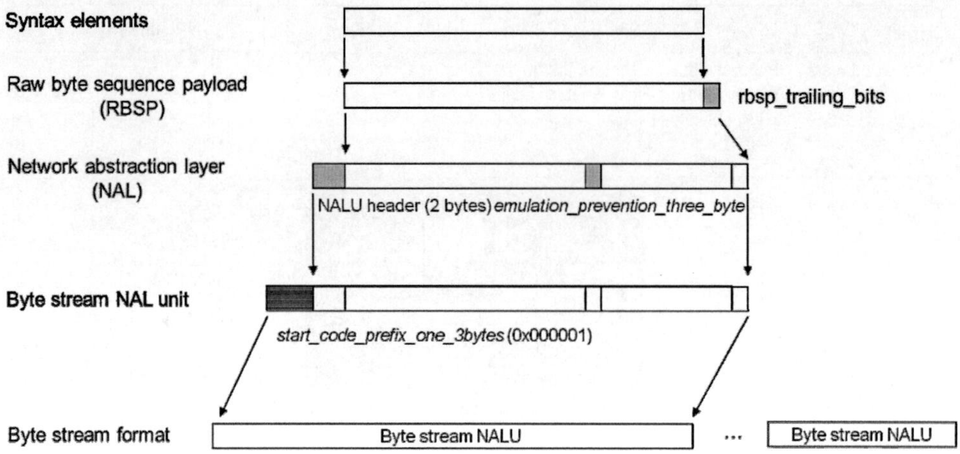

**그림 10-9 HEVC 신택스 요소의 단계별 캡슐화

그림 10-9는 HEVC 신택스 요소가 단계별로 캡슐화 되는 과정에 대한 것이다. HEVC 인코더는 신택스 요소 단위로 비트를 생성하는데, VCL NAL 또는 non-VCL NAL로 캡슐화 되는 정보에 대해서는 발생된 비트의 마지막 부분에 추가적으로 바이트 정렬을 위한 비트열(rbsp_trailing_bits)을 추가한다. HEVC 표준에서는 이렇게 바이트 정렬된 데이터에 대해서 RBSP라고 부른다. RBSP에 2바이트의 헤더 정보를 붙이고, 추가로 "emulation_prevention_three_byte" 신택스 요소를 선택적으로 RBSP에 추가하여 캡슐화한 것을 NAL 유닛이라고 한다. 인코딩 된 NAL 유닛은 전송되거나 파일로 저장될 수 있는데 여러 NAL 유닛을 연속적으로 위치시키는 경우 HEVC 디코더는 각 NAL 유닛을 구분할 수 없게 된다. HEVC는 NAL 유닛을 구분하기 위하여 NAL 유닛의 앞에 "start_code_prefix_one_3bytes" 신택스 요소를 추가하고 이를 바이트 스트림 NAL 유닛(Byte stream NAL unit)이라고 정의한다. 일반적으로 NAL 유닛 앞쪽에 "start_code_prefix_one_3bytes" 만을 추가하여 바이트 스트림 NAL 유닛으로 캡슐화 하지만, NAL 유닛의 길이를 고려하여 바이트 스트림 NAL 유닛의 앞쪽과 뒤쪽에 한 개 또는 그 이상의 제로 바이트('0x00')가 삽입될 수도 있다. 바이트 스트림 NAL 유닛에는 "start_code_prefix_one_3bytes" 신택스 요소가 존재하므로 여러 개의 바이트 스트림을 위치시켜도 HEVC 디코더는 각각의 바이트 스트림 NAL 유닛을 구분할 수 있다. 이처럼 여러 개의 바이트 스트림 NAL 유닛으로 구성된 것을 바이트 스트림 포맷(Byte stream format)이라고 부른다. 일반적으로 HEVC에서 비트스트림이라고 부르는 파일들은 그림 10-9에서 바이트 스트림 포맷으로 구성되는 것을 의미한다.

10.2.3 NAL 유닛 신택스

앞 절에서 비디오 파라미터 셋 RBSP, 시퀀스 파라미터 셋 RBSP, 픽쳐 파라미터 셋 RBSP, 슬라이스 세그먼트 레이어 RBSP 등이 NAL 유닛으로 캡슐화 되는 과정에 대하여 알아보았다. 이와 같이 HEVC에서는 다양한 종류의 RBSP들이 NAL 유닛으로 캡슐화 되는데, 네트워크 계층에서 이러한 RBSP를 효과적으로 구분하기 위하여 NAL 유닛의 헤더에 해당 정보를 전송한다. 일반적으로 비디오 압축은 데이터의 압축률을 우선하기 때문에 신택스 요소를 부호화할 때 11장에서 다루게 되는 CABAC이나 VLC (Variable Length Coding)와 같은 가변 길이의 부호화 방식을 사용한다. 그러나, 이러한 엔트로피 부호화

▌표 10-5▌ NAL 유닛 헤더 신택스

nal_unit_header( ) {	Descriptor
forbidden_zero_bit	f(1)
nal_unit_type	u(6)
nuh_layer_id	u(6)
nuh_temporal_id_plus1	u(3)
}	

방식은 부호화 효율은 높지만, 복호화 단계에서 높은 계산량을 요구한다. HEVC의 NAL 유닛의 신택스는 표 10-5와 같은데 NAL 유닛 내부의 신택스 요소들은 고정 길이의 부호화 방식을 사용하기 때문에, 네트워크 장치들에서 간단히 비트를 읽어 들이는 동작만으로도 NAL 유닛 헤더를 복호화할 수 있다는 장점을 갖고 있다. HEVC는 표준화 단계에서 MANEs(Media-Aware Network Elements)를 고려하여 다양한 종류의 NAL 유닛을 정의하였다. 표 10-6은 HEVC에서 정의된 NAL 유닛 타입을 보이는데, MANE가 NAL 유닛의 정보를 가지고 있을 경우 효과적인 비디오 전송 시나리오가 가능해진다. 예를 들어, 채널에 잡음이 많이 있는 경우 시퀀스 파라미터 셋이나 픽처 파라미터 셋에 대해서는 중복해서 보내주는 것이 좋은데, 이 경우 MANE는 NAL 유닛 헤더 정보만을 복호화 함으로써 "nal_unit_type"이 33번(SPS) 또는 34번인 NAL 유닛(PPS)을 중복해서 보내주면 된다. 다른 예로는, 서버 측과 클라이언트 간에 네트워크 환경이 좋지 않은 경우 MANE가 "nal_unit_type" 신택스 요소를 디코딩한 후 중요도에 따라 NAL 유닛 패킷(Packet)을 버리는 것이 가능하다. 또한, HEVC는 기본적으로 시간 확장성(Temporal scalability)를 지원하며 이러한 정보 역시 NAL 유닛 헤더를 통해 전송되기 때문에 "nuh_temporal_id_plus1" 신택스 요소의 값에 따라 상위 계층을 버릴 수도 있다 [3].

표 10-5의 NAL 유닛 헤더 신택스를 살펴보면, "forbidden_zero_bit"는 한 비트로 항상 '0'의 값을 갖는다. 이는 기존의 MPEG-2 전송 시스템과의 호환성을 위하여 사용되는 신택스 요소로써 항상 '0'이어야 한다. 이후에 위치하는 신택스 요소는 "nal_unit_type"인데 해당 신택스 요소는 6비트이므로 (u(6)) 총 64 ($=2^6$)개의 NAL 유닛이 존재함을 유추할 수 있다. HEVC NAL 유닛의 종류들은 표 10-6에 기술되어 있는데 HEVC의 첫 번째 표준에서는 추후 확장성을 고려하여 41번부터는 NAL 유닛이 정의되어 있지 않은 상태로 남아 있다. 표 10-5에서 "nuh_layer_id" 신택스 요소는 항상 '0'의 값을 갖는데, 스케일러블 확장 표준이나 멀티 뷰 확장 표준을 고려하여 추후에 사용될 값이다. 예를 들어, 스케일러블 확장 표준의 공간 확장성(Spatial scalability)나 품질 확장성(SNR scalability)을 지원하기 위해서 계층의 식별자(Id) 등이 해당 비트를 통해서 표현될 것이다. HEVC는 기본적으로 시간 확장성을 지원하는데 이를 위하여 NAL 유닛 헤더에 TemporalId 값을 쓴다. TemporalId 값은 표 10-5에서 "nuh_temporal_id_plus1" 신택스 요소로 표현되는데, 신택스 요소의 이름에서 알 수 있듯이 TemporalId 값에 1을 더한 값이 신택스 요소로 나타내짐을 알 수 있다. 따라서 디코더에서 해당 신택스 요소를 복호화하는 경우, TemporalId 값은 "nuh_temporal_id_plus1-1"의 값을 갖는다. HEVC 인코더에서 TemporalId를 사용하여 그림 10-10과 같이 부호화하는 경우 TemporalId 값이 0인 계층의 픽처들은 TemporalId 값이 0인 계층에 존재하는 픽처들만을 참조하여 인코딩한다. 따라서 TemporalId 값이 1인 계층의 픽처들에 대한 참조 가능 여부와 상관

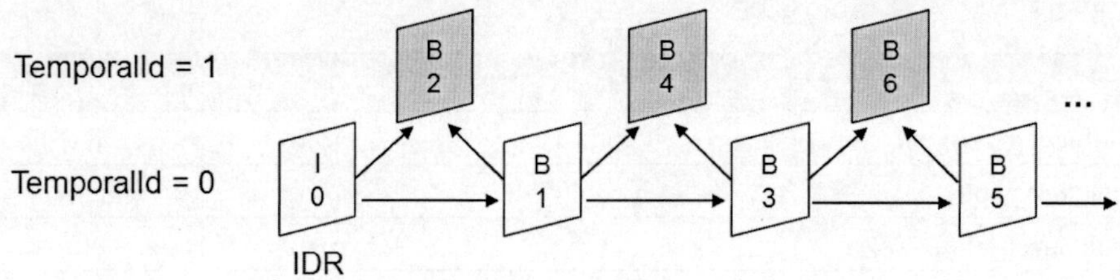

**그림 10-10 두 단계의 시간 계층을 갖는 부호화구조

없이 디코더에서는 TemporalId 값이 0인 계층에 대해서 독립적으로 디코딩이 가능해진다. 이를 이용하면 두 단계의 계층을 모두 사용하여 30FPS(Frame per second)로 서비스하다가 네트워크 사정에 따라 TemporalId 값이 1인 프레임을 모두 버리고 15FPS로 서비스하는 애플리케이션 시나리오 등이 가능해진다. 뿐만 아니라, 동영상 서버에서는 동영상을 한 번 인코딩 해둔 후 접속하는 단말의 처리 속도나 네트워크 환경에 따라 시간 해상도를 조절하여 서비스할 수 있게 된다. 앞에서 언급하였듯이 MANE에서는 이러한 TemporalId 값을 두 바이트로 구성 된 NAL 유닛 헤더만을 디코딩 함으로써 알 수 있기 때문에, 네트워크 환경에서 유용하게 사용될 수 있다.

10.2.4 NAL 유닛의 응용

HEVC는 64 종류의 NAL 유닛을 사용함으로써 임의 접근(Random access)과 시간 계층 접근을 효과적으로 지원하고 있다. 특히, 방송이나 스트리밍과 같은 동영상 애플리케이션에서는 수신 채널을 바꾸면서 다른 비디오의 임의의 위치로 접근하는 임의 접근 기능이 매우 중요하다. 뿐만 아니라, DVD와 같은 애플리케이션에서도 미리 보기를 하는 사용자들을 위해서 임의 접근 기능이 필요할 것이다. 비디오 코덱에서 임의 접근을 지원하기 위해서는 일정 주기마다 화면 내 예측을 사용하는 I 픽쳐를 사용해야 한다. 그러나 주기적인 I 픽쳐의 사용은 화면 간 예측을 사용하는 P, B 픽쳐에 비하여 부호화 효율을 저하시킨다. HEVC에서는 임의 접근을 위한 픽쳐를 IRAP (Intra Random Access Point) 픽쳐라고 부르는데, IRAP 픽쳐는 다시 IDR (Instantaneous Decoding Refresh) 픽쳐, BLA (Broken Link Access) 픽쳐, CLA (Clean Random Access) 픽쳐로 세분화 된다. IDR 픽쳐는 표 10-6에서 NAL 유닛 타입("nal_unit_type")이 19, 20으로 정의되어 있으며, 항상 I 슬라이스만을 포함한다. IDR 픽쳐는 그 이름에서 알 수 있듯이 IDR 픽쳐를 복호화 하는 순간에 복호화기의 참조 픽쳐 버퍼를 비우게 된다. 그림 10-11은 IDR 픽쳐를 사용한 경우의 예로써, 영상들의 재생 순서와 복호화 순서를 그린 것이다. HEVC에서는 복호화 순서를 기준으로 연속적으로 부호화된 하나 이상의 영상을 SOP (Structure of Pictures)로 정의하는데, 그림 10-11에서 현재 SOP에는 재생 순서(Display order)를 기준으로 할 때 마지막 픽쳐는 IDR 픽쳐이다. 그러나 복호화 순서(Decoding order)를 기준으로 보면 B27 픽쳐가 복호화 된 후에 I28 픽쳐가 복호화되며, I28 픽쳐를 복호화하기 전에 참조 픽쳐 버퍼가 비우지게 된다. 따라서 I28 픽쳐 이후에 복호화되는 영상들(B29, B30, B31)은 P24나 B27과 같은 이전에 복호화 된 픽쳐를 참조하여 화면 간 예측을 수행할 수 없다. 또한, IDR 픽쳐를 기준으로 재생 순서와 복호화 순서 모두가 이후에 위치한 픽쳐 (B34)는 IDR 픽쳐보다 복호화 순서 또는 재생 순서가 앞에 있는 영상들을 참조할 수 없다. 따라서 I28 픽쳐로부터 임의 접근을 수행하여 I28 픽쳐부터 복호화가 수행되더라도 다음 SOP에 존재하는 모든 영상들은 정상

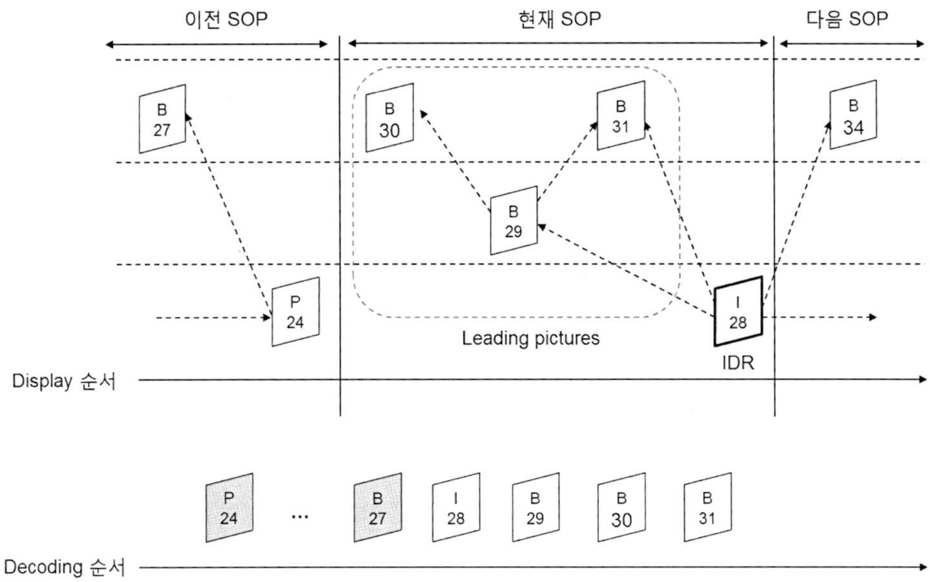

**그림 10-11 IDR 픽쳐 사용의 예

적으로 복호화 되고 재생될 수 있다.

그림 10-11에서 IDR 픽쳐인 I28 보다 재생 순서는 앞서지만 복호화 순서는 뒤에 있는 픽쳐들(B29, B30, B31)을 I28 픽쳐에 대한 리딩 픽쳐(Leading picture)라고 부른다. 그림 10-11에서 I28 픽쳐가 IDR 픽쳐인 경우 B30 리딩 픽쳐는 P24 픽쳐를 참조하여 부호화될 수 없고 B29 픽쳐만 참조 픽쳐로 사용할 수 있다. 이러한 문제는 IDR 픽쳐(I28)가 참조 픽쳐 버퍼를 비우기 때문에 생기는데, HEVC에서는 이러한 문제를 해결하기 위하여 CRA 픽쳐라는 개념을 추가하였고 표 10-6에서 21번 NAL 유닛 타입으로 정의하였다. HEVC는 CRA 픽쳐의 리딩 픽쳐들에 대해서 CRA 영상보다 먼저 복호화된 영상들을 사용하는 것을 허용한다. 예를 들어, 그림 10-12에서 B30 픽쳐는 P24 픽쳐와 B29 픽쳐을 동시에 참조하여 양방향 예측을 수행할 수 있다. 임의 접근을 수행하지 않고 앞에서부터 순차적으로 픽쳐들을 복호화한 경우에는 B30 픽쳐는 정상적으로 복호화가 가능할 것이다. 하지만, I28 픽쳐에서 임의 접근을 수행한 경우에는 P24 픽쳐는 복호화 되지 않기 때문에 B30 픽쳐는 정상적으로 복호화 되지 않는다. 그러나 재생 순서를 기준으로 보면 B30 픽쳐는 I28 픽쳐보다 이전에 위치하기 때문에 재생 관점에서 보면 B30 픽쳐에 대한 정상 복호화 여부는 임의 접근에서 문제가 되지 않는다. HEVC에서는 리딩 픽쳐들 중 임의 접근을 할 때 정상적으로 복호화되지 않는 픽쳐를 RASL (Random Access Skipped Leading) 픽쳐라 정의하며, 표 10-6의 NAL 유닛 타입 중 8, 9번을 할당하였다. 그림 10-12의 예에서는 B30 픽쳐가 리딩 픽쳐이면서 CRA 픽쳐(I28)에서 임의 접근 시 복호화가 불가능하기 때문에 RASL 픽쳐에 해당한다. 복호화기에서는 CRA 픽쳐에서 임의 접근이 된 경우 RASL 픽쳐에 대해서는 복호화를 수행하지 않는다. 한편, 그림 10-12에서 B29, B31 픽쳐는 CRA 픽쳐(I28)의 리딩 픽쳐이지만 CRA 픽쳐만을 참조하여 부호화를 수행했기 때문에 순차적으로 복호화를 하는 경우와 CRA 픽쳐에서 임의 접근을 수행한 경우에 모두 정상적으로 복호화가 가능하다. HEVC에서는 이와 같이 임의 접근에서도 정상적으로

▌표 10-6▌ NAL 유닛의 종류

NAL 유닛 타입	NAL 유닛의 이름	종류
0, 1	TRAIL_N, TRAIL_R	VCL
2, 3	TSA_N, TSA_R	VCL
4, 5	STSA_N, STSA_R	VCL
6, 7	RADL_N, RADL_R	VCL
8, 9	RASL_N, RASL_R,	VCL
10, 12, 14	RSV_VCL_N10, RSV_VCL_N12, RSV_VCL_N14	VCL
11, 13, 15	RSV_VCL_R11, RSV_VCL_R13 RSV_VCL_R15	VCL
16, 17, 18	BLA_W_LP, BLA_W_RADL BLA_N_LP	VCL
19, 20	IDR_W_RADL, IDR_N_LP	VCL
21	CRA_NUT	VCL
22, 23	RSV_RAP_VCL22, RSV_RAP_VCL23	VCL
24..31	RSV_VCL24 RSV_VCL31	Non- VCL
32	VPS_NUT	Non- VCL
33	SPS_NUT	Non- VCL
34	PPS_NUT	Non- VCL
35	AUD_NUT	Non- VCL
36	EOS_NUT	Non- VCL
37	EOB_NUT	Non- VCL
38	FD_NUT	Non- VCL
39, 40	PREFIX_SEI_NUT, SUFFIX_SEI_NUT	Non- VCL
41..47	RSV_NVCL41..RSV_NVCL47	Non- VCL
48..63	UNSPEC48..UNSPEC63	Non- VCL

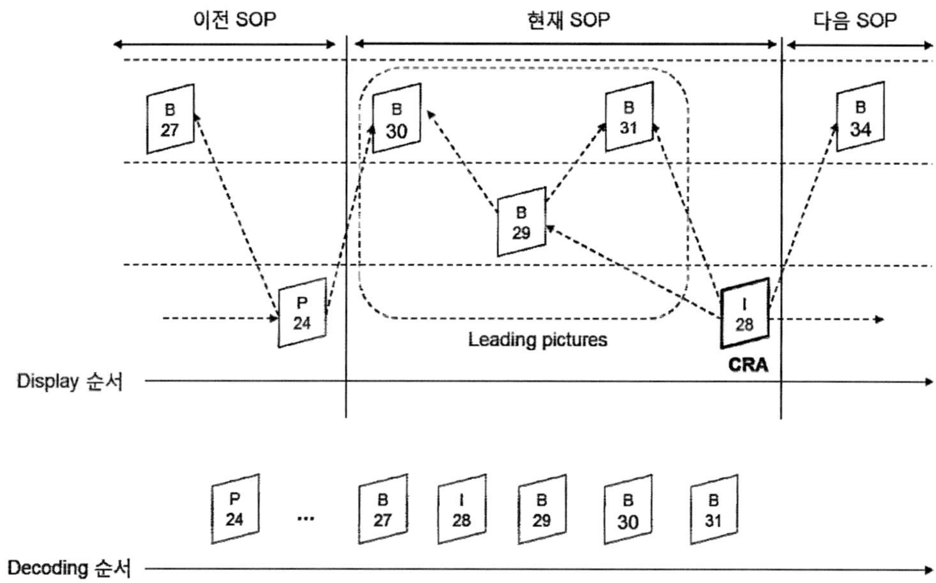

**그림 10-12 HEVC CRA 픽쳐

복호화가 가능한 픽쳐를 RADL (Random Access Decodable Leading) 픽쳐라 정의하고, 6, 7번의 NAL 유닛 타입을 할당하였다. 그림 10-12의 예에서는 B29와 B31 픽쳐가 RADL 픽쳐에 해당한다.

HEVC는 IDR 픽쳐와 CRA 픽쳐 외에도 비트스트림 결합(Splice) 기능을 지원하기 위하여 BLA (Broken Link Access)라는 NAL 유닛 타입을 사용한다. 비트스트림 결합은 하나의 비트스트림에 다른 비트스트림을 붙이는 것으로, 이를 위해서는 결합될 비트스트림이 IRAP 픽쳐로 시작되어야 한다. IRAP 픽쳐를 사용하는 경우 해당하는 IRAP 픽쳐에 대한 리딩 픽쳐가 존재할 수 있는데, 이러한 리딩 픽쳐의 존재 여부에 따라서 BLA 픽쳐는 BLA_W_LP(16), BLA_W_RADL(17), BLA_N_LP(18)의 세 가지의 NAL 유닛 타입으로 나뉜다. 결합되는 비트스트림의 RAP 픽쳐에 대한 리딩 픽쳐가 없는 경우가 BLA_N_LP이고, RADL 픽쳐만 존재하고 RASL 픽쳐는 존재하지 않는 경우에는 BLA_W_RADL이다. 마지막으로 BLA_W_LP는 RADL 영상과 RASL 영상이 동시에 존재하는 경우에 대한 NAL 유닛 타입이다. 그림 10-13은 비트스트림 B가 비트스트림 A로 결합되는 것에 대한 예로, 비트스트림 B의 CRA 픽쳐부터 결합됨을 알 수 있다. 이와 같이 비트스트림 결합을 수행하는 경우 비트스트림 B의 IRAP 픽쳐의 NAL 유닛 타입을 CRA 픽쳐에서 BLA 픽쳐로 간단히 변경할 수 있다. 이렇게 두 개의 비트스트림을 결합한 경우 B10 픽쳐는 비트스트림 B에서 재생순서 관점에서 첫 번째 P 픽쳐를 참조해서 부호화했기 때문에 결합된 비트스트림 내에서는 정상적으로 복호화 될 수 없는 RASL 픽쳐이다. 이와 달리 B11와 B12 영상은 비트스트림 B의 CRA 픽쳐만을 참조했기 때문에 정상적으로 복호화가 가능한 RADL 픽쳐이다. 이와 같이 그림 10-13의 예에서는 BLA 픽쳐에 대한 리딩 픽쳐로 RASL과 RADL 픽쳐가 모두 존재하므로, BLA 픽쳐는 BLA_W_LP의 NAL 유닛 타입을 가질 것이다.

표 10-6을 참조하면 일부 NAL 유닛은 X_N 과 X_R 형태의 이름을 갖는 것을 알 수 있다. 예를 들어, RADL 픽쳐는 6번과 7번 NAL 유닛 타입을 갖는데 6번은 RADL_N이고 7번은 RADL_R이다. 여기서,

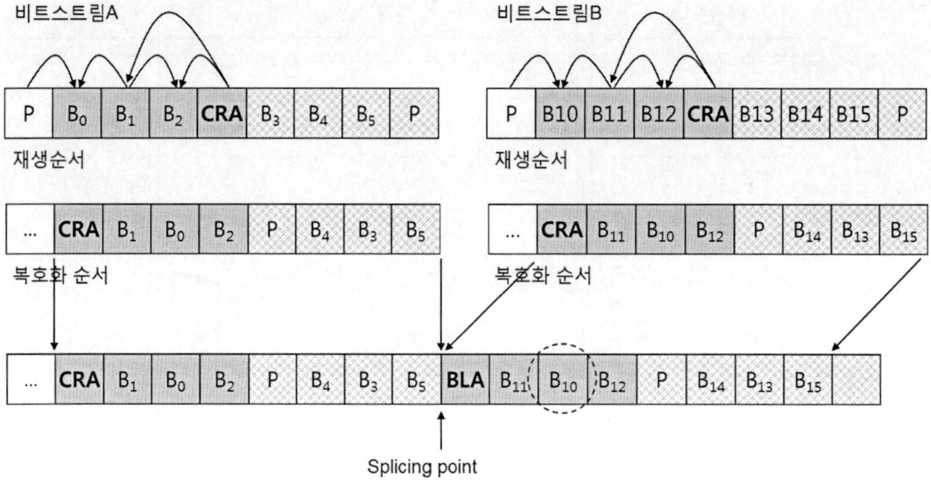

**그림 10-13 BLA 픽쳐를 사용한 비트스트림 결합 기능

RADL_N와 같이 X_N 형태의 NAL 유닛은 비 참조 픽쳐를 의미하고, RADL_R과 같이 X_R 형태의 NAL 유닛은 참조 픽쳐를 의미한다. 이와 같이 HEVC는 NAL 유닛을 통해 픽쳐 단위의 중요도를 네트워크 장치들에게 알려줌으로써, 참조 픽쳐를 비 참조 픽쳐보다 에러율이 낮은 채널을 통하여 전송하는 것과 같은 응용을 가능케 한다. 그림 10-14는 이러한 응용의 예로, 동일 TemporalId를 갖는 계층에서도 참조 픽쳐(X_R)와 비 참조 픽쳐(X_N)를 두 바이트로 구성 된 NAL 유닛의 헤더 정보만을 복호화함으로써 판단할 수 있음을 보인다.

앞서 기술하였듯이 HEVC는 시간적 스케일러빌리티를 지원하기 때문에, TemporalId 값을 사용하여 쉽게 프레임 레이트를 조정할 수 있다. 특히, 이러한 TemporalId 정보가 NAL 유닛의 헤더에 위치하기 때문에, MANE에서는 쉽게 해당 정보를 이용할 수 있다. 예를 들어, 네트워크 상태가 나쁜 경우에는 비트스트림으로부터 일부 NAL 유닛을 버리고 전송해야 하는 경우가 있을 수 있는데, 이러한 경우 MANE 에서는 TemporalId 값이 높은 NAL 유닛부터 버리고 전송하는 것과 같은 응용이 가능해진다. 이러한 응용을 일반적으로 시간적 하향 스위칭 (Temporal down-switching)이라고 지칭한다. 그림 10-15는 부호화기에서의 참조 구조를 나타낸 것으로, 각 사각형은 하나의 픽쳐를 의미하며 그 안에 숫자는 복호화 순서이다. 네트워크의 상태가 나쁜 경우 그림 10-15의 첫 번째 SOP에서 TemporalId 값이 3, 2, 1인 영상

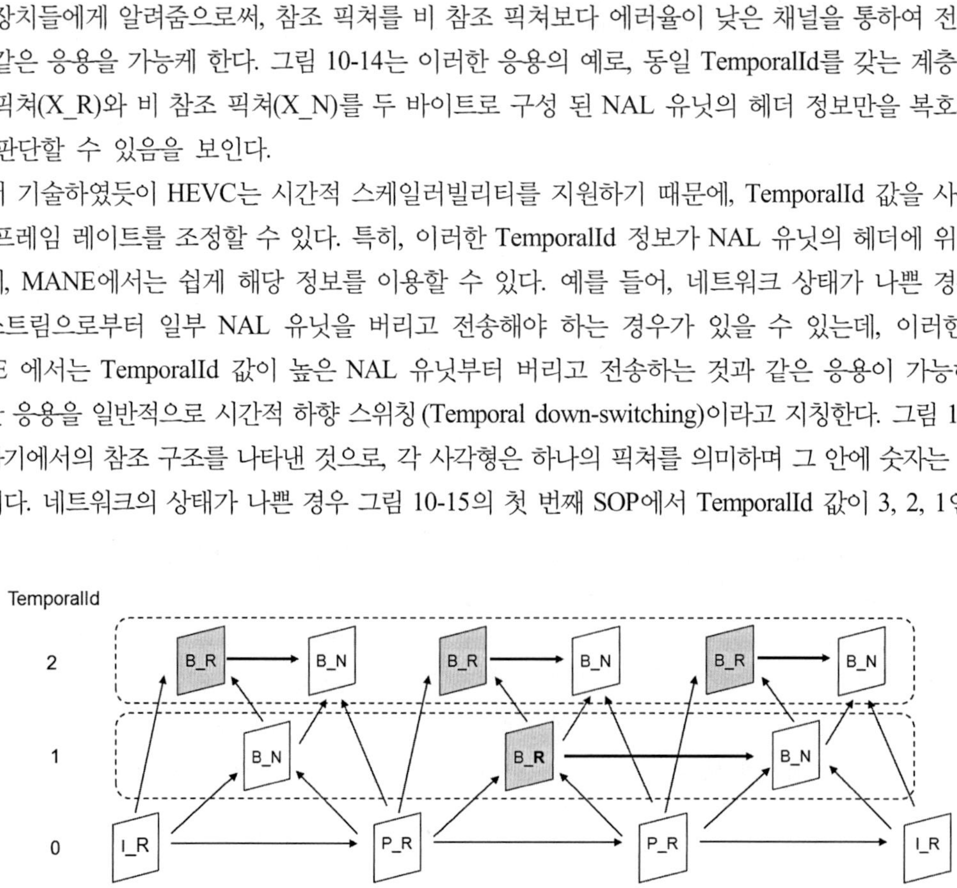

**그림 10-14 참조 픽쳐와 비 참조 픽쳐 사용의 예

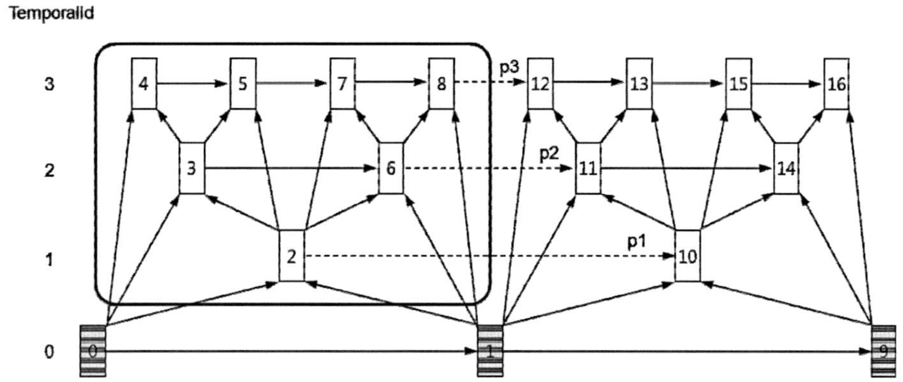

**그림 10-15 시간적 상향 스위칭(Temporal down-switching)의 문제점

들을 버리고 해당 NAL 유닛들은 전송하지 않을 수 있는데 이러한 것이 시간적 하향 스위칭의 예이다. 이와 반대로, 네트워크 상태가 좋아지는 경우 프레임 레이트를 증가시켜야 할 수도 있다. 이 경우에는 TemporalId 값이 낮은 쪽에서 높은 쪽으로 NAL 유닛을 더 전송하면 되는데, 이를 시간적 상향 스위칭(Temporal up-switching)이라고 한다. 그러나 이러한 시간적 상향 스위칭은 참조 구조에 따라서 불가능할 수 있다. 예를 들어, 그림 10-15에서 복호화 순서를 기준으로 10번 픽처는 2번 픽처를 참조했는데, 2번 픽처는 MANE에서 시간적 하향 스위칭으로 인하여 NAL 유닛을 보내지 않았기 때문에 복호화기의 참조 픽처 버퍼에는 존재하지 않을 수 있다. 하지만 MANE와 같은 네트워크 장치들에서는 이러한 문제가 발생될 수도 있다는 정보를 NAL 유닛 헤더만을 통해서는 알 수 없고, "ref_idx_l0"나 "ref_idx_l1"과 같이 참조 픽처의 인덱스에 대한 신택스 요소를 복호화한 후에야 알 수 있다. 따라서 MANE에서 이러한 것들을 모두 고려하여 시간적 상향 스위칭을 하는 것은 상당히 어려운 문제이다.

HEVC에서는 시간적 상향 스위칭을 네트워크 단에서 보다 효과적으로 수행할 수 있도록 하기 위하여 TSA (Temporal Sub-layer Access) 픽처라는 NAL 유닛 타입을 정의하였다. 그림 10-16는 TSA 픽처를 사용하여 시간적 상향 스위칭을 수행하는 예를 보인다. 그림 10-16에서 복호화 순서를 기준으로 10번 픽처가 TSA 픽처인데 이 경우, 10번 픽처보다 나중에 복호화되는 픽처들(11~16번 픽처)은 TSA 픽처(10번 픽처)보다 먼저 복호화된 픽처들(0~9번 픽처) 중 TSA 픽처(10번 픽처)의 TemporalId 값과 같거나

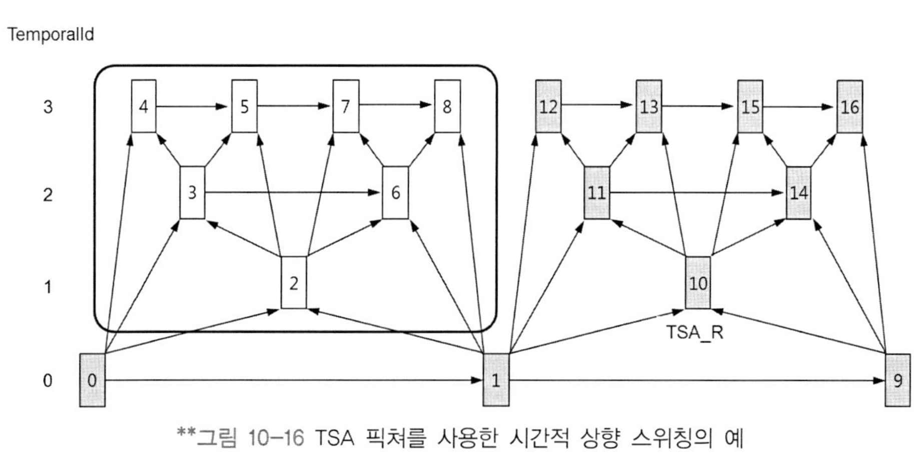

**그림 10-16 TSA 픽처를 사용한 시간적 상향 스위칭의 예

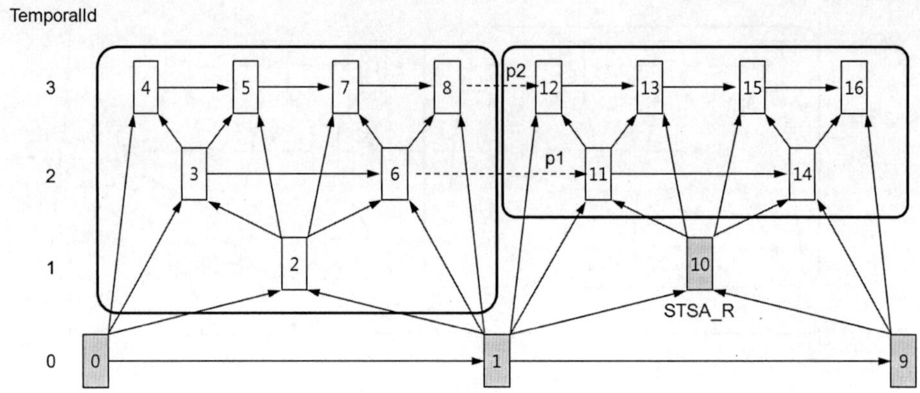

**그림 10-17 STSA 픽쳐를 사용한 점진적인 시간 상향 스위칭의 예

더 높은 TemporalId 값을 갖는 픽쳐들(2~8번 픽쳐)을 참조하여 부호화할 수 없다는 제약을 갖는다. 따라서 MANE에서는 10번 픽쳐가 TSA 픽쳐인 경우 시간적 상향 스위칭이 가능함을 NAL 유닛 헤더 정보만을 복호화함으로써 쉽게 알 수 있게 된다.

HEVC의 TSA 픽쳐를 이용한 시간적 상향 스위칭은 NAL 유닛 헤더에 기술되는 "nal_unit_type" 신택스 요소를 통해서 기술하기 때문에, 네트워크 장치에 매우 효과적이다. 그러나, TSA 픽쳐를 이용한 상향 스위칭은 프레임 레이트가 점진적(Step-wise)으로 증가되지 않는다는 점과 부호화 효율이 저하된다는 문제점이 있다. 우선 부호화 효율의 저하 문제를 살펴보면, 그림 10-16에서 12번과 11번 픽쳐가 8번과 6번 픽쳐를 참조하지 않고 부호화를 수행하기 때문에 발생한다. HEVC는 이러한 문제를 해결하고 점진적인 시간 상향 스위칭을 지원하기 위하여 STSA(Step-wise Temporal Sub-layer Access) 픽쳐라는 NAL 유닛 타입을 정의하고 있다. STSA 픽쳐를 사용하면 복호화 순서가 STSA 픽쳐보다 뒤에 있으면서 STSA 픽쳐의 TemporalId와 같은 값을 갖는 픽쳐들은 STSA 픽쳐보다 먼저 복호화된 영상들 중 STSA 픽쳐의 TemporalId 값과 같거나 더 높은 TemporalId 값을 갖는 영상을 참조하여 부호화할 수 없게 된다. 그림 10-17은 STSA 픽쳐를 사용하여 점진적으로 시간적 상향 스위칭을 수행하는 예를 보인다. 그림 10-17에서 10번 픽쳐는 STSA 픽쳐이므로 상향 스위칭을 하더라도 정상적으로 복호화가 가능하다. 또한,

표 10-7 픽쳐의 종류 및 사용 목적

픽쳐 종류	사용 목적
IRAP 픽쳐	임의 접근(IDR, CRA, BLA 픽쳐)
IDR 픽쳐	임의 접근
CRA 픽쳐	임의 접근(IDR 픽쳐보다 부호화 효율 향상)
BLA 픽쳐	임의 접근 및 비트스트림 결합
RADL 픽쳐	현재 리딩 픽쳐가 디코딩 가능함을 알려줌
RASL 픽쳐	현재 리딩 픽쳐가 디코딩 불가능함을 알려줌
TSA 픽쳐	시간 상향 스위칭
STSA 픽쳐	점진적인 시간 상향 스위칭

TSA 픽쳐와 달리 11번 12번 픽쳐는 상향 스위칭은 되지 않지만 6번과 8번 영상을 참조하여 부호화 될 수 있기 때문에 부호화 효율이 TSA 픽쳐를 사용하는 구조보다 좋다는 장점이 있다.

HEVC에서 사용하는 대표적인 픽쳐의 종류와 그 목적을 정리하면 표 10-7과 같다. HEVC는 이러한 정보들을 NAL 유닛의 헤더에 기록함으로써 MANE 등에서 효과적인 응용들을 가능케 한다.

10.3 파라미터 셋 (Parameter set)

앞서 언급한 것처럼 HEVC의 비디오 파라미터 셋 RBSP, 시퀀스 파리미터 셋 RBSP, 픽쳐 파라미터 셋 RBSP는 슬라이스 세그먼트 데이터와 달리 픽셀 값 자체를 표현하는 신택스는 아니다. 대신 이러한 파리미터 셋들은 입력 비디오의 복호화 과정에서 필요한 정보들을 상위 수준에서 묶어서 표현하기 위한 신택스들이다. 예를 들어, HEVC는 각 슬라이스 세그먼트 단위에서 픽쳐의 너비와 높이 정보를 전송하는 것이 아니라, 시퀀스 파라미터 셋 RBSP라는 상위 수준에서 해당 정보를 전송한다. 이처럼 상위 수준에서 데이터를 묶어서 표현하는 것은 하위 수준에서 동일 데이터를 여러 번 전송하는 것에 비해서 압축률 관점에서 보다 효과적이다. 또한, 중요한 데이터들을 상위수준에서 묶어서 표현하는 것은 해당 정보들이 보다 안전하게 전송될 수 있도록 한다.

시퀀스 파라미터 셋과 픽쳐 파라미터 셋 개념은 H.264/AVC에서도 사용되었는데, HEVC에서는 여기에 비디오 파라미터 셋이라는 새로운 파라미터 셋을 추가하였다. 또한, 각 파라미터 셋 내에서도 H.264/AVC와 다른 의미를 갖는 여러 신택스 요소들이 추가되었다. HEVC의 비디오 파라미터 셋, 시퀀스 파라미터 셋, 픽쳐 파라미터 셋은 슬라이스 세그먼트와 마찬가지로 NAL 유닛으로 캡슐화 되는데 각각 32, 33, 34번의 NAL 유닛 타입으로 정의되어 있다. 이러한 파라미터 셋은 슬라이스 세그먼트 데이터와 같이 픽쳐 내의 픽셀 데이터를 직접적으로 표현하는 데이터는 아니기 때문에, 각 픽쳐 단위에서 전송될 필요는 없으며, 신뢰할 수 있는 채널을 통해 미리 전송될 수도 있다.

HEVC는 그림 10-18처럼 슬라이스 세그먼트 헤더가 PPS를, PPS가 SPS를, SPS가 VPS를 참조하는 구조를 갖는다. 예를 들어, 그림 10-18과 같이 한 영상이 두 개의 슬라이스로 분할되어 전송되는 경우 각 슬라이스의 슬라이스 세그먼트 헤더는 해당 슬라이스가 참조하는 PPS의 아이디 값을 갖고 있기 때문에 미리 전송된 PPS 중 해당하는 아이디와 일치하는 PPS 정보를 참조한다. 슬라이스 헤더가 참조하는 PPS

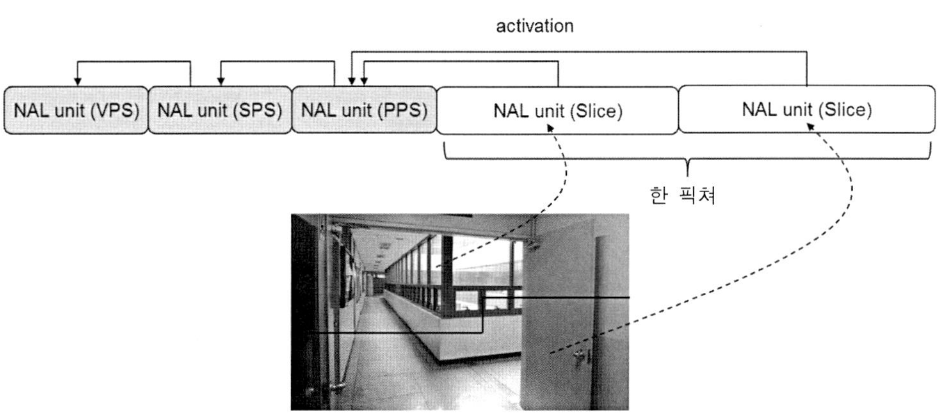

**그림 10-18 HEVC 파라미터 셋의 역 참조 구조

에는 해당 PPS가 참조하고 있는 SPS의 아이디를 가지고 있기 때문에 SPS 정보에 대한 접근이 가능하다. PPS가 SPS를 참조하는 방식과 동일하게 각 SPS는 자신이 참조하는 VPS의 아이디를 저장하고 있기 때문에 미리 전송된 VPS 중 아이디가 일치하는 VPS 정보를 참조한다. 이와 같이 이미 전송되어 저장되어 있는 파라미터 셋 정보에 대하여 참조하는 과정을 활성화(Activation) 과정이라고 하는데, 이 과정에서 참조하는 아이디 값만을 보내주기 때문에, 전송 및 압축 효율 관점에서 매우 효과적이다. 이번 절에서는 HEVC의 세 가지 파라미터 셋의 역할과 각 파라미터 셋이 포함하고 있는 몇 가지 신택스 요소들에 대하여 알아보도록 한다.

10.3.1 Video Parameter Set

HEVC의 비디오 파라미터 셋(VPS)은 공간적 스케일러빌리티(Spatial Scalability)와 화질적 스케일러빌리티(SNR Scalability)를 지원하는 HEVC 스케일러블 비디오 표준(SHVC)과 멀티 뷰 확장을 지원하는 HEVC 다시점 비디오 부호화 표준을 효과적으로 지원하기 위한 파라미터 셋이다. HEVC 기반의 스케일러블 비디오 표준과 멀티 뷰 비디오 표준은 2014년경에 표준화가 완료될 계획이지만, 두 표준 기술 모두 HEVC 표준 기술을 기반으로 함에 따라, HEVC 표준 기술에서는 추후 확장성을 고려하여 비디오 파라미터 셋이라는 개념을 추가해둔 것이다. 그림 10-19는 공간적 스케일러빌리티의 예를 보이는데, 기본계층은 HEVC 표준 복호화기로 복호화가 가능하며, 향상 계층은 HEVC 스케일러블 비디오 표준에 호환되는 복호화기로 복호화가 가능할 것이다. 이러한 경우에 있어, 기본 계층과 향상 계층이 공통으로 사용하는 일부 신택스 요소를 각 계층별로 중복적으로 보내는 것보다 공통의 신택스 요소를 참조할 수 있는 파라미터 셋을 사용하는 것이 효과적일 것이다. 또한, VPS는 세션 협상(Session negotiation)등을 위하여 HEVC의 프로파일과 레벨 정보를 포함하고 있다. 이처럼 HEVC의 VPS는 계층 간의 중복 정보를 효과적으로 전송하기 위한 파라미터 셋이므로 HEVC의 첫 번째 표준 규약을 따르는 복호화기에서는 영상을 복호화하는데 VPS가 반드시 필요한 것은 아니다. 따라서 HEVC 첫 번째 표준 규약을 따르는 복호화기는 비트스트림에서 VPS NAL 유닛을 복호화하지 않고 비트스트림 내에서 제거한 후 다음 NAL 유닛을 복호화해도 된다.

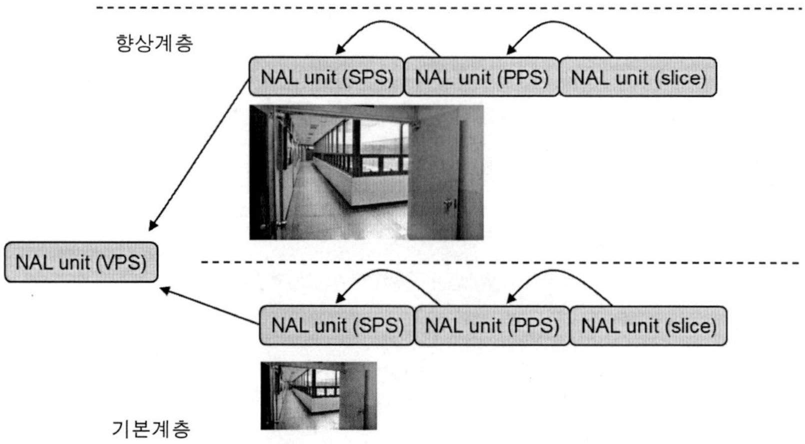

**그림 10-19 HEVC 공간적 스케일러빌리티 지원과 VPS

▌표 10-8▐ VPS RBSP 신택스 (일부)

video_parameter_set_rbsp( ) {	Descriptor
video_parameter_set_id	u(4)
vps_reserved_three_2bits	u(2)
vps_max_layers_minus1	u(6)
vps_max_sub_layers_minus1	u(3)
vps_temporal_id_nesting_flag	u(1)
vps_reserved_0xffff_16btis	
profile_tier_level(1, vps_max_sub_layers_minus1)	
...	
rbsp_trailing_bits()	

HEVC의 비디오 파라미터 셋은 최대 16개까지 존재할 수 있다. 즉, 인코더에서는 비디오 파라미터 셋 내부의 설정 값을 조정함으로써 16개의 서로 다른 값을 갖는 VPS를 디코더로 전송할 수 있다. 앞서 언급한 것처럼 SPS는 VPS를 참조하기 때문에, 각각의 VPS는 서로 구분되어질 수 있어야 한다. 표 10-8은 VPS RBSP의 신택스의 일부를 나타내는데, 이중 "vps_video_parameter_set_id" 신택스 요소는 현재 VPS의 id에 관한 것이다. 해당 신택스 요소가 u(4)로 복호화되는 것을 고려하면 16개의 VPS가 존재하고 있음을 반대로 유추해 볼 수 있다. 디코더에서는 인코더에서 전송된 다수의 VPS NAL 유닛이 존재할 수 있고, 디코딩 된 VPS NAL 유닛은 버퍼에서 관리된다. 이때 SPS가 참조하는 VPS의 id 값에 따라 버퍼에 저장되어 있던 VPS가 참조되는 것이다. 표 10-7에서 "vps_reserved_three_2bits" 는 향후 VPS의 확장을 위하여 비트를 미리 할당해둔 신택스 요소로 버전 1 복호화기 표준에서 이 값은 '3'이 된다. "vps_max_layers_minus1"도 향후 VPS의 확장을 위해 할당된 신택스 요소로 버전 1 복호화기 표준에서 이 값은 0이어야 한다. "vps_max_sub_layers_minus1+1"은 시간적 부 계층(sub-layers)의 개수를 의미하는데, "vps_max_sub_layers_minus1"가 0~6의 값을 가지므로 부 계층은 1~7까지를 가질 수 있다. "vps_temporal_id_nesting_flag"는 "vps_max_sub_layers_minus1"가 0 이상인 경우 화면 간 예측에 대한 추가 제한이 있는지에 대한 플래그이다. 해당 신택스 요소가 1인 경우 앞서 10.2.4절에서 살펴본 시간적 상향 스위칭이 항상 가능하다는 것을 의미한다. VPS도 NAL 유닛으로 캡슐화되기 때문에 신택스의 마지막 부분에 rbsp_trailing_bits() 신택스가 사용됨을 알 수 있다. 해당 신택스를 통하여 RBSP 데이터의 끝을 표현하고, 동시에 바이트 정렬된다.

10.3.2 Sequence Parameter Set

시퀀스 파라미터 셋은 그 이름에서 알 수 있듯이 시퀀스 단위의 수준에서 전송되어지는 신택스 요소들를 포함하는 신택스이다. 예를 들어, 앞서 언급한 픽쳐의 너비와 높이 정보와 입력 영상의 비트 심도와 같은 정보들은 매 픽쳐마다 전송되지 않고, 시퀀스 파라미터 셋이라는 상위 수준에서 전송된다. HEVC의 시퀀스 파라미터 셋은 여러 종류의 신택스 요소를 포함하는데, 대략적으로 표 10-9와 같은 신택스 구조로 구성된다. HEVC의 시퀀스 파라미터 셋은 독립적인 NAL 유닛으로 캡슐화 되며, 33번의 NAL 유닛 타입으로 정의되어있다.

┃표 10-9┃ SPS 신택스 (일부)

seq_parameter_set_rbsp( ) {	Descriptor
sps_video_parameter_set_id	u(4)
sps_max_sub_layers_minus1	u(3)
sps_temporal_id_nesting_flag	u(1)
profile_tier_level(sps_max_sub_layers_minus1)	
seq_parameter_set_id	ue(v)
chroma_format_idc	ue(v)
if(chroma_format_idc == 3)	
separate_colour_plane_flag	u(1)
pic_width_in_luma_samples	ue(v)
pic_height_in_luma_samples	ue(v)
conformance_window_flag	u(1)
...	
bit_depth_luma_minus8	ue(v)
bit_depth_chroma_minus8	ue(v)
...	
log2_min_luma_coding_block_size_minus3	ue(v)
log2_diff_max_min_luma_coding_block_size	ue(v)
log2_min_transform_block_size_minus2	ue(v)
log2_diff_max_min_transform_block_size	ue(v)
max_transform_hierarchy_depth_inter	ue(v)
max_transform_hierarchy_depth_intra	ue(v)
...	
}	

표 10-9의 HEVC의 시퀀스 파라미터 셋 RBSP 신택스에서 몇 가지 신택스 요소를 살펴보도록 하자. 먼저, "sps_video_parameter_set_id"는 현재 SPS가 참조하는 VPS의 아이디 값을 의미한다. 앞서 파라미터 셋은 활성화 과정을 통하여 파라미터 셋끼리 참조하는 구조를 갖고 있음을 살펴보았는데, 그림 10-18과 같이 SPS는 VPS를 참조한다. 표 10-9에서 "sps_video_parameter_set_id"에 대한 descriptor 구성이 u(4)이므로 비트스트림에서 4비트를 읽은 후 첫 번째 읽은 비트를 MSB로 간주하여 부호 없는 정수로 해당 값을 복호해야 한다. VPS는 0~15의 아이디 값을 가질 수 있으므로 SPS에서 VPS 아이디 값을 참조하는데 사용하는 신택스 요소인 "sps_video_parameter_set_id"가 4비트로 부호화 된 것이다.

"sps_max_sub_layers_minus1+1"은 시간적 부 계층(sub-layers)의 개수를 의미하는데, "sps_max_sub_layers_minus1"가 0~6의 값을 가지므로, 시간적 부 계층은 "1~7"개가 될 수 있다. "sps_max_sub_layers_minus1" 값이 0 이상인 경우 "sps_temporal_id_nesting_flag"는 화면 간 예측에 대한 추가 제한이 있는지에 대한 플래그이다. 해당 신택스 요소가 1인 경우 앞서 10.2.4절에서 살펴본 시간적 상향 스위칭이 항상

▍표 10-10▍ ue(v) 함수 복호화 과정의 예

Bit string	codeNum
1	$(2^0-1)+1=0$
010	$(2^1-1)+0=1$
011	$(2^1-1)+1=2$
00100	$(2^2-1)+0=3$
00101	$(2^2-1)+1=4$
...	k
000000000011110000001	$(2^{10}-1)+897=1920$

가능하다는 것을 의미한다. 앞서 VPS에서도 "vps_max_sub_layers_minus1"과 "vps_temporal_id_nesting_flag" 신택스 요소가 존재하였는데, SPS의 신택스 요소들과 그 기능이 동일하다. 이와 같이 VPS와 SPS는 일부 신택스 요소를 중복적으로 가지고 있는데, HEVC 버전 1 표준을 따르는 복화기에서는 VPS를 복호화하지 않을 수도 있기 때문에 SPS에 VPS의 신택스 요소와 동일한 기능을 하는 신택스 요소를 중복적으로 가지고 있는 것이다. 그 다음은 Profile, Tier, 그리고 Level에 대한 신택스를 복호화하는데 이 역시 VPS와 동일한 값으로, SPS와 VPS가 동일한 값을 중복적으로 전송하는 구조로 되어 있다.

"seq_parametert_set_id" 신택스 요소는 복호화되고 있는 SPS의 아이디 값을 의미한다. HEVC로 인코딩된 다수의 비트스트림들에서 단일의 SPS가 사용되지만, 실제 HEVC 표준에서는 최대 16개까지의 서로 다른 종류의 SPS를 지원한다. SPS는 PPS에서 참조되고 PPS는 다시 슬라이스 헤더에서 참조되는 구조를 갖고 있으므로 애플리케이션의 특성이나 시퀀스의 특성에 따라, 각 픽쳐마다 서로 다른 SPS를 사용하는 것도 가능하다. 이러한 경우를 고려하면 SPS에는 SPS 들을 서로 구분하기 위한 고유한 아이디 값이 할당되어야 하는데, 이때 사용하는 신택스 요소가 "seq_parameter_set_id"이다. "chroma_format_idc"는 휘도 성분과 색차 성분의 샘플링에 대해서 기술하는데 사용되는 신택스 요소이다. "chroma_format_idc" 값이 0인 경우 monochrome 포맷을, 1인 경우에는 YCbCr 4:2:0 포맷을, 2인 경우에는 YCbCr 4:2:2 포맷을, 3인 경우에는 YCbCr 4:4:4 포맷을 각각 나타낸다. HEVC Main 프로파일은 YCbCr 4:2:0 포맷만을 지원하므로 HEVC Main 프로파일을 따르는 비트스트림은 "chroma_format_idc" 값을 항상 1을 갖는다. "pic_width_in_luma_samples"와 "pic_height_in_luma_samples"는 복호화된 각 영상의 휘도 성분에 대한 너비 및 높이를 기술하는데 사용되는 신택스 요소이다. 두 신택스 요소에 해당하는 descriptor를 보면 모두 ue(v)로, 이는 신택스 요소가 unsigned Exp-Golomb 코드를 사용한 것을 의미한다. Exp-Golomb코드는 표 10-10과 같이 규칙적으로 복호화 될 수 있는데, 이러한 복호화 규칙을 사용하면 Full-HD 영상의 너비 값인 '1920'은 '000000000011110000001'로 표현됨을 알 수 있다. "conformance_window_flag"는 영상의 크롭(Crop)에 관련된 추가적인 신택스가 사용 여부를 알려주는데, 영상을 크롭하는 경우 상, 하, 좌, 우에서 절삭되는 픽셀의 수가 추가적으로 전송된다. 이러한 크롭 기능은 복호화 과정에서 수행되는 것이 아니라, 복호된 영상을 출력할 때 수행 된다. 특히, HEVC는 CU 단위로 부호화하기 때문에 영상의 너비와 높이가 가장 작은 CU 사이즈의 배수가 아닌 경우 원본 영상을 확장시켜 부호화해야 한다. 이 경우에도 실제 복호화된 영상을 출력하는 경우에는 원본 크기로 화면에 출력에야 하기 때문에, 크롭 기능이 사용되는 것이다.

표 10-9에서 "bit_depth_luma_minus8"은 휘도 성분의 비트 심도(Bit depth)에서 8을 뺀 값으로 HEVC의 Main 프로파일에서는 이 값은 항상 0이야 한다. 색차 성분에 대해서는 "bit_depth_chroma_minus8" 신택스 요소로 표현하는데, 이 값 역시 HEVC Main 프로파일에서는 항상 0이어야 한다. 즉, HEVC의 Main 프로파일은 8비트 비트 심도를 갖는 입력 영상만을 지원한다. HEVC의 Main10 프로파일에서는 10비트 입력 영상까지를 지원하므로, 이때 SPS의 "bit_depth_luma_minus8"와 "bit_depth_chroma_minus8" 신택스 요소의 값은 0~2의 범위 값을 갖게 된다. 표 10-9에서 "log2_min_luma_coding_block_size_minus3"은 휘도 성분에서의 최소 코딩 블록(CB : Coding Block)의 크기를 알려준다. 해당 신택스 요소는 휘도 성분에 대한 최소 CB의 크기 값에 log2로 취한 후, 3을 빼준 값이다. HEVC는 최소 및 최대 CB의 크기를 가변적으로 사용할 수 있는데, 최대 CB의 크기는 이미 전송된 최소 CB의 크기와의 차이 값만을 추가로 보내줌으로써 알아낼 수 있다. 이러한 차이 값을 효과적으로 표현하기 위하여 "log2_diff_max_min_luma_coding_block_size" 신택스 요소가 사용되는데, 이름에서 알 수 있듯이 휘도 성분의 최대 및 최소 CB의 크기에 각각 log2를 취한 후 그 값들의 차이 값을 계산한 것이다. 예를 들어, 그림 10-20은 한 픽쳐가 64×64 크기의 CTU로 분할됨을 보인다. 각 64×64 CTU는 4:2:0 포맷인 경우 64×64 Y CB, 32×32 Cb CB, 32×32 Cr CB의 세 개의 CB로 구성된다. 그림 10-20에서 휘도 성분(Y)의 최소 CB의 크기가 8×8이므로, "log2_min_luma_coding_block_size_minus3" 신택스 요소는 0의 값을 갖는다. 최대 CB의 크기는 64×64이므로 "log2_diff_max_min_luma_coding_block_size" 신택스 요소는 3이 된다. 이와 같이 휘도 성분에 대한 최소, 최대 CB의 크기는 시퀀스 파라미터 셋에서 전송되지만, 앞에서 언급한 것처럼 슬라이스는 PPS를 참조하고, PPS는 SPS를 참조하기 때문에 결과적으로는 슬라이스에 영향을 주게 된다.

HEVC는 변환 블록(TB : Transform Block)의 크기에 대해서도 CB와 동일하게 최대, 최소 TB의 크기를 시퀀스 파라미터 셋을 통해 전송한다. 시퀀스 파라미터 셋에서 최소 TB의 크기는 "log2_min_transform_block_size_minus2" 신택스 요소로 표현된다. 이 신택스 요소는 최소 TB의 크기

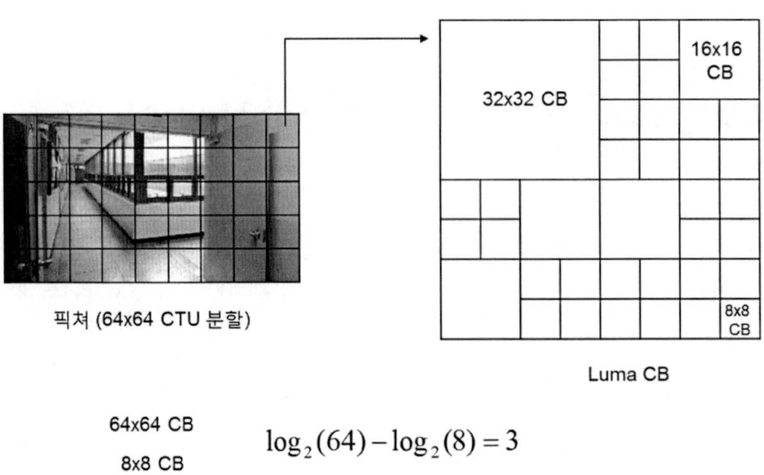

$$\log_2(64) - \log_2(8) = 3$$

**그림 10-20 SPS의 신택스 요소를 통해 CB 크기 정보를 인코딩하는 예

에 log2를 취한 후 다시 2를 빼준 값을 의미한다. 7 장에서 설명한 것처럼 HEVC는 휘도 성분에 대해서 최소 4×4 TU를 사용하므로, 최소 TB의 크기에 log2를 취한 후 2를 더 빼주는 것이다. 이는 해당 신택스 요소가 ue(v)로 코딩되기 때문에 0에 가까운 값을 발생시켜 더 적은 비트로 신택스 요소를 나타내기 위함이다.

시퀀스 파라미터 셋의 최소 TB와 최대 TB의 크기는 최소 CB 크기와 최대 CB의 크기와 관련이 있다. 먼저, 첫 번째 제약은 최소 TB의 크기는 최소 CB의 크기와 같거나 클 수 없다는 것이다. 이는 최소의 크기를 갖는 CB가 화면 내 예측모드로 코딩된 경우 N×N PU 분할을 사용하기 때문에 존재한다. CB 내에서 N×N PU로 분할되기 위해서는 CB 크기보다 더 작은 TB가 사용되어야 한다. 두 번째 제약은 최대 TB의 크기에 대한 것으로 최대 TB의 크기는 "Min (휘도 CTB의 크기, 32)" 값보다 클 수 없다는 것이다. 먼저, 휘도 성분의 CTB의 크기가 64×64라고 하더라도, HEVC에서 가장 큰 변환 블록이 32×32이므로 최대 TB의 크기는 32×32를 넘을 수 없다. 반대로 CTB의 크기가 16×16인 경우에는 HEVC의 가장 큰 변환 블록이 32×32라 하더라도 변환을 CTB를 넘어서 수행하지는 않기 때문에 이 경우 TB의 크기는 최대 CTB의 크기인 16×16보다 클 수 없다.

HEVC는 CU를 기준으로 RQT (Residual Quad Tree)를 수행하는데 이때 최대 분할 정보를 SPS를 통해서 알려주게 된다. 화면 간 예측 모드로 부호화된 CU에 대한 TU의 최대 분할 깊이는 표 10-9에서 "max_transform_hierarchy_depth_inter"로 표현된다. 화면 내 예측모드로 부호화된 CU에 대해서는 "max_transform_hierarchy_depth_intra"로 표현된다. 두 신택스 요소 모두 0에서 (CtbLog2SizeY-Log2MinTrafoSize)까지의 값만을 가질 수 있다. CtbLog2SizeY는 휘도 성분에 대한 CTB 크기에 log2를 취한 값이고, Log2MinTrafoSize는 최소 TB의 크기에 log2를 취한 값이다. 예를 들어, CTB가 64×64이고 최소 TB의 크기가 4인 경우 max_transform_hierarchy_depth_X (X는 inter 또는 intra)는 0부터 4까지가 가능하게 된다.

10.3.3 Picture Parameter Set

픽쳐 파라미터 셋(PPS : Picture Parameter Set)은 여러 장의 픽쳐 레벨에서의 신택스들을 표현하는 파라미터 셋이다. PPS는 SPS, VPS와 같이 고유의 아이디 값을 가지고 있으며, 총 64개가 존재할 수 있다. 표 10-11은 HEVC PPS 신택스 중 일부를 나타낸 것이다.

PPS RBSP는 먼저 해당 픽쳐 파라미터 셋의 아이디 값을 표현하는 "pps_pic_parameter_set_id" 신택스 요소로 시작한다.

이 값은 0~63까지의 값을 가질 수 있다. "pps_seq_parameter_set_id"는 현재 PPS가 참조하는 SPS의 아이디 값을 나타내는 신택스 요소이다. 예를 들어, 현재 PPS의 아이디 값이 0이고 참조하는 SPS의 ID 값이 0인 경우 "pps_seq_parameter_set_id" 신택스 요소는 '0'의 값을 갖게 된다.

"dependent_slice_segments_enabled_flag"는 슬라이스 세그먼트 헤더에 "dependent_slice_segment_flag" 신택스 요소가 존재하는지에 대해 알려주는 신택스 요소이다. 예를 들어, 현재 PPS에서 "dependent_slice_segments_enabled_flag" 값이 0인 경우 이 PPS를 참조하는 슬라이스에서는 슬라이스 세그먼트 헤더에 "dependent_slice_segment_flag"가 존재하지 않는다. 이와 같이 슬라이스보다 상위 수준인 픽쳐 파라미터 셋에서 슬라이스 레벨의 신택스 요소의 사용 유무에 관련된 신택스 요소를 사용함으로써 보다 효과적으로 신택스 요소를 표현할 수 있다.

▌표 10-11▌ HEVC PPS 신택스 (일부)

pic_parameter_set_rbsp( ) {	Descriptor
pps_pic_parameter_set_id	ue(v)
pps_seq_parameter_set_id	ue(v)
dependent_slice_segments_enabled_flag	u(1)
…	
init_qp_minus26	se(v)
constrained_intra_pred_flag	u(1)
…	
cu_qp_delta_enabled_flag	u(1)
if(cu_qp_delta_enabled_flag)	
diff_cu_qp_delta_depth	ue(v)
…	
tiles_enabled_flag	u(1)
if(tiles_enabled_flag)	
num_tile_columns_minus1	ue(v)
num_tile_rows_minus1	ue(v)
uniform_spacing_flag	u(1)
if(!uniform_spacing_flag)	
{	
for(i=0; i< num_tile_columns_minus1; i++)	
column_width_minus1[i]	ue(v)
for(i=0; i< num_tile_rows_minus1; i++)	
row_height_minus1[i]	ue(v)
}	
...	
}	

PPS RBSP 신택스에서 "init_qp_minus26"은 각 슬라이스의 초기 QP 값에서 26을 뺀 값을 의미한다. 일반적으로 각 슬라이스의 초기 QP 값이 유사한 경우가 많으므로, HEVC는 PPS 단위에서 이 값을 표현한다. HEVC의 QP는 슬라이스 세그먼트 헤더의 "slice_qp_delta" 값을 통해서 각 슬라이스 단위로 다시 보정될 수 있으며 CU 단위로 쓰여지는 "cu_qp_delta_abs"를 통해서 최종적으로는 CU 단위로 QP 값을 다르게 사용할 수 있게 된다. 예를 들어, 그림 10-21은 연속하는 두 픽쳐가 하나의 슬라이스로 부호화되었고 각 슬라이스는 동일한 픽쳐 파라미터 셋을 참조하는 경우에 대한 예이다. 참조되는 픽쳐 파라미터 셋의 "slice_qp_delta" 신택스 요소의 값이 0인 경우 실제 PPS 단위에서는 QP 값이 26임을 의미한다. 첫 번째 슬라이스의 슬라이스 세그먼트 헤더의 "slice_qp_delta" 신택스 요소의 값이 1인 경우 첫 번째 슬라이스 단위의 초기 QP 값은 27로 결정된다. 두 번째 슬라이스의 슬라이스 세그먼트 헤더의

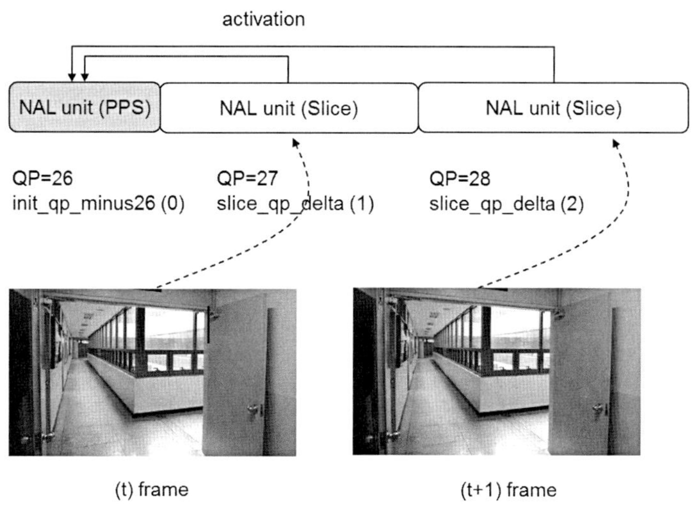

**그림 10-21 PPS에서 QP 값을 표현하는 예

"slice_qp_delta" 신택스 요소의 값이 2인 경우 두 번째 슬라이스의 초기 QP 값은 28로 결정된다. 이처럼 각 슬라이스의 초기 QP 값을 쓰기 위하여 PPS 단위로 예측 값을 쓰고 다시 각 슬라이스 단위로 차분 값을 쓰는 방식은 QP에 대한 신택스 요소를 보다 효율적으로 부호화할 수 있게 한다.

표 10-11의 "constrained_intra_pred_flag"는 화면 내 예측과정에서 사용하는 주변 블록들에 대해 제한을 둘 수 있게 하는 신택스 요소이다. 이 신택스 요소의 값이 0인 경우 제약이 존재 하지 않음을 의미하며, 이 경우에 화면 내 예측을 수행할 때 주변의 디코딩된 블록 내의 픽셀 값들을 사용하여 예측 값을 생성할 수 있다. 그러나, 이 신택스 요소의 값이 1인 경우에는 현재 블록에 대해서 화면 내 예측을 수행할 때 주변의 블록 중 화면 내 예측으로 코딩된 블록만을 참조하게 된다. 이러한 제약은 비트스트림을 네트워크를 통해서 전송하는 경우 에러로 인해 발생할 수 있는 에러 전파(Error propagation)를 최소화하기 위함이다. 예를 들어, 화면 간 예측 모드로 코딩된 블록은 이전 프레임에 에러가 있는 경우 현재 디코딩되는 블록에도 그 에러가 전파될 수 있다. 즉, 화면 내 예측으로 코딩된 블록에서 주변 블록을 참조할 때 화면 간 예측 모드로 코딩된 블록을 사용하는 경우에는 화면 내 예측으로 코딩된 블록에까지 에러가 전파될 수 있다.

"cu_qp_delta_enabled_flag" 신택스 요소는 CU 단위로 delta QP 값을 전송하는지에 대해서 결정하는 신택스 요소이다. HEVC 이전의 비디오 코덱들은 매크로블록이라는 고정 사이즈의 블록을 코딩 기본 단위로 사용했으며, 이러한 매크로블록 단위로 delta QP 값을 전송하였다. 하지만, HEVC에서는 가변 크기를 갖는 CTU로 영상을 분할하고 각 CTU는 다시 CU로 쿼드 트리 형태로 분할될 수 있기 때문에, CU 단위로 delta QP 값을 전송하는 것이 필요할 수 있다. 특히, HEVC는 CU 블록의 크기에 따라서 delta qp 값을 적응적으로 전송하기 위하여 추가적으로 "diff_cu_qp_delta_depth"를 사용한다. 예를 들어, "cu_qp_delta_enabled_flag" 신택스 요소 값이 0인 경우에는 CU 단위에서의 delta QP 값을 전송하는 것을 사용하지 않는다는 것으로 CTU 단위에서의 QP 값의 조정만이 가능하게 된다. 반대로 해당 신택스 요소 값이 1인 경우에는 추가적으로 "diff_cu_qp_delta_depth" 신택스를 통하여 delta QP가 전송되는 CU의 크기를 알려줄 수 있다. 이때 delta QP가 전송되는 최소 CU의 크기는 최대 CU를 의미하는

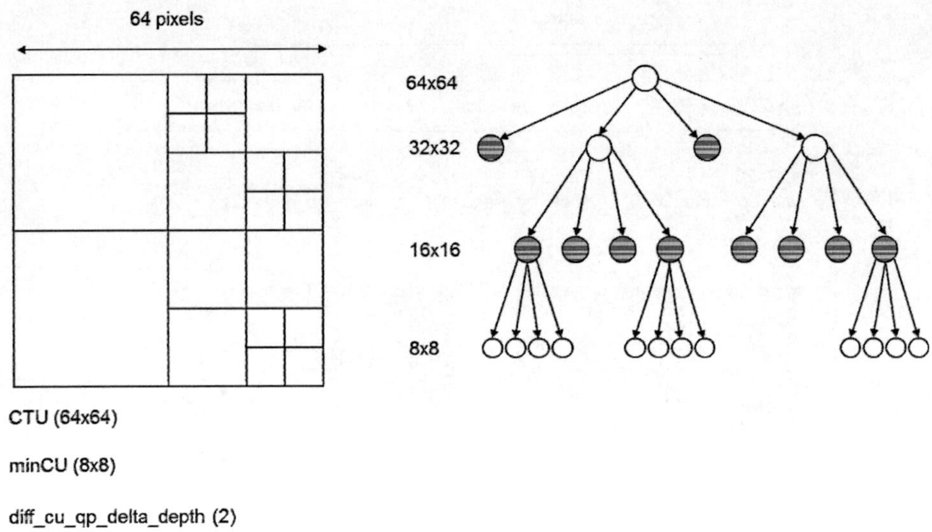

**그림 10-22 delta QP 값의 표현 예

CTU와의 차이 값만을 전송한다. 그림 10-22는 64×64 CTU가 8×8 CU까지 분할되는 예를 보인다. 이 경우 해당 CTU를 포함하는 슬라이스가 참조하고 있는 PPS의 "diff_cu_qp_delta_depth" 신택스 요소의 값에 따라서 QP 값이 전송되는 CU의 크기가 조정된다. 그림 10-22와 같이 "diff_cu_qp_delta_depth" 값이 2인 경우 16×16 CU까지만 delta QP 값이 전송된다. 그림 10-22의 예제에서처럼, CTU 내에서 CU의 크기가 16×16 보다 더 큰 경우에는 해당 CU 단위에서 하나의 "delta QP" 값이 전송된다.

표 10-11의 "tiles_enabled_flag"는 픽쳐가 하나 이상의 타일로 분할되는지에 대해서 알려주는 신택스 요소이다. 이 신택스 요소의 값이 1인 경우 픽쳐가 하나 이상의 타일로 분할 되는 것을 의미하며 이 경우에는 추가적으로 픽쳐를 타일로 분할하는데 필요한 분할 정보에 관련된 신택스 요소가 사용된다. 타일과 관련된 신택스 요소에 대한 보다 자세한 설명은 이 책의 12장에서 다루도록 한다.

10.4 Slice Segment Layer RBSP

HEVC로 인코딩 된 입력 비트스트림들을 살펴보면, 그림 10-23과 같이 다수의 바이트 스트림 NAL 유닛으로 구성된다. 10.2 절에서 설명한 것처럼 엔트로피 디코더는 "start_code_prefix_one_3bytes"를 통해서 각각의 NAL 유닛을 추출할 수 있으며, 추출된 NAL 유닛의 헤더 정보를 파싱함으로써, 각 NAL 유닛의 타입을 알 수 있다. 그림 10-23에서 첫 번째 NAL 유닛의 "nal_unit_type" 신택스 요소의 값을 디코딩해보면 "32" 값을 가지므로, 해당 NAL 유닛이 VPS NAL 유닛임을 알 수 있다. 마찬가지로 그 다음에는 SPS NAL 유닛과 PPS NAL 유닛이 존재함을 확인할 수 있다. VPS, SPS, PPS 뒤에는 19번의 NAL 유닛 타입을 가지는 IDR 픽쳐가 존재하고 있다. 이러한 일련의 NAL 유닛의 구성은 일반적으로 자주 사용되는 구성이다. 그러나, 앞서 언급한 것처럼 HEVC는 최대 16개까지의 VPS와 SPS, 그리고 64개까지의 PPS를 사용할 수 있다. 따라서, 다수의 VPS, SPS, PPS 들이 비트스트림의 시작 부분에 존재하거나 또는 IDR NAL 유닛과 같은 다수의 VCL 타입의 NAL 유닛 중간 중간에서 임의로 전송될

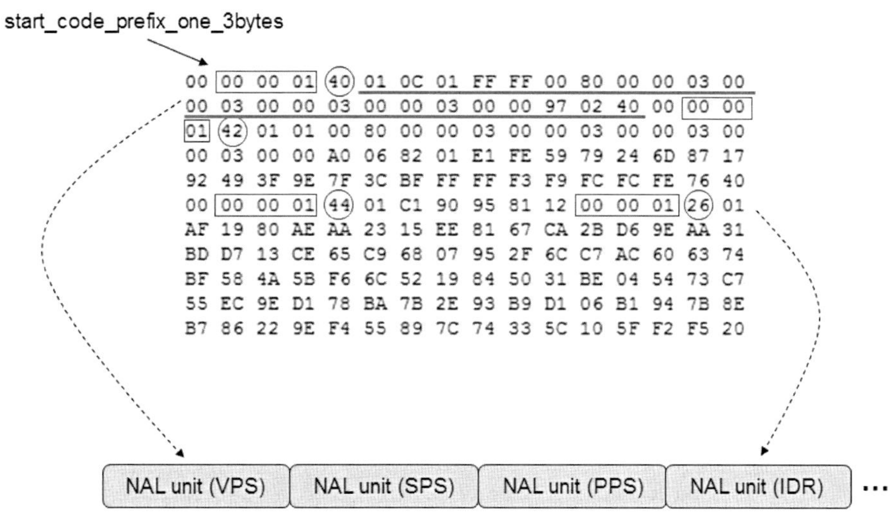

**그림 10-23 HEVC 비트스트림 구성의 예

수도 있다.

비트스트림에서 파라미터 셋 이후에는 대부분이 실제 압축된 픽처 데이터를 가지고 있는 VCL 타입의 NAL 유닛이다. HEVC는 픽쳐를 슬라이스 세그먼트 단위로 표현하고, 이를 NAL 유닛으로 캡슐화하는데, 이번 절에서는 이러한 슬라이스 세그먼트의 신택스에 대해서 다루도록 한다.

10.4.1 Slice Segment Header

HEVC의 픽쳐는 여러 슬라이스로 분할될 수 있고, 각 슬라이스는 다시 슬라이스 세그먼트로 분할될 수 있다. 슬라이스 세그먼트 중 슬라이스 세그먼트 헤더를 포함하고 있는 것을 독립 슬라이스 세그먼트(Independent slice segment)라고 부르고, 슬라이스 세그먼트 헤더를 포함하지 않고 있는 것을 종속 슬라이스 세그먼트(Dependent slice segment)라고 한다. 표 10-12는 HEVC의 슬라이스 세그먼트 레이어 RBSP 신택스이다. 슬라이스 세그먼트 레이어는 슬라이스 세그먼트 헤더(Slice segment header), 슬라이스 세그먼트 데이터(Slice segment data), RBSP trailing bits로 구성된다. RBSP trailing bits는 앞서 언급한 것처럼, 각 RBSP 데이터의 끝을 표현하고 동시에 바이트 정렬을 하는 부분이다. 이러한 RBSP trailing bits를 제외하면 슬라이스 세그먼트 레이어 RBSP는 크게 헤더부분과 데이터 부분으로 구성됨을 알 수 있다. HEVC는 슬라이스 세그먼트 레이어 단위로 NAL 유닛으로 캡슐화를 수행하는데, 이때 NAL 유닛의 역할이나 포함되는 슬라이스 세그먼트 레이어 RBSP에 따라서 NAL 유닛이 세분화된다. 여기서, 기억해야할 점은 입력 픽쳐를 I, P, B 픽쳐로 코딩을 수행하더라도 모두 표 10-12의 슬라이스 세그먼트 레이어 RBSP 신택스로 표현된다는 점이다.

HEVC의 슬라이스 세그먼트 헤더에는 슬라이스 세그먼트가 참조하는 PPS의 아이디, 슬라이스의 타입, 슬라이스가 참조하는 픽쳐 리스트에 관한 정보, 슬라이스의 QP, 슬라이스 단위의 SAO 및 디블록킹 필터의 컨트롤에 관한 정보를 포함한다. 표 10-13은 "slice_segment_header" 신택스의 일부이다. 슬라이스 세그먼트 헤더 신택스에서는 처음에 "first_slice_segment_in_pic_flag" 신택스 요소가 위치하는데, 이 값이 1인 경우 디코딩하는 픽쳐에서 첫 번째 슬라이스 세그먼트임을 의미한다. "slice_pic_parameter_set_id"는

▌표 10-12▌ Slice segment layer RBSP 신택스

slice_segment_layer_rbsp( ) {	Descriptor
slice_segment_header()	
slice_segment_data()	
rbsp_slice_segment_trailing_bits()	
}	

디코딩하는 슬라이스에서 참조하는 PPS의 아이디 값에 대한 신택스 요소이다. HEVC에서 이 신택스 요소는 0~63까지 중 하나의 값을 가질 수 있는데, 이를 통해 HEVC의 PPS가 최대 64개가 존재할 수 있음을 유추할 수 있다. "first_slice_segment_in_pic_flag" 값이 0이고 PPS의 신택스 요소인 "dependent_slice_segment_flag" 값이 1인 경우, 디코딩되는 슬라이스 세그먼트가 독립 슬라이스 세그먼트 인지 또는 종속 슬라이스 세그먼트 인지에 대해 알려주는 신택스 요소인 "dependent_slice_segment_enable_flag"가 기술된다. 슬라이스 세그먼트 헤더의 "dependent_slice_segment_enable_flag" 신택스 요소의 값이 1인 경우 디코딩하는 슬라이스 세그먼트가 종속 슬라이스 세그먼트를 의미한다. 이 경우에는 "slice_segment_address"를 제외한 추가적인 신택스 요소가 시그널링 되지 않는다. 표 10-12에서 "slice_segment_address"는 디코딩하는 픽쳐에서 순차 스캔(Raster scan)을 기준으로 슬라이스 세그먼트에서 첫 번째 CTB의 주소를 나타낸다. 표 10-12에서 "dependent_slice_segment_flag"값이 0인 경우는 독립 슬라이스 세그먼트를 의미하므로, 슬라이스 헤더에 대한 추가적인 신택스 요소가 기술된다. 먼저, "slice_type"은 현재 슬라이스 세그먼트 레이어 RBSP의 슬라이스 타입을 의미한다. 이 신택스 요소의 값이 0 이면 "B slice", 1이면 "P slice", 2이면 "I slice"를 의미한다.

표 10-13의 "slice_sao_luma_flag" 값이 1인 경우 현재 슬라이스에서 luma 데이터에 대해서 SAO가 사용된다는 것을 의미한다. 현재 슬라이스의 색차 성분에 대한 SAO 적용 여부는 "slice_sao_chroma_flag" 신택스 요소로 표현되며 해당 값이 1인 경우 색차 성분에 대해서 SAO가 적용됨을 의미한다. 표 10-12의 "slice_sao_luma_flag"와 "slice_sao_chroma_flag"는 SPS의 신택스 요소인 "sample_adaptive_offset_enabled_flag"에 영향을 받는다. 예를 들어, 그림 10-24와 같이 디코딩하는 슬라이스 세그먼트는 PPS의 아이디를 통해서 자신이 참조하는 PPS를 활성화한다. PPS는 자신이 참조하는 SPS의 아이디를 통해서 참조하는 SPS를 활성화한다. 이때 참조하는 SPS의 "sample_adaptive_offset_enabled_flag"의 값이 0인 경우 현재 슬라이스의 "slice_sao_luma_flag"와 "slice_sao_chroma_flag"는 0의 값을 갖게 되는데, 이는 현재 슬라이스의 CTU들에는 SAO가 적용되지 않음을 의미한다. 반대로 SPS의

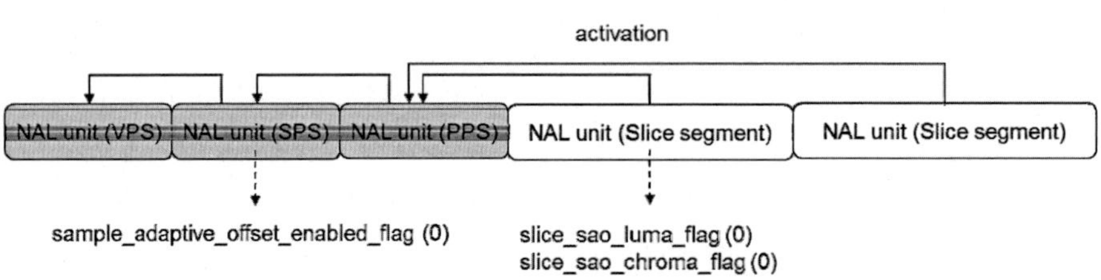

**그림 10-24 슬라이스 세그먼트 헤더 신택스를 통한 SAO 컨트롤의 예

표 10-13 Slice segment header 신택스 (일부)

slice_segment_header() {	Descriptor
first_slice_segment_in_pic_flag	u(1)
…	
slice_pic_parameter_set_id	ue(v)
if(!first_slice_segment_in_pic_flag)	
if(dependent_slice_segments_enabled_flag)	
dependent_slice_segment_flag	u(1)
slice_segment_address	u(v)
}	
if(!dependent_slice_segment_flag) {	
…	
slice_type	ue(v)
}	
if(sample_adaptive_offset_enabled_flag){	
slice_sao_luma_flag	u(1)
slice_sao_chroma_flag	u(1)
}	
…	
slice_qp_delta	se(v)
…	
byte_alignment()	
}	

"sample_adaptive_offset_enabled_flag" 값이 1인 경우에는 슬라이스 단위에서 휘도 성분과 색차 성분에 대한 SAO의 적용 여부를 컨트롤할 수 있다.

표 10-13의 "slice_qp_delta" offset은 각 슬라이스 단위로 QP 값을 효과적으로 변화시키기 위해 사용되는 신택스 요소이다. HEVC에서 QP 값은 CU 단위로 변할 수 있는데, PPS, 슬라이스, CU와 같은 여러 단계를 통해서 QP 값을 효과적으로 표현한다. 예를 들어, PPS에서는 "init_qp_minus26" 이라는 신택스 요소를 통해서 초기 QP 값을 표현하며, 슬라이스에서는 "slice_qp_delta"를 사용한다. 그림 10-25는 PPS, 슬라이스 단위에서 QP 값을 조정하는 예를 보이는데 PPS의 "init_qp_minus26"의 값으로 4이고, 첫 번째 슬라이스 세그먼트의 "slice_qp_delta" 값이 0인 경우 첫 번째 슬라이스 세그먼트의 QP 값은 30이 된다. 그림 10-25의 두 번째 슬라이스 세그먼트는 "slice_qp_delta" 값이 5이므로 해당 슬라이스 세그먼트의 QP 값은 35가 된다. HEVC에서 슬라이스의 QP 값(SliceQpY)은 수식 (10-1)로 정의된다.

$$SliceQpY = 26 + init\_qp\_minus26 + slice\_qp\_delta \tag{10-1}$$

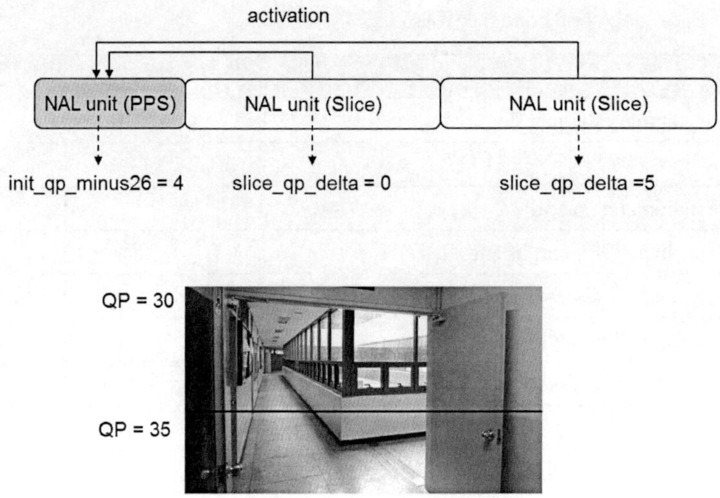

**그림 10-25 PPS와 슬라이스를 통한 QP 값의 조정

10.4.2 Slice Segment Data

슬라이스 세그먼트는 크게 슬라이스 세그먼트 헤더와 슬라이스 세그먼트 데이터로 구성되는데, 슬라이스 세그먼트 내의 CTU들을 부호화한 데이터는 "slice_segment_data" 신택스를 통해서 시그널링된다. "slice_segment_data"의 신택스는 대략적으로 표 10-14와 같은 구조로 되어 있다. 앞서 언급한 것처럼 HEVC의 슬라이스 세그먼트는 한 개 이상의 CTU로 구성되는데, 각 슬라이스 세그먼트에 포함되어 있는 CTU의 개수를 따로 알려주지는 않는다. 표 10-14를 참조하면 "slice_segment_data" 신택스는 coding_tree_unit 신택스를 호출하는 부분과 현재 CTU가 슬라이스 세그먼트 데이터의 마지막 CTU인지를 시그널링하는 "end_of_slice_segment_flag" 신택스 요소로 구성된다. 즉, 슬라이스 세그먼트 데이터를 디코딩할 때 하나의 CTU를 디코딩하고 현재 CTU가 마지막 CTU인지를 체크한 후 마지막 CTU가 아니라면 다시 다음 CTU를 디코딩하는 구조이다. 슬라이스 세그먼트 데이터의 "end_of_slice_segment_flag" 값이 0이면 현재 슬라이스 세그먼트 데이터에 CTU가 더 존재함을 의미하고, 해당 값이 1이면 현재 슬라이스 세그먼트에 더 이상 CTU가 존재하지 않음을 의미한다.

표 10-15는 표 10-14에서 호출되는 "coding_tree_unit"의 신택스이다. "coding_tree_unit" 신택스는 크게 샘플 적응적 오프셋에 관련된 신택스와 CTU가 CU로 분할되는 신택스로 구성된다. 표 10-15에서

표 10-14 슬라이스 세그먼트 데이터 신택스 (일부)

slice_segment_data( ) {	Descriptor
do{	
coding_tree_unit()	
end_of_slice_segment_flag	ae(v)
...	
}while(!end_of_slice_segment_flag)	
}	

❙ 표 10-15 ❙ Coding tree unit 신택스

coding_tree_unit ( ) {	Descriptor
xCtb=(CtbAddrInRs%PicWidthInCtbsY)<<CtbLog2SizeY	
yCtb=(CtbAddrInRs/PicWidthInCtbsY)<<CtbLog2SizeY	
if(slice_sao_luma_flag ||slice_sao_chroma_flag)	
sao(xCtb>>CtbLog2SizeY, yCtb>>CtbLog2SizeY)	
coding_quadtree(xCtb, yCtb, CtbLog2SizeY, 0)	
}	

"CtbAddrInRs"는 픽쳐 내에서 CTU의 인덱스 값이다. "PicWidthInCtbsY"는 픽쳐의 휘도 성분에서 너비 방향으로 존재하는 CTB의 개수를 의미하고, "CtbLog2SizeY"는 휘도 성분의 CTB의 크기에 log2를 취한 값이다. 예를 들어, 픽쳐가 그림 10-26와 같이 64×64 CTU로 분할되어 있고 현재 복호화하려는 CTU가 10번째 CTU라면 이때 xCtb와 yCtb는 각각 0, 64로 계산된다.

앞 장에서 살펴본 것처럼 HEVC의 CTU는 최소 크기의 CU까지 쿼드트리 구조로 분할될 수 있다. 표 10-16은 CU가 쿼드트리 구조로 분할되는 것을 표현하는 "coding_quadtree" 신택스이다. "coding_quadtree" 신택스는 휘도 성분에서 CU의 첫 번째 픽셀의 절대 좌표 값을 의미하는 x0, y0, CB의 크기에 log2를 취한 log2CbSize, 그리고 CTU로 부터의 분할 깊이 정보를 입력 받는다. 표 10-16을 참조하면 "coding_quadtree" 신택스 내에서 실제 파싱이 이루어지는 신택스 요소는 "split_cu_flag"이다. 이 신택스 요소는 현재 "coding_quadtree"의 분할 여부를 시그널링한다. 예를 들어, 해당 신택스 요소의 값이 1이면 현재 "coding_quadtree"가 네 개의 하위 "coding_quadtree"들로 분할됨을 의미하며, 0인 경우에는 더 이상 분할되지 않음을 의미한다. 표 10-16을 참조하면 "split_cu_flag" 값이 1인 경우 현재 "coding_quadtree"가 네 개의 하위 "coding_quadtree"로 분할되므로 재귀 함수 형태로 다시 "coding_quadtree"를 호출하게 된다. 이때 픽셀의 절대 좌표 값이 x0, y0, x1, y1이 사용되며 하위 "coding_quadtree"를 호출하므로 log2CbSize는 1 감소하고 cqtDepth는 1 증가함을 알 수 있다.

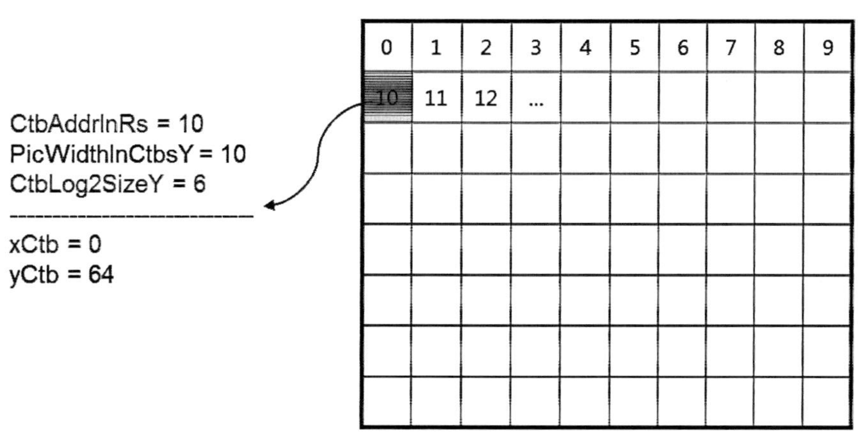

**그림 10-26 Coding tree unit 신택스 요소 계산의 예

▌표 10-16▌ coding_quadtree 신택스

coding_quadtree(x0, y0, log2CbSize, cqtDepth) {	Descriptor
split_cu_flag[x0][y0]	ae(v)
if(split_cu_flag[x0][y0]) {	
x1=x0+(1<<(log2CbSize-1))	
y1=y0+(1<<(log2CbSize-1))	
coding_quadtree(x0, y0, log2CbSize-1, cqtDepth+1)	
coding_quadtree(x1, y0, log2CbSize-1, cqtDepth+1)	
coding_quadtree(x0, y1, log2CbSize-1, cqtDepth+1)	
coding_quadtree(x1, y1, log2CbSize-1, cqtDepth+1)	
}else	
coding_unit(x0, y0, log2CbSize)	
}	

그림 10-27은 CTU의 크기가 64×64이고 minCU가 8×8인 경우에 "split_cu_flag"를 통해서 표현되는 CU의 분할에 관한 예이다. 먼저 64×64에서 "coding_quadtree"가 호출될 때 x0, y0는 (0, 0)이라고 가정하자. CTU의 크기가 64×64이므로 logCbSize는 6이며 CTU가 아직 분할되지 않았기 때문에, cqtDepth는 0의 값을 갖는다. 표 10-15의 "coding_tree_unit"에서 "coding_quadtree (0, 0, 6, 0)"가 호출되는데, 이때 "split_cu_flag"는 1의 값을 갖는다. 따라서, "coding_quadtree (0, 0, 5, 1)", "coding_quadtree (32, 0, 5, 1)", "coding_quadtree (0, 32, 5, 1"), "coding_quadtree (32, 32, 5, 1)"가 재귀 함수 형태로 차례로 호출된다. 그림 10-27을 참조하면 "coding_quadtree (0, 0, 5, 1)"은 "split_cu_flag"값이 0이므로 더 이상 분할되지 않으며, 따라서 표 10-16에서 "coding_unit (0, 0, 5)"를 호출하고 함수가 종료된다.

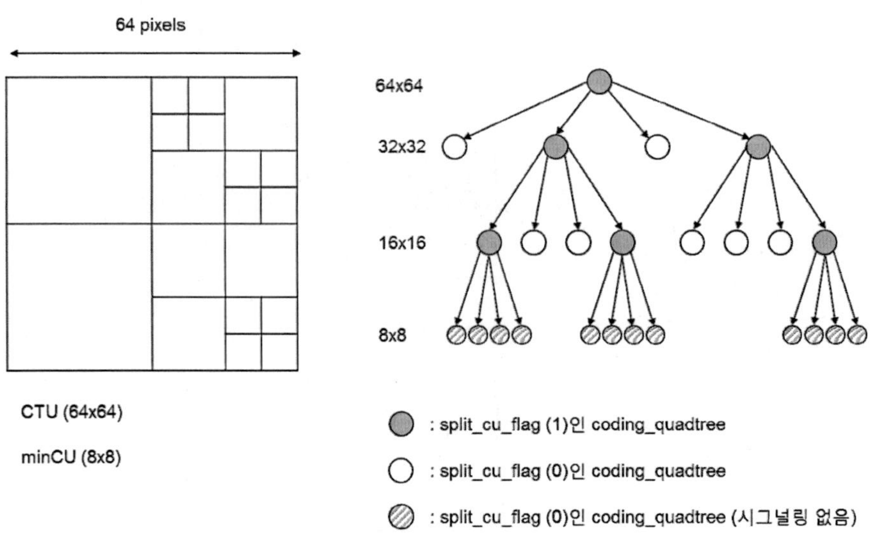

**그림 10-27 split_cu_flag를 사용한 CU 분할 표현의 예

"coding_quadtree" 신택스는 재귀 함수 구조를 가지므로 "coding_quadtree (32, 0, 5, 1)"이 이어서 수행된다. "coding_quadtree (32, 0, 5, 1)"의 "split_cu_flag"값은 1이므로 다시 네 개의 하위 "coding_quadtree"를 호출하게 된다. 이처럼 현재 레벨의 "coding_quadtree"가 가지고 있는 "split_cu_flag" 값에 따라서 더 하위 레벨의 "coding_quadtree"로 분할될지에 대해 결정된다. 그러나, 그림 10-27의 트리구조에서 단말 노드(Leaf node)에서는 "split_cu_flag" 값이 시그널링 되지 않고 항상 "split_cu_flag"가 0으로 간주된다. 이는 SPS를 통해서 이미 최소 CU 크기가 시그널링 되었고, 따라서 디코더는 최소 CU 크기 이하로는 더 이상 CU가 분할되지 않음을 알 수 있기 때문이다. 표 10-16은 "coding_quadtree"의 신택스를 간략히 표현한 것으로 표준문서의 신택스를 참조하면 단말 노드에서 "split_cu_flag"를 시그널링 하지 않는 것과 영상이 CTU의 크기의 배수로 분할되지 않는 경우에 대한 예외 처리들이 신택스 구조를 사용하여 표현되어 있음을 확인할 수 있다.

10.4.3 Coding unit

현재 코딩하는 CU가 하위 CU로 분할되지 않는 경우 표 10-16에서 "coding_unit" 신택스가 호출된다. 표 10-17은 이러한 "coding_unit" 신택스를 간략하게 표현한 것이다. 표 10-17을 참조하면 현재 슬라이스 세그먼트가 "I 슬라이스"가 아닌 경우, "cu_skip_flag" 신택스 요소가 시그널링된다. 이 신택스 요소의 값이 1이면 현재 CU가 스킵되는 것을 의미하며, 0이면 스킵되지 않는 것을 의미한다. 여기서, CU 스킵이라는 것은 "coding_unit" 신택스에서 merge를 위한 인덱스 정보 외에는 추가적인 신택스 요소가 시그널링 되지 않는 것을 의미한다. 예를 들어, CU가 화면 간 예측 모드로 부호화되는 경우 기존에는 CU의 코딩 모드, PU의 분할정보, 각 PU 단위로 merge flag, merge index, 참조 프레임 인덱스, 모션벡터의 차분 값에 대한 신택스 요소가 시그널링 된다. 또한, 차분 신호가 존재하는 경우, 이에 대한 추가 신택스 요소가 시그널링 되게 된다. 그러나, CU 스킵인 경우에는 이러한 정보를 모두 생략하고 단지 merge를 위한 인덱스 정보만을 시그널링 된다. 디코더에서는 시그널링되는 merge 인덱스를 참조하여 현재 CU에 대한 예측 블록을 생성하며, 차분 신호가 따로 존재하지 않기 때문에, 예측 블록이 바로 복원 영상이 된다. 이러한 CU 스킵은 일반적으로 QP 값이 높고 영상의 움직임이 없거나 주변 블록과 움직임이 유사한 경우에 잘 발생한다. 표 10-17을 참조하면 "cu_skip_flag" 값이 1인 경우 10.4.4절에서 다루는 "prediction_unit" 신택스를 호출하고 추가 신택스 요소의 시그널링이 없음을 확인할 수 있다.

현재 CU가 스킵이 아닌 경우에는 현재 CU가 포함되어 있는 슬라이스 타입을 확인한 후, "pred_mode_flag" 신택스 요소를 시그널링 한다. CU는 화면 내 예측 또는 화면 간 예측으로 부호화되는데 "pred_mode_flag" 신택스 요소의 값이 0이면 화면 간 예측 모드로 코딩됨을 의미하고, 1이면 화면 내 예측 모드로 코딩됨을 의미한다. 이처럼 "pred_mode_flag" 값이 CU 단위에서 시그널링 되므로 CU 내의 PU들은 모두 동일한 예측 방식으로만 코딩될 수 있다. 즉, CU 내의 일부 PU는 화면 내 예측 모드로 코딩되고 또 다른 PU들은 화면 간 예측 모드로 코딩될 수 없다.

표 10-17의 "part_mode"는 현재 CU에 대한 PU의 분할 정보를 시그널링하는 신택스 요소이다. 현재 CU의 크기를 2N×2N 이라고 할 때, 해당 CU는 화면 내 예측 모드 또는 화면 간 예측 모드에 따라 그림 10-28과 같이 다양한 PU 형태로 분할될 수 있다. 먼저 화면 내 예측 모드로 분할되는 경우를 살펴보면, 한 CU는 PART_2N×2N 또는 PART_N×N으로 분할될 수 있다. 여기서, PART_N×N은 코딩하는

▌표 10-17▐ Coding unit 신택스 (일부)

coding_unit(x0, y0, log2CbSize){	
…	
if(slice_type != I)	
cu_skip_flag[x0][y0]	ae(v)
nCbS=(1<<log2CbSize)	
if(cu_skip_flag[x0][y0])	
prediction_unit(x0, y0, nCbS, nCbS)	
else{	
if(slice_type != I)	
pred_mode_flag	ae(v)
if(CuPredMode[x0][y0] != MODE_INTRA || log2CbSize == MinCbLog2SizeY)	
part_mode	ae(v)
…	

CU의 크기가 최소 CU 크기와 같은 경우에만 발생한다. 따라서, 현재 CU가 최소 크기의 CU가 아니면서 화면 내 예측 모드로 코딩된 경우에는 "part_mode" 신택스 요소를 시그널링할 필요가 없다. 현재 CU가 화면 내 예측 모드로 코딩되었고, CU의 크기가 최소 CU의 크기인 경우 "part_mode" 신택스 요소는 시그널링 된다.

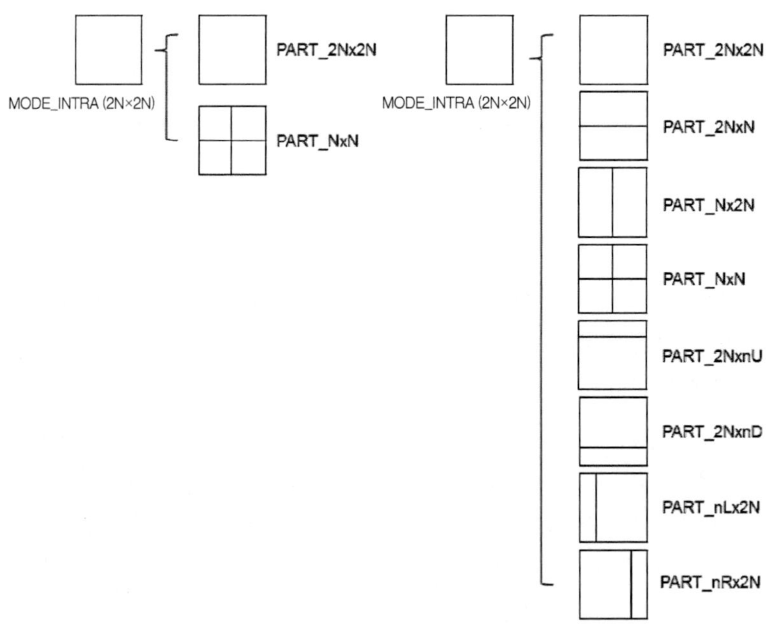

(a) MODE_INTRA (2N×2N) (b) MODE_INTRA (2N×2N)

**그림 10-28 MODE_INTRA 또는 MODE_INTER CU의 PU 분할 예

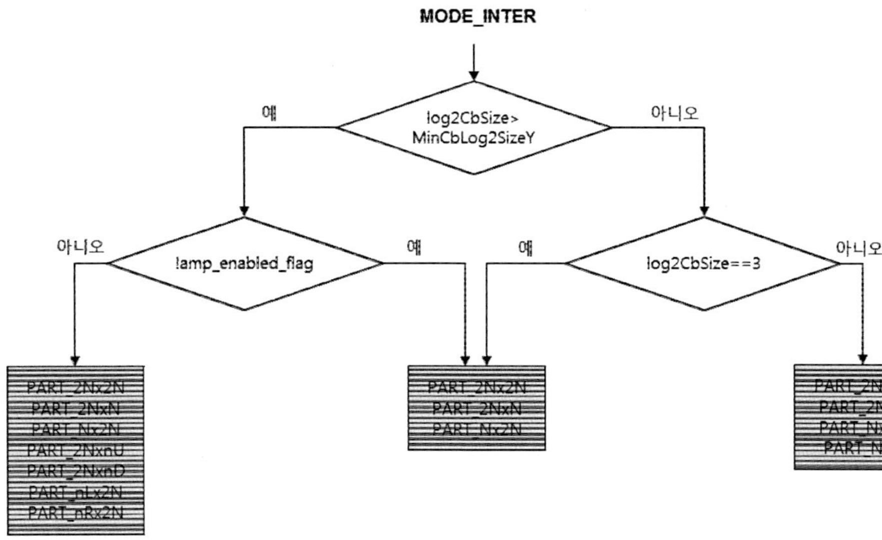

**그림 10-29 MODE_INTER의 PU 상세 분할의 예

이 때 "part_mode"의 값이 0이면 PART_2N×2N, 1이면 PART_N×N을 의미한다. 현재 CU가 화면 간 예측모드로 부호화된 경우에는 그림 10-28(b)처럼 PU가 분할될 수 있다. 이때 "part_mode"의 값은 PART_2N×2N(0), PART_2N×N(1), PART_N×2N(2), …, PART_nR×2N(7)로 순차적으로 값이 할당된다. 화면 간 예측 모드로 코딩 된 CU에서 PU의 분할은 SPS의 "amp_enabled_flag" 신택스 요소의 값, 현재 코딩 블록의 크기인 "log2CbSize", 최소 코딩 블록의 크기인 "MinCbLog2SizeY"의 값에 따라, 그림 10-29와 같이 크게 네 가지로 분류된다. 예를 들어, 코딩하려는 CB의 크기가 최소 크기의 CB보다 크고 "amp_enabled_flag"값이 0인 경우에는 "pard_mode"는 0~2의 값을 갖는다. 이 경우 "amp_enabled_flag"값이 0이므로 AMP와 관련된 "pred_mode"가 4~7인 경우는 발생하지 않는다. 또한, 코딩하는 CB가 최소 크기의 CB보다 크므로 PART_N×N도 발생하지 않는다. 코딩하는 CB의 크기가 최소 CB의 크기와 같으면서 8×8 블록인 경우에는 AMP와 관련된 PU 분할 모드가 선택되지 않게 된다. 이는 HEVC의 AMP는 최소 CB에서는 사용되지 않기 때문이다. 또한, 코딩하는 CB가 8×8인 경우에는 PART_N×N이 선택될 수 없는데 이는 HEVC가 4×4 PU를 지원하지 않기 때문이다.

표 10-18은 "coding_unit" 신택스에서 표 10-17 이후의 부분을 간략히 표현한 것이다. 코딩하려는 CU의 예측 모드와 PU의 분할 정보는 표 10-17에 기술된 "pred_mode_flag"와 "part_mode"를 통해서 시그널링 되었다. 먼저, 현재 CU가 화면 내 예측 모드로 코딩 된 경우에 CU 레벨에서 추가적으로 시그널링되는 신택스 요소에 대해서 살펴보도록 하자. 표 10-18을 참조하면 CU내의 PU 각각에 대해서 "prev_intra_luma_pred_flag" 신택스 요소가 시그널링 된다. 예를 들어, 화면 내 예측으로 코딩 된 CU가 PART_2N×2N인 경우 하나의 PU에 "prev_intra_luma_pred_flag"가 기술되며, PART_N×N인 경우 네 개의 PU 각각에 해당 신택스 요소가 기술된다. 5장에서 살펴본 것처럼 화면 내 예측 모드로 코딩 된 경우 각 PU에는 화면 내 예측 모드 값이 기술되어야 한다. 이때, 화면 내 예측 모드를 효과적으로 압축하기 위하여 주변의 화면 내 예측 모드로 코딩 된 블록의 예측 모드에서 현재 블록의 예측 모드를 예측하는 방식을 사용한다. "prev_intra_luma_pred_flag" 값이 1인 경우, 현재 PU의 화면 내 예측 모드가 MPM

▌표 10-18▐ coding_unit 신택스 (일부)

coding_unit(x0, y0, log2CbSize){	
…	
if(CuPredMode[x0][y0]==MODE_INTRA) {	
…	
prev_intra_luma_pred_flag[x0+i][y0+j]	ae(v)
if(prev_intra_luma_pred_flag[x0+i][y0+j])	
mpm_idx[x0+i][y0+j]	ae(v)
else	
rem_intra_luma_pred_mode[x0+i][y0+j]	ae(v)
intra_chroma_pred_mode[x0][y0]	ae(v)
}else {	
if(partMode==PART_2Nx2N)	
prediction_unit(…)	
else if(partMode==PART_2NxN) {	
prediction_unit(…)	
prediction_unit(…)	
}else if(partMode==PART_Nx2N){	
prediction_unit(…)	
prediction_unit(…)	
}…	
…	
}else { /*PART_NxN*/}	
prediction_unit(…)	
prediction_unit(…)	
prediction_unit(…)	
prediction_unit(…)	
}	
}	

(Most Probable Mode)으로부터 예측됨을 의미하며, 이 경우 추가적으로 "mpm_idx" 신택스 요소가 기술된다. HEVC는 화면 내 예측 모드에서는 세 개의 MPM을 사용하는데 "mpm_idx" 신택스 요소는 세 개의 MPM에 대한 인덱스이다. "prev_intra_luma_pred_flag" 값이 0인 경우는 현재 블록의 화면 내 예측 모드가 MPM으로부터 예측되지 않음을 의미한다. 따라서, 총 35개의 모드 들 중 MPM에 포함된 모드를 제외한 나머지 모드들에 대해서 "rem_intra_luma_pred_mode" 신택스 요소를 통해 기술한다.

현재 CU가 화면 간 예측 모드로 부호화된 경우에는 "part_mode" 신택스 요소의 값에 따라서

"prediction_unit" 신택스가 호출된다. 예를 들어, 표 10-18을 참조하면 "part_mode"의 값이 PART_2N×2N인 경우 CU내에는 하나의 PU만 존재하므로 "prediction_unit" 신택스를 한 번 호출한다. 코딩하는 CU의 "part_mode" 값이 PART_N×N인 경우 네 개의 PU로 분할됨을 의미하므로 각 분할된 PU별로 "prediction_unit" 신택스를 호출한다.

10.4.4 Prediction Unit

10.4.3 절을 통해 "coding_unit" 레벨의 신택스에 대해서 살펴보았다. 표 10-18을 참조하면 현재 코딩하는 CU가 화면 내 예측 모드로 코딩 된 경우에는 화면 내 예측과 관련된 정보들이 CU 레벨의 신택스에 존재함을 확인할 수 있다. 이와 달리, CU가 화면 간 예측 모드로 코딩 된 경우에는 PU 단위로 표

| 표 10-19 | prediction_unit 신택스

prediction_unit(x0, y0, nPbW, nPbH){	Descriptor
if(cu_skip_flag[x0][y0]){	
if(MaxNumMergeCand>1)	
merge_idx[x0][y0]	ae(v)
}else{	
merge_flag[x0][y0]	ae(v)
if(merge_flag[x0][y0]){	
if(MaxNumMergeCand>1)	
merge_idx[x0][y0]	ae(v)
}else{	
if(slice_type==B)	
inter_pred_idc[x0][y0]	ae(v)
if(inter_pred_idc[x0][y0]!=PRED_L1){	
ref_idx_l0[x0][y0]	ae(v)
mvd_coding(x0,y0,0)	
mvp_l0_flag[x0][y0]	ae(v)
}	
if(inter_pred_idc[x0][y0]!=PRED_L0){	
ref_idx_l1[x0][y0]	ae(v)
mvd_coding(x0,y0,1)	
mvp_l1_flag[x0][y0]	ae(v)
}	
}	
}	
}	

10-19의 “prediction_unit” 신택스를 호출한다.

표 10-19는 “prediction_unit” 신택스이다. “prediction_unit” 신택스는 크게 CU 스킵일 때와 CU 스킵이 아닐 때로 구성된다. 먼저 CU 스킵일 때 “prediction_unit”이 호출되는 경우에 대해 살펴보도록 하자. 표 10-17의 “coding_unit” 신택스에서 “cu_skip_flag”값이 1인 경우 “prediction_unit”이 한번 호출된다. 즉, 코딩하려는 CU가 CU 스킵으로 코딩되는 경우 2N×2N CU는 2N×2N PU로 분할됨을 의미한다. 이 경우 “prediction_unit” 레벨의 신택스에서는 “merge_idx” 신택스 요소만이 기술된다. 표 10-19의 “merge_idx” 신택스 요소는 merge 리스트에서 어떠한 요소와 merge 되는지에 대해서 리스트의 인덱스를 기술한다. 앞서 여러 번 설명한 것처럼 현재 코딩하려는 CU가 CU 스킵 모드로 코딩되면 오직 merge 인덱스 만이 전송되는데, 이러한 merge 인덱스가 PU 레벨의 신택스에 존재하는 것이다.

현재 코딩하는 CU가 CU 스킵이 아닌 경우에도 “prediction_unit” 신택스가 호출된다. 이 경우 표 10-19에서 “merge_flag” 신택스 요소부터 기술된다. 표 10-19를 살펴보면 CU 스킵을 할 때 merge 인덱스를 시그널링 하는 것과 CU 스킵이 아닐 때 “merge_flag”를 기술하고 다시 “merge_idx” 신택스 요소를 시그널링 하는 부분이 중복적임을 확인할 수 있다. 앞서 설명한 것처럼 CU 스킵에서는 2N×2N PU에 대해 한번 “prediction_unit”이 호출되는데, 이때 “merge_idx”를 통해 2N×2N PU가 어떤 주변 블록과 merge 되는지에 대해서 알려주었다. 이와 유사하게 HEVC에서는 PU 단위에서도 merge가 수행될 수 있다. 본 책에서는 CU 스킵인 경우의 merge와 구분하기 위하여 PU 단위에서 merge가 이루어지는 것을 PU merge라고 기술하고, CU 스킵일 때의 merge를 CU merge라고 기술한다. 즉, 표 10-19의 “merge_flag” 신택스 요소와 뒤 따라는 “merge_idx” 신택스 요소는 현재 PU에서의 PU merge에 대한 신택스 요소인 것이다. 표 10-19의 “merge_flag” 신택스 요소의 값이 1인 경우 현재 PU가 주변의 블록과 merge 됨을 의미한다. 따라서, 추가적으로 해당 PU가 어떠한 블록과 merge 되는지를 알려주기 위한 “merge_idx” 신택스 요소가 시그널링 된다. 이처럼 PU merge가 수행되면, 표 10-19의 “prediction_unit” 신택스에서 PU의 예측 방향을 위한 신택스 요소인 “inter_pred_idc”, 참조 프레임

▌표 10-20▐ coding_unit 신택스 (일부)

coding_unit(x0, y0, log2CbSize){	Descriptor
…	
if(!pcm_flag[x0][y0]){	
if(cuPredMode[x0][y0]!=MODE_INTRA &&	
!(partMode==PART_2Nx2N&&merge_flag[x0][y0])	
rqt_root_cbf	ae(v)
if(rqt_root_cbf){	
…	
transform_tree(x0,y0,x0,y0,log2CbSize,0,0)	
}	
}	
}	

인덱스를 위한 신택스 요소인 "ref_idx_l0, ref_idx_l1", 모션 벡터 예측을 위한 신택스 요소인 "mvp_l0_flag", "mvp_l1_flag", 모션 벡터의 차분 값을 코딩하는 "mvd_coding" 신택스 요소가 생략된다. 현재 코딩하려는 PU가 PU merge로 코딩되면 다수의 신택스 요소가 시그널링 되지 않기 때문에, 부호화 효율이 향상될 수 있다. 이와 달리 코딩하려는 PU가 PU merge가 아닌 경우에는 PU 단위에서 추가적인 신택스 요소가 시그널링 돼야 한다. "prediction_unit" 신택스 요소는 화면 간 예측모드로 부호화된 코딩 유닛에서 호출되므로 슬라이스의 타입은 P 슬라이스 또는 B 슬라이스가 된다. 표 10-19를 참조하면, 현재 슬라이스의 타입이 B 슬라이스인 경우 "inter_pred_idc" 신택스 요소가 시그널링 됨을 확인할 수 있다. "inter_pred_idc" 값은 0, 1, 2의 값을 가질 수 있는데, 차례대로 PRED_L0, PRED_L1, PRED_BI를 의미한다. 여기서, PRED_L0는 6 장에서 살펴본 "참조 픽쳐 리스트 0"을 의미하고 PRED_L1은 "참조 픽쳐 리스트 1"을 의미한다. PRED_BI는 두 개의 참조 픽쳐 리스트를 모두 사용하는 것을 의미한다. 코딩하는 슬라이스의 타입이 P 슬라이스 인 경우 항상 "참조 픽쳐 리스트 0"으로부터 화면 간 예측을 수행하기 때문에, "inter_pred_idc" 값을 기술할 필요가 없게 된다. 따라서, 현재 슬라이스의 타입이 B 슬라이스인 경우에만 화면 간 예측 모드에 사용하는 참조 픽쳐 리스트를 알려주게 된다. 표 10-19에서 "inter_pred_idc"의 값에 따라, PRED_L0, PRED_L1, PRED_BI 중 하나의 방향이 결정되면, "ref_idx_lx" 신택스 요소를 통해서 참조 프레임 인덱스를 기술한다(여기서, x는 0 또는 1). 예를 들어, 현재 코딩하려는 슬라이스가 P 슬라이스인 경우에 해당 PU는 PRED_L0 방향에서 예측하므로 "ref_idx_l0" 신택스 요소를 통해서 참조 프레임 인덱스 값을 시그널링한다. 참조 프레임 인덱스 값을 "ref_idx_lx" 신택스 요소를 통해 시그널링 한 후에는 모션 벡터 차분 값과 모션 벡터 예측 플래그를 시그널링한다. 표 10-19를 참조하면 모션 벡터를 예측하고 남은 차분 값은 "mvd_coding" 신택스를 통해서 쓰여지며 모션 벡터 예측 값의 인덱스 정보는 "mvp_lx_flag"로 시그널링된다(x는 0 또는 1). 그림 10-30은 코딩하는 CU가 CU 스킵인 경우와 그렇지 않은 경우에 대해서 그림으로 나타낸 것이다. "cu_skip_flag" 신택스 요소의 값이 1인 경우 현재 CU는 CU 스킵모드로 코딩되고, 이 경우 2N×2N PU에 하나의 merge_idx 값이 기술된다. 복호화기에서는 merge_idx 값을 디코딩하고 merge list를 통해서 merge 할 블록을 결정한다. CU 스킵 모드인 경우에는 차분 신호가 전송되지 않기 때문에, 복호화기에서는 움직임 보상을 수행한 블록이 복원 블록이 된다. "cu_skip_flag" 신택스 요소의 값이 0인 경우 각 PU 단위로 "merge_flag"가 전송된다. 그림 10-30에서는 첫 번째 PU는 PU merge가 수행되고, 두 번째 PU는 PU merge가 수행되지 않는 것을 보인다. 첫 번째 PU에서 PU merge가 수행되므로 추가적으로 3의 값을 갖는 merge_idx 값이 전송된다. 두 번째 PU는 PU merge가 수행되지 않으므로 추가적으로 참조 프레임 인덱스과 모션벡터와 관련된 신택스 요소가 시그널링 된다. PU merge는 CU merge와 달리 차분 계수값이 전송될 수 있는데, 이에 대한 신택스 요소는 10.4.5절에서 다루게 될 변환 유닛 레벨에 존재한다.

10.4.5 Transform Unit

표 10-20은 10.4.3절에서 살펴본 "coding_unit" 신택스의 일부를 나타낸 것이다. 표 10-20을 참조하면, "coding_unit" 신택스의 후반부에는 변환 유닛(TU : Transform Unit)과 관련된 신택스가 존재한다. 변환 유닛 신택스에는 현재 CU가 TU로 쪼개지는 모양에 대한 정보뿐만 아니라 차분 계수의 전송과 관련된 신택스 요소를 포함하고 있다. 따라서, 현재 CU가 CU 스킵모드로 코딩되는 경우에는 차분 계수

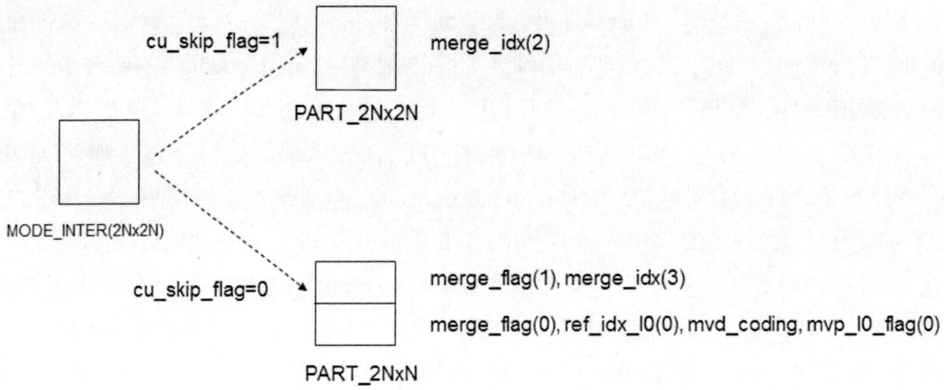

**그림 10-30 CU merge와 PU merge의 예

가 존재하지 않기 때문에 TU에 대한 신택스가 호출되지 않는다.

표 10-20을 살펴보면 현재 CU가 PCM 모드로 코딩 된 경우에도 "transform_tree"와 관련된 신택스가 시그널링 되지 않음을 알 수 있다. 5장에서 살펴본 것처럼, 현재 CU가 PCM 모드로 코딩되면 픽셀 값이 직접 전송되기 때문에, 차분 계수는 존재하지 않는다. 따라서, PCM 모드인 경우에는 "transfom_tree" 신택스가 호출되지 않는다. 현재 CU가 PCM 모드가 아닌 경우에는 "rqt_root_cbf" 신택스 요소의 값에 따라 "transform_tree" 신택스가 호출여부가 결정된다. "rqt_root_cbf" 신택스 요소의 값이 0인 경우에는 "transform_tree" 신택스가 호출되지 않는데, 이 경우 현재 CU에 대한 TU의 분할 정보뿐만 아니라 Y, Cb, Cr 성분에 대한 차분 계수 값도 시그널링 되지 않는다. 즉, 현재 CU는 차분 계수 값이 존재하지 않기 때문에, 화면 내 예측 또는 화면 간 예측 모드로 구한 예측 블록이 복원 블록이 된다.

표 10-21 transform_tree 신택스

transform_tree(…){	Descriptor
split_transform_flag[x0][y0][trafoDepth]	ae(v)
cbf_cb[x0][y0][trafoDepth]	ae(v)
cbf_cr[x0][y0][trafoDepth]	ae(v)
if(split_transform_flag[x0][y0][trafoDepth]){	
transform_tree(…)	
transform_tree(…)	
transform_tree(…)	
transform_tree(…)	
}else{	
cbf_luma[x0][y0][trafoDepth]	ae(v)
transform_unit(…)	
}	
}	

표 10-21은 "transform_tree"의 신택스 요소를 간략히 나타낸 것이다. "coding_unit" 신택스에서 "rqt_root_cbf" 값이 1인 경우 표 10-21의 "transform_tree" 신택스를 호출한다. HEVC의 TU는 CTU가 CU로 쿼드트리 형태로 분할되는 것처럼, CU에서부터 쿼드트리 형태로 분할될 수 있다. "transform_tree"는 현재 TU 레벨에서 더 분할되는지에 대한 정보를 표현하기 위해, "split_transform_flag" 신택스 요소를 사용한다. 해당 신택스 요소의 값이 1인 경우에는 현재 레벨의 "transform_tree"가 하위 레벨로 분할됨을 의미하고, 0인 경우에는 더 이상 분할되지 않음을 의미한다. 현재 "transform_tree"가 더 이상 분할되지 않은 경우에는 "cbf_luma" 신택스 요소가 시그널링 된 후, "transform_unit" 신택스가 호출된다. "cbf_luma" 신택스 요소의 값이 1인 경우, 해당하는 휘도 TB 내에서 0이 아닌 하나 이상의 변환 계수가 존재함을 의미한다. HEVC에서는 양자화 이후에 변환 계수들을 엔트로피 코딩하는데, 변환 계수가 모두 0인 경우에는 각 계수 값을 엔트로피 코딩하는 것 보다 상위 수준에서 모든 변환 계수들이 0임을 알려주는 것이 보다 효과적일 것이다. HEVC 신택스에서는 이를 고려하여 "transform_unit" 신택스를 호출하기 전에 휘도 TB에 대한 CBF (Coded Block Flag)를 기술한다. 표 10-21에서는 휘도 TB에 대한 CBF인 "cbf_luma"를 간략히 표현하였지만, 실제 신택스 구조에는 주변의 컨텍스트 정보를 사용하여 보다 효과적으로 "cbf_luma"를 시그널링 한다. 표 10-21의 "cbf_cb"

▌표 10-22▐ "transform_unit" 신택스 요소

transform_unit(x0, y0, xBase, yBase, log2TrafoSize,trafoDepth,blkIdx) {	Descriptor
if(cbf_luma[x0][y0][trafoDepth]||	
cbf_cb[x0][y0][trafoDepth]||	
cbf_cr[x0][y0][trafoDepth]){	
…	
if(cbf_luma[x0][y0][trafoDepth])	
residual_coding(x0,y0,log2TrafoSize,0)	
if(log2TrafoSize>2){	
if(cbf_cb[x0][y0][trafoDepth])	
residual_coding(x0,y0,log2TrafoSize-1,1)	
if(cbf_cr[x0][y0][trafoDepth])	
residual_coding(x0,y0,log2TrafoSize-1,2)	
} else if(blkIdx == 3) {	
if(cbf_cb[xBase][yBase][trafoDepth])	
residual_coding(xBase,yBase,log2TrafoSize,1)	
if(cbf_cr[xBase][yBase][trafoDepth])	
residual_coding(xBase,yBase,log2TrafoSize,2)	
}	
}	
}	

와 "cbf_cr"은 Cb TB와 Cr TB에 대한 CBF를 시그널링하는 신택스 요소이다. "cbf_cb" 신택스 요소의 값이 1이면, Cb TB에는 0이 아닌 하나 이상의 변환 계수가 존재함을 의미한다. "cbf_cr"도 Cr TB에 대해서 동일한 의미를 가진다. 표 10-20에서는 해당 신택스들을 간략히 기술한 것으로 실제 신택스 구조에서는 주변의 컨텍스트 정보를 참조하여 해당 신택스 요소를 생략할 수 있다.

"transform_tree" 신택스에서 더 이상 하위 레벨로 분할되지 않는 경우에는 표 10-22의 "transform_unit"이 호출된다. "transform_unit" 신택스에서는 "cbf_luma", "cbf_cb", "cbf_cr"의 값에 따라서 해당하는 TB에 대한 차분 계수를 디코딩하기 위해서 "residual_coding" 신택스를 호출한다. 표 10-22에서 log2TrafoSize는 TU의 크기에 log2를 취한 값을 의미하는데, 이 값이 2라는 것은 TU의 크기가 4×4를 의미한다. Y 성분에 대한 TB가 4×4이면 Cb, Cr 성분에 대한 TB의 크기는 2×2가 되는데, HEVC에서는 2×2 크기의 트랜스폼 커널이 존재하지 않기 때문에, 네 개의 블록을 모아서 하나의 4×4 트랜스폼을 수행한다. 이러한 동작은 표 10-22에서 "blkIdx==3" 부분에 해당하며 네 개의 블록이 하나로 처리하기 때문에 네 개의 블록 중 가장 마지막 블록의 인덱스 값인 '3'에서 한 번 "residual_coding" 신택스를 호출하는 것이다.

10.4.6 Residual Coding

"transform_unit" 신택스에서 호출되는 "residual_coding" 신택스는 해당 TU의 양자화된 변환 계수, 즉 양자화 레벨을 시그널링하는 신택스 요소이다. 양자화 레벨은 DCT 및 DST의 특성과 양자화 과정으로 인해 0의 값을 갖는 경우가 대다수이며, 0이 아닌 레벨은 대부분 DC 성분과 저주파 성분에 몰려있는 성질을 지니고 있다. HEVC 엔트로피 코더에서는 이와 같은 특성을 활용해 코딩 효율을 높이기 위하여, TU를 여러 개의 4×4 서브블록으로 나누어 각 서브블록마다 0이 아닌 레벨, 절대값이 1 또는 2보다 큰 레벨, 그리고 레벨의 부호 등을 나타내는 여러 종류의 플래그(Flag)를 시그널링하여 양자화 레벨을 나타낸다. 플래그만으로 표현하지 못하는 양자화 레벨은 플래그를 통해 표현되는 양자화 레벨과 실제 양자화 레벨의 차의 절댓값인 Remaining absolute level을 통해 표현한다 [4].

표 10-23은 "residual_coding" 신택스의 일부를 나타낸다 [1]. 이 신택스를 그대로 읽어 의미를 파악하는 것은 어려우므로, 그림 10-31과 10-32의 예제와 함께 신택스 요소를 분석하도록 한다. "residual_coding" 신택스는 TU 단위로 호출되므로 신택스의 입력 파라미터인 TU 사이즈(log2TrafoSize)에 의해 시그널링 해야 하는 양자화 레벨의 양도 달라질 것이다. 그림 10-31(a)는 8×8 TU(log2TrafoSize=3)의 양자화 레벨의 예를 보여준다. "residual_coding" 신택스는 TU를 4×4 크기의 서브블록으로 나누고, 일부를 제외한 대다수의 신택스 요소를 서브블록 단위로 시그널링 한다. 따라서, 32×32, 16×16 사이즈의 TU는 각각 64, 16개의 서브블록으로 분할되며, 그림 10-31(a)와 같은 8×8 사이즈의 TU는 네 개의 서브블록으로 분할된다. "residual_coding" 신택스에서 제일 먼저 시그널링 되는 정보는 변환 스킵 여부를 나타내는 "transform_skip_flag"이다. 만약, 이 플래그의 값이 1인 경우, "residual_coding"에서 시그널링 되는 정보는 양자화 레벨이 아닌 스케일링 된 YUV 데이터가 된다. "transform_skip_flag" 이후에 시그널링 되는 정보는 "last_sig_coeff"의 위치 정보이다. "last_sig_coeff"는 TU를 특정한 스캐닝 순서(Scanning order)로 스캔 하였을 때, 가장 마지막에 위치하는 0이 아닌 양자화 레벨을 의미한다. 이 때, 스캐닝 순서는 해당 TU에 적용된 예측 모드에 따라 결정된다. 예를 들어, 화면 간 예측 모드인 경우 Up-right diagonal 스캔이 사용되며 인트라 예측의 경우 예측 모드가 6~14(세로 방향 예측)일 경우 수직

표 10-23 residual_coding 신택스 (일부)

residual_coding(x0, y0, log2TrafoSize, cIdx) {	Descriptor
if(transform_skip_enabled_flag && !cu_transquant_bypass_flag && (log2TrafoSize==2))	
transform_skip_flag[x0][y0][cIdx]	ae(v)
last_sig_coeff_x_prefix	ae(v)
last_sig_coeff_y_prefix	ae(v)
if(last_sig_coeff_x_prefix>3)	
last_sig_coeff_x_suffix	ae(v)
if(last_sig_coeff_y_prefix>3)	
last_sig_coeff_y_suffix	ae(v)
…	

스캔이, 예측 모드가 22~30 (가로 방향 예측)일 경우 수평 스캔이, 그리고 나머지 예측 모드에 대해서는 Up-right diagonal 스캔이 사용된다. 그림 10-31(b)는 Up-right diagonal 스캔이 사용되었을 경우에, 해당 TU에서 "last_sig_coeff"를 찾는 과정을 보여준다. 표 10-23의 "residual_coding" 신택스에서는 이렇게 찾아낸 "last_sig_coeff"의 위치를 TU내에서의 x, y 좌표(last_sig_coeff_x, last_sig_coeff_y)로 나눠서 시그널링 한다. 이 때, 이 좌표에 대한 이진화 방법은 Truncated Rice가 사용되므로, 각각의 좌표를 prefix와 suffix로 나누어(last_sig_coeff_x_prefix, last_sig_coeff_y_prefix, last_sig_coeff_x_suffix, last_sig_coeff_y_suffix) 시그널링하게 된다 [1].

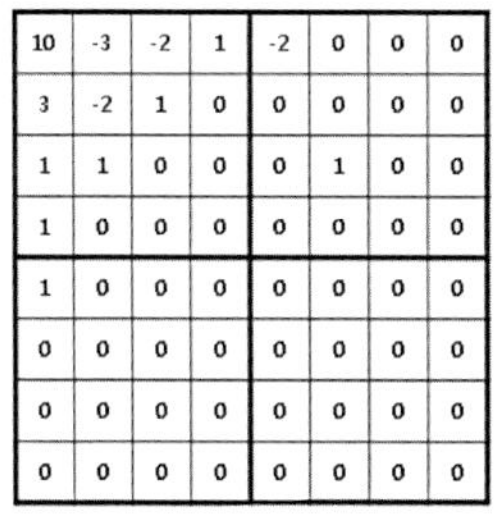

10	-3	-2	1	-2	0	0	0
3	-2	1	0	0	0	0	0
1	1	0	0	0	1	0	0
1	0	0	0	0	0	0	0
1	0	0	0	0	0	0	0
0	0	0	0	0	0	0	0
0	0	0	0	0	0	0	0
0	0	0	0	0	0	0	0

(a) Quantization level block

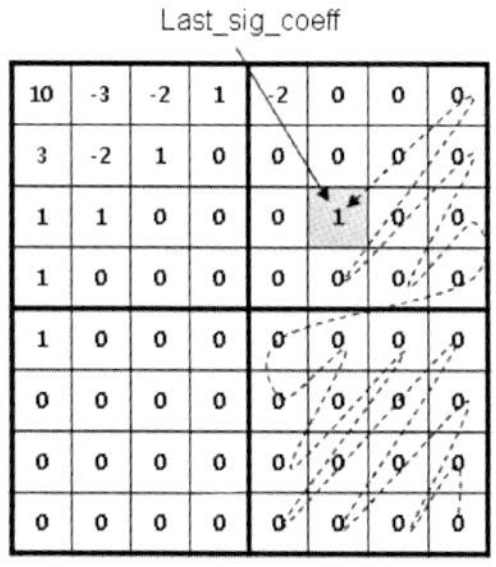

(b) Last significant coefficient

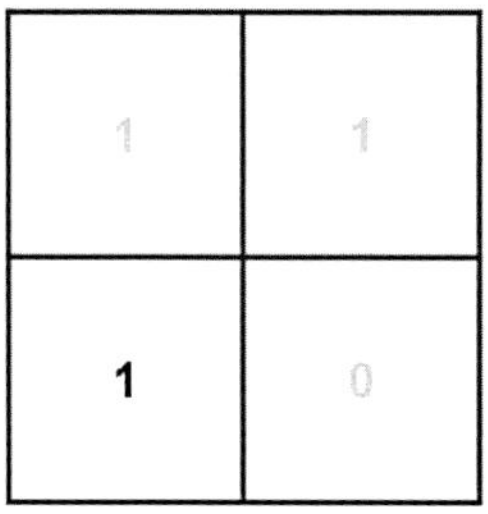

(c) Sub-block signaling

1	1	1	1	1	0	0	0
1	1	1	0	0	0	0	0
1	1	0	0	0	1	0	0
1	0	0	0	0	0	0	0
1	0	0	0	0	0	0	0
0	0	0	0	0	0	0	0
0	0	0	0	0	0	0	0
0	0	0	0	0	0	0	0

(d) Significant (nonzero) coefficient signaling

**그림 10-31 residual_coding의 예 (1/2)

▌표 10-24▐ residual_coding 신택스의 예 (일부)

residual_coding(x0, y0, log2TrafoSize, cIdx) {	Descriptor
...	
for(i=lastSubBlock; i>=0; i--) {	
if((i<lastSubBlock) && (i>0)) {	
coded_sub_block_flag[xS][yS]	ae(v)
...	
}	
for(n=(i==lastSubBlock) ? lastScanPos−1 : 15; n>=0; n--) {	
sig_coeff_flag[xC][yC]	ae(v)
...	
}	
...	
for(n=15; n>=0; n--) {	
...	
if(sig_coeff_flag[xC][yC]) {	
if(numGreater1Flag<8) {	
coeff_abs_level_greater1_flag[n]	ae(v)
...	
}	
...	
}	
}	
...	
coeff_abs_level_greater2_flag[lastGreater1ScanPos]	ae(v)
for(n=15; n>=0; n--) {	
...	
coeff_sign_flag[n]	ae(v)
}	
...	

"last_sig_coeff"의 위치 정보 이후에 시그널링되는 정보는 표 10-24의 "coded_sub_block_flag"로, 이 플래그는 TU에서 4×4 블록 단위로 0인 아닌 계수가 존재하는지를 알려준다. 이 때 첫 번째 서브블록과 last_sig_coeff가 위치하는 서브블록에 대해서는 이 플래그를 시그널링하지 않는다. 이것은 첫 번째 서브블록은 TU의 DC 계수가 존재하므로 0이 아닌 계수가 존재하는 확률이 높기 때문이다. 또한,

last_sig_coeff가 위치하는 서브블록은 이미 0이 아닌 계수가 존재함을 알 수 있기 때문이다. 추가로 last_sig_coeff의 정의로부터 last_sig_coeff가 위치하는 블록 보다 나중에 스캔 되는 서브블록들의 "coded_sub_block_flag"는 모두 0인 것도 알 수 있으므로, 이 서브블록들에 대한 시그널링도 생략된다. 예제 10-31(c)는 TU의 네 개의 서브블록에 대한 "coded_sub_block_flag" 신택스 요소의 시그널링을 보여준다. 스캐닝 순서를 기준으로 첫 번째, 두 번째, 세 번째 서브블록에는 0이 아닌 계수가 존재하므로 해당 서브블록에서는 플래그 값이 1이 될 것이다. 네 번째 서브블록에서는 플래그 값이 0 이지만, "last_sig_coeff"가 존재하는 서브블록 보다 이후에 위치하므로 해당 서브블록에서는 "coded_sub_block_flag"가 시그널링 되지 않는다. 또한, 앞에서 언급한 것처럼 스캐닝 순서를 기준으로 첫 번째 서브블록과 세 번째 서브블록에서도 "coded_sub_block_flag"를 전송하지 않는다. 그림 10-31(c)에서 암묵적으로 시그널링 되는 플래그들은 모두 회색으로 표시되어 있다. 본 예제의 첫 번째 서브블록에는 0이 아닌 양자화 계수 값이 존재하지만 실제로는 이 서브블록의 양자화 계수가 모두 0일 수도 있음을 알아두자. 그러나, 이 서브블록에 대해서는 명시적으로 플래그가 전송되지 않기 때문에, 디코더에서는 항상 0이 아닌 양자화 계수 값이 존재한다고 판단한다.

표 10-24에서 "coded_sub_block_flag" 이후 신택스 요소들은 모두 서브블록 단위로 시그널링 된다. 즉, TU에서 첫 번째 서브블록에 대한 모든 정보가 시그널링되고, 해당 TU의 스캐닝 순서에 따라 마지막 서브블록까지 순차적으로 서브블록에 대한 정보가 시그널링 된다. 이 때, 각 서브블록에서 16개의 양자화 레벨의 정보가 보내지는 순서는 스캐닝 순서의 역순이다. 즉, 각 서브블록의 첫 번째 행과 열에 위치하는 양자화 레벨에 대한 정보가 가장 마지막에 시그널링 된다. 현재 코딩하는 TU에 대한 "coded_sub_block_flag"가 모두 보내진 후에는 "sig_coeff_flag"가 전송된다. "sig_coeff_flag" 신택스 요소는 양자화 계수가 0보다 큰 값을 가질 경우 1의 값을 갖는 플래그인데, 이미 언급한 대로 "sig_coeff_flag"는 서브블록 단위로 보내지므로 해당 서브블록에 대해 최대 16개의 "sig_coeff_flag"가 시그널링 될 수 있다. 이때 다음의 두 가지 조건에서는 해당 양자화 레벨에 대한 "sig_coeff_flag"가 생략된다.

① 현재 양자화 레벨이 "last_sig_coeff"이거나 스캐닝 순서를 기준으로 "last sig_coeff" 이후에 존재하는 경우
② "coded_sub_block_flag"의 값이 1인 서브블록에서 마지막으로 보내지는 sig_coeff_flag에 대해 먼저 보내진 15개의 양자화 레벨의 "sig_coeff_flag"가 모두 0일 경우(단, 첫 번째 서브블록은 무조건 "coded_sub_block_flag"를 1로 가정하였으므로 제외함)

그림 10-31(d)는 위의 규칙을 통해 "sig_coeff_flag"가 시그널링되는 예를 보여준다. 스캐닝 순서를 기준으로 세 번째 서브블록의 "last_sig_coeff"위치의 양자화 레벨은 조건-1에 따라 "sig_coeff_flag"가 생략된다. 또한, 두 번째 서브블록에서 Up-right scanning 순서를 기준으로 첫 번째 양자화 레벨은 조건-2에 따라 "sig_coeff_flag"가 생략된다.

표 10-24에서 "sig_coeff_flag" 신택스 요소 이후에는 "coeff_abs_level_greater1_flag"와 "coeff_abs_level_greater2_flag" 신택스 요소가 시그널링 된다.

"coeff_abs_level_greater1_flag"는 서브블록 내의 각 양자화 레벨에 대해서 시그널링 되는데, 양자화 레벨의 절대 값이 1보다 큰 경우에 1의 값을 갖는 플래그이다. 이와 유사하게 "coeff_abs_level_great-

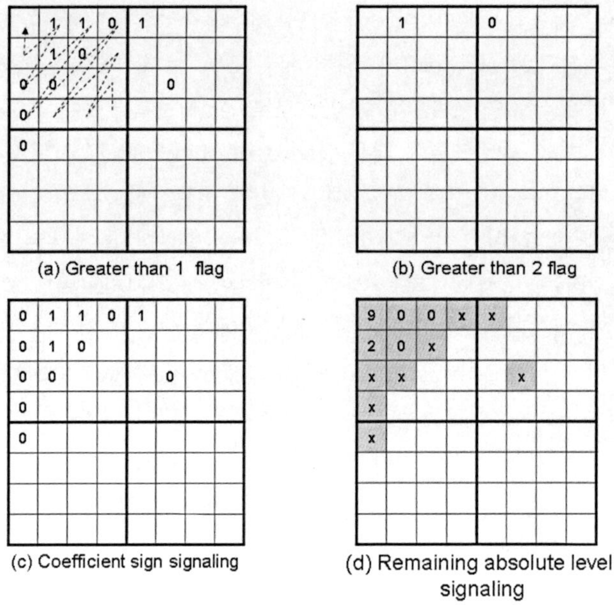

**그림 10-32 residual_coding의 예 (2/2)

er2_flag"는 양자화 레벨의 절대 값이 2보다 큰 경우에 1의 값을 갖는 플래그이다. 이 때, "coeff_abs_level_greater1_flag"는 하나의 서브블록에 대해 여덟 개 까지만 시그널링 되며, "coeff_abs_level_greater2_flag"는 각 서브블록에서 "coeff_abs_level_greater1_flag"의 값이 1인 양자화 레벨 중 역 스캐닝 순서를 기준으로 가장 마지막에 위치하는 하나의 레벨에 대해서 시그널링 된다. 물론, 서브블록 내에 "coeff_abs_level_greater1_flag"의 값이 1인 양자화 레벨이 없으면 시그널링 되지 않는다. 또한, "sig_coeff_flag" 가 0인 양자화 레벨에 대해서는 "coeff_abs_level_greater1_flag"가 시그널링 되지 않고, 마찬가지로 "coeff_abs_level_greater1_flag" 값이 0인 양자화 레벨에 대해서는 "coeff_abs_level_greater2_flag"가 시그널링 되지 않는다.

그림 10-32(a)와 10-32(b)는 이 두 개의 플래그를 시그널링하는 예를 보여준다. 그림 10-32(a)에서 DC 계수와 그 아래에 위치한 양자화 레벨의 값은 0보다 크지만 하나의 서브블록에서 시그널링 할 수 있는 "coeff_abs_level_greater1_flag"의 개수가 최대 여덟 개이기 때문에 이 양자화 레벨들에 대해서는 플래그를 전송하지 않음을 알 수 있다. "coeff_abs_level_greater1_flag"와 "coeff_abs_level_greater2_flag"가 시그널링 된 후에는 각 서브블록 내에서 "sig_coeff_flag"가 1인 양자화 레벨들에 대한 각각의 부호(Sign)가 전송된다. "coeff_sign_flag"는 양자화 레벨이 음수인 경우에 1이며, 양수인 경우에 0의 값을 갖는다. 그림 10-32(c)는 "coeff_sign_flag"가 시그널링 되는 예를 보여준다.

부호가 시그널링 된 후에는, "sig_coeff_flag"가 1인 양자화 레벨의 절대 값이 시그널링 된다. HEVC는 각 양자화 레벨의 절대 값을 효과적으로 부호화하기 위하여 수식 (10-2)와 같이 각 양자화 계수 위치에서, 먼저 baselevel을 계산한다. HEVC는 수식 (10-3)과 같이 양자화 레벨의 절대 값(coeff_abs_level[n])과 계산된 baselevel의 차분 값을 계산한 후, 이 차분 값만을 전송한다. 표 10-25에서 "coeff_abs_level_remaining" 이러한 차분 신호를 시그널링하는 신택스 요소이다.

▌표 10-25▌ residual_coding 신택스

residual_coding(x0, y0, log2TrafoSize, cIdx) {	Descriptor
...	
for(n=15; n>=0; n--) {	
...	
if(sig_coeff_flag[xC][yC]) {	
if(baseLevel==((numSigCoeff<8)? ((n== lastGreater1ScanPos) ? 3 : 2) : 1))	
coeff_abs_level_remaining[n]	ae(v)
...	
}	
...	
}	
}	
}	

$$baselevel = sig\_coeff\_flag + coeff\_abs\_level\_greater1\_flag + coeff\_abs\_level\_greater2\_flag \tag{10-2}$$

$$coeff\_abs\_level\_remaining[n] = coeff\_abs\_level[n] - baselevel[n] \tag{10-3}$$

baselevel은 각 양자화 레벨 위치에서 계산되는데, 이 값은 해당 양자화 레벨이 가질 수 있는 최소의 절대값을 의미한다. 예를 들어, 수식 (10-2)의 우변에 포함된 세 개의 플래그 값이 모두 1인 경우 해당 위치의 양자화 레벨의 절대 값은 항상 2 보다 큰 값을 가질 것이다. 따라서, 양자화 레벨의 절대값을 그대로 시그널링하는 대신 절대값과 baselevel의 차이 값인 "coeff_abs_level_remaining"을 시그널링 하여 보내려고 하는 신호의 값의 범위를 좁힐 수 있다. 식 (10-2)를 통해 baselevel의 값을 계산할 때 일부 양자화 레벨 위치에서는 "coeff_abs_level_greater1_flag" 또는 "coeff_abs_level_greater2_flag"의 값이 시그널링 되지 않을 수 있는데, 이 경우에 해당 플래그는 0의 값을 갖는 것으로 가정한다. HEVC의 엔트로피 인코더는 "coeff_abs_level_greater1_flag" 또는 "coeff_abs_level_greater2_flag"가 0으로 시그널링 된 경우에는 "coeff_abs_level_remaining"을 시그널링 하지 않는다. 그 이유는 이 두 플래그 중 하나가 0의 값을 갖는 경우, 엔트로피 디코더가 직접적으로 양자화 레벨의 값을 계산할 수 있기 때문이다. 예를 들어, sig_coeff_flag=1, coeff_abs_greater1_flag=1이지만 coeff_abs_greater2_flag=0인 양자화 레벨의 경우 1보다 크지만 2보다 크지 않기 때문에 양자화 레벨이 2임을 알 수 있다.

그림 10-32(d)는 "coeff_abs_level_remaining"를 시그널링 하는 예를 보여준다. 기본적으로 "coeff_abs_level_remaining" 신택스 요소는 "sig_coeff_flag=1"인 양자화 레벨에서만 시그널링 되는데 그림 10-32(d)에서 회색으로 표시된 부분이 이에 해당한다. 해당 예제에서 첫 번째 서브블록의 첫 번째 양자화 레벨은 "baselevel"의 값이 1이다. 따라서, 해당 위치의 "coeff_abs_level_remaining" 값은 양자화

레벨의 절대 값(10)과 baselevel 값(1)의 차이 값인 9가 된다. 그림 10-32(d)에서 "coeff_abs_greater1_flag" 또는 "coeff_abs_greater2_flag"가 0으로 시그널링 된 양자화 레벨에 대해서는 "x" 표시로 되어 있는데, 해당 위치에서는 "coeff_abs_level_remaining"가 시그널링되지 않는다. 표 10-26은 그림 10-31에서 첫 번째 서브블록의 각 양자화 레벨에 대해 신택스 요소로 표현하는 예를 보인다.

▌표 10-26▐ 첫 번째 서브블록에 대한 신택스 요소

역스캔순서 (up-right diagonal)	양자화 레벨	Siginificant coefficieint	Greater than 1 flag	Greater than 2 flag	Coefficient sign	baselevel	Remaining absolute level
1	0	0	x	x	x	0	x
2	0	0	x	x	x	0	x
3	0	0	x	x	x	0	x
4	0	0	x	x	x	0	x
5	0	0	x	x	x	0	x
6	0	0	x	x	x	0	x
7	1	1	0	x	0	1	x
8	1	1	0	x	0	1	x
9	1	1	0	x	0	1	x
10	1	1	0	x	0	1	x
11	-2	1	1	x	1	2	0
12	-2	1	1	x	1	2	0
13	1	1	0	x	0	1	x
14	-3	1	1	1	1	3	0
15	3	1	x	x	0	1	2
16	10	1	x	x	0	1	9

참고문헌

[1] B. Bross, W. Han, J. Ohm, G. Sullivan, and T. Wiegand, "High efficiency video coding (HEVC) text specification draft 10," document JCTVC-L1003, Geneva, CH, Jan. 2013.

[2] M. Berekovic, H.-J. Stolberg, M. B. Kulaczewski, and P. Pirsch, "Instruction set extensions for MPEG-4 Video," Journal of VLSI Signal Processing, vol. 23, no. 1, pp. 27-49, Oct. 1999.

[3] R. Sjöberg, Y. Chen, A. Fujibayashi, M. Hannuksela, J. Samuelsson, T. Tan, Y. Wang, and S. Wenger, "Overview of HEVC high-level syntax and reference picture management," IEEE Trans. on Circuits Syst. Video Technol., vol. 22, no. 12, pp. 1858-1870, Dec. 2012.

[4] J. Sole, R. Joshi, N. Nguyen, T. Ji, M. Karczewicz, G. Clare, and A. Duenas, "Transform coefficient coding in HEVC," IEEE Trans. on Circuits Syst. Video Technol., vol. 22, no. 12, pp. 1765-1777, Dec. 2012

엔트로피 코딩

11

본 장에서는 엔트로피 코딩에 대하여 알아본다. 비디오 코딩에서의 엔트로피 코딩은 앞선 부호화 과정으로부터 결정된 신택스 요소(Syntax element)를 무손실 압축하여 RBSP (Raw Byte Sequence Payload)를 생성하는 과정이다. 엔트로피 부호화는 비디오 부호화 과정 중 가장 마지막 단계이며, 엔트로피 복호화는 비디오 복호화 과정 중 가장 첫 단계이다. 엔트로피 코딩은 신택스의 통계를 이용하여 자주 나타나는 신택스에는 짧은 비트를, 그렇지 않은 신택스에는 긴 비트를 할당하여 신택스를 간결한 데이터(RBSP)로 표현한다. 반대로, 엔트로피 복호화는 RBSP를 입력 받아 신택스 요소를 출력한다. 본 장에서는 비디오 코딩에서의 엔트로피 코딩의 상세한 설명과 HEVC의 엔트로피 코딩 방법인 CABAC (Context-Adaptive Binary Arithmetic Coding)에 대해 알아본다.

11.1 확률과 엔트로피 코딩

엔트로피 코딩은 무손실 압축 기법이며, 부호화 할 심볼의 발생 확률에 근거하여 동작한다. 이렇게 심볼의 발생 확률을 고려하여 부호화 할 경우, 같은 심볼의 표현에 필요한 데이터의 양이 줄어들 수 있다. 이와 같은 원리가 적용되는 한 예로, 자주 사용되는 단어에 대한 줄임말 사용을 들 수 있다. 많은 사람들이 '디지털 카메라'를 '디카'로 줄여 말하는데, 그 이유는 '디지털 카메라'라는 단어가 빈번히 사용되기 때문에 보다 이 단어를 보다 간결하게 말하기 위해서이다.

일상생활에서 데이터와 정보는 비슷한 의미로 사용된다. 하지만, 데이터는 특정 매개체를 통해 표현되는 심볼의 나열을 의미하며, 정보는 그 데이터를 통해 얻을 수 있는 가치를 말한다. 따라서, 데이터가 무수히 많다고 해서 꼭 그 데이터가 포함하는 정보의 양이 많다고 볼 수는 없다. 그렇다면 정보량은 어떻게 측정할까? Shannon (Shannon, Claude Elwood, 1916-2001)은 데이터의 정보량은 데이터를 구성하는 심볼들의 정보량의 평균과 같으며(엔트로피), 각 심볼의 정보량은 해당 심볼의 발생 확률, 즉 '놀라움의 정도'로부터 알아낼 수 있음을 수학적으로 증명하였다. 예를 들어, '내일은 해가 뜹니다.'라는 정보를 사람들에게 알려주면 아무도 놀라지 않을 것이다. 내일 해가 뜰 확률은 매우 높기 때문이다. 반면, '하늘에 UFO가 있습니다.'라는 정보를 사람들에게 알려준다면 대부분의 사람이 놀랄 것이다. 그 이유는 UFO의 발생 확률이 매우 낮기 때문이다. 따라서, '하늘에 UFO가 있습니다.'라는 문장이 '내일은 해가 뜹니다.'와 비슷한 양의 데이터로 표현되지만 월등히 많은 정보량을 지니고 있음을 알 수 있다. Shannon은 심볼 x의 정보량을 I를 다음과 같이 나타내었다.

$$I(x)=\log_b\frac{1}{p(x)} \quad \text{or} \quad I(x)=-\log_b p(x) \tag{11-1}$$

여기서 로그 함수의 밑인 b는 심볼을 표현하는 진수를 뜻하며, 이진수로 표현될 경우에는 2, 십진수로 표현될 경우에는 10이다. 그렇다면 엔트로피란 무엇일까? 엔트로피는 어떤 확률변수의 '평균 정보량'을 나타낸다. 이 확률 변수는 다수 심볼이 존재하고, 각 심볼의 발생 확률이 있을 것이다. 각각의 심볼에 대하여 정보량 측정 함수 $I(x)$를 통해 정보량을 얻을 수 있다면 평균 정보량인 엔트로피도 알 수 있다. 서로 독립인 심볼을 갖는 확률변수 X의 엔트로피는 다음과 같이 정보량 측정 함수와 확률에 기반하여 나타낼 수 있다.

$$E(X)=\sum_i p_i \log_b\frac{1}{p_i} \quad \text{or} \quad E(X)=-\sum_i p\log_b p_i \tag{11-2}$$

확률변수 X에 대한 엔트로피 $E(X)$는 X를 구성하는 모든 심볼의 정보량과 발생확률의 곱을 합하여 구할 수 있다. 다음 예제를 통해 실제로 평균 정보량을 계산하여 보자. 확률변수 X의 심볼 집합은 {'can', 'a', 'I'}라고 가정하고, 심볼로 이루어진 데이터 'I can can a can'이라는 문장의 정보량과 엔트로피를 알아본다(데이터에서 공백문자는 무시한다).

▌표 11-1▐ 심볼과 발생 확률

심볼 (Symbol)	확률 (Probability)
can	0.6
a	0.2
I	0.2

주어진 관측 데이터에서 각 심볼의 확률을 계산하면, 표 11-1과 같을 것이다. 식 (11-1)을 통해 각 심볼의 정보량을 계산하여 보자. 이 때 로그함수의 밑은 심볼을 비트 (2진수)로 표현할 경우 2가 된다. X의 심볼들의 정보량은 다음과 같다.

$$I('can')=\log_b\frac{1}{p('can')}=\log_2\frac{1}{0.6}=0.7370 \tag{11-3}$$

$$I('a')=\log_b\frac{1}{p('a')}=\log_2\frac{1}{0.2}=2.3219 \tag{11-4}$$

$$I('I')=\log_b\frac{1}{p('I')}=\log_2\frac{1}{0.2}=2.3219 \tag{11-5}$$

위 식으로부터 심볼의 확률이 낮을수록 높은 정보량을 갖는 것을 확인할 수 있다. 다음은 X의 엔트로피를 구하여 본다.

$$
\begin{aligned}
E(X) &= \sum_i p_i \log \frac{1}{p_i} \qquad (11\text{-}6)\\
&= p('can')\log\frac{1}{p('can')} + p('a')\log\frac{1}{p('a')} + p('I')\log\frac{1}{p('I')}\\
&= 0.6 \times 0.7370 + 0.2 \times 2.3219 + 0.2 \times 2.3219\\
&= 1.3710\,(bit)
\end{aligned}
$$

각 심볼의 확률과 정보량의 곱을 합하여 1.3710이라는 엔트로피 값이 나왔다. 이것은 심볼 X에 대하여 평균 1.3710 비트로 표현된다는 의미로 해석할 수 있다.

11.2 가변길이 코딩

다음은 엔트로피 코딩 방법 중 하나인 가변길이 코딩(VLC : Variable Length Coding)에 대해 알아본다. 가변길이 코딩은 데이터의 각 심볼을 이진 코드워드로 변환하여 표현할 경우, 발생확률에 따라 길이가 다른 코드워드로 매핑하는 방법이다. 가변길이 코딩은 일반적으로 고정길이 코딩(FLC : Fixed Length Coding)보다 적은 양의 데이터로 같은 정보를 나타낼 수 있다.

예제를 통하여 고정길이와 가변길이 코딩의 차이를 살펴보자. 'I can can a can'라는 문장은 문장을 구성하는 세 개의 심볼('I', 'can', 'a')의 집합으로 나타낼 수 있다. 이 심볼들을 이진수로 표현하기 위해서 각 심볼을 코드워드로 변환하는 과정이 필요하다. 고정길이 코딩 방법의 경우, 표 11-2와 같이 각 심볼에 고정된 길이의 비트열을 할당한다. 심볼이 *n*개일 경우, $\lceil \log n \rceil$ 비트의 고정길이로 0과 1의 조합인 코드워드를 생성하여 할당하였다. 반면, 가변길이 코딩은 심볼의 발생 확률에 따라 가변길이의 코드워드를 할당하는 방법이다. 가변길이 코딩을 사용했을 경우, 각 심볼에 대한 확률은 표 11-3과 같다. 가변길이 코딩에서는 발생 확률이 높은 심볼에 짧은 비트를 할당하고, 발생 확률이 낮은 심볼에는 긴 비트를 할당한다. 앞서 살펴본 두 가지의 다른 코드워드 변환 과정을 통해 문자 'I can can a can'을 코드워드로 변환하여 보면 다음과 같다.

표 11-2 고정길이 코드워드 매핑 방법

심볼(Symbol)	고정길이 코드워드(FLC codeword)
can	00
a	01
I	10

표 11-3 가변길이 코드워드 매핑 방법

심볼(Symbol)	확률(Probability)	가변길이 코드워드(VLC codeword)
can	0.6	0
a	0.2	11
I	0.2	10

고정길이 코딩을 통한 변환 : 10/00/00/01/00 → 10비트
가변길이 코딩을 통한 변환 : 10/0/0/11/0 → 7비트

이 때, 가변길이 코딩이 고정길이 코딩보다 더 적은 양의 비트로 같은 문장을 표현하였음을 알 수 있다. 가변길이 코딩은 심볼의 발생 확률에 근거하여 정보를 부호화하기 때문에, 고정길이 코딩보다 더 간결한 데이터로 정보를 전송 및 저장할 수 있다. 가변길이 코딩에서, 표 11-3에 나타난 방법 이외에도 심볼을 가변길이 코드워드로 매핑하는 다양한 방법이 존재한다. 그 대표적인 예로 허프만 코딩이 있다 [2].

허프만 코딩은 심볼의 확률에 따라 코드워드 트리를 생성하여 각 심볼에 코드워드를 할당한다. 코드워드 트리의 구성 방법은 다음과 같다. 먼저, 모든 심볼을 각 심볼의 발생 확률을 가진 하나의 노드로 생각한다. 그리고, 가장 낮은 두 개의 심볼을 선택하여 두 노드를 자식 노드로 한 부모 노드를 생성한다. 부모 노드의 발생 확률은 두 자식 노드의 발생 확률의 합이다. 이렇게 만들어진 부모 노드와 나머지 노드들 중에서 다시 가장 확률이 낮은 두 개의 노드를 선택하여, 모든 노드가 하나의 이진 트리에 포함 될 때 까지 같은 과정을 반복한다. 표 11-4는 심볼과 발생확률을 나타내고, 그림 11-1은 표 11-4를 이용하여 허프만 트리를 생성하는 과정을 나타낸다. 다음으로 구성된 허프만 트리에 대하여

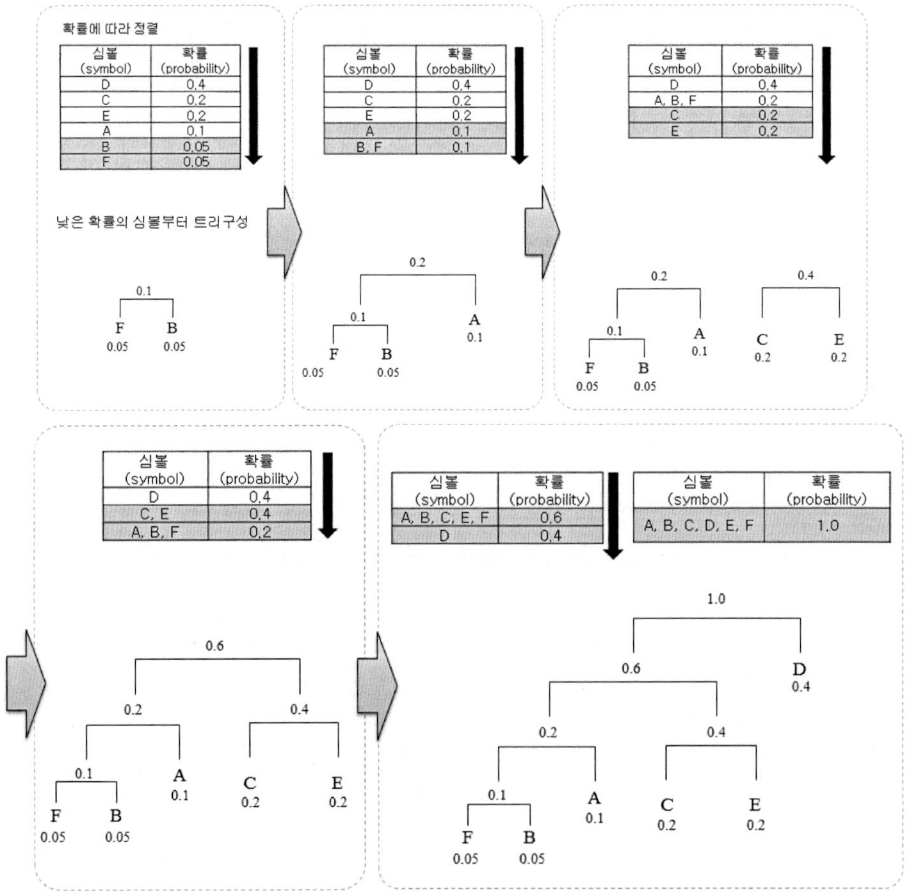

**그림 11-1 허프만 트리 생성 과정

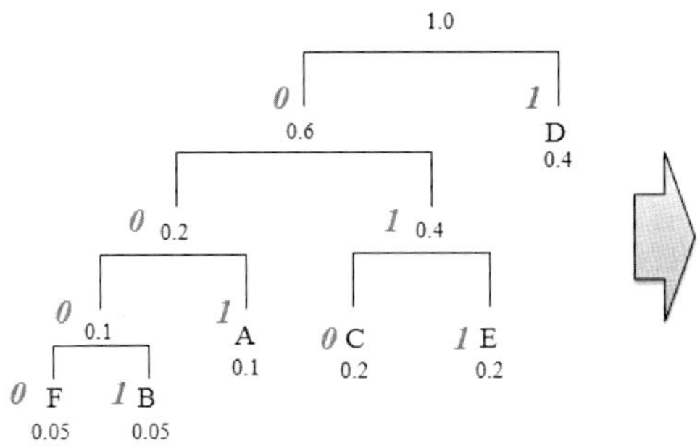

심볼 (symbol)	확률 (probability)	코드워드
D	0.4	1
C	0.2	010
E	0.2	011
A	0.1	001
B	0.05	0001
F	0.05	0000

**그림 11-2 허프만 코딩을 이용하여 코드워드 매핑

▌표 11-4▐ 심볼과 발생 확률

심볼 (Symbol)	확률 (Probability)
A	0.1
B	0.05
C	0.2
D	0.4
E	0.2
F	0.05

코드워드를 할당하는 방법에 대해 알아본다. 허프만 트리는 이진 트리이므로, 오른쪽 자식 노드와 왼쪽 자식 노드가 존재한다. 모든 노드에 대하여 오른쪽과 왼쪽 자식노드에 각각 0과 1을 할당한다. 단말 노드(Leaf node)에 존재하는 심볼에 대하여 코드워드 생성하기 위해, 그림 11-2와 같이 루트에서 단말 노드까지의 경로에 할당된 0과 1을 조합하여 코드워드를 생성한다. 그림 11-2의 오른쪽은 각 심볼에 해당하는 코드워드를 결정한 코드워드 테이블이다. 이렇게 결정된 코드워드를 이용하여 가변길이 부호화 할 경우, 가변길이 복호화기에서는 코드워드 테이블과 비트스트림을 매칭하여 심볼을 얻어낸다. 예를 들어, '0000001010011'이라는 비트스트림이 복호화기의 입력으로 들어올 경우, 복호화기는 하나의 비트씩 읽어 가면서 코드워드 테이블에 매핑되는 비트열을 찾는다. 이와 같은 과정을 통해 비트스트림이 '0000', '001', '010', '011'와 같이 네 개의 코드워드로 이루어져 있음을 알 수 있으며, 각 코드워드를 코드워드 테이블에서 대응되는 심볼로 바꾸어 'face'라는 단어를 복호화 할 수 있다. 이 때, 비트스트림 중간에 에러가 발생하면 에러가 포함된 코드워드 뿐만 아니라 이후의 모든 코드워드의 복호화가 불가능해진다. 즉, 에러 전파(Error propagation)가 일어나 에러가 발생한 비트 이후의 비트스트림은 복호화가 불가능해 진다.

11.3 산술 코딩

다음은 엔트로피 코딩 방법 중 하나인 산술 코딩에 대하여 알아본다. 앞서 설명한 가변길이 코딩은 발생 확률에 근거하여 심볼을 코드워드로 표현하는데 필요한 데이터량을 줄이는 방법이다. 가변길이 코딩의 경우, 0.5 이상의 높은 확률을 갖는 심볼에 대해서도 최소 한 비트의 길이를 갖는 코드워드를 할당해야한다. 즉, 가변길이 코딩은 Shannon의 정보이론에서 나타내는 정보량으로 데이터를 표현할 수 없는 한계를 갖고 있다. 산술 코딩은 이러한 가변길이 코딩의 한계를 여러 개의 심볼을 묶어 부호화하는 블록코딩 방법을 사용함으로써 해결할 수 있다 [3].

11.3.1 일반적인 산술 코딩

산술 코딩은 하나의 실수 값으로 여러 개의 심볼을 표현하는 방법이다. 산술 코딩은 범위(Range)라는 새로운 개념을 사용한다. 일반적인 산술 코딩에서 범위의 초기 값은 [0,1]이며, 범위는 각 심볼의 발생확률에 따라 여러 간격(Interval)으로 나누어진다. 그리고, 현재 부호화 할 심볼에 할당된 간격을 선택하고, 선택된 간격은 다음 부호화 과정에서의 범위가 된다. 이러한 과정을 반복하여 부호화할 경우, 범위는 계속 줄어들게 된다. 부호화 과정이 끝난 후에는 범위 안에 속하는 임의의 위치에 해당하는 값이 산술 코딩의 출력이 된다. 산술 코딩의 입력은 심볼들과 각 심볼의 발생확률이며, 출력은 산술 코딩으로 얻은 고유한 위치 정보이다. 위치 정보는 일반적으로 실수로 표현된다. 아래 예제를 통하여 산술 코딩의 부/복호화 과정을 좀 더 자세히 알아보자.

그림 11-3은 A, B, C 세 개의 심볼이 존재하고, 각 심볼의 발생확률이 p(A) = 0.7, p(B) = 0.2, p(C) = 0.1라 할 때 "AB"를 부호화 및 복호화하는 과정을 나타낸다. 일반적인 산술 코딩에서 부호화기와 복호화기 모두 범위의 초기 값을 [0,1]으로 하고, 각 심볼의 확률에 따라 범위를 분할하여, A의 간격은 [0,0.7)이고, B의 간격은 [0.7,0.9), C의 간격은 [0.9,1]으로 초기화한다. 먼저, "AB"의 부호화 과정을 살펴보자. 처음 부호화 할 심볼은 'A'이므로 'A'의 간격 [0,0.7)을 선택하여, 이 간격을 다음 심볼의 부호화를 위한 범위로 결정한다. 변경된 범위에 대하여 다시 심볼들의 확률에 비례하게 간격을 분할한다. 두 번째 부호화 할 심볼은 'B'이므로 범위에서 'B'의 간격이 선택된다. 모든 심볼에 대해

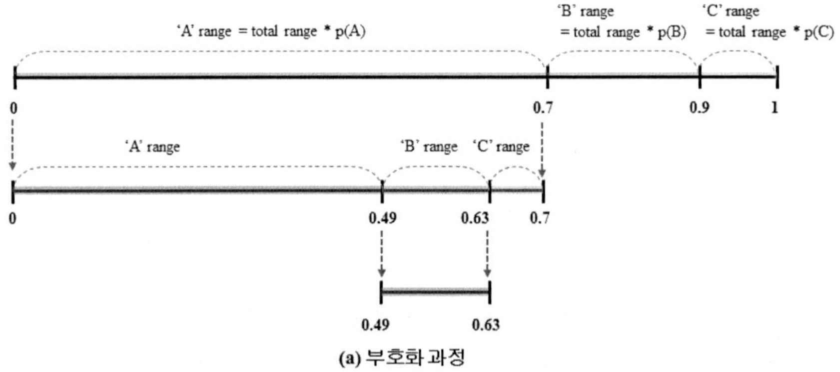

(a) 부호화 과정

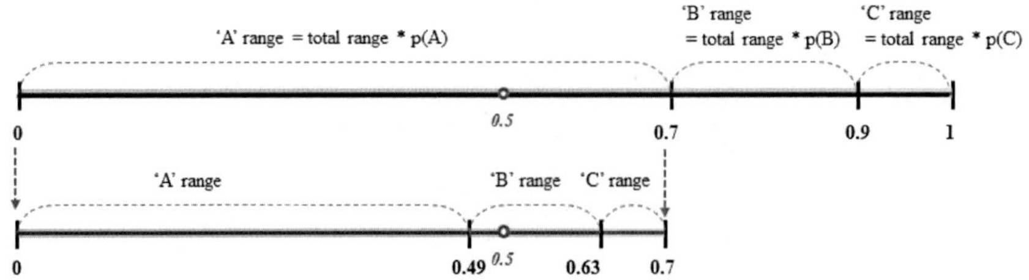

(b) 복호화 과정

**그림 11-3 일반적인 산술 코딩의 부/복호화 과정

이와 같은 과정을 거친 뒤에는 마지막으로 결정된 범위 [0.49,0.63)안에 포함되는 위치의 임의의 실수인 0.5가 산술 코딩의 출력이 된다.

다음은 산술 복호화에 대해 알아보자. 부호화 과정과 마찬가지로 초기 범위는 [0,1]이고, 각 심볼의 확률에 따라 범위를 여러 간격으로 분할하였다. 그리고, 산술 부호화의 출력인 0.5의 위치를 표시한다. 복호화 과정에서는 전송받은 위치가 어떠한 심볼의 범위에 들어갔는지를 확인하여 심볼을 찾아낸다. 첫 번째 단계에서는 0.5의 위치가 A 범위 안에 속하게 되므로 'A'의 심볼을 복호화 한다. 그 다음에 A의 범위 [0,0.7)을 전체 범위로 선택하여, 각 심볼의 확률에 따라 범위를 분할한다. 그리고, 0.5의 위치가 어떠한 심볼의 범위 안에 포함되는지를 확인한다. 이 경우에는 'B' 심볼이 복호화 된다. 이렇게 "AB"를 복호화 되는 것을 확인할 수 있다.

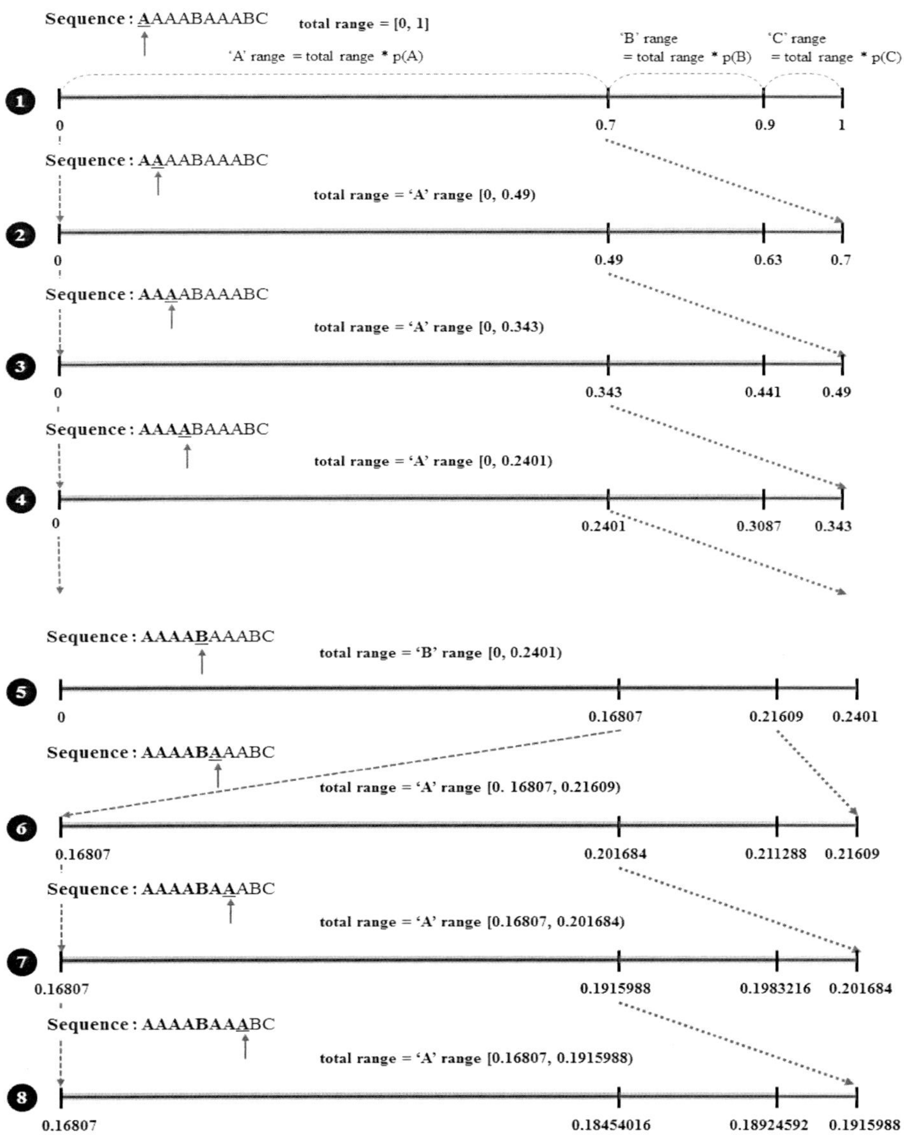

**그림 11-4 산술 부호화 과정 (1)

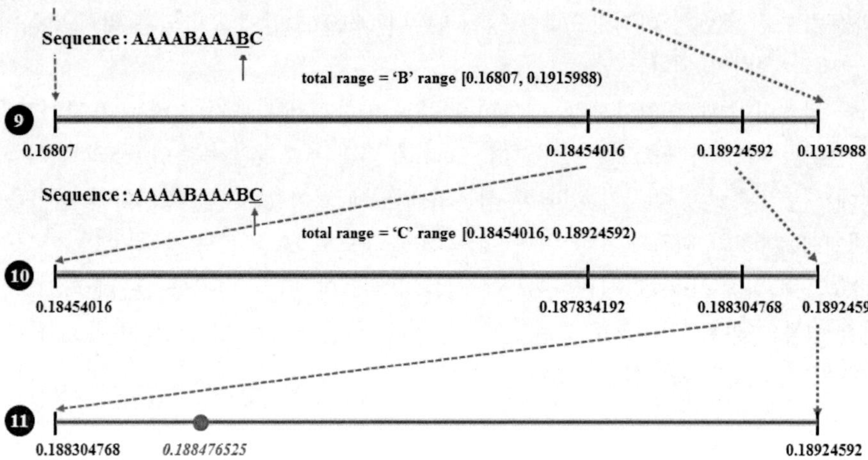

**그림 11-5 산술 부호화 과정 (2)

12

이진수	N	2^N (십진수)
0.1	-1	0.5
0.01	-2	0.25
0.001	-3	0.125
0.0001	-4	0.0625
0.00001	-5	0.03125
0.000001	-6	0.015625
0.0000001	-7	0.0078125
0.00000001	-8	0.00390625
0.000000001	-9	0.001953125
0.0000000001	-10	0.000976525
0.00000000001	-11	0.00048828125
0.000000000001	-12	0.000244140625

$$
\begin{aligned}
&0.188476525_{(10)} \\
&= 0.125_{(10)} + 0.0625_{(10)} + 0.000976525_{(10)} \\
&= 0.001_{(2)} \\
&+ 0.0001_{(2)} \\
&+ 0.0000000001_{(2)} \\
&= 0.0011000001_{(2)}
\end{aligned}
$$

➔ 0011000001

**그림 11-6 산술 부호화 위치 정보의 이진화 과정

이렇게 산술 부호화를 이용하여 부/복호화를 수행할 경우, 부호화기와 복호화기 모두 각 심볼의 확률을 알고 있어야 하고, 복호화기는 복호화 될 심볼의 개수를 알고 있어야 한다. 만약, 이러한 정보가 부호화기에서 복호화기로 전달되어야 할 경우, 실제 전송되어야 할 정보가 아닌 부가 데이터의 전송 및 저장이 필요하다. 다음은 보다 복잡한 예제를 통하여 산술 부/복호화 과정에 대해 알아본다. 그림 11-4, 11-5와 11-6을 통해 A, B, C 세 가지 심볼이 존재하고 각 심볼의 발생확률이 p(A) = 0.7, p(B) = 0.2, p(C) = 0.1일때, 데이터 "AAAABAAABC"를 부/복호화하는 과정을 살펴보자. 그림 11-4의 1번 과정은 부호화의 첫 번째 과정으로 범위 [0,1]로 초기화하였으며 간격은 각 심볼의 확률에 따라 분할하였다. 현재 부호화 할 심볼은 'A'이므로 'A'의 간격이 선택된다. 그림 11-4의 2번 과정은 이전의 범위 중 선택된 'A' 심볼의 간격을 초기 범위로 하여, 다시 심볼들의 확률에 비례하게 범위를 여러 간격으로 나눈다. 두 번째 부호화 할 심볼은 'A'이므로 범위에서 'A'의 간격이 선택된다. 이러한 과정을 반복하여 열 개의 심볼에 대한 부호화를 모두 수행하였을 때, 최종 범위가 결정된다. 그림 11-5의 11번 과정은 부호화가 모두 수행된 후 최종 범위를 나타낸다. 최종 범위 안에 포함되는 모든 임의의 실수가 산술 부호화의 출력이 될 수 있으므로, 이 예제에서는 최종 범위 안에서 최소의 데이터로 표현할 수 있는

이진 고정소수점 수를 출력 값으로 한다. 그림 11-6은 부호화 할 범위(0.188304768~0.18924592) 안의 실수 0.188476525를 이진 고정소수점 수로 변환하는 과정이다. 그림 11-6과 같이 0.188476525를 이진 고정소수점으로 나타내면 $0011000001_{(2)}$ 이며, 10 개의 비트로 이루어진 이 수는 이진 고정소수점 수를 사용하여 범위 안의 임의의 실수를 나타낼 때 가장 적은 수의 비트를 사용해서 표현할 수 있는 수이다.

지금까지 일반적인 산술 코딩의 부호화 과정에 대해 알아보았다. 다음은 부호화된 비트열에 대한 산술 복호화 과정을 알아보도록 한다. 복호화 산술 코딩의 복호화 과정의 입력은 범위 내의 위치정보이며 출력은 심볼의 집합이다. 이전 예제에 대응하는 산술 복호화에 대하여 알아본다. 복호화기는 심볼의 종류('A', 'B', 'C'), 각각의 심볼의 확률 값(p(A), p(B), p(C)), 그리고 심볼의 개수(열 개)를 이미 알고 있다고 가정한다. 여기서, 복호화기의 입력은 앞의 출력인 이진 고정소수점 수 $0011000001_{(2)}$ (십진수로 표현할 경우 $0.188476525_{(10)}$)이다. 복호화 과정은 그림 11-7에 나타나 있다. 복호화기는 먼저 초기 범위 [0,1]을 심볼의 확률에 따라 간격으로 나누고, 입력 값이 어떤 간격 안에 포함되는지 알아낸다. 1번 과정에서 입력 값이 'A'의 간격에 포함되므로 'A'가 복호화되고, 'A'의 간격은 다음 복호화 과정의 범위가 된다. 이러한 과정을 열 개의 심볼이 모두 복호화될 때 까지 반복한다.

일반적으로, 산술 코딩은 허프만 코딩과 같은 다른 가변길이 코딩 보다 더 높은 압축 성능을 나타낸다. 다른 가변길이 코딩의 경우 가변길이의 코드워드를 각 심볼마다 할당하여 엔트로피 부호화가 이루어진다. 이 때 하나의 심볼에 항상 정수 개의 비트를 할당하여야 하므로, 해당 심볼을 표현할 수

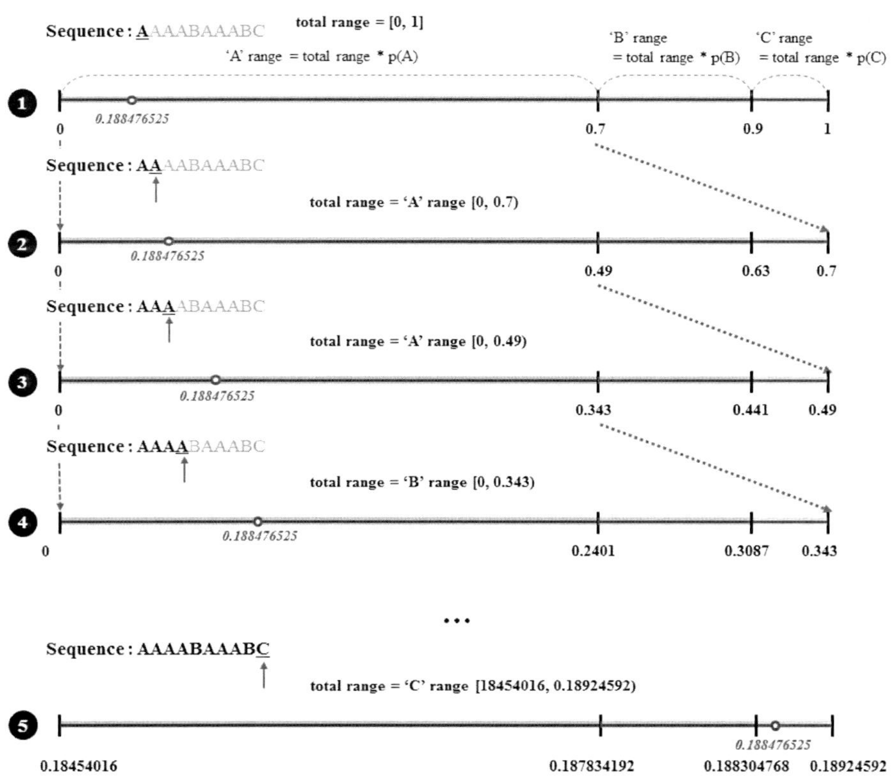

**그림 11-7 산술 복호화 과정

있는 최적의 비트 수와 실제 할당된 비트 수의 차만큼 불필요한 데이터가 발생하게 된다. 예를 들어, 확률이 0.9인 심볼의 경우, 식 (11-1)에 의해 약 0.152의 정보량을 가지므로 최소 0.152비트로 심볼을 표현할 수 있지만, 이 심볼에 할당 할 수 있는 최소의 비트 수는 1이므로 이 심볼을 표현하기 위해 1-0.152 = 0.848비트만큼의 불필요한 데이터가 추가되는 것이다. 반면, 산술 코딩은 블록코딩 기법을 사용하여 하나의 비트로 다수의 심볼을 표현하는 것이 가능하다. 즉, 높은 확률을 갖는 심볼의 경우 한 비트 이하의 비트수로 코딩할 수 있다. 이러한 이유로 인하여 산술 코딩을 사용하면 다른 가변길이 코딩 방법보다 엔트로피에 더 근접한 비트량으로 같은 정보를 표현할 수 있다.

11.3.2 이진 산술 코딩

이진 산술 코딩은 0 또는 1의 두 개의 값만을 갖는 이진 심볼에 대한 산술 코딩이다. 'A', 'B', 'can' 등 문자 또는 숫자로 이루어진 다양한 심볼이 존재할 수 있는 11.3.1의 산술 코딩과 달리 이진 산술 코딩에서는 0 과 1 두 개의 심볼만이 존재한다. 따라서 각 심볼에 대한 확률은 p(0)와 p(1) 두 개만이 존재하며, 부/복호화시 범위를 나누는 간격도 항상 두 개만이 존재한다. 그림 11-8은 이진 산술 코딩의 부호화를 통해 이진 비트열 '0110'을 부호화하는 과정을 보여준다. 이진화된 심볼 0과 1의 확률 p(0), p(1)을 각각 0.6, 0.4이라 하자. 이 때, 모든 심볼의 확률의 합은 항상 1이므로 p(0)를 알고 있으면 p(0) + p(1) = 1로부터 p(1)을 알 수 있으므로, p(1)은 명시하지 않았다. 먼저, 범위를 [0,1]로 초기화하고, 일반적인 산술 부호화와 같은 과정을 거쳐 부호화를 진행한다.

11.3.3 적응적 이진 산술 코딩

지금까지 알아본 모든 가변길이 코딩은 각 심볼이 고정된 발생확률을 갖고 있다고 가정하고 코딩을 수행하였다. 이와 같은 가정은 코딩해야 할 심볼들이 서로 독립일 경우에만 성립한다. 독립이 아닐 경우, 심볼의 확률은 이전에 어떤 심볼이 발생하였는지에 따라 변하게 된다. 독립하지 않는 심볼의 예로 하루의 날씨를 나타내는 심볼 X={'맑음', '비'}를 들 수 있다. 오늘의 날씨는 어제의 날씨와 비슷한

- Low = 0 , High = 1 , p(0) = 0.6 , Sequence : 0110
  - Low = 0, High = 0.6
  - Low = 0.36, High=0.6
  - Low = 0.504, High=0.6
  - Low = 0.504, High=0.5616

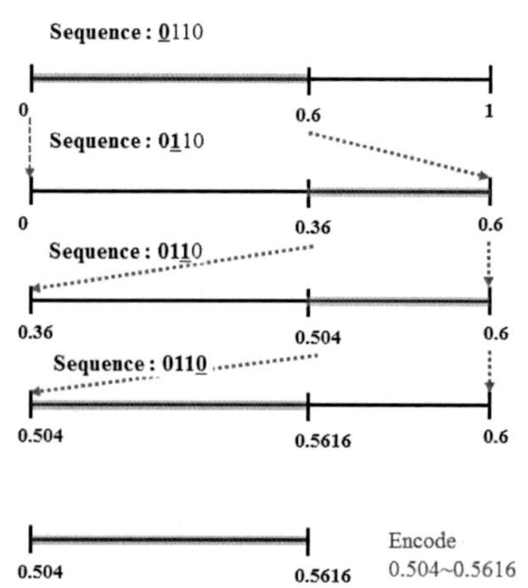

2^{-1}	2^{-2}	2^{-3}	2^{-4}	…
0.5	0.25	0.125	0.025	…

**그림 11-8 이진 산술 코딩

경우가 많으므로, 어제 비가 왔을 경우 그렇지 않은 경우보다 오늘 비가 올 확률이 더 높다. 즉, 오늘의 날씨를 X_0, 어제의 날씨를 X_{-1}이라 할 때, X_0='비'의 확률은 X_{-1}에 따라 변한다. 이와 같이 독립하지 않는 심볼에 대해서 산술 코딩을 할 때, 지금까지 소개된 방법과 같이 심볼의 발생확률이 고정되었다고 가정한다면, 변화하는 실제 확률과의 차이로 인해 산술 코딩의 성능이 크게 저하될 수 있다. 적응적 이진 산술 코딩은 이와 같이 독립하지 않는 심볼의 발생확률 변화에 대응할 수 있도록, 이전에 부/복호화 된 심볼에 따라 현재 부호화할 심볼의 확률을 조정하여 부호화 성능을 높이는 방법이다.

그림 11-9는 이진 심볼에 대한 적응적 이진 산술 코딩의 예를 보여준다. 이 예제에서는 부/복호화된

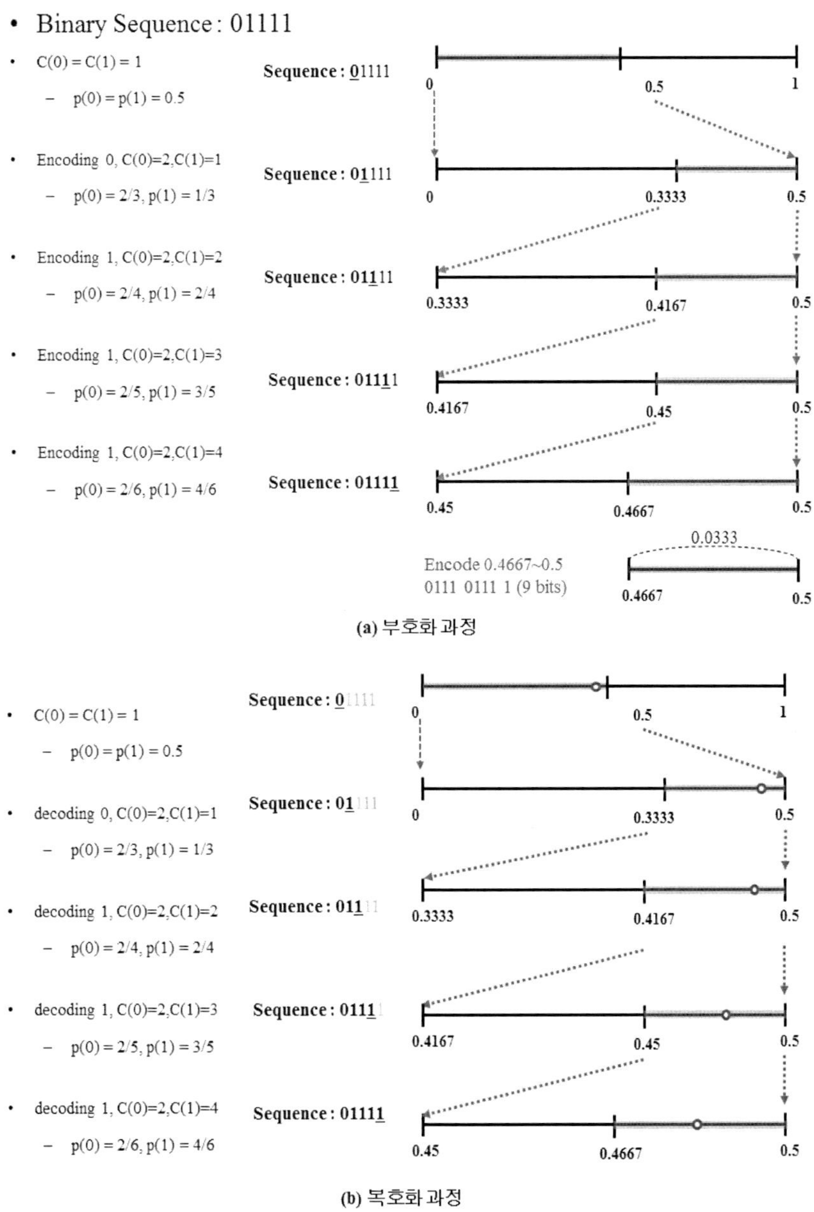

**그림 11-9 적응적 이진 산술 코딩의 부/복호화 과정

심볼에 따라 확률 모델을 업데이트하기 위하여 심볼의 발생 횟수를 누적하는 변수 C(0), C(1)을 정의하였으며, 이 변수의 초기 값은 모두 1이다. 심볼의 확률은 C(0), C(1)으로부터 p(0) = C(0)/(C(0) + C(1)), p(1) = C(1)/(C(0) + C(1))와 같이 계산된다. 따라서, 확률의 초기 값은 p(0) = p(1) = 0.5이다. 그림 11-9(a)는 이러한 방법을 사용하여 이진 시퀀스 '01111'을 부호화하는 과정을 보여준다. 처음 부호화할 심볼은 0이므로, 확률에 따라 나누어진 범위에서 0에 해당하는 간격이 선택되고, 발생한 심볼에 따라 변수 C(0)을 1 증가시킨다. 업데이트 된 C(0)과 C(1)으로부터 새로운 확률 p(0) = 2/3, p(1) = 1/3이 계산되고, 이 확률에 따라 범위를 두 간격으로 나눈 후, 다음 심볼 1을 부호화한다. 모든 심볼이 부호화 될 때까지

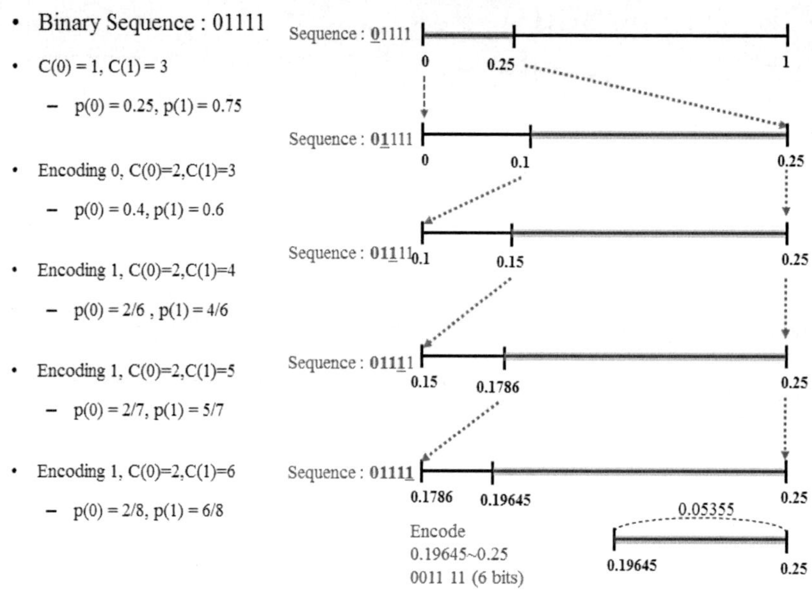

(a) 부호화 과정

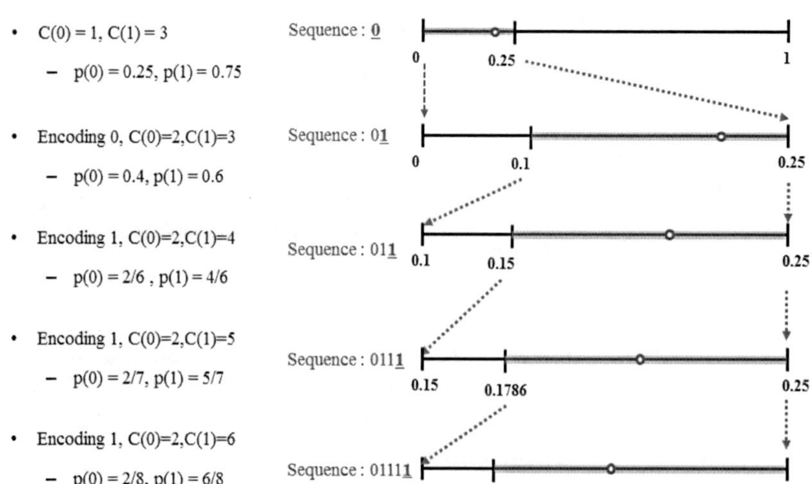

(b) 복호화 과정

**그림 11-10 초기 확률을 변경한 적응적 이진 산술 코딩의 부/복호화 과정

이와 같은 과정을 반복하여 최종 범위 [0.4667,0.5)가 결정되고, 이 범위 내에 존재하는 임의의 이진 고정 소수점 수 $011101111_{(2)}$가 부호화의 결과로 출력된다. 그림 11-9(b)은 그림 11-9(a)의 부호화 출력 $011101111_{(2)}$의 복호화 과정을 나타낸다. 일반적인 산술코딩의 복호화 과정과 유사하나, 적응적 이진 산술 코딩의 복호화는 적응적 이진 산술 코딩의 부호화 과정과 똑같이 C(0), C(1)를 정의하여 각 심볼을 복호화할 때마다 확률 모델을 업데이트하고, 업데이트 된 확률 모델을 사용하여 다음 심볼을 복호화하는 것을 볼 수 있다. 본 예제에서 볼 수 있듯, 적응적 이진 산술 코딩은 전에 발생한 심볼에 따라 확률 모델을 적응적으로 업데이트 하는 방법을 사용한다. 본 예제에서는 확률을 업데이트 하는 방법으로 이전에 나온 심볼의 발생 횟수를 누적하여 새로운 확률을 계산하는 방법을 사용했지만, 이와 같은 방법 이외에도 다양한 적응적 이진 산술 코딩 방법이 존재한다.

그림 11-9의 예제에서 설명한 산술 코딩의 경우는 항상 심볼의 발생확률이 고정되어 있고, 복호화 과정에서 이 고정된 심볼을 이미 알고 있다고 가정하였다. 하지만, 실제 산술 코딩 과정에서 심볼의 확률은 항상 변화하며, 이렇게 변하는 확률 값을 복호화기에서 정확히 아는 것은 불가능하다. 따라서, 적응적 산술 코딩의 목적은 변화하는 심볼의 발생확률을 최대한 정확하게 근사하는 것이며, 이 때 확률 근사의 정확도를 크게 좌우하는 요소는 심볼의 초기 확률과 확률의 업데이트 방법이다. 다음 예제를 통하여 적응적 이진 산술 코딩에서 초기 확률의 중요성에 대해 알아보자. 그림 11-10은 이전 예의 적응적 이진 산술 부/복호화과정을 다른 초기 확률을 이용해 수행하는 과정을 보여준다. 부호화 할 이진 시퀀스 '01111'에서 심볼의 발생확률은 p(0) = 0.2, p(1) = 0.8이므로, 이 예제에서 사용한 초기 확률 p(0) = 0.25, p(1) = 0.75가 그림 11-9의 예제의 초기 확률 p(0) = p(1) = 0.5보다 실제 확률에 더 근사함을 알 수 있다. 더 정확한 초기 확률을 사용한 결과, 동일한 적응적 이진 산술 코딩을 거쳤을 때, 그림 11-9의 부호화 출력의 길이는 9비트인 반면 그림 11-10의 부호화 출력의 길이는 6비트임을 볼 수 있다.

적응적 이진 산술 코딩에서 확률 업데이트 방법은 초기 확률만큼 부호화 성능에 큰 영향을 미친다. 이 전의 두 개의 예제에서는 이전에 발생한 심볼의 개수를 누적하여, 다음 심볼의 발생확률을 예측하는 방식을 사용하였다. 이것은 적응적 이진 산술 코딩을 구현할 수 있는 간단하고 효율적인 방법이지만, 실제 HEVC의 엔트로피 코딩에서는 다른 확률 업데이트 방법을 사용한다. 11.5.1에서 자세히 설명될 HEVC 엔트로피 코딩의 확률 업데이트는 현재 확률 모델과 이전에 발생한 심볼을 이용하여 계산된다.

11.3.4 비디오 코딩에서의 산술 코딩

산술 코딩이 비디오 코딩에 적용되어 사용되는 방법에 대해 알아보자. 그림 11-11은 HEVC의 비디오 코딩 블록도이다. 엔트로피 코딩은 비디오 부호화가 모두 끝난 후 결정된 부호화 모드, 움직임 벡터, 잔차 신호 등의 신택스에 대해서 이루어지며, 일반적으로 허프만 코딩, CABAC, CAVLC 등의 VLC 방법이 사용된다. 비디오 코덱 표준인 H.264/AVC는 CABAC, CAVLC 두 종류의 엔트로피 코딩 방법을 선택적으로 사용하는데, CABAC는 H.264/AVC 하이 프로파일(High profile)에서, CAVLC는 베이스라인 프로파일(Baseline profile)에서 사용된다. CABAC와 CAVLC의 성능을 비교하여 보면, CABAC가 약 9%~14% 높은 압축 성능을 보인다 [4]. 이러한 CABAC의 높은 압축 성능으로 인해 H.264/AVC 이후의 차세대 비디오 코덱 표준인 HEVC는 CABAC을 유일한 엔트로피 코딩 방법으로 채택하였다. 다만, CABAC는 CAVLC에 비해 연산량이 많아 복잡도가 높고 순차적 구조를 가지고 있어 병렬수행이 어려운

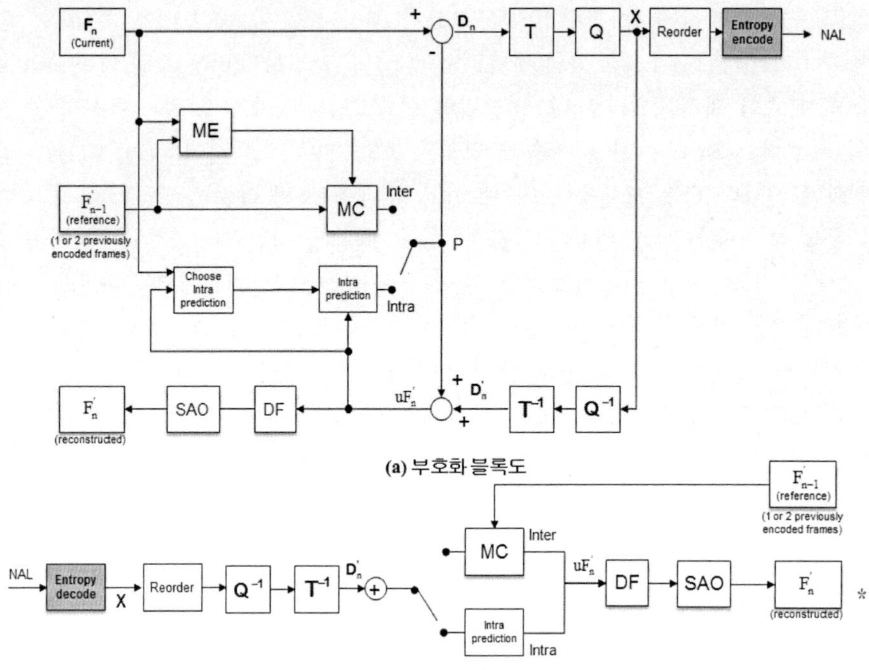

(a) 부호화 블록도

(b) 복호화 블록도

**그림 11-11 HEVC 부/복호화기의 블록도

문제점이 있다.

CABAC는 문맥기반의 적응적 이진 산술 코딩를 의미한다. 즉, 이진 산술 코딩을 수행하는 과정에서 신택스의 문맥과 이전에 발생한 심볼을 보고 이에 따라 적응적으로 업데이트된 확률 모델을 사용하는 것이다. 비록 확률 초기화 및 업데이트 과정 등에서 차이가 있지만, CABAC는 11.3.3 절에 소개된 적응적 이진 산술 코딩 방법과 개념적으로 동일하다.

11.4 CABAC(Context-based Adaptive Binary Arithmetic Coding)

그림 11-12는 H.264/AVC CABAC의 부호화 블록도를 나타낸다. CABAC의 부호화 과정을 간단히 살펴보면 다음과 같다. 영상 부호화 후 생성된 신택스 요소들은 이진화 과정을 거쳐 0과 1만으로 이루어진 빈(Bin)의 배열인 빈 스트링(Bin string)으로 변환된다. 빈은 CABAC의 엔트로피 코딩의 기본단위이다. 각각의 빈에 대하여 정규 코딩 방법 또는 우회 코딩 방법이 적용될 수 있다. 정규 코딩은 문맥 모델링을 사용하여 빈의 확률을 예측하는 적응적 이진 산술 코딩이며, 우회 코딩은 이진화된 빈 스트링을 그대로 비트스트림으로 출력한다. 우회 코딩은 부/복호화기의 복잡도 감소를 위해 특정 신택스 요소에 대해 적용되는 단순 코딩 방법이다. 그림 11-13은 CABAC의 복호화 블록도이다. CABAC 복호화의 입력은 CABAC로 부호화된 비트스트림이며, 부호화 과정과 동일한 정규 코딩 또는 우회 코딩 과정을 거쳐 비트스트림으로부터 빈을 생성한다. 이러한 과정을 반복하여 빈 스트링이 만들어지고, 빈 스트링은 역 이진화 과정을 거쳐 신택스 요소로 변환된다.

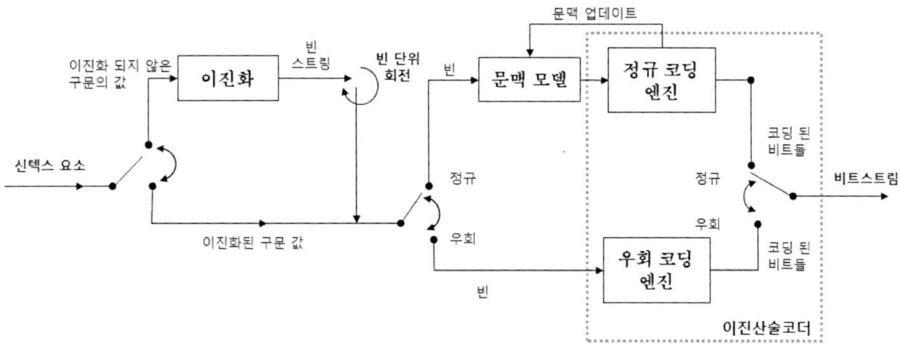

**그림 11-12 CABAC 부호화 블록도

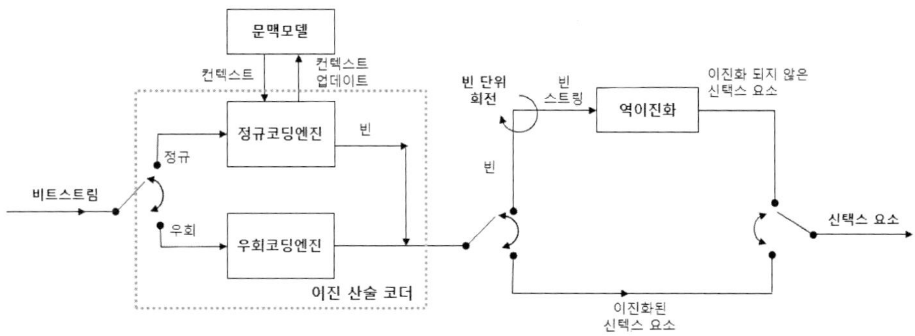

**그림 11-13 CABAC 복호화 블록도

이번 절에서는 HEVC의 CABAC에 관해 자세히 살펴본다. HEVC를 포함한 모든 비디오 압축 표준은 복호화 과정만이 정해져 있으므로, 이 절에서도 필요한 몇몇의 경우를 제외하고 대부분이 복호화 과정 위주로 설명되어 있음을 밝힌다.

11.4.1 신택스 요소의 파싱(Parsing of syntax elements)

그림 11-14는 HEVC 표준에 정의된 CABAC 복호화의 신택스 요소의 파싱 과정을 나타낸다. CABAC 복호화의 입력은 CABAC 부호화기를 통해 생성된 비트스트림과 특정 신택스 요소에 대한 요청이며, 출력은 비트스트림으로부터 추출한 신택스 요소이다. CABAC 복호화기는 먼저 현재 신택스 요소가 슬라이스 세그먼트, 타일 또는 CTU 행의 첫 번째로 나온 신택스 요소일 경우 CABAC 초기화를 수행한다. CABAC 초기화는 11.4.2의 복호화 엔진 초기화와 11.4.4.1의 문맥 초기화 과정을 포함한다.

CABAC 초기화 이후, CABAC 복호화기는 복호화할 신택스 요소에 해당하는 이진화 빈 스트링의 집합을 구하고(Get Binarization), binIdx, ctxTable, ctxIdx 등의 파라미터를 이용해 계산된 확률 정보를 이용해(11.4.4.2 참조) 각각의 빈을 복호화한다. 빈의 복호화는 복호화된 빈으로 이루어진 빈 스트링 ($b0,...,b_{binIdx}$)이 이전에 구한 이진화 빈 스트링들 중 하나와 같아질 때 까지 반복된다. 이렇게 구해진 빈 스트링은 역 이진화를 통하여 신택스 요소로 변환할 수 있다. 이와 같은 과정을 거친 후, pcm코딩이 사용될 경우(pcm_flag==1) pcm_alignment_zero_bit 등의 정보를 복호화하기 위한 초기화를 거치고, CTU의 마지막 신택스 요소인지 등의 조건을 판별한 후 앞서 문맥 초기화 과정에서 계산된 확률정보를 저장하는 과정을 수행한다 (11.4.4.3 참조).

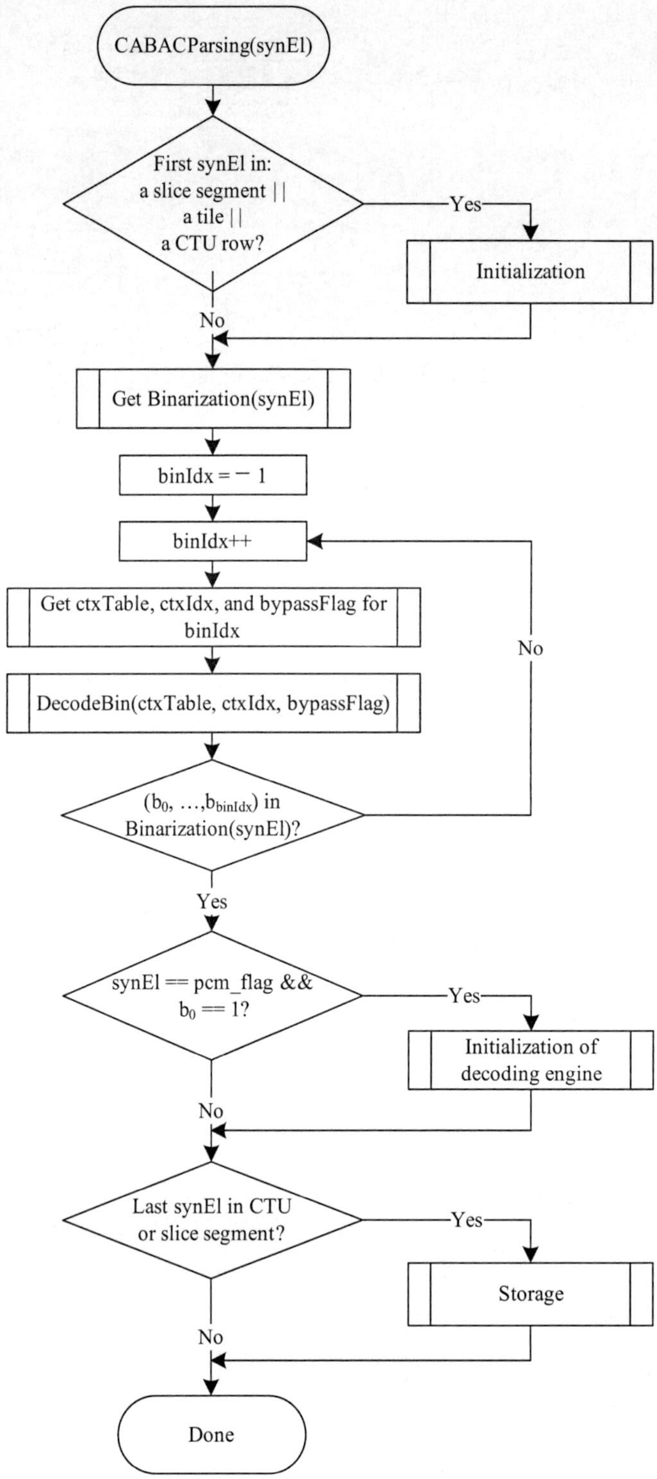

**그림 11-14 HEVC CABAC 복호화의 신택스 요소 파싱

11.4.2 CABAC 초기화

그림 11-15는 CABAC 초기화 과정의 흐름도를 나타낸다. 초기화 과정은 11.4.4.1의 문맥 초기화 또는 11.4.4.3의 저장된 문맥 정보에 대한 동기화 과정을 수행하며(Storage and Synchronization, 11.4.4.3 참조), 복호화 엔진의 초기화도 이루어진다. 그림 11-15에 나타난 흐름도에서 알 수 있듯이, CABAC 초기화 과정은 세 가지 조건을 판별하여 각각 다른 초기화 과정을 수행한다.

첫 번째 조건으로, 만약 신택스 요소가 독립 슬라이스 세그먼트 또는 타일의 첫 번째 신택스 요소일 경우엔 문맥 초기화와 복호화 엔진 초기화가 둘 다 이루어진다. 첫 번째 조건을 만족하지 않을 경우, 두 번째 조건인 'CTU 행의 첫 신택스 요소 && entropy_coding_sync_enable_flag'를 판별하며 이 조건을 만족할 경우 현재 신택스 요소가 속한 CTB와 공간적으로 이웃한 블록 T를 구하는 과정이 수행된다. 블록 T는 CTB의 상위 오른쪽에 위치한 CTB를 의미하는데, 현재 CTB와 T와의 공간적 관계는 그림 11-16에 나타나 있다. 이 때 T는 CTU 행의 두 번째 CTU에 해당하는 블록이므로 11.4.4.3에 의해 문맥 정보의 저장을 수행하게 되어있다. 따라서, T가 사용 가능하다면 (availableFlagT==1) 초기화 과정은 T에서 저장된 문맥 정보(TableStateIdxWpp, TableMpsValWpp)를

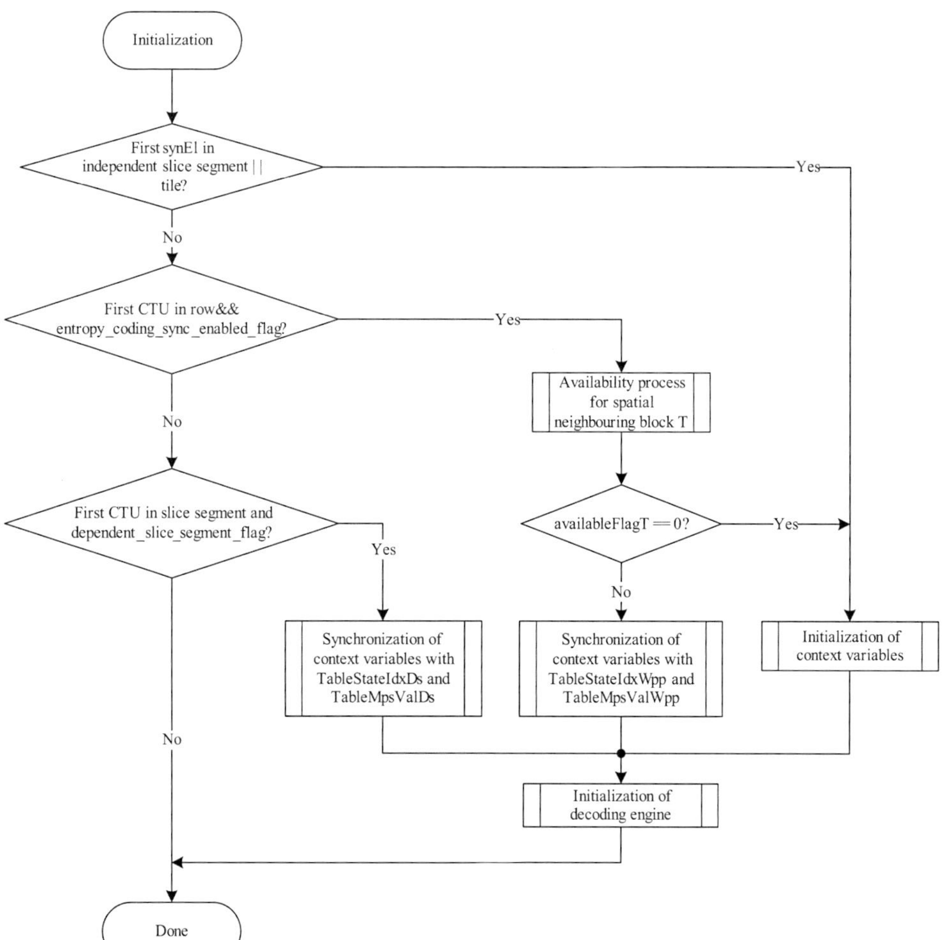

**그림 11-15 HEVC CABAC 초기화 흐름도

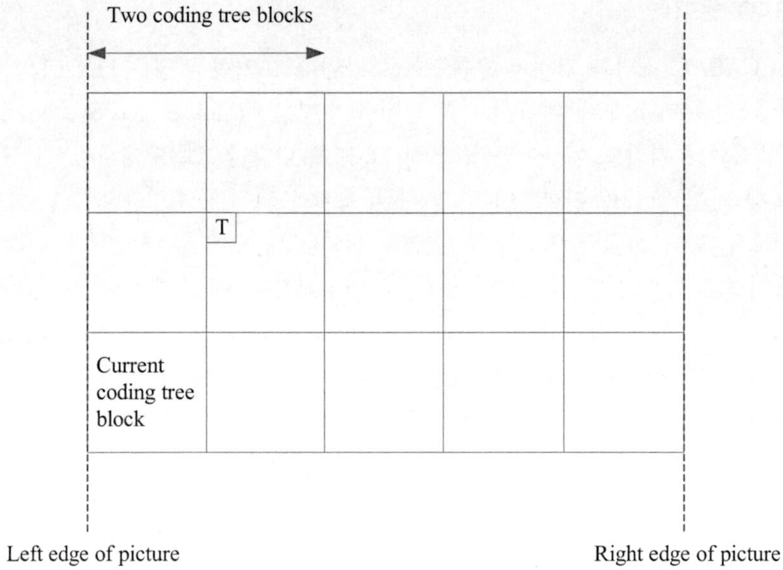

**그림 11-16 현재 CTB와 공간적으로 이웃하는 블록 T와의 관계

동기화하여 현재 신택스 요소의 코딩에 사용할 수 있다. 만약 T를 사용할 수 없다면, 문맥 초기화 과정이 수행된다. 이 때 만약 entropy_coding_sync_enable_flag의 값이 0이라면 신택스 요소가 CTU 행의 첫 번째에 위치하더라도 초기화 또는 동기화 과정이 수행되지 않을 수 있음을 알아두자. 두 번째 조건도 만족하지 않는 신택스 요소에 대해서는, 마지막으로 신택스 요소가 비독립 슬라이스 세그먼트의 첫 번째 신택스 요소일 경우 문맥 동기화 과정을 수행한다. 이 때 동기화되는 문맥 정보 (TableStateIdx, TableMpsValDs)는 이전 슬라이스의 마지막 신택스 요소를 코딩한 후 저장된 값이다. 이 때, 위에서 설명한 세 가지 조건 중 적어도 하나의 경우에 해당한다면 CABAC 복호화기의 초기화 과정이 수행된다. 그렇지 않은 경우 문맥 초기화, 동기화, 저장 및 복호화기 초기화 중 어떠한 작업도 수행되지 않는다.

복호화 엔진 초기화 과정은 비트스트림에 대한 CABAC 산술 복호화 과정을 수행하기 위한 준비과정을 수행한다. 제일 먼저 범위를 나타내는 변수 ivlCurrRange가 초기화 되는데, 11.3에서 소개된 산술 코딩 방법과 달리 HEVC의 CABAC 산술 코딩에서는 모든 범위 및 간격을 정수 단위로 나타내기 위하여 초기 범위를 1이 아닌 510으로 초기화한다. 다음은 오프셋을 나타내는 변수 ivlOffset을 CABAC 부

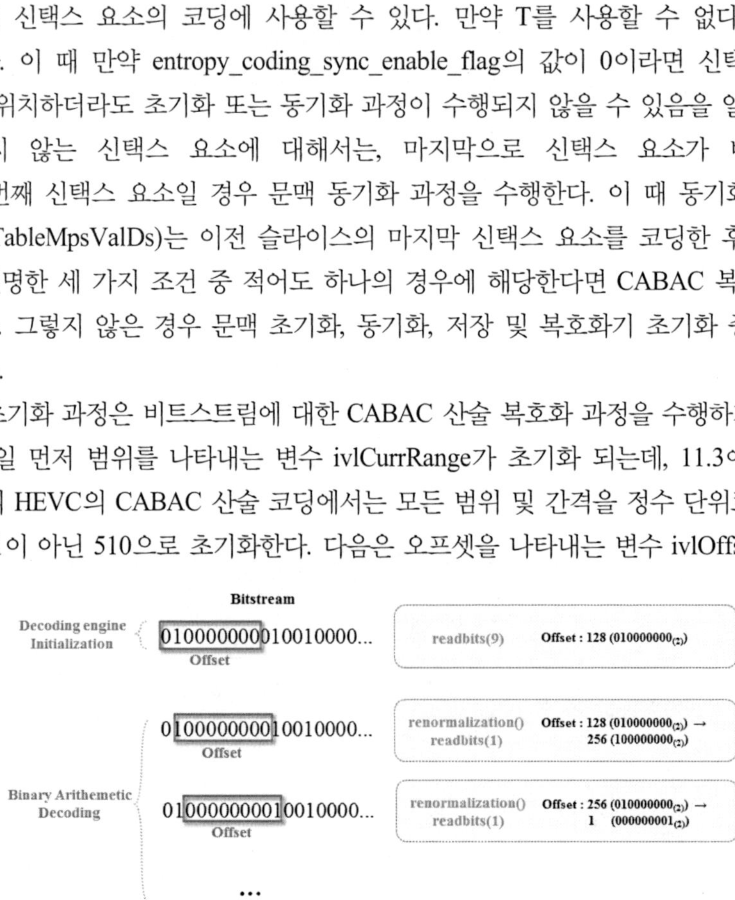

**그림 11-17 CABAC 복호화 엔진의 초기화와 이진 산술 복호화 과정

호화기로 생성된 비트스트림으로부터 읽어온 값으로 초기화한다. 그림 11-17은 복호화 엔진의 초기화와 이후 산술 코딩 과정을 간단하게 나타내고 있다. ivlOffset은 9비트의 정확도를 갖기 때문에, 그림 11-17과 같이 산술 코딩 엔진은 서브루틴 readbits(9)를 통해 비트스트림 '0100000001001000 0...' 의 첫 9비트 '010000000'를 읽어 ivlOffset에 저장한다. 이렇게 초기화 된 ivlOffset은 이후 이진 산술 코딩 과정에서 재정규화 및 readbits를 통해 MSB를 버리고 비트스트림으로부터 읽은 새 비트를 LSB에 넣는 과정을 다음 복호화 엔진 초기화 과정이 수행되기 전까지 반복한다.

11.4.3 이진화(Binarization)

비디오 코딩의 신택스는 문자, 실수 등 다양한 형태가 존재하지만 CABAC의 입력은 이진 심볼만이 허용된다. 따라서 다양한 형태를 갖는 신택스를 CABAC에서 처리할 수 있는 이진수 형태로 변환하여 주는 이진화(Binarization)과정과 반대로 이진화된 빈 스트링을 변환 전의 신택스 요소로 바꾸어주는 역이진화 과정이 필요하다. 표 11-5는 0을 포함한 자연수로 이루어진 신택스 요소를 단항 코드(Unary code)로 이루어진 빈 스트링으로 변환하는 단항 이진화(Unary binarization) 방법을 나타낸다. HEVC에서는 이와 같은 방법으로 모든 신택스 요소를 이진화 과정을 통해 빈 스트링으로 변환하는 과정을 수행한다. 이 때, 이진화 방법은 신택스 요소의 종류에 따라 단항 이진화 이외에도 여러 가지의 방법이 존재한다.

| 표 11-5 | 단항 이진화 방법

Value of syntax element	Bin string					
0	0					
1	1	0				
2	1	1	0			
3	1	1	1	0		
4	1	1	1	1	0	
5	1	1	1	1	1	0
...	.	.	.	.	.	.
binIdx	0	1	2	3	4	5

| 표 11-6 | 단각 신택스 요소에 대한 이진화 방법

Syntax structure	Syntax element	Binarization	
		Process	Input parameters
slice_segment_data( )	end_of_slice_segment_flag	FL	cMax = 1
	end_of_sub_stream_one_bit	FL	cMax = 1
sao( )	sao_merge_left_flag	FL	cMax = 1
	sao_merge_up_flag	FL	cMax = 1
	sao_type_idx_luma	TR	cMax = 2, cRiceParam = 0
	sao_type_idx_chroma	TR	cMax = 2, cRiceParam = 0
•••			

표 11-6은 HEVC에서 사용하는 이진화 방법을 일부 나타낸 것이다. 신택스 요소의 이진화 과정에서 신택스 요소에 따라 다른 이진화 과정이 적용됨을 볼 수 있다. HEVC는 각 신택스의 특성을 고려하여 이에 맞는 이진화 방법을 선택하는데, 그 종류로는 고정길이 이진화 방법 (FL : Fixed Legnth), Rice 이진화 방법 (Truncated Rice), k-th order exp-Golomb 이진화 방법 (EGk), Golomb-rice 이진화 방법 등 여러 방법이 있다. 여기서, Golomb-rice 이진화 방법은 H.264/AVC에서 사용되지 않은 새로운 방법으로, 계수의 크기를 보다 효율적으로 이진화하기 위해 제안된 기술이다.

이진화 후에는 빈 스트링의 각각의 빈에 대하여 이진 산술 코딩 과정이 시작된다. 11.3.3에서와 마찬가지로 CABAC에서도 산술 코딩을 위한 심볼의 초기 확률을 예측해야 하는데, CABAC에서는 이진화된 신택스의 종류 및 이미 부호화 된 주변 블록의 정보를 이용하여 심볼의 초기 확률을 결정한다.

| 표 11-7 | StateIdx와 매칭되는 LPS의 확률

State Idx	LPS prob.	MPS prob.	State Idx	LPS prob.	MPS prob.	State Idx	LPS prob.	MPS prob.
0	0.50	0.50	21	0.17	0.83	42	0.06	0.94
1	0.48	0.52	22	0.16	0.84	43	0.05	0.95
2	0.46	0.54	23	0.15	0.85	44	0.05	0.95
3	0.44	0.56	24	0.15	0.85	45	0.05	0.95
4	0.42	0.58	25	0.14	0.86	46	0.05	0.95
5	0.40	0.60	26	0.13	0.87	47	0.04	0.96
6	0.38	0.62	27	0.13	0.87	48	0.04	0.96
7	0.36	0.64	28	0.12	0.88	49	0.04	0.96
8	0.34	0.66	29	0.11	0.89	50	0.04	0.96
9	0.32	0.68	30	0.11	0.89	51	0.04	0.96
10	0.30	0.70	31	0.10	0.90	52	0.04	0.96
11	0.29	0.71	32	0.10	0.90	53	0.03	0.97
12	0.28	0.72	33	0.09	0.91	54	0.03	0.97
13	0.26	0.74	34	0.09	0.91	55	0.03	0.97
14	0.25	0.75	35	0.08	0.92	56	0.03	0.97
15	0.24	0.76	36	0.08	0.92	57	0.03	0.97
16	0.22	0.78	37	0.08	0.92	58	0.03	0.97
17	0.21	0.79	38	0.07	0.93	59	0.02	0.98
18	0.20	0.80	39	0.07	0.93	60	0.02	0.98
19	0.19	0.81	40	0.06	0.94	61	0.02	0.98
20	0.18	0.82	41	0.06	0.94	62	0.02	0.98
						63	0.01	0.99

11.4.4 문맥 모델링 (Context modeling)

이진화의 출력인 빈 스트링은 0과 1의 값을 갖는 빈으로 이루어진다. 문맥은 심볼의 발생확률에 관한 정보로서, 문맥 모델링은 이진화 결과인 빈을 입력으로 하여 이진 산술 코딩에 필요한 빈의 확률을 추정하는 과정이다. 확률 추정을 위해 빈의 신택스 정보, 빈 스트링에서의 빈의 위치인 빈 인덱스(binIdx), 빈이 들어있는 블록의 주변 블록에 포함된 빈의 확률 등이 이용된다.

표 11-8 문맥 초기화 수행에 대한 의사 코드

단계 1: initType을 결정함

if(slice_type = = I)
    initType = 0
elseif(slice_type= = P)
    initType = cabac_init_flag ? 2 : 1
else
    initType = cabac_init_flag ? 1 : 2

단계 2: init value를 통해 m 값과 n 값을 얻어냄
slopeIdx = initValue >> 4 intersecIdx = initValue & 15 m = slopeIdx*5 − 45 n = (intersecIdx << 3) − 16
단계 3: MPS와 pStateIdx를 결정함
preCtxState = Clip3(1, 126, ((m * Clip3(0, 51, SliceQPY)) >> 4) + n) valMPS=(preCtxState <= 63) ? 0 : 1 pStateIdx=valMPS?(preCtxState − 64):(63−preCtxState)

HEVC의 CABAC에서는 확률을 표현하기 위해 소수점 수 대신 확률을 양자화 한 인덱스(StateIdx)를 사용한다. 표 11-7은 StateIdx와 매칭되는 LPS (Least Probable Symbol)의 발생확률 값을 기술한 표이다. LPS는 빈의 두 심볼 0과 1 중 발생 확률이 더 낮은 심볼을 가리키는 단어이며, 반대로 발생 확률이 높은 심볼은 MPS (Most Probable Symbol)이라 한다. 그림 11-18(a)는 표 11-7에 대한 LPS의 확률을 그래프로 나타낸 것이며, 그림 11-18(b)는 표 11-7에 대한 MPS의 확률을 그래프로 나타낸 것이다. 실제 H.264/AVC와 HEVC CABAC의 복호화 과정에서는 LPS의 확률만을 가지고 있으며 MPS의 확률은 1에서 LPS의 확률을 뺀 값을 사용한다.

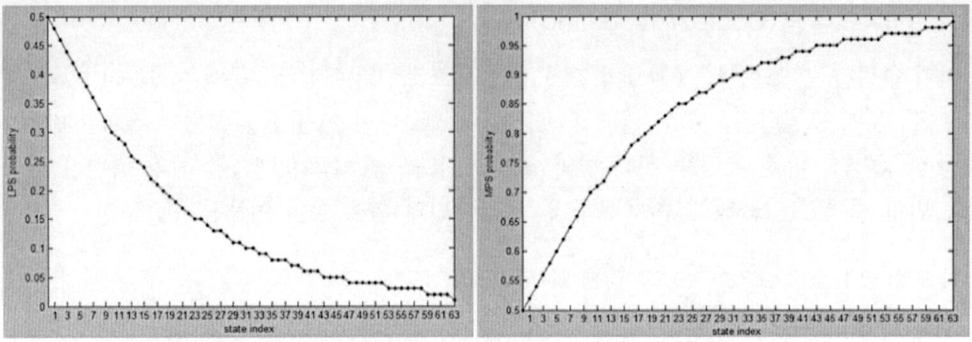

(a) LPS 확률 (b) MPS 확률

**그림 11-18 StateIdx에 따른 LPS와 MPS의 확률

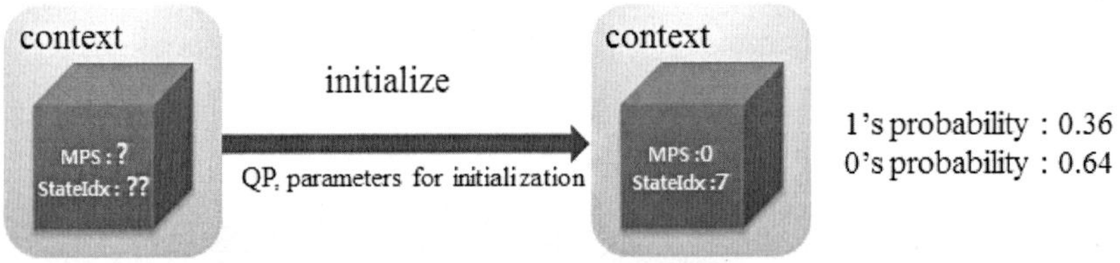

**그림 11-19 문맥초기화 개념

11.4.4.1 문맥 초기화

11.3절의 예제를 통해, 적응적 이진 산술 코딩에서는 심볼의 초기 확률을 실제 확률과 근사하게 정하는 것이 중요함을 밝힌 바 있다. HEVC의 CABAC에서도 정확한 심볼의 초기 확률을 구하기 위하여, 다양한 문맥 정보를 이용해 심볼의 초기 확률을 계산한다. 그림 11-19에서 볼수 있듯이, HEVC의 CABAC에서 문맥 초기화는 다음과 같은 조건을 만족하는 신택스 요소의 첫 번째 빈을 코딩하기 전에 수행된다.

① 슬라이스 세그먼트(Slice segment) 또는 타일(Tile)의 첫 번째 신택스 요소
② 각 행의 첫 번째 CTU의 첫 번째 신택스 요소

그런데, 실제로 문맥 초기화 과정이 수행되는 경우는 다음 두 가지 경우에 한정된다.

① 독립 슬라이스 세그먼트(Independent slice segment)의 첫 번째 신택스 요소
② 행의 첫 번째 CTU 중 상위 우측(TOP right) CTU에 저장(Storage)된 확률정보를 참조할 수 없는CTU의 신택스 요소

위 두 가지의 조건을 만족하는 경우를 제외하면 문맥 초기화 대신 저장된 확률 정보에 대한 동기화 과정이 수행된다(11.4.4.3 참조). HEVC의 CABAC에서 이와 같이 독립 슬라이스와 첫 번째 CTU 단위로 초기화를 해 주는 이유는 CABAC의 병렬화를 가능케 하기 위함이다. CABAC는 의존성이 높은 수행 과정의 특성상 병렬화하기가 매우 까다로운데, 이와 같이 슬라이스 단위로 초기화를 할 경우 각각의 슬라이스 마다 독립적으로 코딩하는 것이 가능해져 처리과정의 병렬화가 매우 수월해진다.

| 표 11-9 | 신택스 종류 및 initType에 따른 ctxIdx의 값 (부록 표 C-1)

	Syntax element	ctxTable	initType		
			0	1	2
sao()	sao_merge_left_flag sao_merge_up_flag	Table 9-5	0	1	2
	sao_type_idx_luma sao_type_idx_chroma	Table 9-6	0	1	2
coding_quadtree()	split_cu_flag	Table 9-7	0..2	3..5	6..8
coding_unit()	cu_transquant_bypass_flag	Table 9-8	0	1	2
	skip_flag	Table 9-9		0..2	3..5
	cu_qp_delta_abs	Table 9-10	0..1	2..3	4..5
	pred_mode_flag	Table 9-11		0	1
	part_mode	Table 9-12	0	1..4	5..8
prediction_unit()	prev_intra_luma_pred_flag	Table 9-13	0	1	2
	intra_chroma_pred_mode	Table 9-14	0	1	2
	merge_flag	Table 9-15		0	1
	merge_idx	Table 9-16		0	1
	inter_pred_idc	Table 9-17		0..4	5..9
	ref_idx_l0, ref_idx_l1	Table 9-18		0..1	2..3
	abs_mvd_greater0_flag	Table 9-19		0	1
	abs_mvd_greater1_flag	Table 9-19		2	3
	mvp_l0_flag, mvp_l1_flag	Table 9-20		0	1
•••					

HEVC CABAC의 초기화 과정은 문맥 초기화와 산술 코딩 초기화로 나눌 수 있다. 문맥은 초기화는 신택스의 종류, QP (Quantization Parameter), 슬라이스 타입에 따라 문맥을 초기화하는 과정이다. HEVC의 CABAC에서는 MPS의 값과 LPS의 발생확률을 문맥으로 정의한다. 표 11-8의 문맥 초기화 수행에 대한 의사 코드를 살펴보면, 3단계로 나누어 설명할 수 있다. 실제 문맥을 초기화하기 위해서는 입력으로 sliceQPY와 m, n 값이 필요하다. 먼저, m, n 값을 얻어내기 위해서 단계 1과 단계 2를 거쳐야 한다. 단계 1은 initType을 결정하는 단계이다. initType은 슬라이스의 종류와 슬라이스 헤더에 전송되어진 cabac_init_flag의 값을 통해 결정된다. cabac_init_flag는 문맥 초기화를 결정하기 위한 파라미터이다. 단계 1에서 initType을 알아낸 후에는 단계 2를 통해 초기화를 위한 파라미터인 m, n을 얻는다. 단계 2의 initValue는 신택스의 종류와 initType의 값에 따라 결정된다. 표 11-9는 각 신택스마다 어떠한 테이블을 이용하여 신택스를 초기화 할 것인지를 저장하고 있다. 표 11-9에서 initType에 따라 문맥 모델을 초기화하기 위해 네 번째 열에 사용할 초기화 변수가 명시되어 있다. 문맥 모델의 초기화 과정의 예로, split_cu_flag 신택스의 initValue를 찾는 과정을 알아보자. 표 11-9를 참조하면, split_cu_flag는 부

▌표 11-10▐ 문맥 초기화를 위한 문맥인덱스 정보 (부록 표 C-4)

Table 9-7	Initialization variable	split_cu_flag ctxIdx								
		0	1	2	3	4	5	6	7	8
	initValue	139	141	157	107	139	126	107	139	126

록 표 C-4의 정보를 이용하여 문맥 초기화를 한다 (이외의 신택스 요소에 대한 문맥 초기화 테이블도 모두 부록 C에서 찾아볼 수 있다). 예를 들어, 슬라이스 타입이 intra 이고, cabac_init_flag가 0일 경우, 표 11-8의 단계 1로부터 split_cu_flag의 초기화 변수는 0, 1, 2가 된다. 다음, initValue를 알아내기 위해 split_cu_flag에 해당되는 초기화 테이블(표 11-10)을 참조한다. 0, 1, 2에 해당되는 initValue는 139, 141, 152이며, 문맥 인덱스(ctxIdx)에 의해 어떤 값이 iniValue로 사용될지 결정된다. ctxIdx는 이후 소개할 문맥 모델링 과정에서 계산되는데, 이 경우 ctxIdx의 값으로 0이 선택되었다. 이렇게 얻은 initValue 값을 통해 단계 2에서 m과 n의 값을 얻어낼 수 있다. 그리고, 실제로 문맥 초기화가 이루어지는 단계 3의 입력 중 하나인 sliceQPY는 슬라이스 헤더에 전송되는 slice_qp_delta를 이용하여 알아낼 수 있다. 단계 3은 초기화 파라미터인 m, n, sliceQPY를 통해 1에서 126까지의 값을 얻어내고 이를 통해 valMPS와 pStateIdx 값을 얻어낼 수 있다.

11.4.4.2 문맥 인덱스(ctxIdx)의 산출 과정

11.4.4.1에서 소개한 바와 같이, 문맥 초기화 과정은 표 11-9를 통해 신택스 요소로부터 ctxTable을 선택하고 이 테이블에 정의된 initValue를 이용하여 확률 모델을 초기화한다. 그림 11-20은 HEVC에 정의된 26개의 ctxTable의 일부를 나타낸다. 각각의 ctxTable에는 여러 개의 initValue가 정의되어 있는데, 빈 스트링에서 빈의 위치를 가리키는 binIdx 및 주변 블록 정보 등을 이용해 유도된 ctxIdx를 이용해 어떤 initValue를 사용하여 문맥 초기화를 수행할지 결정한다.

ctxIdx는 ctxIdxOffset과 ctxInc라는 두 파라미터의 합으로 계산된다. ctxIdxOffset은 신택스 요소의 종류와 initType에 의해 표 11-9로부터 구할 수 있는 ctxIdx의 값이다. 그런데, 표 11-9의 몇몇의 항목은

▌표 11-11▐ 신택스 종류 와 binIdx에 따른 ctxInc의 값

Syntax element	binIdx					
	0	1	2	3	4	>=5
sao_merge_left_flag sao_merge_up_flag	0	na	na	na	na	na
sao_type_idx_luma sao_type_idx_chroma	0	bypass	na	na	na	na
split_cu_flag	0,1,2	na	na	na	na	na
cu_transquant_bypass_flag	0	na	na	na	na	na
skip_flag	0,1,2	na	na	na	na	na
…						

ctxTable

①

Initialization variable	ctxIdx of sao_merge_left_flag and sao_merge_up_flag		
	0	1	2
initValue	153	153	153

②

Initialization variable	ctxIdx of sao_type_idx_luma and sao_type_idx_chroma		
	0	1	2
initValue	200	185	160

③

Initialization variable	ctxIdx of split_cu_flag								
	0	1	2	3	4	5	6	7	8
initValue	139	141	157	107	139	126	107	139	126

...

㉖

Initialization variable	ctxIdx of coeff_abs_level_greater2_flag								
	0	1	2	3	4	5	6	7	8
initValue	138	153	136	167	152	152	107	167	91
	9	10	11	12	13	14	15	16	17
initValue	122	107	167	107	167	91	107	107	167

**그림 11-20 신택스에 따른 문맥 테이블 (ctxTable)

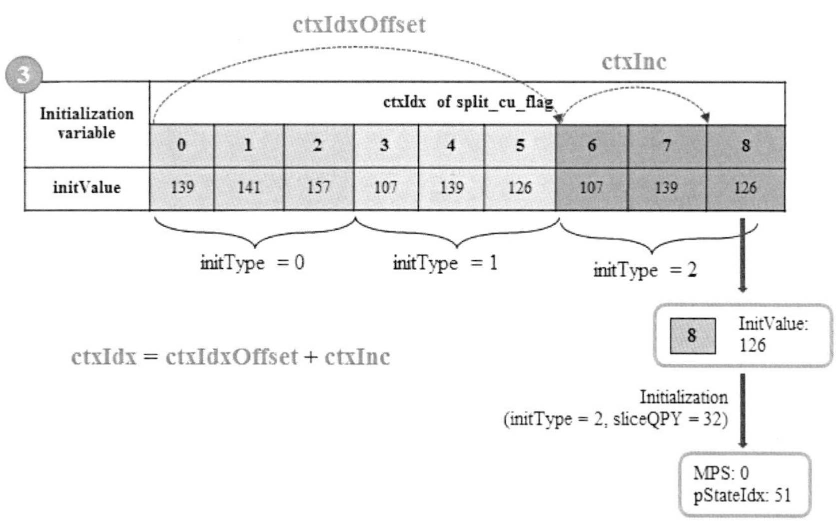

**그림 11-21 문맥 선택 과정 (ctxIdxOffset, ctxInc)

복수의 ctxIdx를 정의하고 있음을 볼 수 있다. 예를 들어 신택스 요소가 split_cu_flag이고 initType이 2인 경우 ctxIdx는 6, 7, 8 세 가지의 값 중 하나를 가질 수 있도록 정의되어 있는데, 이런 경우 ctxOffset은 세 값중 가장 작은 6이 되고, 여기에 ctxInc = 0, 1, 2를 더하여 ctxIdx를 계산한다. 즉, ctxInc는 표 11-9에서 같은 신택스와 같은 initValue에 대해 복수로 정의된 ctxIdx 중 어떤 값을 선택할지 결정하는 역할을 한다.

ctxInc는 신택스의 종류와 binIdx, 즉 현재 빈의 빈 스트링에서의 위치 정보를 사용하여 계산한다.

표 11-11은 HEVC 표준문서에 정의된 신택스 종류 및 binIdx를 통한 ctxInc의 결정 방법을 일부 나타낸다 [5]. 여기서 na (not available)로 표기되어 있는 항목은 해당 신택스와 binIdx를 갖는 빈이 존재하지 않음을 의미한다. 예를 들어, flag 신택스 요소의 경우 1비트로 표현이 가능하기 때문에 binIdx 1 이상이 존재하지 않으므로 binIdx = 0을 제외하고 모두 na로 표기한다. bypass로 표기되어 있는 경우, 이 항목에 해당되는 신택스 요소와 binIdx를 갖는 빈은 이진 산술 코딩 과정을 거치지 않고 우회 코딩을 통해 부/복호화 됨을 의미한다. 복수의 ctxInc 값이 포함된 항목도 여럿 볼 수 있는데, 이러한 경우 신택스 요소의 종류에 따라 주변블록 신택스, CU 깊이 정보 및 변환 사이즈 등 신택스 요소에 연관되는 다양한 정보를 이용해서 ctxInc의 값을 유도하도록 HEVC 표준문서에 정의되어 있다 [5].

그림 11-21은 문맥 모델링 과정의 예로 신택스 요소 split_cu_flag에 대한 MPS와 pStateIdx의 유도 과정을 도식화하고 있다. 여기서 initType, sliceQPY와 binIdx는 각각 2, 32, 그리고 0이라고 가정하자. 먼저, initType이 2이므로 표 11-9로부터 ctxIdx의 후보 값은 6, 7, 8이 된다. 이 때, ctxIdxOffset는 이 세 가지 값 중 가장 작은 6이 된다. 그 다음으로 ctxInc가 계산되는데, binIdx = 0이므로 표 11-11로부터 ctxInc는 0, 1, 2중 하나의 값을 갖는 것을 알 수 있다. 이 세 가지 값 중 어떤 것을 ctxInc로 결정할지는 주변 블록의 CU깊이 정보를 통해 계산되는데, 이 과정은 표준문서에 설명되어 있다 [5].

11.4.4.3 문맥 정보의 저장과 동기화 (Storage and synchronization)

문맥 정보의 저장 및 동기화는 CABAC의 이진 산술 코딩과정에서 산출된 범위 및 LPS 간격의 정보를 저장하여 다른 신택스 요소를 코딩 할 때 문맥 초기화 없이 저장된 확률 정보와 동기화한다. 이로써 고정된 초기 확률 대신 실제 데이터로 훈련된 확률정보를 사용해 코딩 성능을 높이고 초기화 과정을 생략하여 연산량을 줄일 수 있다. HEVC의 CABAC에서는 다음 두 가지 경우에 대하여 저장을 수행한다.

① 슬라이스 세그먼트의 마지막 신택스 요소
② 각 행의 두 번째 CTU의 마지막 신택스 요소

저장에 대한 흐름도는 그림 11-22와 같이 표준문서에 정의되어 있으며, 저장되는 정보는 모든 신택스 요소에 대한 MPS와 stateIdx이다 [5]. 각각의 경우에 저장된 확률 정보는 다음 두 가지 경우에 동기화하여 사용된다.

① 비독립 슬라이스 세그먼트의 첫 번째 신택스 요소
② 각 행의 첫 번째 CTU의 첫 번째 신택스 요소 (상위 오른쪽에 위치한 CTU (Top right CTU)에 저장된 확률 정보를 사용 가능한 경우)

즉, 독립 슬라이스 세그먼트의 마지막에 저장된 확률정보는 다음 비독립 슬라이스에서 사용되며, 각 행의 두 번째 CTU에서 저장된 확률정보는 다음 행의 첫 번째 CTU에서 사용된다 (단, entropy_coding_sync_enabled_flag의 값이 1인 경우). 이 때 첫 번째가 아닌 두 번째 CTU의 확률정보를 저장하는 이유는 그림 11-23과 같이 CABAC의 wavefront 병렬 처리를 염두에 두었기 때문이다.

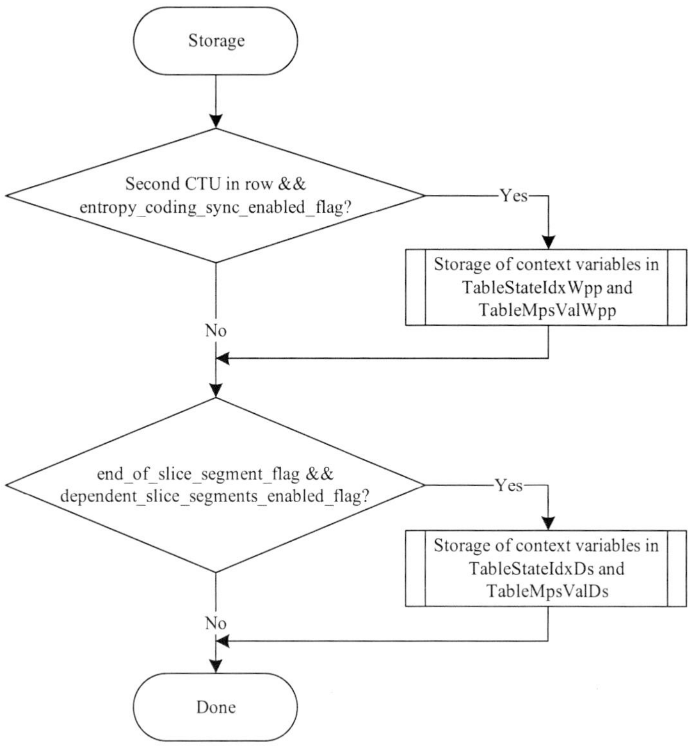

**그림 11-22 저장에 대한 흐름도

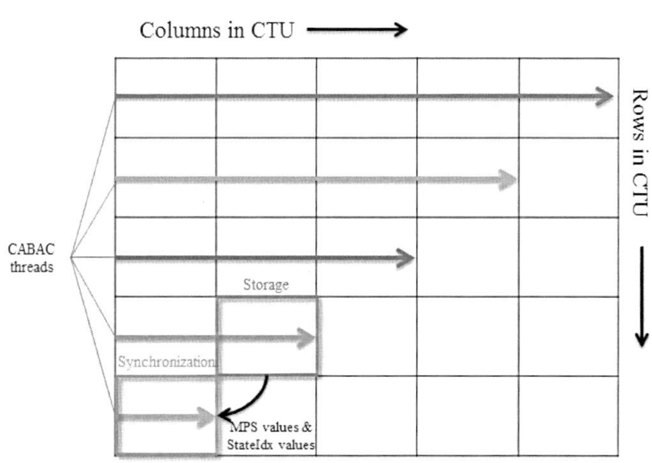

**그림 11-23 저장 및 동기화와 wavefront 병렬 처리의 예

11.4.5 HEVC CABAC의 이진 산술 코딩

이진 산술 코딩은 문맥 모델링으로부터 얻은 빈의 확률정보를 이용하여 빈을 부/복호화한다. HEVC CABAC의 이진 산술 코딩은 11.3.3의 적응적 이진 산술 코딩과 유사한 과정을 수행하지만, 다음과 같은 특징을 갖는다. 먼저, 부동 소수점 사용을 없애고 구현의 단순화를 위해 범위를 [0,1]의 실수 범위 대신, [0,510]의 정수 범위를 사용하였으며, MPS 및 LPS 확률에 따라 범위를 간격으로 나누는 과정을 근사하여

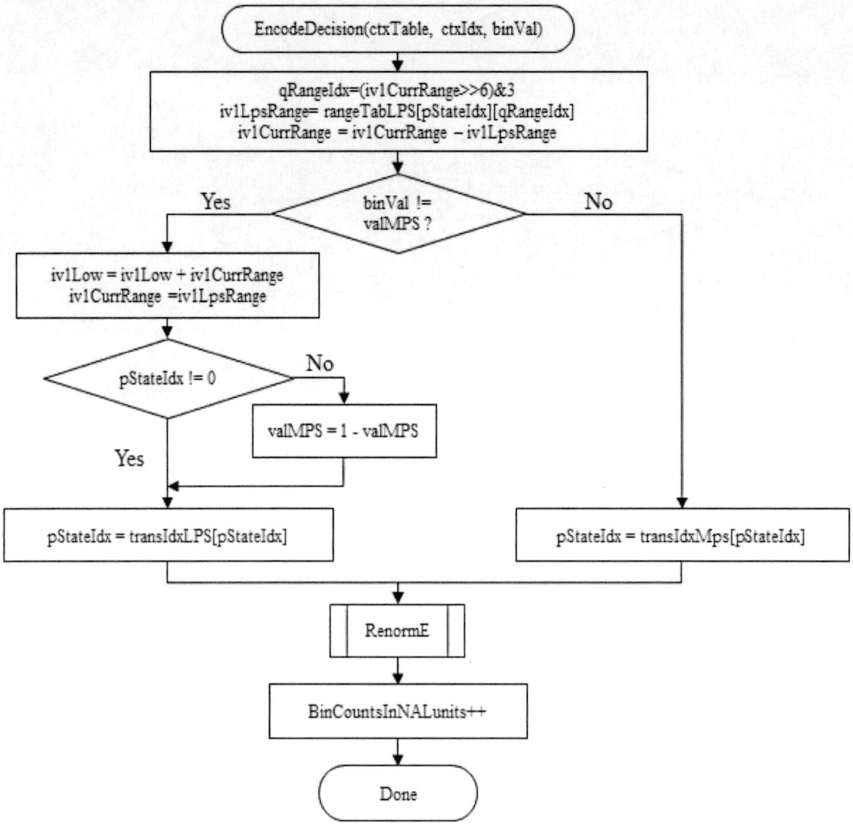

**그림 11-24 HEVC CABAC의 일반적인 부호화 흐름도

곱셈이나 나눗셈 연산 없이 테이블 참조로 구현 가능하도록 변경하였다 (11.4.5.1 참조). 또한, MPS 및 LPS의 확률 업데이트를 위하여 확률 이행 테이블(State transition table)을 사용하였다 (11.4.5.2 참조). 추가로, 구현의 단순화와 병렬화 효율을 극대화하기 위해 우회코딩 방법을 제공한다 (11.4.5.4 참조).

그림 11-24는 HEVC CABAC 이진 산술 코딩에서 하나의 빈에 대한 일반적인 부호화 흐름도를 나타낸다. HEVC 표준에는 복호화 방법만이 정의되어 있으므로, 그림 11-24에 보여진 부호화 흐름도는 하나의 예에 불과함을 알아두자. 부호화 과정의 입력은 부호화 할 빈의 값(binVal)과 문맥 모델링 과정에서 결정된 ctxTable과 ctxIdx이며, 출력은 빈 값에 따라 변경된 범위 정보이다(ivlCurrRange). 현재 범위는 ivlCurrRange에 저장되는데, 이 값은 만약 현재 부호화 할 빈이 문맥 초기화 후 첫 번째 빈이라면 초기 범위값인 510과 같으며, 그렇지 않을 경우엔 이전 부호화 과정에 의해 변경된 값을 가지게 된다. 다만, 우회 코딩의 경우 문맥 모델링이 사용되지 않으며 범의의 초기 값도 다르다. 부호화에서 첫 번째로 수행하는 작업은 LPS의 간격을 산출하는 것이다. HEVC의 CABAC에서 LPS 간격의 계산은 rangeTabLPS 테이블 참조를 통하여 이루어지는데, 이 과정은 11.5.1에 설명되어 있다. 이 과정은 현재 범위[0, ivlCurrRange]를 MPS의 간격[0, ivlCurrRange-ivlLpsRange]와 LPS의 간격 [ivlCurrRange- ivlLpsRange, ivlCurrRange]로 분할한다. 이후 부호화 엔진은 부호화 될 빈의 값에 따라 및 재정규화 과정을 거쳐 범위를 수정한다. 이후, 코딩된 빈의 개수를 binCountsinNALunits에 누적하고 빈의 부호화를 완료한다.

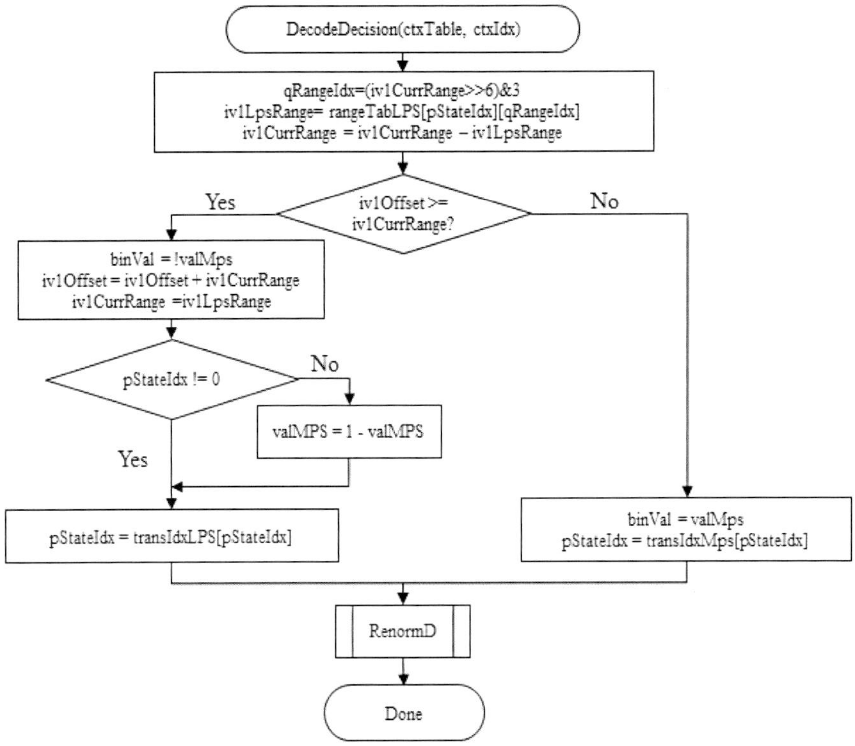

**그림 11-25 HEVC CABAC 복호화 흐름도

그림 11-25는 HEVC에 정의된 CABAC 이진 산술 코딩 복호화 과정의 흐름도를 나타낸다. 이진 복호화의 입력은 ctxIdx 및 ctxTable이며 출력은 binVal이다. 엄밀한 의미로 복호화의 입력에 속하지 않으므로 흐름도에는 나타나지 않았지만, 복호화에서는 현재 범위, 범위 내에 한 점을 가리키고 있는 오프셋 값을 ivlCurrRange와 ivlOffset으로 저장하고 있다. 이 때, ivlOffset은 비트스트림으로부터 읽은 9비트의 양의 정수이다. 복호화 엔진의 초기화 과정에서 복호화기는 비트스트림으로부터 9비트를 한 번에 읽어 ivlOffset에 저장하여 복호화를 시작하고, 이후에는 하나의 빈의 복호화를 마칠 때마다 1 번의 왼쪽 시프트를 통해 ivlOffset의 최상위 비트(MSB)를 제거하고 최하위 비트(LSB) 위치에 비트스트림으로부터 읽은 1비트를 추가한다. 이후의 CABAC의 이진 산술 복호화 과정은 부호화 과정과 유사하며, 다른 점은 첫 번째 분기에서 부호화의 경우 binVal이 MPS와 다른지 확인하지만 복호화의 경우 binVal을 알 수 없기 때문에 대신 ivlOffset이 MPS의 간격을 벗어나는지(ivlOffset>=ivlCurrRange) 확인한다.

11.4.5.1 LPS 간격의 산출 과정

11.3.2에서 알아보았듯, 일반적인 이진 산술 코딩에서 LPS의 간격은 범위에 LPS의 확률을 곱하여 산출할 수 있다. 그러나, HEVC의 CABAC에서 범위와 LPS는 각각 [256,510]의 값을 갖는 정수 ivlCurrRange와 인덱스 pStateIdx로 정의되어 있다. 이 때 11.3.2와 같은 방법으로 LPS의 간격을 계산하기 위해서는 pStateIdx를 0이상 1이하의 소수점 값을 갖는 실제 확률 값으로 변환한 후 범위 ivlCurrRange에 곱해주어야 하는데, LPS 간격의 계산은 비트스트림의 모든 빈에 대하여 수행하여야 하

표 11-12 LPS 간격 계산을 위한 테이블(rangeTabLPS)

pStateIdx	qRangeIdx				pStateIdx	qRangeIdx			
	0	1	2	3		0	1	2	3
0	128	176	208	240	32	27	33	39	45
1	128	167	197	227	33	26	31	37	43
2	128	158	187	216	34	24	30	35	41
3	123	150	178	205	35	23	28	33	39
…									

므로 이와 같이 복잡한 연산을 빈 마다 수행할 경우 부/복호화기의 계산복잡도가 증가하게 된다. 따라서, HEVC의 CABAC에서는 LPS의 확률을 범위에 곱하는 과정을 근사하여 rangeTabLPS을 생성하였고, 모든 LPS의 간격은 이 테이블 참조를 통해 계산될 수 있도록 하였다.

표 11-12는 표준문서에 정의된 rangeTabLPS 테이블의 일부를 나타낸다 [5]. 표의 각 항목은 LPS의 간격을 가리키며, 표의 항목은 pStateIdx와 qRangeIdx에 의해 선택된다. pStateIdx는 설명된 바와 같이 LPS의 확률을 의미하는 인덱스이며 qRangeIdx는 ivlCurrRange의 상위 3비트 중 MSB를 제외한 2비트를 추출하여 생성한 2비트 인덱스이다. ivlCurrRange는 범위를 나타내는 변수이므로, 범위가 [0,256]~[0,320]인 경우 qRange = 0, [0,321]~[0,384]인 경우 qRange = 1, [0,385]~[0,448]인 경우 qRange = 2, 그리고, [0,449]~[0,510]인 경우 qRange = 3이 된다. 그림 11-26은 pStateIdx = 3일 때 범위에 따라 실제 LPS 확률을 통해 계산한 LPS 간격과 rangeTabLPS 테이블 참조를 통해 계산한 LPS 간격을 비교하고 있다. 그림에서 O로 표시되어 사선으로 길게 뻗은 직선은 실제 LPS확률(0.44)를 각 범위에 곱하여

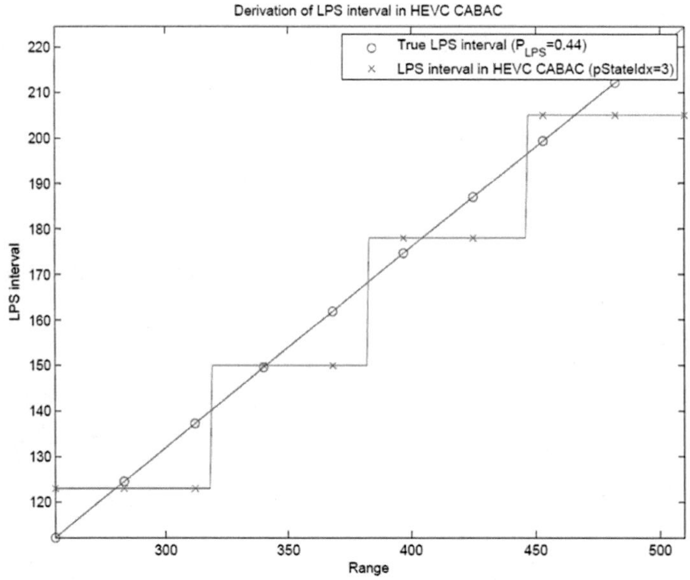

**그림 11-26 범위와 LPS 확률에 따른 실제 LPS 간격과 HEVC CABAC의 LPS 간격의 비교

구한 LPS의 간격을 나타낸다. 반면, X로 표시된 직선은 각 범위로부터 구한 qRange와 pStateIdx로 rangeTabLPS 테이블을 참조하여 구한 LPS의 간격을 나타낸다. qRange의 값은 0, 1, 2, 3 네 가지만이 존재하므로 LPS의 간격 역시 123, 150, 178, 205만을 갖는 것을 그림에서 확인할 수 있다. 이와 같이 LPS의 간격을 네 개의 값으로 근사할 경우, 확률 추정의 정확도 감소로 인하여 코딩 성능이 저하될 수 있으나 계산 복잡도를 크게 감소할 수 있다.

11.4.5.2 확률 업데이트

확률 업데이트는 적응적인 확률 업데이트를 통해 빈의 확률을 더 정확히 추정하는 과정이다. 확률 업데이트는 현재 코딩한 binValue를 보고 빈의 확률을 조정하여 다음 빈의 코딩에 사용한다. HEVC는 H.264/AVC의 확률 업데이트 과정과 동일하게, 표준문서에 정의된 확률 이행 테이블을 사용한다 [5]. 표 11-13은 HEVC 표준의 확률 이행 테이블의 일부를 나타낸다. 이 테이블에서는 각각의 pStateIdx에 대해 빈이 LPS와 같을 경우와 MPS와 같을 경우에 대해 다음 빈을 위한 pStateIdx의 값을 정의하고 있다.

표 11-13 확률 이행 테이블

pStateIdx	0	1	2	3	4	5	6	7	8	
transIdxLps	0	0	1	2	2	4	4	5	6	
transIdxMps	1	2	3	4	5	6	7	8	9	
pStateIdx	16	17	18	19	20	21	22	23	24	
transIdxLps	13	13	15	15	16	16	18	18	19	
transIdxMps	17	18	19	20	21	22	23	24	25	
pStateIdx	32	33	34	35	36	37	38	39	40	…
transIdxLps	24	25	26	26	27	27	28	29	29	
transIdxMps	33	34	35	36	37	38	39	40	41	
pStateIdx	48	49	50	51	52	53	54	55	56	
transIdxLps	33	33	34	34	35	35	35	36	36	
transIdxMps	49	50	51	52	53	54	55	56	57	

그림 11-27은 확률 이행 테이블을 pStateIdx와 LPS 확률에 대한 그래프로 나타내고 있다. 이 그래프에서 실선과 점선으로 이루어진 화살표는 MPS 또는 LPS와 같을 경우 pStateIdx가 어떻게 바뀌는지 각각 나타낸다. 그래프로부터 MPS가 발생하였을 경우에는 pStateIdx가 천천히 증가하지만 LPS가 발생하였을 때는 pStateIdx가 급격하게 감소하는 것을 볼 수 있다. 이것은 산술 코딩의 특성상 LPS가 연속적으로 발생하였을 경우 코딩 손실이 매우 크기 때문에, LPS의 발생확률을 빠르게 증가시켜 손실을 줄이기 위한 것으로 해석할 수 있다. 현재 HEVC와 H.264/AVC는 업데이트 테이블을 통하여 확률 업데이트가 가능하다.

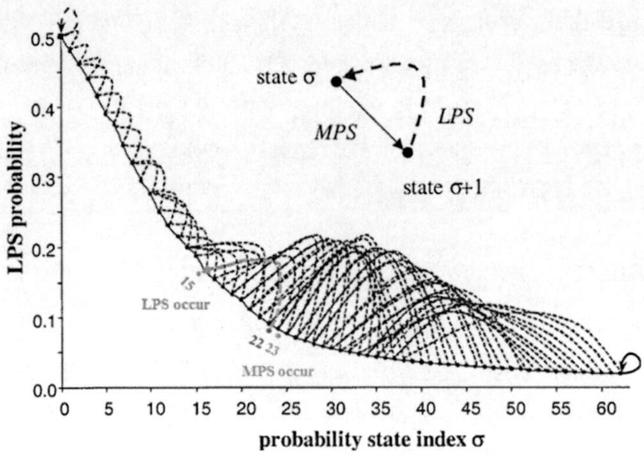

**그림 11-27 확률 이행 그래프

11.4.5.3 재정규화

실제 컴퓨터의 데이터 저장 방법에서는 무한 실수가 존재하지 않으므로 확률 영역이 일정 크기 이상 줄어들 경우 정밀도 유지를 위하여 재정규화(Renormalization)라는 과정을 수행한다. HEVC CABAC의 산술 코딩 부/복호화에서 재정규화는 범위의 너비가 256미만으로 떨어졌을 때 수행된다.

신택스 요소가 부/복호화기에서 동일한 값을 갖도록 코딩하기 위해서는 부호화 및 복호화 과정에서 동일한 재정규화 과정을 수행하여야 하는데, 이것을 위해 부호화기에서는 재정규화 과정을 거칠 때마다 현재 범위에 따라 하나의 비트를 출력한다. 부호화기는 이렇게 여러 번의 재정규화 과정에서 출력된 비트열 뒤(LSB쪽)에 마지막 범위에 대한 오프셋 9비트를 합쳐 복호화기에 전송할 비트스트림을 형성한다.

복호화기는 부호화기에서 생성한 비트스트림을 MSB쪽부터 차례로 복호화한다. CABAC 복호화를

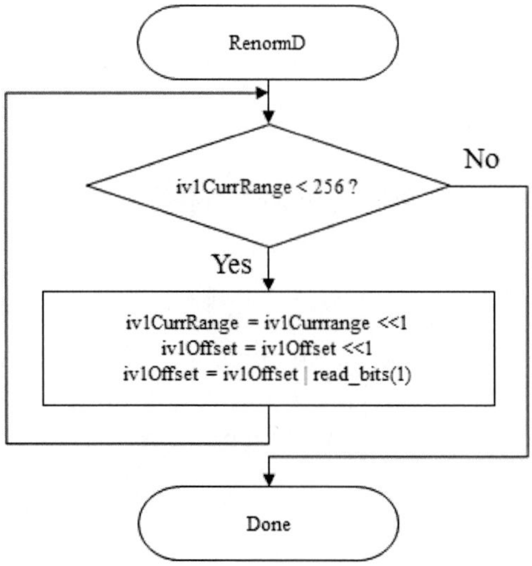

**그림 11-28 재정규화에 대한 흐름도

위해서는 9비트의 오프셋이 필요하므로 복호화기는 먼저 11.4.2의 CABAC 초기화 과정을 통해 비트스트림으로부터 읽은 9개의 비트를 초기 오프셋으로 설정한다. 이후, 산술 코딩을 수행하면서 재정규화가 필요할 때 마다 왼쪽 시프트 연산을 통해 오프셋의 MSB를 제거하고 LSB에 비트스트림으로부터 읽은 새 비트를 넣는다. 복호화기는 비트스트림의 모든 비트가 복호화될 때까지 이와 같은 과정을 반복한다. 여기서, 주목할 점은 부/복호화기 모두 하나의 비트를 쓰거나 읽는 과정은 재정규화에서 이루어진다는 것이다. 즉, 산술 코딩에서 이진 심볼은 1 미만의 비트로 나타낼 수 도 있으며, 반대로 하나의 여러 개의 비트로 나타낼 수도 있다는 점이다. 즉, 하나의 이진 심볼을 부/복호화 할 때 재정규화 과정이 수행되지 않을 수도 있으며, 반대로 하나의 심볼에 의해 여러 번의 재정규화가 수행될 수도 있다. 이와 같은 과정은 그림 11-28의 CABAC 복호화 재정규화 흐름도에서도 파악 할 수 있다.

11.4.5.4 우회 코딩

우회 코딩은 문맥 모델 없이 부호화 및 복호화되며, 현재 코딩되는 빈의 확률을 0.5로 고정하여 코딩한다. 우회 코딩이 사용되는 이유는 신택스의 확률을 결정하기 어렵거나 고속으로 복호화하기 위함이다. HEVC 표준에 정의된 CABAC 우회 코딩 복호화의 흐름도는 그림 11-29와 같다. 다음은 우회 코딩을 사용하는 복호화의 예제를 살펴본다. 그림 11-30은 CABAC 우회 부호화의 예를 보여준다. 예제에서 전체 범위는 [0:300]이다. 오른쪽의 예제는 빈의 값이 1인 경우의 예이며, 왼쪽 예제는 빈의 값이 0인 경우의 예이다. 예제를 살펴보면, 비트스트림을 통해 얻은 위치 정보인 오프셋은 128이다. 그리고, 영역은 전체 범위에를 두 개로 분할하였다. 이때, 오프셋 값이 반보다 작으므로 현재 복호화 될 빈의 값은 1이 된다. 바이패스 코딩은 확률이 0.5이기 때문에 전체 영역이 256 이하로 줄어듦으로 정규화를 통해 정확도를 유지한다. 오프셋 값 역시, 비트스트림에서 한 비트를 읽어와 정확도를 유지한다. 같은 방법으로 다음 예제를 살펴보면, 오프셋 값이 전체 영역의 반 보다 크므로 1이 복호화 된다. 그 후에 전체 영역이 반으로 줄어듦으로 정규화를 수행한다.

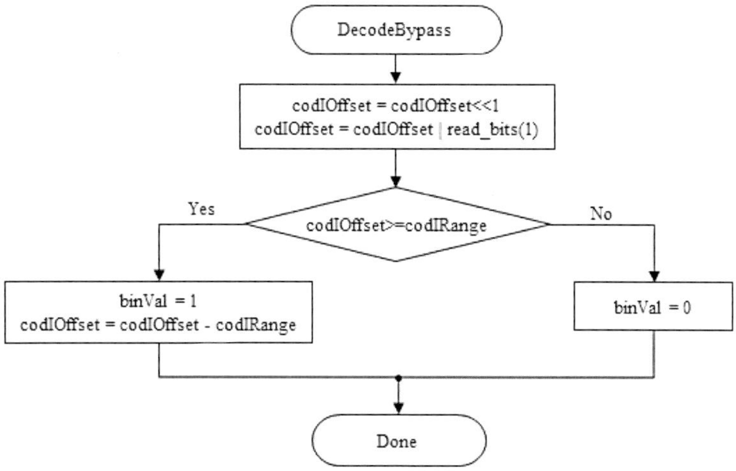

**그림 11-29 HEVC CABAC 우회 코딩 복호화의 흐름도

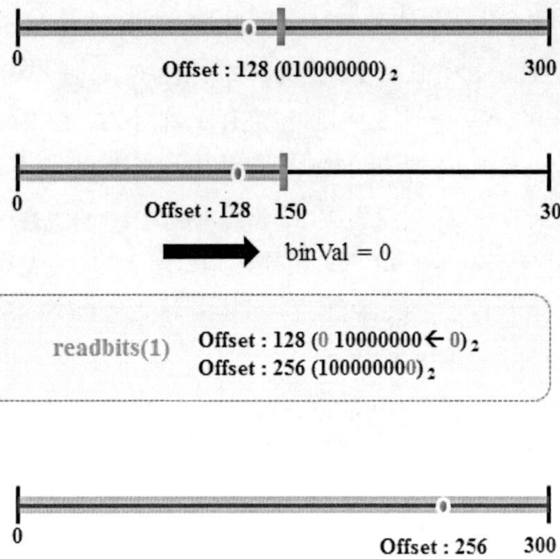

**그림 11-30 HEVC CABAC 우회 코딩 복호화의 예

11.4.5.5 종료

산술 코딩의 경우 임의의 위치를 비트스트림으로 출력하기 때문에 비트스트림의 길이가 고정되어있지 않아 비트스트림을 얼마나 읽어야 하는지, 어느 부분에서 복호화가 완료되는지 알 수 없다. 때문에 비디오 코딩의 기본 단위 마다 부호화/복호화 이후 현재 슬라이스가 끝나는 지 여부를 신택스를 통해 알려준다. HEVC는 CTU 단위로 슬라이스가 분할되기 때문에, CTU 하나가 복호화 후 현재 CTU가 슬라이스의 마지막인지 정보를 알려준다. 이 과정이 CABAC 종료(Termination) 과정이며, 표 11-14에서 end_of_slice_flag가 1일 경우 종료된다. 하나의 슬라이스에서 종료 조건이 나올 경우는 실제로 종료될 경우는 단 한번이므로, 종료가 될 확률이 매우 낮다. 때문에 종료인지 여부를 알려주는 신택스 end_of_slice_flag가 1인 경우의 문맥은 따로 관리되며 현재 영역(Range)의 크기와 상관없이 LPS의 영역은 2로 고정된다. 이는 최소한으로 LPS 영역을 표현하여 슬라이스의 부호화 효율을 저해하지 않기 위함이다. 종료 과정은 그림 11-31과 같다.

| 표 11-14 | 확률 이행 테이블 종료에 대한 신택스

slice_data( ) {	**Descriptor**
do {	
coding_tree_unit( )	
end_of_slice_flag	ae(v)
...	
} while(!end_of_slice_flag)	
}	

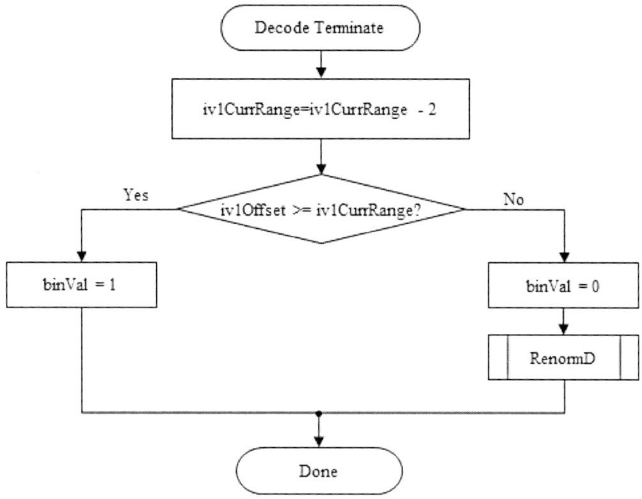

**그림 11-31 종료에 대한 흐름도

11.4.5.6 HEVC CABAC의 이진 산술 코딩 부/복호화의 예

11.4.5.1~11.4.5.5에서 알아보았듯, HEVC의 CABAC에서 사용되는 이진 산술 코딩은 문맥 모델링을 통해 얻은 문맥, 즉 빈의 확률 정보를 통해 빈에 대한 이진 산술 코딩을 수행한다. 그러면 지금까지 살펴본 HEVC CABAC의 이진 산술 코딩 방법을 통해 실제로 빈 스트링을 부/복호화 하여보도록 한다.

그림 11-33는 HEVC CABAC의 이진 산술 부호화 과정을 나타낸다. 여기서, 문맥은 MPS = 0, State = 11로 모델링 되었으며 부호화 하여야 할 빈 스트링은 '000', 그리고 초기 범위는 [0,510]이라고 가정하였다. 여기서, binVal: 0은 부호화 할 빈의 값을 나타낸다. 그림 11-33의 맨 위에 초기화된 범위와 문맥이 표시되어 있음을 확인할 수 있다. 그림 11-24의 이진 산술 부호화 흐름도에 따라 맨 먼저 수행해야 할 작업은 LPS와 MPS의 간격을 계산하는 것이다. 11.4.5.1에서 설명한 바와 같이 LPS의 간격은 표준문서의 rangeTabLPS 테이블을 참조하여 구할 수 있는데, 이 때 범위가 [0,510]이므로 qRangeIdx = 3 이고, state=11이므로 ivlLpsRange = 135가 된다. 부호화는 이렇게 계산된 LPS의 간격에 따라 범위를 나누는데, 그림의 두 번째 행에서 전체 범위 [0,510]가 MPS의 간격 [0,374]와 LPS의 간격 [375,510]으로 나누어진 것을 확인할 수 있다. 빈 스트링 '000'으로부터 제일 먼저 부호화 할 빈은 '0'이므로, 여기서는 MPS가 선택되고 MPS의 간격이 다음 범위가 된다. 이 때, 그림 11-24의 흐름도에 나타나 있듯이 확률 업데이트를 수행하여야 하는데, 11.4.5.3에서 설명하였듯이 표준문서를 참조하여 현재 State가 11이고 MPS가 발생하였을 경우의 다음 State인 12를 알아낼 수 있다. 이 때 범위 [0,375]는 [0,256]이상의 범위이므로 재정규화를 수행할 필요가 없다. 그림 11-32의 세 번째 행은 첫 번째 빈의 부호화를 완료하고 범위 및 확률의 업데이트를 마친 상태의 범위 [0,375]와 문맥 (MPS : 0/State: 12/binVal: 0)을 보여주고 있다. 이후 두 번째와 세 번째 빈에 대해서도 그림 11-24의 흐름도에 따라 동일한 과정을 수행한다. 이 때, 세 번째 빈의 간격을 선택한 이후에는 범위가 [0,208]이므로 재정규화를 수행하여 범위를 [0,416]으로 넓혀주는 동시에 비트 0을 출력한다. 부호화의 출력비트는 재정규화 과정에서만 생성됨을 주의하자.

다음은 HEVC CABAC의 이진산술 복호화의 예를 살펴보도록 한다. 그림 11-33은 초기 범위가 [0,510]이고 MPS와 State가 각각 0, 11과 같을 때, 이진 산술 복호화의 예를 나타내고 있다. 11.4.2에서

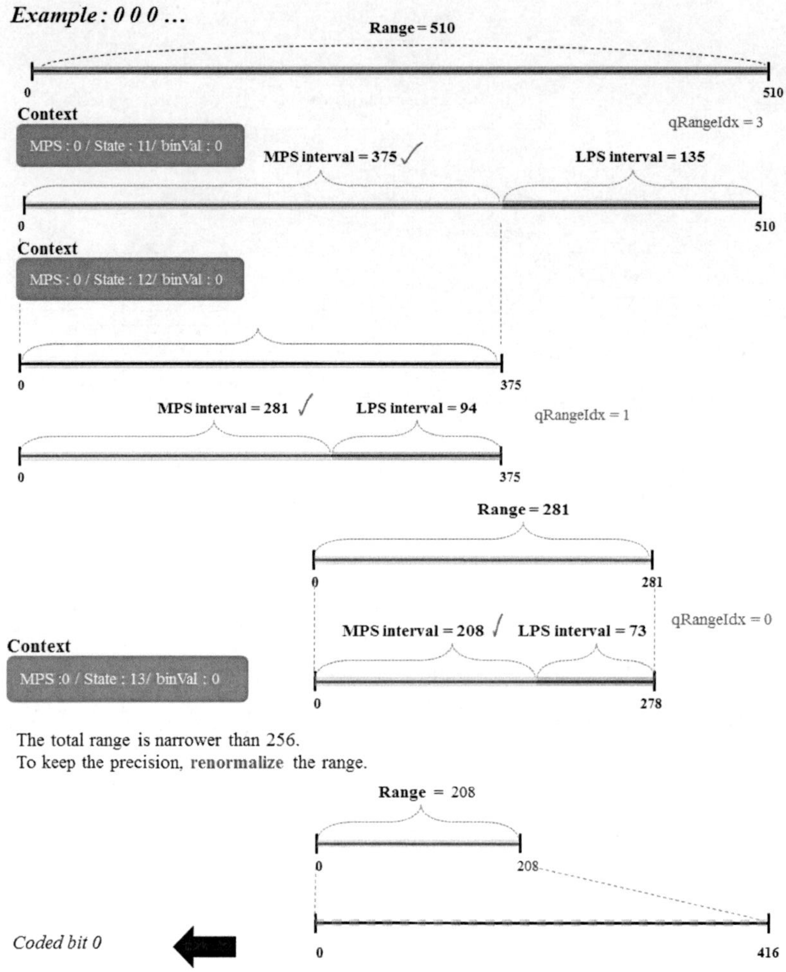

**그림 11-32 HEVC CABC의 이진 산술 부호화의 예

설명한 바와 같이, HEVC 복호화기는 이진 산술 복호화가 시작하기 전 복호화 엔진의 초기화를 수행하는데, 이 과정에서 비트스트림으로부터 아홉 개의 비트 '110100000'을 한 번에 읽어 오프셋에 저장한다. 저장한 9비트의 Offset을 십진수로 변환하면 416과 같은데, 이 수가 곧 초기 범위 [0,510]에서 오프셋이 가리키는 위치가 된다. 이와 같이 이진 산술 복호화 준비가 완료되면, 그림 11-25의 흐름도에 나타나 있듯이 LPS 간격의 산출 과정이 수행된다. 초기 범위와 문맥이 위의 부호화 예제와 같으므로, MPS와 LPS의 간격이 각각 [0,374]와 [375,510]으로 나누어 진 것을 그림 11-33에서 확인 할 수 있다. 이 때 오프셋 416은 LPS의 간격 내에 포함되므로 LPS의 간격의 다음 부호화의 범위로 선택되는데, LPS의 간격은 [375,510]이므로 그림 11-25의 흐름도에 나타난 바와 같이 ivlLow = 375가 되며, 이 값을 범위와 오프셋으로부터 뺌으로써 새 범위 와 오프셋 [0,135]와 000101001(2) (= 41(10))을 구할 수 있다. 이 때 범위의 재정규화가 필요하므로, 11.4.5.3의 재정규화 과정에 의해 범위는 [0,270]으로 확장된다. 재정규화 과정에서 복호화의 출력인 빈이 생성되는데, 이 경우 오프셋에 의해 범위에서 LPS의 간격이 선택되었으므로 빈 1이 출력된다. 재정규화가 끝나면 하나의 비트에 대한 복호화가 완료된다. 이 후 비트에

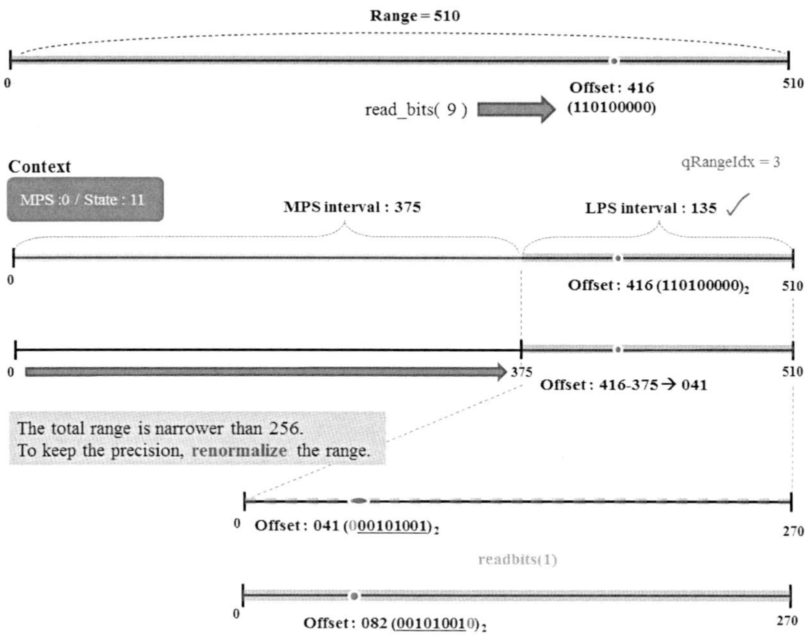

**그림 11-33 HEVC CABAC의 이진 산술 복호화의 예

대한 복호화를 계속 진행하기 위하여, CABAC 복호화 엔진은 오프셋 000101001(2)를 왼쪽으로 시프트 하여 최상위 비트 '0'을 제거하고 최하위 비트에 비트스트림으로부터 읽어들인 새로운 비트 '0'을 추가 하여 새로운 오프셋 001010010(2) (=82(10))를 구한다. 복호화기는 해당 신택스 요소의 빈 스트링이 구해질 때 까지 동일한 과정을 반복한다.

참고문헌

[1] Claude E. Shannon, "A mathematical theory of communication," Bell System Technical Journal, vol. 27 no, 3 pp. 379 - 423, July/Oct. 1948

[2] David A. Huffman, "A method for the construction of minimum-redundancy codes," Proceedings of the Institute of Radio Engineers, pp. 1098 - 1102, Sept. 1952

[3] Ian H. Witten, Radford M. Neal, and John G. Cleary, "Arithmetic coding for data compression," Communications of the Association for Computing Machinery, vol. 30, no. 6, pp. 520 - 540, June 1987

[4] Detlev Marpe, Heiko Schwarz, and Thomas Wiegand, "Context-based adaptive binary arithmetic coding in the H.264/AVCvideo compression standard," IEEE Transactions on Circuits and Systems for Video Technology, vol. 13, no. 7, pp. 620 - 636, July 2003

[5] B. Bross, W. J. Han, J. R. Ohm, G. sullivan, and T. Wiegand, "High efficiency video coding (HEVC) text specification draft 10," JCTVC-L1003, Jan. 2013

비디오 코덱 병렬화 기술

12

상업용 PC가 처음으로 보급되었던 1980년 초의 CPU (Central Processing Unit) 클록 속도(Clock speed)는 2~4 MHz에 불과하였다. 이러한 CPU 클록 속도는 1995년 100MHz로 향상된 후 Intel과 AMD와 같은 CPU 제조사들의 본격적인 속도 향상 경쟁을 통하여, 2000년 6월에는 1GHz까지 향상되었다. 그로부터 불과 2년 후인 2002년에는 Intel에 의하여 3GHz CPU가 시장에 첫 선을 보였다. 이렇게 끝없이 계속될 것 같던 CPU 클록 속도 향상 경쟁은 2000년대 후반 들어 발열과 소비전력이라는 물리적 한계에 봉착하였다. 아인슈타인의 특수 상대성 이론에 따르면 전기신호는 빛보다 빠를 수 없는데, 빛의 속도는 진공 상태에서 30cm/nsec 정도이고, 전기 신호는 오늘날 많이 사용하는 구리선이나 광섬유 상에서는 약 20cm/nsec의 속도를 보인다. 금속 구리선을 기반으로 10GHz CPU를 만드는 경우를 고려하면 신호는 한 클록에 약 2cm 까지 이동가능하며, 100GHz CPU인 경우 약 0.2cm 정도 이동가능하다. 즉, 100GHz CPU는 0.2cm 이하의 크기로 만들어져야 한다. 그 밖에, 주파수가 매우 높아짐에 따라, 모든 선 등이 분산회로 형태의 특성을 갖게 되는 문제가 있다. CPU의 제조 공정 기술이 향상됨에 따라 CPU의 크기가 계속 작아지고는 있지만, CPU의 크기가 작아짐에 따라 발열과 소비 전력이라는 또 다른 문제가 발생하는 것이다 [1].

Intel과 AMD는 CPU의 클록 속도를 증가시키지 않으면서도 CPU의 성능을 향상시키기 위한 다른 방안들을 모색해왔다. 이러한 방안들로는 CPU 내부의 캐시(Cache) 크기를 늘려 처리 속도를 향상시키거나, CPU 내에 여러 개의 코어를 추가함으로써 CPU의 스루풋(Throughput)을 향상시키는 방법들이 있다. 이러한 추세는 최근에도 계속 이어지고 있는데, 데스크톱 PC에서 많이 사용되는 CPU 들의 클록 속도는 약 3GHz~3.5GHz로 5년 전에 출시된 CPU들과 비교해도 큰 차이가 없다. 반면, 저가의 CPU에서도 기본적으로 쿼드 코어(Quad core) 등의 멀티 코어 CPU가 사용되고 있으며, 특히 Intel의 CPU들은 하이퍼스레딩 (Hyper Threading)이라는 기술을 사용하여 물리적인 코어 개수의 두 배 정도에 해당하는 스레드(Thread)를 생성하기도 한다 [2]. 최근 들어서는 PC 뿐만 아니라 휴대전화와 같은 모바일 장치에서도 멀티 코어 CPU를 채택하는 경우가 점점 더 증가하고 있다. CPU의 소비 전력은 대략 클록 속도에 비례하기 때문에, 모바일 장치들에서 상대적으로 클록 속도가 낮은 멀티 코어를 사용하는 것이 높은 클록의 싱글 코어를 사용하는 것보다 전력 소비량 관점에서 이점을 가지고 있다. 이러한 이유 때문에, 2012년 9월경에 출시된 삼성전자의 갤럭시 S3 및 LG전자의 옵티머스 G는 각각 1.4GHz와 1.5 GHz 클록의 쿼드 코어 CPU를 사용하였다. 이렇듯 멀티 코어 CPU는 이미 우리 일상생활의 다양한 장치들에 활용되는 기술이 되었다.

비디오 인코더 및 디코더는 다른 멀티미디어 기술보다 데이터를 압축 및 복원하는 과정에서 상대적으로 높은 연산량을 가진다. 이러한 이유 때문에, PMP (Portable Multimedia Player)나 휴대전화와 같은 모바일 장치들에서는 일반적으로 비디오 인코딩 및 디코딩을 위하여 전용의 하드웨어 칩을 사용하였다. 그러나, 최근 시장에서 다양한 비디오 코덱들이 사용됨에 따라 모든 종류의 비디오 코덱을 하드웨어로 구현하는 것은 개발에 필요한 비용 및 시간 관점에서 점점 더 비효율적인 접근 방법으로 간주되는 추세이다 [3]. 이러한 이유 때문에 최근에는 시장에서 널리 사용되는 비디오 코덱은 전용의 하드웨어 칩을 사용하여 인코딩 및 디코딩하고, 나머지 비디오 코덱들에 대해서는 범용 프로세서 기반의 소프트웨어로 처리하는 방식들이 더 선호되고 있다. 특히, 모바일 장치에서도 1GHz 이상의 멀티 코어 CPU 들이 사용되고 있기 때문에, 일정 해상도 이하의 비디오들에 대해서는 전용의 하드웨어를 사용하지 않고 프로세서 기반에서 소프트웨어로 비디오를 인코딩 및 디코딩하는 것이 가능해졌다. 그러나, 여전히 모바일 장치에서 사용되는 CPU들은 저 전력 소비 요구 사항을 만족시키기 위하여 데스크톱 PC나 서버 급 PC에서 사용되고 있는 CPU에 비해 상대적으로 낮은 클록 속도의 CPU를 사용하기 때문에, 모바일 장치에서 싱글 코어를 사용하여 Full-HD급 (1920×1080)의 고해상도 영상을 인코딩하거나 디코딩하는 것은 여전히 어려운 문제이다. 또한, 싱글 코어 기반에서 비디오 인코더 및 디코더를 개발하던 기존 방식을 멀티 코어 기반의 모바일 장치에서 그대로 적용하는 것은 멀티 코어 자원 활용의 효율성 측면에서 바람직하지 않다.

JCT-VC는 2010년 HEVC 표준화를 시작할 시점에서부터 HEVC를 채택할 미래의 멀티미디어 장치들이 멀티 코어 CPU를 보편적으로 사용할 것이라는 예측과 HEVC가 주로 Full-HD 이상의 고해상도 영상에 사용될 것을 고려하여, 표준화 과정에서 병렬화 기술의 지원을 고려했었다 [4]. HEVC 이전의 비디오 압축 코덱들의 경우, 병렬화 기술들을 표준화 이슈에 포함하는 경우는 없었다. 단지 구현 관점에서 각 코덱의 특징에 따라 여러 병렬화 모델을 적용하는 것이 일반적이었다. 구현 이슈로서의 병렬화 기술들은 비디오 복호화기 표준 이슈에 포함되는 것이 아니기 때문에, 표준 코덱에 적용함에 있어 여러 가지 제약을 가지고 있다. 예를 들어, 본 장에서 소개할 대표적인 병렬화 기술 중 하나인 매크로블록 단위 병렬화는 픽셀 인코딩 및 디코딩 프로세스에 있어서는 2D Wavefront 방식의 병렬화가 적용 가능하지만, 엔트로피 인코딩 및 디코딩 프로세스에 대해서는 매크로블록 단위의 병렬처리가 불가능하다 [5]. 이러한 문제로 인하여 비디오 디코더에 2D Wavefront 방식의 매크로블록 병렬화를 적용하더라도 엔트로피 코딩의 순차수행 특성이 병렬 디코더의 전체 성능 향상을 한정 짓는다. 이와 달리, HEVC에서는 표준화의 시작 단계에서부터 병렬 인코딩 및 디코딩의 지원을 요구사항 중 하나로 고려했기 때문에, 부호화 효율이 조금 저하되더라도 병렬화가 가능하도록 표준 기술들을 개발함으로써 비디오 코덱에서 병렬화 기술을 적용할 때 발생하는 여러 제약 사항들을 해결하였다.

이러한 결과로, HEVC에는 타일 (Tile)과 WPP (Wavefront Parallel Processing)라는 기술이 포함되어

있다. 해당 기술들은 12.3 절에서 자세히 설명될 예정인데 이에 앞서 간략히 설명하면, 타일 기술은 기존의 슬라이스 분할 방식의 "부호화 효율 저하" 문제를 해결하기 위해 제안된 기술이며, WPP는 앞서 언급한 2D Wavefront 기반의 매크로블록 단위 병렬화를 엔트로피 코딩에 대해서도 적용할 수 있도록 지원하는 기술이다. 본 장에서는 기존의 비디오 코덱에서 일반적으로 많이 사용하였던 병렬화 방법인 태스크-레벨 병렬화(Task-level parallelism)와 데이터-레벨 병렬화(Data-level parallelism)에 대해서 각각 살펴본 후, 추가적으로 HEVC가 지원하는 병렬화 기술인 타일과 WPP에 대해 다루도록 한다.

12.1 태스크-레벨 병렬화

태스크-레벨 병렬화는 하나의 프로그램을 여러 태스크로 분할한 후 태스크들을 다수의 코어 또는 스레드에 할당시켜 이들 각각을 병렬적으로 동작시키는 방법이다. 그림 12-1은 HEVC 디코더를 여러 개의 태스크로 분할한 후 네 개의 코어에 할당한 예이다. HEVC 디코더는 기능에 따라 엔트로피 디코딩, 역양자화, 역 변환, 화면 내 예측(Intra prediction), 화면 간 예측(Inter prediction), 디블록킹 필터 그리고 SAO까지 크게 일곱 개의 태스크로 나눌 수 있다. 활용 가능한 코어 또는 스레드의 개수가 충분한 시스템의 경우에는 일곱 개의 태스크로 분할된 HEVC 디코더에 대하여 각 태스크 별로 별도의 코어 또는 스레드를 할당 시키고, 이들을 병렬적으로 동작하게 할 수 있을 것이다. 태스크-레벨 병렬화는 소프트웨어를 여러 태스크로 분할하고, 분할된 태스크를 코어 또는 스레드에 할당시켜 동작 시키게 되므로 구현이 상당히 직관적이다. 그러나, 병렬화를 수행할 시스템의 코어 또는 스레드의 개수와 비디오 코덱의 태스크 수가 맞지 않는 경우에는 병렬화 기술 적용에 어려움이 따른다. 예를 들어, 일곱 개의 태스크로 구성된 HEVC 디코더를 쿼드 코어 CPU 시스템에 구현하는 경우, HEVC 디코더의 기능 모듈을 네 개의 태스크로 재조정해야 한다. 또한, 특정 시스템의 사양에 맞춰 구현된 소프트웨어를 코어 개수가 다른 시스템에서

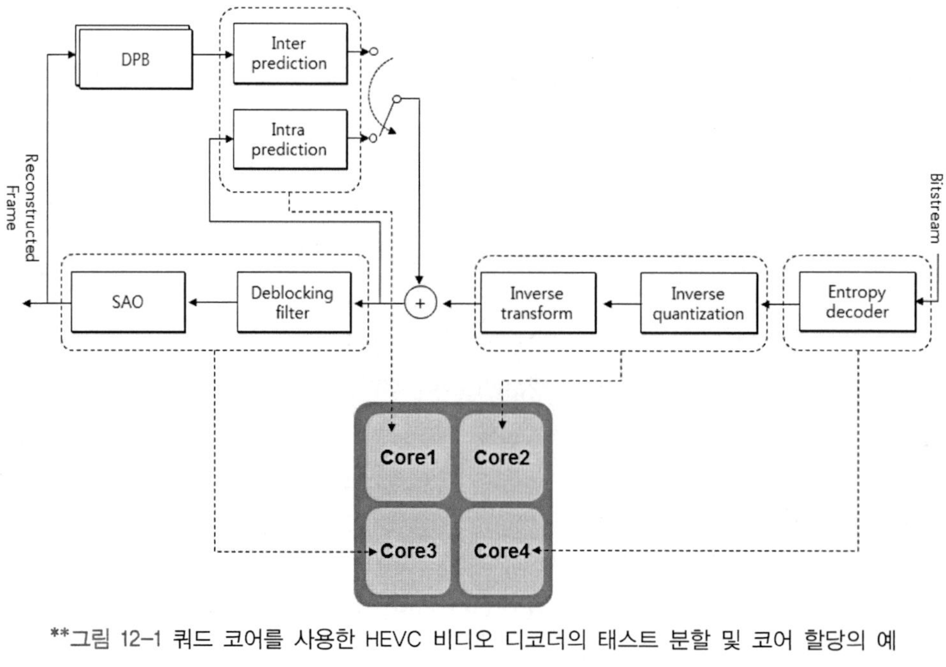

**그림 12-1 쿼드 코어를 사용한 HEVC 비디오 디코더의 태스트 분할 및 코어 할당의 예

실행할 경우, 이미 분할된 태스크를 재조정해야 하므로 활용도에 있어서의 확장성(Scalability)이 떨어진다는 단점이 있다. 추가로 이러한 태스크-레벨 병렬화에 있어서 각 태스크들은 서로 복잡도가 다를 수 있는데, 이 경우 연산 자원 활용 효율성 측면에서의 병렬화 성능이 저하된다. 예를 들어, 비디오 인코더의 경우 움직임 예측 과정이 다른 태스크에 비하여 복잡도가 높으며, 비디오 디코더에서는 엔트로피 디코더와 화면 간 예측 과정의 복잡도가 높다. 복잡도가 높은 태스크가 할당된 코어는 상대적으로 많은 작업을 처리하게 되고, 복잡도가 낮은 태스크가 할당된 코어들은 상대적으로 적은 작업을 처리하게 됨에 따라 유휴(Idle) 상태로 동작하는 시간이 생기게 된다. 비디오 인코더 또는 디코더의 태스크 간에는 인코딩/디코딩 순서상에서의 데이터 의존성이 존재하므로 유휴 상태의 코어들은 복잡도가 높은 태스크가 할당된 코어가 작업을 끝낼 때까지 대기해야 하며, 이로 인하여 병렬 시스템의 성능이 저하된다. 또한, 태스크-레벨 병렬화는 각 태스크 사이의 데이터 이동이 필요한데, 비디오 인코더 및 디코더는 계산 중심의 프로그램에 비하여 태스크 간 이동 데이터의 양이 많아, 이로 인한 오버헤드(Overhead)가 발생한다. 따라서, 태스크-레벨의 병렬화 기술을 비디오 인코더 및 디코더에 효과적으로 적용하기 위해서는 각 태스크를 처리하는 코어들 사이의 데이터 이동을 고속으로 처리할 수 있는 수단 들이 뒷받침되어야 한다.

12.2 데이터-레벨 병렬화

데이터-레벨 병렬화(Data-level parallelism)는 병렬화하는 프로그램에서 처리할 데이터를 여러 단위로 분할 한 후 각각 분할된 데이터를 서로 다른 코어 또는 스레드에 할당하여 동일한 작업을 병렬적으로 수행하는 방식이다. 그림 12-2는 입력 비디오의 한 픽쳐를 네 개의 슬라이스로 분할한 후 분할된 슬라이스를 서로 다른 코어에 할당하여 병렬화하는 예이다. 입력 비디오는 슬라이스 단위의 데이터 분할 외에도 GOP (Group Of Pictures), 프레임(Frame), 매크로블록(Macroblock), 블록(Block)과 같은 다양한 단위의 데이터로 분할 할 수 있기 때문에, 데이터-레벨 병렬화는 비디오 데이터의 분할 단위에 따라 여러 기술로 더 구체화 될 수 있다. 이들 중 프레임, 슬라이스, 매크로블록 단위의 병렬화가 비디오 인코더 및 디코더의 데이터-레벨 병렬화에서 자주 사용되고 있다. 데이터-레벨 병렬화는 분할 데이터간의 의존성이 존재하지 않도록 데이터를 분할한 후 병렬화를 수행하기 때문에, 태스크-레벨 병렬화와 달리 할당 된 코어 또는 스레드 사이에 데이터의 이동이 많지 않다. 또한, 비디오 데이터의 분할 단위에 따라 다르지만 일반적으로 태스크-레벨 병렬화보다는 코어의 개수에 맞춰 데이터를 분할하는 것이 가능하기 때문에 확장성 측면에서의 장점이 있다. 앞에서 살펴본 것처럼 비디오는 다양한 데이터 단위로 분할할 수 있으며, 분할 단위에 따라 병렬화 특성이 다양하게 나타난다. 따라서, 각 분할 단위의 데이터-레벨 병렬화의 특징을 살펴본 후, 인코더 및 디코더의 구현 환경 및 부호화 효율과 같은 제약사항들을 고려하여 최적의 데이터-레벨 병렬화 단위를 선택하는 것이 중요한 이슈들 중 하나이다.

입력 비디오에서 여러 장의 픽쳐의 묶음을 GOP라고 하는데, GOP 단위의 병렬화는 분할된 GOP 사이에 의존성이 존재하지 않을 때, 각 GOP를 서로 다른 코어나 스레드에 할당시켜 병렬적으로 인코딩하거나 디코딩하는 방식이다. 예를 들어, 각 GOP의 시작 프레임이 IDR (Instantaneous Decoding Refresh)로 코딩되는 경우에는 각 GOP 내에 P나 B 픽쳐들이 있어도 이전 GOP의 복원된 픽쳐들을 참조하지 않으므로 GOP 간의 의존성이 존재하지 않는다. (IDR 픽쳐가 복원 픽쳐 버퍼를 비우는 동작을 수행한다는 것을 상기하자.) 그림 12-3은 GOP의 첫 픽쳐를 IDR 픽쳐로 설정함으로써 GOP 간의 의존성을

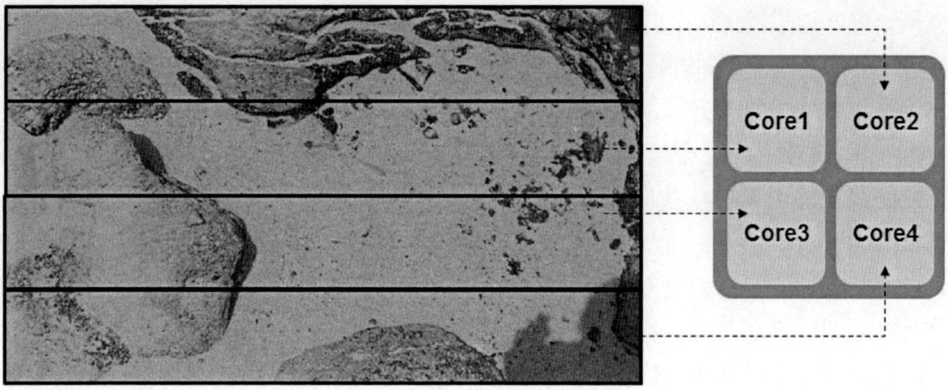

**그림 12-2 비디오의 데이터-레벨 병렬화의 예

제거한 후 인코더에서 각 GOP를 별도의 코어나 스레드에 할당시켜 병렬화하는 방법의 한 예이다. 이러한 GOP 단위의 병렬화는 각 코어 혹은 스레드가 병렬적으로 수행하는 데 있어 필요한 데이터들을 서로 독립적으로 저장하고 있어야 하므로 대용량의 메모리가 필요하다는 문제가 있다. 또한, 디코더는 인코더와 달리 GOP 간의 의존성이 없도록 임의로 설정할 수 있는 것이 아니라 디코더에 입력되는 비트스트림에서 GOP 간의 의존성이 존재하지 않는 경우에만 GOP 단위의 병렬화를 수행할 수 있다. 즉, 입력된 비트스트림이 GOP 간 의존성이 있는 경우 복호화기에서는 GOP 단위의 데이터-레벨 병렬화를 적용할 수 없다.

프레임 단위의 데이터-레벨 병렬화는 인코더 및 디코더에서 프레임간의 의존성이 존재하지 않는 프레임들을 동시에 인코딩하거나 디코딩하는 방식이다. 그림 12-4와 같은 참조 구조를 사용하여 인코더에서 각 프레임들을 인코딩하는 경우, POC (Picture Order Count) 값이 1번과 3번인 프레임은 서로를 참조하지 않고 부호화를 수행하기 때문에 해당 프레임들은 동시에 인코딩될 수 있다. 특히, HEVC는 기본적으로 시간적 계층성 (Temporal scalability)을 지원하기 때문에 동일 레이어 (Layer)에 위치하는 픽쳐들은 서로 의존성이 존재하지 않아 동시에 인코딩하거나 디코딩할 수 있다. 그러나, 이러한 프레임 단위의 데이터-레벨 병렬화는 GOP 단위의 병렬화와 마찬가지로 인코더에 좀 더 적합한 구조이다. 디코더는 인코더에서 생성된 임의의 비트스트림을 입력받아 디코딩을 수행하기 때문에 그림 12-4와 같이 프레임 간 의존성이 존재하지 않도록 하는 참조 구조를 사용한 비트스트림에 대해서만 프레임 단위 병렬화를 적용할 수 있다. 또한, 프레임 단위 병렬화는 한 프레임을 인코딩하는데 소요되는 시간 자체를 줄여주지는 않기 때문에, 프레임 지연이 그대로 존재한다. 즉, 프레임 단위의 병렬화는 단위 시간당 복호화되고

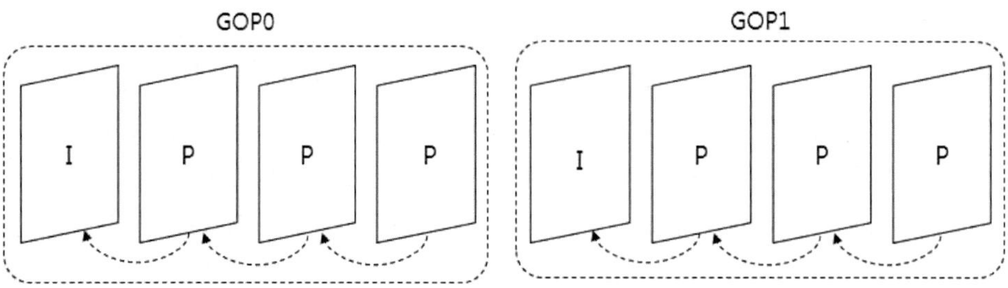

**그림 12-3 GOP 단위의 데이터-레벨 병렬화의 예

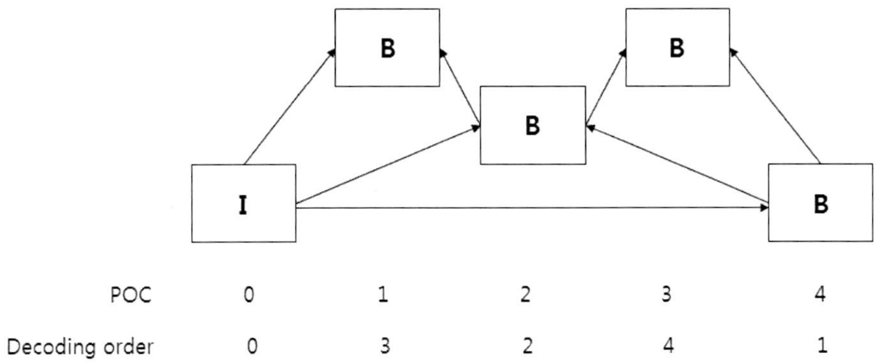

**그림 12-4 프레임 단위의 데이터-레벨 병렬화의 예

부호화되는 프레임 레이트(Frame rate)만을 향상 시키므로 병렬화를 적용하는 경우 이러한 특성들을 고려해야 한다.

MPEG(Moving Picture Expert Group)과 VCEG(Video Coding Expert Group)에서 표준화한 대부분의 표준 비디오 코덱들은 그림 12-2와 같이 픽쳐를 여러 슬라이스로 분할하여 부호화할 수 있다. 앞서 4장에서 살펴본 것처럼 H.264/AVC까지의 비디오 코덱들에서는 슬라이스를 한 픽쳐 내에서의 매크로블록 그룹으로 정의하였고, HEVC에서는 코딩 트리 유닛(CTU : Coding Tree Unit)의 그룹으로 정의하고 있다. HEVC는 한 픽쳐 내의 모든 CTU를 하나의 슬라이스로 부호화 할 수도 있고, 일정 수의 CTU에 대해서 그룹화하여 한 픽쳐를 여러 슬라이스 분할하여 부호화 할 수도 있다. 한 픽쳐를 여러 슬라이스로 분할하여 부호화하는 것은 한 픽쳐를 하나의 슬라이스로 부호화하는 것보다 전송 에러 측면에서 강인성을 가진다. 또한, 슬라이스들은 부호화에 있어 서로의 데이터를 참조하지 않고 부호화되는데, 이 경우 슬라이스 간의 의존성이 존재 하지 않아 슬라이스 단위의 병렬 인코딩 및 디코딩이 가능하다. 특히, 인코더에서는 시스템마다의 활용 가능한 코어 혹은 스레드 수에 맞춰 픽쳐를 슬라이스로 분할 압축하는 것이 가능하기 때문에 병렬화의 성능을 극대화할 수도 있다. 그러나 디코더에서는 인코더에서 픽쳐를 여러 슬라이스로 분할하여 압축한 비트스트림에 대해서만 효과적으로 슬라이스 병렬화를 수행할 수 있다는 한계가 있다. 특히, 대부분의 비트스트림들이 압축률을 고려하여 한 픽쳐를 단일 슬라이스로 인코딩하는 경우가 많기 때문에, 이러한 비트스트림들에 대해서는 디코더의 코어나 스레드의 수가 많다고 하더라도 슬라이스 단위의 데이터 레벨 병렬화를 적용할 수 없다. 즉, 슬라이스 단위의 병렬화도 GOP나 프레임 단위의 병렬화와 마찬가지로 인코더의 인코딩 조건에 의존적이기 때문에, 디코더보다는 인코더에 보다 적합한 병렬화 방법이라고 말할 수 있다. 또한, 슬라이스 단위의 데이터-레벨 병렬화는 한 프레임을 여러 슬라이스로 분할하는 경우 병렬화 성능은 향상되지만, 동시에 부호화 성능이 저하되는 문제가 있다. 이러한 부호화 성능 저하는 한 픽쳐 내에서 각 슬라이스 데이터를 압축함에 있어, 슬라이스 간에는 예측을 수행하지 않기 때문에 발생한다. 특히, 화면 내 예측과 움직임 벡터(Motion vector) 예측 그리고 문맥 기반 적응적 이진 산술 부호화(CABAC : Context Adaptive Binary Arithmetic Coding)를 사용하는 엔트로피 코더에서 성능 저하가 크게 발생한다. 또한, 픽쳐를 슬라이스로 분할하면 10장에서 살펴본 것처럼 슬라이스 헤더가 중복적으로 사용되기 때문에 중복 슬라이스 헤더에 대한 오버헤드 비트도 발생한다.

매크로블록 단위의 데이터-레벨 병렬화는 픽처 또는 슬라이스 내에서 매크로블록 간에 의존성이 없는 매크로블록들에 대하여 각각 다른 코어나 스레드에서 동시에 인코딩하거나 디코딩하는 병렬화 방식이다. 그림 12-5에서 "MB7" 매크로블록을 부호화하는 경우 부호화 효율을 향상 시키기 위하여 일반적으로 주변에 위치하는 매크로블록들("MB1", "MB2", "MB3", "MB6")의 정보를 참조한다. 화면 내 예측에서는 주변 매크로블록의 복호화된 픽셀 값들을 사용하여 압축하고자 하는 매크로블록의 예측 값을 생성하고, 움직임 벡터 예측 과정에서는 주변 매크로블록 내의 움직임 벡터를 사용하여 현재 블록에 대한 움직임 벡터를 예측한다. 또한, H.264/AVC의 CAVLC (Context-Adaptive Variable-Length Coding)나 CABAC에서도 주변 MB의 문맥(Context)을 참조하여 엔트로피 코딩을 수행한다. 이러한 형태의 의존성은 H.264/AVC 뿐만 아니라 HEVC에서도 동일하게 존재하는데, 다만 최소 코딩 단위가 매크로블록에서 CU로 변경되었을 뿐이다. H.264/AVC의 화면 내 예측 이나 화면 간 예측에서 부호화하려는 매크로블록과 그 주변 매크로블록과의 의존성이 좌, 좌상, 상, 우상 위치로 한정되기 때문에, 그림 12-5에서 "MB4", "MB7", "MB10"은 서로 간의 의존성이 존재하지 않는다. 따라서, "MB4", "MB7", "MB10"에 해당하는 매크로블록들에 대해서는 병렬적으로 인코딩하거나 디코딩할 수 있다. 이렇게 픽쳐나 슬라이스 내에서 서로 의존성이 존재하지 않는 매크로블록들에 대하여 데이터-레벨 병렬화를 수행하는 것을 Wavefront 방식이라 부르는데, Wavefront 방식은 다시 2D Wavefront 방식과 3D Wavefront 방식으로 나뉜다.

그림 12-5와 같이 부호화 또는 복호화하는 현재 픽쳐 또는 슬라이스 내에서 의존성이 존재하지 않는 매크로블록들에 대해 병렬화하는 것을 2D Wavefront 방식이라고 한다. 먼저, 2D Wavefront를 HEVC에 적용시켜 살펴보도록 하자. 그림 12-6은 64×64 크기의 CTU 35개로 구성된 픽쳐를 2D Wavefront 방식으로 병렬화 시킨 예이다. 그림 12-6에서 빗금이 쳐진 CTU는 이미 부호화되거나 복호화된 CTU, 회색 CTU는 현재 부호화되거나 복호화되고 있는 CTU, 흰색 CTU는 앞으로 부호화되거나 복호화될 CTU를 의미한다. 시스템에 충분한 개수의 코어가 존재하는 경우 현재 픽쳐의 첫 번째 CTU는 0번째 단계에서 부호화되거나 복호화될 것이다. 해당 단계에서는 동시에 부호화하거나 복호화 할 수 있는 CTU가 존재하지 않기 때문에 T0로 표시된 CTU 만이 처리된다. 첫 번째 단계에서도 동시에 처리될 수 있는 CTU가 존재하지 않기 때문에, T1으로 표시된 CTU 만이 처리될 것이다. 두 번째 단계에서는 T2로 표시된 두

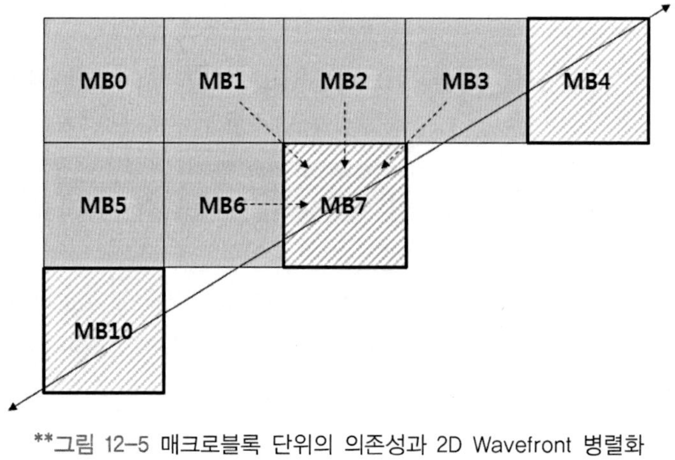

**그림 12-5 매크로블록 단위의 의존성과 2D Wavefront 병렬화

개의 CTU들이 서로 의존성이 존재하지 않기 때문에 동시에 처리될 수 있다. 이와 같은 방식으로 픽쳐 내의 모든 CTU들에 대해서 각 단계에서 의존성이 존재하지 않는 CTU를 확인한 후 해당 CTU 들에 대해서 동시에 인코딩하거나 디코딩할 수 있을 것이다. 입력 영상에 대해서 CTU 단위로 2D Wavefront 병렬화를 수행하는 경우 요구되는 전체 단계의 개수는 식 (12-1)로 계산 된다.

$$stage = \#CTUin\,Width + 2 \times (CTUinHeight - 1) \qquad (12\text{-}1)$$

예를 들어, Full-HD 영상에 대해서 64×64 크기의 CTU를 사용하면 픽쳐의 너비 방향으로 30개의 CTU가 존재하고, 높이 방향으로 17개의 CTU가 존재하므로 이를 식 (12-1)에 대입해 보면 총 62개의 단계가 필요함을 알 수 있다.

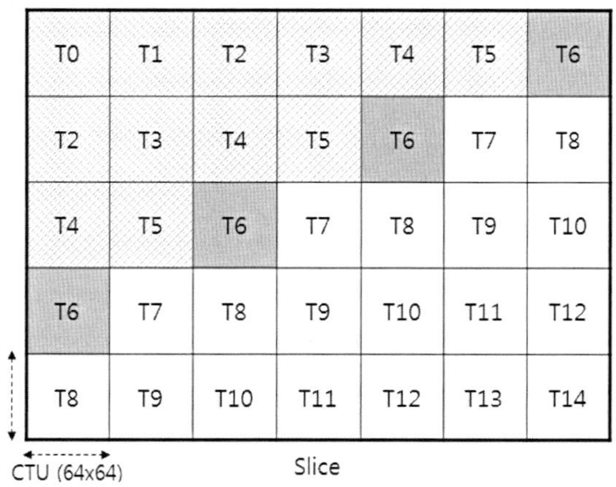

**그림 12-6 프레임에 CTU 단위의 2D Wavefront 병렬화를 적용한 예

그림 12-7을 통해 각 단계 별로 동시에 수행 가능한 CTU의 개수를 살펴보면, 시작 부분과 끝 부분에서 동시에 처리될 수 있는 CTU의 개수가 상대적으로 적은 것을 확인할 수 있다. 이는 2D Wavefront 방식의 특성 상 픽쳐 내에서 비스듬하게 기울여진(Skewed) 블록들 간에 서로 의존성이 존재하지 않기 때문이다. 따라서, 코어 또는 스레드의 개수가 충분하더라도 픽쳐의 에필로그(Epilogue)와 프롤로그(Prolog) 부분에서는 코어 또는 스레드의 개수보다 동시 처리가 가능한 CTU의 개수가 더 적기 때문에 병렬화의 성능이 저하된다.

입력 픽쳐의 프롤로그와 에필로그 부분에서는 동시에 처리할 수 있는 CTU의 개수가 적기 때문에, CTU를 할당 받지 못한 코어들은 작업이 할당될 때까지 대기 상태로 놓이게 되며, 이러한 부분은 시스템의 병렬 성능을 극대화하지 못하는 요인이다. 3D Wavefront 방식은 2D Wavefront 방식의 이러한 문제를 해결하기 위하여, 코딩하는 현재 픽쳐의 에필로그 부분에 대해 인코딩·디코딩할 때 다음에 코딩할 픽쳐의 프롤로그에 위치하는 매크로블록 또는 CTU에 대해서도 의존성을 고려하여 병렬적으로 인코딩하거나 디코딩하는 방식이다. 이러한 3D Wavefront 방식은 기존의 2D Wavefront 방식에 비해 현재 픽쳐의 에필로그 부분에서 일부 코어가 대기 상태로 상태로 있지 않고, 다음에 코딩할 픽쳐의 데이터를 처리하기 때문에 병렬화의 성능이 향상된다. 그러나, 다음에 코딩할 픽쳐가 P 또는 B 픽쳐인 경우 해당 픽쳐 내의 CTU나 매크로블록은 이전에 복호화된 픽쳐에서 움직임 보상을 수행하기 때문에, 움직임 보상 위치의 CTU나 매크로블록들이 먼저 디코딩이 되어 있는지 확인해야 한다. 이를 위해서는 이전

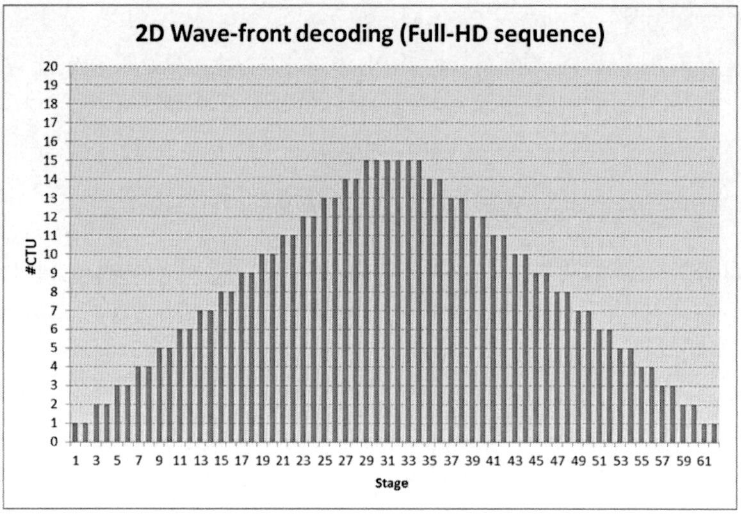

**그림 12-7 Full-HD 영상에 64×64 CTU를 사용한 경우의 각 단계별 병렬처리가 가능한 CTU의 개수(2D Wavefront 방식)

에 복호화된 픽쳐의 CTU나 매크로블록들이 이미 복호화되어 현재 픽쳐에서 참조가 가능한지에 대한 정보를 메모리에 저장하고 있어야 한다. 따라서, 일반적으로 3D Wavefront 방식은 2D Wavefront 방식에 비하여 구현 시 더 많은 메모리를 필요로 하며, 코어 또는 스레드 간의 동기화에 대한 구현 부분이 좀 더 복잡하다는 단점이 있다. 매크로블록 단위의 데이터-레벨 병렬화를 동영상 복호화기에 적용하는 경우 픽셀 디코딩 부분에 대해서는 Wavefront 방식을 통하여 병렬화할 수 있지만, 엔트로피 디코딩 부분에 대해서는 Wavefront 방식을 적용시킬 수 없다. 왜냐하면, 비트스트림은 일반적으로 슬라이스 단위로 구분되며 매크로블록 단위에서는 임의의 매크로블록에 대한 비트의 시작 위치를 알 수 없기 때문이다. 따라서, 매크로블록 단위의 Wavefront 병렬화를 디코더에 적용하는 경우, 엔트로피 디코딩은 슬라이스 단위로 순차적으로 수행하고 픽셀 디코딩 부분에 대해서는 Wavefront 방식을 사용한다. 그러나, 슬라이스 단위로 엔트로피 복호화를 수행한 후 픽셀 복호화 모듈에 대해서만 데이터-레벨 병렬화를 하는 것은 병렬 복호화의 전체 성능을 저하시킨다. 일반적으로 병렬 시스템의 성능은 식 (12-2)의 Amdal의 법칙으로 정의된다.

$$S(N) = \frac{1}{(1-P) + \frac{P}{N}} \tag{12-2}$$

식 (12-2)에서 P는 병렬적으로 수행 가능한 작업의 비율이고, N은 병렬 수행하는 스레드 또는 코어의 개수이다. 식 (12-2)를 이용하여 비디오 복호화기의 병렬화 성능을 분석해보자. 먼저, 순차적으로 수행해야 하는 엔트로피 복호화가 복호화기 복잡도의 20%를 차지한다고 가정하면 P는 0.8이 되고, 이 경우 무한개 (∞)개의 스레드 또는 코어를 사용하더라도 $S(\infty)$의 값은 약 5 배가 된다. 추가로 식 (12-2)에서는 멀티 스레드나 멀티 코어 환경에서 False sharing과 같은 캐시(Cache)의 성능 저하 문제들과 픽셀 복호화에 적용하는 2D Wavefront 방식들이 프롤로그나 에필로그 부분으로 인하여 최적의 복호화 성능을 보이지 않는다는 점을 고려하지 않아, 실제 성능은 Amdal의 법칙으로 계산된 이상치 보다 더 저하된다. 그렇지만 매크로블록 단위 또는 CTU 단위의 데이터-레벨 병렬화는 GOP, 프레임, 슬라이스 단위

표 12-1 데이터 레벨 병렬화 단위의 비교

데이터-레벨 병렬화 단위	확장성	적합도
GOP	보통	인코더
픽쳐	보통	인코더
슬라이스	좋음	인코더
매크로블록/CTU	좋음	인코더/디코더

의 병렬화와 달리 인코더의 인코딩 옵션에 의존적이지 않기 때문에 병렬 디코더를 구현하는 경우에 있어, 가장 널리 사용되고 있는 방식이다. 표 12-1은 동영상 코덱에서 적용 가능한 데이터-레벨 병렬화 방식에 대해서 비교한 것이다. 결과적으로 매크로블록 또는 CTU 단위의 병렬화는 인코더 및 디코더에 모두에 적용 가능한 구현 방식이며, 멀티 코어(Muti-core) 뿐만 아니라 매니 코어(Many-Core)에도 사용가능하므로 병렬 비디오 인코더 및 디코더 구현에서 가장 중요한 기술이다.

12.3 HEVC 병렬화 기술

JCT-VC는 HEVC 표준화의 시작 단계에서부터 병렬화 기술들을 디코더 표준 기술로 포함시키는 것을 고려하였다 [4]. HEVC의 표준화 과정 동안 여러 병렬화 기술들이 제안되었지만, 최종적으로는 타일(Tiles)과 WPP라는 두 가지 기술이 HEVC에 포함되었다. 앞서 언급한 것처럼, 타일은 기존의 슬라이스 분할과 달리 직사각형 형태의 모양만을 가질 수 있으며, 픽처를 동일 개수의 슬라이스로 분할하는 경우보다 부호화 성능의 저하를 줄일 수 있다. WPP는 기존의 Wavefront 기반의 병렬화 방식이 엔트로피 코딩 부분에 대해서는 매크로블록이나 CTU 단위로 병렬화할 수 없었던 문제를 해결한 기술이다. 이번 절에서는 HEVC에서 새롭게 추가 된 병렬화 기술들에 대해서 보다 상세히 살펴보도록 한다.

12.3.1 슬라이스와 타일

HEVC 인코더에서 타일을 사용하는 경우 그림 12-8과 같이 한 픽쳐는 직사각형 모양을 갖는 여러 영역으로 분할될 수 있다. 그림 12-8은 하나의 픽쳐를 9 개의 타일로 분할한 경우의 예를 보이는데, 각 분할 영역은 CTU 단위를 경계로 분할된다. 참고로 HEVC의 타일은 CU 단위로는 분할되지 않는다. 분할된 각 영역에서는 영역 내에 존재하는 CTU들에 대해서 그림 12-8에서 CTU 내에 명시된 숫자와 같이 순차 주사 순서대로 인코딩/디코딩을 수행한다. HEVC의 타일은 기존의 슬라이스의 분할과 동일하게 타일 간에 의존성을 갖고 있지 않다. 이는 타일로 분할된 경우 타일의 경계 부분에 위치하는 블록들에서 인접하는 타일의 블록 내의 픽셀 값이나 움직임 벡터와 같은 정보를 사용하지 않고 부호화 또는 복호화 됨을 의미한다. 따라서, 타일은 슬라이스와 동일하게 분할 영역을 동시에 인코딩하거나 디코딩할 수 있다. 또한, 타일이 사용된 경우 각 분할 영역에서 발생한 비트들이 서브 비트스트림으로 표현되고, 각 서브 비트스트림의 시작 위치가 슬라이스 헤더를 통하여 전송되기 때문에, 타일을 사용한 경우 엔트로피 복호화 부분에 대해서도 병렬처리가 가능하다. 이렇게 타일은 각 분할 영역에 대해서 동시에 인코딩하거나 디코딩할 수 있다는 측면에서 볼 때 슬라이스와 그 특성이 매우 비슷한 기술이다.

0	1	2	3	12	13	14	21	22	23	24
4	5	6	7	15	16	17	25	26	27	28
8	9	10	11	18	19	20	29	30	31	32
33	34	35	36	41	42	43	47	48	49	50
37	38	39	40	44	45	46	51	52	53	54
55	56	57	58	63	64	65	69	70	71	72
59	60	61	62	66	67	68	73	74	75	76

**그림 12-8 한 픽쳐를 아홉 개의 타일로 분할한 예

픽쳐를 슬라이스로 분할하는 경우 각 분할 영역은 서로 의존성을 갖지 않기 때문에, 병렬 부호화와 복호화가 가능하다. 하지만, 픽쳐를 다수의 슬라이스로 분할하는 경우 각 분할 영역마다 슬라이스 헤더 신택스가 추가되고, 슬라이스 경계 부분에서 예측을 수행하지 않기 때문에, 이로 인해서 부호화 성능이 저하된다. 특히, HEVC의 타일은 픽쳐를 동일한 개수의 슬라이스로 분할하는 경우보다 더 좋은 압축 성능을 보인다. 이는 타일이 슬라이스와 달리 그림 12-8과 같이 픽쳐를 수직 방향으로 분할하는 것을 지원하기 때문이다. 예를 들어, 그림 12-9(a)는 40개의 CTU로 구성된 픽쳐를 타일을 사용하여 네 개로 분할한 경우이고, 그림 12-9(b)는 슬라이스를 사용하여 네 개로 분할한 경우의 예이다. 두 경우에 대해 분할 경계면에 위치하는 CTU의 개수를 살펴보면, 타일로 분할한 경우는 14개이고 슬라이스로 분할한 경우 30개임을 알 수 있다. 이와 같이 픽쳐를 동일한 개수의 타일과 슬라이스로 나눈 경우 타일 인접 경계면에 위치하는 CTU의 개수가 더 적게 분할이 가능하다. 타일과 슬라이스는 모두 경계면에서 예측을 수행하지 않기 때문에, 동일하게 픽쳐를 네 개의 영역으로 분할하는 경우 참조가 불가능한 영역이 더 적은 타일에서 더 높은 압축 성능이 발생할 것이라는 것을 쉽게 유추해 볼 수 있다. 뿐만 아니라, 타일은 슬라이스와 달리 분할 영역 단위마다 슬라이스 헤더를 추가로 사용하지 않는다. 슬라이스를 사용하여 한 픽쳐를 다수의 슬라이스로 분할하는 경우, 각 독립 슬라이스 세그먼트에서 슬라이스 헤더 데이터가 추가로 사용된다. 하지만, 타일은 단지 타일의 분할 정보만을 픽쳐 파라미터 셋(PPS : Picture Parameter Set)을 통하여 전송하기 때문에, 분할 영역마다 슬라이스 헤더가 추가되는 슬라이스에 비하여 추가 정보 비트가 많지 않다. 이와 같이 HEVC에서는 인코더나 디코더의 병렬화가 필요한 경우 슬

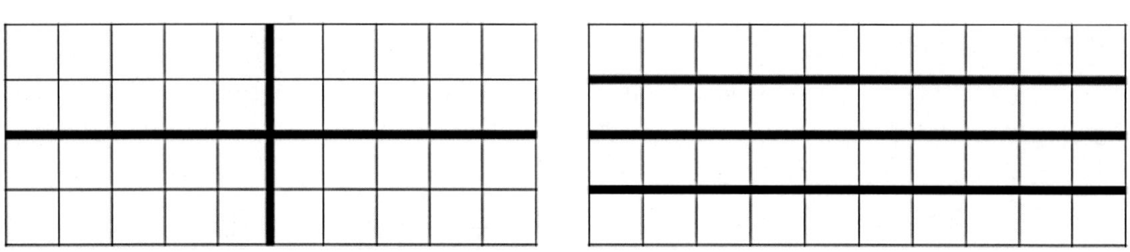

(a) 네 개의 타일로 분할　　　(b) 네 개의 슬라이스로 분할

**그림 12-9 한 픽쳐를 타일과 슬라이스로 분할한 예

라이스 보다는 타일을 사용하는 것이 보다 효과적이다.

표 12-2는 HEVC 참조 소프트웨어인 HM 7.1을 기준으로 Full-HD 영상을 네 개의 슬라이스와 네 개의 타일로 분할하는 경우에 대하여 픽쳐를 하나의 슬라이스로 부호화한 것에 대한 비트 저하를 보인다. 표 12-2을 보면 Full-HD 해상도(Class B)에서는 픽쳐를 네 개의 슬라이스와 타일로 분할하는 경우 각각 3.9%, 2.7%의 비트 저하가 발생함을 알 수 있다. 앞선 언급한 것처럼 타일은 슬라이스에 비하여 Full-HD 해상도에서 약 1.2%의 비트 저하가 덜 발생하며, 시퀀스 평균에 대해서는 약 2.3%의 비트 저하가 덜 발생함을 확인할 수 있다. HEVC의 타일은 이와 같이 기존의 슬라이스에 비하여 비트율 저하를 줄일 수 있고, 동시에 영역 분할을 통하여 데이터-레벨의 병렬화를 효과적으로 지원하는 장점을 갖고 있다. 하지만, 픽쳐를 다수의 타일로 분할하여 인코딩하는 경우 타일의 경계면에서 불연속이 발생할 수 있는데, HEVC에서는 이러한 경계면에 대해서 선택적으로 디블록킹 필터나 SAO를 수행할 수 있다. 부호화기 및 복호화기에서는 후처리 필터가 타일 경계에서 사용되는 경우, 먼저 병렬적으로 각 영역을 부호화하거나 복호화한 후 해당 경계 위치에 대해서 필터링을 수행해야 한다. 이와 같이 영역 단위로 병렬처리를 한 후 순차 수행이 진행되어야 하기 때문에, 경계 영역의 필터링에 의하여 약간의 지연이 발생할 수 있다. 그러나, 이러한 부분은 슬라이스의 분할에서도 동일하게 발생되는 문제이다.

HEVC의 타일에서 분할 정보를 알려주는 방식에 대하여 조금 더 자세히 살펴보도록 하자. 표 12-3은 PPS에서 타일의 분할과 관련된 신택스 요소를 나타낸다. 먼저 "tiles_enabled_flag"는 타일 분할의 가능 여부에 대한 플래그이다. 해당 값이 0인 경우에는 해당 PPS를 참조하는 모든 픽쳐들에서는 하나의 타일을 사용하는 것으로, 실제적으로는 타일 분할이 사용되지 않는 것이다. 반대로 해당 값이 1인 경에는 해당 PPS를 참조하는 모든 픽쳐들에서는 두 개 이상의 타일 분할을 사용하게 된다. "num_tile_columns_minus1+1" 값은 픽쳐의 너비 방향을 기준으로 분할된 타일의 개수를 의미한다. "num_tile_rows_minus1+1" 값은 픽쳐의 높이 방향을 기준으로 분할된 타일의 개수를 의미한다. "num_tile_columns_minus1"과 "num_tile_rows_minus1" 신택스 요소는 각각 너비와 높이 방향으로 존재하는 타일의 개수에서 1을 뺀 값에 대해 비트로 표현함으로써 발생 비트를 절약한다. "uniform_spacing_flag"는 분할된 타일들이 너비와 높이 두 방향에 대해서 동일한 크기로 분할되는지에 대하여 알려주는 플래그이다. 해당 값이 1인 경우에는 추가로 각 타일 영역의 크기에 대한 정보를 보내주지 않고, 픽쳐를 각 타일이 너비와 높이 방향에서 동일한 크기로 분할한다. "uniform_spacing_flag" 신택스 요소의 값이 0인 경우에는 추가로 기술되는 신택스 요소를 통해서 픽쳐가 타일로 분할되는 모양에 대한

▌표 12-2▐ Full-HD 영상을 4개의 슬라이스와 타일로 분할한 경우의 부호화 효율 비교

시퀀스	BD-rate (%)	
	슬라이스	타일
Class B	3.9	2.7
Class C	4.5	3.3
Class D	5.3	4.0
Class E	13.4	6.3
평균	6.2	3.9

정보를 알려줘야 한다. “column_width_minus1[i]+1”는 영상의 너비 방향으로 i번째에 존재(인덱스는 0부터 시작)하는 타일의 너비에 대한 정보인데, 너비는 코딩 트리 블록(CTB : Coding Tree Block)의 개수로 표현된다. “row_height_minus1[i]+1”는 영상의 높이 방향으로 i번째에 존재(인덱스는 0부터 시작)하는 타일의 높이에 대한 정보인데, 높이 역시 CTB의 개수로 표현된다. 이러한 신택스 요소 및 구조를 사용함으로써 픽처를 CTB의 경계를 기준으로 사각형 모양을 갖는 여러 타일 영역으로 자유롭게 분할할 수 있다. “loop_filter_across_tiles_enabled_flag”는 타일 경계에 대해서 인-루프 필터를 사용할지에 대한 플래그이다. 해당 플래그가 1인 경우에는 타일 경계에 대해서 디블록킹 필터와 SAO를 수행하며, 플래그가 0인 경우에는 타일 경계에서 디블록킹 필터와 SAO를 수행하지 않는다.

지금까지 살펴본 것처럼 HEVC의 타일은 슬라이스와 그 특성이 매우 유사하다. 타일은 사각형 모양이어야 한다는 제약이 있을 뿐 해당 제약을 만족하는 경우 임의의 모양으로도 분할될 수 있다. 그런데 HEVC에는 이미 슬라이스라는 개념이 존재하는 상태에서 타일이라는 개념이 추가되었고, 그 두 기술의 개념이 상당히 유사하므로 타일과 슬라이스의 관계에 대해서 알아보는 것은 중요하다. HEVC에서 타일과 슬라이스 각각은 다음의 조건 중 적어도 하나는 만족해야 한다 [6].

① 조건 1 : 한 슬라이스 안의 모든 CTU는 같은 타일에 존재한다.
② 조건 2 : 한 타일 안의 모든 CTU는 같은 슬라이스에 존재한다.

표 12-3 타일의 분할 정보와 관련된 신택스 요소

pic_parameter_set_rbsp()	Descriptor
…	
tiles_enabled_flag	u(1)
entropy_coding_sync_enabled_flag	
if(tiles_enabled_flag) {	
num_tile_columns_minus1	ue(v)
num_tile_rows_minus1	ue(v)
uniform_spacing_flag	u(1)
if(!uniform_spacing_flag) {	
for(i=0; i< num_tile_column_minus1; i++)	
column_width_minus1[i]	ue(v)
for(i=0; i< num_tile_rows_minus1; i++)	
row_height_minus1[i]	ue(v)
}	
loop_filter_across_tiles_enabled_flag	u(1)
}	

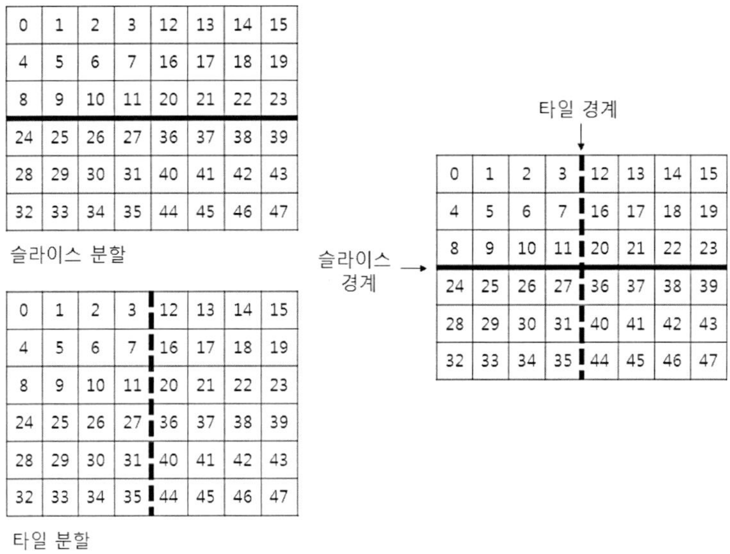

**그림 12-10 잘못된 타일과 슬라이스 분할의 예

먼저, 위의 조건 중 하나도 만족하지 않는 경우의 예는 그림 12-10과 같다. 그림 12-10은 픽쳐를 두 개의 슬라이스와 타일로 각각 분할한 경우의 예이다. 이 경우 슬라이스와 타일 각각의 분할에는 문제가 없지만 위의 두 조건 중 하나도 만족하지 못하여, 이러한 분할은 HEVC에서 지원하지 않는다. 그림 12-11과 12-12는 타일과 슬라이스의 또 다른 분할 예들이다. 그림 12-11은 픽쳐를 두 개의 슬라이스와 네 개의 타일로 분할한 경우로, 위의 두 가지 조건 중 "조건 2"를 만족한다. (타일 ⊆ 슬라이스) 그림 12-12는 한 픽쳐를 세 개의 슬라이스와 두 개의 타일로 분할한 경우로 "조건 1"을 만족한다. (슬라이스⊆ 타일) 이렇게 타일과 슬라이스는 항상 어느 하나가 다른 하나의 서브 셋이 아니라 경우에 따라 서로를 포함할 수 있는 관계로 이루어져 있다. 타일과 슬라이스 관계에서 또 다른 중요한 점은 타일은 영상의 분할

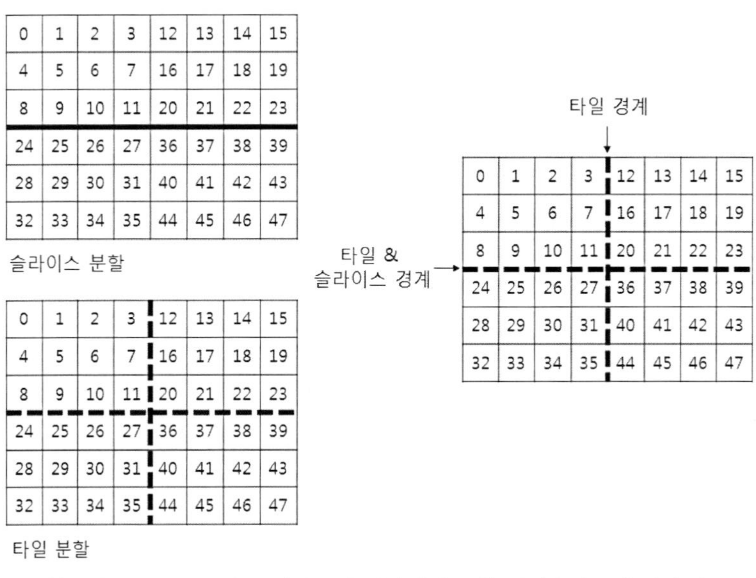

**그림 12-11 타일과 슬라이스의 정상적인 분할 예 (타일 ⊆ 슬라이스)

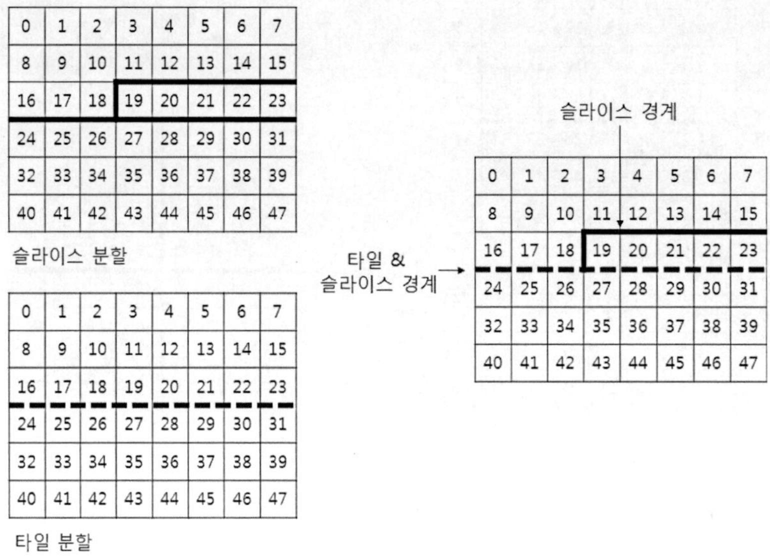

**그림 12-12 타일과 슬라이스의 정상적인 분할 예 (슬라이스⊆타일)

정보만을 제공할 뿐이며, 슬라이스와 달리 압축된 데이터가 전송되는 단위가 아니라는 점이다. 10 장에서 기술한 것처럼 HEVC는 RBSP (Raw Byte Sequence Payload)를 NAL 유닛으로 캡슐화하여 저장하거나 전송하는데 슬라이스 데이터는 VCL (Video Coding Layer)의 기본 단위이지만, 타일은 그렇지 않다. 예를 들어, 그림 12-11에서 첫 번째 타일 (CTU0~CTU11)과 두 번째 타일 (CTU12~CTU29)은 첫 번째 슬라이스를 통해서 하나의 NAL로 전송되게 된다. 결론적으로 타일은 병렬화를 위한 기술에 가까우며, 슬라이스는 전송 단에서 에러 강인성을 위한 기술에 가깝다고 말할 수 있다.

12.3.2 Wavefront Parallel Processing

앞의 12-2 절을 통하여 매크로블록 또는 CTU 단위의 2D Wavefront 병렬화에 대하여 살펴보았다. 기존의 2D Wavefront 방식은 매크로블록을 부호화의 기본 단위로 사용하는 여러 비디오 코덱들 (MPEG-2, MPEG-4, AVS, VC-1, H.264/AVC등)에서 복호화기에서의 표준과 상관없이 구현 관점에서 효과적으로 사용되어 왔다. 그러나 복호화기 측면에서 기존의 2D Wavefront 방식의 적용은 비디오 디코더 중 엔트로피 디코더를 제외한 픽셀 디코더 부분에 대해서만 병렬화 할 수 있기 때문에, 병렬화의 성능을 극대화하지는 못했다. 최근 고화질·고해상도의 영상 서비스가 증가함에 따라 비디오 디코더에서 엔트로피 복호화 모듈이 차지하는 복잡도 비중이 증가되고 있어, 엔트로피 복호화 모듈이 병렬 디코더에서 병목 지점 (Bottleneck)이 되었다. 이러한 문제를 해결하기 위하여 HEVC에서는 엔트로피 코딩에 대해서도 슬라이스보다 더 작은 데이터 분할 단위에서 병렬적으로 복호화할 수 있게 하는 기술들을 고려했으며, 이러한 결과로 WPP가 현재 HEVC의 Main profile에 포함되게 되었다.

WPP는 기본적으로 그림 12-13과 같이 한 픽쳐를 각 CTU 행으로 분할함으로써 CTU 행 단위로 병렬적으로 인코딩 및 디코딩하는 것을 지원한다. WPP에서 픽셀 디코더 부분은 기존의 2D Wavefront 방식과 마찬가지로 왼쪽과, 위쪽, 대각선 위쪽에 위치하는 CTU가 부호화 또는 복호화된 후 현재 CTU를 인코딩하거나 디코딩할 수 있다. 추가로 엔트로피 부분에 대해서도 병렬적으로 인코딩하거나 디코딩하는 것을 지원하는데, 이를 위하여 각 CTU 행 단위로 서브 비트스트림을 생성하고 이러한 서브 비트스트림의 위치를 슬라이스 헤더에서 전송해줌으로써 슬라이스 데이터 내의 다수의 서브 비트스트림에 대해서 병렬적으로 엔트로피 코딩을 가능케 한다. 그러나, 이와 같이 각 CTU 행 단위로 엔트로피 병렬 부/복호화를 수행하기 위해서는 각 행마다 CABAC을 독립적으로 사용해야 한다. HEVC의 CABAC은 슬라이스 내에서 CTU를 코딩하면서 컨텍스트 모델을 계속 업데이트 함을 상기하자. WPP가 적용되기 전까지의 HEVC CABAC은 슬라이스 단위로 컨텍스트가 초기화 되며, CTU 단위에서는 이전까지 코딩되면서 업데이트 된 컨텍스트를 사용하기 때문에 부호화 효율이 높았다. 그러나, 엔트로피 복호화 부분의 병렬화를 위하여 각 CTU 행에서 초기화된 CABAC 컨텍스트를 사용하게 되면 압축 성능이 저하될 것이다. WPP에서는 CABAC의 부호화 효율 저하를 최소화 하면서 병렬 복호화를 지원하기 위하여 그림 12-13의 각 CTU 행을 복호화기 전에 각 행의 첫 번째 CTU를 기준으로 오른쪽 위에 존재하는 CTU가 인코딩/디코딩된 후 업데이트 된 CABAC 컨텍스트를 통하여 컨텍스트 모델을 초기화한다. 이러한 형태의 의존성은 2D Wavefront 방식의 병렬 복호화 부분에서도 이미 존재하기 때문에, CABAC의 초기화에서 각 CTU 행단위에서 약간의 지연이 발생되더라도 픽셀 복호화 모듈을 고려한 병렬 시스템에서는 지연이 없는 효과를 보인다. 이처럼 WPP의 CABAC 컨텍스트 초기화 방법은 각 행에서 위쪽 행의 두 개의 CTU가 코딩된 후, 업데이트 된 CABAC의 컨텍스트 모델을 사용하기 때문에, 각 CTU 행단위로 독립적으로 CABAC 컨텍스트를 초기화하는 경우보다 CABAC의 부호화 효율 저하를 최소화 시킬 수 있다. 특히, 픽쳐에서 64×64 CTU를 사용하는 경우에 대해 생각해보면, 두 개의 CTU는 32개의 매크로블록에 해당한다. 즉, HEVC에서 두 개의 CTU를 거치는 동안 CABAC의 컨텍스트 모델이 업데이트 되는 양이 적지 않음을 알 수 있다. WPP는 앞에서 살펴본 타일, 슬라이스와 달리 픽셀 부호화 부분에서는 위쪽 CTU 행에서 이미 부호화된 블록의 정보를 사용하여 화면 내 예측과 움직임 예측 등을 수행하기 때문에, 부호화 효율의 저하가 크지 않으면서 동시에 인코더 및 디코더의 병렬화가 가능하다는 장점을 갖고 있다. 그러나, WPP와 2D Wavefront 병렬화를 동시에 사용하더라도 픽셀 디코딩 및 엔트로피 디코딩 과정은 주변 CTU와의 의존성 때문에 각 CTU 행 단위로 완벽하게 병렬 수행 될 수는 없다. 따라서, 기존의 타일과 슬라이스와 같이 분할된 각 영역간에 의존성이 없는 경우에 비해서는 병렬화의 성능이 저하된다는 단점이 있다.

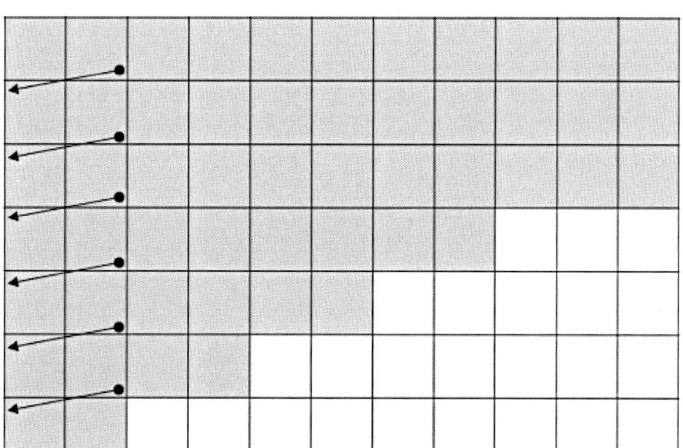

**그림 12-13 WPP에서 CABAC 컨텍스트 모델의 초기화

참고문헌

[1] Andrew S. Tanenbaum, "Multiple processor systems," in Modern Operating System (3rd Edition), New Jersey, US, Prentice Hall, 2007, pp. 523-610.

[2] W. Margo, P. Petersen, and S. Shah, "Hyper-threading technology: impact on compute-intensive workloads," Intel Technology Journal, vol. 6, no. 1, pp. 58-66, Feb. 2002.

[3] J. Seo, H. Jo, D. Sim, D. Kim, and J. Song, "Fast CAVLD of H.264/AVC on bitstream decoding processor," EURASIP Journal on Image and Video Processing, vol. 2013, no. 23, April 2013.

[4] "Vision, applications, and requirements for high-performance video coding (HVC)," document ISO/IEC JTC1/SC29/WG11 N11096, 2010.

[5] C. Meenderinck, A. Azevedo, B. Juurlink, M. Alvarez Mesa, and A. Ramirez, "Parallel scalability of video decoders," Journal of Signal Processing, vol. 57, no. 2, pp. 173-194, November 2009.

[6] B. Bross, W. Han, J. Ohm, G. Sullivan, and T. Wiegand, "High efficiency video coding (HEVC) text specification draft 10," document JCTVC-L1003, Geneva, CH, Jan. 2013.

레이트 컨트롤(Rate Control)

13

이전 장들에서 비디오 압축을 위한 화면 내 혹은 화면 간 예측을 통한 차분 신호를 생성하여, 주파수 변환, 양자화, 엔트로피 부호화까지 전체적인 비디오 압축과정에 대하여 설명하였다. 이러한 압축 과정을 거쳐 생성된 데이터는 제한된 용량이나 대역폭을 갖는 저장장치에 저장되거나 네트워크 시스템을 통해 전달될 수 있다. 여기에서, 대역폭은 통신을 위해 사용되는 주파수의 범위로 초당 전송할 수 있는 데이터의 용량을 나타내는 요소이다. 그림 13-1은 부호화된 데이터가 유 · 무선 네트워크를 통해 복호화기로 전달되는 과정을 도식화한 예이다. 인코더에 의해 압축된 멀티미디어 데이터는 연속된 이진 비트의 나열이며, 이는 비트스트림이라고 불린다. 비트스트림이 네트워크를 통해 목적지로 전송된 후, 디코더에 의해 복원되어 원활하게 재생되기 위해서는 네트워크 대역폭과 인코더로부터 전송된 압축 비트스트림을 저장하는 버퍼의 사용량, 입력되는 비트량, 출력되는 비트량을 동시에 고려하여 인코딩 되어야한다. 대역폭의 허용 범위를 초과하는 데이터는 네트워크 망혼잡을 유발하고, 영상의 복호화를 불가능하게 만들 수도 있다. 이러한 문제는 이전 영상과의 유사성을 이용하는 다수의 영상을 복호화 불가능 상태로 만들 수 있기 때문에, 인코더에서는 제공되는 네트워크 채널 대역폭에서 원활하게 전송될 수 있는 비트율로 영상을 압축해야 하며, 인코딩 과정에서는 해당 비트율에서 최대 화질을 달성할 수 있어야한다. 멀티미디어 관련 서비스를 제공하는 대부분의 온라인(On-line) 시스템에서는 네트워크 환경 및 상태를 고려한 데이터 발생량의 조절이 필수적이며, 레이트 컨트롤 기술을 통해 대역폭 제한 조건을 충족하는 비트스트림을 생성할 수 있다.

1995년 MPEG-2 표준이 완성되고 1999년도의 MPEG-4, 2003년 H.264/AVC, 그리고 2013년 HEVC까지 주어진 채널의 대역폭 조건 하에서 전송이 가능한 양의 비트율로 영상을 압축하면서 화질을 향상

**그림 13-1 영상 부·복호화기 간의 정보 전달 환경의 예

시킬 수 있는 레이트 컨트롤 알고리즘을 개발하고자 하는 노력이 지속되어왔다 [1-4]. 레이트 컨트롤은 멀티미디어 서비스를 위한 필수적인 기술로써, 표준기술이 아닌 인코딩 이슈임에도 불구하고, 꾸준하게 개선 및 발전되어 오고 있다. 특히, HEVC에 포함된 레이트 컨트롤은 MPEG-2의 레이트 컨트롤 기술을 기반으로 다양한 코딩블록 크기와 제어해야 하는 요소들이 증가함에 따라 더욱 기술이 세분화되고 복잡해졌다. 이번 장에서는 전통적으로 연구되어오고 있는 레이트 컨트롤의 전체적인 개념 및 개요와 다양한 인코딩 과정의 특성을 고려하고, 애플리케이션에 따라 요구되는 조건 하에서 사용될 수 있는 레이트 컨트롤 알고리즘들의 특징에 대해 설명하도록 한다.

13.1 레이트 컨트롤의 개요

비디오 코딩에서 레이트 컨트롤을 한 마디로 요약하면, 주어진 목표 비트율로 입력 비디오를 압축하는 방법이라 할 수 있다. 하지만, 단순히 목표 비트율을 만족하는 것만으로 레이트 컨트롤의 목적을 이루었다고 말할 수는 없다. 일반적으로 비디오 디코더에는 인코더에서 압축된 비트스트림을 전송 받아 잠시 저장하는 제한된 버퍼가 존재하며, 이러한 압축 비트스트림 버퍼는 영상의 원활한 디코딩과 디스플레이를 위해서 연속적으로 입력 및 출력되는 압축 비트스트림의 양을 고려해야 한다. 또한, 연속적으로 발생되는 비트스트림이 버퍼에 저장되는 동안 해당 비트스트림 버퍼의 최대 저장량을 초과하는 오버플로우(Overflow)가 발생되지 않아야 하며, 연속되는 디코딩 과정에서 비트스트림 버퍼로부터 출력되는 비트량에 따라 특정 디코딩 시간에 버퍼 내에 저장된 비트스트림이 없는 언더플로우(Underflow) 또한 발생되지 않도록 해야 한다. 압축 비트스트림 버퍼의 최대 크기는 비디오 압축 표준 내에 프로파일, 레벨에 따라 정의되어 있으며, 버퍼 내에 최초로 저장되는 비트스트림에 대해 디코딩이 시작되는 최초의 시간까지의 지연은 하이 레벨 신택스를 통하여 전송될 수 있다. 이러한 비트스트림 버퍼의 관리를 위하여 인코더에는 가상의 복호화기가 포함된다. 가상 복호화기를 통하여 앞서 언급한 인코더에서의 비트 발생량에 따라 디코더에 존재하는 비트스트림 저장 버퍼의 크기, 디코딩 시작 시간까지의 지연, 디코딩 과정에서 비트스트림 버퍼로부터 빠져나가는 비트량 등을 고려하여 표준에 정의된 비트스트림 버퍼의 오버플로우나 언더플로우 등의 문제가 발생되지 않는 비트량의 순응 여부를 알 수 있다. 따라서, 레이트 컨트롤 과정에서는 이러한 가상 디코더를 참조하여 발생 비트량을 적절히 조절할 수 있어야 한다. 이 가상 디코더는 실제 디코딩이 이루어지는 것은 아니며, 디코더 단의 버퍼의 상태를 시뮬레이션 하는 것으로 이해하면 되겠다. 단위 시간에 증가되는 데이터 량과 디코딩하기 위하여 소비되는 비트량을 고려하여, 디코더 단의 버퍼의 상태를 계산하면서, 적정한 수준의 버퍼량을 유지하도록 목표 비트율을 결정해야 하겠다. 이러한 목표 가상 버퍼 시뮬레이션은 프레임 단위에서 처리하는 것이 일반적이다.

목표 비트율 제한을 만족시키는 것과 함께, 또 다른 레이트 컨트롤의 목적은 주어진 비트율에서 최대의 화질을 얻는 것이다. 일반적으로, 입력 비디오 대비 일정한 평균 오차를 유지하기 위해서는 고정된 양자화 파라미터(QP : Quantization Parameter)를 사용한다. 하지만, 고정된 QP는 입력 영상 및 코딩 블록의 특성에 따라 다른 비트량을 발생시킨다. 즉, 압축 과정에서 발생되는 비트의 양은 입력 데이터의 특성에 따라 변화한다는 것이다. 그러나, 애플리케이션에 따라서 비트량을 임의로 조정해야 하는 경우가 존재하며, 이러한 목적을 달성하기 위한 가장 효과적인 방법은 QP 값의 조절을 통하여 비트량을 조절하는 것이다. 하지만, 비디오 압축 과정에서, 한 개의 코딩 블록에 대한 압축을 실행하기 이전에,

그 블록에 대해 어떤 QP 값을 사용하여 인코딩을 수행해야 목표로 하는 양 만큼의 비트가 발생하는지 알 수는 없다. 이러한 문제로 인하여, 일반적인 레이트 컨트롤을 사용하는 비디오 압축에서는 비트율과 QP 사이의 관계를 함수로 모델링하여 목표 비트량을 발생시킬 것으로 예측되는 QP를 결정한다. 인코딩 과정에서는 양자화 모델의 파라미터들을 과거에 인코딩된 블록들을 이용해 학습을 통하여 예측하고, 그 함수 모델이 앞으로 코딩하려는 블록에서도 적용될 수 있다고 가정한다. 이러한 모델을 통하여 입력된 목표 비트에 대한 QP를 예측하고, 예측된 QP를 이용하여 율-왜곡 최적화(RDO : Rate-Distortion Optimization)가 수행된다 [5]. RDO를 통해 발생 비트량 대비 최대 화질을 갖는 모드들이 결정되어 압축 비트열을 만든다. 이렇게 비트열을 만든 후, 다시 바로 전에 인코딩된 블록에 대한 QP와 발생 비트 사이의 관계를 이용하여 양자화 모델 파라미터를 갱신하여 보정된 모델을 다음 블록의 인코딩과정에 사용하는 것이다. 이러한 방법을 단일 경로(Single-pass) 레이트 컨트롤이라 한다. 이와 반대로, 입력 영상을 분석한다든지, 일 회 이상 영상을 인코딩하여, 여러 통계적 특성을 추출하여, 최종 QP들을 결정하는 방법을 다중 경로(Multi-pass) 레이트 컨트롤이라 한다.

레이트 컨트롤은 애플리케이션의 특성에 따라, 다중 경로 방식과 단일 경로 방식으로 선택될 수 있다. 다중 경로 레이트 컨트롤 방법은 반복적 인코딩 정보를 사용함으로써 비트율 정확도와 화질을 개선할 수 있다. 이러한 다중 경로 레이트 컨트롤은 DVD와 같이 한정된 저장 공간에 높은 부호화 효율을 달성하기 위해 사용되며, 비 실시간 압축이 가능한 경우에 적합한 방법이다 [6]. 반면, 낮은 복잡도로 주변 블록의 통계적인 특성을 이용하여 블록 당 한 번의 인코딩을 수행하는 단일 경로 부호화 방법은 스트리밍 서비스, 화상 전화, 방송 등 실시간성이 중요한 환경에서 적합한 방법이다. 또한, 레이트 컨트롤 방법은 비트를 분배하는 방식에 따라, 고정 비트율(CBR : Constant Bit Rate)과 가변 비트율(VBR : Variable Bit Rate) 방법으로 구분될 수 있다. 고정 비트율 제어는 단위 시간당 일정한 비트율로 영상을 부호화하는 방법이며, 가변 비트율 제어는 프레임간의 비트율 변화를 허용하면서 압축 성능을 향상시키는 방법이다. 이러한 다양한 레이트 컨트롤 방법이 존재하는 상황에서 애플리케이션에 적합한 레이트 컨트롤을 선택할 때에는 목표 비트율을 충족하는 것이 가장 중요하지만, 해당 인코딩 조건 내에서 최대 화질을 달성하는 것과 사용 환경에 따라 적절한 복잡도를 갖는 알고리즘을 선택하여 사용하는 것 또한 중요하다.

본 장에서는 단일 경로 부호화의 CBR 방법을 기준으로 레이트 컨트롤을 설명한다. 레이트 컨트롤은 영상 전체의 평균 비트율을 맞추어야 함은 물론, GOP 단위의 비트율 조정, 프레임 단위의 비트율 조정, 기본 유닛 단위의 비트율 조절을 수행할 수 있다. 여기서, GOP, 프레임, 유닛 단위의 비트율 조정은 독립적 혹은 혼합적으로 수행될 수 있으며, 기본 유닛 단위도 한 개의 CTU 혹은 몇 개의 CTU의 묶음이 될 수 있다. 이러한 각 단위에서의 레이트 컨트롤은 비트를 분배하는 비트 분배 모델과 분배된 비트량을 만족하도록 QP를 예측하는 양자화 모델로 구성될 수 있다. 그림 13-2는 비디오 인코더와 관련하여 부호화 과정에서 레이트 컨트롤의 입출력 값을 보여주는 블록 다이어그램이다. 양자화 모델은 비트율과 QP 간의 일반적인 관계를 함수로 모델링하여, 해당 블록을 위한 QP를 결정한다. 그러나, 인코딩 과정에서 발생하는 비트량은 영상의 복잡도와 관련이 있다. 즉, 발생 비트량은 동일한 QP에 대해 일정한 것이 아니라, 영상의 복잡도가 높을 때는 많은 비트가 발생되고, 영상의 복잡도가 낮을 때는 적은 비트가 발생된다. 따라서, 레이트 컨트롤은 목표 비트량 뿐만 아니라, 인코딩 될 블록의 복잡도를 함께 고려해야한다. 그림 13-2의 입력 영상 내에서 단조로운 모자 영역과 고주파 성분이 다수 포함된 배경영

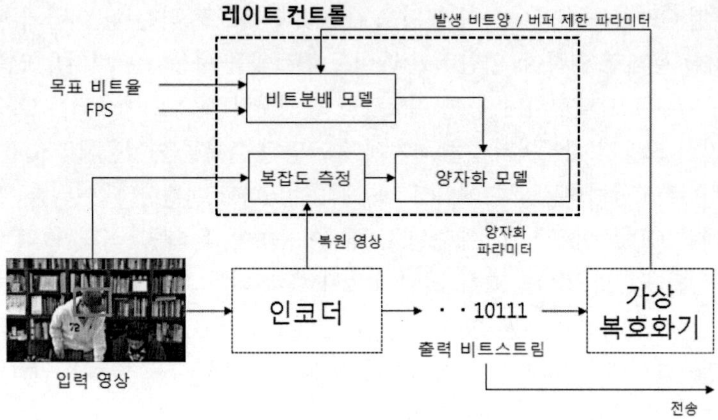

**그림 13-2 부호화기에서 레이트 컨트롤 모듈의 블록 다이어그램

역에 동일한 목표 비트가 할당되었다고 가정해보자. 동일한 비트가 입력되어 같은 값의 QP를 선택한다면, 일반적으로 예측 성능이 높을 것으로 추정되는 영역에서는 상대적으로 적은 양의 비트가 발생할 확률이 높기 때문에 목표 비트량 대비 적은 비트가 발생될 수 있고, 반대로 배경영역과 같이 텍스처 복잡도가 높은 영역에서는 발생되는 비트량이 목표 비트량을 초과할 수 있다. 이러한 목표 비트량과 발생 비트량간의 오차를 최소화하기 위해 원본 영상과 복원 영상의 평균 오차(MAD : Mean Absolute Difference)로 측정되는 텍스처 복잡도의 측정, 경계를 탐색하는 방향성(Gradient) 측정뿐만 아니라 주관적 화질 파라미터 사용 등 다양한 텍스처 복잡도 측정 모델을 사용할 수 있다 [7-8]. 따라서, 그림 13-2의 복잡도 측정 모듈에서는 입력 영상과 부호화 후 복호화된 영상을 참조하여 이전 시간에 인코딩된 블록의 복잡도를 측정하여 복잡도가 높은 영역은 QP 값을 상대적으로 높이고, 단조로운 영역은 QP 값을 상대적으로 낮추어 영상의 특성을 반영함으로써 목표 비트율을 달성할 수 있게 한다.

13.2 레이트 컨트롤의 동작 구조 및 흐름

앞서 설명한 바와 같이, 레이트 컨트롤은 입력되는 목표 비트율을 통해 비트스트림 버퍼 및 디코딩 지연 등을 고려하여 GOP(Group Of Picture), 프레임, 유닛 레벨에서 적절한 양의 비트를 할당하고, 이를 만족시키는 최적의 QP를 예측하여 인코딩함으로써 목표 비트율을 달성한다. 그림 13-3은 시퀀스, GOP, 프레임, 유닛 레벨의 레이트 컨트롤에 대한 일반적인 동작의 흐름도를 나타낸다. 그림 13-3과 같이 최초에 인코더로 입력되는 목표 비트 레이트에 대하여, 비트스트림 버퍼의 크기 및 비트 레이트와 버퍼의 크기를 고려한 디코딩 지연 시간에 따라, 각 레벨에서의 비트 분배 정책에 의해 목표 비트량이 결정될 수 있다. 각 레벨에서의 목표 비트량은 비트 분배 모델에 의하여 결정될 수 있으며, 비트 분배 모델은 이전 시간에 인코딩 과정에서 발생된 비트량과 현재 버퍼의 사용량을 고려해야 한다. 이러한 비트 분배 과정에서 목표 비트량은 각 레이트 컨트롤 레벨 내에서 동일한 양으로 분배될 수 있으며, 이전 시간의 인코딩 과정에서 발생된 에러량 및 비트량, 예측 모드 등을 추가적으로 고려하여 차등적으로 분배할 수 있다. 비트 분배 모델을 통해 할당된 목표 비트량을 달성하기 위하여 율-양자화 모델에서는 각 레이트 컨트롤 레벨의 인코딩 이전에 해당 레벨에 할당된 비트량에 적합한 QP 값을 예측한다. 인코딩 과정

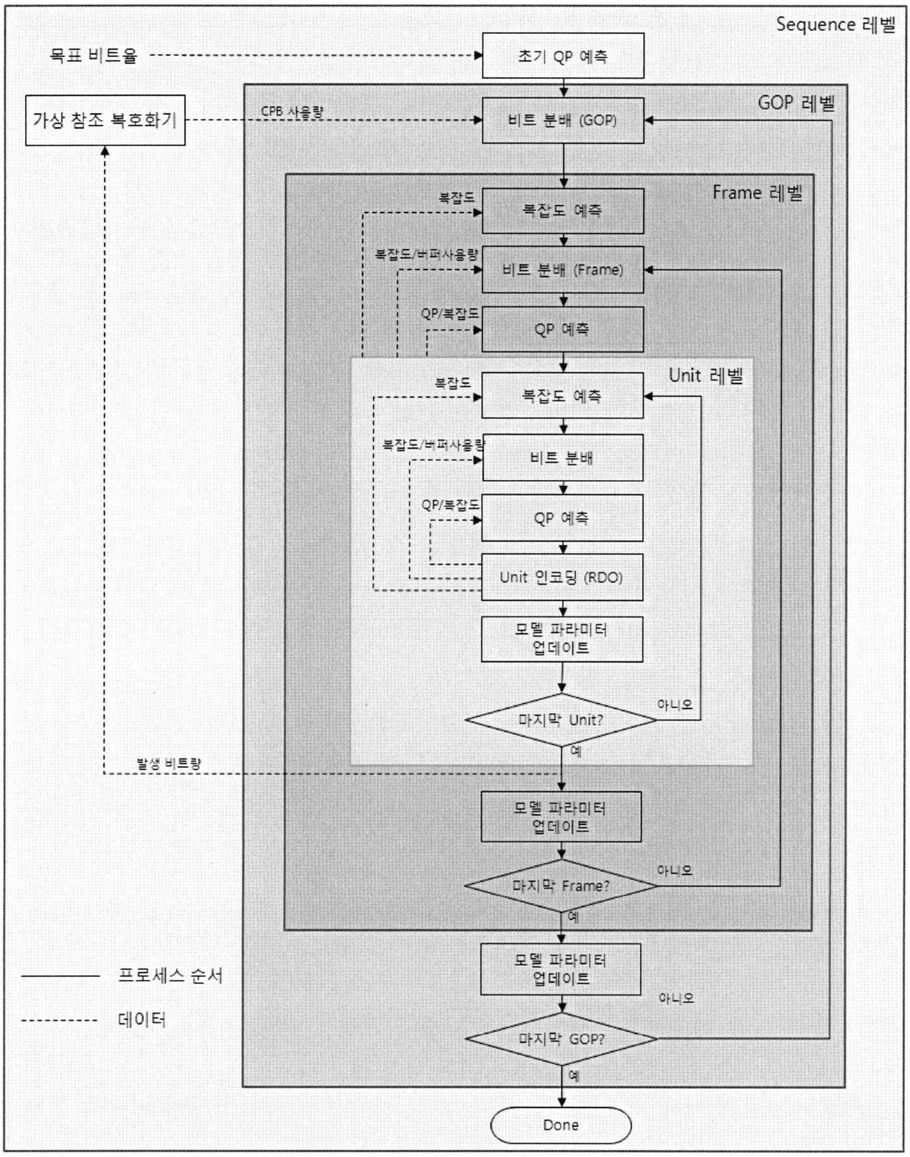

**그림 13-3 레이트 컨트롤의 동작 구조 및 흐름도

에서는 예측된 QP 값을 사용하여 RDO를 통해 최대 압축 효율을 달성할 수 있는 모드를 결정한다. 이러한 인코딩 과정 이후에 결정된 발생 비트량, 발생된 비트량에 대한 현재 시점의 버퍼 사용량, 발생된 에러량 등은 율-양자화 모델을 통해 이후의 인코딩 될 레이트 컨트롤 레벨의 QP 예측 성능을 향상시키기 위하여 참조될 수 있다. 즉, 인코딩 과정에서 실제로 발생된 비트량, 에러량 등은 인코딩 과정의 통계적 특성을 판단할 수 있는 중요한 파라미터로, 율-양자화 모델의 모델 파라미터를 갱신하기 위하여 참조될 수 있다. 이러한 모델 파라미터의 갱신은 입력된 영상의 특성과 해당 영상의 각 레이트 컨트롤 레벨에서 할당된 목표 비트량에 적합한 QP의 예측 성능을 높이기 위한 과정이다. 또한, 인코딩 과정에서 발생된 비트량, 버퍼 사용량, 에러량 등은 이후에 인코딩될 레벨의 목표 비트량 할당을 위하여 비트

분배 모델에서도 참조될 수 있다. 과거의 레이트 컨트롤은 버퍼 상태와 이전 인코딩 과정에서 발생된 비트량만을 참조하여 이후의 인코딩 과정에서 사용될 QP 값을 조절하는 단순한 형태였으나, 이후의 발전 과정에서는 비트 분배 모델, 율-양자화 모델을 모두 포함하여 주어진 목표 비트량에 대해서 입력 영상의 특성을 반영하여 최대 압축 성능을 낼 수 있는 모델 기반의 QP 예측 방법을 사용한다. 또한, GOP, 프레임, 유닛과 같은 계층적 구조로 레이트 컨트롤 레벨 각각에 대해 목표 비트를 할당하고 각 레벨에 적합한 율-양자화 모델을 사용함으로써 전체적인 거시적 관점과 세분화된 레벨에서의 발생 비트량을 동시에 제어할 수 있다.

인코더에서 입력된 목표 비트 레이트를 만족하면서 최대의 화질을 얻기 위한 방법은 가능한 모든 QP 값에 대하여 여러 압축 모드로 인코딩을 수행하고, 이에 대한 결과로 출력되는 모든 비트량과 에러량(화질)을 RD 관점에서 비교하는 것이다. 그러나, 이러한 최적 레이트 컨트롤 방법은 높은 복잡도를 수반하게 된다. 위의 레이트 컨트롤 및 RDO에 따른 모드 결정 방법은 결과적으로 레이트 컨트롤과 최적 모드 결정을 분리하여 순차적으로 처리하는 방법으로 볼 수 있다. 목적 관점에서 레이트 컨트롤을 수행하고, 최적 화질을 위한 최적 모드 결정을 순차적으로 수행하는 것이다. 앞서 언급한 것처럼, 레이트에 영향을 미치는 것은 QP와 코딩 모드이지만, 코딩 모드에 따른 레이트의 변화는 적다고 가정하고, QP만을 조정하여, 레이트를 조정하는 것이다. 결국, 먼저 QP를 조정하여, 목표 레이트를 맞출 수 있다고 가정하는 것이다. 이후, 고정된 QP를 가지고, 다양한 코딩 모드들에 대하여 RDO 기법을 이용하여, 최적 화질의 최적 코딩 모드를 결정한다. 물론, 주어진 QP에 대하여, 결정된 코딩 모드가 원하는 목표 비트율을 만족시키지 않을 수도 있으나, 일단은 결정된 QP와 코딩 모드를 그대로 사용하고, 발생된 비트량 및 에러량에 따라 모델 파라미터를 트레이닝하여 이후의 레이트 컨트롤 과정에서의 예측 성능을 높일 수 있다.

13.3 가상 참조 복호화기

인코더에서는 입력 영상을 압축하여 비트스트림을 생성하고 압축된 비트스트림은 디코더로 전송되어 CPB (Coded Picture Buffer)에 저장된다 [10]. CPB의 최대 가능 크기는 비디오 압축 표준의 레벨(Level)에 정의되어 있으며, 실제 버퍼의 크기는 상위 수준 신택스에서 정해줄 수 있다 [11]. 디코딩이 진행됨에 따라 복원 영상이 출력되고, CPB에서 복원 영상에 상응하는 데이터가 빠져나간다. 만약 CPB에 저장된 비트스트림이 빠져나가는 비트량에 비해 많은 양의 비트가 지속적으로 전송될 경우에는 CPB의 최대 저장량을 초과하여 오버플로우가 발생할 수 있으며, 반대로 디코딩 되는 비트량에 비해 지속적으로 적은 양의 비트스트림이 전송될 경우에는 언더플로우가 발생할 수 있다. 따라서, 인코더에서는 디코더의 CPB 크기 및 사용량을 고려하여 적당한 양의 비트를 발생시켜야하며, 이러한 동작을 고려하기 위해 인코더 내에는 가상 참조 복호화기(HRD : Hypothetical Reference Decoder)가 존재한다 [12].

비트율 분배 모델은 주어진 비트율을 비트로 계산하여 애플리케이션에 따라 각 프레임 및 유닛에 적당한 비트를 할당함으로써 주어진 목표 비트율을 충족하는 비트스트림을 생성한다. 인코더가 생성하는 비트율은 발생 비트량에 대한 초당 평균량이기 때문에 목표 비트율 조건을 만족하더라도 특정 구간에서 대량의 비트가 생성되어 버퍼 내에 저장되어 있다가, 출력 시점에서 동일한 대량의 비트가 CPB로부터 출력되어 빠져나가는 상황이 발생할 수 있다. 네트워크를 통해 대량의 비트가 전송되는 경우, 비트

▌표 13-1▐ HEVC의 레벨에 따른 해상도와 최대 CPB 크기 제한

레벨	최대 휘도 화소 개수 (Sample)	최대 CPB 크기 (Bits)
1	36,864	350,000
2	122,880	1,500,000
2.1	245,760	3,000,000
3	552,960	6,000,000
3.1	983,040	10,000,000
4	2,228,224	12,000,000
4.1	2,228,224	20,000,000
5	8,912,896	25,000,000
5.1	8,912,896	40,000,000
6	8,912,896	60,000,000
6.1	35,651,584	60,000,000
6.2	35,651,584	120,000,000

스트림을 저장하는 공간의 크기가 제한된 디코더에서는 오버 플로우가 발생할 수 있다. 반대로 네트워크에서 비트 스트림의 낮은 전송률은 일정한 속도로 복호화를 수행하는 디코더의 언더 플로우를 발생시킬 수 있다. 이러한 이유로 인코더에서 목표 비트율 뿐만 아니라 디코더에서 비트 스트림이 저장되는 CPB의 크기를 고려해야 한다. CPB의 크기가 커지면 인코더는 프레임에 더 많은 비트를 사용하여 영상의 화질 향상을 기대할 수 있지만, CPB의 크기 증가로 인한 디코더의 비용을 증가시키기 때문에 비디오 표준에서는 프레임 당 가용한 최대 비트와 CPB의 크기를 제한한다. 표 13.1은 HEVC Annex A에 기술되어 있는 복호화기가 처리할 수 있는 최대 비트율을 정의한 레벨 제한 표(General tier and level limits)의 일부를 적어 놓은 것이다. 이는 하나의 픽쳐 안에 존재할 수 있는 최대 화소의 개수와 최대 CPB의 크기를 레벨에 따라 정의한다.

레이트 컨트롤의 비트 분배모델은 이러한 CPB의 효과적인 관리를 위해 그림 13-4와 같은 누수 바구니

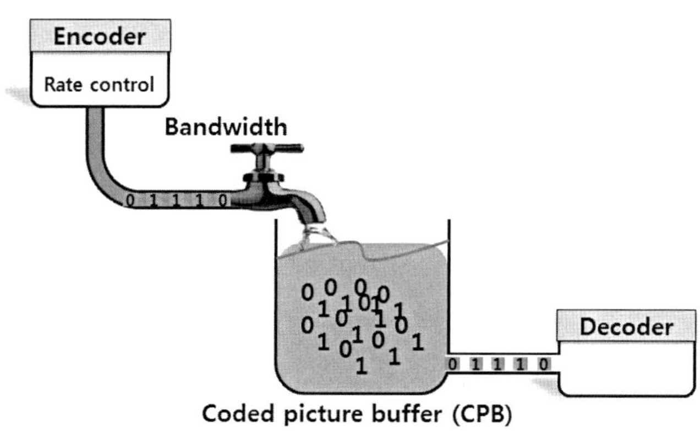

**그림 13-4 리키 버킷 모델 개념도

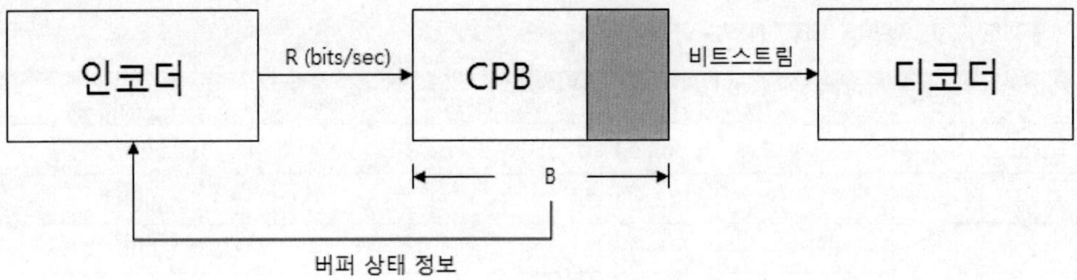

**그림 13-5 CPB 상태 관리의 개념도

모델(Leaky bucket model) 알고리즘을 사용한다. 리키 버킷 모델이란 구멍 난 양동이를 지칭하는 은유적인 표현으로 양동이는 CPB를 의미하고 물은 입력되는 비트 스트림, 구멍으로 새어나가는 물의 양은 디코더가 복호화를 수행하는 속도, 수도꼭지는 대역폭을 의미한다. 리키 버킷 모델은 13.4절에서 비트 분배 모델과 함께 고려된다. 즉, 레이트 컨트롤의 비트 분배 모델은 GOP, 슬라이스, CTU, CU 레벨에서 비트를 관리함에 있어서 CPB의 상태를 고려하여 비트를 분배해야 한다. 예를 들어 디코더는 100bps의 속도로 CPB로부터 비트스트림을 읽어 디코딩 한다고 가정하고 다음을 설명한다. 네트워크를 통해 전송되는 비트스트림이 10bps 라면 정상적인 디코딩을 할 수 없을 뿐만 아니라 최악의 경우 프로그램의 실행을 보장할 수 없는 상황에 맞닥뜨리게 될 것이다. 반면, 디코딩 속도보다 빠른 속도로 비트스트림이 전송 된다면, CPB의 허용량을 넘어서 CPB를 비워야 하는 일이 발생할 수 있다. 이 또한 급격한 주관적 화질저하를 유발할 수 있기 때문에 이러한 상황을 방지하기 위해 인코더에서 디코더를 고려해야만 한다. 특히, 프레임당 비트 발생량이 가변적인 VBR 환경에서는 CPB 관리에 보다 많은 주의를 기울여야 한다. 이와 같이 인코더에서는 가상 참조 복호화기를 통해 디코더의 CPB 오버 플로우, 언더 플로우를 방지하고, 안정적인 복호화를 보장할 수 있어야 한다.

그림 13-5는 그림 13-4의 리키 버킷 모델에 대응되는 실제 CPB 상태 관리에 대한 개념도를 나타낸다. 그림 13-5에서 R은 인코더에서 발생된 압축 비트스트림이 CPB로 전달되는 속도를 나타내며, B는 CPB의 크기를 나타낸다. 결과적으로 B의 크기를 갖는 CPB는 R의 속도로 차오르며, 각 액세스 유닛(AU : Access Unit, 일반적으로 픽처 단위)에 대한 저장된 비트스트림이 디코더로 빠져나간다. 따라서, 인코더에서는 CPB의 상태 정보 및 디코더로 비트스트림이 출력되는 시간 등을 고려하여 레이트 컨트롤을 수행해야한다.

그림 13-6은 CPB의 크기를 고려한 시간 대비 버퍼 점유율의 예이다. 그림 13-6의 B는 최대 버퍼량을 의미하며, R은 단위시간동안 CPB로 입력되는 비트량으로 그래프의 기울기이다. b_n은 한 개의 AU에서 발생된 비트량으로 임의 순간에 CPB로부터 빠져나가는 비트량을 의미한다. 지연(Delay)은 인코딩 과정에서 가상 참조 복호화기를 통해 주어지는 CPB의 크기와 발생되는 압축 비트스트림의 양을 통해 결정되는 값으로, 디코더의 관점에서는 최초에 비트를 전송 받은 시간으로부터 지연 값 만큼의 시간 이후에 CPB로부터 출력되는 비트스트림을 받아 디코딩을 시작한다. 인코더에서는 이러한 CPB 크기 및 상태와 지연 시간을 고려하여 주어진 버퍼 크기 내에서 원활하게 디코딩 및 디스플레이될 수 있는 양 만큼의 압축 비트스트림을 생성해야 한다.

그림 13-7은 임의의 지연 값에 대해 연속적으로 많은 양의 비트 발생으로 CPB 크기를 넘는 오버플로우가

발생되는 예를 보여준다. 이러한 경우, 지연 크기 및 AU 단위의 목표 비트량을 상대적으로 줄여야 한다. 그림 13-8은 임의의 지연 값에 대해 지연 전에 CPB 내에 저장된 AU의 비트량에 비해 지연 이후 AU들의 발생 비트량이 상대적으로 적어 언더플로우가 발생되는 예를 보여준다. 언더플로우의 경우에는 인코딩 과정에서 상대적으로 적은 양의 비트가 발생됨에 따라 지연 길이를 증가시키거나, CPB의 점유율에 따라 AU당 목표 비트량을 크게 조절함으로써 방지될 수 있을 것이다.

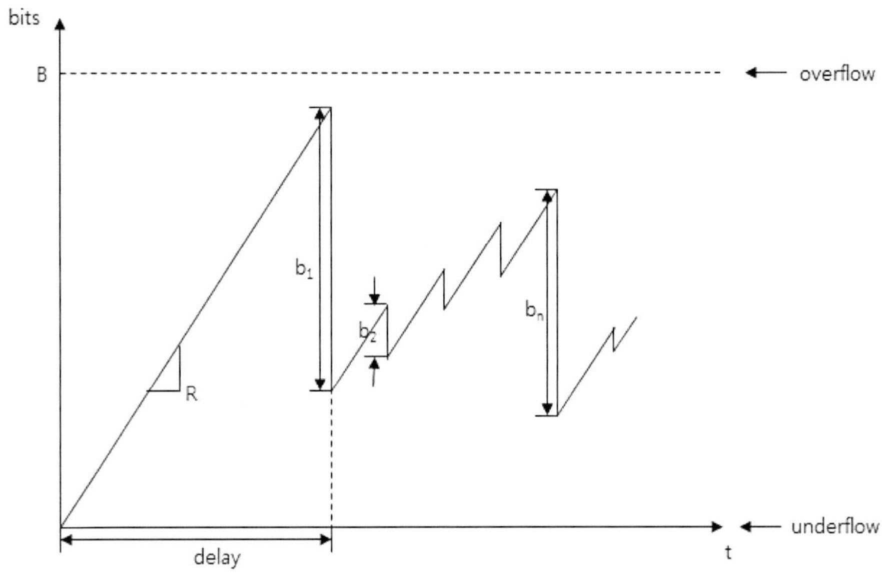

**그림 13-6 시간의 흐름에 따른 CPB 점유율의 예

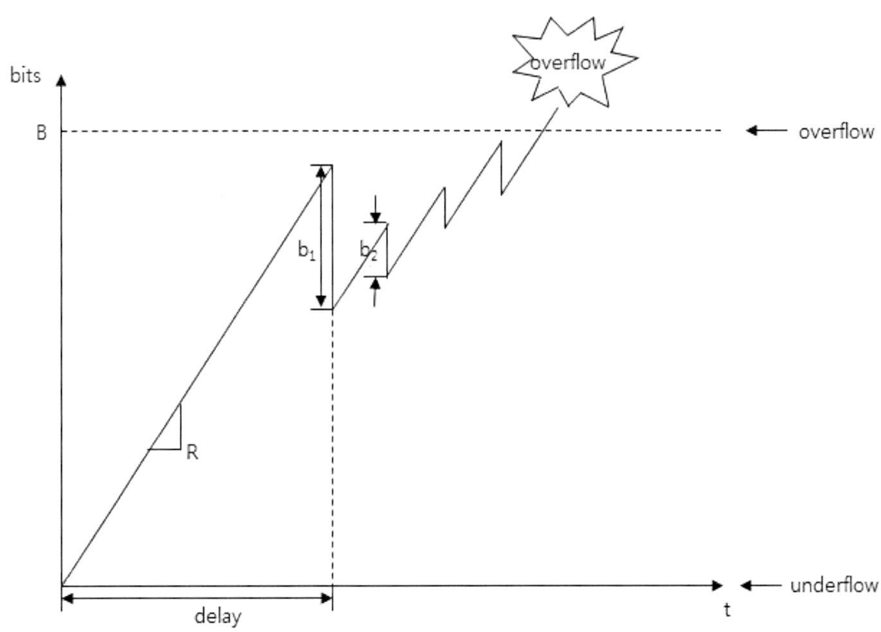

**그림 13-7 상대적으로 긴 지연과 발생 비트량에 따른 CPB 오버플로우의 예

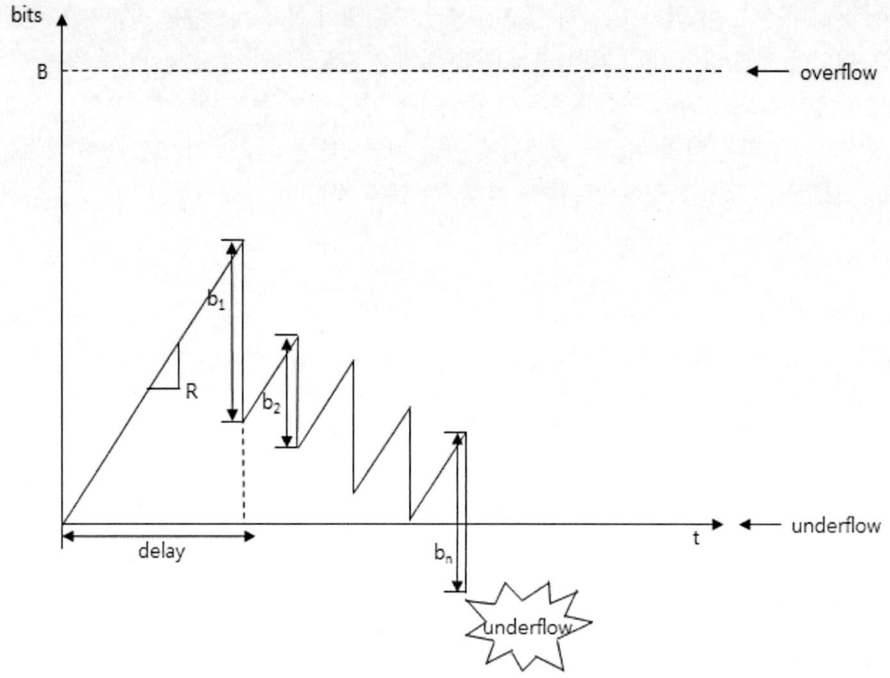

**그림 13-8 상대적으로 짧은 지연과 발생 비트량에 따른 언더플로우의 예

앞서 설명한 바와 같이, 레이트 컨트롤을 수행하는 과정에서는 압축 비트스트림을 저장하는 CPB의 크기 및 점유율을 고려하여 목표 비트량을 설정해야한다. 이러한 레이트 컨트롤의 목표를 달성하기 위해서는 디코더 측에 주어진 CPB 모델을 시뮬레이션할 수 있는 가상의 복호화기를 인코더에서 고려하여, 시간의 흐름에 따른 CPB 상태 변화에 대해 적절한 비트를 발생시켜야 한다. 또한, CPB의 물리적 저장용량을 초과하는 오버플로우나 비트스트림의 부재에 따른 언더플로우를 방지하기 위해서, 인코더 측에서 디코더로 전송되는 동안 요구되는 시간 및 원활한 재생을 위한 지연을 동시에 고려해야 한다. 이전에 언급한 것처럼, 가상 디코더 버퍼 모델은 AU 단위 즉, 프레임 단위로 처리하는 것이 일반적이다. 하지만, 더 작은 크기의 레벨에서 목표 비트율을 결정할 수도 있을 것이다. 또한, GOP, 프레임, 유닛 레벨 레이트 컨트롤에서, 목표 비트율, 가상 디코더 모델과 화질을 모두 고려하는 정교한 레이트 컨트롤이 필요할 것이다.

13.4 비트 분배 모델

레이트 컨트롤을 위해 입력되는 값은 목표 평균 비트율과 FPS (Frames Per Second)이며, 목표 평균 비트율을 일정하게 유지하기 위해서는 GOP, 프레임, 유닛(Unit) 레벨 등의 계층에서 목표 비트량을 적절히 분배해야 한다. 평균 비트율이란 초 동안 비트스트림의 비트량으로, 식 (13-1)과 같이 bps (Bits per second)로 정의된다.

$$Bitrate = \frac{S_{stream}}{N_{frame}} \times FPS \qquad (13\text{-}1)$$

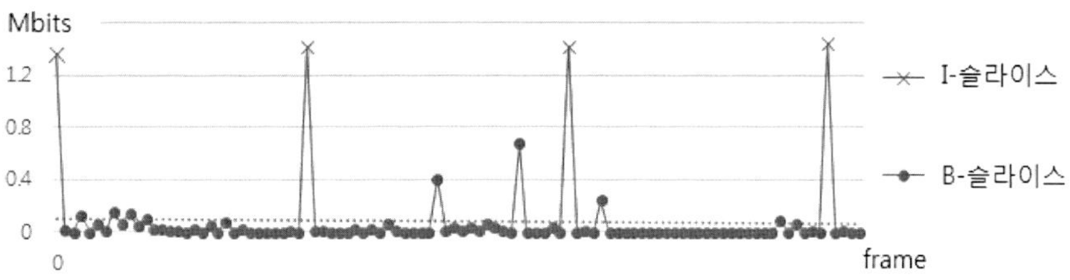

**그림 13-9 I-슬라이스와 B-슬라이스의 비트 발생양

S_{stream}는 전체 비트스트림의 크기이고, 부호화된 프레임에서 발생한 비트의 합과 동일한 값이다. N_{frame}은 부호화된 프레임의 수, FPS는 1초 동안 재생되는 영상의 수를 의미한다. 레이트 컨트롤에서는 목표 비트율과 FPS를 입력받아, 이를 비트수로 변환하여 각 레벨별로 비트량을 분배한다. 비트를 분배하는 가장 단순한 방법은 모든 레벨과 유닛에 균등 목표 비트를 할당하는 방법이다. 그러나, 각 레벨과 유닛에서 실제로 발생되는 일반적인 비트량의 분포는 해당 레벨과 유닛의 예측 모드에 따라서 달라질 수 있다. 일반적으로 화면 내 예측 모드로 인코딩된 유닛은 화면 간 예측 모드로 인코딩된 유닛에 비해 동일한 QP에서 많은 양의 비트가 발생된다. 따라서, 각 레벨/유닛에 할당되는 비트량은 예측 모드에 따라 적응적으로 결정하는 것이 압축 성능 관점에서 유리하다. 비트율 발생에 큰 영향을 미치는 또 다른 요인은 영상의 복잡도이다. 복잡도가 높은 영상은 많은 비트를 발생 시킬 것이다. 또한, 발생비트율은 DPB 내에 존재하는 복원 픽쳐 중 현재 영상에서 참조될 수 있는 픽쳐의 화질에 영향을 받을 수 있다. 즉, 참조 픽쳐의 화질이 높을수록 해당 픽쳐를 참조하는 픽쳐와의 높은 시간적 상관도에 의해 동일 QP에 대한 발생 비트량과 에러량이 줄어들 수 있다. 그림 13-9는 주기적으로 I-슬라이스가 삽입되는 임의 접근 모드 (Random access) 환경에서 1.5Mbps (Mega bits per second)로 부호화 된 프레임의 비트 발생량의 예를 보여준다. 프레임 종류에 따라 I-슬라이스와 B-슬라이스에서 발생하는 비트가 큰 폭의 차이를 보인다. 이와 같이 비트 분배 모델에서는 앞서 언급한 사항들을 고려하여, 애플리케이션에 따라 픽쳐에 적당한 비트를 할당하는 것이 중요하다.

비트 분배 모델은 참조 구조가 결정되는 GOP (Group Of Picture) 레벨에서부터 유닛레벨까지 다양한 방법으로 비트를 분배함으로써 주어진 조건에서 압축 성능 향상시키고 비트율을 조건을 충족시킬 수 있다. 그림 13-10은 GOP의 크기가 2, FPS가 6, 비트율이 300인 인코딩 조건 하에서 GOP 레벨의 비트 분배 모델이 동작하는 하나의 예를 보여준다. 모든 GOP는 기본적으로 동일하게 100비트의 목표 비트를

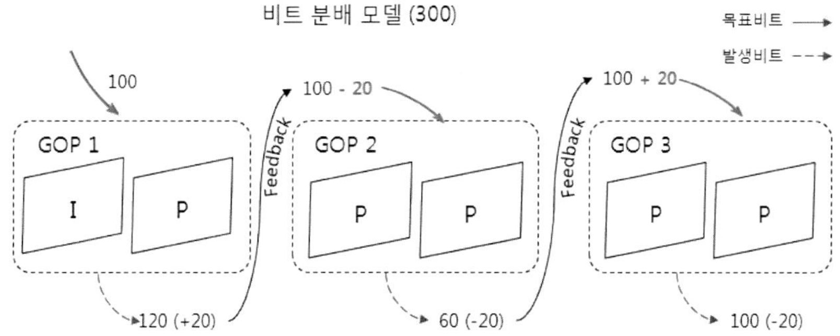

**그림 13-10 GOP 레벨에서 비트 분배의 예

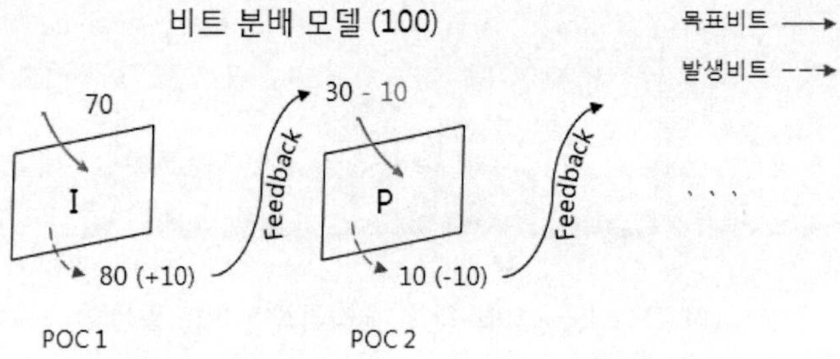

**그림 13-11 슬라이스 레벨에서 비트 분배의 예

할당 받지만 GOP 1에서 할당된 100비트를 초과하여 20비트를 추가 사용했기 때문에 GOP 2에서는 GOP 1에서 초과한 20비트를 반영하여 20비트가 적은 80비트를 할당받았다. 식 (13-2)에 의해 세 개의 GOP를 부호화한 결과 해당 구간의 비트율은 280bps이다.

앞서 설명한 바와 같이, 레이트 컨트롤은 주어진 목표 비트율에 가까운 발생 비트율로 인코딩하는 것이 목표이며, 이는 인코딩 과정 이전에 해당 유닛에서 발생될 비트량과 예측된 텍스쳐 복잡도를 사용하여 QP를 결정한다. 이러한 QP 값은 인코딩 과정에서 각 유닛의 특성 및 예측 성능 등에 의하여 변화될 수 있기 때문에, 변화되는 QP에 대한 정보를 각 유닛 별로 전송해야한다. 이러한 레이트 컨트롤 유닛은 CTU나 혹은 몇 개의 CTU 혹은 슬라이스가 될 수도 있다. 슬라이스 단위의 레이트 컨트롤을 위해서는 슬라이스 단위로 단일 QP를 사용해야 할 것이다. CTU 혹은 CU 단위로 레이트 컨트롤을 수행한다면, QP의 변화량에 대한 정보는 현재 유닛의 QP 값을 이전 유닛의 QP와 차분하여 전송하는 delta QP 기술에 의해 수행되어야 한다. 앞서 언급한 것과 같이 슬라이스 레벨에서는 주기적으로 생성되는 I-슬라이스, P/B-슬라이스, 참조 픽쳐, 비-참조 픽쳐와 같은 픽쳐의 종류에 따라 서로 다른 양의 비트를 할당할 수 있다. 그림 13-11은 픽쳐 레벨에서 비트를 할당하는 하나의 예이다. 화면 내 예측 프레임에 높은 가중치를 주어 70비트, P-슬라이스에 30비트를 할당 하였다고 가정했을 때, I-슬라이스의 부호화 시에는 70비트를 생성할 수 있는 QP를 예측하고, 예측된 QP를 사용하여 부호화를 수행할 수 있다. I-슬라이스의 부호화 결과 예측된 QP에 대해 할당된 70비트를 초과하는 80비트를 사용하였으므로 P-슬라이tm에서는 이전 슬라이스에서 추가적으로 발생된 10비트를 보상하여 20비트가 할당되고, 해당 비트량에 대한 QP를 예측하여 인코딩이 수행될 수 있다.

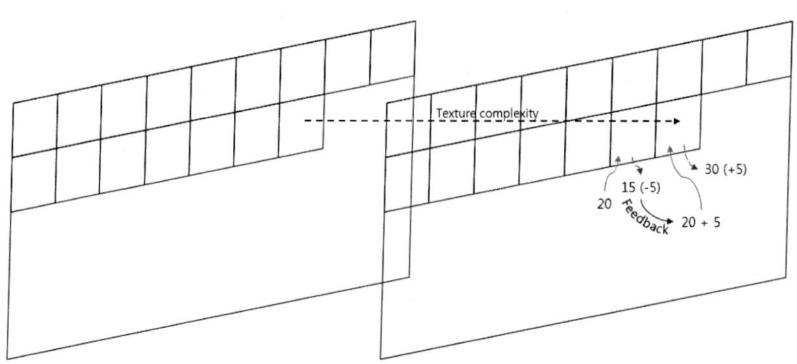

**그림 13-12 코딩 블록 레벨의 비트분배 방법의 예

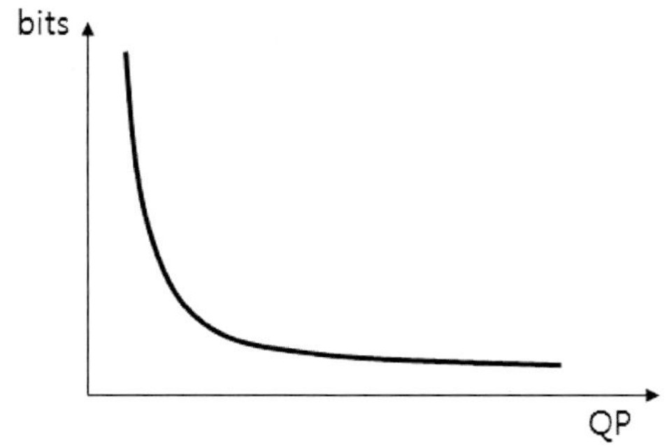

**그림 13-13 QP에 따른 비트 발생량

그림 13-12는 한 프레임 내에서 코딩 블록 레벨의 비트 분배의 예를 보인다. 코딩 블록 레벨은 슬라이스 레벨에서 예측 된 비트를 해당 슬라이스 내에 포함된 코딩 블록들에 분배한다. 프레임 레벨에서 슬라이스의 종류에 따라 비트를 다르게 분배한 것과 유사하게, 코딩 블록 레벨에서는 각 코딩 블록의 텍스쳐 복잡도에 따라 서로 다른 양의 목표 비트를 할당할 수 있다. 해당 코딩 블록의 텍스쳐 복잡도는 인코딩 이후에 결정될 수 있기 때문에, 일반적으로 이미 인코딩된 참조 픽쳐와의 시간적 상관도를 고려하여 참조 픽쳐 내에 존재하는 코딩 블록 중 현재 코딩 블록의 위치와 동일한 위치에 존재하는 코딩 블록으로부터 예측된 텍스쳐 복잡도를 사용하여 현재 코딩 블록의 텍스쳐 복잡도를 예측하고, 이에 따라서 목표 비트량을 조절할 수 있다. 추가적으로, 공간적으로 유사한 주변 코딩 블록의 복잡도 참조 및 원본 영상의 밝기 변화량, 에지 강도 등의 다양한 기준을 통하여 현재 코딩 블록의 복잡도를 예측할 수도 있다. 이와 같이 예측된 현재 코딩 블록의 텍스쳐 복잡도를 이용하여 코딩 블록 레벨의 목표 비트량을 할당하고, 이후에 설명될 양자화 모델에 의해 비트량과 텍스쳐 복잡도, 양자화 강도 등의 파라미터들 간의 관계를 경험적으로 모델링된 함수를 통해서 현재 코딩 블록의 QP 값이 결정될 수 있다.

13.5 율-양자화 모델

앞서 설명한 비트 분배 모델에 의해 목표 비트량이 결정되면 레이트 컨트롤의 양자화 모델은 할당된 비트에 적합한 하나의 QP 값을 예측한다. 비디오 코딩은 QP 값을 결정하고, 해당 QP 값을 사용하여 인코딩을 수행한 후 발생 비트를 알 수가 있다. 이러한 이유로, 목표 비트를 주고, 그 목표 비트를 맞출 수 있는 QP 값을 정확히 알 길이 없다. 이러한 문제를 해결하기 위하여, 율-양자화 모델이라는 비트율과 QP 사이의 관계를 하나의 수학식으로 표현하고, 이 모델의 파라미터를 이전 정보를 통하여 예측하고, 이 모델을 이용하여, 목표 비트율을 맞출 수 있는 QP 값을 구하는 것이다.

일반적으로 QP와 비트 발생량의 관계는 영상의 특성에 따라 다르지만, 전체적으로 반비례하는 특성을 보이는 경향이 있다 [13]. 그림 13-13은 영상의 QP와 발생 비트의 반비례 관계를 보여준다. 이러한 특성을 반영하여 레이트 컨트롤의 양자화 모델의 예는 식 (13-2)와 같이 1차원 혹은 2차원 형태로 표현될 수 있다. 고차식을 사용하는 것은 QP의 예측 성능을 높일 수 있지만, 부호화기 복잡도의 문제를 유발하기 때문에 애플리케이션에 따라 적합한 모델을 선택할 필요가 있다.

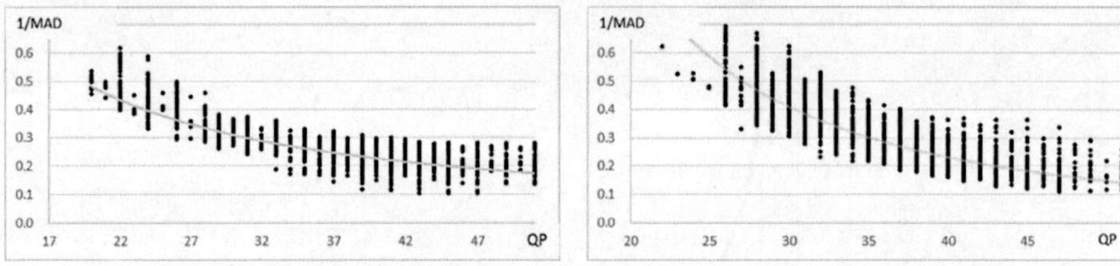

(a) 'BQTerrace' 영상　　(b) 'BQMall' 영상

**그림 13-14 영상의 QP와 MAD 간의 관계

$$Bits = \alpha \cdot \frac{1}{QP} + \beta$$

$$Bits = \alpha \cdot \frac{1}{QP} + \beta \cdot \frac{1}{QP^2} \tag{13-2}$$

여기서, α와 β는 영상의 특성을 고려하는 모델 파라미터로써, 실험적으로 결정된 상수 값을 사용할 수 있다. 그러나, 일반적인 자연영상은 시간적·공간적으로 특성이 다양하게 변하기 때문에, 실험적으로 결정된 값을 초기 값으로 설정하고, 인코딩 과정에서 이미 인코딩된 프레임 혹은 코딩 유닛에서 QP 값에 대한 발생 비트량을 기반으로 모델 파라미터를 갱신함으로써 입력된 영상의 특성을 더 정확하게 반영하여 QP 값의 예측 성능을 높일 수 있다.

레이트 컨트롤은 인코더로 입력되는 목표 비트율에 대하여 인코딩 과정에서 QP 값을 조절하여 발생 비트량을 목표 비트량과 최대한 일치시키면서 최대 압축 효율을 달성하는 것이 목적이다. 따라서, 앞서 설명한 바와 같이 QP와 발생 비트량 간의 관계를 모델링하여 목표 비트량에 대한 적절한 QP 값을 유도해 낸다. 그러나, 모든 영상에서 동일한 QP에 대한 비트량이 동일하게 발생하는 것은 아니며, 텍스쳐의 복잡도에 따라서 인코딩 과정에서 발생하는 잔차신호(Residual)의 양이 달라지므로 발생하는 비트량도 달라진다. 그리하여, 레이트 컨트롤의 율-양자화 모델에서는 QP 대비 텍스쳐 복잡도 간의 관계를 이용하여 영상의 텍스쳐 복잡도를 추가적으로 고려할 수 있다. 영상의 텍스쳐 복잡도는 gradient, 혹은 엣지 등의 다양한 정보를 사용하여 측정될 수 있으며, 일반적으로 QP 값과 반비례 관계를 갖는다 [7-9]. 그림 13-14는 텍스쳐 복잡도를 측정하는 다양한 척도 중 영상의 평균 오차(MAD)를 사용하여 QP와의 관계를 나타낸 결과이다. 그림 13-14를 통하여 QP와 영상의 텍스쳐 복잡도가 비례 관계에 있음을 알 수 있다. 따라서, 복잡도를 고려하는 파라미터를 반영하여 식 (13-2)는 식 (13-3)과 같이 재정의 될 수 있으며, 이에 따라 모델 파라미터 α와 β도 바뀔 수 있다.

$$Bits/Distortion = \alpha \cdot \frac{1}{QP} + \beta$$

$$Bits/Distortion = \alpha \cdot \frac{1}{QP} + \beta \cdot \frac{1}{QP^2} \tag{13-3}$$

일반적으로 양자화 모델 파라미터의 초기 값은 임의의 영상들의 인코딩 과정을 통해 실험적으로 결정된다. 이러한 초기 값은 모든 영상에 대해 적합하다고 할 수는 없으며, 초기값으로 구성된 율-양자화 모델을 통해 예측되는 QP가 입력된 영상에 대해 최적의 QP임을 보장할 수 없다. 그러나 이러한 모델 파라미터의 초기 값이 일반적인 영상에 대해 대체로 적합하다는 가정 하에 인코딩이 시작되며, 인코딩 과정에서 실제로 발생되는 비트량 및 에러량과 인코딩 이전에 예측되었던 비트량 및 에러량 간의 차이를 통해 이후에 인코딩 될 유닛을 위한 모델 파라미터들이 지속적으로 업데이트된다. 이러한 모델 파라미터의 업데이트를 통해서, 초기 모델이 입력된 영상의 특성을 반영하지 못하더라도 파라미터의 업데이트를 통하여 입력 영상에 적합한 형태의 모델로 변경된다. 그림 13-15는 율-양자화 모델 파라미터가 인코딩 과정에서 갱신됨에 따라 입력 영상의 특성에 맞도록 변화되는 과정의 예를 보여준다. 그림 13-15와 같이, 발생 비트량과 QP 관계의 전체적인 특성이 유사하지만, 인코딩 과정에서 입력 영상의 특성에 맞게 모델 파라미터가 갱신됨에 따라 모델의 정확도가 높아질 수 있다. 모델 파라미터는 일반적으로 선형 회귀(Linear regression) 방법을 통해 현재 영상의 특성에 맞도록 업데이트될 수 있다 [14].

13.6 참조 소프트웨어에서의 레이트 컨트롤

일반적으로 높은 비트율의 입력은 비교적 낮은 QP가 선택되어 높은 화질을 갖는 영상을 생성할 수 있고 낮은 비트율의 입력은 평균적으로 높은 양자화 파라미터의 선택으로 데이터 절약에 초점을 맞추게 된다. 레이트 컨트롤은 이러한 비트율에 큰 영향을 미치는 QP를 프레임, 블록 단위에서 어떻게 예측하여 사용할 것인가에 따라 인코더의 복잡도와 비트율 예측 성능, 영상의 화질 등의 변화가 생긴다. 이번 절에서는 레이트 컨트롤이 QP를 예측하는 알고리즘을 분석하고 시대에 따라 레이트 컨트롤 알고리즘이 변화한 과정에 대해 설명한다. 본 절의 설명을 통해 비디오 표준과 레이트 컨트롤의 관계, 발전 방향 및 알고리즘의 변화에 대해 이해하도록 한다.

13.6.1 RM8의 레이트 컨트롤

H.261 비디오 표준은 종합 정보 통신망(ISDN : Integrated Services Digital Network)에서의 화상전화를 위한 CIF (Common Intermediate Format)와 QCIF (Quarter CIF) 크기의 영상을 목표로 개발되었다. 40Kbit/s에서 2Mbit/s의 비트율, 최대 30FPS 환경을 고려하였고, 매크로블록(Macroblock) 단위의 예측, 변환을 사용했다. 하지만, 압축률과 비트의 발생양이 픽쳐의 종류와 영상의 움직임에 따라 매우 가변적으로 변하는 문제가 빈번하게 관측되었기 때문에 RM8의 레이트 컨트롤에서는 비트의 발생을 일정하게 유지하는 CBR 환경에 초점을 두고 개발되었다 [15].

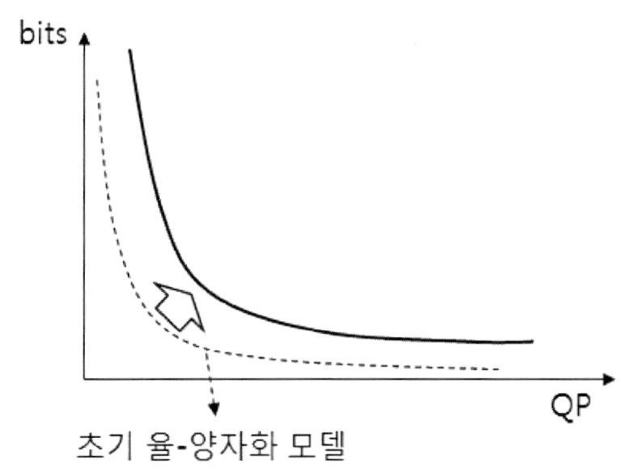

**그림 13-15 율-양자화 모델 파라미터의 갱신에 따른 특성 변화의 예

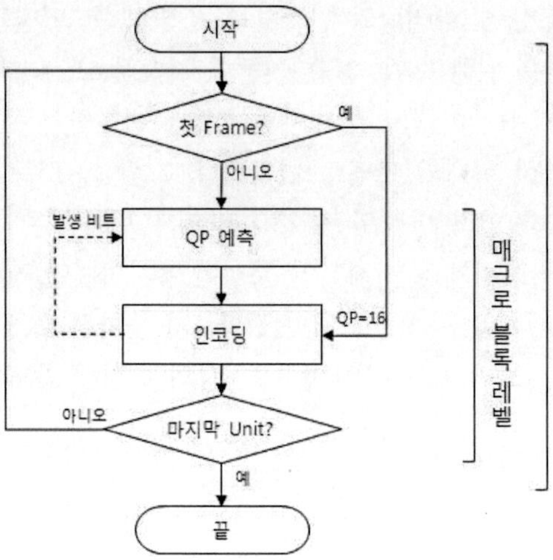

**그림 13-16 RM8의 레이트 컨트롤

RM8의 레이트 컨트롤은 애플리케이션의 실시간성과 하드웨어의 성능을 고려하여 낮은 계산 복잡도를 갖는 간략화된 모델을 사용하였다. 그림 13-16은 RM8의 레이트 컨트롤이 비트율을 제어하는 전반적인 과정과 입출력 값을 보여준다. 첫 번째 프레임은 미리 정의된 QP (= 16)를 사용하여 모든 매크로블록을 부호화 한다. 이후 프레임은 누적 가상 버퍼 사용량(Accumulative occupancy of virtual buffer)에 따라 QP를 결정하였다. 누적 가상 버퍼 사용량은 순간 비트 발생량을 판단하는 척도로써, 시간에 흐름에 따라 발생하는 비트를 확인하는데 사용된다. 누적 가상 버퍼의 사용량이 초기 값(누적 가상 버퍼 최대 크기의 절반) 보다 큰 경우, 입력 비트율 대비 많은 비트가 발생한 것을 의미하고, 반대로 누적 가상 버퍼의 사용량이 초기 값 보다 작은 경우, 목표 비트율 대비 평균적으로 적은 비트가 발생한 것을 의미한다. 누적 가상 버퍼 사용량은 식 (13-4)에 의해 계산된다.

$$B_t = \begin{cases} \frac{1}{2} V_{\max} & t = 0 \\ V_{t-1} + b_t - T_t & t > 0 \end{cases} \tag{13-4}$$

V_{max}는 가상 버퍼의 최대 크기, t는 시간, V_t는 t시간에서의 누적 가상 버퍼의 사용량, b_t는 현재 블록의 비트 발생량, T_t는 타겟 비트를 의미한다. 누적 가상 버퍼의 사용량은 31개의 균일한 구간으로 분할되고, 각 영역에는 하나의 QP가 선형적(Linearly)으로 대응된다. 그림 13-17은 누적 가상 버퍼 사용량에 따라 대응되는 QP를 보여준다. 버퍼의 사용량이 증가할수록 높은 QP를 할당하여 버퍼 사용량을 낮출 수 있도록 유도한다. 식 (13-5)는 누적 가상 버퍼 사용량에 따른 QP를 결정하는 수식이다.

$$Q_t = \min\left\{32 \times \frac{B_t}{B_{\max}} + 1,\ 31\right\} \tag{13-5}$$

Q_t는 누적 가상 버퍼 사용량에 따라 선택되는 QP이다.

RM8의 레이트 컨트롤은 가상 버퍼의 상태와 QP의 관계를 이용하여 간단한 피드백 채널을 갖는 모델을 사용했다. 프레임 레벨, 매크로블록 레벨에서 간단한 모델을 사용함으로써 인코더의 복잡도에 큰

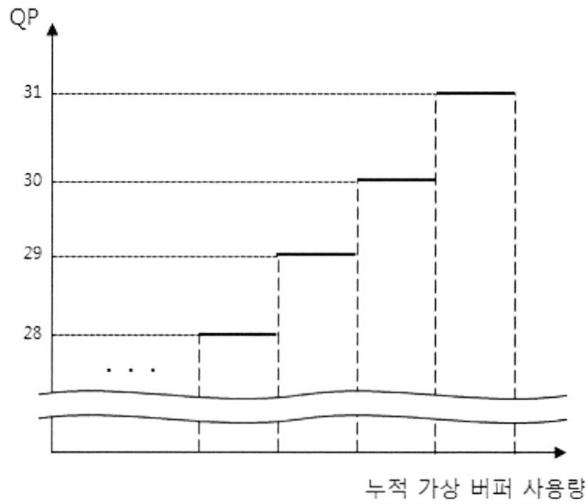

**그림 13-17 가상 버퍼 상태에 따른 QP 할당

영향을 미치지 않지만, 화면 전환(Scene change), 복잡한 영상 등에서 급격한 화질의 변화가 관측되며, 타겟 비트율의 정확도가 비교적 낮은 문제점이 존재한다.

13.6.2 TM5의 레이트 컨트롤

MPEG-2 비디오 표준은 영화, TV 방송에서 사용되는 환경을 가정으로 초당 3Mbps 이상을 요구하는 환경을 고려하여 개발되었다. MPEG-2의 테스트 모델(TM5)의 레이트 컨트롤은 타겟 비트율의 적중률을 높이기 위해 매크로블록 단위의 레이트 컨트롤 알고리즘을 적용하였으며, 방송, 영화의 콘텐츠 특성을 고려하여 각 매크로블록의 화질을 균일하게 유지하려는 시도를 하였다 [15]. TM5의 레이트 컨트롤은 그림 13-18과 같이 비트 분배(Bits allocation), QP 예측, 적응적 양자화(Adaptive quantization) 세 단계로 구분된다. 비트 할당 단계에서는 프레임 종류에 따른 특성을 고려하여 프레임 단위에서 가변적인 비트를 분배하고, 프레임에 할당된 비트는 프레임 내의 매크로블록으로 균일하게 분배된다. QP 예측 단계에서는 누적 가상 버퍼의 상태에 따라 매크로블록 당 하나의 QP를 예측하고, 적응적 양자화에서는 매크로블록의 복잡도를 측정하여 QP를 적응적으로 변화 시킨다.

비트 분배 모델은 I-픽처, P-픽처, B-픽처에 따라서 이전 시간에 발생한 비트의 양을 반영하여 현재 픽처의 할당되는 비트의 양을 결정한다. 식 (13-6)은 각 픽처에 할당하는 비트의 양을 정의한다.

$$T_I = \max\left\{\frac{R}{1+\dfrac{B_P}{B_I}\times N_p+\dfrac{B_B}{B_I}\times N_B},\ \frac{T_s}{8\times F_s}\right\}$$

$$T_P = \max\left\{\frac{R}{N_p+\dfrac{B_B}{B_P}\times N_B},\ \frac{T_s}{8\times F_s}\right\}$$

$$T_B = \max\left\{\frac{R}{\dfrac{B_P}{B_B}\times N_p+N_B},\ \frac{T_s}{8\times F_s}\right\} \tag{13-6}$$

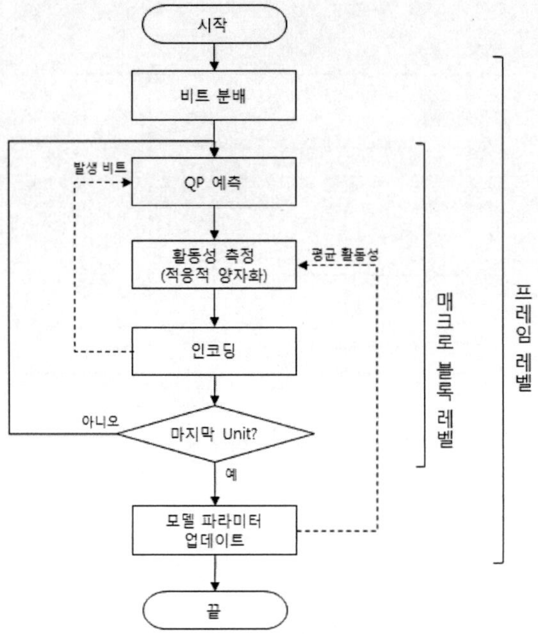

**그림 13-18 TM5의 레이트 컨트롤 순서도

T_I, T_P, T_B는 각각 I-픽쳐, P-픽쳐, B-픽쳐에 할당되는 타겟 비트, N_P, N_B는 GOP내의 P-픽쳐, B-픽쳐의 수, B_I, B_P, B_B는 이전 시간에 I-픽쳐, P-픽쳐, B-픽쳐에서 발생한 비트의 양, T_s는 레이트 컨트롤에 입력된 타겟 비트율, R은 GOP에 할당 된 비트의 양, F_s는 FPS를 의미한다. 이전 시간에 발생한 비트의 양을 기반으로 프레임 타입에 따라 가중치를 주어 현재 프레임의 타겟 비트를 결정한다. 또한, 오버 플로우를 방지하기 위해 하나의 픽쳐가 갖는 최대 비트 양은 GOP에 할당된 비트의 1/8까지 사용할 수 있도록 제한한다.

프레임 비트가 할당 되면, 우선적으로 모든 매크로블록에 동일한 비트를 분배한다. QP의 예측은 매크로블록 단위에서 누적 가상 버퍼 사용량에 따라 하나의 QP가 결정된다. 식 (13-7)은 하나의 매크로블록이 부호화 된 후 누적 가상 버퍼의 사용량을 계산하는 수식이다.

$$V_j^x = V_0^x + b_{j-1} - \frac{T_x \times (j-1)}{N_{mb}} \tag{13-7}$$

j는 매크로블록의 인덱스, x는 I, P, B 픽쳐의 종류, N_{mb}는 하나의 픽쳐에 있는 매크로블록의 개수, b_j는 j 번째 매크로블록의 부호화에서 사용한 비트, V_j^x는 j 번째 매크로블록의 누적 가상 버퍼 사용량을 의미한다. 순간 비트의 발생 정도를 나타내는 가상 버퍼 사용량에 따라 식 (13-8)에 의해 하나의 QP가 선택된다.

$$Q_j = 31 \times \frac{V_j}{V_{\max}} \tag{13-8}$$

V_j는 j 번째 매크로블록에서의 누적 가상 버퍼 사용량, V_{max}는 가상 버퍼의 크기이다. RM8의 양자화 모델과 유사하게 TM5의 QP는 가상 버퍼의 사용량에 비례하여 선형적으로 선택된다.

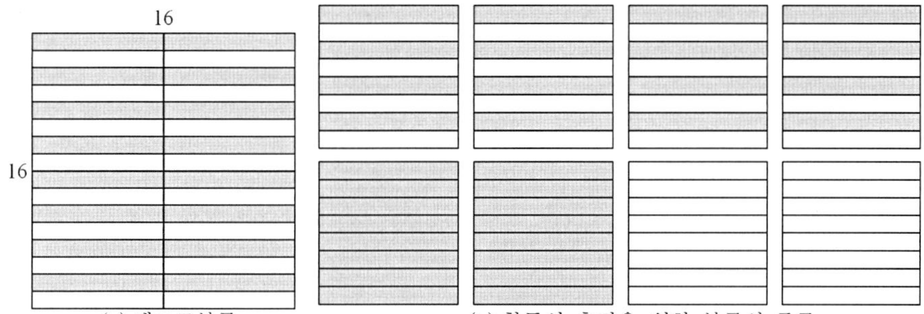

**그림 13-19 활동성 계산을 위한 블록의 종류

최종적으로 적응적 양자화 단계에서는 매크로블록의 활동성(activity)에 따라 이전 과정에서 선택된 QP를 조절한다. 활동성은 블록의 전체 영상에서 현재 프레임의 복잡도를 수치화한 값으로 영상의 고른 화질을 분배하는데 목적이 있다. 현재 매크로블록의 활동성을 계산하기 위해서 하나의 매크로블록을 그림 13-19(b)와 같이 8×8 크기의 여덟 개의 블록으로 구분한다. 프레임 형태의 네 개의 8×8 블록과 필드 형태의 네 개의 8×8 블록을 사용하여 식 (13-9)와 같이 블록의 활동성(act_j)을 구한다.

$$act_j = 1 + \min(vblk_1, vblk_1, \ldots, vblk_8) \tag{13-9}$$

$vblk_n$는 원본 영상에서 그림 13-19(b)의 여덟 개의 8×8 블록들에 대한 분산 값이다. 현재 매크로블록의 복잡도를 의미하는 활동성은 식 (13-10)에 의해 정규화(Normalization) 된다.

$$Nact_j = \frac{(2 \times act_j) + \overline{act}}{act_j + (2 \times \overline{act})} \tag{13-10}$$

여기서, $\overline{act}$는 이전에 부호화된 픽쳐의 활동성 평균 값으로 현재 블록의 활동성과 비교함으로써 전체 영상 대비 현재 블록의 복잡도를 비교한다. 만약 매크로블록의 활동성이 이전 전체 픽쳐의 평균 활동성 값보다 작다면, 정규화 된 활동성 값의 증가되고 이는 식 (13-11)에 의해 가상 버퍼에 사용량에 따라 선택된 QP 보다 높은 QP로 수정된다. 활동성이 낮은 매크로블록은 보다 낮은 QP의 선택으로 매크로 블록의 화질을 향상시키게 된다.

$$mquant_j = Q_j \times Nact_j \tag{13-11}$$

TM5의 레이트 컨트롤은 프레임의 종류에 따라 비트를 분배하는 비트 분배 모델을 사용하여 참조 구조에 따른 부호화 성능을 고려하였다. 뿐만 아니라 영상의 균일한 화질을 보장하기 위해 활동성을 계산함으로써 매크로블록의 복잡도를 고려하였다. 하지만 활동성에 의해 QP를 보정하더라도 가상 버퍼에 의존적으로 초기 QP가 선택되기 때문에, 화면 전환 등의 이유로 누적 가상 버퍼 사용량이 갑작스럽게 증가하면 급격한 화질변화에 따른 주관적 화질 저하 현상이 관측될 수 있는 문제가 존재한다.

13.6.3 JM의 레이트 컨트롤

H.264/AVC 영상은 HD급 영상의 부호화를 목적으로 기존의 표준들과 비교하여 동일 화질 대비 평균 50%의 비트율 감소를 목적으로 개발되었다 [3]. H.264/AVC는 다양한 대역폭과 네트워크 지연 및 에러

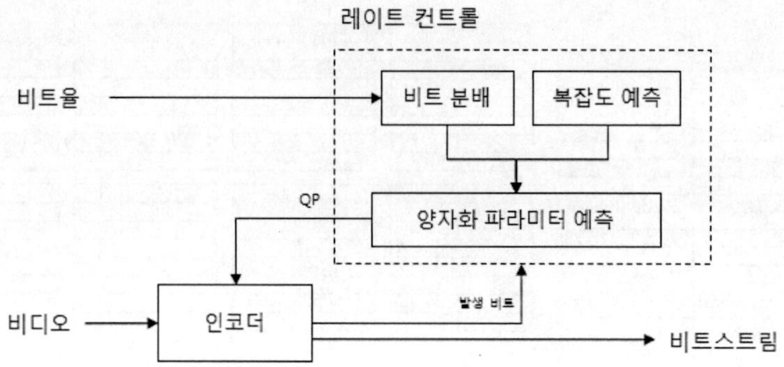

**그림 13-20 JM의 레이트 컨트롤

강인성을 고려함으로써 DVD 저장, 인터넷 스트리밍 서비스 등 다양한 분야에서 사용되었다. 참고 소프트웨어 JM (Joint Model)에서의 레이트 컨트롤은 이러한 H.264/AVC의 범용성을 고려하여 다양한 대역폭 조건을 만족시키는 것과 높은 압축 효율에 중점을 두고 개발되었다. JM의 레이트 컨트롤은 비트 분배모델, 비트율-양자화 모델, 복잡도 예측 모델을 사용하여 그림 13-3과 같이 GOP, 프레임, 매크로블록의 계층적인 순서로 비트율을 제어한다. 컴퓨터의 연산 능력의 향상, 네트워크 제반 환경이 갖추어짐에 따라 목표 비트율의 정확도, 압축 성능을 고려함으로써 이전 시대의 레이트 컨트롤과 비교하여 복잡도가 높은 기술들이 사용된 것이 특징이다. 그림 13-20은 JM의 레이트 컨트롤의 블록 다이어 그램을 보여준다. 비트 분배 모델에 의에 할당 된 비트와 예측된 해당 블록의 복잡도를 반영하여 하나의 QP를 예측한다. 비트를 할당하고 QP를 예측함에 있어 이전 시간에 발생한 비트와 QP, 복잡도의 통계적 특성을 활용함으로써 주어진 비트에서 영상의 특성을 고려하는 최적의 QP를 선택한다.

JM 레이트 컨트롤의 비트 분배 모델은 GOP 레벨에서 주관적 화질을 고려하여 동일한 양의 비트를 각 GOP로 할당한다. 프레임 레벨에서는 프레임 종류, 이전 시간에 발생한 비트의 통계적인 특성, 가상 버퍼의 상태를 동시에 고려함으로써 보다 안정적인 비트 컨트롤을 수행한다. 식 (13-12)는 누적 가상 버퍼 사용량과 프레임 종류에 따라 비트를 분배하는 수식이다.

$$T_i(j) = \beta \times \hat{T}_i(j) + (1-\beta) \times \tilde{T}_i(j) \tag{13-12}$$

i는 프레임 인덱스, $\tilde{T}(j)$는 가상 버퍼의 상태에 따라 분배되는 비트의 양, $\hat{T}(j)$는 프레임 종류에 따라 분배되는 비트의 양이다. β는 가상 버퍼 기반으로 계산된 비트의 양과 프레임 종류에 따라 분배된 비트의 양에 대한 가중치를 결정하는 상수 값이다. 해당 과정을 거쳐 하나의 프레임에 대한 비트가 할당되면 유닛 레벨에서 각 유닛의 복잡도(MAD)에 따라 비트를 할당한다.

비트율-양자화 모델에서는 주어진 비트 만족하는 최적의 QP를 예측하기 위해서 해당 매크로블록의 왜곡률을 고려하여 비트율-양자화 모델을 이차식으로 모델링한다. 식 (13-13)은 JM의 레이트 컨트롤에서 사용하는 이차원 비트율-왜곡 모델(Quadratic rate distortion model)이다 [14].

$$T_j = D_j \times \left(\frac{\alpha}{Q_j^2} + \frac{\beta}{Q_j}\right) \tag{13-13}$$

j는 매크로블록의 인덱스, T_j는 목표 비트량, Q_j는 j번째 매크로블록의 QP, α와 β는 다수의 영상을

트레이닝하여 획득한 모델 파라미터이다. 왜곡률 (D_i)은 원본 영상과 복원 영상의 차분 값으로 영상의 특성을 반영하여 왜곡률이 높은 영역에는 동일 비트 대비 높은 QP를 예측하고, 왜곡률이 낮은 영역에는 상대적으로 낮은 QP를 예측한다. 하지만, 왜곡률은 QP가 결정되고 부호화를 수행해야 그 결과를 알 수 있다. 따라서 부호화를 수행하는 현 시점에서는 QP를 알 수 없기 때문에 QP와 왜곡률 사이에 순환 종속적인 문제가 발생한다. JM의 레이트 컨트롤에서는 이전 시간에 부호화 결과 발생한 왜곡률로부터 현재 블록의 왜곡률을 예측함으로써 이러한 순환 종속적인 문제를 해결한다. 왜곡률을 측정하는 단위로는 평균 픽셀 에러를 의미하는 MAD를 사용하였고, 식 (13-14)의 일차식으로 MAD 예측 모델을 정의한다.

$$MAD_j = \gamma \times MAD_{j-1} + \epsilon \qquad (13\text{-}14)$$

MAD는 픽셀 당 평균 왜곡으로써 원본 블록과 복원된 블록의 차분 값의 평균, γ와 ε은 MAD의 모델 파라미터 값이다. 이전 시간에 부호화 된 매크로블록의 MAD를 기반으로 현재 매크로블록의 복잡도를 예측하고 이를 기반으로 하나의 QP를 예측한다. 현재 부호화를 수행하는 매크로블록은 예측된 QP로 부호화되고, 그 결과 발생 된 비트, MAD를 사용하여 비트율-왜곡 모델을 업데이트 한다. 다음은 비트율-왜곡 모델에서 모델 파라미터를 업데이트 과정을 보여준다.

QP는 현재 레이트 컨트롤 레벨의 인코딩에 사용된 QP, Bits는 해당 QP로 인코딩하여 발생된 비트량, MAD는 해당 QP로 인코딩하여 발생된 에러량을 의미한다. 모델 파라미터의 업데이트는 이전 시간에

```
Update ( QP, Bits, MAD )
{
    x = [ 1, QPi^-1 ]                    // Dimension w × 2
    y = [ QPi × Bitsi / MADi ]           // Dimension w × 1

    Param = (x^T×x)^-1×x^T×y
    α = Param(1,1)
    β = Param(2,1)
}
```

부호화 된 QP, 비트 발생양, 왜곡률을 고려함으로써 비트율-왜곡 모델이 영상의 특성을 반영토록 한다. 추가적으로 모델 파라미터의 업데이트 과정에서 모델의 신뢰 구간을 벗어나는, 현재 모델과 특성이 다른 값(Outlier) 들을 제거함으로써 모델의 정확도를 향상시킬 수도 있다.

JM의 레이트 컨트롤은 목표 비트율 예측 성능을 향상시키기 위해 신택스(Syntax) 정보를 포함하는 헤더 비트와 영상 정보(Texture) 관련 비트를 구분하여 영상을 부호화 하는데, 사용되는 정확한 비트를 양자화 모델의 입력으로 사용한다. 이는 비트율-왜곡 모델의 정확도를 향상 시키고, 다음 예측으로 성능을 전달하기 때문에 레이트 컨트롤의 전체 화질을 개선시키는 효과가 있다. 비트 분배 모델은 누적 가상 버퍼의 상태와 프레임 종류를 모두 고려하여 비트를 분배하기 때문에 예상치 못한 비트의 사용으로 비트 분배 모델이 손상을 입더라도 비교적 빠르게 안정적인 상태로 전환될 수 있다. 또한 부호화 하려는 매크로블록의 복잡도를 고려하여 QP를 예측하였으며, 영상을 부호화하는데 들어가는 정확한 비트를

계산하고 영상의 특성을 반영함으로써 비트율-왜곡 모델의 정확도를 향상시켰다.

13.6.4 HM의 레이트 컨트롤

HEVC의 참조 소프트웨어, HM에는 JM과 유사한 구조의 레이트 컨트롤이 포함되어 있다. 즉, GOP, 프레임, 매크로 유닛 단위의 레이트 컨트롤이 동작되면, 목표 비트율을 가상 버퍼의 상태에 따라, HRD 조건에 맞도록 조정한다. HM 참조 소프트웨어의 레이트 컨트롤과 JM의 방법과 다른 점은 비트율-양자화 모델에 있다. H.264/AVC의 참조 소프트웨어 모델인 JM의 경우 16x16 크기의 고정 단위 블록에 맞는 2차 비트율-양자화 모델이 적용되어 부호화 단위에 적용할 QP 값을 획득한다. H.264/AVC의 레이트 컨트롤 알고리즘을 HEVC에 적용하기 위해서는 블록 크기에 따른 다수의 R-Q (Rate-Quantization) 모델을 설계해야 하지만, 다수의 R-Q 모델은 실시간 부호화기와 같은 환경에서 복잡도를 증가 시킬 수 있다. 이러한 문제를 해결하기 위해 부호화 유닛 크기에 상관없이 픽셀 단위의 평균 비트량과 프레임 복잡도를 통해 모델링된 URQ (Unified Rate-Quantization) 모델 기반의 레이트 컨트롤 기술이 참조 소프트웨어에 채택되었다 [16][17]. URQ 모델은 H.264/AVC에서 16×16의 고정된 크기를 갖는 MB (MacroBlock)의 R-Q 모델을 64×64에서 16×16의 다양한 부호화 유닛의 크기를 고려하여 HEVC에 적합한 형태로 개선한 알고리즘이다. 이는 하나의 R-Q모델을 사용하면서 발생되는 비트량과 해당 비트량에 대한 최적의 QP 간의 관계를 실험적으로 모델링하여 입력되는 목표 비트량에 대한 최적의 QP를 결정한다.

$$\frac{T_j}{N_{pixels,j}} = MAD_j \times \left(\frac{\alpha}{Q_j^2} + \frac{\beta}{Q_j}\right) \tag{13-15}$$

$N_{pixels,j}$는 j번째 블록의 픽셀 수를 의미하며, T_j는 j번째 블록에 할당된 비트량을 의미한다. 즉, 식 (13-15)의 좌항은 현재 부호화 블록의 픽셀 당 평균 비트량 (bpp : Bits Per Pixel)을 의미한다. H.264/AVC와 차이점은 R-Q 모델의 모델링 과정에서 특성 파라미터 α와 β를 픽셀 단위에서 모델링함으로써 블록 크기에 상관없이 하나의 R-Q을 사용하는 것이다. QP는 α와 β값에 의해 크게 영향을 받기 때문에 영상에 특성을 고려한 초기 값을 사용하는 것이 중요하며, URQ 모델에서는 해당 파라미터를 픽셀 단위에서 모델링함으로써 다수의 R-Q 모델을 사용하는 것과 유사한 성능을 얻었다.

URQ 모델과 다른 방식으로 R-λ 모델 기반의 율-제어 기술은 인코딩 과정에서 발생되는 비트량과 인코더의 RDO (Rate Distortion Optimization) 과정에서 사용되는 랑그랑지안 계수인 λ값 간의 관계를 모델링함으로써, 목표 비트량에 최적인 λ값을 결정하고, 결정된 λ값을 기반으로 해당 코딩 유닛을 위한 최적의 QP를 결정함으로써 목표 비트량을 달성하는 방법이다 [18]. 그림 13-21(a)는 RDcost의 결정을 위한 일반적인 부호화 방법을 보여준다. RDcost를 구하는 과정에서 λ 값은 발생된 비트량과 에러 간의 관계를 정의하는 중요한 파라미터이다. 이러한 λ값은 부호화 모드 및 QP 값에 의하여 결정될 수 있다. 그러나 예측 모드의 결정을 위한 일반적인 부호화 과정에서는 입력된 QP에 의해 부호화를 수행한 후 부호화 모드 및 QP 값에 따른 λ를 결정하고, 발생된 비트량과 에러량을 통해 RDcost가 결정된다. 반면, 레이트 컨트롤 과정에서는 입력되는 목표 비트량을 기반으로 해당 유닛의 부호화를 수행하기 전에 목표 비트량을 달성하기 위한 QP 값을 결정해야 한다. 그림 13-21(b)는 R-λ 모델 기반의 율-제어 기술의 부호화 과정을 보여준다. 이는 입력된 목표 비트량을 기반으로 최적의 λ를 결정하고, 결정된 λ를 통해 해당 유닛을 위한 QP를 결정하는 방법이다.

R-λ 모델은 실험적으로 인코딩 과정에서 발생되는 비트량 R과 에러량 D의 관계를 식 (13-16)과 같은 하이퍼볼릭 (Hyperbolic) 함수의 형태로 모델링하고, 이를 인코딩 과정에서 사용되는 RDcost 모델인 식 (13-17)에 적용하여 식 (13-18)과 같이 유도되는 λ와 비트량 간의 모델을 사용한다.

$$D(R) = CR^{-K} \tag{13-16}$$

$$RDcost = D + \lambda R \tag{13-17}$$

$$\lambda = -\frac{\partial D}{\partial R} = CK \cdot R^{-K-1} = \alpha \cdot R^{\beta} \tag{13-18}$$

C, K, α, β는 모델 파라미터를 의미하며, 식 (13-19)에 의해 목표 비트량 $T_{curUnit}$을 결정하여 식 (13-18)의 R에 대입함으로써 해당 비트량에 대한 최적 λ를 결정할 수 있다.

$$T_{cur\,Unit} = \frac{T_{cur\,Pic} - Bit_h - Coded_{pic}}{\sum_{Coded\,Units} \omega_i} \cdot \omega_{cur\,Unit} \tag{13-19}$$

T_{curPic}는 현재 인코딩되는 픽쳐에 할당된 목표 비트량, Bit_h는 슬라이스 헤더와 같은 하이 레벨 신택스 (High level syntax)에서 요구되는 비트량, $Coded_{pic}$은 현재 픽쳐 내에서 현재 코딩 유닛 이전에 인코딩된 코딩 유닛들에서 발생된 비트량을 각각 의미한다. ω는 MAD^2 (Squared Mean Absolute Difference)를 사용하여 측정되는 텍스쳐의 복잡도를 의미한다. ω_i는 현재 픽쳐 내에 존재하는 이전 코딩 유닛들의 텍스쳐 복잡도이며, 이는 인코딩 후 실제로 측정된 복잡도를 의미한다. $\omega_{curUnit}$은 현재 코딩 유닛에서 발생될 복잡도의 예측 값으로 이전 시간에 인코딩된 픽쳐 내에서 현재 코딩 유닛과 동일한 위치 (Collocated)의 코딩 유닛으로부터 예측된다. 이와 같이 결정된 현재 코딩 유닛의 목표 비트량을 식 (13-18)의 R에 대입함으로써, 현재 코딩 유닛을 위한 최적 λ값이 결정된다. 결정된 λ값에 대해 식 (13-20)에 따라 현재 코딩 유닛을 위한 QP가 결정되고, 해당 QP 값을 이용하여 인코딩을 수행한다.

$$QP = 4.2055 \cdot \ln\lambda + 13.7122 \tag{13-20}$$

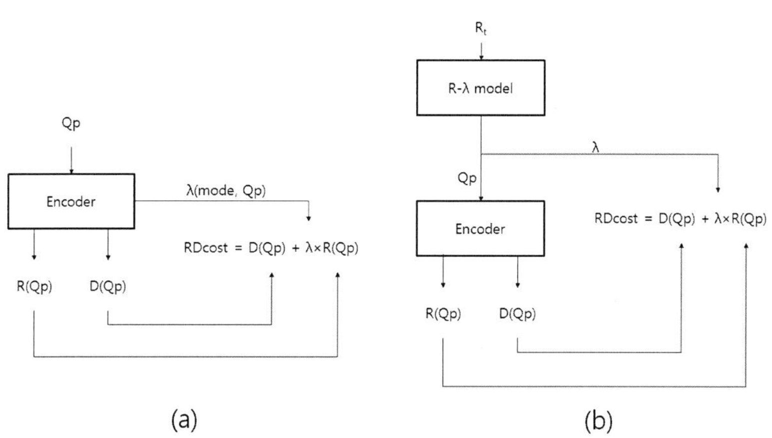

**그림 13-21 R-λ 모델의 QP 예측 과정

참고문헌

[1] *Generic coding of moving pictures and associated audio information-Part 2: Video,* ITU-T and ISO/IEC JTC 1, Rec. H.262 and ISO/IEC 13818-2 (MPEG-2 Video), 1994.

[2] *Coding of audio-visual object-Part 2: Visual,* ISO/IEC JTC 1, ISO/IEC 14496-2 (MPEG-4 visual version 1), 1999-2003.

[3] *Advanced video coding for generic audiovisual services,* ITU-T and SO/IEC JTC 1, Rec. H.264 and ISO/IEC 14496-10 (MPEG-4) AVC, 2003

[4] B. Bross, W. Han, J. Ohm, G. Sullivan, and T. Wiegand, "High efficiency video coding (HEVC) text specification draft 10," document JCTVC-L1003, Geneva, CH, Jan. 2013.

[5] G. Sullivan and T. Wiegand, "Rate-distortion optimization for video compression," *IEEE Signal Processing Mag.,* Vol. 15, pp. 74-99, Nov. 1998.

[6] H. B. Yin, X. Z. Fang, L. Chen, and J. Hou, "A practical consistent-quality two-pass VBR video coding algorithm for digital storage application," *IEEE Trans. Consum. Electron.,* vol. 50, no. 4, pp. 1142-1150, Nov. 2004.

[7] M. Jiang, Y. Xiaoquan, and L. Nam, "Improved frame-layer rate control for H.264 using MAD ratio," *Proc. IEEE int. Symp. Circuit. Syst.,* vol. 3. pp. 813-816, May 2004.

[8] L.-J. Lin, A. Ortega, and C.-C. J. Kuo, "A gradient-based rate control algorithm with applications to MPEG video," *Proc. ICIP* '95, Washington, *DC,* vol. 3, pp. 392 - 395, 1995.

[9] N. Kamaci, Y. Altunbasak, and R. M. Mersereau, "Frame bit allocation for the H.264/AVC video coder via Cauchy-Density-Based rate and distortion model," *IEEE Trans. on Circuits and Syst. Video Tech.,* vol. 15, pp. 994-1006, Aug. 2005.

[10] T. Wiegand, G. J. Sullivan, G. Bjøntegaard, and A. Luthra, "Overview of the H.264/AVC video coding standard," *IEEE Trans. Circuits Syst. Video Technol.,* vol. 13, no. 7, pp. 560 - 576, Jul. 2003.

[11] B. G. Haskell , A. Puri and A. N. Netravali, "Introduction to digital multimedia compression," in Digital Video: An Introduction to MPEG-2, New York, NY, Chapman and Hall, 1997, pp. 1-13.

[12] T. Wiegand, "Editor's Proposed Draft Text Modifications for Joint Video Specification (ITU-T Rec. H.264 I ISO/IEC 14496-10 AVC), Geneva modifications, draft 7," document JVT-E146 Annex C, Geneva, CH, Oct. 2002.

[13] T. Chiang and Y.-Q. Zhang, "A Rate Control Scheme using a New Rate-Distortion Model," document M0436, Dallas, TX, Nov. 1995.

[14] T. Chiang and Y. Q. Zhang, "A new rate control scheme using quadratic rate distortion model," *IEEE Trans. Circuits Syst. Video Technol.,* vol. 7, no 1, pp.246 -250 1997.

[15] P. Nunes, "Rate control for object-based video coding," Ph.D. thesis, Instituto Superior Técnico, Technical University of Lisbon, Lisbon, PT, 2007.

[16] H. Choi, J et al., "Rate control based on unified R-Q model for HEVC," document M23088 (JCTVC-H0213), San Jose, CA, Feb. 2012.

[17] H. Choi, J. Yoo, J. Nam, D. Sim, and I. V. Bajić, "Pixel-wise unified rate-guantization model for multi-level rate control," *IEEE J. Sel. Topice Signal Process.,* vol. 7, no. 6, pp. 1112-1123, Dec. 2013.

[18] B. Li, H. Li, L. Li, and J. Zhang, "Rate control by R-lambda model for HEVC," document JCT-VC K0103 (m26387), Shanghai, CN, Oct. 2012.

HEVC reference model(HM)

14

HEVC reference model (HM)은 초기 기술 선정 단계 (CfP : Call-for-proposal)에서 선정된 초기 기술 및 이후 추가되는 신규 요소 기술에 대한 평가 및 검증의 기반을 제공하고, 표준 기술에서 미처 기술하지 못한 부분을 보완하기 위한 소프트웨어이다 [1]. 이 HM 레퍼런스 모델은 소프트웨어 혹은 하드웨어 시스템을 개발할 시 검증 및 평가용으로 사용될 수 있어 매우 중요한 파트라고 볼 수 있다. HM은 2010년 10월에 열린 3차 JCT-VC 회의 이후 1.0 버전을 시작으로, 2013년 1월에 열린 12차 JCT-VC 회의를 거쳐 10.0 버전이 FDIS (Final Draft International Standard)로 사용되고 있다. 본 14장에서는 HEVC의 부호화/복호화 과정을 이해하기 위하여 HM의 구조와 주요 함수들의 동작을 살펴본다.

14.1 HM 소프트웨어 다운로드 및 실행방법

HM 소프트웨어의 구조와 주요 함수에 대한 설명에 앞서, 본 절에서는 HM 소프트웨어의 다운로드 및 실행방법에 대하여 알아보도록 한다. HM 소프트웨어는 소프트웨어 버전 관리 시스템인 서브버전 (SVN: Subversion)을 사용하여 자유롭게 다운로드 받을 수 있다. SVN을 사용하여 HM 소프트웨어를 다운로드 받기 위한 SVN root URL은 'https://hevc.hhi.fraunhofer.de/svn/svn_HEVCSoftware' 이며, 하위 디렉토리 (SVN 저장소)의 종류와 용도는 표 14-1과 같다.

공식 릴리즈 버전의 HM 소프트웨어는 SVN root URL 하위의 tags 저장소에서 다운로드 받을 수 있다. 그림 14-1(a)는 HM 소프트웨어 SVN 저장소의 종류와 tags 저장소 하위에 위치하는 현재까지 공식 릴리즈 및 릴리즈 후보 (RC : Release Candidate) 버전의 소프트웨어를 나타낸다. 먼저, HM 소프트웨어를 다운로드 받을 디렉토리를 생성하고, 그림 14-1(b)와 같이 SVN을 사용하여 'Checkout'을 수행한다.

표 14-1 HM SVN 저장소의 종류와 용도

저장소 종류	용 도
trunk	프로젝트 주 저장소
branches	추후 trunk 저장소로 병합되는 중간 저장소 소프트웨어의 유지보수 및 개발에 사용되는 저장소
tags	공식 릴리즈 버전의 소스를 관리하기 위한 저장소

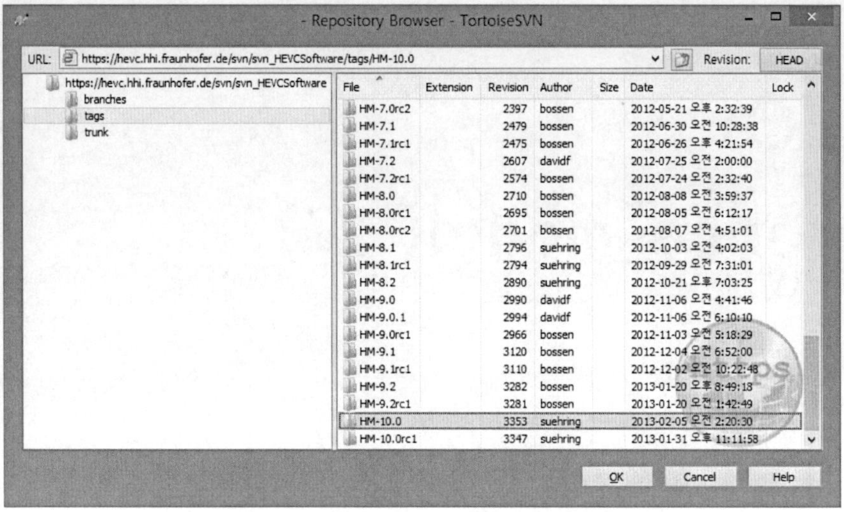

(a) HM SVN 저장소 종류 및 tags 저장소

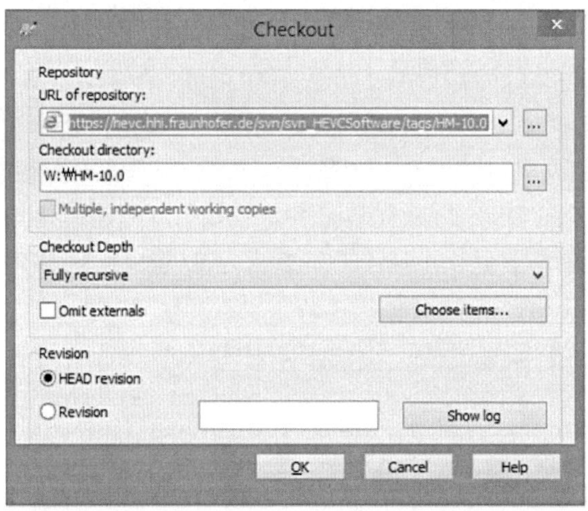

(b) SVN Checkout을 이용한 HM 소프트웨어 다운로드

**그림 14-1 SVN을 이용한 HM 소프트웨어 다운로드

다운로드가 완료된 HM 소프트웨어의 디렉토리 구조는 윈도우즈 환경의 Visual studio 솔루션 파일 및 리눅스 환경의 makefile을 저장하는 build 디렉토리, HM 인코더 소프트웨어의 설정을 위한 설정 파일을 저장하는 cfg 디렉토리, 자료구조에 대한 문서를 저장하는 doc 디렉토리, 소스코드 파일을 저장하는 source 디렉토리로 구분된다.

본 장에서는 윈도우 환경의 'Visual studio 2008'에서 HM 소프트웨어의 실행방법을 설명한다. Build 디렉토리 하위의 'HM_vc9.sln' 파일을 실행하여 HM 소프트웨어의 'Visual studio 2008' 솔루션을 동작시킨다. 'HM_vc9.sln' 솔루션 파일이 실행되면 'Visual studio 2008' 창이 생성된다.

HM 소프트웨어는 세 개의 애플리케이션 프로젝트(TAppEncoder, TAppDecoder, TAppCommon), 두 개의 공통 라이브러리(TLibCommon, TLibVideoIO), 한 개의 인코더 라이브러리(TLibEncoder), 한 개의 디코더 라이브러리(TLibDecoder)의 총 일곱 개의 프로젝트로 구성되어 있다. 세 개의 애플리케이션 프로젝트는 인코더, 디코더 콘솔 애플리케이션 및 설정 관리 소스코드를 포함하고 있으며, 두 개의 공통 라이브러리 프로젝트는 예측(Prediction), 변환(Transform), 양자화(Quantization), 인-루프 필터(In-loop filter) 등 인코더와 디코더에서 공통으로 사용되는 함수 및 클래스와 관련된 소스코드를 포함하고 있다. 인코더, 디코더 전용 라이브러리 프로젝트는 각각 인코더와 디코더에서만 사용되는 소스코드를 포함하고 있다.

14.1.1 HM 인코더 소프트웨어 실행 방법

HM 인코더 소프트웨어를 살펴보기에 앞서, 본 절에서는 HM 인코더 소프트웨어의 실행방법에 대하여 살펴보도록 한다. HM 인코더 소프트웨어를 동작시키기 위해서는 부호화 방법에 관한 세부 설정을 명령 인자(Command arguments)로 입력해야 한다. HM 인코더 소프트웨어에서 사용되는 대표적인 명령 인자의 종류는 표 14-2와 같다. (추가적인 명령 인자 및 부호화 설정에 대한 정보는 명령 인자로 '--help'를 입력하여 HM 인코더 소프트웨어를 수행하면 출력된다. 또한, HM 소프트웨어에서 기본적으로 제공되는 설정 파일(*.cfg)를 살펴보길 바란다.)

```
TAppEecoder.exe [-c ConfigurationFile] [-i InputFile]
                [-b BitstreamFile] [-o ReconFile]
                [-wdt SourceWidth] [-hgt SourceHiehgt]
                [-f FramesToBeEncoded] [-q QP] …
```

| 표 14-2 | HM 인코더 소프트웨어의 대표적인 명령 인자

Options:	
-c	입력 설정 파일 (*.cfg)의 이름 ※ cfg*.cfg: 공통 실험 조건에 따른 부호화 구조 및 툴 설정 파일 ※ cfg\per-sequence*.cfg: 공통 실험 영상에 대한 입력 설정 파일
-i	입력 YUV 파일의 이름
-b	출력 비트스트림 파일(*.bin)의 이름 ※ 입력하지 않을 시 str.bin으로 설정
-o	출력 YUV 파일의 이름 ※ 입력하지 않을 시 output.yuv로 설정
-wdt	입력 YUV 파일의 영상 가로 크기
-hgt	입력 YUV 파일의 영상 세로 크기
-f	부호화하는 영상 프레임(Frame)의 수
-q	IDR 프레임의 양자화 파라미터

14.1.2 HM 디코더 소프트웨어 실행 방법

HM 디코더 소프트웨어를 실행하기에 앞서, 실행하려는 프로젝트를 설정하기 위해 Visual studio 2008의 TAppDecoder에서 마우스 오른쪽 버튼을 눌러 'Set as StartUp Project'로 설정한다. TAppDecoder를 실행하기 위해서는 기본적으로 인코더의 결과로 나온 비트스트림을 실행 파일의 명령

인자로 입력해야 한다. HM 디코더의 명령어는 다음과 같은 구조로 되어 있으며, 표 14-3은 각 명령 인자에 대한 설명을 나타낸다. 또한, 표 14-4는 HM 디코더 실행 시 출력되는 항목들과 이에 대한 설명을 나타낸다.

```
TAppDecoder.exe [-b BitstreamFile] [-o ReconFile]
                [-s SkipFrames] [-d OutputBitDepth]
                [-t MaxTemporalLayer]
```

| 표 14-3 | HM 디코더 소프트웨어 명령어의 선택사항

Options:	
-b	입력 비트스트림 파일(*.bin)의 이름
-o	결과 YUV 파일의 이름을 설정한다. ※ 입력하지 않을 시 결과 YUV파일이 저장되지 않음
-s	임의 접근(Random Access) 전에 Skip 프레임의 수를 설정한다. ※ 입력하지 않을 시 디폴트로 0이 설정
-d	결과 YUV 파일의 Bit Depth를 설정한다. ※ 입력하지 않을 시 디폴트로 0이 설정(0은 Netive Depth)
-t	디코딩 하기 위한 최대 Temporal Layer를 설정한다. ※ 입력하지 않을 시 디폴트로 -1이 설정(-1은 모든 Layer)

| 표 14-4 | HM 디코더 출력 항목

이 름	포 맷	내 용
POC	%4d	픽쳐 (Picture) 번호
TId	%1d	Temporal Layer ID
#-Slice	%c	슬라이스 (Slice) 타입
QP	%3d	슬라이스의 양자화 파라미터
DT	%6.3f	복호화 시간
L#	%d	참조 픽쳐 (Reference picture) 리스트
MD5	·	MD5 확인

14.2 HM 인코더 소프트웨어

본 절에서는 HM 인코더 소프트웨어의 구조에 대하여 알아보도록 한다. HM 인코더 소프트웨어는 C++ 기반으로 구현되어 있으며, 윈도우즈 Visual studio 뿐만 아니라, 리눅스 GCC, Mac OS Xcode환경에서도 컴파일 및 동작이 가능하도록 솔루션파일 및 makefile을 포함하고 있다. HM 인코더 소프트웨어

에서 제공하는 설정에는 총 여덟 가지가 있으며, 이는 HEVC에 적용된 기술들에 대한 공통 실험 조건(CTC : Common Test Condition)을 따른다 [2]. CTC는 부록 A에서 살펴보기로 한다. 표 14-5는 HM 인코더 소프트웨어에서 제공하는 설정파일의 종류와 특징을 나타낸다. 또한, 설정파일에 대한 예시를 나타내었다.

❙ 표 14-5 ❙ HM 소프트웨어에서 제공하는 설정파일

구분		파일명	특성
Main	All Intra	encoder_intra_main.cfg	Intra-only coding
	Random access	encoder_randomaccess_main.cfg	GPB I-slice per 1s
	Low-delay B	encoder_lowdelay_main.cfg	No future reference
	Low-delay P	encoder_lowdelay_P_main.cfg	No future reference No GPB
HE10	All Intra	encoder_intra_he10.cfg	Intra-only coding + HE10 tool
	Random access	encoder_randomaccess_he10.cfg	GPB I-slice per 1s + HE10 tool
	Low-delay B	encoder_lowdelay_he10.cfg	No future reference + HE10 tool
	Low-delay P	encoder_lowdelay_P_he10.cfg	No future reference No GPB + HE10 tool

```
#======== File I/O =====================
BitstreamFile                     : str.bin // 출력 비트스트림 파일 이름
ReconFile                         : rec.yuv // 출력 복원 파일 이름
#======== Unit definition ============= //
MaxCUWidth                        : 64      // 최대 CU 넓이
MaxCUHeight                       : 64      // 최대 CU 높이
MaxPartitionDepth                 : 4       // 최대 분할 깊이
QuadtreeTULog2MaxSize             : 5       // 쿼드-트리 TU 코딩을 위한
                                            // 최대 변환 크기의 이진 로그
QuadtreeTULog2MinSize             : 2       // 쿼드-트리 TU 코딩을 위한
                                            // 최소 변환 크기의 이진 로그
QuadtreeTUMaxDepthInter           : 3       // 인터 CU의 최대 TU 깊이
QuadtreeTUMaxDepthIntra           : 3       // 인트라 CU의 최대 TU 깊이
#======== Coding Structure =============
IntraPeriod                       : -1      // I-프레임의 주기
DecodingRefreshType               : 0       // RA 0:none, 1:CDR, 2:IDR
GOPSize                           : 4       // GOP 크기
```

```
#       Type POC QPoffset QPfactor tcOffsetDiv2....중략
Frame1:...중략
...중략
ListCombination                 : 1        // B-슬라이스 combined list 사용
#=========== Motion Search =============
FastSearch                      : 1        // 0:Full search  1:TZ search
SearchRange                     : 64       // 탐색 범위, 0:한 프레임 전체 영역
BipredSearchRange               : 4        // 양방향 예측을 위한 탐색 범위
HadamardME                      : 1        // 부화소 움직임 추정에서 하다마드 사용
FEN                             : 1        // 고속 인코더 설정 사용
FDM                             : 1        // Merge모드 RD-cost를 위한 고속 결정 사용
#======== Quantization =================
QP                              : 32       // 양자화 파라미터(0-51)
MaxDeltaQP                      : 0        // CU 기반 최대 delta-qp (0-7)
MaxCuDQPDepth                   : 0        // CU기반 delta-qp를 위한 최대 깊이
DeltaQpRD                       : 0        // 슬라이스 기반 delta-qp
RDOQ                            : 1        // RDOQ 사용
RDOQTS                          : 1        // 변환 skip에서 RDOQ 사용
#=========== Deblock Filter ============
DeblockingFilterControlPresent: 0          // 디블록킹 필터 관리 정보 부호화
                                           // 0:not present, 1:present
LoopFilterOffsetInPPS           : 0        // 0=varying params in SliceHeader,
                                           // param = base_param + GOP_offset_param
                                           // 1=constant params in PPS,
                                           // param = base_param
LoopFilterDisable               : 0        // 디블록킹 필터 미수행(0=ON, 1=OFF)
LoopFilterBetaOffset_div2       : 0        // base_param: -13 ~ 13
LoopFilterTcOffset_div2         : 0        // base_param: -13 ~ 13
#=========== Misc. =====================
InternalBitDepth                : 8        // 내부 한 화소의 연산 단위
#=========== Coding Tools ==============
SAO                             : 1        // SAO 수행(0: OFF, 1: ON)
AMP                             : 1        // 비대칭 움직임 분할 사용(0: OFF, 1: ON)
TransformSkip                   : 1        // 변환 skip사용(0: OFF, 1: ON)
TransformSkipFast               : 1        // 고속 변환 skip사용(0: OFF, 1: ON)
SAOLcuBoundary                  : 0        // 디블록킹 필터가 미수행 화소에 대한
                                           // SAOLcuBoundary(0: OFF, 1: ON)
#============ Slices ===================
SliceMode                       : 0        // 0: 모든 슬라이스 옵션 미사용
                                           // 1: 한 슬라이스 내의 최대 CTU 수 제한
                                           // 2: 한 슬라이스 내의 최대 바이트 제한
                                           // 3: 한 슬라이스 내의 최대 타일 수 제한
SliceArgument                   : 1500     // 'SliceMode'를 위한 인자
```

```
                                          // SliceMode==1 : 슬라이스 당 최대 CTU 수
                                          // SliceMode==2 : 슬라이스 당 최대 바이트
                                          // SliceMode==3 : 슬라이스 당 최대 타일 수
LFCrossSliceBoundaryFlag       : 1        // 슬라이스 경계에서 디블록킹 필터 수행
                                          // 0:not across, 1: across
#============ PCM =====================
PCMEnabledFlag                 : 0        // PCM 수행(0: OFF, 1: ON)
PCMLog2MaxSize                 : 5        // 최대 PCM 블록 크기의 이진 로그
PCMLog2MinSize                 : 3        // 최소 PCM 블록 크기의 이진 로그
PCMInputBitDepthFlag           : 1        // PCM 입력 비트 깊이 설정
                                          // 0: 'InternalBitDepth'와 같은 값
                                          // 1: 'InputBitDepth'와 같은 값
PCMFilterDisableFlag           : 0        // 'I_PCM' 샘플에 루프 필터링 수행
                                          // (0=ON, 1=OFF)
#============ Tiles ====================
UniformSpacingIdc              : 0        // 0: 'ColumnWidthArray',
                                          // 'RowHeightArray'으로 타일 분할
                                          // 1: 'NumTileColumnsMinus1',
                                          // 'NumTileRowsMinus1'으로 타일 균등 분할
NumTileColumnsMinus1           : 0        // 수평 방향의 타일 수 - 1
ColumnWidthArray               : 2 3      // 수평 방향의 각각의 타일 크기
NumTileRowsMinus1              : 0        // 수직 방향의 타일 수 - 1
RowHeightArray                 : 2        // 수직 방향의 각각의 타일 크기
LFCrossTileBoundaryFlag        : 1        // 타일 경계에서 디블록킹 필터 수행
                                          // 0:not across, 1: across
#============ WaveFront ================
WaveFrontSynchro               : 0        // Wavefront 동기화
#=========== Quantization Matrix =======
ScalingList                    : 0        // 스케일링 리스트 사용
                                          // 0: off, 1: default, 2: file read
ScalingListFile                : list.txt // 스케일링 리스트 파일
#============ Lossless =================
TransquantBypassEnableFlag     : 0        // TransquantBypass를 사용(0: OFF, 1: ON)
CUTransquantBypassFlagValue    : 0        // CU 단위 TransquantBypass 값
#============ Rate Control =============
RateControl                    : 0        // 율 제어 사용
TargetBitrate                  : 1000000 // 목표 비트레이트
KeepHierarchicalBit            : 1        // 계층적 비트 할당
LCULevelRateControl            : 1        // CTU 단위 율 제어
                                          // 1: CTU level RC; 0: Picture level RC
RCLCUSeparateModel             : 1        // CTU 단위 R-lambda 모델 사용
InitialQP                      : 0        // 초기 QP
RCForceIntraQP                 : 0        // I_SLICE에서 'InitialQP'를 QP로 사용
```

14.2.1 HM 인코더 소프트웨어의 주요 데이터 구조

HM 인코더 소프트웨어의 주요 데이터 구조는 그림 14-2와 같다. HM 인코더와 디코더의 공통 클래스는 14.4 절에서 다루도록 한다. 최상위 클래스인 TAppEncTop을 상속받은 TEncTop이 HM 인코더의 동작을 담당하는 클래스이다. 처리 단위 및 구조적 특성에 따라 TEncGOP, TEncSlice, TEncCu 클래스가 있으며, 부호화 도구 특성에 따라 TEncSearch, TComTrQuant, TComLoopfilter, TComRdCost, TEncSbac, TEncSampleAdaptiveOffset 등 있다.

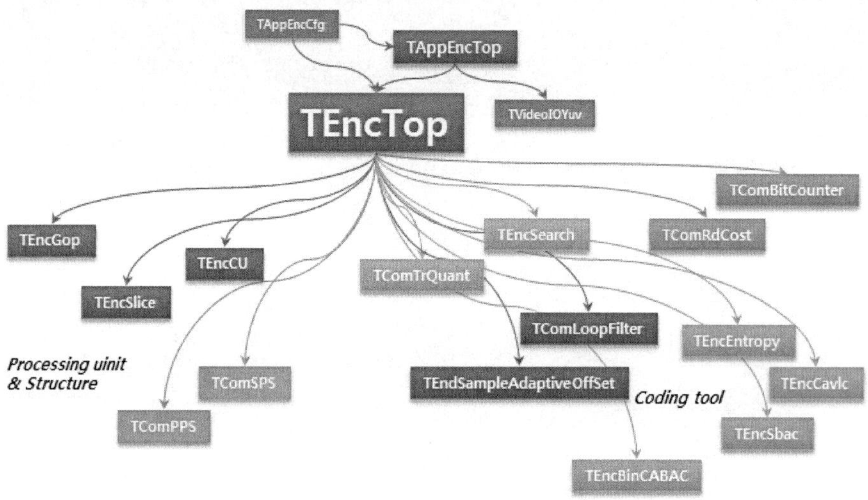

**그림 14-2 HM 인코더 소프트웨어 주요 클래스

```
class TEncTop : public TEncCfg
{
private:
  // Picture
  ...
  TComList<TComPic*>          m_cListPic

  // Coding tool
  ...
  TEncSearch                  m_cSearch
  TComTrQuant                 m_cTrQuant
  TComLoopFilter              m_cLoopFilter
  TEncSampleAdaptiveOffset    m_cEncSAO
  TEncEntropy                 m_cEntropyCoder
  TEncCavlc                   m_cCavlcCoder
  TEncSbac                    m_cSbacCoder
  TEncBinCABAC                m_cBinCoderCABAC

  // Processing unit
```

```
  TEncGOP                   m_cGOPEncoder
  TEncSlice                 m_cSliceEncoder
  TEncCu                    m_cCuEncoder
  TComSPS                   m_cSPS
  TComPPS                   m_cPPS

  ...
}
```

TEncTop 클래스는 HM 인코더 소프트웨어의 최상위 클래스이며, TEncTop 클래스에 포함된 객체는 크게 부호화 툴과 부호화 처리 단위 관점에서 분류할 수 있다. 부호화 툴에 대한 클래스 객체에는 TEncSearch, TComTrQuant, TComLoopFilter, TEncSampleAdaptiveOffset, TEncEntropy, TEncCavlc, TEncSbac, TEncBinCABAC가 있으며, 부호화 처리 단위에 대한 클래스 객체는 TEncGOP, TEncSlice, TEncCu, TComSPS, TComPPS가 있다. TEncTop에 포함된 각 클래스 객체들은 하위 부호화 단위 클래스인 TEncGOP, TEncSlice, TEncCU에서 포인터 변수를 통해 접근하도록 구현되어있다. 또한, 참조 픽쳐에 대한 리스트 객체도 TEncTop 클래스에 선언되어 있다.

```
class TEncGOP
{
private:
  // Data
  ...
  Int m_iLastIDR;
  Int m_iGopSize;

  // Access channel
  TEncTop* m_pcEncTop;
  TEncCfg* m_pcCfg;
  TEncSlice* m_pcSliceEncoder;
  TComList<TComPic*>* m_pcListPic;
  ...
  // Adaptive Loop filter
  TEncSampleAdaptiveOffset* m_pcSAO;
  ...
}
```

TEncGOP 클래스는 GOP (Group of pictures) 단위 부호화를 위한 클래스로서, GOP에 대한 설정과 관련한 변수들과 슬라이스 단위 부호화를 위한 TEncSlice 포인터 변수를 포함하고 있다. 또한, TEncTop, TEncCfg 클래스의 포인터 변수를 통해 상위 클래스로 접근이 가능하다.

```
class TEncSlice
{
private:
  // pictures
  TComList<TComPic*>* m_pcListPic;
  TComPicYuv* m_apcPicYuvPred;
  TComPicYuv* m_apcPicYuvResi;

  // processing units
  TEncGOP* m_pcGOPEncoder;
  TEncCu*   m_pcCuEncoder;

  // coding tools
  TEncSearch*  m_pcPredSearch;
  TEncEntropy* m_pcEntropyCoder;
  TEncCavlc*   m_pcCavlcCoder;
  TEncSbac*    m_pcSbacCoder;
  TEncBinCABAC* m_pcBinCABAC;
  TComTrQuant*   m_pcTrQuant;

  // RD optimization
  TComRdCost*    m_pcRdCost;
  ...
  UInt64 m_uiPicTotalBits;
  UInt64 m_uiPicDist;
  Double m_dPicRdCost;
  ...

  UInt m_uiSliceIdx;
}
```

TEncSlice 클래스는 슬라이스 단위 부호화를 위한 클래스로서, 크게 픽쳐 데이터 포인터 변수, 처리 단위에 따라 GOP 인코더 및 CU 인코더에 대한 포인터 변수, 부호화 툴에 관한 포인터 변수 및 율-왜곡 최적화(RDO : RD Optimization) 수행에 관한 포인터 변수 및 픽쳐 단위 율-왜곡 비용(RD-cost)에 관한 변수들을 포함한다.

```
class TEncCu
{
private:
    TComDataCU** m_ppcBestCU;
    TComDataCU** m_ppcTempCU;
    ...
```

```
    // YUV data
    TComList<TComPic*>* m_pcListPic;
    TComPicYuv* m_apcPicYuvPred;
    TComPicYuv* m_apcPicYuvResi;

    // processing units
    TEncGOP* m_pcGOPEncoder;
    TEncCu*   m_pcCuEncoder;

    // coding tools
    TEncSearch*  m_pcPredSearch;
    TEncEntropy* m_pcEntropyCoder;
    TEncCavlc*   m_pcCavlcCoder;
    TEncSbac*    m_pcSbacCoder;
    TEncBinCABAC* m_pcBinCABAC;
    TComTrQuant*   m_pcTrQuant;

    // RD optimization
    TComRdCost*    m_pcRdCost;
    ...
    UInt64 m_uiPicTotalBits;
    UInt64 m_uiPicDist;
    Double m_dPicRdCost;
    ...

    UInt m_uiSliceIdx;
}
```

14.2.2 HM 인코더 소프트웨어의 주요 함수

HM 인코더 소프트웨어의 함수 호출 순서 및 부호화 툴 특성에 따라 그림 14-3과 같은 구조를 갖는다. 본 절에서는 함수의 호출 순서에 따라 의사코드를 기술하고, 각 함수에서 수행하는 역할에 대하여 설명한다. 이후, compressCU() 함수 내부에서 수행되는 RDO과정과 인-루프 필터 수행 과정에 대하여 살펴보도록 한다.

1) HM 인코더 소프트웨어의 call stack 구조

그림 14-3에 나타난 바와 같이 HM 인코더 소프트웨어의 call stack 구조에 따라, main() 함수를 비롯하여 TAppEncTop::encode(), TEncTop::encode(), compressGOP(), compressSlice(), compressCU() 가 순차적으로 호출된다. encode() 및 compress()함수들에서는 영상 부호화를 위한 다양한 변수 설정 및 부호화에 필요한 클래스를 구성하고, 처리 단위에 따른 부호화를 수행한다. 또한, 현재 HM 인코더 소프트웨어에서는 프레임단위 인-루프 필터 연산을 수행하고 있다. 본 절에서 HM 인코더 소프트웨어의 큰 흐름을 살펴보도록 한다.

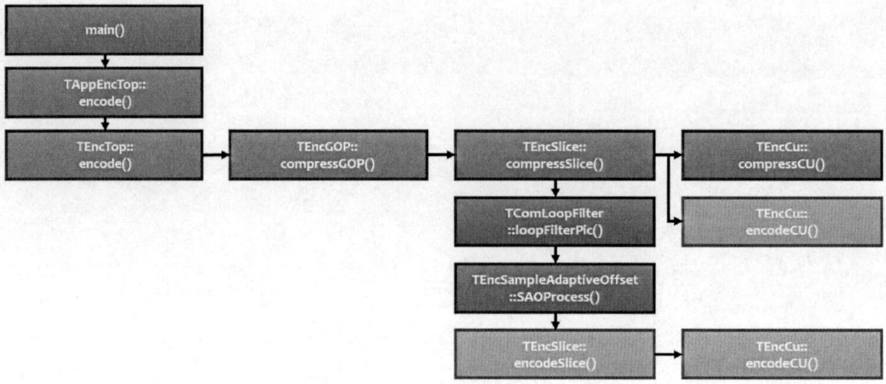

**그림 14-3 HM 인코더 소프트웨어에 구현된 주요 함수

```
int main() {
    ...
    cTAppEncTop.parseCfg( argc, argv);
    ...
    cTAppEncTop.encode();
    ...
}
```

main() 함수는 부호화를 위한 설정 파일을 파싱(Parsing)하여 부호화 설정을 위한 변수 값을 설정하고 TAppEncTop::encode() 함수를 호출한다.

```
Void TAppEncTop::encode() {
    ...
    xInitLibCfg();
    xCreateLib();
    xInitLib();
    ...
    while( !bEos ) {
      ...
      m_cTEncTop.encode();
      ...
    }
    ...
    xDestroyLib();
    ...
}
```

TAppEncTop::encode() 함수는 인코더 및 공통 라이브러리 클래스 생성, 해당 클래스들의 변수들에 대하여 초기화를 수행한다. 또한, 입력 영상 파일의 끝(EOS : End Of Sequence)까지 반복하여 TEncTop::encode() 함수를 호출한다. 입력 영상 파일에 대한 부호화가 완료되면 부호화 처리 이전에 생성한 라이브러리 클래스에 대한 제거를 수행한다.

```
Void TEncTop::encode() {
    ...
    // Original image 로드
    ...
    m_cGOPEncoder.compressGOP();
    ...
}
```

```
Void TEncGOP::compressGOP() {
    ...
    xInitGOP();
    ...
    for( iGOPid=0; iGOPid < m_iGOPSize; iGOPid++ ) {
      // GOP entry 구성
      // Reference list 설정
      // Tile 설정
      while( uiNextCUAddr<uiRealEndAddress) {
        ...
        m_pcSliceEncoder->compressSlice();
        ...
      }
      ...
      m_pcLoopFilter->loopFilterPic();
      ...
      while( uiNexCUAddr<uiRealEndAddress) {
        switch(processingState) {
        case ENCODE_SLICE:
          ...
          m_pcSliceEncoder->encodeSlice();
          ...
        case EXECUTE_INLOOPFILTER:
          ...
          m_pcSAO->SAOProcess();
          ...
      }
    }
    ...
}
```

TEncTop::encode() 함수는 입력 영상 파일에서 현재 부호화하는 영상을 내부메모리로 로드하고, TEncGOP::compressGOP() 함수를 호출한다.

TEncGOP::compressGOP() 함수는 GOP단위 부호화 처리를 위한 함수로서, GOP 내부의 설정 초기화 및 GOP 단위 부호화를 수행한다. GOP id에 따라 GOP 사이즈만큼 반복문을 수행하여, 각 픽처를 부호화 한다. 이때, 하나의 픽쳐를 부호화하기 앞서 GOP 엔트리 구성 및 참조 픽쳐 리스트 설정 및 타일 설정을 수행하여, 하나의 픽쳐 내의 모든 슬라이스에 대한 부호화를 수행한다. TEncSlice::compressSlice()함수를 호출하여 슬라이스 단위 RDO 기반의 부호화가 수행되며, 하나의 픽쳐에 대한 부호화가 완료되면, TComLoopFilter::loopFilterPic() 함수를 통해 디블록킹 필터를 픽쳐 단위로 수행한다. 또한, TEncSampleAdaptiveOffset::SAOProcess() 함수를 통해 SAO를 디블록킹 필터 처리된 픽쳐에 대하여 CTU 단위로 수행한다. 마지막으로 부호화된 픽쳐에 대하여 슬라이스 단위로 엔트로피 부호화를 수행하여 비트스트림으로 출력하는 TEncSlice::encodeSlice() 함수를 호출한다.

```
Void TEncSlice::compressSlice() {
    ...
    // Set entropy coder
    // Weighted prediction parameters estimation
    ...
    for( Every CTU in slice  ) {
      // Initialize CU encoder
      // Select substream to use
      ...
      m_pcCuEncoder->compressCU();
      ...
      m_pcCuEncoder->encodeCU();
      ...
    }
    ...
}
```

TEncSlice::compressSlice() 함수는 RDO에 기반한 슬라이스 단위 영상 부호화를 위해 슬라이스 별 엔트로피 부호화기 설정 및 슬라이스 내 모든 CTU에 대한 CTU 단위 부호화 함수인 TEncCu::compressCU() 함수를 호출한다. 이때, 해당 CTU를 처리하는 타일 및 WPP에 대한 Sub-stream을 선택하는 과정을 수행한다. TEncCu::compressCU() 함수에서 최적의 CTU 선택이 완료되면, TEncCu::encodeCU()함수가 호출되어 다음 CTU 부호화를 위한 CABAC 문맥(Context) 업데이트를 수행한다.

```
Void TEncCu::compressCU() {
    // Initialize CU data
    xCompressCU();
    ...
}
```

TEncCu::compressCU() 함수는 CTU 단위 영상 부호화를 위한 함수로 CU 단위 부호화를 위하여 재귀적 구조로 구현된 TEncCu::xCompressCU() 함수를 최초 호출하여 CTU 내 모든 CU 깊이에 대하여 RDO를 통한 최적의 CTU 결정과정을 수행하는 역할을 수행한다.

2) CTU단위 RDO 과정

지금까지 main()함수에서 TEncCu::xCompressCU() 함수까지의 HM 인코더 소프트웨어의 큰 흐름을 살펴보았다면, 본 절에서는 TEncCu::xCompressCU() 함수 내부에서 CTU단위 RDO 과정에 대하여 화면 간 예측(Inter prediction) 모드, 화면 내 예측(Intra prediction) 모드로 분류하여 살펴보도록 한다.

```
Void TEncCu::xCompressCU() {
    // Get original YUV data from picture
    // Initialize CU data
    ...
    if( Cu in a Picture ) {
      if( !I_SLICE ) {
        xCheckRDCostMerge2Nx2N();
        ...
        xCheckRDCostInter(SIZE_2Nx2N);
        ...
        xCheckRDCostInter(SIZE_Nx2N);
        ...
        xCheckRDCostInter(SIZE_2NxN);
        ...
        if( AMP is enabled ) {
          ...
          xCheckRDCostInter(SIZE_2NxnU);
          ...
          xCheckRDCostInter(SIZE_2NxnD);
          ...
          xCheckRDCostInter(SIZE_nLx2N);
          ...
          xCehckRDCostInter(SIZE_nRx2N);
          ...
        }
      }
      xCheckRDCostIntra(SIZE_2Nx2N);
      ...
      if( current CU == SCU  ) {
        xCheckRDCostIntra(SIZE_NxN);
      }
      if( PCM is enabled ) {
        xCheckIntraPCM();
      }
    }
    ...
    if( Further split ) {
```

```
        for( uiPartUnitIdx=0; uiPartUnitIdx<4; uiPartUnitIdx++ ) {
          // Initialize sub CU
          ...
          xCompressCU();
          ...
          }
      }
      ...
      xCheckBestMode();
      ...
}
```

TEncCu::xCompressCU() 함수는 각 CU에 대하여 최적의 PU 및 TU 결정과정이 포함된 함수로서, PU 및 TU 결정과정은 RDO를 통하여 수행된다. 또한, 현재 CU 크기에 대하여, 모든 PU 및 TU에 대한 RDO를 수행하고, SCU (Smallest CU)가 아닌 경우에 네 개의 Sub-CU로 분할하여 각 Sub-CU에 대한 xCompressCU() 함수를 재귀적으로 호출하도록 구현되어 있다. xCompressCU() 함수에 대한 흐름도는 그림 14-4와 같다. 현재 CU에 대하여 Merge skip 모드에 대한 RD-cost를 계산하고, 인트라 슬라이스(Intra slice)가 아닌 경우에 대하여 inter_2Nx2N, inter_Nx2N, inter_2NxN, inter_AMP 모드 순서대로 RD-cost를 계산하며, 인트라 및 인터 슬라이스(Inter slice)의 경우 intra_2Nx2N, intra_NxN 및 intra_PCM 모드에 대한 RD-cost를 계산한다. 이와 같이 계산된 RD-cost 중 최적의 RD-cost를 갖는 PU를 현재 CU에서의 최적의 PU로 선택한다. 이때, 각각의 PU에 대한 RD-cost를 계산하는 과정에서 최적의 TU 쿼드-트리(Quad-tree) 결정과정이 포함되어있다. 현재 CU 크기에 대한 최적의 PU 및 TU 결정이 완료되면, SCU 크기가 아닌 경우 네 개의 Sub-CU로 분할되어 재귀적으로 TEncCu::xCompressCU() 함수를 호출하여, 각 Sub-CU에 대한 최적의 CU 결정과정을 수행한다. 네 개의 Sub-CU에 대한 최적의 CU 결정과정을 마치면, 현재 CU크기에 대한 최적의 PU, TU로 정해진 RD-cost와 네 개의 Sub-CU에 대한 RD-cost 합을 비교하여, 현재 CU 크기에서 최적의 CU 결정을 수행한다. 전술한 바와 같이, 네 개의 Sub-CU와 현재 크기 CU 중 최적의 CU를 선택하고 다시 상위 크기의 TEncCu::xCompressCU() 함수로 반환되어 동일한 결정과정을 수행한다.

```
Void TEncCu::xCheckRDCostInter(BestCU,   TempCU, PartSize) {
    // Initialize CU data
    ...
    m_pcPredSearch->predInterSearch();
    ...
    m_pcPredSearch->encodeResAndCalcRdInterCU();
    // Calculate RD-cost
    ...
    xCheckBestMode();
}
```

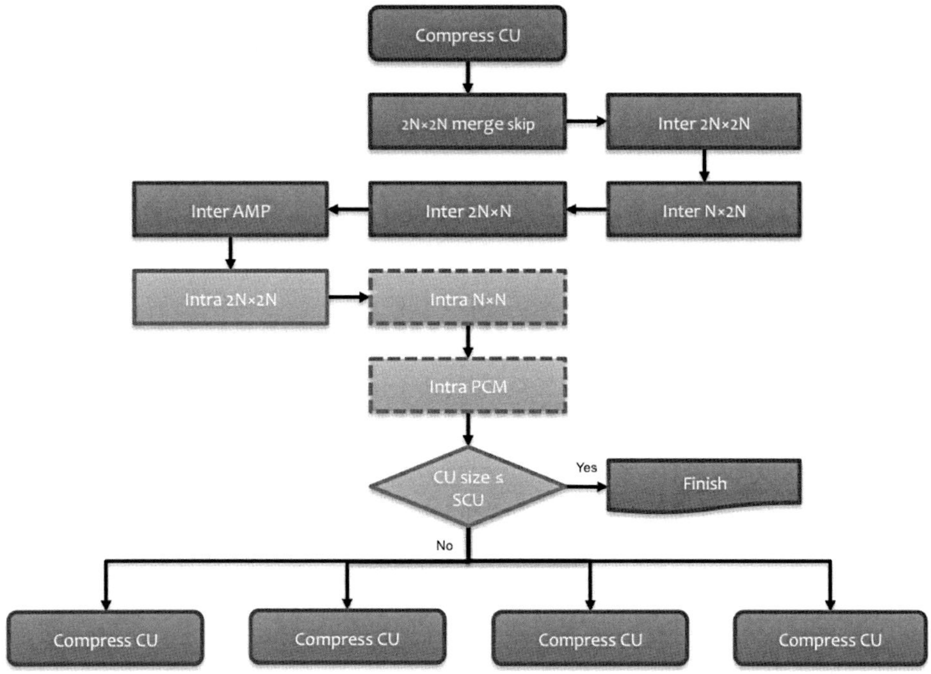

**그림 14-4 xCompressCU() 함수의 흐름도

xCheckRDCostInter() 함수는 입력된 화면 간 예측 PU 모드에 대한 RD-cost를 구하고 이를 바탕으로 최적의 CU를 결정하는 함수이다. 현재 CU에 대하여 화면 간 예측에 해당하는 PU 모드가 입력되고, 해당 PU 모드에 대한 예측 수행 및 이에 대한 최적의 TU를 선택하여 RD-cost를 계산한다. RD-cost 계산을 위하여 predInterSearch() 함수에서 최적의 화면 간 예측 후보를 탐색하며, encodeResAndClacRDInterCU() 함수에서는 선택된 최적의 화면 간 예측 후보에서 발생한 잔차 신호 (Residual)에 대하여 최적의 TU 결정을 수행한다. 전술한 두 개의 함수를 통해 계산된 RD-cost를 xCheckBestMode() 함수에서 현재까지 선택된 최적의 CU RD-cost와 비교를 통해 최적의 CU를 업데이트한다.

```
Void TEncSearch::predInterSearch() {
    // Clear local buffer
    ...
    for( PartIdx = 0; PartIdx < NumPart; PartIdx++) {  // LOOP_0
      // Uni-directional prediction
      for( RefList = 0; RefList < NumPredDir; RefList++) {
        for( RefIdx = 0; RefIdx < NumRefIdx; RefIdx++) {
          xEstimateMvPredAMVP();
          ...
          xMotionEstimation();
          ...
          xCheckBestMVP();
          ...
```

```
        motionCompensation();
      }
    }
    // Bi-directional prediction
    if( B_SLICE ) {
      ...
      for( Iter = 0; Iter < NumIter; Iter++ ) {
        for( RefIdx = 0; RefIdx < NumRefIdx; RefIdx++ ) {
        xMotionEstimation();
        xCopyAMVPInfo();
        xCheckBestMVP();
        if( Best cost ) {
          // Update data copy
          motionCompensation();
        }
        }
        if( Bi-direction cost < Uni-direction cost ) {
        xCopyAMVPInfo();
        xCheckBestMVP();
        break;
        }
      }
    }
    ...
    // Set motion field
    ...
    // Check merge
    if ( !INTER_2Nx2N ) {
      ...
      xMergeEstimation();
      if( Merge cost < Normal ME cost ) {
        // Set merge result
      }
    }
    motionCompensation();
  }
  ...
}
```

predInterSearch() 함수는 입력 PU 모드에 대하여 화면 간 예측에 대한 최적의 RD-cost를 갖는 후보를 탐색하는 함수이다. 입력 PU 모드에 따라 분할 개수가 결정되며, 'LOOP_0'에 해당하는 반복을 수행한다. PU 모드의 분할 개수에 따라 최적의 위치를 탐색하는 과정에서 예측의 방향에 따라 단방향 예측

```
Void TEncSearch::encodeResAndCalcRdInterCU() {
    // No residual coding: SKIP mode
    if( Skip residual coding ) {
      // Residual buffer clear
      // Encode skip flag and merge index
      // Calculate RD-cost
      return;
    }

    // Residual coding
    for( qp = qpMin; qp <= qpMax; qp++ ) {
      xEstimateResidualQT();
      // Estimate no residual coding
      if( ZeroCost < ResCost ) {
        // Residual buffer clear and no residual coding set
      }
      else {
        xSetResidualQTData();
      }
      ...
      if ( ResCost < CostBest ) {
        if( /* Cbf zero */ ) {
          // Residual buffer clear
        }
        else {
          xSetReisualQTData();
        }
        ...
      }
    }
    ...
    // Calculate RD-cost
}
```

(Uni-prediction) 및 양방향 예측(Bi-prediction)을 순차적으로 수행한다. 단방향 예측의 경우에는 참조 방향에 따라 전(list 0), 후(list 1)방향에 대하여 참조 픽처의 수만큼 예측을 수행한다. 예측 수행에 있어서 AMVP (Adaptive Motion Vector Prediction) 리스트를 생성하고 움직임 추정의 시작점을 선택하는 xEstimateMvPredAMVP() 함수를 거쳐, 움직임 추정을 수행하는 xMotionEstimation() 함수, 움직임 추정에서 선택된 움직임 벡터를 이용한 AMVP 후보 결정함수 xCheckBestMVP(), 마지막으로 해당 움직임 벡터를 이용한 움직임 보상 함수인 motionCompensation() 함수를 거친다. 양방향 예측의 경우, 단방향 예측에서 선택된 최적의 예측 움직임 벡터들에 대하여 역방향에 대한 움직임 추정을 수행하여 최적의

양방향 RD-cost를 갖는 후보를 선택한다. 이때, HM 인코더 소프트웨어에서는 네 번의 반복적인 보정을 통하여 부호화 효율을 향상시키고 있다. 양방향 예측에서 단 방향 예측의 최적의 RD-cost보다 작은 RD-cost를 갖는 후보가 탐색되면 최적의 예측 후보를 업데이트하게 된다. 방향성에 따른 예측을 완료하면 xMergeEstimation() 함수에서 주변 블록들과의 Merge 여부를 검토하여 최종적인 최적의 RD-cost를 갖는 위치 탐색을 마친다.

encodeResAndCalcRdInterCU() 함수는 화면 간 예측에서 발생한 잔차 신호를 부호화하는 함수이다. 이때, 잔차 신호를 부호화하지 않는 Skip 모드로 선택된 경우에는 잔차 신호 버퍼를 초기화하고, Skip 플래그와 Merge 인덱스를 부호화하여 RD-cost를 계산한다. 반면, 잔차 신호를 부호화하는 경우에는 TU 결정과정을 거친다. TU는 재귀함수인 xEstimateResidualQT() 함수를 통해 쿼드-트리 형태로 분할될 수 있다. xEstimateResidualQT() 함수를 통해 최적의 TU 결정과정을 거쳐 계산된 RD-cost와 잔차 신호에 대한 부호화 없이 계산된 RD-cost와의 비교를 거쳐 'Residual coding'과 'No residual coding' 모드를 결정하여 최적의 RD-cost를 계산한다.

```
Void TEncCu::xCheckRDCostIntra() {
    // Initialize CU data
    ...
    m_pcPredSearch->estIntraPredQT();
    ...
    m_pcPredSearch->estIntraPredChromaQT();
    ...
    m_pcEntropyCoder->encodeCoeff();
    ...
    xCheckBestMode();
}
```

xCheckRDCostIntra() 함수는 입력된 화면 내 예측 PU 모드에 대한 RD-cost를 구하고, 이를 바탕으로 최적의 CU를 결정하는 함수이다. 현재 CU에 대한 화면 내 예측에 해당하는 PU 모드가 입력되고, 해당 PU 모드에 대한 예측을 수행한다. 이때, 화면 내 예측과 화면 간 예측의 가장 큰 차이점은 화면 내 예측에서는 estIntraPredQT() 함수에서 TU 분할을 수행하며 예측을 수행한다는 것이다. 이후, 최적의 화면 내 예측 후보로 선택된 잔차 신호에 대한 엔트로피 부호화 수행의 결과 비트를 RD-cost에 반영하여 xCheckBestMode() 함수에서 현재까지 선택된 최적의 CU RD-cost와 비교를 통해 최적의 CU를 업데이트한다.

3) 인-루프 필터 및 엔트로피 부호화

하나의 픽쳐에 포함되는 모든 슬라이스에 대하여 최적의 부호화 CTU들이 compressSlice() 함수를 통해 결정되었다면, 최종적으로 인-루프 필터 연산과 엔트로피 부호화 과정을 거치게 된다. 본 절에서는 디블록킹 필터 연산을 수행하는 loopFilterPic() 함수, SAO 연산을 수행하는 SAOProcess() 함수 및 엔트로피 부호화를 수행하는 encodeSlice() 함수를 살펴보도록 한다.

```
Void TEncGOP::compressGOP() {
    ...
    for( iGOPid=0; iGOPid < m_iGOPSize; iGOPid++ ) {
      // 중략
      m_pcSliceEncoder->compressSlice();
      // 중략
      m_pcLoopFilter->loopFilterPic();
      ...
      while( uiNexCUAddr<uiRealEndAddress) {
        switch(processingState) {
        case ENCODE_SLICE:
          ...
          m_pcSliceEncoder->encodeSlice();
          ...
        case EXECUTE_INLOOPFILTER:
          ...
          m_pcSAO->SAOProcess();
          ...
      }
    }
    ...
}
```

```
Void TComLoopFilter::loopFilterPic() {
    if( Deblocking fiter is diabled ) {
      return;
    }

    // Horizontal filtering
    for( CUAddr = 0; CUAddr < NumCUsInFrame; CUAddr++ ) {
      // CU-based deblocking
      xDeblockCU(EDGE_VER);
    }

    // Vertical filtering
    for( CUAddr = 0; CUAddr < NumCUsInFrame; CUAddr++ ) {
      // CU-based deblocking
      xDeblockCU(EDGE_HOR);
    }
}
```

loopFilterPic() 함수는 프레임 단위로 디블록킹 필터 연산을 수행하며, 수직 경계에 대한 수평방향 필터 연산과 수평 경계에 대한 수직방향 필터 연산을 순차적으로 수행한다. 필터 연산은 xDeblockCU() 함수에서 CU 단위로 수행되며, 각 CU는 상호의존성이 없기 때문에 병렬처리가 가능하다.

```
Void TComLoopFilter::xDeblockCU(InputDepth) {
    if( CU split ) {
      if( CU depth > InputDepth ) {
        for( PartIdx = 0; PartIdx < 4; PartIdx++ ) {
          xDeblockCU(InputDepth+1);
        }
        return;
      }
    }
    xSetLoopfilterParam();

    xSetEdgefilterTU();
    xSetEdgefilterPU();

    xGetBoundaryStrengthSingle();

    for( Edge = 0; Edge < SizeinPU; Edge++ ) {
      xEdgeFilterLuma();
      xEdgeFilterChroma();
    }
}
```

xDeblockCU() 함수는 CU 단위 디블록필터 연산을 수행하는 함수로 재귀적 호출 형태를 갖는 함수이다. 입력 CU 깊이가 필터 연산을 수행하는 CU 깊이보다 작은 경우 네 개의 sub-CU로 분할되어 xDeblockCU() 함수를 호출한다. 필터 연산을 수행하고자 하는 CU 깊이에 도달하면, 디블록킹 필터 파라미터를 결정하는 xSetLoopfilterParam() 함수를 거쳐, TU 및 PU 경계에 대하여 필터 연산 수행 여부를 결정한다. 이후, xGetBoundaryStrengthSingle() 함수를 통해 경계 강도(Boundary strength) 결정을 마치고 xEdgeFilterLum(), xEdgeFilterChroma() 함수를 통해 실제 디블록킹 필터 연산을 수행하게 된다.

```
Void TEncSampleAdaptiveOffset::SAOProcess() {
    // Reset SAO param data
    if( CTU-level SAO ) {
      rdoSaoUnitAll();
    }
    else {
      resetStats();
      getSaoStats();
      runQuadTreeDecision();
      ...
    }
    if( SAO in Luma is enabled) {
      processSaoUnitAll( Luma components );
```

```
    }
    if( SAO in Chroma is enabled ) {
      processSaoUnitAll( Cb components   );
      processSaoUnitAll( Cn components   );
    }
}
```

SAOProcess() 함수는 픽처 단위 SAO 연산을 위한 함수로서, SAO 파라미터를 CTU 단위로 전송한다. rdoSaoUnitAll() 함수는 CTU 단위로 최적의 SAO 파라미터를 획득하는 함수이다. 이후, processSaoUnitAll() 함수를 거쳐 CTU 단위 SAO 연산을 수행한다.

```
Void TEncSampleAdaptiveOffset::rdoSaoUnitAll() {
    // Initialize SAO parameter
    // Check SAO encoding rate
    for( IdxY = 0; IdxY < FrameHeightInCU; IdxY++ ) {
      for( IdxX = 0; IdxX < FrameWidthInCU; IdxX++ ) {
        // Reset stats Y, Cb, Cr
        calcSaoStatsCU();

        saoComponentParamDist();
        sao2ChromaParamDist();

        // Check merge left or up
        for( mergeUp = 0; mergeUp < 2; ++mergeUp ) {
          // Estimate merge cost left or up
          if( mergeCost < bestCost ) {
          // Update Sao parameter for merge
          }
        } // for end - check merge left or up
      }
    }
    // Update SAO encoding rate
}
```

rdoSaoUnitAll() 함수는 CTU 단위 최적의 SAO 파라미터를 획득하며, SAO 파라미터 초기화, SAO 상태 및 SAO RD-cost 계산, 주변 CTU와 Merge 여부 결정의 과정을 거친다. clacSaoStatsCU() 함수에서는 SAO 파라미터 결정을 위하여 BO 및 네 가지 EO에 대하여 각각 모든 카테고리(BO의 경우 밴드)에 속하는 원본 샘플과 복원 샘플의 차와 개수를 획득한다. calcSaoStatsCU() 함수에서 획득한 원본 샘플과 복원 샘플의 차와 개수를 바탕으로 saoComponentParamDist() 함수와 sao2ChromaParamDist() 함수에서는 최적의 SAO 타입과 해당 타입의 카테고리 오프셋을 획득한다. 이후, 좌, 상 인접 블록과 Merge 여부를 검토한다. 현재, HM 인코더 소프트웨어에는 고속 부호화를 위하여 참조 영상의 SAO 부호화 비율에 따라 SAO 부호화 여부 결정 및 업데이트에 관련된 코드가 추가되어 있다.

```
Void TEncSlice::encodeSlice() {
    // Initialize state
    // Tile & dependency slice setting

    for( CTU in a slice ) {
      // CABAC setting for sub-stream

      if( SAO on in a slice ) {
        // Check SAO merge & encode SAO merge flag
        m_pcEntropyCoder->encodeSaoOffset();
      }
      m_pcCuEncoder->encodeCU();

      // Store probabilities for sub-stream
    }
}
```

encodeSlice()는 슬라이스 단위로 엔트로피 부호화를 수행하는 함수로서, CABAC 수행을 위한 초기화 단계, 타일과 dependent slice를 위한 CABAC 설정 단계를 거쳐 slice 내의 모든 CTU에 대하여 순차적으로 엔트로피 부호화를 수행한다. CTU 단위 엔트로피 부호화에서는 SAO 파라미터에 대한 엔트로피 부호화를 먼저 수행하고, encodeCU() 함수를 통해 CTU내의 CU, PU, TU 분할 정보, 화면 내 예측 모드, 움직임 벡터 차, AMVP 인덱스, Merge 인덱스 등의 정보에 대하여 엔트로피 부호화를 수행한다.

14.2.3 HM 인코더 소프트웨어 복잡도 분석 [3]

본 절에서는 HM 인코더 소프트웨어의 복잡도와 통계적 특성에 대하여 분석한다. HM 인코더 소프트웨어 복잡도 분석을 위하여 HM 인코더 소프트웨어를 실행하여 PC환경에서 소요되는 동작 사이클을 측정하였다. 또한, HEVC 공통 실험 조건에 따라 Class B, Class C 영상을 부호화 하여, HM 인코더 소프트웨어의 통계적 특성을 분석하였다. 복잡도 분석에 사용된 실험 환경으로는 Intel® i7 2.80GHz Quad-core CPU, 4GB 메모리, Windows 7 64-bit OS를 사용하여 부호화 사이클을 측정하였다. PC환경에서 연산 사이클 측정은 Intel® VTune Amplifier XE 2013을 사용하였다. HM 인코더 소프트웨어 복잡도 측정을 위하여 다섯 가지 기능 모듈, 엔트로피 부호화, 화면 내 예측, 화면 간 예측, 변환-양자화, 인-루프 필터로 분류하였다. 또한, HEVC 메인 프로파일에서 임의 접근 및 저-지연 구조에 대하여, 네 개의 QP (22, 27, 32, 37)을 사용하였다.

표 14-6은 HM 인코더 소프트웨어에서 각 기능 모듈의 연산 사이클이 차지하는 비율을 나타낸다. 엔트로피 부호화의 경우 HM 인코더 소프트웨어의 0.3-6.6%를 차지하였으며, 화면 내 예측은 1.2-3.3%, 화면 간 예측은 68.5-89.1%, 변환 및 양자화는 10.1-20.7%와 인-루프 필터는 0.1-0.2%를 차지하는 것으로 나타났다. 다섯 가지 기능 모듈 외에도 함수 호출 및 메모리 복사 등으로 소요되는 사이클은 0.6-1.6%를 차지하였다. 움직임 추정과 예측 영상의 보간 필터 (Interpolation filter) 수행이 포함된 화면 간 예측은 HM 인코더 소프트웨어에서 가장 높은 연산 복잡도를 차지하는 모듈로 나타났다. 화면 간 예측 다음으로

▌표 14-6▐ HM 부호화기의 수행 사이클 비율 [3]

Class	Module	RA				LD			
		QP				QP			
		22	27	32	37	22	27	32	37
B	Entropy	6.6	3.4	1.0	0.9	6.1	2.8	0.4	0.3
	Intra	3.3	2.2	2.1	1.4	3.4	2.0	1.2	1.2
	Inter	68.4	78.1	83.9	85.7	71.3	81.2	87.3	89.1
	TR+Q	20.4	15.2	11.7	10.6	18.6	13.0	9.9	8.5
	Loop filter	0.2	0.2	0.2	0.1	0.2	0.2	0.2	0.1
	etc	1.2	1.1	1.3	1.5	0.8	1.2	0.8	0.9
C	Entropy	6.5	3.9	2.8	1.3	5.3	3.1	1.1	0.4
	Intra	2.9	2.7	2.2	1.8	3.0	2.5	1.8	1.5
	Inter	68.8	74.9	79.8	83.3	72.6	79.1	83.5	87.2
	TR+Q	20.7	17.0	13.9	12.4	18.2	14.9	12.1	10.1
	Loop filter	0.2	0.2	0.2	0.1	0.2	0.2	0.2	0.1
	etc	1.0	1.5	1.4	1.2	1.1	0.6	1.6	1.0

높은 복잡도를 차지하는 모듈은 변환 및 양자화로, 쿼드-트리 기반의 HEVC TU 구조에 따라 변환의 수행횟수가 증가하였고, 32×32, 16×16 변환과 같은 변환 커널 크기의 증가가 높은 연산 복잡도의 원인으로 분석되었다. 엔트로피 부호화는 HM 인코더 소프트웨어의 0.3-6.6%를 차지하는 것으로 나타났으나, 다른 기능 모듈에 비해 QP에 가장 의존적인 특성을 나타냈다.

특히, HEVC에서는 CABAC을 사용하여 엔트로피 부호화를 수행하기 때문에 고속화 및 병렬화가 어렵다는 문제점이 존재한다. 고속화, 최적화 및 병렬화를 통한 HEVC 고속 인코더가 개발될 경우, 엔트로피 부호화의 연산 복잡도 비율은 더욱 증가할 것으로 예상된다. 인-루프 필터의 경우에는 HM 인코더 소프트웨어에서 가장 낮은 0.1-0.2%의 연산 복잡도를 차지하였다. SAO 기술이 추가되었으나, H.264/AVC에 비해 디블록킹 필터 연산이 간소화되고 필터연산을 수행하는 화소 수가 줄어들었기 때문에 연산 복잡도 비율이 높게 나타나지 않는 것을 확인 할 수 있다. 연산별 복잡도를 살펴보면, 화면 간 예측에서 예측 영상에 대한 보간 필터 연산이 인코더 전체 복잡도의 30% 이상을 차지하였으며, RDO 수행과정의 SATD가 13-15%, SAD 10-12%를 차지하였다. 특히, 보간 필터 연산은 단일 연산으로는 HM 인코더에서 가장 높은 비율을 나타냈으며, 휘도 성분에 대한 8-tap (7-tap) 보간 필터 연산이 70%를 차지하였다.

표 14-7은 HM 인코더의 QP에 따른 CU 크기 및 PU 모드의 선택 비율을 나타낸다. 표 14-7에 나타난 비율은 CU 크기 및 PU 모드가 영상에서 차지하는 4×4단위 면적을 나타낸 것이다. Class B와 Class C의 선택 비율에서 나타나는 바와 같이, 부호화 하는 영상의 크기가 클수록 큰 CU의 선택 비율이 높게 나타나는 것을 확인 할 수 있다. 반면, Class C의 경우에는 Class B에 비하여 작은 CU의 선택 비율이 상대적으로 증가하였다. 또한, 64×64와 32×32의 큰 CU에서는 화면 내 예측이 차지하는 비율이 낮게

❙표 14-7❙ HM 인코더의 CU 크기 및 PU 모드 선택 비율 [3]

CU size	PU mode	Class B				Class C			
		QP				QP			
		22	27	32	37	22	27	32	37
64×64	Skip	10.6	26.6	43.3	55.2	11.7	20.6	3.06	39.5
	Inter	8.7	12.7	11.3	8.8	9.7	11.4	10.3	9.1
	Intra	0.3	0.4	0.6	1.0	0.9	0.0	0.0	0.1
32×32	Skip	9.9	12.4	9.9	8.4	12.2	13.5	15.2	16.8
	Inter	16.0	12.5	7.8	5.1	16.9	13.6	11.3	9.4
	Intra	2.3	2.3	2.6	2.6	0.2	0.4	0.7	1.1
16×16	Skip	6.8	5.6	3.9	2.9	8.0	7.7	7.3	6.1
	Inter	16.6	6.3	2.7	1.3	14.3	9.6	6.2	3.7
	Intra	2.6	2.1	1.7	1.4	1.2	1.6	1.8	1.7
8×8	Skip	2.8	1.9	1.2	0.9	3.9	3.3	2.3	1.4
	Inter	6.3	1.7	0.5	0.2	6.8	3.5	1.6	0.6
	Intra	3.7	1.8	1.1	0.7	3.9	2.8	1.8	1.1

나타나는 것을 확인 할 수 있다. 16×16과 8×8의 작은 CU에서는 화면 내 예측 비율이 상대적으로 높게 나타났다. Class B와 Class C영상보다 큰 UHD (Ultra High Definition)와 같은 영상의 경우 위와 같은 현상이 더욱 심화될 것으로 예상되며, 이러한 경우 영상 크기에 따른 CU 크기 및 모드의 선택적 부호화가 필요할 것으로 예상된다. 영상 크기의 변화 외에도 QP가 증가함에 따라서 Skip 모드의 선택 비율이 증가하였으며, Class B의 경우 QP 37에서 64×64 Skip 모드의 선택비율이 55.2%로 영상의 절반 이상의 블록들이 선택됨을 알 수 있다.

표 14-8은 HM 인코더의 QP와 크기에 따른 TU 선택 비율을 나타낸다. 표 14-8에서의 선택 비율은 영상에서 TU가 차지하는 4×4 단위 면적을 나타낸다. 변환을 수행하지 않는 블록의 선택 비율은 평균 55.2-86.9%로 가장 높게 나타났다. 이를 제외한 실제 변환이 수행되는 블록 중에서는 32×32 변환의 선택 비율이 33.5-65.7%로 가장 높게 나타났으며, 16×16 변환은 19.7-27.7%로 나타났다. 또한, 8×8변환은 10.0-36.2%의 비율을 나타냈으며, 4×4변환은 4.5-14.8%로 가장 낮게 나타났다. TU 크기는 QP에 의존적인 특성을 나타냈으며, QP가 증가할수록 큰 변환 블록의 선택 비율이 증가하는 것을 확인 할 수 있었다. 또한, 4×4 TU 중, DST는 평균 53.1%의 선택 비율을 나타내는 것을 확인할 수 있었다.

14.3 HM 디코더 소프트웨어

본 절에서는 HM 디코더 소프트웨어에 대하여 알아보도록 한다. HM 디코더 소프트웨어에서는 HEVC 표준 규격에 맞는 비트스트림을 복호할 수 있다. 비디오에서의 복호화는, 인코더로부터 생성된 비디오 스트림을 화면을 통해 볼 수 있는 영상 데이터로 변환하는 것을 의미한다.

자세한 설명에 앞서 복호화 과정을 간단히 살펴보도록 하겠다. 일단 인코더에서 만들어진 비트스트림이

❙표 14-8❙ HM 인코더의 QP와 크기에 따른 TU 선택 비율 [3]

Class	Size	QP			
		22	27	32	37
B	Non-TR	55.2	72.3	81.2	86.8
	32×32	16.1	16.3	12.6	9.3
	16×16	9.3	6.2	3.9	2.6
	8×8	15.1	3.5	1.6	0.9
	4×4	4.4	1.7	0.7	0.3
C	Non-TR	61.7	72.0	80.8	86.9
	32×32	15.4	13.6	10.3	7.3
	16×16	10.3	7.5	5.1	3.7
	8×8	7.7	4.6	2.7	1.6
	4×4	4.9	2.4	1.1	0.5

디코더의 입력이 되고, 입력 비스트림을 NAL 단위로 파싱하여, NAL 타입에 따라 복호 방법이 정해지게 된다. 입력된 데이터에 대해 엔트로피 복호화기가 정보를 복호하고, 스캔 순서에 따라 재 정렬된 잔차 신호의 양자화 계수를 다시 역 양자화 및 역 변환을 수행하여 잔차 신호를 복호한다. 또한, 예측 모드에 따라 화면 내 예측, 화면 간 예측을 통해 예측 영상을 얻고, 이와 잔차 신호의 합을 통해 영상을 복원한 후 디블록킹 및 SAO를 적용하여 최종 복호된 픽처를 만든다. 이 픽처는 다시 참조 픽처로 버퍼에 저장되고 다른 픽처에서 참조 픽처로 사용된다. 이러한 과정의 반복을 통해 한 영상의 복호화 과정이 수행된다.

14.3.1 HM 디코더 소프트웨어의 주요 데이터 구조

HM 디코더 소프트웨어의 구조와 동작을 쉽게 이해하기 위해 먼저, 주요 데이터 구조에 대해 살펴보기로 한다. 그림 14-5는 HM 디코더 소프트웨어의 주요 클래스를 나타낸 그림이다. 최상위 클래스로

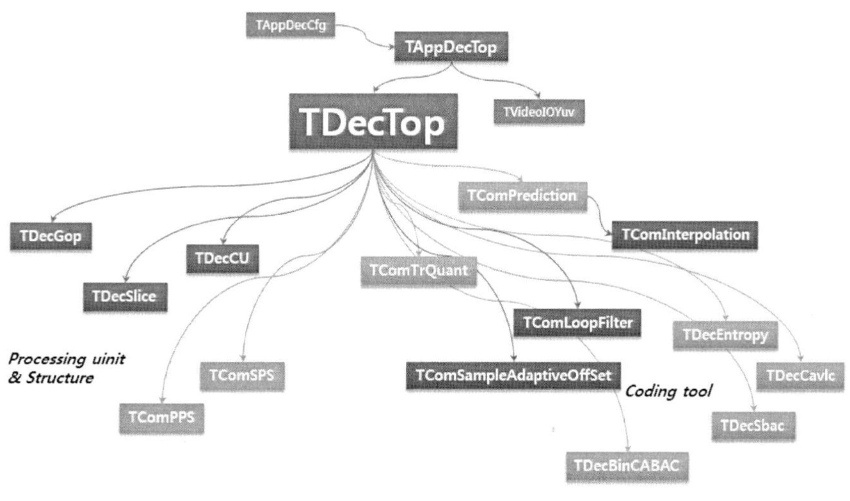

**그림 14-5 HM 디코더 소프트웨어의 주요 클래스

TAppDecTop 클래스는 TAppDecoder 애플리케이션을 위한 클래스로 파일 입/출력 등이 관리되며, 실질적인 복호화 과정은 하위 클래스인 TDecTop을 통해 이루어진다. TAppDecTop의 주요 멤버 변수 타입으로는 NAL 단위로 복호화 과정을 처리하는 TDecTop과 파일 입/출력을 위한 TVideoIOYuv등이 있다.

TDecTop 클래스의 하위 클래스로는 크게 두 가지로 분류 할 수 있으며, 처리 단위 및 구조적 특성에 따라 TDecGop, TDecSlice, TDecCU, TComPPS, TComSPS, 복호화 도구 특성에 따라 TComPrediciton, TComTrQuant, TDecEntropy, TDecCavlc, TDecSbac, TDecBinCABC, TComInterpolationFilter, TComLoopFilter, TDecSampleAdativeOffset 등이 있다.

```
class TDecTop
{
private:
    Int                          m_iGopSize;
    Bool                         m_bGopSizeSet;
    Int                          m_iMaxRefPicNum;
    ...
    TComList<TComPic*>           m_cListPic;
    ParameterSetManagerDecoder m_parameterSetManagerDecoder;
    TComSlice*                   m_apcSlicePilot;

    SEImessages*                 m_SEIs;

    // functional classes
    TComPrediction               m_cPrediction;
    TComTrQuant                  m_cTrQuant;
    TDecGop                      m_cGopDecoder;
    TDecSlice                    m_cSliceDecoder;
    TDecCu                       m_cCuDecoder;
    TDecEntropy                  m_cEntropyDecoder;
    TDecCavlc                    m_cCavlcDecoder;
    TDecSbac                     m_cSbacDecoder;
    TDecBinCABAC                 m_cBinCABAC;
    SEIReader                    m_seiReader
    TComLoopFilter               m_cLoopFilter;
    TComSampleAdaptiveOffset     m_cSAO;

    TComPic*                     m_pcPic;
    UInt                         m_uiSliceIdx;
    Int                          m_prevPOC;
    Bool                         m_bFirstSliceInPicture;
    Bool                         m_bFirstSliceInSequence;
    ...
}
```

TDecTop 클래스는 TAppDecTop 클래스로부터 파싱된 NAL 단위로 복호하고, 다시 각 변수 등을 초기화 한다. 이때, NAL 타입에 따라 복호하는 과정이 달라지게 된다. 복호화에 필요한 대부분의 클래스 인스턴스가 이곳에 선언되어 있다.

```
class TDecGop
{
private:
    Int                      m_iGopSize;
    TComList<TComPic*>        m_cListPic;        //  Dynamic buffer

    //  Access channel
    TDecEntropy*              m_pcEntropyDecoder;
    TDecSbac*                m_pcSbacDecoder;
    TDecBinCABAC*             m_pcBinCABAC;
    TDecSbac*           m_pcSbacDecoders; // independant CABAC decoders
    TDecBinCABAC*             m_pcBinCABACs;
    TDecCavlc*              m_pcCavlcDecoder;
    TDecSlice*               m_pcSliceDecoder;
    TComLoopFilter*           m_pcLoopFilter;

    TComSampleAdaptiveOffset*       m_pcSAO;
    ...
}
```

TDecGop 클래스의 주요 멤버 변수로는 슬라이스 데이터를 복호하기 위한 TDecSlice 클래스와 TDecSbac 클래스, TDecBinCABAC 클래스등의 포인터가 있다. 또한, 복호된 영상에 대해 디블록킹 필터를 수행하는 TComLoopFilter 클래스와 SAO를 수행하는 TComSampleAdaptiveOffset 클래스가 있다. TDecSlice 클래스에서는 슬라이스 내의 각 CTU에 대해 복호화가 수행되도록 TDecCu 클래스가 포함되어 있으며, 엔트로피 복호화에 쓰이는 함수들 역시 포함된다. TDecCu 클래스는 PU 크기, 예측 모드 및 움직임 벡터에 대한 정보를 복호화 하기 위해 TComDataCU 클래스, TDecEntropy 클래스가 있으며 복호된 예측 모드 및 움직임 벡터를 통해 예측하기 위한 TComPrediction 클래스와 잔차 신호를 복호하기 위한 TComTrQuant 클래스가 있다. TComPrediction 클래스에서는 화면 간 예측에서 정밀도를 높이기 위해 사용되는 필터로 TComInterpolationFilter 클래스가 있다.

14.3.2 HM 디코더 소프트웨어의 주요 함수

본 절에서는 함수의 호출 순서에 따라 의사코드를 기술하고, 각 함수에서 수행하는 역할에 대하여 설명한다. 이후, TDecCU::decodeCU() 및 TDecCU::decompressCU()의 주요 함수들에 대해 복호되는 과정과 인-루프 필터 수행 과정에 대하여 자세히 살펴보도록 하겠다.

1) HM 디코더 소프트웨어의 call stack 구조

그림 14-6에 나타난 바와 같이 HM 디코더 소프트웨어의 call stack 구조에 따라 main() 함수를 비롯하여,

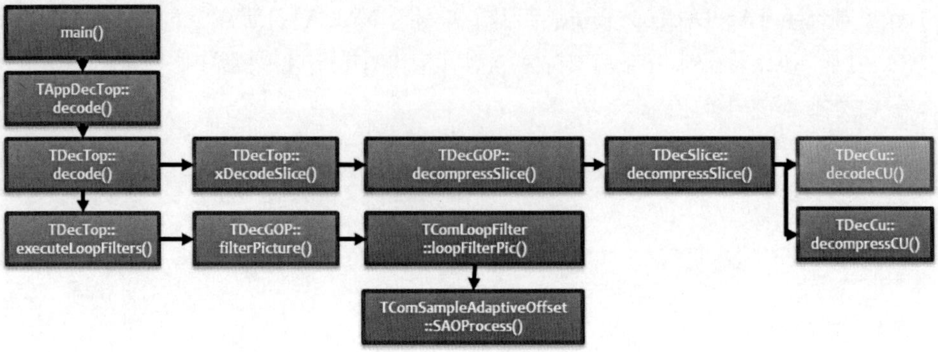

**그림 14-6 HM 디코더 소프트웨어에 구현된 주요 함수

TAppDecTop::decode(), TDecTop::decode(), TDecSlice:: decompressSlice(), TDecCU::decodeCU(), TDecCu::decompressCU() 등이 있다. decode() 및 decompress() 함수들에서는 영상 복호화를 위한 다양한 변수 설정 및 복호화에 필요한 클래스를 구성하는 역할을 수행한다.

HM 디코더 소프트웨어에서는 main() 함수에서 시작되어 초기화가 완료되면, TAppDecCfg::parseCfg() 함수에 의하여 입력받은 명령인자를 파싱하여 디코더 소프트웨어의 파라미터 값을 설정하고 TAppDecCfg::decode() 함수를 호출한다.

```
int main()
{
  TAppDecTop    cTAppDecTop;
  // create application decoder class
  cTAppDecTop.create();
  // parse configuration
  cTAppDecTop.parseCfg();
  // call decoding function
  cTAppDecTop.decode();
  // destroy application decoder class
  cTAppDecTop.destroy();
  return 0;
}
```

```
Void TAppDecTop::decode()
{
  ...
  // main decoder loop
  while (!!bitstreamFile)
  {
    ...
    byteStreamNALUnit();
```

```
    // call actual decoding function
    if (!nalUnit.empty())
    {
     ...
     bNewPicture = m_cTDecTop.decode();
     ...
    }
    if (bNewPicture || !bitstreamFile)
    {
      m_cTDecTop.executeDeblockAndAlf();
    }
    ...
  }
}
```

▌표 14-9▐ NAL Unit Type

<table>
<tr><th>NAL Unit Type</th><th>값</th><th>호출 함수</th></tr>
<tr><td>NAL_UNIT_CODED_SLICE_TRAIL_N</td><td>0</td><td rowspan="16">xDecodeSlice()</td></tr>
<tr><td>NAL_UNIT_CODED_SLICE_TRAIL_R</td><td>1</td></tr>
<tr><td>NAL_UNIT_CODED_SLICE_TSA_N</td><td>2</td></tr>
<tr><td>NAL_UNIT_CODED_SLICE_TSA_R</td><td>3</td></tr>
<tr><td>NAL_UNIT_CODED_SLICE_STSA_N</td><td>4</td></tr>
<tr><td>NAL_UNIT_CODED_SLICE_STSA_R</td><td>5</td></tr>
<tr><td>NAL_UNIT_CODED_SLICE_RADL_N</td><td>6</td></tr>
<tr><td>NAL_UNIT_CODED_SLICE_RADL_R</td><td>7</td></tr>
<tr><td>NAL_UNIT_CODED_SLICE_RASL_N</td><td>8</td></tr>
<tr><td>NAL_UNIT_CODED_SLICE_RASL_R</td><td>9</td></tr>
<tr><td>NAL_UNIT_CODED_SLICE_BLA_W_LP</td><td>16</td></tr>
<tr><td>NAL_UNIT_CODED_SLICE_BLA_W_RADL</td><td>17</td></tr>
<tr><td>NAL_UNIT_CODED_SLICE_BLA_N_LP</td><td>18</td></tr>
<tr><td>NAL_UNIT_CODED_SLICE_IDR_W_RADL</td><td>19</td></tr>
<tr><td>NAL_UNIT_CODED_SLICE_IDR_N_LP</td><td>20</td></tr>
<tr><td>NAL_UNIT_CODED_SLICE_CRA</td><td>21</td></tr>
<tr><td>NAL_UNIT_VPS</td><td>32</td><td>xDecodeVPS()</td></tr>
<tr><td>NAL_UNIT_SPS</td><td>33</td><td>xDecodeSPS()</td></tr>
<tr><td>NAL_UNIT_PPS</td><td>34</td><td>xDecodePPS()</td></tr>
<tr><td>NAL_UNIT_PREFIX_SEI</td><td>39</td><td rowspan="2">xDecodeSEI()</td></tr>
<tr><td>NAL_UNIT_SUFFIX_SEI</td><td>40</td></tr>
</table>

다음으로 TAppDecTop::decode 함수에서는 입력으로 받은 비트 스트림에 대한 복호화 과정이 진행된다. TAppDecTop::decode() 함수는 디코더 관련 라이브러리 및 변수들에 대하여 초기화를 수행한 뒤, byteStreamNALUnit() 함수에 의하여 NAL 단위로 파싱하고, 파싱된 각 NAL에 대해 TDecTop::decode() 함수에 의하여 복호를 진행한다. 이 함수는 비트스트림의 끝까지 반복 수행한다. 프레임에서 마지막 슬라이스가 복호화된 경우 즉, 새로운 프레임이 복호화 된 경우 TDecTop::executeDeblockAndAlf() 함수에 의하여 프레임 단위로 디블록킹 필터 및 적응적 샘플 오프셋이 적용된다. 각 NAL Unit 타입에 따라 복호화를 위해 호출하는 함수는 표 14-9와 같다.

시퀀스를 복호하기 위해서는 복호하는 영상에 대한 전반적 정보를 담고 있는 시퀀스 파라미터 셋(SPS)이 먼저 복호되며, 여러 슬라이스로 구성된 픽쳐 단위 데이터를 제어하기 위한 픽쳐 파라미터 셋(PPS)이 복호된다.

```
Bool TDecTop::xDecodeSlice()
{
  ...
  m_apcSlicePilot->initSlice();
  ...
  m_cEntropyDecoder.decodeSliceHeader();
  ...
// actual  decoding starts here
  if (m_bFirstSliceInPicture)
  {
    // Buffer initialize for prediction.
    m_cPrediction.initTempBuff();
    //   Get a new picture buffer
    xGetNewPicBuffer   ();
    /* transfer any SEI messages that have  been received to the picture */
    // Recursive structure
    m_cCuDecoder.create ();
    m_cCuDecoder.init   ();
    m_cTrQuant.init     ();
    m_cSliceDecoder.create();
}
  // Set for each tile
  // Decode a picture
  m_cGopDecoder.decompressSlice();
}
```

TDecTop::xDecodeSlice() 함수에서는 슬라이스 헤더 및 슬라이스 데이터에 대한 복호가 진행된다. 먼저, 슬라이스에 대한 복호를 위해 TComSlice::initSlice() 함수에 의하여 슬라이스에 대한 초기화가 수행되며, 이어서, TDecEntropy:: decodeSliceHeader() 함수 내부에 호출되는 TDecCavlc::parseSliceHeader() 함수에 의하여 슬라이스 헤더에 대한 파싱 단계가 수행된다.

```
Void TDecSlice::decompressSlice()
{
  ...
  for( Int iCUAddr = iStartCUAddr;
       !uiIsLast && iCUAddr < rpcPic->getNumCUsInFrame();
       iCUAddr5 = xCalculateNxtCUAddr() )
  {
    ...
    m_pcCuDecoder->decodeCU      ();
    m_pcCuDecoder->decompressCU ();
  }
  ...
}
```

현재 슬라이스가 픽처에서 첫 슬라이스인 경우, 초기화 단계로 예측을 위한 버퍼 초기화, 새로운 픽처에 대한 버퍼 초기화, CU에 대한 버퍼 초기화, 양자화기에 대한 초기화 등이 수행된다. 다음으로 타일에 대한 설정이 수행되며, 슬라이스 데이터에 대한 복호가 수행된다. TDecGop::decompressSlice() 함수를 호출하여 서브-스트림에 대한 엔트로피 설정 등을 한 후 슬라이스 데이터에 대한 복호를 위해 TDecSlice::decompressSlice() 를 호출 한다. 이 함수에서는 슬라이스 내 CTU에 대한 복호화가 진행한다.

```
Void TDecCu::xDecodeCU()
{
  if((!bStartInCU) && ( uiRPelX <   getPicWidthInLumaSamples() ) &&
                    ( uiBPelY <   getPicHeightInLumaSamples() ) )
  {
    if(pcCU->getNumSucIPCM() == 0)
      m_pcEntropyDecoder->decodeSplitFlag();
  }
  if( ( ( uiDepth < getDepth() )   &&
        ( uiDepth < g_uiMaxCUDepth - g_uiAddCUDepth ) ) || bBoundary )
  {
    for ( UInt uiPartUnitIdx = 0   uiPartUnitIdx < 4 uiPartUnitIdx++ )
      xDecodeCU( Depth+1 );
  }

  if ( getTransquantBypassEnableFlag()   && getNumSucIPCM() == 0 )
    m_pcEntropyDecoder->decodeCUTransquantBypassFlag();

  // decode CU mode and the partition size
  if( !pcCU->getSlice()->isIntra())
    m_pcEntropyDecoder->decodeSkipFlag();
  if( isSkipped() )
```

```
  {
    m_pcEntropyDecoder->decodeMergeIndex();
    xFinishDecodeCU();
    return;
  }
  if( getNumSucIPCM() == 0 )
  {
    m_pcEntropyDecoder->decodePredMode();
    m_pcEntropyDecoder->decodePartSize();
  }
  if ( isIntra() &&   getPartitionSize() == SIZE_2Nx2N )
  {
    m_pcEntropyDecoder->decodeIPCMInfo();
    if( getIPCMFlag() )
    {
      xFinishDecodeCU();
      return;
    }
  }
  m_pcEntropyDecoder->decodePredInfo();
  m_pcEntropyDecoder->decodeCoeff();
}
```

TDecCu::decodeCU() 함수는 CTU 단위 복호를 위하여 필요한 정보의 복호를 위해 재귀적으로 구현된 TDecCu::xDecodeCU() 함수를 최초로 호출하며 반복적으로 CTB 내 분할된 모든 CU에 대해 복호화가 진행된다. CU 복호에 필요한 대표적인 정보들 및 복호 함수에 대해 살펴보면, TDecEntropy::decodeSplitFlag() 함수에 의하여 CU의 분할정보를 나타내는 SplitFlag가 복호되며, 현재 함수가 인트라 슬라이스가 아닌 경우, 즉, B, P 슬라이스에 대해 TDecEntropy::decodeSkipFlag() 함수에 의하여 Merge Skip인지를 나타내는 MergeSkipFlag가 복호된다. 또한 TDecEntropy:: decodePredMode() 함수에 의하여 화면 간 예측 또는 화면 내 예측인지를 알기 위한 예측 모드가 복호되며, TDecEntropy::decodePredSize() 함수를 통해 예측 단위인 PU의 분할 정보를 복호한다. TDecEntropy::decodePredInfo() 함수에 의하여 예측 모드에 따라 필요한 정보(화면 간 예측인 경우 방향 모드, 화면 내 예측인 경우 움직임 벡터, 참조 인덱스)가 복호되며 TDecEntropy::decodePredCoeff() 함수에 의하여 잔차 신호의 양자화된 계수가 복호된다.

TDecSlice::decompressSlice() 함수에서는 TDecCu::decodeCU() 함수에 의하여 영상을 복호하기 위해 필요한 정보들을 복호하였다. 이 정보들을 이용하여 TDecCu:: decompressCU() 함수를 통해 CTU 단위의 예측 및 복원을 수행하며, CU 단위 복호화를 위하여 재귀적으로 구현된 TDecCu::xDecompressCU() 함수를 최초로 호출하여, CTU 내 분할된 CU에 대해 복호화가 진행된다. 재귀호출을 통해 최종 깊이에 도달한 CU는 예측 모드에 따라 화면 간 예측/복원 또는 화면 내 예측/복원을 수행한다.

```
Void TDecCu::xDecompressCU()
{
  ...
  for ( UInt uiPartIdx = 0 uiPartIdx < 4   uiPartIdx++ )
  {
    ...
    xDecompressCU( Depth + 1 );
    ...
  }
  ...
  switch(   m_ppcCU[uiDepth]->getPredictionMode(0) )
  {
    case MODE_INTER:
      xReconInter();
      break;
    case MODE_INTRA:
      xReconIntraQT();
      break;
    default:
      assert(0);
        break;
  }
  ....
}
```

2) CTU 단위 복호과정

```
Void TDecEntropy::xDecodeTransform()
{
  ...
  if ( uiSubdiv )
  {
    ...
    for( i = 0; i < 4; i++ )
      xDecodeTransform( Depth+1 );
    ...
  }
  else
  {
    ...
    if ( cbfY || cbfU || cbfV )
    {
      // dQP: only for LCU
      if ( getUseDQP() )
```

```
    {
      if ( bCodeDQP )
        decodeQP();
    }
  }
  if ( cbfY )
    parseCoeffNxN(   TEXT_LUMA );
  ...
  if ( cbfU )
    parseCoeffNxN(   TEXT_CHROMA_U );
  if ( cbfV )
    parseCoeffNxN(   TEXT_CHROMA_V );
  ...
 }
 ...
}
```

TDecCu::decodeCU() 함수에서 수행된 TDecEntropy::decodeCoeff() 함수는 CTU 내 잔차 신호의 양자화 계수를 복호하기 위하여, 재귀적으로 구현된 TDecEntropy::xDecodeTransform() 함수를 최초로 호출하며 CTU 내부의 모든 TU에 대해 재귀적으로 호출이 진행된다. 내부에서는 delta QP를 사용하는 경우에 대해 TDecEntropy::decodeQP() 함수에 의하여 양자화 계수를 역 양자화 하기 위한 양자화 파라미터를 복호하며, 해당 TU 크기에 대해 TDecSbac::parseCoeffNxN() 함수에 의하여 밝기 값 Y와 색차 신호 Cb, Cr 각각에 대한 양자화 계수를 복호하게 된다.

```
Void TDecCu::xReconInter()
{
  // inter prediction
  motionCompensation();

  // inter recon
  xDecodeInterTexture();
  ...
}
```

TDecCu::xDecompressCU() 함수에서 예측 모드가 화면 간 예측인 경우 TDecCu::xReconInter() 함수가 호출이 되어 현재 CU에 대한 각 PU별 화면 간 예측 및 복원과정이 수행된다. 먼저, TComPrediction::motionCompensation() 함수에 의하여 TDecCu::decodeCU() 함수에서 복호된 참조 인덱스 및 움직임 벡터를 이용하여 화면 간 예측을 수행한다. 다음으로 TDecCu::xDecodeInterTexture() 함수를 통해 잔차 신호를 복호한다. TDecCu::xDecodeInterTexture() 함수는 밝기 값 및 색차 신호의 잔차 신호를 복호하는 함수로, 앞서 TDecEntropy::xDecodeTransform() 함수에 의하여 복호된 양자화 계수를 TComTrQuant::invRecurTransformNxN() 함수에 의하여 역 양자화 및 역 변환을 수행한다.

```
Void TComTrQuant::invRecurTransformNxN()
{
  ..
  if( uiTrMode == uiStopTrMode )
  {
    invtransformNxN();
  }
  else
  {
    ...
      invRecurTransformNxN(uiTrMode+1);
      invRecurTransformNxN(uiTrMode+1);
      invRecurTransformNxN(uiTrMode+1);
      invRecurTransformNxN(uiTrMode+1);
    }
  }
}
```

TComTrQuant::invRecurTransformNxN() 함수에서는 TU 크기에 대해 재귀적 구조를 갖는 함수로서 TDecCu::xDecodeInterTexture() 함수에 의해 최초 호출이 되며, 해당 TU 크기에 도달 하였을 시 TComTrQuant::invtransformNxN() 함수를 호출한다.

```
Void TComTrQuant::invtransformNxN()
{
  if(transQuantBypass)
  {
    for (UInt k = 0; k<uiHeight; k++)
    {
      for (UInt j = 0; j<uiWidth; j++)
        rpcResidual[k*uiStride+j] =  pcCoeff[k*uiWidth+j];
    }
    return;
  }
  xDeQuant();
  if(useTransformSkip == true)
    xITransformSkip();
  else
    xIT();
}
```

TComTrQuant::invtransformNxN() 함수에서는 현재 TU에 대해 잔차 신호를 복호하는 함수로 Bypass 모드일 때는 역 양자화 및 역 변환을 수행하지 않고 TDecEntropy::decodeCoeff() 함수로부터 복호된 계수들을 차분 신호로 사용하며, 아닌 경우 'TComTrQuant::xDeQuant()' 함수에 의하여 역 양자화 과정을 거쳐 역 변환 생략 여부를 확인해 TComTrQuant::xITransformSkip() 함수에 의해 역 변환을 생략 하거나 TComTrQuant::xIT() 함수에 의해 역 변환을 수행한다.

```
Void TDecCu::xReconIntraQT()
{
  ...
  if (pcCU->getIPCMFlag(0))
  {
    xReconPCM();
    return;
  }
  for( UInt uiPU = 0 uiPU < uiNumPart   uiPU++ )
  {
    xIntraLumaRecQT();
  }
  for( UInt uiPU = 0 uiPU < uiNumPart   uiPU++ )
  {
    xIntraChromaRecQT();
  }
}
```

TDecCu::xDecompressCU() 함수에서 예측 모드가 화면 내 예측인 경우 TDecCu::xReconIntraQT() 함수가 호출 되어 현재 CU에 대한 각 PU별 화면 내 예측 및 복원이 수행된다. 먼저 현재 CU가 PCM 모드 인지를 확인하고 PCM 모드인 경우 PCM 데이터를 복호하여 복원 영상을 만든다. PCM 모드가 아닌 경우 TDecCu::xIntraLumaRecQT() 함수에 의하여 밝기 값, TDecCu::xIntraChromaRecQT()에 의하여 색차 신호에 대한 복원 과정이 수행된다.

```
Void TDecCu::xIntraLumaRecQT()
{
  if( uiTrMode == uiTrDepth )
  {
    xIntraRecLumaBlk();
  }
  else
  {
    for( UInt uiPart = 0 uiPart < 4   uiPart++ )
      xIntraLumaRecQT();
  }
}
```

TDecCu::xIntraLumaRecQT() 함수를 살펴보면 내부에서는 TU 크기에 대해 재귀적으로 호출되고, 각

TU 단위에 대해 TDecCu::xIntraLumaBlk() 함수가 호출이 되며 현재 TU 크기에 대해 복원 영상을 만든다. TDecCu::xIntraChromaRecQT() 함수도 마찬가지로 각 TU 크기에 대해 재귀적으로 호출되고, 함수를 통하여 Cb, Cr 색차 정보를 같이 복호한다.

```
Void TDecCu::xIntraRecLumaBlk()
{
  //===== init availability pattern =====
  ...
  //===== get prediction signal =====
  predIntraLumaAng();
  //===== inverse transform =====
  setQPforQuant();
  invtransformNxN();
  //===== reconstruction =====
  for( UInt uiY = 0 uiY < uiHeight uiY++ )
  {
    for( UInt uiX = 0 uiX < uiWidth uiX++   )
    {
      pReco     [ uiX ] = ClipY( pPred[ uiX ] + pResi[ uiX ] );
      pRecIPred[ uiX ] = pReco[ uiX ];
    }
    pPred      += uiStride
    pResi      += uiStride
    pReco      += uiStride
    pRecIPred += uiRecIPredStride
  }
}
```

화면 내 예측은 TComPrediction::predIntraLumaAng() 함수에 의하여 현재 복호하기 위한 PU 블록에서의 방향성을 보고 화면 내 예측을 수행하고, 앞서 TDecEntropy:: xDecodeTransform() 함수에 의하여 복호된 양자화 계수를 TComTrQuant:: invtransformNxN() 함수에 의하여 역 양자화 및 역 변환을 수행하여 잔차 신호를 복호한다. 마지막으로 복호된 예측 신호 및 잔차 신호를 이용하여 복원 영상을 만들게 된다.

```
Void TDecGop::filterPicture()
{
  ...
  m_pcLoopFilter->loopFilterPic();
  if(getUseSAO())
  {
    rpcPic->createNonDBFilterInfo();
    if(pcSlice->getSaoEnabledFlag() ||  pcSlice->getSaoEnabledFlagChroma())
    {
```

```
      m_pcSAO->createPicSaoInfo();
      m_pcSAO->SAOProcess();
      m_pcSAO->PCMLFDisableProcess();
      m_pcSAO->destroyPicSaoInfo();
    }
    rpcPic->destroyNonDBFilterInfo();
  }
  ...
}
```

현재 프레임에 있는 모든 슬라이스에 대한 복호를 마치면 TAppDecTop::decode() 함수로 돌아와 새로운 프레임이 복호되었을 경우 TDecTop::executeDeblockAndAlf() 함수를 수행하며 내부에서 TDecGop::filterPicture()를 통해 필터링을 수행한다. TDecGop::filterPicture() 함수 내부를 살펴보면 프레임 단위로 TComLoopFilter:: loopFilterPic() 함수에 의하여 디블록킹 필터링을 수행하고, TComSampleAdaptiveOffset:: SAOProcess() 함수에 의하여 SAO가 적용된다. 디블록킹 필터 및 SAO에 대한 상세한 내용은 HM 인코더 소프트웨어 파트에서 이미 설명한 바 있다.

```
if( getIdrPicFlag() )
{
  rpcSlice->setPOC(0);
}
else
{
  READ_CODE(sps->getBitsForPOC(), iPOClsb,   "pic_order_cnt_lsb");
  iPrevPOC = rpcSlice->getPrevPOC();
  iMaxPOClsb = 1<<   sps->getBitsForPOC();
  iPrevPOClsb = iPrevPOC%iMaxPOClsb;
  iPrevPOCmsb = iPrevPOC-iPrevPOClsb;
  if( (iPOClsb<iPrevPOClsb) && (   (iPrevPOClsb-iPOClsb)>=(iMaxPOClsb/2) ) )
  {
    iPOCmsb = iPrevPOCmsb + iMaxPOClsb;
  }
  else if( (iPOClsb>iPrevPOClsb)   && ((iPOClsb-iPrevPOClsb)>(iMaxPOClsb/2)) )
  {
    iPOCmsb = iPrevPOCmsb - iMaxPOClsb;
  }
  else
  {
    iPOCmsb = iPrevPOCmsb;
  }
  if ( rpcSlice->getNalUnitType() ==   NAL_UNIT_CODED_SLICE_BLA
```

```
    || rpcSlice->getNalUnitType() ==  NAL_UNIT_CODED_SLICE_BLANT
    || rpcSlice->getNalUnitType() ==  NAL_UNIT_CODED_SLICE_BLA_N_LP )
  {
    // For BLA picture types, POCmsb is set  to 0.
    iPOCmsb  = 0;
  }
  rpcSlice->setPOC( iPOCmsb+iPOClsb );
}
```

부호화된 비디오 시퀀스는 하나 이상의 엑세스 단위로 이루어져 있다. 비디오 시퀀스에서 첫 엑세스 단위는 IDR 단위가 되며, 모든 하위 시퀀스 엑세스 단위가 IDR 단위인 것은 아니다. 또한, POC는 감소해서는 안 되며, 엑세스 단위에서 초기 부호화된 픽쳐의 POC는 0이 된다. POC는 복호되는 순서에 대해 참조 픽쳐들을 나타낼 수 있는 엑세스 단위에 대한 화면 위치를 나타낸다. 엑세스 POC 복호는 TDecCavlc::parseSliceHeader() 함수에 의하여 파싱되는 정보들에 의해 수행되며, 픽쳐 타입이 IDR인 경우 POC가 0, 나머지 타입에 대해서는 POC의 LSB가 파싱 되어 POC를 계산한다.

각 픽쳐에 대해 DPB에서의 하나 이상의 참조 픽쳐에 대한 복호를 수행한다. 각 픽쳐는 참조되지 않는 픽쳐, Short-term 참조, Long-term 참조 등 세 개 중 하나로 설정되며, 두 개 이상으로 선택 될 수는 없다. 먼저, 현재의 픽쳐가 비트스트림에서 첫 번째 픽쳐인 경우 DPB는 초기화 된다. 현재 픽쳐가 IDR 픽쳐, BLA 픽쳐인 경우 DPB의 모든 참조 픽쳐는 참조하지 않는 픽쳐로 마크된다. Short-term 참조 픽쳐들은 POC 값에 의하여 판별되며, Long-term 참조 픽쳐들은 POC 값이나 POC의 LSB 값에 의해 판별 된다.

14.3.3 HM 디코더 소프트웨어 복잡도 분석 [4]

앞선 14.1.5절에서는 HM 디코더 소프트웨어의 복잡도를 기능 모듈별 연산 사이클의 비율을 통하여 제시하였다. 본 절에서는 HM 디코더 소프트웨어의 복잡도 분석을 위하여, HM 디코더 소프트웨어를 실행하여 PC 환경에서 소요되는 동작 사이클을 Intel® VTune Amplifier XE 2013을 사용하여 측정하였다. 또한, 표준 기술상의 이론적 산술 연산의 개수와 코드 단위에서의 명령어 개수를 추가적으로 제시하여, HM 디코더 소프트웨어의 복잡도를 다양한 관점에서 분석하였다. 이론적 산술 연산의 개수는 표준 문서상의 주요 기술들에 대한 산술 연산의 개수를 측정하였으며, 코드 단위에서의 명령어 개수는 'Visual studio 2008'환경에서 빌드 코드를 사용하여 Assembly-level에서의 주요 명령어 개수를 측정하였다.

표 14-10은 HM 디코더의 기능 모듈별 연산 사이클이 차지하는 비율을 나타낸다.

연산 사이클 수를 바탕으로 측정한 HEVC 디코더의 복잡도는 엔트로피 복호화의 경우 3.0-22.8%를 차지하였으며, 화면 내 예측은 2.4-4.1%, 움직임 보상은 31.2-53.3%, 변환 및 양자화는 5.0-9.3%와 인-루프 필터는 11.4-14.1%를 차지하는 것으로 나타났다. 또한, 내부 변수의 복사 및 함수 호출 등으로 소요되는 사이클은 11.4-17.5%를 차지하였으며, 복호화 에러를 점검하기 위한 MD5는 5.7-10.5%를 차지하였다. HM 디코더 소프트웨어에서 가장 높은 복잡도를 차지한 모듈은 예측 영상에 대한 보간 필터 수행 및 화소의 보상이 수행되는 움직임 보상으로 나타났다. 움직임 보상에서 부호화 단위에 따른 비율을 살펴보면 낮은 QP (22, 27)에서는 64×64부터 8×8까지의 모든 CU 크기에서 고른 복잡도 분포를 나타냈

┃표 14-10┃ HM 디코더 소프트웨어의 모듈별 수행 사이클 비율 [4]

Class	Module		QP							
			22		27		32		37	
B	Entropy		19.4		9.3		4.9		3.0	
	Intra	8×8	3.3	2.0	2.8	1.4	2.4	1.1	2.4	0.7
		16×16		0.7		0.8		0.7		0.8
		32×32		0.5		0.5		0.4		0.7
		64×64		0.1		0.1		0.2		0.2
	Inter	8×8	38.3	6.0	47.1	3.7	51.3	2.0	53.3	1.1
		16×16		9.6		7.1		5.3		3.5
		32×32		11.7		13.0		11.1		9.6
		64×64		11		23.3		32.9		39.1
	TR+Q		7.4		6.8		6.0		5.0	
	In-loop filter	DBF	14.1	10.5	14.1	10.1	13.6	9.3	13.1	8.3
		SAO		3.6		4.0		4.3		4.8
	MD5		6.2		8.5		9.9		10.5	
	etc		1.2		1.1		1.3		1.5	
C	Entropy		22.8		15.2		10.0		6.2	
	Intra	8×8	4.1	3.2	4.6	3.4	3.9	2.6	3.1	1.6
		16×16		0.7		1.0		1.0		0.9
		32×32		0.2		0.1		0.3		0.4
		64×64		0.0		0.1		0.0		0.2
	Inter	8×8	31.2	7.9	35.9	5.8	40.9	4.4	43.8	1.7
		16×16		9.8		9.5		8.0		6.4
		32×32		8.8		11.6		13.0		13.6
		64×64		4.7		9.0		15.5		22.1
	TR+Q		9.3		8.4		7.1		8.5	
	In-loop filter	DBF	11.4	9.1	12.1	8.4	12.8	8.9	13.3	8.8
		SAO		2.3		9.1		3.9		4.5
	MD5		5.7		7.3		7.9		8.6	
	etc		15.7		16.5		17.5		16.7	

으나, QP가 높아질수록 큰 블록 크기의 복잡도 비율이 높아지는 것을 확인 할 수 있다. 이는 앞선 14.2.3절에서 살펴본 HM 인코더 소프트웨어의 통계적 특성의 QP에 따른 부호화 블록 크기 및 모드와 밀접한 관련이 있다. 화면 내 예측에서는 작은 블록 크기에서 연산 복잡도의 비중이 높게 나타났으며, 이는 8×8 크기에서는 N×N 크기의 화면 내 예측이 수행되기 때문이다. 또한, 화면 내 예측의 경우 큰 블록 크기의 선택 비율이 작은 블록 크기에 비해 상대적으로 낮게 나타나며, HM 디코더 소프트웨어에서 낮은 복잡도 비중을 차지하였다. 모든 기능 모듈의 복잡도 비율은 QP 값에 의존적인 특성을 나타냈으며, 특히, 엔트로피 복호화는 QP 값에 가장 의존적인 특성을 보였다.

1) 화면 내 예측

HEVC의 화면 내 예측은 4×4에서 64×64 크기를 지원하며, 모든 크기에서 동일하게 Planar, DC 및

33개 방향에 대한 예측 모드를 지원한다. 기존 비디오 코딩 표준에 비해 다양해진 방향에 대한 예측이 가능해 졌으나, 분수 참조 샘플에 대한 보간 연산이 추가되었다. 또한, 수평, 수직 예측 모드의 성능 향상을 위한 필터 연산이 추가되었다. 이외에도 H.264/AVC에서 8×8 블록 크기에서만 사용하던 참조 샘플에 대한 전 처리 필터 연산을 모든 블록 크기에서 수행하고 있다. 표 14-11은 HEVC의 화면 간 예측의 산술 연산 개수 및 HM 디코더 소프트웨어에서의 명령어 개수를 나타낸다.

| 표 14-11 | HEVC 화면 내 예측의 산술 연산 및 명령어 개수 [4]

	Mode	nS×nS				
		Add	Mult	Shift	Clip	And
Arithmetic operations	Planar	10*nS*nS	4*nS*nS	nS*nS	0	0
	DC	6*nS+1	2*nS-1	2*nS	0	0
	Angular (26,10)	2*nS	0	nS	nS	0
	Angular (2..9,11..25,27..34)	3*nS*nS+2*nS	2*nS*nS+2*nS	nS	0	nS
	Pre-filtering	12*nS+1	4*nS-1	4*nS-1	0	0
Instruction counts	Planar	5*nS*nS+8*nS+2	nS*nS+nS	nS*nS+2*nS	0	0
	DC	4*nS*nS+4	nS*nS	nS*nS-nS+1	0	0
	Angular (26,10)	2*nS*nS+4*nS	nS*nS+2*nS	nS	nS	0
	Angular (2..9,11..25,27..34)	3*nS*nS+2*nS	3*nS*nS	nS*nS+nS	0	nS

2) 화면 간 예측 및 보상 위한 보간 필터

디코더에서의 화면 간 예측 및 보상 기술은 크게 움직임 벡터 복호화를 위한 PMV 유도 과정과 예측 영상 복호화를 위한 보간 필터 처리 과정으로 나눌 수 있다. 표 14-10에서 나타난 바와 같이, 화면 간 예측 및 보상은 HEVC 디코더에서 가장 높은 연산 사이클 비중을 차지하고 있다. 이러한 화면 간 예측 및 보상 중에서도 보간 필터 연산은 가장 높은 연산 복잡도를 갖는다. 그림 14-7은 HEVC 보간 필터 수행으로 생성할 수 있는 정수 및 분수 샘플의 위치를 나타낸 그림이며, 표 14-12는 그림 14-7의 각 위치에 대하여 HEVC 보간 필터 수행에 소요되는 산술 연산 및 명령어 개수를 나타낸다.

3) 역 변환

HEVC 디코더에서 수행하는 역 변환의 종류는 4×4부터 32×32 크기를 지원하는 역 DCT와 4×4크기의 역 DST로 나눌 수 있다. HM 디코더 소프트웨어에 구현된 역 변환 방식은 Partial butterfly 방식과 행렬곱셈으로 나눌 수 있으며, 표 14-13는 Partial butterfly 방식의 역 변환에 소요되는 산술 연산 및 명령어 개수를 측정한 결과이다. 일반적인 명령어를 사용하는 플랫폼에서는 Partial butterfly 방식이 행렬 곱셈에 비해 더 낮은 연산량을 요구하지만, SIMD 명령어를 사용하는 플랫폼에서는 행렬 곱셈방식을 사용하여, N^3의 곱셈과 N2(N-1) 덧셈을 N2개의 SIMD 명령어 사용으로 연산량을 효과적으로 감소시킬 수 있다 [5].

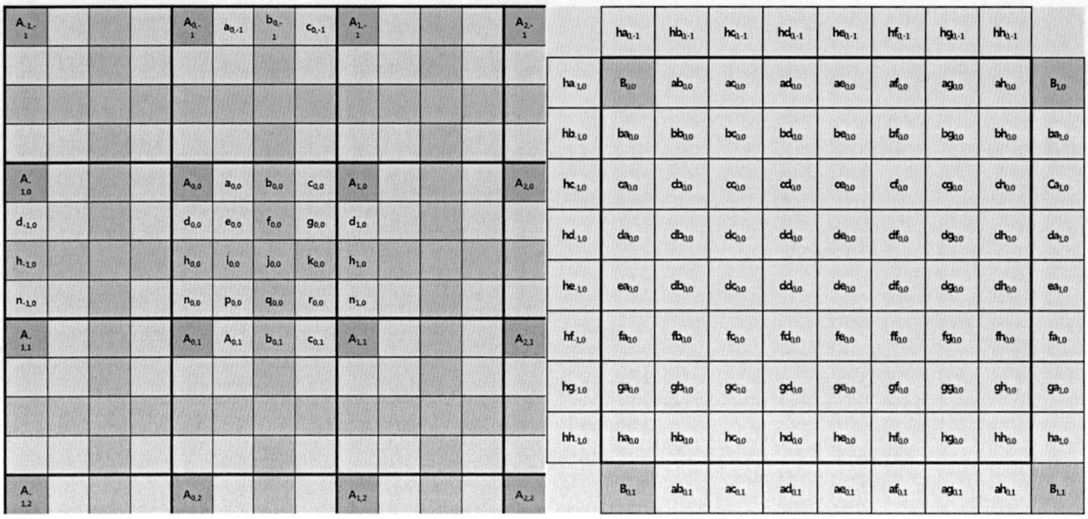

**그림 14-7 HEVC 보간 필터 수행으로 생성되는 정수 및 분수 샘플

▌표 14-12▐ HEVC 화면 간 예측의 산술 연산 및 명령어 개수 [4]

	Channel	Position	Add	Mult	Shift	Clip
Arithmetic operations	Luma	A	0	0	0(w*h)	0
		b, h	7*w*h	6*w*h	w*h(0)	w*h(0)
		j	63*w*h	54*w*h	w*h	w*h(0)
		a, c, d, n	6*w*h	5*w*h	w*h(0)	w*h(0)
		f, q	55*w*h	47*w*h	w*h(0)	w*h(0)
		i,k	55*w*h	46*w*h	w*h(0)	w*h(0)
		e, g, p, r	48*w*h	40*w*h	w*h(0)	w*h(0)
	Chroma	A	0	0	0(w*h/4)	0
		ab~ah, ba~ha	3*w*h/4	w*h	w*h/4(0)	w*h/4(0)
		bb~hh	15*w*h/4	5*w*h	w*h/4(0)	w*h/4(0)
instruction counts	Luma	A	w*h(2*w*h+2)	0	0(w*h)	0
		a,b,c,d,h,n	15*w*h+4	13*w*h+1	w*h+2(0)	w*h(0)
		e,f,g,i,j,k,p,q,r	30*w*h+105*w+8	26*w*h+91*w+2	w*h+2	w*h(0)
		Weighted average	4*w*h+4	0	w*h+1	w*h
	Chroma	A	w*h/4((1/2)*w*h+2)	0	0(w*h/4)	0
		ab~ah, ba~ha	2*w*h+4	(3/2)*w*h	(1/4)*w*h+2(0)	w*h/4(0)
		bb~hh	4*w*h+12*w+8	(9/2)*w*h+9*w	(1/2)*w*h+2	w*h/4(0)
		Weighted average	w*h+1	0	w*h/4	w*h/4

▌표 14-13▌HEVC 역 변환의 산술 연산 및 명령어 개수 [4]

	Transform size		Add	Mult	Shift	Clip
Arithmetic operations [5]	4×4(DST)		60	32	0	-
	4×4		64	48	32	-
	8×8		448	352	128	-
	16×16		3200	2752	512	-
	32×32		23808	21888	2048	-
Instruction counts	4×4	partialButterflyInverse4	77	32	17	16
		FastInverseDst	81	32	17	16
		Total counts	154(159)	64(64)	34(34)	32(32)
	8×8	partialButterflyInverse8	553	192	129	64
		Total counts	1106	384	258	128
	16×16	partialButterflyInverse16	3249	1408	513	256
		Total counts	6498	2816	1026	512
	32×32	partialButterflyInverse32	18593	11008	1537	1024
		Total counts	37186	22016	3074	2048

▌표 14-14▌HEVC 디블록킹 필터의 산술 연산 및 명령어 개수 [4]

	Filter type	Sample position	Add	Mult	Shift	Clip	Abs	Branch
Arithmetic operations	Strong	p0, q0	7	5	1	1	-	-
		p1, q1	6	2	1	1	-	-
		p2, q2	7	4	1	1	-	-
		Chroma	5	0	2	2	-	-
	Weak	Ä	4	2	1	0	-	-
		p0, q0	1	0	0	2	-	-
		p1, q1	5	0	2	2	-	-
		Chroma	5	0	2	2	-	-
Instruction counts	Strong	Luma	21	3	14	6	0	0
		Chroma	8	0	2	3	0	2
	Weak	Luma	20	3	9	7	1	5
		Chroma	8	0	2	3	0	2

4) 인-루프 필터

디블록킹 필터는 양자화에서 발생하는 블록킹 열화(Blocking artifact)를 제거 혹은 감소시키는 기술로서 기존의 비디오 코딩 표준인 H.264/AVC에 채택되었으며, HEVC에서는 보다 간소화되어 채택되었다. 디블록킹 필터 외에 HEVC 루프 필터에 새롭게 채택된 SAO는 원본 영상과 복원 영상의 차이를 오프셋 형태로 전송하는 기술이다. SAO의 경우, 샘플과 오프셋의 합산이 주된 연산이므로, 본 절에서는 HEVC의 루프 필터 중 디블록킹 필터 수행에 소요되는 산술 연산 및 명령어 개수만을 측정하여 표 14-14에 제시하였다.

14.4 TCom Class

본 절에서는 HM 인코더와 디코더에서 공통적으로 사용되는 TCom 클래스에 대하여 설명한다. 인코더와 디코더에서 공통적으로 사용되는 대표적 클래스로는 TComSlice, TComPic, TComPrediction 등이 있다.

```
class TComSlice
{
private:
  //   Bitstream writing
  Bool             m_saoEnabledFlag;
  Bool             m_saoEnabledFlagChroma;
  Int              m_iPPSId;
  Bool             m_PicOutputFlag;
  Int              m_iPOC;
  Int              m_iLastIDR;
  static Int       m_prevPOC;
  TComReferencePictureSet *m_pcRPS;
  TComReferencePictureSet  m_LocalRPS;
  ...

  //   Data
  Int              m_iSliceQpDelta;
  Int              m_iSliceQpDeltaCb;
  Int              m_iSliceQpDeltaCr;
  TComPic*         m_apcRefPicList [2][MAX_NUM_REF+1];
  Int              m_aiRefPOCList  [2][MAX_NUM_REF+1];
  Int              m_iDepth;

  // referenced slice?
  Bool             m_bRefenced;

  // access channel
  TComVPS*         m_pcVPS;
```

```
  TComSPS*        m_pcSPS;
  TComPPS*        m_pcPPS;
  TComPic*        m_pcPic;
  TComTrQuant*    m_pcTrQuant;
  ...
}
```

TComSlice 클래스는 한 장의 픽쳐에 대한 슬라이스 헤더 정보와 이를 설정하거나 얻을 수 있는 함수로 구성된다. 멤버 변수는 크게는 실제 비트스트림에 쓰기 위한 헤더 정보와, 각 슬라이스에 대해 설정된 값(예로, QpDelta 값), 상위 구조의 VPS, SPS, PPS, 픽쳐에 대한 편한 접근을 위해 포인터 변수 등으로 구성된다.

```
class TComPic
{
private:
  UInt                    m_uiTLayer;
  Bool                    m_bUsedByCurr;
  Bool                    m_bIsLongTerm;
  Bool                    m_bIsUsedAsLongTerm;
  TComPicSym*             m_apcPicSym;

  TComPicYuv*             m_apcPicYuv[2];

  TComPicYuv*             m_pcPicYuvPred;
  TComPicYuv*             m_pcPicYuvResi;
  Bool                     m_bReconstructed;
  Bool                    m_bNeededForOutput;
  UInt                    m_uiCurrSliceIdx;
  Int*                    m_pSliceSUMap;
  Bool*                   m_pbValidSlice;
  Int                     m_sliceGranularityForNDBFilter;
  Bool                    m_bIndependentSliceBoundaryForNDBFilter;
  Bool                    m_bIndependentTileBoundaryForNDBFilter;
  TComPicYuv*             m_pNDBFilterYuvTmp;
  Bool                    m_bCheckLTMSB;
  std::vector<std::vector<TComDataCU*> > m_vSliceCUDataLink;

  SEImessages* m_SEIs;
  ...
}
```

TComPic 클래스는 각 픽쳐에 대한 정보 및 버퍼를 가지고 있는 클래스로, 주요 멤버 변수로는 현재 픽쳐에 크기 파티션 정보, 슬라이스 정보, 타일 정보 등을 가지고 있는 TComPicSym 클래스에 대한 포인터와 TComPicYuv 클래스의 포인터로는 원 영상 및 복원 영상을 위한 m_apcPicYuv 멤버 변수 및 예측 영상을 위한 m_pcPicYuvPred, 잔차 신호를 위한 m_pcPicYuvResi 등이 있다.

```
class TComPrediction : public TComWeightPrediction
{
protected:
  Int*         m_piYuvExt;
  Int          m_iYuvExtStride;
  Int          m_iYuvExtHeight;

  TComYuv      m_acYuvPred[2];
  TComYuv      m_cYuvPredTemp;
  TComYuv      m_filteredBlock[4][4];
  TComYuv      m_filteredBlockTmp[4];

  TComInterpolationFilter m_if;

  Pel*         m_pLumaRecBuffer;
  Int          m_iLumaRecStride;
  ...
}
```

TComPrediction 함수는 화면 간 예측 및 화면 내 예측을 위한 변수 및 함수를 가지고 있는 클래스이다. 주요 멤버 변수로는 예측 된 영상을 저장하기 위한 버퍼 및 임시 버퍼, 필터링 된 블록을 위한 임시 버퍼 등이 있으며 화면 보간 필터에 대한 인스턴스 변수가 존재한다.

참고문헌

[1] Joint Collaborative Team on Video Coding (JCT-VC) of ITU-T SG 16 WP 3 and ISO/IEC JTC 1/SC 29/ WG 11, "HM-10.0 reference software," https://hevc.hhi.fraunhofer.de/svn/svn_HEVC Software/tags/HM-10.0/.

[2] F. Bossen, "Common test conditions and software reference configuration," ITU-T/ISO/IEC Joint Collaborative Team on Video Coding (JCT-VC) document JCTVC-G1200, Nov. 2011.

[3] 안용조, 황태진, 유성은, 한우진, 심동규, "HEVC 부호화기 소프트웨어의 통계적 특성 및 복잡도 분석," *방송공학회논문지*, vol. 17, no. 6, pp. 1091-1105, Nov. 2012.

[4] Y. J. Ahn, W. J. Han, and D. G. Sim, "Study of decoder complexity for HEVC and AVC standards based on tool-by-tool comparison," *Proc. SPIE 8499, Applications of Digital Image Processing XXXV,* pp. 8499-32, San Diego, Aug. 2012.

[5] A. Fuldseth, G. Bjontegaard, M. Sadafale, and M. Budagavi, "Transform design for HEVC with 16 bit intermediate data representation," document JCTVC-E243, Geneva, CH, March 2011.

HEVC 확장 표준

15

최근, 영화, 애니메이션 등의 영상관련 분야에서 3D 콘텐츠가 증가함에 따라 3D 비디오 시장은 급격한 성장세를 보이고 있다. 이러한 분위기와 더불어, 3DTV의 세계적 판매량 또한 빠르게 증가하고 있다. 또한, 높은 화질에 대한 수요가 증가함에 따라 높은 비트 심도와 확장된 색차 포맷에 대한 요구가 늘고 있으며 e-러닝, 데스크 톱 공유 등의 분야에서 스크린 콘텐츠 영상에 대한 수요 역시 증가하고 있다. 스마트폰 시장의 빠른 성장과 태블릿 PC의 성공 역시 이와 같은 서비스의 실현 가능성을 가속화하고 있다. 3D 또는 스케일러블 서비스를 제공하기 위해서는 단일 영상에 대하여 부호화하는 기술뿐만 아니라 다양한 영상, 다양한 해상도, 또는 다양한 화질의 영상 들을 부호화하는 기술이 필요하다. 예를 들어, 3D 영상 관련 서비스를 위해서는 스테레오 또는 다시점 영상에 대한 부호화가 가능해야 하며, n-Screen 서비스를 위해서는 계층적 영상 부호화가 가능해야 한다. 또한, 고화질 영상에 대한 서비스를 위해 높은 비트 심도, 확장된 색차 포맷 영상에 대한 부호화가 가능해야 하며, 스크린 콘텐츠 영상의 특성은 자연 영상과 다르기 때문에 이를 고려한 부호화 방법이 필요하다.

다시점 영상 부호화와 계층적 영상 부호화 기술은 이미 1990년대부터 연구되어왔으며, H.264/AVC 표준에서도 MVC (Multi-view Video Coding)와 SVC (Scalable Video Coding)가 확장 표준으로써 제정되었다. 또한, 확장된 비트 심도 및 색차 포맷에 대한 지원을 위해 FRExt (Fidelity Range Extension) 확장 표준도 H.264/AVC 표준에 제정되었다. 이와 유사하게 HEVC에도 MV-HEVC, SHVC, RExt가 확장 표준으로 제정되었다. SCC에 대한 표준은 현재 진행 중이다.

따라서 다양한 응용 기술 분야에서 고효율의 영상 압축 기술을 적용하기 위해서는 HEVC 기반 확장 표준들이 주요하게 자리매김할 것이다. 본 장에서는 Multi-view, Scalable, RExt, SCC 확장 표준들에 대하여 기본 개념을 서술하도록 한다.

15.1 다시점 비디오 (Multi-view video)

다시점 비디오 (Multi-view video)란 하나의 장면을 여러 대의 카메라를 이용하여 다양한 시점에서 동시에 촬영한 영상을 말한다. 이러한 다시점 비디오를 이용하여 시점을 자유롭게 조정할 수 있는 자유 시점 (Free view-point) 비디오 서비스, 두 시점의 영상을 이용해 입체시 (Stereopsis)를 느낄 수 있도록

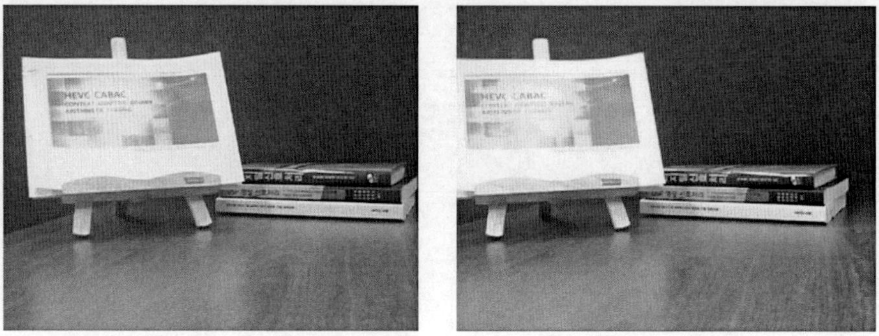

(a) 좌측 시점　　　　(b) 우측 시점

**그림 15-1 서로 다른 시점의 영상

해 주는 스테레오 비디오 서비스 등을 제공할 수 있다. 다시점 비디오를 이용한 자유 시점 및 스테레오 디스플레이에 대한 내용은 15.1.1절에서 알아보도록 한다.

그림 15-1은 수평으로 일정 간격 떨어진 스테레오 카메라로 책상 위에 있는 몇몇 사물들을 촬영한 영상이다. 그림 15-1(a)와 그림 15-1(b)는 각각 스테레오 카메라의 좌/우 카메라로 촬영된 영상이며, 영상 내에 존재하는 객체와 카메라 간의 거리에 따라서 수평 방향으로의 시차가 발생함을 확인할 수 있다. 예를 들어, 그림 15-1에서 카메라로부터 가까운 책상의 나뭇결무늬는 좌/우 영상 간에 시차가 크며, 카메라로부터 상대적으로 멀리 있는 책들과 독서대 등은 시차가 작다. 장면을 촬영한 시점에 따라 각 영상 간에 시차가 존재함에도 불구하고, 이러한 다시점 영상은 동일한 시간에 취득되었기 때문에 각 시점 간의 유사도가 매우 높다. 그림 15-1의 경우는 두 대의 카메라를 사용하여 촬영된 영상의 예이나, 애플리케이션에 따라서 두 대 이상의 카메라를 사용한 다시점 영상이 요구될 수 있으며, 이러한 다시점 비디오 부호화에서는 시점 간의 유사성을 이용하여 압축 효율을 높일 수 있는 다양한 툴이 사용될 수 있다. 시점 간의 높은 유사도를 이용하여 압축 효율을 높이는 다시점 비디오의 압축 기술은 15.1.3절에서 설명된다.

다시점 영상의 주요 애플리케이션 중 하나로 자유 시점 비디오가 있다. 자유 시점 비디오는 관찰자가 원하는 임의 시점의 영상을 제공하는 애플리케이션이며, 임의 시점의 2차원 영상을 제공할 수도 있고, 임의의 두 시점을 이용하여 3차원 입체 영상 또한 제공할 수 있다. 이러한 자유 시점 비디오 서비스를

(a) 컬러 영상　　　　(b) 깊이 영상

**그림 15-2 컬러 영상과 깊이 영상 (Kinect 촬영)

위해서 다시점 비디오 부호화를 이용한 자유 시점 디스플레이에서는 적은 시점의 영상을 가지고 가상 시점을 합성하여 다양한 시점의 영상을 제공하는 방법이 사용되기도 한다. 여러 시점의 영상을 모두 부호화하면 데이터의 양이 급격히 증가하기 때문에, 부호화기 측면에서는 적은 시점의 영상들만을 부호화함으로써 데이터양을 줄이고, 복호화기에서는 다양한 시점의 영상을 제공할 수 있도록 가상 시점 합성을 이용하여 임의의 시점 영상을 제공할 수 있다. 가상 시점 합성은 컬러 영상만을 가지고도 할 수 있지만, 합성된 가상 시점 영상의 품질을 높이기 위해 깊이 영상(Depth map image)을 사용하기도 한다. 깊이 영상은 대응되는 컬러 영상의 어떠한 화소에 대하여 카메라와 피사체의 거리 정보가 저장된 부가 정보이다. 일반적으로 깊이 정보를 취득하는 방법에는 스테레오의 컬러 영상으로부터 변위(Disparity) 값을 추정한 뒤 객체와의 거리를 계산하는 스테레오 정합(Stereo matching) 기법, 적외선이 객체로부터 반사되어 돌아오는 시간을 이용하여 거리를 측정하는 방법이 있다. 그림 15-2는 일반적인 컬러 영상과 깊이 영상에 대한 예시를 나타낸다. 그림 15-2(b)는 그림 15-2(a)의 컬러 영상에 비하여 비교적 객체와 배경과의 구분이 뚜렷하고, 객체 내의 픽셀 값의 변화가 단조로운 것을 알 수 있다. 색차 표현 없이 깊이 정보를 기록할 경우 컬러 영상 대비 비교적 적은 양의 데이터로 표현할 수 있다. 이러한 깊이 정보는 비트심도(Bit depth)에 따라 정규화 되어 영상으로 표현된다. 예를 들어, 8비트의 비트 심도를 가지는 영상에서는 최대 거리와 최소 거리를 0부터 255까지 선형적으로 맵핑할 수 있다. 여기서, 피사체와의 거리와 변위는 반비례하므로 깊이 정보를 이용하여 각 화소의 변위를 추정할 수 있으며, 이를 바탕으로 새로운 시점의 영상을 가상으로 합성한다. 이에 대해서는 다음 절에서 설명하도록 하겠다.

15.1.1 다시점 비디오를 이용한 자유 시점 및 입체 영상 디스플레이

자유 시점 디스플레이는 우리가 일반적으로 시청하는 기존의 TV와 같이 모든 시청자가 한 시점의 영상만을 시청하는 것에 그치지 않고, 시청자의 위치에 따라 다른 시점의 영상을 시청할 수 있도록

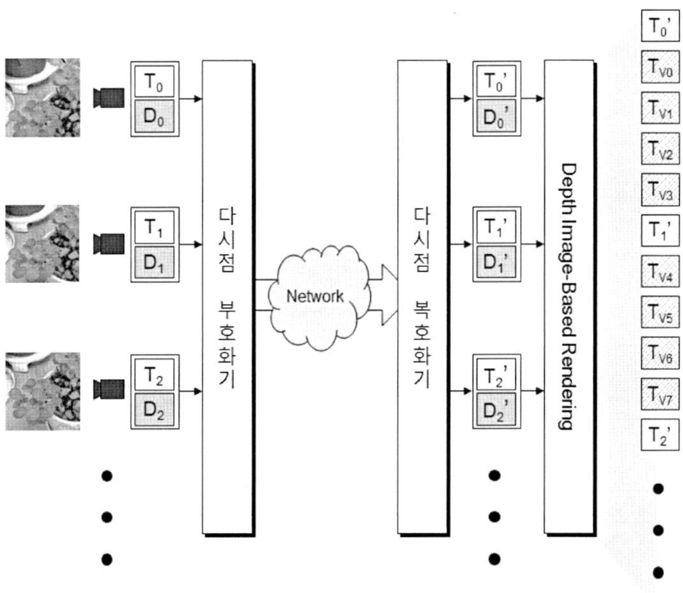

**그림 15-3 DIBR 시스템의 응용 예시

디스플레이 하는 방법이다. 자유 시점 디스플레이 방식에 대한 연구는 단일 시점 및 스테레오 영상을 다양한 시점에서 제공하는 형태로 이미 진행되어 왔다. 임의의 위치에 적합한 시점의 영상을 선택하여 사용자에게 제공하는 형태로 자유 시점 영상을 구현할 수 있다. 어느 시점에서든 자유롭게 영상을 시청할 수 있는 정교한 자유 시점 디스플레이는 시점의 개수를 무한히 증가시키는 형태로 구현이 가능하다. 그러나, 영상 취득을 위한 다시점 카메라의 비용이나 데이터의 증가에 의한 전송 대역폭 측면에서 한계가 있기 때문에, 가상 시점 합성(Virtual view rendering)방법을 이용하여 적은 시점의 영상을 가지고도 다양한 시점의 영상을 생성할 수 있다 [6]. 가상 시점 합성은 임의 시점의 영상을 가상으로 만들어 내며, 이 때 이미지 공간 시스템(Image domain system), 레이 공간 시스템(Ray space system), 모델 기반 시스템(Model-based system) 등의 다양한 시스템이 사용된다. 이 중에서도 영상 취득이 용이하고 복잡도가 비교적 낮은 깊이 영상 기반 렌더링(DIBR : Depth Image-Based Rendering) 방법이 널리 쓰이고 있다. DIBR 방식은 카메라의 물리적 공간 정보 및 깊이 영상을 통해 추정된 변위 값을 이용하여 취득한 컬러 영상의 화소가 가상 시점 내의 어떠한 좌표에 대응될 것인지 계산함으로써 새로운 시점의 영상을 생성할 수 있다. 그림 15-3은 DIBR 시스템의 응용 예를 보여준다. 세 개의 시점에 대한 컬러 영상(T_0, T_1, T_2)과 각 시점에 대한 깊이 영상(D_0, D_1, D_2)은 다시점 부호화기를 통해 부호화되어 전송된다. 전송된 컬러 및 깊이 영상은 다시점 복호화기를 통해 복호화된 뒤 자유 시점 디스플레이를 위한 가상 시점 합성에 사용된다. DIBR은 복호화된 영상들을 이용하여 실제 촬영된 시점 사이에 존재하는 여러 가상 시점에 대한 영상(T_{VN})을 생성할 수 있으며, 이를 이용해 실제 전송된 시점뿐만 아니라 다양한 시점의 영상을 디스플레이 할 수 있다.

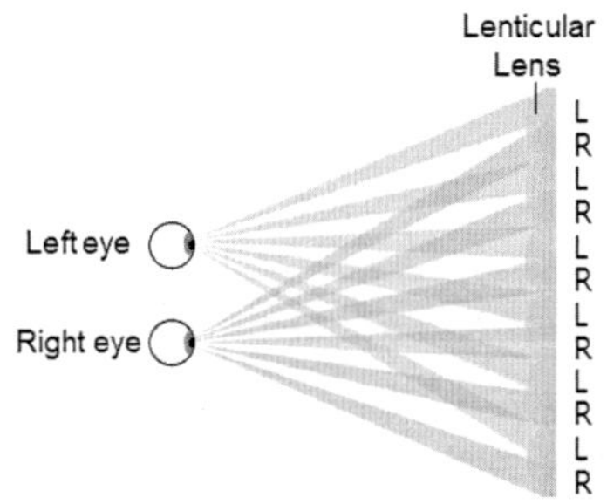

(a) 렌티큘러 방식

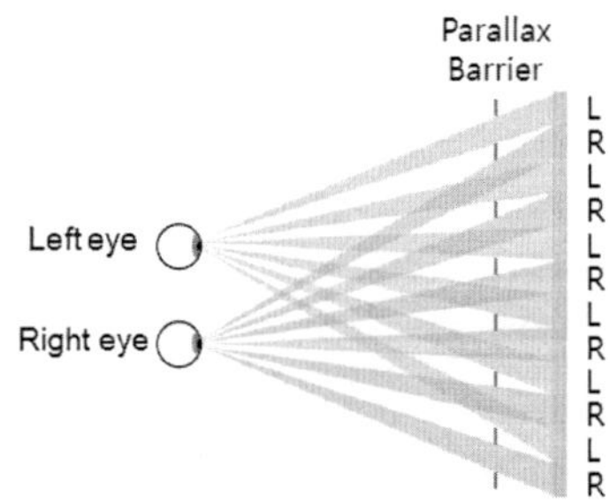

(b) 패럴랙스 배리어 방식

(c) 헤드-마운티드 방식

**그림 15-4 다양한 입체 영상 구성 방법

그림 15-4와 같이 다시점 비디오를 이용한 자유 시점 비디오는 기본적으로, 임의 시점에 대한 2차원 비디오 서비스가 가능하다. 추가적으로 임의 시점에서의 스트레오스코픽 비디오 서비스 또한 가능하며, 이러한 서비스를 제공하기 위해서는 각 시점의 영상이 각각의 안구로 입력되도록 해야 한다. 즉, 가상 입체시를 구성하기 위하여 양안의 망막에 맺히는 상이 각 안구의 시점에 맞는 영상이어야 하며, 이를 위해 기존의 디스플레이장치와는 다른 특수한 장치가 필요하다. 입체시를 구성하는 디스플레이 장치의 유형으로 그림 15-4(a)와 같이 배리어(Barrier)를 이용하여 각 안구에 서로 다른 영상이 맺히도록 하는 패럴렉스 배리어(Parallax barrier) 방식, 그림 15-4(b)와 같이 반원통형의 렌즈를 이용한 렌티큘러(Lenticular) 방식, 그림 15-4(c)와 같이 평면의 디스플레이 장치로 출력된 영상을 헤드기어, 안경 등의 보조적인 장치를 이용하여 시청하는 헤드-마운티드(Head-mounted) 방식 등이 있다. 이러한 방식들은 서로 다른 두 시점의 영상을 이용하여 좌측 시점의 영상은 좌안에, 우측 시점의 영상은 우안의 망막에 맺히도록 함으로써 입체시를 느낄 수 있도록 한다.

15.1.2 다시점 비디오 부호화(Multi-view video coding)

지금까지 다시점 비디오와 이를 이용한 자유 시점 영상 및 입체 영상을 구성하는 방법에 대하여 간단히 알아보았다. 위의 기술된 내용을 영상 압축의 관점에서 보면, 기존의 단일 영상 부호화 대비 부호화 할 영상의 양이 증가하였음을 알 수 있다. 양안 영상을 이용한 입체시를 구성하기 위해서는 최소 두 개 시점의 컬러 영상이 필요하며, 다시점 부호화를 이용한 자유 시점 디스플레이가 요구되는 환경에서는 다시점 영상뿐만 아니라 깊이 영상도 함께 부호화 될 수 있다. 이는 처리해야 하는 데이터의 양이 증가함에 따라, 다시점 및 깊이 영상의 특성을 고려한 효율적인 부호화 방법에 대한 필요성을 시사한다. 또한, 2D 시스템과의 호환성도 고려하여 다시점 비디오에 대한 신호를 전송하여도 단일 시점 복호화 및 디스플레이 장치에 대한 지원이 가능해야 할 것이다. 이를 위하여 HEVC 표준화를 함께 이끌어온 VCEG의 전문가들과 이미 HEVC 기반의 다시점 비디오 표준화를 진행하던 MPEG의 3DV(3D Video)

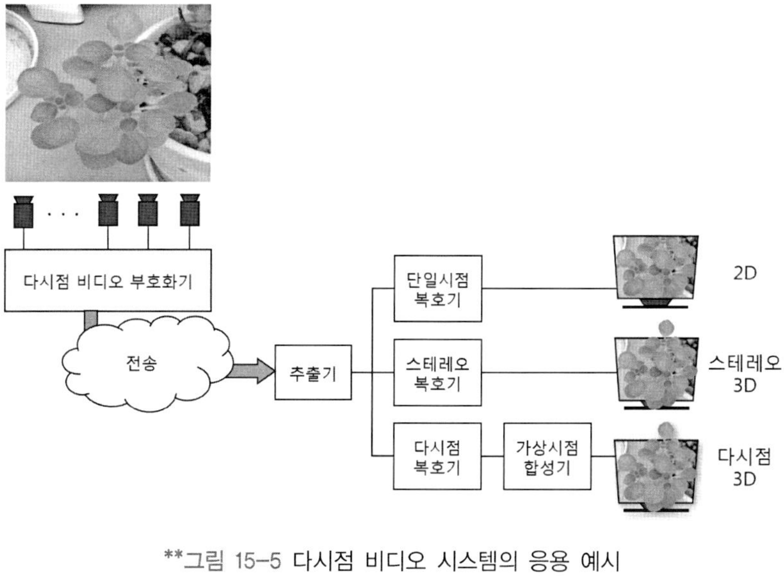

**그림 15-5 다시점 비디오 시스템의 응용 예시

그룹의 전문가들이 함께 2012년 7월 JCT-3V (Joint Collaborative Team on 3D Video)를 결성하였으며, 본격적으로 새로운 다시점 비디오 부호화 표준화가 시작되었다 [2]. 또한, 기존의 H.264/AVC 기반 다시점 부호화 표준(MVC : Multi-view Video Coding)이 깊이 영상 포맷도 지원할 수 있도록 상위 레벨 신택스(High level syntax)를 포함하는 새로운 확장 표준인 AVC 확장 표준 3을 제정하였다 [10]. 이와 같이 새로운 다시점 및 깊이 영상 부호화 표준을 이용한 응용 장치 및 시스템의 개념은 그림 15-5와 같다 [4]. 그림 15-5를 보면, 여러 개의 카메라를 이용하여 취득된 다시점의 비디오가 부호화기의 입력으로서 전달되고, 이는 부호화된 뒤 네트워크를 통해 전송된다. 추출기는 전송된 비트스트림을 각 응용 장치에 맞게 선택적으로 추출하여 복호화하기로 전달한다. 복호화 단에서는 다양한 응용 장치가 존재하는데, 단일 시점의 디스플레이 장치를 지원하기 위해서 한 개의 시점에 해당하는 비트스트림을 복호화할 수 있으며, 스테레오 서비스를 지원하기 위해서 두 개의 컬러 영상에 대한 복호화를 수행할 수 있다. 마지막으로, 다시점 복호화기는 다수의 컬러 영상 및 깊이 영상에 대하여 복호화할 수 있으며, 복호화된 다시점 비디오는 가상 시점 합성을 통해 자유 시점 디스플레이를 지원할 수 있다.

15.1.3 HEVC 기반 다시점 비디오 부호화 방법

HEVC 기반 다시점 비디오 부호화 표준의 압축 성능은 H.264/AVC 기반의 다시점 비디오 부호화 표준과 같이 추가적 부호화 툴인 시점 간 예측 방법(Inter-view prediction)을 이용한 공간적 중복성 제거를 통하여 도출될 수 있다 [3]. 시점 간 예측 기술 중 시차 보상 예측과 움직임 벡터 예측 기술에

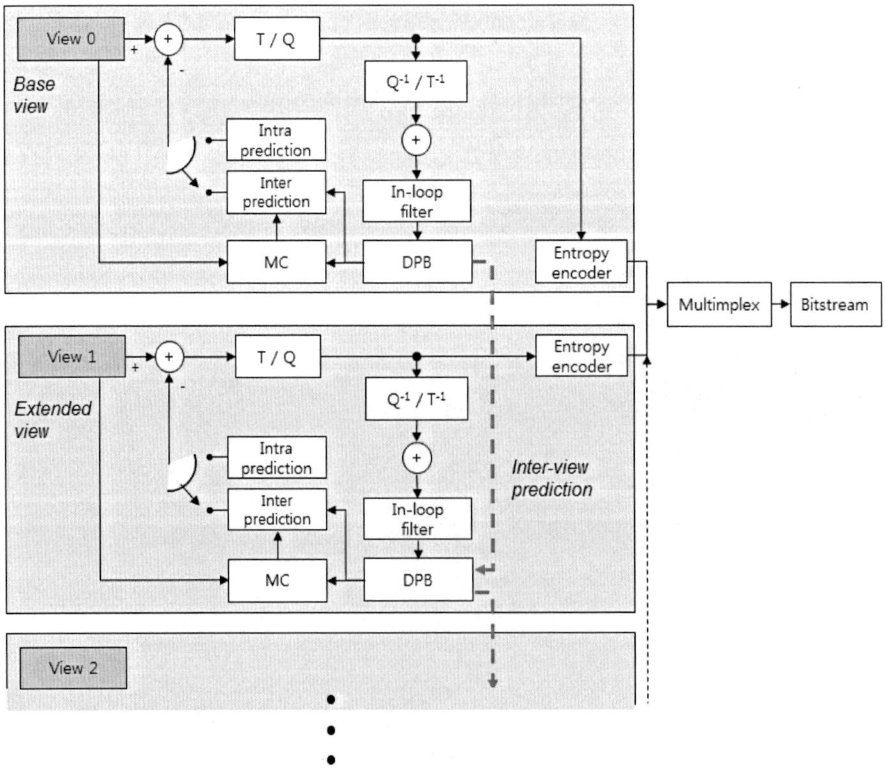

**그림 15-6 HEVC 기반 다시점 부호화기 개념도

대하여 다음 절에서 자세히 다루도록 하며, 본 절에서는 다시점 비디오 부호화기의 구조와 영상 및 시점 간의 참조 구조에 대해서 알아보도록 하겠다.

다시점 비디오 부호화 방법으로 부호화되어 전송되거나 저장된 비트스트림은 다양한 수신단의 환경에 적용하기 위하여, 다시점 영상 디스플레이 시스템뿐만 아니라 단일 시점 디스플레이 시스템에서도 복호화가 가능해야 한다. 그림 15-6은 다시점 부호화기의 구조를 간단히 나타낸 것이다. 단일 시점 디스플레이 시스템에서 복호화가 가능하도록 단일 시점 표준 부호화기로 부호화된 시점의 영상을 기본 시점(Base view)이라 정의하며, 이는 그림 15-6의 View 0에 대응된다. 기본 시점의 영상은 다른 시점의 영상을 참조하지 않고 기존의 단일 시점 부호화 방법만을 따름으로써 다른 시점에 종속되지 않고 독립적으로 복호화 될 수 있다. 예를 들어, 어떠한 다시점 비트스트림이 HEVC 기반 다시점 부호화기로 부호화되었다면 이 비트스트림의 기본 시점에 대한 정보는 HEVC의 복호화 방법으로 복호화 될 수 있다. 이와 반대로, 확장 시점(Extended view)은 다른 시점의 정보를 참조하여 복호화 될 수 있으며, 이는 그림 15-6의 View 0을 제외한 나머지 시점과 같다. View 1의 부호화 과정을 살펴보면, 기본 시점의 복원 영상을 참조하여 예측을 수행할 수 있다. 즉, 현재 시점의 영상들뿐 아니라 다른 시점의 영상을 참조 영상으로 사용할 수 있다. 다른 시점의 영상을 참조하여 부호화된 확장 시점의 영상은 참조한 시점의 영상이 복호화 된 후에 올바르게 복호화 될 수 있다. 다시점 비디오 복호화기에서는 상위 레벨 신택스 정보를 통해 시점 간의 복호화 순서 및 참조한 시점의 정보를 알 수 있고, 이러한 정보에 따라 비트스트림을 순서대로 복호화 할 수 있다.

다시점 비디오 부호화에서 기본 시점의 영상은 단일 시점 표준 복호화 방법을 준수해야 하므로, 다시점 영상 부호화의 압축 성능은 확장 시점의 부호화 방법에 좌우된다고 할 수 있다. 때문에 HEVC 기반 다시점 비디오 압축 표준화 시, 확장 시점 영상에 대한 압축 성능을 높이기 위해 확장 시점 부호화 시의 시점 간 참조 구조에 대하여 다양한 방법이 제시되었다. 3시점 영상 부호화를 예로 들면, 기준 시점의 위치(좌측, 중간 또는 우측 시점) 및 시점 간 참조 관계에 따라 다양한 참조 구조로 부호화 될 수 있으며, 이는 그림과 함께 다시 살펴보도록 하겠다. 여기서, 다른 시점 영상의 정보 없이도 복호화 되는 기본 시점의 영상들은 Intra 및 Inter 코딩이 사용되며, 시차 보상 예측 방법 수행 시 한 개의 다른 시점만을 참조하는 확장 시점은 P-프레임 코딩이 수행된다. 또한, 두 개 이상의 다른 시점을 참조하는 확장 시점의 영상은 시점 간 B-프레임 코딩이 수행된다. 이와 더불어 모든 영상에 대하여 시차 보상 예측을 수행할 것인지, 아니면 일부 영상에 대해서만 수행할 것인지를 선택할 수 있다.

그림 15-7은 세 개의 시점 영상 부호화 시 I-P-P (좌측시점-중간시점-우측시점) 구조를 사용하는 예이

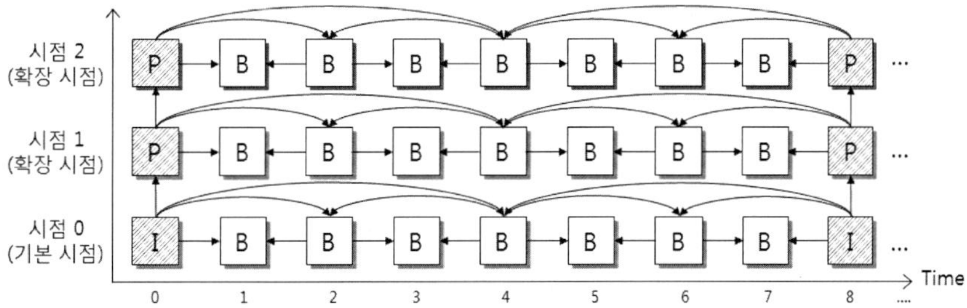

**그림 15-7 시점 부호화 시 기준 영상에 대한 시점 간 참조 구조(I-P-P)

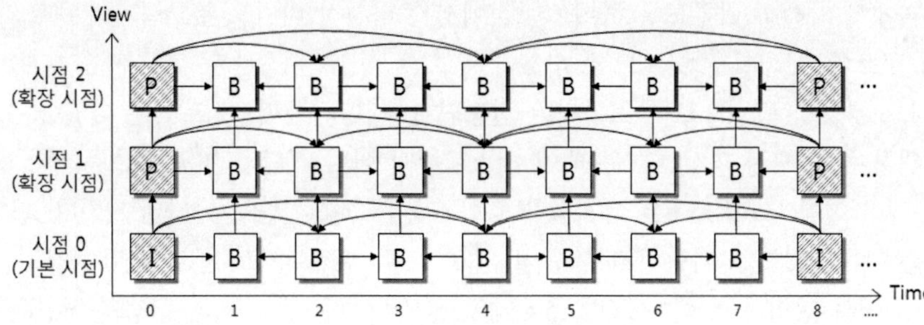

**그림 15-8 시점의 모든 영상에 대한 시점 간 참조 구조 (I-P-P)

며, 기본 시점은 좌측 시점이고, 중간 시점은 좌측 시점을, 우측 시점은 중간 시점을 참조하는 구조이다. 기본 시점인 시점 0은 GOP (Group Of Pictures)가 8인 계층적 참조 구조(Hierarchical reference structure)로 부호화 되었다. 빗금으로 표시된 영상은 기준 영상(Key picture)으로, 기본 시점에서 화면 내 예측(Intra prediction)으로 부호화 된 I-픽쳐 또는 확장 시점에서 기본 시점의 I-픽쳐를 참조하여 부호화 된 영상을 말한다. 확장 시점의 기준 영상을 참조하여 부호화 된 확장 시점의 영상 또한 기준 영상이라고 한다. 이 중에서도 확장 시점의 기준 영상들은 앞서 부호화 된 다른 시점의 기준 영상을 참조함으로써 시점 간 예측을 수행하며, 비 기준 영상(Non-key picture)들은 기존의 방법과 같이 같은 시점 내에서 계층적 참조 구조만으로 부호화 된다. 예를 들어, 시점 1의 POC (Picture Order Count) 0번인 P-픽쳐는 시점 0의 기준 영상을 참조하고 있으며, 시점 2의 기준 영상 부호화 및 복호화 시에 참조된다. 이러한 구조로 부호화 되었을 때에는 확장 시점 내에 I-픽쳐(Intra picture)가 존재하지 않게 되는데, 이 때 상대적으로 많은 비트 양을 차지하는 I-픽쳐가 시점 간 예측 픽쳐로 대체됨으로써 부호화 효율이 발생한다. 그러나, 기준 영상만을 참조하는 시점 간 예측 구조는 모든 영상에 대하여 시점 간 예측을 수행하는 것과 비교하였을 때 부호화 효율은 적으나, 비 기준 영상에서는 추가적인 움직임 예측을 수행하지 않기 때문에 복잡도가 낮아지는 장점이 있다.

그림 15-8은 모든 시점에 대하여 시점 간 예측을 수행하는 예로써, 기준 영상뿐만 아니라 비 기준 영상도 시점 간 예측을 수행함을 알 수 있다. 시점 1 및 시점 2의 기준 영상 중 하나인 POC 0번 영상들을 살펴보면, 그림 15-7과 같이 다른 시점의 기준 영상 간에 시점 간 참조를 수행하고 있다. 빗금으로 표시되지 않은 시점 1의 POC 2번 영상을 통해 시간적 화면 간 참조뿐만 아니라 시점 0의 2번 영상을 참조함으로써, 비 기준 영상 또한 시점 간 참조를 수행하고 있음을 확인할 수 있다. 이러한 구조로 부호화 되었을 경우, 확장 시점 내의 기준 영상이 화면 간 예측(Inter prediction)됨으로써 부호화 효율을 높일 수 있을 뿐만 아니라 비 기준 영상에 대해서도 시점 간 참조를 수행함으로써 추가적인 비트 절약을 꾀할 수 있다. 특히, 움직임이 빠른 객체는 시간적인 유사성보다 공간적 유사성이 높을 가능성이 있기 때문에 시점 간 참조를 통해 더욱 정확한 예측을 할 수 있다. 이와 같이 모든 영상에 대하여 시점 간 참조를 수행할 경우, 참조 가능한 영상의 조합이 늘어나 복잡도는 증가하지만 부호화 효율 측면에서 성능이 향상 될 수 있다.

그림 15-9는 그림 15-7 및 15-8의 구조 외의 다양한 참조 구조에 대한 예를 나타낸 것이다. 그림 15-9(a)는 시점 간의 양방향 예측(Bi-prediction)을 수행할 수 있는 I-B-P (좌측시점-중간시점-우측시점)

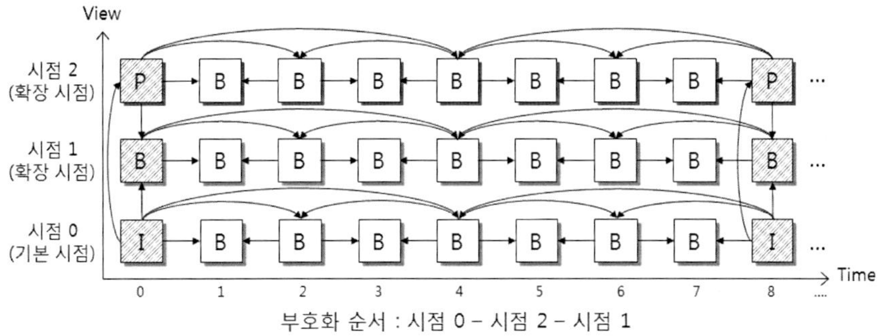

(a) I-B-P 구조

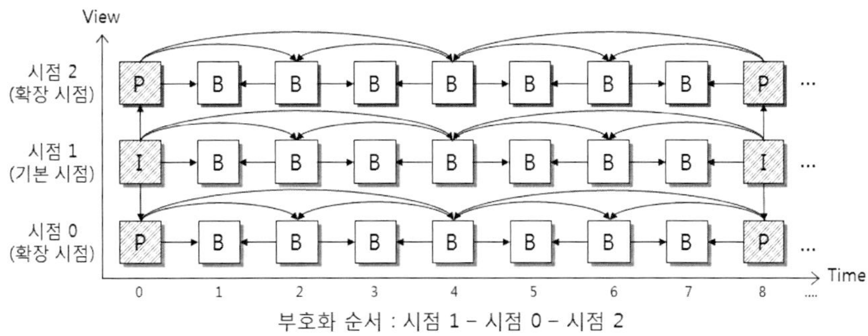

(b) P-I-P 구조

**그림 15-9 다양한 시점 간 참조 구조의 예시

구조로써, 우측 시점은 좌측 시점을 참조하여 부호화되고, 중간 시점은 좌측 및 우측 시점을 모두 참조하여 부호화될 수 있다. 부·복호화 순서를 보면, 기본 시점인 시점 0이 먼저 부·복호화 되고, 그 다음은 시점 2, 마지막으로 시점 1의 순서로 부·복호화가 수행된다. 그림 15-9(b)는 P-I-P (좌측시점-중간시점-우측시점) 구조로써, 중간 시점인 시점 1이 기본 시점으로서 가장 먼저 수행되며, 좌측 및 우측 시점은 중간 시점을 참조하여 부호화 및 복호화 될 수 있는 구조이다. 그림 15-9에 제시된 구조들은 그림에 표시된 것과 같이 기준 영상만을 시점 간 예측 하거나 모든 영상이 시점 간 예측을 수행할 수 있다. 또한, 앞서 여러 차례 언급된 바와 같이 시점 간 참조 구조는 각 시점의 영상이 부호화되는 순서대로 복호화가 진행되어야 한다. 따라서, 부호화 된 시점의 개수와 각 부호화 순서에 대한 정보를 추가적으로 복호화기에 전달할 필요가 있다. 이를 위하여, 다시점 비디오에 대한 부호화 및 복호화 수행 시에는 추가적인 상위 레벨 신택스를 참조한다. 우선 HEVC 확장 표준을 위한 상위 레벨 신택스인 비디오 파라미터 셋(VPS : Video Parameter Set)을 통하여, 몇 개의 시점이 부호화 될 것이며 각 비디오의 시점 ID가 무엇인지 전송한다. 이에 대해서는 15.1.5절에서 자세히 다룬다.

15.1.4 시점 간 예측 기술(Inter-view prediction tools)

앞서 소개된 그림 15-1과 같이, 같은 대상에 대하여 다른 시점에서 촬영한 영상은 카메라 이동에 의해 가려지는 영역 혹은 드러나는 영역을 제외하면 서로 간의 유사성이 높음을 알 수 있다. 이러한 시점 간 유사성을 이용하여 그림 15-10과 같이 다른 시점의 영상에서 현재 부호화 하고자 하는 블록과

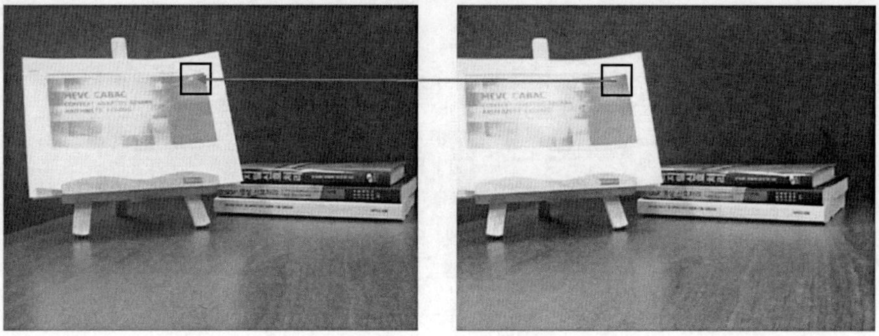

**그림 15-10 시차 보상 예측의 예

가장 유사한 영역을 찾아 부호화 하는 방법을 시차 보상 예측(Disparity compensated prediction)이라고 한다. 그리고, 시차 보상 예측을 위해 사용되는 움직임 벡터는 일반적인 시간적 움직임 벡터와 구분하기 위하여 시차 벡터(Disparity vector)라고 표현하기도 한다. 이처럼 시차 보상 예측 방법을 사용하면, H.264/AVC 기반 다시점 비디오 부호화기의 경우 단일 시점 부호화 방법(H.264/AVC)으로 각 시점의 영상을 부호화한 것 대비 약 20~30%의 부호화 효율이 있다고 알려져 있다.

앞에서 다룬 시차 보상 예측 방법은 다른 시점의 영상을 참조할 때 기존의 단일 시점 영상 부호화 시 수행되는 CTU(Coding Tree Unit) 단위의 부호화 방법을 따르므로 참조 영상 버퍼 관리 이외의 추가적인 부호화 알고리즘 없이도 수행될 수 있다. 그러나, 시점 간 상관도가 높은 다시점 영상에 대하여, 확장 시점 부호화 시 이미 복호화 된 이웃 시점의 부호화 파라미터를 예측한다면 더욱 효율적인 부호화가 가능하다. 이를 위해 HEVC 기반 다시점 비디오 부호화 표준 단계에서는 다양한 시점 간 부호화 파라미터 예측 방법이 논의되었다. 시점 간 부호화 파라미터 예측 방법의 대표적인 방법으로는 시점 간 움직임 벡터 예측 방법(Inter-view motion vector prediction)이 있다 [9]. 다시점 영상은 같은 피사체에 대하여 다른 시점에서 촬영하였기 때문에, 시점 이동에 의하여 가려지거나 드러나는 영역을 제외하

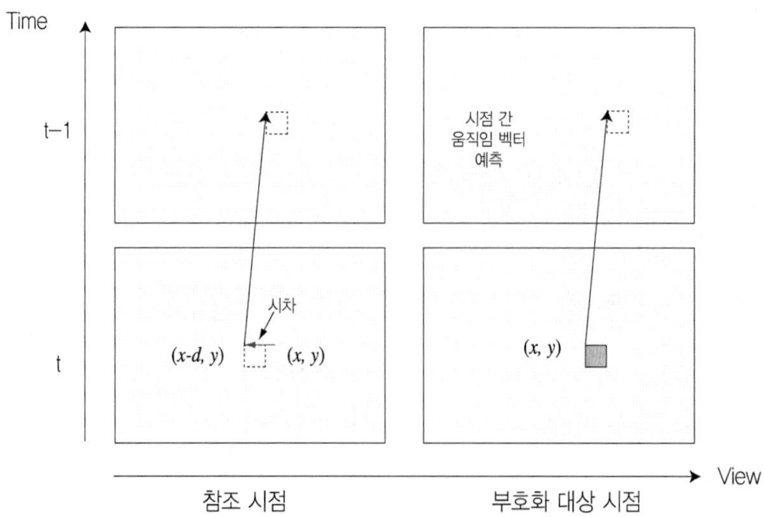

**그림 15-11 시점 간 움직임 벡터 예측 방법의 개념도

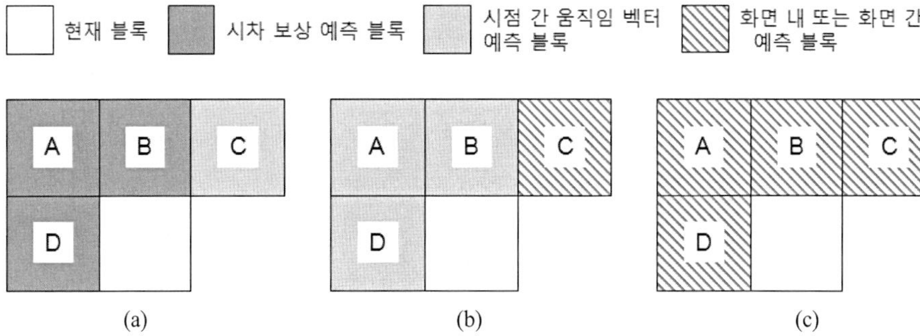

**그림 15-12 부호화 된 주변 블록들의 예

면 매우 유사한 움직임 특성을 갖는다. 이러한 특성을 이용하여 확장 시점 부호화 시 이전에 부호화 되고 복호화된 이웃 시점의 움직임 벡터를 예측함으로써 부호화 효율을 향상시킬 수 있다.

시점 간 움직임 벡터를 예측하기 위해서는 이웃 시점 내에서 현재 부호화 대상 블록과 대응되는 위치의 움직임 벡터를 예측해야 한다. 이 때, 그림 15-11과 같이 시점 간 움직임 벡터는 참조 시점 영상 내의 현재 좌표에서 시차만큼 떨어진 위치로부터 예측함으로써 더욱 정확한 예측을 수행할 수 있으며, 이웃 시점으로부터 움직임 벡터를 예측하기 위한 시차는 주변의 부호화 된 블록으로부터 유도할 수 있다. 그림 15-12는 주변 블록들이 부호화 된 예를 보여준다. 그림 15-12(a)와 같이 시차 보상 예측된 주변 블록(A, B, D)이 존재할 경우에는 그 블록으로부터 즉시 시차 벡터를 유도하여 사용한다. 그림 15-12(b)처럼 시차 보상 예측된 주변 블록이 존재하지 않으며 시점 간 움직임 벡터 예측을 수행한 블록(A, B, D)이 있을 경우, 시점 간 움직임 벡터 예측 블록으로부터 시차를 유도한다. 만일 위의 두 경우가 아닌 그림 15-12(c)와 같은 경우 영벡터(Zero vector)를 시차로 사용한다. 이와 같은 방법으로 예측된 시점 간 움직임 벡터는 Merge와 AMVP의 후보 중 첫 번째 후보로 지정되어 부호화 된다. 또한, 부호화 대상 블록이 시점 간 움직임 벡터로 부호화 되었다면, 이때 사용한 시차 정보를 저장함으로써 이후에 부호화 될 다른 블록에 시차 정보를 제공할 수 있다.

15.1.5 다시점 HEVC의 DPB 관리

시점 간 예측을 이용하여 부호화를 수행하는 다시점 비디오 부호화기 및 복호화기는 기존의 단일 시점 방법과 같이 화면 내 예측, 화면 간 예측을 통한 시간적 예측뿐만 아니라, 다른 시점의 영상을 참조함으로써 화면 간의 공간적 중복성을 제거한다. 예를 들어, 두 시점의 스테레오 영상 비트스트림을

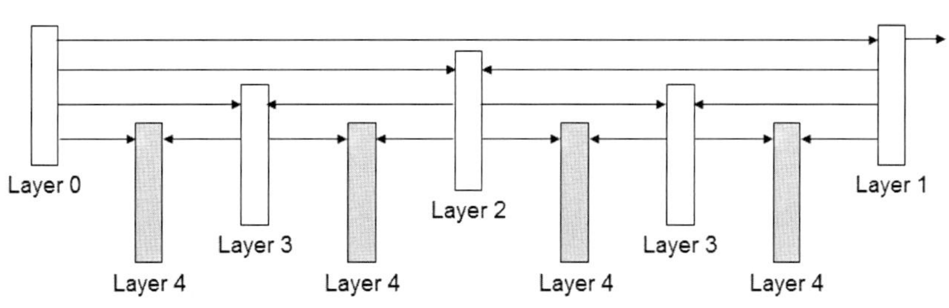

**그림 15-13 단일 시점 부호화 및 복호화를 위한 계층적 참조 구조의 예시

복호화하는 경우, 이웃 시점의 영상을 참조하지 않는 기본 시점 복호화는 화면 내 예측 보상을 수행하거나 움직임 벡터 보상을 위해 같은 시점의 복호화 영상만을 참조한다. 그러나, 확장 시점의 경우, 같은 시점 내의 영상을 참조하는 움직임 벡터 보상뿐만 아니라 이웃 시점의 영상 또한 참조하여 시차 보상을 수행한다. 시차 보상은 이웃 시점의 영상 중 같은 POC를 갖는 영상만을 참조하며, 이 영상을 참조하기 위해서는 추가적인 저장 공간이 요구된다. 또한, 시점 간 예측을 위해서 복호화 된 영상의 참조 여부에 따른 버퍼 관리가 중요하다. 일반적으로 다시점 비디오 부호화의 각 시점은 그림 15-13과 같이 계층적 참조 구조로 부호화 된다. 이 때, 음영 표시된 최하위 계층(Layer 4)의 영상들은 같은 시점 내에서는 참조되지 않기 때문에 시간적 예측을 위한 참조 영상 버퍼를 구성할 때에는 고려되지 않는다. 그러나, 여러 시점의 영상을 부호화하는 다시점 비디오 부호화 방법은 기본 시점을 제외한 어떠한 시점의 영상이던 다른 시점의 영상을 참조하여 부호화 및 복호화 될 수 있기 때문에 참조 영상 버퍼를 어떻게 구성해야 할지 잘 고려해야 한다. 이 때, 기준 영상뿐만 아니라 모든 비 기준 영상이 시점 간 참조를 수행한다면, 그림 15-14와 같이 현재 부·복호화 되는 시점이 다른 시점의 시점 간 참조에 의해 최하위 계층의 영상들을 참조하는 경우를 고려해야 한다. 따라서, 현재 부·복호화 되는 시점의 영상이 다른 시점에 의해 참조 되는지를 고려하여 참조 영상 버퍼를 관리해야 한다.

기존의 단일 시점 부호화기와 마찬가지로, 다시점 부호화기에서도 복호화기와의 불일치(Mismatch)를 방지하기 위하여 부호화 된 영상을 다시 복호화하 화면 간 참조를 수행한다. 이 때, 먼저 부호화 된 다른 시점의 영상을 복호화한 뒤 참조함으로써 시점 간 예측을 수행할 수 있다. 또한, 시간적 참조 구조 및 시점 간 참조 구조에 대한 기본적인 정보는 부호화 이전에 설정할 수 있으며, 부호화 시에는 입력된 설정 값을 이용하여 참조 리스트를 구성한다. 추가적으로 각 시점의 부호화 순서, 참조하는 시점과의 시점 차이 값과 참조 리스트 내의 위치를 지정할 수 있다. 부호화가 끝난 뒤, 전체 영상에 대한 참조 구조 정보 및 각 시점 별 참조 리스트 구성 정보를 참조 영상 셋을 통하여 복호화기로 전송함으로써 복호화기에서도 동일하게 참조 리스트를 구성할 수 있다.

앞서 부호화 된 다시점 비디오를 복호화 할 때에는 한 시점 내에서뿐만 아니라 다른 시점 영상의

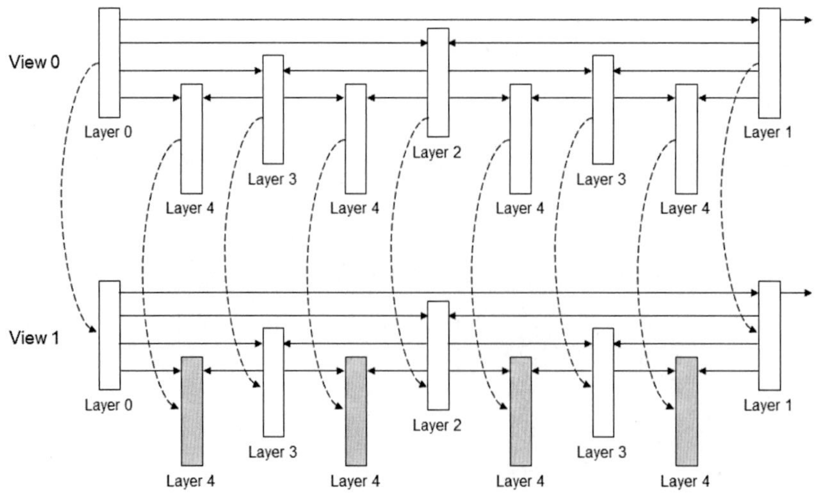

**그림 15-14 다른 시점에 의해 참조되는 최하위 계층 영상

복호화에도 영향을 미치는 시점 간 참조 방법의 특성 때문에 복호화 된 영상을 체계적으로 관리할 필요가 있으며, 어떠한 영상을 부호화 할 때 구성한 참조 리스트는 복호화 단에서도 동일하게 구성되어야 한다. 따라서, 다시점 HEVC의 하이-레벨 신택스는 비디오 파라미터 셋(VPS : Video Parameter Set), 시퀀스 파라미터 셋(SPS : Sequence Parameter Set) 및 슬라이스 헤더를 통하여 시점 간 참조를 위한 필수 보조 정보들을 복호화기에 전달한다. 우선, 다시점 HEVC로 부호화 된 비트스트림의 복호화를 위해서는 비트스트림이 몇 개의 시점으로 이루어졌는지, 각 시점의 영상이 어떠한 순서로 복호화되어야 하는지 등의 전반적인 제어 정보가 필요하다. 이러한 정보는 비디오 파라미터 셋을 통하여 복호화기로 전송된다. 비디오 파라미터 셋은 비트스트림 내에 포함된 시점의 개수(max_layers_minus1), 각 시점의 영상이 이웃한 시점과 종속적인지에 대한 여부(dependent_flag)에 대한 정보를 포함한다. 또한, 각 시점 영상의 시점 ID(viewId), 복호 순서를 가리키는 시점 순서 인덱스(view_order_idx) 및 확장 표준으로 부호화되었는지의 여부 등을 추가적으로 전송한다. 이처럼 모든 영상이 공통적으로 참조하는 정보를 비디오 파라미터 셋을 통하여 전송함으로써 중복 표기를 방지한다. 복호화기는 이러한 비디오 파라미터 셋을 통하여 전체적인 시점 간 참조 구조를 파악할 수 있다. 그러나, 비디오 파라미터 셋은 각각의 시점에 대한 제어 정보를 포함하지 않기 때문에, 시점 별로 복호화 하는데 필요한 정보를 추가적으로 전송해야 한다. 다시점 HEVC의 시퀀스 파라미터 셋은 각 시점의 복호화를 위한 제어 정보를 포함한다. 10 장에서 살펴본 것과 같이, 시퀀스 파라미터 셋에는 영상의 크기, 복호화 되는 영상의 비트심도(bit-depth), 각 부호화 알고리즘의 사용 여부, 움직임 보상을 위한 참조 영상 정보 등이 포함된다. 또한, 시퀀스 파라미터 셋에 있는 확장 표준 신택스를 통하여 각 시점의 시점 간 참조 구조 정보를 전송할 수 있다. 앞서 시퀀스 파라미터 셋 내에서 복호화 된 참조 영상 정보인 참조 영상 셋에는 시간적 참조 구조, 즉 같은 시점의 참조 영상에 대한 참조 영상 리스트가 전송된다. 추가적으로 복호되는 정보에는 현재 복호화되는 시퀀스 파라미터 셋이 기본 시점을 위한 시퀀스 파라미터 셋인지에 대한 플래그와 참조 가능한 이웃 시점의 개수(num_usable_interview_refs_minus1) 및 참조 시점과 현재 시점과의 시점 차이 값(delta_usable_interview_ref_minus1) 등이 나타나 있다. 이와 같이 시퀀스 파라미터 셋을 통하여 각 시점의 영상을 복호화 하는 데에 필요한 정보를 개별적으로 전송한다. HEVC 기반 다시점 부호화기는 비트스트림의 시퀀스 파라미터 셋을 통해 각 시점이 어떠한 시점의 영상을 참조하여 복호화 되는지에 대해 명시할 수 있다. 복호화기에서는 이러한 정보를 바탕으로, 시청하고자 하는 시점의 영상만 복호화 하는 시점 추출(View extraction)이 가능하다. 예를 들어, P-I-P(좌측시점-중간시점-우측시점)의 구조로 부호화 된 비트스트림을 전송 받은 사용자가 좌측 시점의 영상만을 시청하길 원한다고 가정하자. 복호화기는 비디오 파라미터 셋과 시퀀스 파라미터 셋을 통해 좌측 시점을 복호화하려면 중간 시점과 좌측 시점의 데이터가 필요하다는 것을 알 수 있다. 따라서, 복호화 단의 자원이 충분치 못할 경우에는 우측 시점을 제외한 중간 시점과 좌측 시점 데이터만을 복호화 함으로써 좌측 시점의 영상을 시청할 수 있다.

위의 내용을 바탕으로, 다시점 HEVC의 복호화 영상 버퍼 구성의 예를 그림 15-15와 같이 나타내었다. 3 시점의 컬러 다시점 영상에 대해서 영상을 P-I-P 구조로 부호화 하며, 확장 시점의 기준 영상뿐만 아니라 모든 영상에 대하여 시점 간 참조 구조를 수행한다고 가정한다. 또한, 시점 간 참조 영상은 L0 참조 리스트에만 삽입된다. 그림 15-15는 POC가 86, 현재 복호화 대상 영상의 시점 ID가 1일 때의 참조 영상 리스트 구성을 나타낸 것이다. POC 86의 영상에 사용되는 시간적 참조 영상은 시퀀스 파라미터 셋을 통하여 전달된 참조 영상 셋으로부터 80, 82, 84, 86번 영상임을 알 수 있다. 또한, 시퀀스 파라미터 셋을 통해 전달된 시점 간 차이 값으로부터 현재 복호되는 영상의 시점 간 참조 영상은 시점 0의 영상임을 알 수 있다. 또한, 참조 영상 셋에는 참조 리스트 당 참조할 수 있는 영상의 개수가 3으로 명시되어 있다. 그림 15-15에서는 시점 간 참조 영상이 L0에 추가되는 모습이 그려져 있다. 시점 간 참조 영상을 L0 참조 리스트에 삽입 할 경우, 참조 영상의 개수는 네 개가 되기 때문에 이 중 한 개의 영상은 L0 참조 리스트에서 제외되어야 한다. 리스트 내의 시점 간 참조 영상의 위치는 슬라이스 헤더를 통해 전송되며, 예시와 같이 시점 간 참조 영상이 L0 리스트의 세 번째 위치에 삽입되는 경우 기존의 L0의 세 번째 위치에 있는 POC 80의 영상이 시점 간 참조 영상으로 대체된다. 이때, 무조건 해당 위치에 있는 영상을 제거한 뒤 시점 간 참조 영상을 추가하는 것이 아니라 참조 영상의 POC를 고려하여, 리스트에서 제거할 영상을 선택하게 된다. 만일 예시에서 시점 간 참조 영상이 L0의 두 번째 위치에 삽입된다면, 시간적 참조 영상 중에서 가장 POC가 먼 슬라이스인 POC 80 슬라이스가 제거되며, POC 82 슬라이스가 세 번째 위치로 이동하게 된다.

15.2 계층적 비디오 부호화(Scalable video coding)

계층적 비디오 부호화(SVC : Scalable Video Coding)는 다양한 멀티미디어 환경에서 네트워크의 상황 혹은 단말기의 해상도 등과 같은 다양한 사용자 환경에 따라 시간적, 공간적 그리고 화질 관점에서 계층적(Scalable)으로 다양한 서비스를 제공하기 위한 영상 압축 방법이다 [11]. 그림 15-16은 SVC 서비스의 예를 보여주고 있다. SVC는 일반적으로 해상도(Spatial resolution), 품질(Quality), 그리고 시간(Temporal) 측면에서의 계층성(Scalability)을 제공한다. 공간적 계층성(Spatial scalability)은 동일한 영상에 대해 각 계층별로 다른 해상도를 가지고 부호화함으로써 서비스할 수 있다. 공간적 계층성을 이용하여 디지털 TV, 노트북, 스마트폰 등 다양한 해상도를 갖는 디바이스에 대해 적응적으로 영상 콘텐츠를 제공하는 것이 가능하다. 시간적 계층성(Temporal scalability)은 콘텐츠가 전송되는 네트워크 환경 또는 단말기의 성능을 고려하여 영상의 프레임 레이트(Frame rate)를 적응적으로 조절할 수 있다. 예를 들어, 근거리 통신망을 이용하는 경우에는 60FPS (Frame Per Second)의 높은 프레임 레이트로 서비스

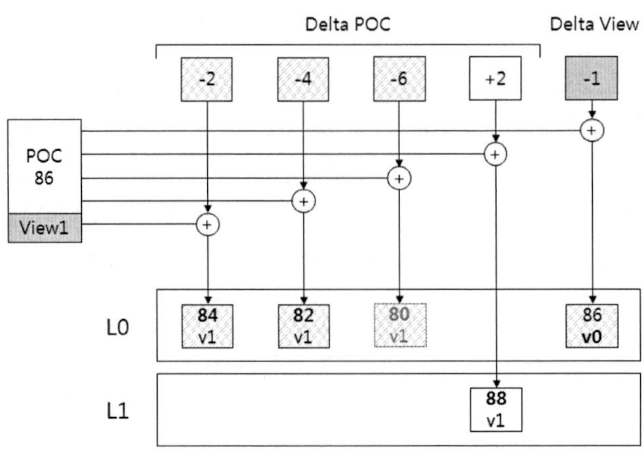

**그림 15-15 참조 영상 리스트 구성의 예시

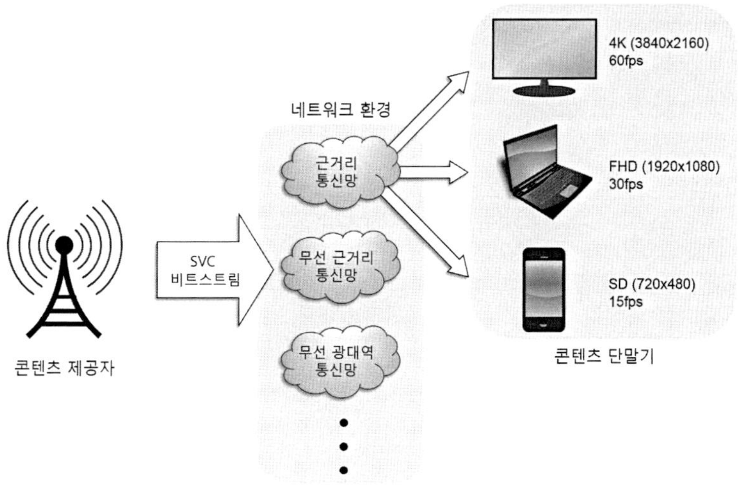

**그림 15-16 SVC 서비스의 예시

를 제공하고, 3G 모바일 네트워크와 같은 무선 광대역 통신망을 사용하는 경우에는 15FPS의 낮은 프레임 레이트로 콘텐츠를 제공함으로써, 사용자가 영상을 끊김 없이 받아볼 수 있도록 서비스를 제공할 수 있다. 품질 계층성(Quality scalability) 또한 네트워크 환경이나 단말기의 성능에 따라 다양한 화질의 콘텐츠를 서비스함으로써, 사용자가 영상 콘텐츠를 안정적으로 재생할 수 있도록 한다. 다음 절에서는 이와 같이 다양한 계층성을 제공하기 위해 개발된 SVC의 구조를 알아보도록 하자.

15.2.1 SVC의 부호화 및 복호화

그림 15-17은 시간, 공간, 그리고 품질 측면에서 계층성을 갖는 SVC의 개념적 구조를 보여준다 [16]. 그림에서 볼 수 있듯이, 시간적, 공간적, 그리고 품질 측면의 계층적 기능들은 필요에 따라 선택적으로

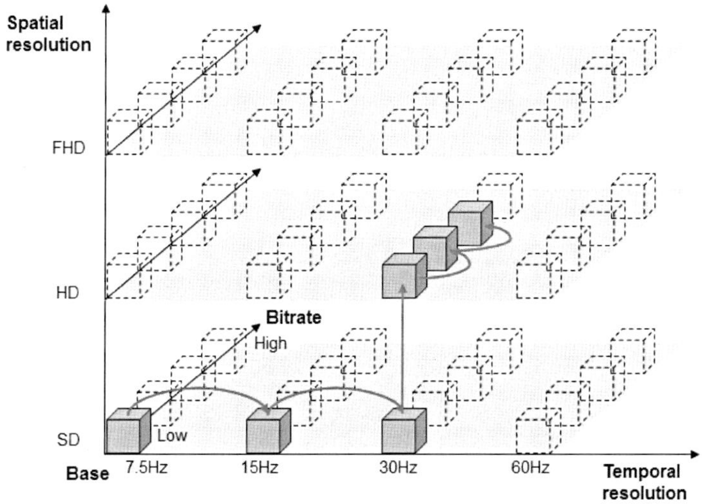

**그림 15-17 시간, 공간, 화질에 대한 계층적 구조도

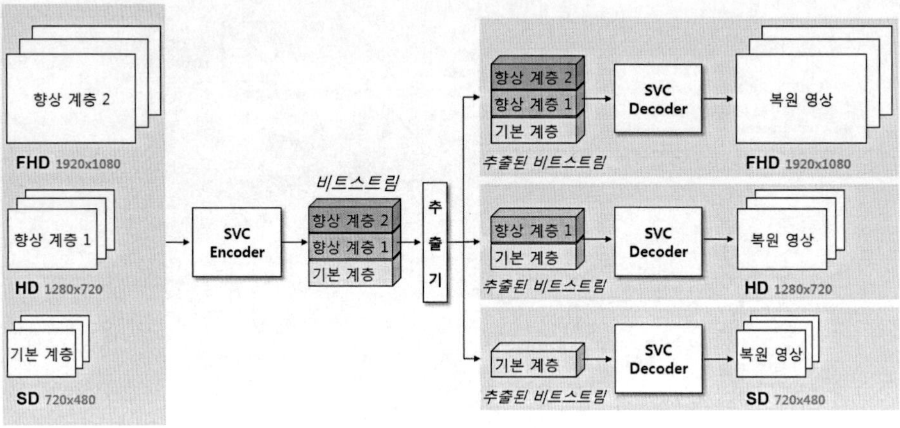

**그림 15-18 공간적 SVC의 부·복호화 과정

해당 서비스를 제공할 수 있기 때문에 다양한 멀티미디어 재생 장치 및 전송 환경에 매우 효과적이다. 중요한 점은 복호화할 비트스트림을 선택할 때, 단계적으로 접근해나가야 한다는 점이다. 그림 15-17과 같이, 기본 계층(Base)으로부터 단계적으로 화질(Bitrate), 해상도(Spatial resolution), 또는 프레임 레이트(Temporal resolution)를 향상시키거나 저하시킬 수 있다. 공간적 계층성을 예로 들어 설명하면, SD(Standard Definition) 해상도에 해당하는 비트스트림 없이는 HD(High Definition) 비트스트림을 복호화하는 것이 불가능하다. 또한, SD 해상도에서 HD 해상도에 해당하는 비트스트림 없이는 영상을 FHD(Full High Definition)로 향상시킬 수 없다. 시간 및 품질 계층성 또한 마찬가지다.

그림 15-18은 공간적 SVC 부·복호화 동작의 예이다. 그림 15-18의 SVC 부호화기에서는 동일 영상에 대하여 세 가지 다른 해상도의 영상들을 부호화하여 비트스트림을 획득하고 저장한다. 사용자 단말기나 네트워크 환경에 따라 비트스트림 추출기(Extractor)는 전송 또는 저장된 비트스트림을 알맞게 분할하고 각각의 단말기에서는 분할되어 전송된 비트스트림을 복호화하여 영상 재생을 가능하게 한다.

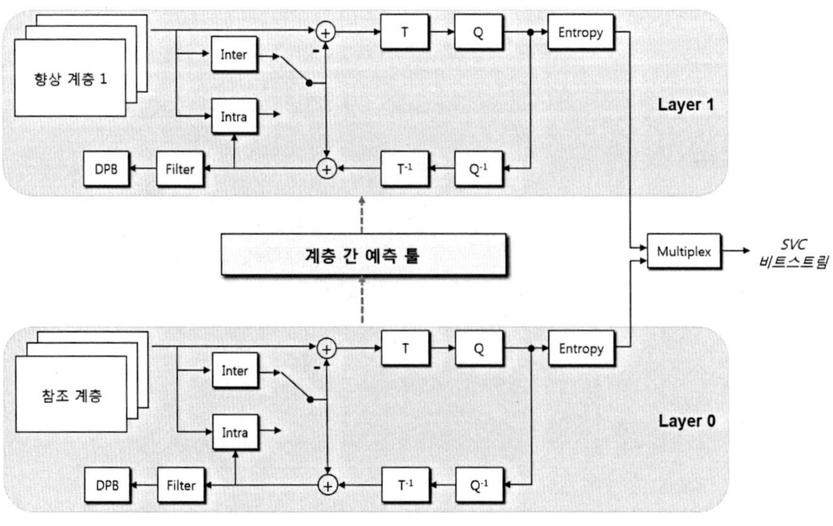

**그림 15-19 계층 간 예측 툴을 포함하는 SVC 부호화기의 구조

이와 같이 계층적 영상 부호화를 이용하면 다양한 환경에 대해 적응적으로 콘텐츠를 서비스할 수 있지만, 부호화하는 데 필요한 비트 량은 단일 영상에 비해 상당히 증가한다. 때문에 제한된 저장 공간 또는 네트워크 대역폭을 갖는 환경에서는 SVC 기반의 서비스를 제공하기 어려울 수 있다. 이러한 문제점을 해결하기 위해, 즉 영상의 압축 성능을 높이기 위해 SVC에서는 MVC와 비슷하게, 계층 간 중복성을 이용한 부호화 방법인 계층 간 예측 툴(Inter-layer prediction tools)을 사용한다. 계층 간 예측 툴은 계층 간에 존재하는 영상의 중복성을 제거하여 향상 계층(Enhancement layer)에서의 압축 효율을 높이는 기술이다. 그림 15-19는 계층 간 예측 툴을 포함하고 있는 SVC 부호화기의 구조를 나타낸 것이다 [13]. 그림에서 볼 수 있듯이, 향상 계층은 계층 간 예측 툴을 이용하여 참조 계층(Reference layer)의 정보를 참조하여 부호화될 수 있다. 참조 계층이란 향상 계층 부호화 시 참조되는 하위 계층을 말한다. 여기서, 계층 간 툴을 사용함으로써 계층 사이에 의존성(Dependency)이 존재하기 때문에, 최상위 계층의 영상을 복호화하기 위해서는 참조되는 모든 하위 계층의 비트스트림이 필요하다. 중간 계층에서는 복호화 대상이 되는 계층과 그 하위 계층들의 비트스트림만을 획득하여 복호화를 수행할 수 있다. 최하위 계층의 비트스트림은 기본 계층으로써, H.264/AVC, HEVC 등의 표준 부호화기로 부호화 된다. 즉, 단일 영상에 대한 표준 복호화기로 복호화되는 호환성(Forward compatibility)을 가진다.

SVC 복호화기에는 싱글 루프(Single-loop)방식과 멀티 루프(Multi-loop)방식이 있는데 그림 15-20은 이 두 가지 방식을 나타낸다. 그림 15-20(a)의 싱글 루프 방식은 실제로 재생하고자 하는 계층의 영상만

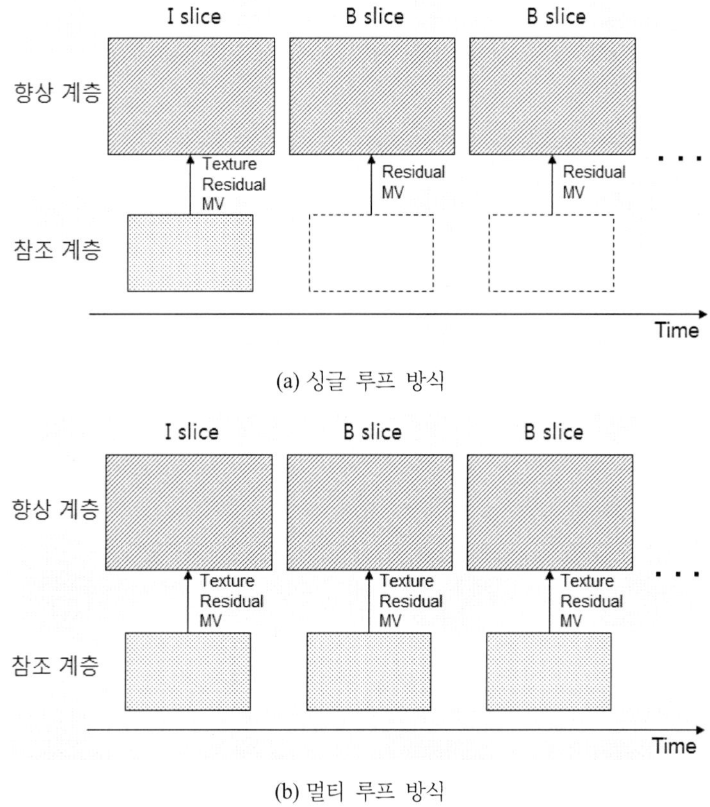

(a) 싱글 루프 방식

(b) 멀티 루프 방식

**그림 15-20 SVC 복호화 방식

복호화하고, 그 하위 계층은 인트라 블록(Intra block)을 제외한 나머지 영상(Texture)에 대해서는 복호화하지 않는다 [15]. 그렇기 때문에 향상 계층에서는 하위 계층의 움직임 벡터, 잔차 신호, 신택스 정보 등은 참조가 가능하지만, 인트라 블록 이외에 다른 블록에 대한 텍스쳐 정보는 참조할 수 없다. 그림 15-20(b)의 멀티 루프 방식은 싱글 루프와 다르게, 현재 재생할 계층뿐만 아니라 그 하위 계층을 모두 복원하는 방식이다. 따라서, 멀티 루프 방식을 사용하면 하위 계층의 신택스 정보뿐만 아니라 모든 텍스쳐 정보를 참조할 수 있다. 멀티 루프 방식은 하위 계층의 텍스쳐 정보를 모두 이용함으로써 싱글 루프 대비 향상 계층의 압축 성능을 높일 수 있지만, 싱글 루프에 비해 복잡도가 높다는 단점이 있다. 기존의 H.264/AVC 기반 SVC 표준 [11]에서는 싱글 루프 방식을 사용하고 있으며, 현재 표준화 진행 중인 HEVC 기반 SVC (SHVC : Scalable High Efficiency Video Coding) [14]에서는 멀티 루프 방식을 사용하고 있다.

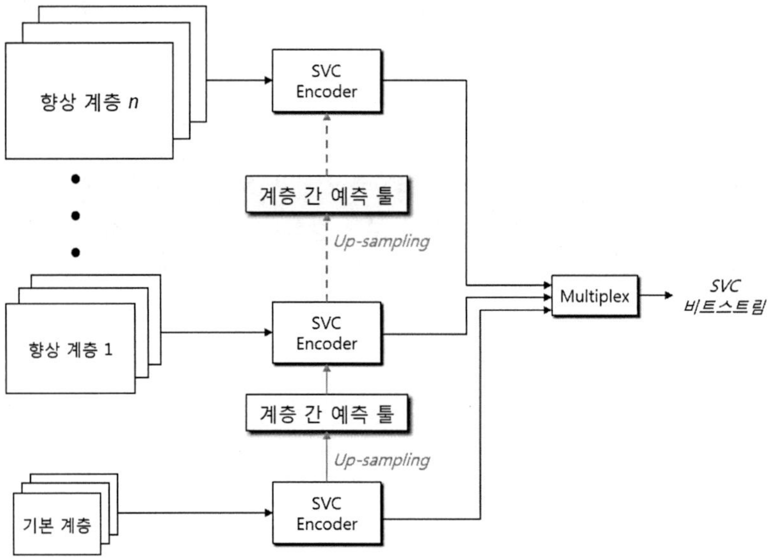

**그림 15-21 공간적 SVC 부호화의 예

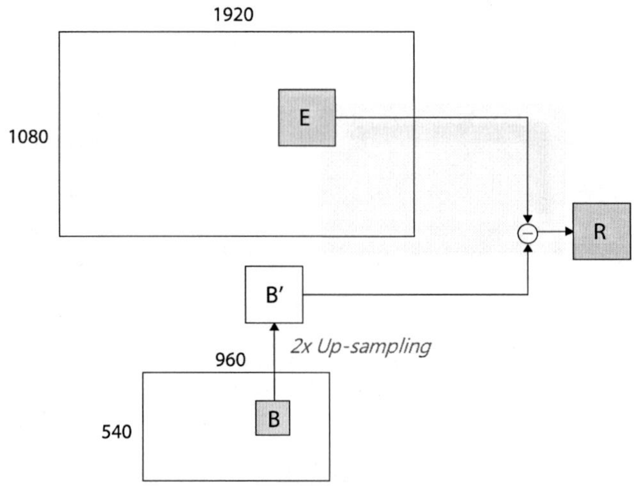

**그림 15-22 계층 간 텍스쳐 예측의 예

15.2.2 공간적 계층성

SVC는 다양한 해상도의 영상을 여러 계층으로 나누어 부호화함으로써 공간적 계층성을 지원한다. 그림 15-21은 공간적 SVC 부호화의 예를 나타낸 것이다. SVC에서 사용하는 계층 간 예측 툴에는 움직임 정보를 참조하는 계층 간 움직임 예측(Inter-layer motion prediction), 텍스쳐 정보를 참조하는 계층 간 텍스쳐 예측(Inter-layer texture prediction), 그리고 잔차 신호(Residual)를 참조하는 계층 간 잔차 신호 예측(Inter-layer residual prediction) 등이 있다. 공간적 SVC는 계층 간 예측 툴에서 참조 계층의 정보를 사용할 때, 참조 계층의 정보를 향상 계층의 해상도에 맞게 업샘플링(Up-sampling) 하여 사용한다. 참조 계층의 크기가 960×540이고 향상 계층의 크기가 1920×1080인 경우를 예로 들어보자. 그림 15-22는 계층 간 텍스쳐 예측을 나타낸 것이다. 향상 계층 블록 E는 참조 계층 내의 대응되는 위치의 블록인 B를 참조 한다. 이 때, 블록 B를 그대로 사용하지 않고 향상 계층의 해상도에 맞게 두 배 업샘플링하여 E의 예측 블록 (B')으로 사용한다.

15.2.3 시간적 계층성

시간적 계층성은 영상의 계층적 부호화 구조를 이용하여 영상의 초당 화면 재생 율을 조절할 수 있다. HEVC 표준에서는 기본적으로 시간적 계층성을 제공하고 있다. 그림 15-23을 통해 시간적 계층성을 지원하는 방법에 대해 간단히 살펴보도록 하자. HEVC의 계층적 부호화 구조에서 상위 계층은 하위 계층만을 참조하도록 구성되어 있다. 예를 들면, B_1 픽쳐는 B_0 또는 I, P 픽쳐를 참조할 수 있지만 B_2 픽쳐는 참조할 수 없다. 다른 관점에서 이야기하면, B_2 픽쳐들을 복호화하지 않더라도 나머지 영상을 복호화 및 재생하는 데에는 문제가 발생하지 않으며, 이러한 점을 이용하여 시간적 계층성을 제공할 수 있다. 그림 15-23을 이용하여 설명하면, GOP 크기가 8이고 원본 영상의 프레임 레이트가 60FPS일 때, 계층적 구조에서 가장 상위 계층인 B_2픽쳐를 제외한 I, P, B_0, 그리고 B_1 픽쳐에 대한 비트스트림만을 복호화할 경우 영상을 30FPS로 재생할 수 있다. 또한, I, P, B_0 픽쳐만 복원하면 15FPS의 영상을 재생할 수 있으며, I와 P 픽쳐만 복호화 할 경우 7.5FPS로도 영상을 재생할 수 있다.

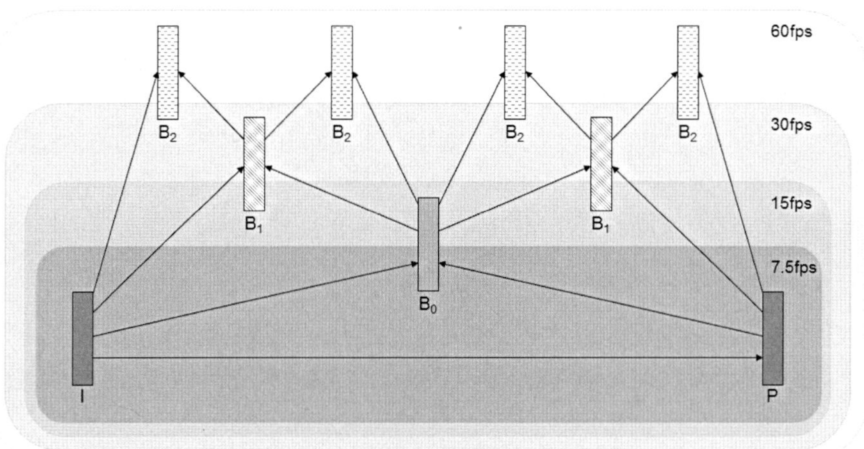

**그림 15-23 계층적 구조에서의 시간적 계층성

15.2.4 품질 계층성

품질 계층성은 계층마다 양자화 파라미터를 다르게 하여 부호화함으로써 다양한 화질의 영상을 제공할 수 있다. 실제로 영상 부호화시 손실이 발생하는 부분은 양자화이며, 양자화는 잔차 신호 도메인에서 수행되고, 잔차 신호의 손실 정도가 영상의 화질에 영향을 미칠 수 있다. 즉, 양자화로 인해 손실된 잔차 신호에 대한 보상을 해준다면 영상의 화질을 향상시키는 것이 가능하다. SVC 부호화기에서는 영상의 화질을 조절하기 위해 기본 계층의 비트스트림과 향상 계층의 잔차 신호 정보를 전송하는 방식을 사용한다. 그림 15-24는 품질 계층성을 위한 SVC의 부호화 및 복호화의 예다. 기본 계층은 QP 값을 34로 설정하여 부호화되고, 이에 대한 신택스 및 잔차 신호 정보가 비트스트림으로 만들어져 전송된다. 향상 계층은 QP 값을 30으로 설정하여 부호화되고, 잔차 신호만 전송된다. 추출기에서는 재생하고자 하는 영상의 화질에 따라 비트스트림을 선택적으로 추출한다. 저화질의 영상을 재생하고자 할 때에는 기본 계층의 신택스 정보와 잔차 신호에 대한 비트스트림을 복호화한다. 반면에 고화질의 영상을 재생하고자 할 때에는 기본 계층의 신택스 정보와 향상 계층의 잔차 신호를 복호화한다.

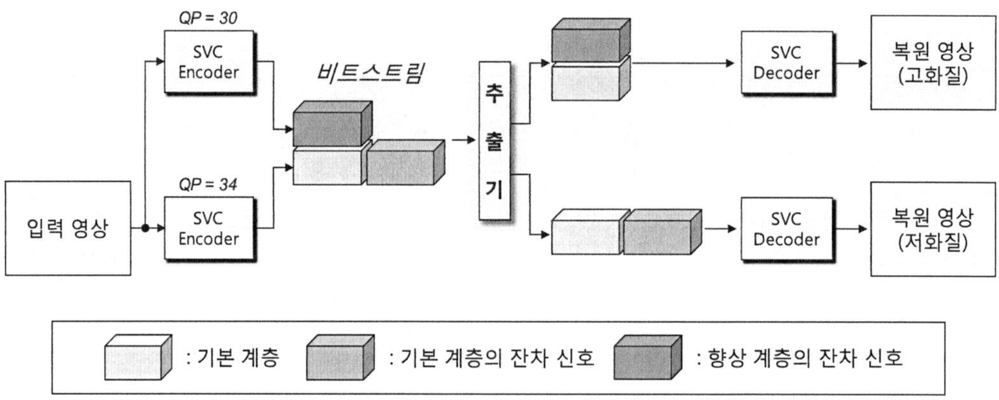

**그림 15-24 품질 계층성을 위한 SVC 부·복호화의 예

SVC에서는 향상 계층의 잔차 신호를 전송하는 데 필요한 비트스트림의 양을 줄이기 위하여, 그림 15-25와 같은 방법을 사용한다. 그림 15-25를 보면, 향상 계층의 잔차 신호는 그대로 전송되는 것이 아니라, 하위 계층의 잔차 신호를 예측 신호로 사용하여 이에 대한 차분 값으로 전송이 된다. R_0는 기본 계층의 잔차 신호이다. 향상 계층의 잔차 신호 R_1은 기본 계층의 잔차 신호 R_0와의 차분 신호인 R_1'으로 전송된다. 향상 계층의 잔차 신호 R_2는 하위 계층의 잔차 신호 R_1과의 차분 값인 R_2'으로 전송된다. 복호화기에서는 기본 계층의 잔차 신호에 차분 값으로 전송되어진 향상 계층 잔차 신호를 더해나감으로써 영상의 화질을 점층적으로 향상시킬 수 있다. 이러한 방법으로 추가적인 잔차 신호에 대한 비트량을 줄일 수 있고, 영상의 화질을 조절하여 서비스 할 수 있다.

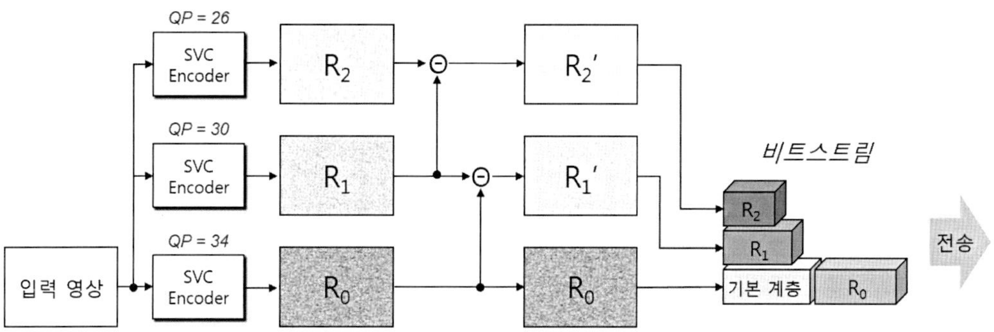

**그림 15-25 품질 계층성에서의 잔차 신호 부호화 방법의 예

15.3 HEVC Range Extension (RExt)

일반적으로 YCbCr 4:2:0 포맷과 8비트 심도의 영상이 널리 사용된다. HEVC는 이러한 YCbCr 4:2:0 포맷 및 8비트 심도의 영상과 최고 10비트 심도의 영상을 지원한다 [17]. 2013년 1월 HEVC version 1 표준이 완료된 이후, 확장된 포맷 및 더 높은 비트심도를 지원하기 위한 HEVC RExt에 대한 표준화가 진행되었고, 2014년 7월에 MV-HEVC 및 SHVC와 함께 표준화가 완료되었다 [18]. HEVC version 1이 YCbCr 4:2:0 포맷과 최대 10 비트까지 지원하던 것과 달리, HEVC RExt은 컬러 포맷 및 비트 심도에 따라 21개의 추가적인 프로파일을 지원하며 프로파일에 따라 YCbCr 4:2:2, YCbCr 4:4:4 포맷과 최대 16 비트 심도의 영상을 지원한다 [19]. 표 15-1은 HEVC version 1 및 HEVC RExt의 주요한 프로파일 및 각 프로파일에서 지원하는 컬러 포맷, 비트 심도를 보여준다. HEVC RExt은 확장된 컬러 포맷 및 비트 심도를 지원할 뿐만 아니라, 응용 분야에서 효과적인 압축을 위한 신규 기술들도 포함하고 있다.

표 15-1 HEVC 주요 프로파일

Feature		Version 1		Version 2 Range Extension						
Profile		Main	Main 10	Main 12	Main 4:2:2 10	Main 4:2:2 12	Main 4:4:4	Main 4:4:4 10	Main 4:4:4 12	Main 4:4:4 Intra
Bit depth		8	8~10	8~12	8~10	8~12	8	8~10	8~12	8~16
Color format	4:2:0	○	○	○	○	○	○	○	○	○
	4:0:0			○	○	○	○	○	○	○
	4:2:2				○	○	○	○	○	○
	4:4:4						○	○	○	○

15.3.1 컬러 포맷 개선

HEVC RExt은 풍부한 색차성분의 표현을 위해 YCbCr 4:2:0 포맷뿐만 아니라, YCbCr 4:2:2 또는 YCbCr 4:4:4 컬러 포맷까지 지원한다. 2장에서 설명한 것처럼, YCbCr 4:2:0 포맷은 Y 성분에 비해 Cb,

Cr 성분을 수평, 수직 양방향으로 절반씩 사용하며, YCbCr 4:2:2 포맷은 수평 방향으로 Cb, Cr 성분을 절반씩, YCbCr 4:4:4 포맷은 Y 성분과 동일한 양의 Cb, Cr 성분을 사용한다. YCbCr 4:2:2 포맷의 경우, 색차 성분 블록이 직사각형 형태가 되기 때문에 부/복호화 할 때 이에 대한 고려들이 필요하다. 먼저, 색차 성분에 대한 화면 내 예측 방향에 대한 고려가 필요하다. YCbCr 4:2:2 포맷은 수평 방향과 수직 방향의 색차 성분에 대한 샘플링 정도가 다르기 때문에 수정된 화면 내 예측 모드를 사용한다. 색차 성분을 위한 화면 내 예측 방법은 Intra_Planar, Intra_DC, Intra_Vertical, Intra_Horizontal, 그리고 Intra_DM의 5개의 모드가 있는데, YCbCr 4:2:2 포맷이 아닌 경우는 이러한 5개의 모드를 통해 표 15-2와 같이 구한 modeIdx를 그대로 사용하고, YCbCr 4:2:2의 경우에는 표 15-3과 같이 modeIdx를 IntraPredModeC로 변경하여 사용한다.

▌표 15-2▌ 색차 성분의 modeIdx

intra_chroma_pred_mode[xPb][yPb]	IntraPredModeY[xPb][yPb]				
	0	26	10	1	X (0 <= X <= 34)
0	34	0	0	0	0
1	26	34	26	26	26
2	10	10	34	10	10
3	1	1	1	34	1
4	0	26	10	1	X

▌표 15-3▌ YCbCr 4:2:2일 때의 modeIdx 맵핑 테이블

modeIdx	X <= 2		3	4	5	6	7	8	9	10	11	12	13	14	15	16	17
IntraPredModeC	X		2	2	2	3	5	7	8	10	12	13	15	17	18	19	20
modeIdx	18	19	20	21	22	23	24	25	26	27	28	29	30	31	32	33	34
IntraPredModeC	21	22	23	23	24	24	25	25	26	27	27	28	28	29	29	30	31

화면 내 예측뿐만 아니라, 주파수 변환부에서도 고려가 필요하다. HEVC의 주파수 변환에서는 쿼드트리 형태의 TU를 사용한다. 하지만, YCbCr 4:2:2 포맷의 경우 TU는 직사각형 형태의 색차 블록을 갖게 된다. 직사각형 모양의 TU 블록을 사용하지 않기 위해 HEVC RExt에서는 그림 15-26과 같이 직사각형 모양의 색차 블록을 두 개의 정사각형 블록으로 분할하여, 각각의 분할된 블록에 주파수 변환을 적용한다. 이 과정에서 생긴 색차 블록의 경계는 실제 휘도성분의 경계가 아니기 때문에, 해당 경계에서는 디블록킹 필터를 적용하지 않는다 [20].

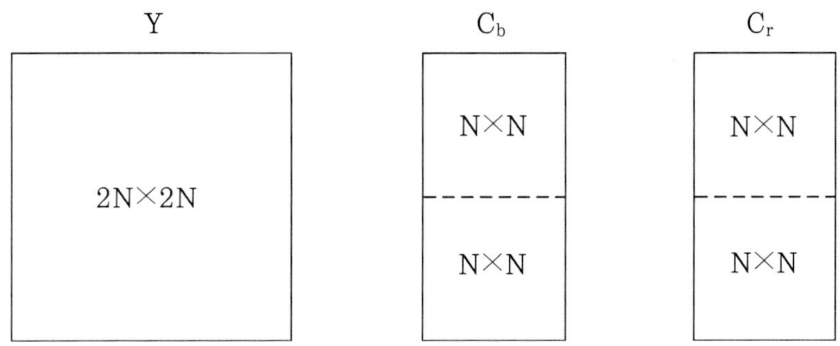

**그림 15-26 YCbCr 4:2:2일 때의 색차 블록 분할

15.3.2 비트 심도 개선

HEVC 표준에서 비트 심도는 main 프로파일에서는 8비트, main10 프로파일에서는 10비트 심도의 영상까지 지원한다. HEVC RExt에서는 8비트, 10비트 영상뿐만 아니라, 최대 16비트 심도의 영상까지 지원을 한다. 확장된 비트 심도의 영상을 효과적으로 지원하기위해 몇 가지 기술들이 추가되었다. 먼저 Extended precision processing 기술은 높은 비트 심도의 비디오 부호화를 위한 방법으로 16비트 심도를 지원하는 일부 프로파일에서 사용 가능하다. Extended precision processing 기술이 사용되면, 변환계수의 범위가 입력 비트 심도와 상관없이 [-215, 215-1]의 범위였던 것이 [-2Min(15, BitDepth+6), 2Max(15, BitDepth+6) - 1]의 범위로 확장된다. 높은 비트 심도의 영상을 효과적으로 지원하기 위한 또 다른 기술로는 High precision weighted prediction 기술이 있다. 이 기술은 화면 간 예측 기술 중, 가중예측에서 사용되는 오프셋 값의 범위를 확장시키는 기술이다. 가중 예측에서 사용되는 오프셋의 범위가 [-27, 27-1]의 범위였던 것을 [-2BitDepth-1, 2BitDepth-1-1]의 범위로 확장시킨다. 이 기술은 12비트 심도 이상의 영상을 지원하는 프로파일에서 사용 가능하다. HEVC RExt에는 이러한 새로운 기술들이 추가되어 높은 비트 심도의 영상을 효과적으로 지원할 수 있게 되었다.

15.3.3 기타 개선 사항

HEVC RExt에는 컬러 포맷 및 비트심도 향상뿐만 아니라 여러 응용분야에서 효과적으로 영상을 압축하기위한 여러 가지 새로운 기술들이 추가되었다.

CCP (Cross-Component Prediction) 기술은 영상의 휘도와 색차 성분의 의존성을 이용하는 방법으로 YCbCr 4:4:4 포맷일 경우 사용가능한 기술이다 [21]. CCP 기술은 휘도 성분의 잔차신호를 이용해 색차 성분의 잔차신호를 예측한다. 색차 성분의 잔차신호는 식 15-1과 같이 부호화기에서 예측되어 전송되며, 복호화기에서는 식 15-2와 같이 복원된다. 부호화기에서 색차 성분 예측 샘플 신호는 색차 성분 샘플 값과 휘도 성분의 복원된 잔차신호 $r'_L(x,y)$을 이용해서 구하며, 복호화기에서는 부호화기로부터 전송된 색차 성분 예측 샘플 신호 $\Delta r'_c(x,y)$와 휘도 성분의 잔차신호 $r'_L(x,y)$을 이용해 색차 성분의 잔차신호 $r'_c(x,y)$를 구할 수 있다. α값은 {-8, -4, -2, -1, 0, 1, 2, 4, 8}의 값 중에 하나의 값을 가질 수 있으며, 표 15-4와 같이 $M(\alpha)$값으로 맵핑된 후 이진화되어 TU 단위로 전송된다. α값이 0이 아닌 경우에는 부호에 대한 신호가 추가로 전송된다.

$$\Delta r_c(x,y) = r_c(x,y) - (\alpha \times r'_L(x,y)) \gg 3 \quad (15\text{-}1)$$

$$r'_c(x,y) = \Delta r'_c(x,y) + (\alpha \times r'_L(x,y)) \gg 3 \quad (15\text{-}2)$$

표 15-4 α 값의 맵핑 테이블

$Babs(\alpha)$	$BM(\alpha)$
0	0
1	1
2	2
4	3
8	4

HEVC의 화면 내 예측은 현재 부호화 하는 블록의 주변에 이미 재구성 되어 있는 샘플들을 참조하여 현재 블록을 예측하는 방법이다. 이때, 압축 성능 향상을 위해 참조 샘플에 필터링을 적용한다. 하지만 스크린 컨텐츠 영상과 같은 경우, 참조 샘플 필터링과정에서 오히려 주관적 화질이 저하되는 경우가 발생한다. 따라서 HEVC RExt에서는 화면 내 예측과정에서 참조 샘플 필터링을 생략할 수 있도록 하였다 [22].

HEVC의 변환 스킵 기술은 스크린 컨텐츠와 같은 연속된 픽셀간의 밝기 값 변화가 적고 객체 경계 등에서 밝기 값이 급격하게 변하는 특성을 갖는 블록에 주파수 변환을 생략함으로써, 화질 저하를 막기 위해 사용하는 기술이다. HEVC에서는 TU 블록의 크기가 4×4로 분할된 경우에만 변환 스킵 기술을 사용하였다. 하지만 HEVC RExt에서는 4×4 TU뿐만 아니라 모든 크기의 TU에 적용할 수 있도록 변경되었다 [23]. 그리고 변환 스킵을 사용하는 블록의 잔차신호에 수직 또는 수평 방향의 화소 단위 차분 부호화를 적용하는 Residual DPCM (Differential Pulse Code Modulation) 기술이 추가되었다. 화면 내 예측 모드를 사용하는 블록에서 화면 내 예측을 기반으로 추가적인 정보의 전송 없이 Residual DPCM의 방향을 결정하는 방법은 Implicit RDPCM 기술과 화면 간 예측 모드를 사용하는 블록에서 RDPCM의 방향을 알려주는 신호를 추가로 부호화 하여 전송하는 Explicit RDPCM 방법이 있다 [24][25]. 또한, 화면 내 예측이 사용된 4×4 변환 스킵 TU에 대하여 그림 15-27과 같이 잔차신호를 회전시킬 수 있는 기술이 추가되었다 [26]. 일반적으로 0이 아닌 잔차신호가 블록 좌측 상단 부분에 나타나는 것과 달리, 화면 내 예측 블록의 잔차신호는 블록 우측 하단 부분에 0이 아닌 샘플 값이 주로 위치하는 분포를 갖게 된다. 이러한 경우 오히려 압축성능의 저하가 발생하므로, 잔차신호를 그림 15-27과 같이 회전시켜 사용할 수 있도록 하였다.

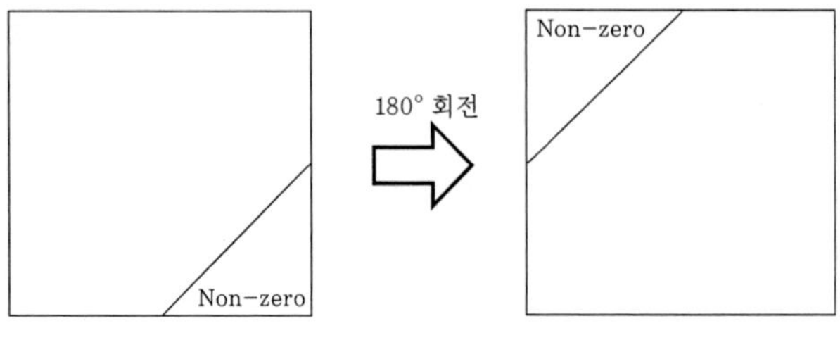

**그림 15-27 Transform skip rotation 기술에서의 잔차신호 블록 회전

15.4 스크린 콘텐츠 코딩 (Screen Contents Coding)

스크린 콘텐츠 (Screen Contents)란 컴퓨터나 전자장비 등을 통해 만들어진 이미지 또는 영상을 의미한다. 그림 15-1은 스크린 콘텐츠 영상의 한 예로 주로 직선, 도형, 텍스트 정보 등으로 이루어져있으며 한 화면에서 표현되는 색의 종류가 많지 않은 것이 특징이다.

스크린 콘텐츠 영상은 주로 e-러닝, 데스크 톱 공유, 애니메이션 등 다양한 분야에서 사용되고 있으며, 멀티미디어 디바이스와 콘텐츠 저작 도구의 개발과 함께 수요가 증가하고 있다.

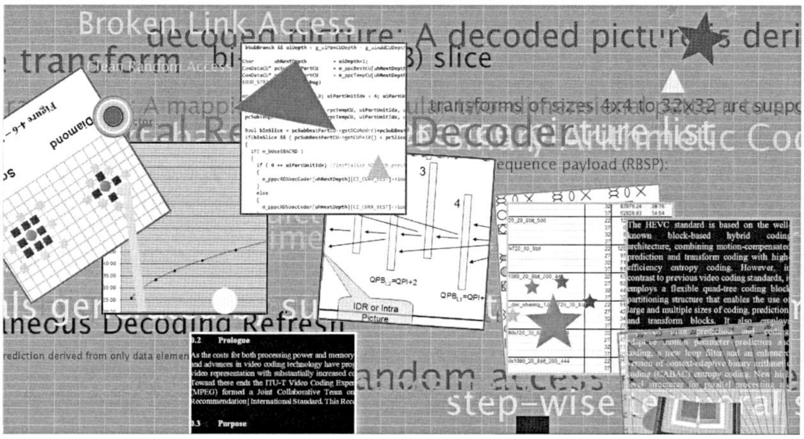

**그림 15-28 스크린 콘텐츠 영상의 예

한편, HEVC와 같은 기존의 비디오 압축 표준은 자연 영상의 압축을 목표로 개발되었기 때문에, 스크린 콘텐츠 영상에 대해서는 효율적인 압축 성능을 제공하지 못한다. 따라서 스크린 콘텐츠 영상에 대한 수요의 증가와 함께 스크린 콘텐츠 영상의 특성에 맞춘 압축 표준의 필요성이 부각되었다. 이에 따라 2014년 1월 17일 ISO/IEC JTC1/SC29/WG11과 ITU-T SG16 Q6/16에서 공동으로 발행한 CfP를 시작으로 HEVC SCC (Screen Content Coding) 표준화가 시작되었다.

HEVC SCC는 기본적으로 앞서 소개한 HEVC RExt 표준을 포함하고 있으며 새롭게 채택된 기술로는 크게 화면 내 블록 복사(IBC : intra block copy), 팔레트 모드, 적응적 칼라 변환(ACT : adaptive colour space transform)이 있다.

IBC는 현재 부/복호화하려는 PU와 유사한 블록을 현재 프레임의 복원된 영역에서 찾는 예측 방법이다. CU 단위로 IBC 부호화 및 복호화 여부가 결정되며 PU 분할모드는 2N×2N, 2N×N, N×2N, N×N 네 가지가 있다. 현재 PU와 유사한 블록 정보는 블록 벡터(BV : block vector)로 나타내며 인코더는 디코더로 전송되는 BV 데이터량을 줄이기 위해 인접한 블록들과 블록 벡터 예측 방법을 수행한다. 블록 벡터 예측 방법은 인접한 블록들의 BV 중 현재 BV와 차분 값이 가장 적게 발생하는 블록 벡터 예측값(BVP : block vector predictor)을 구하는 방법이며, 인코더는 이렇게 구한 BV와 BVP의 차분 값인 블록 벡터 차분 값(BVD : block vector difference)을 디코더로 전송한다. 디코더는 인코더로부터 전송된 BVD와 인코더와 같은 방식으로 구한 BVP를 합하여 얻은 BV로 복호화를 수행한다.

팔레트 모드는 색의 종류가 많지 않은 스크린 콘텐츠의 특성에서 착안한 방법으로 색 정보를 미리 테이블로 구성한 뒤 실제 픽셀 값을 테이블의 인덱스 값으로 매핑하는 방법이다. 팔레트 테이블은 CU 단위로 구성되며 인코더는 구성된 팔레트 테이블 정보 및 픽셀과 팔레트 테이블 간의 매핑 관계를 나타내는 인덱스 정보를 디코더로 전송한다. 이 때, 전송되는 팔레트 테이블의 정보 및 인덱스 정보의 양을 줄이기 위해 테이블의 최대 구성항목의 수는 32개로 제한되며 이전 CU에서 구성되었던 테이블과의 예측 또는 공유 방법을 사용하고 있다. 팔레트 테이블 예측은 과거에 팔레트 모드로 부/복호화된 CU의 팔레트 테이블과 현재 CU의 팔레트 테이블을 각 인덱스 별로 예측하는 방법이다. 반면에, 팔레트 테이블 공유는 과거에 팔레트 모드로 부/복호화된 CU의 팔레트 테이블과 현재 CU의 팔레트 테이블이 동일한 경우 이전의 팔레트 테이블을 그대로 사용하는 방법이다.

ACT는 스크린 콘텐츠 영상 및 자연 영상에 대해 YCbCr과 RGB 색 공간에 비해 YCoCg 색 공간에서 CCP를 수행하는 것이 컬러 채널간의 중복성을 줄이는데 효율적이라는 실험적 결과를 바탕으로 채택된 기술이다. ACT는 CU 단위로 적용 여부가 결정되며 ACT가 적용된 경우에는 CCP 이후 YCoCg 색 공간을 다시 YCbCr 또는 RGB 색 공간으로 변환한 후 복호화를 수행한다.

HEVC SCC 표준화는 2015년 3월 현재 진행 중이며 2016년 2월에 FDIS (Final Draft International Standard)가 발행될 예정이다.

참고문헌

[1] Phillip Merkle, Aljoscha Smolic, Karsten Müiller, and Thomas Wiegand, "Multi-view video plus depth representation and coding," *IEEE Int. Conf. on Image Processing,* vol. 1, Oct. 2007, pp. 201-204.

[2] ISO/IEC JTC1/SC29/WG11, "Call for proposals on 3D video coding technology," document N12036, Geneva, CH, Mar. 2011.

[3] 박시내, 심동규, "다시점 비디오 코딩," *대한전자공학회 하계학술대회 논문집,* 강원도 평창, 한국, Jun. 2008, pp. 57-60.

[4] Junghak Nam, Woong Lim, Donggyu Sim, and Ivan V. Bajić, "Multi-view video coding based on high efficiency video coding (HEVC)," *ITC-CSCC 2011,* Gyeongju, KR, Jun. 2011.

[5] ISO/IEC JTC1/SC29/WG11, "Applications and requirements on 3D video coding," document N12035, Geneva, CH, Mar. 2011.

[6] N. Stefanoski, P. Espinosa, O. Wang, M. Lang, A. Smolic, S. Bosse, M. Farre, K. Müiller, H. Schwarz, M. Winken, and T. Wiegand, "Description of 3D video coding technology proposal by Disney Research Zurich and Fraunhofer HHI," document M22668, Geneva, CH, Nov. 2011.

[7] 박시내, 심동규, "3D 비디오 부호화 표준 기술," *전자공학회지,* vol. 37, no. 9, pp. 34-41, Sep. 2010.

[8] H. Schwarz, C. Bartnik, S. Bosse, H. Brust, T. Hinz, H. Lakshman, D. Marpe, P. Merkle, K. Müiller, H. Rhee, G. Tech, M. Winken, and T. Wiegand, "Description of 3D video coding technology proposal by Fraunhofer HHI (HEVC compatible, configuration A)," document M22570, Geneva, CH, Nov. 2011.
[9] J. Jung, "Description of core experiment 3 on inter-component prediction," document M28357, Geneva, CH, Jan. 2013.
[10] ISO/IEC JTC1/SC29/WG11, "Text of ISO/IEC 14496-10:2012/PDAM3 AVC compatible video-plus-depth extension," document N13142, Shanghai, CN, Oct. 2012.
[11] H. Schwarz, D. Marpe, and T. Wiegand, "Overview of the scalable video coding extension of the H.264/AVC standard," *IEEE trans. On Circuits and Syst. for Video Technol.,* vol. 17, no. 9, pp. 1103-1120, Sep. 2007.
[12] A. Suthra, "Scalable enhancement requirements for HEVC," document M19968, Geneva, CH, Mar. 2011.
[13] H. Choi, J. Nam, and D. Sim, "Scalable structures and inter-layer predictions for HEVC scalable extension," document M20509, Torino, IT, Jul. 2011.
[14] J. Chen, J. Boyce, Y. Ye, and M. Hannuksela, "SHVC draft text 1," document M28410, Geneva, CH, Jan. 2013.
[15] H. Schwarz, D. Marpe, and T. Wiegand, "Constrained inter-layer prediction for single-loop decoding in spatial scalability," *IEEE Int. Conf. on Image Processing,* vol. 2, Genoa, IT, Sep. 2005, pp. 870-873.
[16] 최해철, 이경일, 강정원, 배성준, 유정주, "스케일러블 비디오 부호화의 개요 및 성능 분석," *방송공학회논문지,* vol. 12, no. 6, pp. 542-554, Nov. 2007.
[17] igh Efficiency Video Coding, Rec. ITU-T H.265 and ISO/IEC 23008-2, Jan 2013.
[18] G. J. Sullivan, J. M. Boyce, Y. Chen, J.-R. Ohm, C. A. Segall, A. Vetro (December 2013). "Standardized Extensions of High Efficiency Video Coding" (PDF). IEEE Journal on Selected Topics in Signal Processing, pp. 1001-1016, December 2013.
[19] J. Boyce, et al., "Draft high efficiency video coding (HEVC) version 2, combined format range extensions (RExt), scalability (SHVC), and multi-view (MV-HEVC) extensions," JCTVC-R1013, 18th JCT-VC meeting, Sapporo, JP, June 2014.
[20] K. McCann, C. Rosewarne, B. Bross, M. Naccari, K. Sharman, G. Sullivan, "High Efficiency Video Coding (HEVC) Test Model 16 (HM 16) Encoder Description," JCTVC-R1002, 18th JCT-VC meeting, Sapporo, JP, June 2014.
[21] W. Pu, W.-S. Kim, J. Chen, J. Sole, M. Karczewicz, "RCE1: Descriptions and Results for Experiments 1, 2, 3, and 4," JCTVC-O0202, October 2013.
[22] J. Zhu, K. Kazui, "Non-RCE2: Skip of neighbouring samples filtering in intra prediction for lossless coding," JCTVC-N0080, July 2013.
[23] X. Peng, J. Xu, L. Guo, J. Sole, M. Karczewicz, "Non-RCE2: Transform skip on large TUs," JCTVC-N0288, July 2013.
[24] M. Zhou, M. Budagavi, "RCE2: Experimental results on Test 3 and Test 4," JCTVC-M0056, April 2013.
[25] M. Naccari, M. Mrak, "RCE2: Experimental results for Test C.1," JCTVC-N0074, July 2013.
[26] D. He, J. Wang, G. Martin-Cocher, "Rotation of Residual Block for Transform Skipping," JCTVC-J0093, June 2012.
[27] R. Joshi, and J. Xu, "HEVC Screen Content Coding Draft Text 2", JCTVC-S1005, 19th JCT-VC meeting, Strasbourg, FR, Oct. 2014.

부록(Appendix)

Appendix

부록 A CTC (Common Test Condition)

부록 A에서는 HEVC 표준에 있어서 공통 실험 조건(CTC : Common Test Condition)에 대해 살펴보자. CTC에 대한 자세한 설명에 앞서 먼저 기술을 개발하는데 있어서, CTC가 필요한 이유를 살펴보겠다. 비디오 압축 기술을 개발할 때, 개발하는 기술의 성능을 평가하기 위해서는 명확한 비교 대상과 조건이 필요할 것이다. 비디오 압축 기술은 다수 모듈과 파라미터를 가지고 있으며, 이러한 것의 선택에 따라 목적과 성능이 달라진다. 또한, 비디오 압축 성능 및 특성이 영상마다 크게 다르기도 한다. 예를 들어, 어떠한 기술은 빠른 움직임의 영상에서는 성능 향상이 일부 나타내는 반면, 일반적인 움직임이나, 느린 움직임에서는 성능 저하가 나타난다고 할 때, 실험 기준을 빠른 영상에 대해서만 확인 할 경우 부 정확한 평가를 내릴 수 있을 것이다. 이러한 문제를 피하기 위해, CTC는 알고리즘을 개발하고 평가하는데 있어서 필수적이다. 또한, 표준 기술을 제정하기 위해서는 공정한 공통 실험 조건이 필요하다. 본 부록에서는 HEVC 표준 기술 제정 시 사용한 공통 실험 조건을 정리하고, 이의 의미를 설명한다. 본 부록은 HEVC 공통 실험 조건 문서 [1]를 기반으로 자세히 그 의미를 기술한다. 먼저, 크게 세 가지 구조로 AI (All Intra), RA (Random Access), LD (Low-Delay) 모드가 있으며, 이들 세 가지에 대해 8비트(Main Profile), 10비트(High Efficiency, Main 10 Profile) 부호화의 조합으로 표 A-1처럼 총 여덟 가지 모드로 구성된다. 이러한 실험 조건은 실험 목적에 따라 사용될 수 있으며, 한 예로 화면 내 예측 기술에 대한 실험을 위해 화면 내 부호화 모드로 실험 할 수 있다. HEVC 참조소프트웨어 HM에서는 이러한 여덟 가지 모드에 대해 설정 파일을 제공하며, 앞서 14장에서 살펴보았다.

| 표 A-1 | CTC에 포함된 여덟 가지 모드

```
8비트(Main)
•All intra
•Random access
•Low-delay
•Low-delay P // Optional

•10비트(High efficiency)
•All intra
•Random access
•Low-delay
•Low-delay P // Optional
```

A.1 실험 조건 별 시간적 참조 구조

위에서 살펴 본 모드와 같이 HEVC에서는 부호화에서의 시간적 참조 구조를 AI, RA, LD등 세 가지로 분류한다. 영상의 특성에 따라 또는 압축의 목적에 따라 크게 세 가지로 분류가 되었으며, 화면 전환이 많은 영상 또는 모든 픽쳐에 대해 편집이 용이한 화면 내 예측만으로 부호화하는 AI 모드, 저지연 환경에 적합하도록 오직 과거의 부호화된 픽쳐만을 참조하여 부호화하는 LD모드, 임의 접근성이 보장되어야 하는 사용자 조작의 편의성을 보장하는 RA모드 등으로 분류하였다. 이번 절에서는 각각의 실험조건이 필요한 이유와 시간적 참조 구조에 대해 살펴보자.

▷ A.1.1 All intra 실험 조건

All intra 실험 조건은 영상의 모든 픽쳐에 대해 화면 내 예측만을 수행한다. 화면 간 예측은 영상 내 인접 픽쳐간 유사성을 이용하여 비트 율을 크게 낮출 수 있으며, 많은 변화가 없는 화면이 다수 포함된 영상의 실시간 전송 등에 적합하다. 그러나, 움직임이 많은 스포츠 영상이나, 화려한 조명이 많은 뮤직 비디오, 음악 프로그램, 방송 업무 등 실제 인접한 픽쳐 간 유사성이 없는 화면이 많을 수 있다. 따라서, 화면 간 예측을 통한 비트 율 제어가 어려울 수 있다. 특히, 방송업무에서 한 픽쳐 단위의 편집이 필요한 경우, all intra 압축 방식은 최소의 계산량으로 화질 열화 없는 편집이 가능하다는 장점을 갖는다. 이러한 이유로 인해 all intra 압축을 위한 장비가 개발되고, 화면 간 예측이 사용되지 않기 때문에 모든 픽쳐 간 의존성이 없기 때문에 멀티 CPU, GPU등을 통한 고속화를 이룰 수 있다 [2]. 아래의 그림 A-1은 HEVC all intra 실험 조건의 참조구조를 나타내었다. 그림에서와 같이 비디오 시퀀스에 있는 모든 픽쳐가 IDR (Instantaneous Decoding Refresh) 픽쳐로 부호화 된다. 따라서, 시간적 참조를 사용하지 않고, 참조 픽쳐가 존재하지 않는다. 또한, all intra 참조 구조에서 모든 픽쳐는 POC와 부/복호화 순서가 같으며, CTC에서는 intra 픽쳐에 대해 초기 QP 값이 바뀌지 않는 구조를 갖는다.

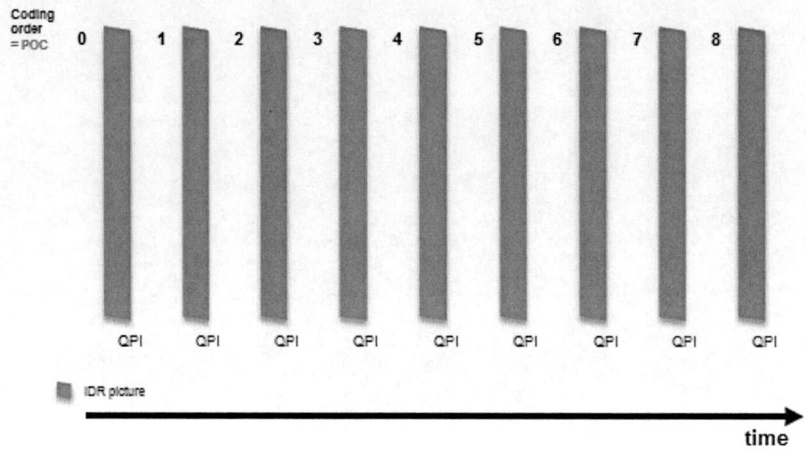

**그림 A-1 All Intra 실험 조건에서의 참조 구조

▷ A.1.2 Low-delay 실험 조건

Low-delay 실험 조건은 전 방향의 참조 픽쳐만을 사용하여 화면 간 예측을 수행한다. 후 방향의 참조 픽쳐(미래 장면의 픽쳐)에 대한 참조는 픽쳐의 유사성을 이용한 화면 간 예측에서 성능을 향상 시킬 수 있는 요인이 되는 반면, 부호화 순서와 재생 순서가 다를 수밖에 없다. 즉, 미래의 픽쳐를 참조하여 부호화된 스트림을 복호화하기 위해서는 마찬가지로 미래의 영상이 미리 복호화가 되어있어야 하므로 지연이 발생하게 된다. 따라서, 영상 통화, 영상 회의 등의 실시간성 영상 통신을 제공하기 위해서는 적절하지 않다. 이처럼 송신측과 수신측 간의 저지연성을 확보하여, 지연 없는 통신을 위해서 low-delay 압축 방식이 강점을 갖게 된다. 아래 그림 A-2는 HEVC low-delay 실험 조건의 참조 구조를 나타낸다. 비디오 시퀀스에 있는 첫 번째 픽쳐는 IDR 픽쳐, 나머지는 GPB (Generalized P and B pictures)들이다. 비디오 압축 표준에서 B 픽쳐는 전 방향의 참조 픽쳐와 후 방향의 참조 픽쳐 두 개를 사용하여 각각의 픽쳐로부터 두 개의 움직임 벡터를 이용할 수 있다. 그러나, 두 개의 움직임 벡터를 사용하는 것에 큰 의미가 없었으며 HEVC에서는 이에 대한 성능 개선으로 GPB라 하여 전 방향 또는 후 방향의 참조 픽쳐에 양방향 예측을 수행하는 방식을 사용한다. 예로, 전 방향의 P 픽쳐에 대해서 후 방향 참조 버퍼에 전 방향 P 픽쳐를 복사하고, 양방향 예측을 수행하여 최대 두 장의 과거 픽쳐를 이용한 양방향 예측을 수행할 수 있는 P 픽쳐와 B 픽쳐의 특성이 모두 포함된 기술이다. 또한, low-delay 참조 구조에서 모든 픽쳐는 POC와 부/복호화 순서가 같으며, GPB는 참조 구조상 전 방향의 참조 픽쳐, 즉 현재 픽쳐의 POC보다 낮은 POC를 갖는 픽쳐만을 참조 픽쳐로 사용할 수 있으며, 각 픽쳐에서의 초기 QP 값은 각 계층에 따라 정해진 오프셋만큼 증가한다. 예를 들어, 그림 A-2에서 보는 바와 같이 첫 번째 계층에서는 초기 I 픽쳐를 위한 QP 값에서 1 증가된 QP를 사용한다. 마지막으로 low-delay P를 사용할 경우는 앞서 설명한 GPB에서 모든 화면 간 예측 픽쳐는 P 픽쳐로만 부호화가 수행한다.

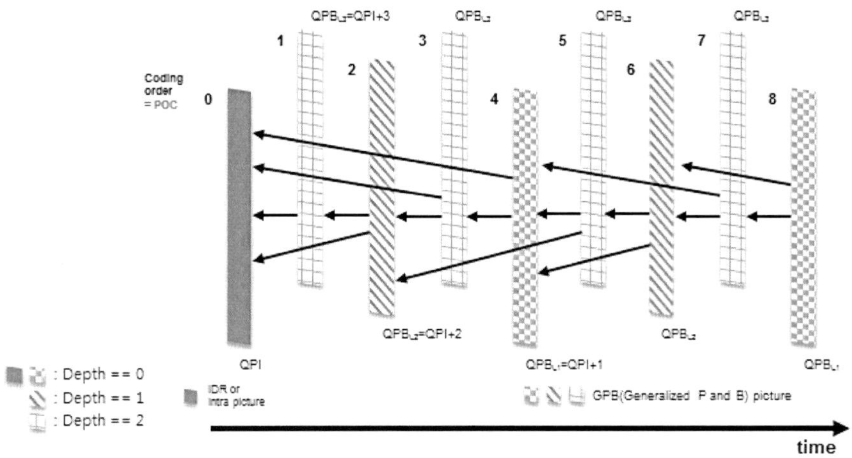

**그림 A-2 Low-Delay 실험 조건에서의 참조구조

▷ A.1.3 Random access 실험 조건

Random access 실험 조건은 화면 내 예측을 중간에 삽입하여 임의 접근성을 보장하며, 화면 간 예측으로 인한 오류 확산의 방지 목적이 되기도 한다. 임의 접근성은 사용자가 영상의 임의의 위치를 보고자 할 때, 반드시 필요하다. 예로 사용자가 방송을 보고 있는 중에 다른 채널을 틀었을 경우, 임의 접근점이 없다면 사용자는 방송이 다시 시작되는 지점에서야 볼 수 있을 것이다. 또한 로컬 영상에 대해서 영상을 보며 건너뛰기, 뒤로 감기, 정지 후 재생 등 이러한 조작이 가능한 것 역시 임의 접근이 가능한 화면 내 예측 픽처가 존재하기 때문이다. 그림 A-3은 HEVC random access 실험 조건의 참조 구조를 나타낸다. 첫 번째 픽처는 IDR 픽처가 되며, 나머지 intra 픽처는 CDR 픽처, 즉 "Open GOP" 형태가 된다. 첫 번째 계층의 GPB 픽처는 intra 픽처를 참조 픽처로 사용할 수 있고, 나머지 계층의 B 픽처는 하위 계층의 픽처들을 참조 픽처로 사용하여 전 방향 및 후 방향에 대해 화면 간 예측을 수행한다.

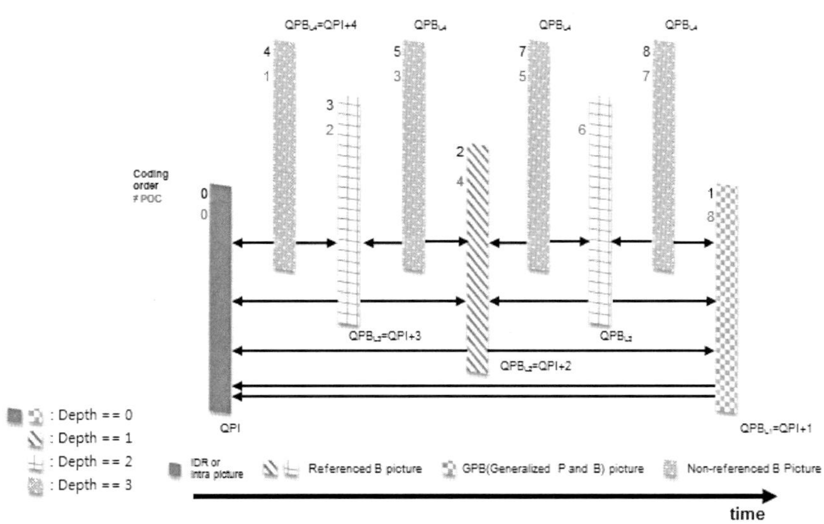

**그림 A-3 Random Access 실험 조건에서의 참조구조

A.2 실험 영상

아래 표 A-2는 앞서 언급한 AI, RA, LD 모드에서 사용되는 실험 영상을 정의한다. 총 다섯 개의 class로 구분되며, 영상의 크기, 프레임 수, 프레임율, 입력 비트 깊이가 포함된다. RA 모드에 있어서 프레임율을 반영하기 위해서는 intra 픽쳐의 삽입 위치를 맞추어 주어야 한다. 다음 표 A-3을 통해 확인 할 수 있다.

▎표 A-2▎실험 영상

Class	Sequence name Resolution	Frame count	Frame rate	Bit depth	Intra	Random ccess	Low-delay
A	Traffic 2560x1600	150	30fps	8	Main/ Main10	Main/ Main10	
	PeopleOnStreet 2560x1600	150	30fps	8	Main/ Main10	Main/ Main10	
	Nebuta 2560x1600	300	60fps	10	Main/ Main10	Main/ Main10	
	SteamLocomotive 2560x1600	300	60fps	10	Main/ Main10	Main/ Main10	
B	Kimono 1920x1080	240	24fps	8	Main/ Main10	Main/ Main10	Main/ Main10
	ParkScene 1920x1080	240	24fps	8	Main/ Main10	Main/ Main10	Main/ Main10
	Cactus 1920x1080	500	50fps	8	Main/ Main10	Main/ Main10	Main/ Main10
	BQTerrace 1920x1080	600	60fps	8	Main/ Main10	Main/ Main10	Main/ Main10
	BasketballDrive 1920x1080	500	50fps	8	Main/ Main10	Main/ Main10	Main/ Main10
C	RaceHorses 832x480	300	30fps	8	Main/ Main10	Main/ Main10	Main/ Main10
	BQMall 832x480	600	60fps	8	Main/ Main10	Main/ Main10	Main/ Main10
	PartyScene 832x480	500	50fps	8	Main/ Main10	Main/ Main10	Main/ Main10
	BasketballDrill 832x480	500	50fps	8	Main/ Main10	Main/ Main10	Main/ Main10
D	RaceHorses 416x240	300	30fps	8	Main/ Main10	Main/ Main10	Main/ Main10
	BQSquare 416x240	600	60fps	8	Main/ Main10	Main/ Main10	Main/ Main10
	BlowingBubbles 416x240	500	50fps	8	Main/ Main10	Main/ Main10	Main/ Main10
	BasketballPass 416x240	500	50fps	8	Main/ Main10	Main/ Main10	Main/ Main10
E	FourPeople 1280x720	600	60fps	8	Main/ Main10		Main/ Main10
	Johnny 1280x720	600	60fps	8	Main/ Main10		Main/ Main10
	KristenAndSara 1280x720	600	60fps	8	Main/ Main10		Main/ Main10

F	BasketballDrillText 832x480	500	50fps	8	Main/ Main10	Main/ Main10	Main/ Main10
	ChinaSpeed 1024x768	500	30fps	8	Main/ Main10	Main/ Main10	Main/ Main10
	SlideEditing 1280x720	300	30fps	8	Main/ Main10	Main/ Main10	Main/ Main10
	SlideShow 1280x720	500	20fps	8	Main/ Main10	Main/ Main10	Main/ Main10

표 A-3 프레임율에 따른 인트라 주기

Frame rate	20fps	24fps	30fps	50fps	60fps
Intra period	16	24	32	48	64

부록 B 오류 검출 기술

오류 검출은 데이터 전송과정에서 발생한 오류에 대해 수신측에서 존재 여부만을 알 수 있도록 하는 기술이다. 이러한 오류 검출은 일반적으로 원본 데이터에 대해 고정된 길이의 오류 검출 메시지를 생성하여 확인 하는 방법을 사용하며, 해시 함수를 사용하여 오류 검출 메시지를 생성한다. 해시 함수(Hash function)란 그림 B-1(a)에서 나타낸 바와 같이 임의의 길이를 갖는 메시지에 대해 고정된 길이의 메시지로 대응 시키는 사상 함수(Mapping function)이며, 출력으로 나온 메시지를 해시 값(Hash value) 또는 메시지 지문이라 한다. 메시지 지문이라는 이름에서 알 수 있듯이 해시 함수를 통해 얻은 해시 값은 입력 메시지에 대한 대표 값을 말하며, 해시 함수를 통해 원 메시지에 대한 오류나 변조를 확인 할 수 있다. 키를 사용하여 같은 메시지에 대해서 다른 결과를 갖는 암호 알고리즘과 달리 같은 입력 메시지에 대해 같은 해시 함수로부터 생성된 해시 값은 항상 같다. 또한, 해시 함수는 그림 B-1(b)에서 볼 수 있듯이 임의의 긴 메시지에 대해 특정 연산을 통해 고정된 길이의 짧은 해시 값을 계산하기 때문에, 계산 과정에서 서로 다른 두 메시지에 대해 같은 해시 값이 나오는 경우가 생긴다. 이를 해시 충돌이라고 하며, 신뢰도가 높은 해시 함수란 해시 충돌이 적어 서로 다른 두 메시지를 구분 할 수 있다.

(a) 해시 함수의 입력과 출력

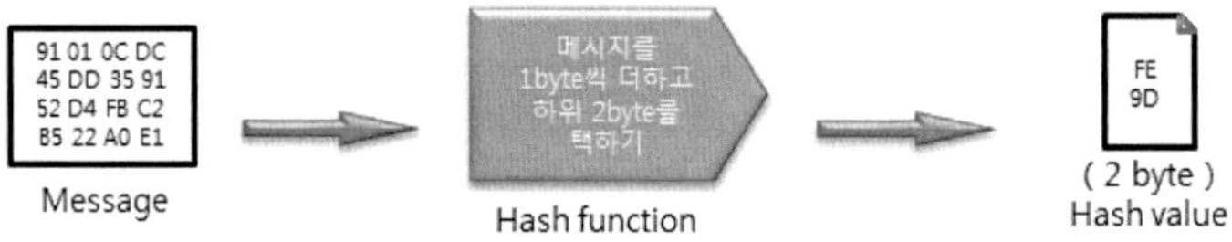

(b) 해시 함수의 예

**그림 B-1 해시 함수

해시 함수는 일반적으로 임의의 길이의 메시지에 대해 연산을 분리하여 수행하게 되는데 이때, 수행 단위를 블록이라고 한다. 또한 해시 함수에서 수행횟수를 가리켜 라운드라 하고, 해시 함수의 라운드가 크다는 것은 복잡도가 높다는 것을 알 수 있다. 대표적으로 많이 쓰이는 해시 함수로는 SHA1, MD5, TIGER, RMD160 등이 있으며 아래의 표를 통해 특징을 알 수 있다.

▎표 B-1▎일반 적인 해시 알고리즘 종류 및 비교

Algorithm	Output bits	Block size	Word size	Round	Endian
SHA1	160	512	32	80	Big
MD5	128	512	32	64	Little
TIGER-192	192	512	64	24	Little
RMD160	160	512	32	80	Little

HEVC에서는 부호된 영상의 비트스트림이 올바르게 복호 되었는지 쉽게 확인할 수 있도록, 해시 함수를 이용하여 구한 해시 값을 SEI 메시지 (Supplemental Enhancement Information Message)로 구성할 수 있도록 지원한다 [2] [3]. 지원하는 해시 함수로는 MD5, CRC (Cyclic Redundancy Checking), Checksum 등의 세 가지가 있으며, 사용한 해시함수의 타입 및 해시 값에 대해 SEI 메시지 형태로 전송하게 된다. HEVC에서 해시 함수는 부호된 각 프레임에 대한 압축 후 복원된 픽셀 데이터에 대해 해시 값을 얻고, 이를 SEI 메시지로 구성하여 전송 할 수 있으며, 복호화기에서 SEI 메시지를 전송 받아 한 프레임에 대한 복호화 후 부호화기와 같은 해시 함수를 이용하여 구한 해시 값과 SEI 메시지를 통해 얻은 해시 값을 비교하여 각 프레임에 대한 무결점 검사를 할 수 있다. 각각의 해시들은 모두 8비트 코딩 또는 10비트 코딩을 지원하며, 한 장의 프레임에서 Y, Cb, Cr 신호에 대해 각각의 해시 값을 만든다. 이제 HEVC에서 사용되는 해시 함수들에 대한 자세한 설명에 앞서 각각의 특징에 대해 살펴보도록 하겠다.

MD5는 1992년 Ron Rivest에 의해 개발 되었으며, 입력된 메시지에 대해 기본 수행단위가 512비트 단위의 블록인 점이 특징이다. 또한 베타적 논리합(Exclusive OR, XOR), 논리곱(And), 논리합(OR), 부정(Not) 연산에 기반을 둔 총 네 단계의 비선형 함수에 대해 16개의 동일 연산을 수행하여 16바이트(128비트)의 해시를 생성한다. CRC는 일반적으로 통신상에서 전송되어온 데이터에 대해 오류가 있는지 확인하기 위해 많이 쓰이는 방법으로, 데이터의 각 비트에 쉬프트 연산 및 베타적 논리합 연산을 사용하여 해시 값을 구하는 것이 특징이다. 또한 오류 검출에 대한 오버헤드가 적으며, 랜덤 오류, 버스트 오류 등의 오류 검출에서도 좋은 성능을 갖는다는 장점이 있다. Checksum은 일반적으로 TCP나 UDP등의 통신 계층에서 수신자가 같은 수의 비트가 도착했는지를 확인 할 수 있도록 지원되는 방법으로 알려져 있으며, 다수의 데이터를 하나의 이진 데이터로 간주하여 그 이진수의 합을 계산한다. 또한, 스왑핑 오류 등의 변형된 오류에 대해서는 검출이 정확히 이루어 질 수 없다는 단점이 있으나 HEVC에서는 이를 보완하기 위해 각 픽셀에 대해 합 연산 전에 해당 픽셀이 위치한 프레임에서 X, Y 위치에 대해 베타적 논리합 마스크를 만들어 이용한다. 각 해시 함수들에 대한 동작 원리 및 특징들에 대해 코드와 함께 자세히 살펴보도록 하자.

B.1 MD5

MD (Message Digest) 5는 임의의 길이의 메시지에 대해 128 비트의 고정된 해시 값을 만들며, 주로 파일의 원본에 대한 무결점 검사를 위해 사용된다 [4]. MD5는 Ron Rievest가 1990년에 개발한 MD4 알고리즘을 대체하기 위해 제안되었으며 빠른 속도와 견고함을 목표로 하였다. MD5의 총 다섯 단계로 구성되며 다음과 같이 이루어진다. 자세한 설명에 앞서 전체적인 동작을 먼저 살펴보도록 하자. MD5는 MD4와 유사하게 해싱 하는 기본 단위를 512비트 블록 단위로 처리한다. 따라서, 512비트로 나누어떨어질 수 있도록 입력 메시지의 길이에 대한 패딩이 먼저 수행된다. 이 때 원본 메시지의 길이를 알 수 있도록 원본 메시지 길이에 대해 하위 64비트에 기록하게 된다. MD5에서는 A, B, C, D 총 128비트로 구성된 네 개의 워드가 MD 연산에 사용되며 각각의 512비트의 메시지 블록이 끝나게 되면, 이 네 개의 워드 값이 변하게 된다. 이 때 모든 512비트의 메시지 블록이 처리되며, 각 32비트 A, B, C, D 네 개의 결과 값, 즉 128비트가 최종 출력이 된다.

단계 1	메시지 다이제스트 버퍼 초기화
단계 2	패딩 비트의 추가
단계 3	원본 메시지의 길이 추가
단계 4	512비트 블록 단위 메시지 처리
단계 5	출력

다음은 HEVC에서 복원된 픽셀에 대한 MD5의 수행 구조이다. 여기서는 이해하기 쉽도록 HEVC 레퍼런스 소프트웨어 HM에 구현된 내용을 참고로 설명하겠다. 먼저 해시 SEI 메시지에서 MD5의 수행이 선택되면, 복원된 영상의 각 프레임 마다 휘도 성분과 Cb, Cr 색차 성분에 대해 MD5가 수행이 되며, 각각에 대해 비트 깊이를 고려하여 8비트 또는 10비트로 수행 한다.

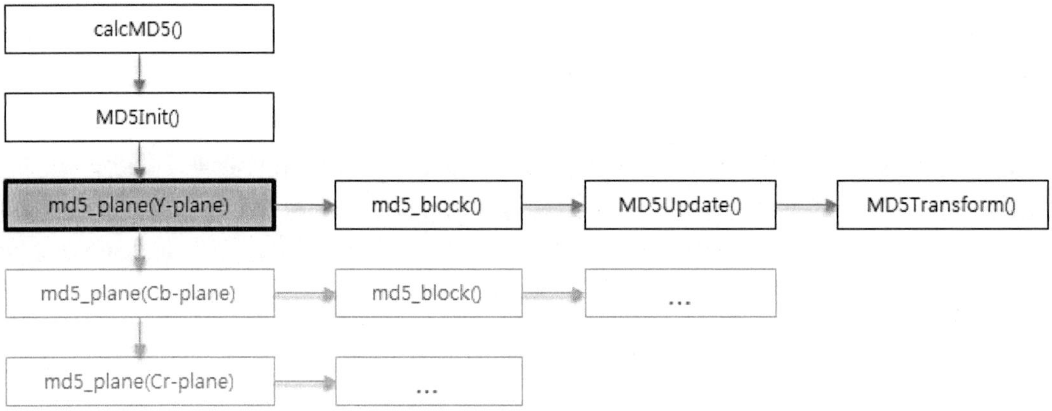

**그림 B-2 HM 소프트웨어에 구현된 MD5의 주요 함수

```
void MD5Init(context_md5_t *ctx)
{
  ctx->buf[0] = 0x67452301
  ctx->buf[1] = 0xefcdab89
  ctx->buf[2] = 0x98badcfe
  ctx->buf[3] = 0x10325476
  ctx->bits[0] = 0
  ctx->bits[1] = 0
}
```

복원된 영상의 한 프레임에 대해 먼저 단계 1 (그림 B-2에서 MD5Init() 단계) 메시지 다이제스트 버퍼 초기화가 수행된다. 다이제스트 버퍼 초기화란 MD5에서 쓰이는 네 개의 32비트 변수에 대해, A = 0x01234567, B = 0x89abcdef, C = 0xfedcba98, D = 0x76543210으로 초기화 하는 단계를 말하며, 리틀 엔디안 방식을 사용하기 때문에 위의 코드에서는 반대의 구조가 된다.

```
static void md5_plane()
{
  N = 32;
  width_modN = width % N;
  width_less_modN = width - width_modN;
  for (y = 0; y < height; y++)
  {
    /* 512비트 단위 처리가 가능한 블록 수행 */
    for (x = 0; x < width_less_modN; x += N)
      md5_block<OUTPUT_BITDEPTH_DIV8>(md5, &plane[y*stride + x], N);
    /* 512비트로 떨어지지 않는 나머지 블록 수행 */
    md5_block<OUTPUT_BITDEPTH_DIV8>(md5, &plane[y*stride + width_less_modN], width_modN);
  }
}
```

앞에서 설명한 것처럼 MD5는 기본 수행 단위가 512비트 블록 단위이다. 이를 위해 md5_plane() 함수에 의해 512비트 블록단위로 처리하기 위해 각 넓이에 대한 한 라인을 512비트 단위로 블록단위 수행 함수인 md5_block() 함수를 수행한다. 한 바이트 당 데이터 구조가 2바이트이므로 32바이트씩 즉 2×32 = 64바이트 = 512비트씩 처리할 수 있는 부분을 먼저 수행한 후 512비트로 나누어지지 않는 나머지에 대해서는 다시 md5_block() 함수에 의하여 메시지를 저장하고 다시 다음 라인에 대해 수행하게 된다. md5_block() 함수에 의하여 8비트 또는 10비트 코딩에 대한 고려를 위해 1바이트씩 버퍼에 리틀 엔디안 구조로 저장한 후 MD5Update() 함수를 통해 비트 패딩 및 512비트 블록 단위 메시지 처리가 된다.

```
void MD5Update(context_md5_t *ctx, unsigned char *buf, unsigned len)
{
  /* 메시지 길이에 대한 연산 */
  uint32_t t = ctx->bits[0];
  if ((ctx->bits[0] = t + ((uint32_t) len << 3)) < t)
    ctx->bits[1]++;
  ctx->bits[1] += len >> 29;
  t = (t >> 3) & 0x3f;
  /* 이전에 버퍼에 저장된 메시지가 존재할 경우 */
  if (t) {
    unsigned char *p = ctx->in.b8 + t;
    t = 64 - t;
    if (len < t) {
      memcpy(p, buf, len);
      return;
    }
    memcpy(p, buf, t);
```

```
    /* little-endian으로 변환 */
    byteReverse(ctx->in.b32, 16);
    /* 512 비트 한 블록에 대한 MD 과정 수행 */
    MD5Transform(ctx->buf, ctx->in.b32);
    buf += t;
    len -= t;
  }
  /* 전체 len에 대하여 각 512 비트 한 블록에 대한 MD5 과정 수행 */
  while (len >= 64) {
    memcpy(ctx->in.b8, buf, 64);
    byteReverse(ctx->in.b32, 16);
    MD5Transform(ctx->buf, ctx->in.b32);
    buf += 64;
    len -= 64;
  }

  /* 입력 메시지에 대한 512비트 블록 연산 후 나머지 데이터를 저장 */
  memcpy(ctx->in.b8, buf, len);
}
```

먼저, MD5Update() 함수는 512비트 블록단위 수행을 위해 메시지의 길이를 연산하여 512비트를 버퍼에 채우고 512비트의 버퍼가 차게 되면 MD5Transform() 함수에 의하여 단계 4의 MD5 값을 계산한다. 위 함수에서 ctx->in.b8 변수와 ctx->in.b32 변수는 유니온 구조로 같은 메모리를 공유하는 변수로서, 바이트 단위로 버퍼에 쓰고, MD5 과정에서는 4바이트 즉, 32비트 워드 단위로 수행되기 때문에 사용하는 방법이다. 참고로 *byteReverse()*함수는 빅 엔디안 시스템에서 리틀 엔디안 시스템으로 메모리를 바꿔주기 위해 수행되며, 예상 되는 바와 같이 MD5의 메시지 생성과정은 리틀 엔디안 환경을 바탕으로 기술하겠다.

```
static void MD5Transform(uint32_t buf[4], uint32_t const in[16])
{
  a = buf[0];
  b = buf[1];
  c = buf[2];
  d = buf[3];
  /* 1 라운드(round) */
  MD5STEP(F1, a, b, c, d, in[0] + 0xd76aa478, 7);
  MD5STEP(F1, d, a, b, c, in[1] + 0xe8c7b756, 12);
  MD5STEP(F1, c, d, a, b, in[2] + 0x242070db, 17);
  MD5STEP(F1, b, c, d, a, in[3] + 0xc1bdceee, 22);
  MD5STEP(F1, a, b, c, d, in[4] + 0xf57c0faf, 7);
  MD5STEP(F1, d, a, b, c, in[5] + 0x4787c62a, 12);
```

```
MD5STEP(F1, c, d, a, b, in[6] + 0xa8304613, 17);
MD5STEP(F1, b, c, d, a, in[7] + 0xfd469501, 22);
MD5STEP(F1, a, b, c, d, in[8] + 0x698098d8, 7);
MD5STEP(F1, d, a, b, c, in[9] + 0x8b44f7af, 12);
MD5STEP(F1, c, d, a, b, in[10] + 0xffff5bb1, 17);
MD5STEP(F1, b, c, d, a, in[11] + 0x895cd7be, 22);
MD5STEP(F1, a, b, c, d, in[12] + 0x6b901122, 7);
MD5STEP(F1, d, a, b, c, in[13] + 0xfd987193, 12);
MD5STEP(F1, c, d, a, b, in[14] + 0xa679438e, 17);
MD5STEP(F1, b, c, d, a, in[15] + 0x49b40821, 22);
/* 2 라운드(round) */
MD5STEP(F2, a, b, c, d, in[1] + 0xf61e2562, 5);
MD5STEP(F2, d, a, b, c, in[6] + 0xc040b340, 9);
MD5STEP(F2, c, d, a, b, in[11] + 0x265e5a51, 14);
MD5STEP(F2, b, c, d, a, in[0] + 0xe9b6c7aa, 20);
MD5STEP(F2, a, b, c, d, in[5] + 0xd62f105d, 5);
MD5STEP(F2, d, a, b, c, in[10] + 0x02441453, 9);
MD5STEP(F2, c, d, a, b, in[15] + 0xd8a1e681, 14);
MD5STEP(F2, b, c, d, a, in[4] + 0xe7d3fbc8, 20);
MD5STEP(F2, a, b, c, d, in[9] + 0x21e1cde6, 5);
MD5STEP(F2, d, a, b, c, in[14] + 0xc33707d6, 9);
MD5STEP(F2, c, d, a, b, in[3] + 0xf4d50d87, 14);
MD5STEP(F2, b, c, d, a, in[8] + 0x455a14ed, 20);
MD5STEP(F2, a, b, c, d, in[13] + 0xa9e3e905, 5);
MD5STEP(F2, d, a, b, c, in[2] + 0xfcefa3f8, 9);
MD5STEP(F2, c, d, a, b, in[7] + 0x676f02d9, 14);
MD5STEP(F2, b, c, d, a, in[12] + 0x8d2a4c8a, 20);
/* 3 라운드(round) */
MD5STEP(F3, a, b, c, d, in[5] + 0xfffa3942, 4);
MD5STEP(F3, d, a, b, c, in[8] + 0x8771f681, 11);
MD5STEP(F3, c, d, a, b, in[11] + 0x6d9d6122, 16);
MD5STEP(F3, b, c, d, a, in[14] + 0xfde5380c, 23);
MD5STEP(F3, a, b, c, d, in[1] + 0xa4beea44, 4);
MD5STEP(F3, d, a, b, c, in[4] + 0x4bdecfa9, 11);
MD5STEP(F3, c, d, a, b, in[7] + 0xf6bb4b60, 16);
MD5STEP(F3, b, c, d, a, in[10] + 0xbebfbc70, 23);
MD5STEP(F3, a, b, c, d, in[13] + 0x289b7ec6, 4);
MD5STEP(F3, d, a, b, c, in[0] + 0xeaa127fa, 11);
MD5STEP(F3, c, d, a, b, in[3] + 0xd4ef3085, 16);
MD5STEP(F3, b, c, d, a, in[6] + 0x04881d05, 23);
MD5STEP(F3, a, b, c, d, in[9] + 0xd9d4d039, 4);
MD5STEP(F3, d, a, b, c, in[12] + 0xe6db99e5, 11);
MD5STEP(F3, c, d, a, b, in[15] + 0x1fa27cf8, 16);
```

```
  MD5STEP(F3, b, c, d, a, in[2] + 0xc4ac5665, 23);
  /* 4 라운드(round) */
  MD5STEP(F4, a, b, c, d, in[0] + 0xf4292244, 6);
  MD5STEP(F4, d, a, b, c, in[7] + 0x432aff97, 10);
  MD5STEP(F4, c, d, a, b, in[14] + 0xab9423a7, 15);
  MD5STEP(F4, b, c, d, a, in[5] + 0xfc93a039, 21);
  MD5STEP(F4, a, b, c, d, in[12] + 0x655b59c3, 6);
  MD5STEP(F4, d, a, b, c, in[3] + 0x8f0ccc92, 10);
  MD5STEP(F4, c, d, a, b, in[10] + 0xffeff47d, 15);
  MD5STEP(F4, b, c, d, a, in[1] + 0x85845dd1, 21);
  MD5STEP(F4, a, b, c, d, in[8] + 0x6fa87e4f, 6);
  MD5STEP(F4, d, a, b, c, in[15] + 0xfe2ce6e0, 10);
  MD5STEP(F4, c, d, a, b, in[6] + 0xa3014314, 15);
  MD5STEP(F4, b, c, d, a, in[13] + 0x4e0811a1, 21);
  MD5STEP(F4, a, b, c, d, in[4] + 0xf7537e82, 6);
  MD5STEP(F4, d, a, b, c, in[11] + 0xbd3af235, 10);
  MD5STEP(F4, c, d, a, b, in[2] + 0x2ad7d2bb, 15);
  MD5STEP(F4, b, c, d, a, in[9] + 0xeb86d391, 21);
  /* 단일 MD5 연산 결과로 얻은 128비트 메시지를 저장 */
  buf[0] += a;
  buf[1] += b;
  buf[2] += c;
  buf[3] += d;
}
```

MD5 알고리즘은 하나의 512비트 블록 메시지에 대해 16개의 연산을 그룹화 하여 4단계로 나누어 처리한다. 또한, 각각의 한 단계를 라운드(Round)라고 부르며, 각 라운드는 아래와 같은 논리식에 의하여 처리된다. 또한, 각 라운드의 16개의 연산은 아래의 MD5STEP 함수에 의해 처리된다. MD5STEP 매크로 함수에 대해 살펴보면, 32비트 워드 네 개에 대하여 512비트 블록의 각 32비트 데이터를 MD5Transform() 함수에서 보는바와 같이 가중치를 더해 주어 각 라운드별로 정해진 연산의 쉬프트 계수 (s)를 이용하여 위 함수와 같이 수행하게 된다.

$$F1(x,y,z) = xy + \overline{x}z$$
$$F2(x,y,z) = xz + y\overline{z}$$
$$F3(x,y,z) = x \oplus y \oplus z$$
$$F4(x,y,z) = y \oplus (x + \overline{z})$$

```
#define MD5STEP(f, w, x, y, z, data, s) \
( w += f(x, y, z) + data,  w = w<<s | w>>(32-s),  w += x )
```

```
void MD5Final(unsigned char digest[16], context_md5_t *ctx)
{
  count = (ctx->bits[0] >> 3) & 0x3F;
  p = ctx->in.b8 + count;
  *p++ = 0x80;
  count = 64 - 1 - count;
  if (count < 8) {
    memset(p, 0, count);
    byteReverse(ctx->in.b32, 16);
    MD5Transform(ctx->buf, ctx->in.b32);
    memset(ctx->in.b8, 0, 56);
  } else {
    memset(p, 0, count - 8);
  }
  byteReverse(ctx->in.b32, 14);
  ctx->in.b32[14] = ctx->bits[0];
  ctx->in.b32[15] = ctx->bits[1];
  MD5Transform(ctx->buf, ctx->in.b32);
  byteReverse((uint32_t *) ctx->buf, 4);
  memcpy(digest, ctx->buf, 16);
  memset(ctx, 0, sizeof(* ctx));
}
```

마지막으로 각 라인에서는 512비트 블록단위 수행이 되고 남은 비트에 대해 512 - 64 = 448 비트의 단계 2의 비트 패딩을 하게 된다. MD5Update() 함수로부터 나머지 메시지가 버퍼에 채워졌으므로 메시지를 채우고 남은 버퍼의 하위 바이트의 MSB (Most Significant Bit)에 1이 더해진다. 그리고 나머지 512 - 64 - 남은 메시지의 길이만큼 모두 0으로 채운다. 다음으로 단계 3의 상위 64비트에 원래 메시지에 대한 길이를 추가한다. 원래 메시지에 대한 길이가 64비트를 넘는 경우에는 길이의 하위 64비트에 대해서만 기록한다. 여기서 나머지 메시지의 길이가 0이라 하더라도, 복원된 한 프레임의 전체 화소값에 대해 512비트 블록단위로 수행했을 때 512비트 블록으로 정확하게 맞아 떨어지는 경우에도 역시 단계 2의 비트 패딩 추가는 수행된다. 이는 원래 메시지에 대한 길이 등을 추가하기 위해서다. 빠른 이해를 위해 예를 들어 보자. 나머지 메시지가 40바이트가 있다고 한다면 41번째 바이트에 0x80이 채워지게 된다. 또한, 449~512번째 비트(최상위 64비트)는 원래 메시지에 대한 길이를 추가한다. 이제 다시 나머지 메시지에 대한 512비트 블록을 구성하였고 이에 대해 다시 MD5Transform() 함수에 의하여 MD5 수행이 이루어진다. 이제 복원된 한 프레임에 대해 단계 5의 MD5 해시 메시지가 결과가 된다.

B.2 CRC (Cyclic Redundancy Check)

CRC는 적은 양의 정보를 추가하여 많은 데이터의 오류를 검출하고자 하는 목적에서 일반적으로 Checksum보다 많이 사용되는 방법이다. CRC는 데이터의 각 비트에 쉬프트 연산 및 베타적 논리합(Exclusive OR) 연산을 사용하여 CRC 값을 구하는 것으로 오류 검출에 대한 오버헤드가 적으며, 랜덤 오류, 버스트 오류 등의 오류 검출에서도 좋은 성능을 갖는다는 장점이 있다. 먼저, CRC의 기본원리에 대해 간단히 살펴보도록 하자. n비트의 CRC를 생성하는 과정에서 k비트의 데이터에 CRC를 추가하기 위해 먼저 n비트만큼 자리 수를 올린다. 이를 미리 주어진 n+1자릿수의(즉, n+1비트) CRC 다항식으로 나누면 n비트의 나머지가 남게 된다. 송신측에서는 n비트의 CRC를 k비트의 데이터에 추가하여 k+n 비트의 데이터를 만들어 보낸다. 수신 측에서는 수신된 k+n비트의 데이터를 CRC 다항식으로 나누어 나머지가 정확히 0이 되는지를 검사하여 오류를 확인할 수 있다. 이 때 n에 대하여 8일 경우 CRC-8, 16일 경우 CRC-16등의 이름으로 부른다. 이제 HM에 구현된 CRC-16에 대해 소스코드와 함께 살펴보도록 하자. 아래는 HM 소프트웨어에 구현된 CRC-16 다항식을 사용한 CRC 계산 함수이다.

```
static void compCRC()
{
  crcVal = 0xffff;
  for (y = 0; y < height; y++)
  {
    for (x = 0; x < width; x++)
    {
      for(bitIdx=0; bitIdx<8; bitIdx++)
      {
        crcMsb = (crcVal >> 15) & 1;
        bitVal = (plane[y*stride+x] >> (7 - bitIdx)) & 1;
        crcVal = (((crcVal << 1) + bitVal) & 0xffff) ^ (crcMsb * 0x1021);
      }
      if(bitdepth > 8)
      {
        for(bitIdx=0; bitIdx<8; bitIdx++)
        {
          crcMsb = (crcVal >> 15) & 1;
          bitVal = (plane[y*stride+x] >> (15 - bitIdx)) & 1;
          crcVal = (((crcVal << 1) + bitVal) & 0xffff) ^ (crcMsb * 0x1021);
        }
      }
    }
  }
  for(bitIdx=0; bitIdx<16; bitIdx++)
  {
    crcMsb = (crcVal >> 15) & 1;
    crcVal = ((crcVal << 1) & 0xffff) ^ (crcMsb * 0x1021);
  }
  digest[0] = (crcVal>>8)  & 0xff;
  digest[1] =  crcVal      & 0xff;
}
```

HM에서는 ITU-T H.271에서 정의된 CRC-16을 사용한다 [5]. CRC-16 다항식으로 $x^{16}+x^{12}+x^5+1$으로 비트열로는 10001000000100001, 즉 0x11021이 된다. CRC 다항식에서 16비트 나머지를 구하기 위해서는 17비트의 다항식이 필요한데 이때 다항식의 최상위 비트는 항상 1이 되므로 다항식을 $x^{12}+x^5+1$ 또는 0x1021 또는 과 같은 방법으로 나타내기도 한다. 역시 CRC에서도 10비트 코딩을 고려하여 설계되었다.

B.3 Checksum

Checksum은 다수의 데이터를 하나의 이진 데이터로 간주하여 그 이진수의 합을 계산하는 방법이다. 보통 32비트 Checksum은 데이터를 32비트 워드 단위로 나누어 그 합을 계산하여 32로 나눈 나머지에 대한 값을 Checksum으로 사용하는 방법이다. 우선 Checksum을 구하기 위한 연산이 덧셈 연산 및 논리 연산만을 사용하기 때문에 계산이 복잡하지 않는 다는 장점이 있지만 발생 가능한 여러 오류들 중에 스왑핑 오류 등의 변형된 오류에 대해서는 검출이 정확히 이루어 질 수 없다는 단점이 있다. 이러한 단점을 보완하기 위해 HEVC에서는 일반적인 데이터의 합만을 이용하지 않고, 합 연산을 수행하기 전에 복원된 영상의 화소에 대한 x, y 위치 인덱스를 이용하여 베타적 논리합 마스크를 만들어 데이터에 추가된 연산을 수행한 후 합 연산을 한다. 마스크는 위치 인덱스 x, y에 대해 각각 하위 1바이트 및 다음 상위 1바이트에 대해 베타적 논리합 연산을 수행하여 만든다. 이렇게 만들어진 마스크를 더하고자 하는 x, y 위치의 데이터에 베타적 논리합 연산을 수행하여 합 연산을 수행한다. 또한 앞에서 보았던 MD5나 CRC와 마찬가지로 Checksum에서도 역시 10비트 코딩에 대해서도 고려가 되어있다.

```
static void compChecksum()
{
  checksum = 0;
  for (y = 0; y < height; y++)
  {
    for (x = 0; x < width; x++)
    {
      xor_mask = (x & 0xff) ^ (y & 0xff) ^ (x >> 8) ^ (y >> 8);
      checksum = (checksum+((plane[y*stride+x]&0xff)^xor_mask))&0xffffffff;
      if(bitdepth > 8)
        checksum = (checksum+((plane[y*stride+x]>>8)^xor_mask))&0xffffffff;
    }
  }
  digest[0] = (checksum>>24) & 0xff;
  digest[1] = (checksum>>16) & 0xff;
  digest[2] = (checksum>>8)  & 0xff;
  digest[3] =  checksum      & 0
}
```

B.4 복호화 과정

이제 앞에서 살펴본 HEVC의 MD5, CRC, Checksum의 세 가지 해시 함수에 대해 SEI 메시지로 구성되는 과정을 살펴보자. 표 B-2에 나타난 구문과 같이 해시 SEI 메시지는 각 프레임이 부호화 된 후 복원된 영상에 대해 수행하는 SUFFIX_SEI_NUT NAL 타입이며, SEI 메시지에서 payload type은 132이다. 또한 앞서 살펴본 바와 같이 HEVC의 해시 함수는 MD5, CRC, Checksum 세 가지를 지원하며, 휘도 성분, Cb, Cr 색차 성분에 대해 각 128비트, 16비트, 32비트의 해시 값을 갖는다.

표 B-2 SEI 메시지에서 해시 SEI 메시지에 대한 Payload 타입

sei_payload(payloadType, payloadSize) {	**Descriptor**
…	
else /* nal_unit_type = = SUFFIX_SEI_NUT */	
if(payloadType = = 132)	
decoded_picture_hash(payloadSize)	
…	
}	

표 B-3 해시 SEI 메시지 구문

decoded_picture_hash(payloadSize) {	**Descriptor**
hash_type	u(8)
for(cIdx = 0; cIdx < (chroma_format_idc = = 0 ? 1 : 3); cIdx++)	
if(hash_type = = 0)	
for(i = 0; i < 16; i++)	
picture_md5[cIdx][i]	b(8)
else if(hash_type = = 1)	
picture_crc[cIdx]	u(16)
else if(hash_type = = 2)	
picture_checksum[cIdx]	u(32)
}	

부록 C CABAC 초기화 테이블

본 부록은 CABAC 관련 표를 정리하였다. 아래 표 C-1의 "*ctxIdx Table*" 컬럼은 표준 문서 [7]상의 표 번호를 나타내며, 이 후의 모든 표는 부록 상의 표 번호는 C-xx로 표시하며, 이와 함께, 괄호 안에 표준 문서상의 표 번호를 참고로 표시하였다.

| 표 C-1 | 초기화 과정에서 각 초기화 유형에 따른 ctxIdx와 구문 요소의 관계

	Syntax element	ctxIdxTable	표	initType		
				0	1	2
sao( )	sao_merge_left_flag sao_merge_up_flag	Table 9-5	C-2	0	1	2
	sao_type_idx_luma sao_type_idx_chroma	Table 9-6	C-3	0	1	2
coding_quadtree( )	split_cu_flag	Table 9-7	C-4	0-2	3-5	6-8
coding_unit( )	cu_transquant_bypass_flag	Table 9-8	C-5	0	1	2
	cu_skip_flag	Table 9-9	C-6		0-2	3-5
	cu_qp_delta_abs	Table 9-10	C-7	0-1	2-3	4-5
	pred_mode_flag	Table 9-11	C-8		0	1
	part_mode	Table 9-12	C-9	0	1-4	5-8
prediction_unit( )	prev_intra_luma_pred_flag	Table 9-13	C-10	0	1	2
	intra_chroma_pred_mode	Table 9-14	C-11	0	1	2
	merge_flag	Table 9-15	C-12		0	1
	merge_idx	Table 9-16	C-13		0	1
	inter_pred_idc	Table 9-17	C-14		0-4	5-9
	ref_idx_l0, ref_idx_l1	Table 9-18	C-15		0-1	2-3
	abs_mvd_greater0_flag	Table 9-19	C-16		0	2
	abs_mvd_greater1_flag	Table 9-19	C-16		1	3
	mvp_l0_flag, mvp_l1_flag	Table 9-20	C-17		0	1
transform_tree( )	rqt_root_cbf	Table 9-21	C-18		0	1
	split_transform_flag	Table 9-22	C-19	0-2	3-5	6-8
	cbf_luma	Table 9-23	C-20	0-1	2-3	4-5
	cbf_cb, cbf_cr	Table 9-24	C-21	0-3	4-7	8-11
residual_coding( )	transform_skip_flag[ ][ ][0]	Table 9-25	C-22	0	1	2
	transform_skip_flag[ ][ ][1] transform_skip_flag[ ][ ][2]	Table 9-25	C-22	3	4	5
	last_significant_coeff_x_prefix	Table 9-26	C-23	0-17	18-35	36-53
	last_significant_coeff_y_prefix	Table 9-27	C-24	0-17	18-35	36-53
	coded_sub_block_flag	Table 9-28	C-25	0-3	4-7	8-11
	significant_coeff_flag	Table 9-29	C-26	0-41	42-83	84-125
	coeff_abs_level_greater1_flag	Table 9-30	C-27	0-23	24-47	48-71
	coeff_abs_level_greater2_flag	Table 9-31	C-28	0-5	6-11	12-17

▎표 C-2▎ sao_merge_left_flag, sao_merge_up_flag ctxIdx에 대한 초기 값 (Table 9-5)

Initialization variable	sao_merge_left_flag, sao_merge_up_flag ctxIdx		
	0	1	2
initValue	153	153	153

▎표 C-3▎ sao_type_idx_luma, sao_type_idx_chroma ctxIdx에 대한 초기 값 (Table 9-6)

Initialization variable	sao_type_idx_luma, sao_type_idx_chroma ctxIdx		
	0	1	2
initValue	200	185	160

▎표 C-4▎ split_cu_flag ctxIdx에 대한 초기 값 (Table 9-7)

Initialization variable	split_cu_flag ctxIdx								
	0	1	2	3	4	5	6	7	8
initValue	139	141	157	107	139	126	107	139	126

▎표 C-5▎ cu_transquant_bypass_flag ctxIdx에 대한 초기 값 (Table 9-8)

Initialization variable	cu_transquant_bypass_flag ctxIdx		
	0	1	2
initValue	154	154	154

▎표 C-6▎ cu_skip_flag ctxIdx에 대한 초기 값 (Table 9-9)

Initialization variable	cu_skip_flag ctxIdx					
	0	1	2	3	4	5
initValue	197	185	201	197	185	201

▎표 C-7▎ cu_qp_delta_abs ctxIdx에 대한 초기 값 (Table 9-10)

Initialization variable	cu_qp_delta_abs ctxIdx					
	0	1	2	3	4	5
initValue	154	154	154	154	154	154

▎표 C-8▎ pred_mode_flag ctxIdx에 대한 초기 값 (Table 9-11)

Initialization variable	pred_mode_flag ctxIdx	
	0	1
initValue	149	134

▎표 C-9▎ part_mode ctxIdx에 대한 초기 값 (Table 9-12)

Initialization variable	part_mode ctxIdx								
	0	1	2	3	4	5	6	7	8
initValue	184	154	139	154	154	154	139	154	154

▌표 C-10▐ prev_intra_luma_pred_flag ctxIdx에 대한 초기 값 (Table 9-13)

Initialization variable	prev_intra_luma_pred_flag ctxIdx		
	0	1	2
initValue	184	154	183

▌표 C-11▐ intra_chroma_pred_mode ctxIdx에 대한 초기 값 (Table 9-14)

Initialization variable	intra_chroma_pred_mode ctxIdx		
	0	1	2
initValue	63	152	152

▌표 C-12▐ merge_flag ctxIdx에 대한 초기 값 (Table 9-15)

Initialization variable	merge_flag ctxIdx	
	0	1
initValue	110	154

▌표 C-13▐ merge_idx ctxIdx에 대한 초기 값 (Table 9-16)

Initialization variable	merge_idx ctxIdx	
	0	1
initValue	122	137

▌표 C-14▐ inter_pred_idc ctxIdx에 대한 초기 값 (Table 9-17)

Initialization variable	inter_pred_idc ctxIdx									
	0	1	2	3	4	5	6	7	8	9
initValue	95	79	63	31	31	95	79	63	31	31

▌표 C-15▐ ref_idx_l0, ref_idx_l1 ctxIdx에 대한 초기 값 (Table 9-18)

Initialization variable	ref_idx_l0, ref_idx_l1 ctxIdx			
	0	1	2	3
initValue	153	153	153	153

▌표 C-16▐ abs_mvd_greater0_flag, abs_mvd_greater1_flag ctxIdx에 대한 초기 값 (Table 9-19)

Initialization variable	abs_mvd_greater0_flag, abs_mvd_greater1_flag ctxIdx			
	0	1	2	3
initValue	140	198	169	198

| 표 C-17 |

Initialization variable	mvp_l0_flag, mvp_l1_flag ctxIdx	
	0	1
initValue	168	168

| 표 C-18 | cu_qp_delta_abs ctxIdx에 대한 초기 값 (Table 9-21)

Initialization variable	rqt_root_cbf ctxIdx	
	0	1
initValue	79	79

| 표 C-19 | split_transform_flag ctxIdx에 대한 초기 값 (Table 9-22)

Initialization variable	split_transform_flag ctxIdx								
	0	1	2	3	4	5	6	7	8
initValue	153	138	138	124	138	94	224	167	122

| 표 C-20 | cbf_luma ctxIdx에 대한 초기 값 (Table 9-23)

Initialization variable	cbf_luma ctxIdx					
	0	1	2	3	4	5
initValue	111	141	153	111	153	111

| 표 C-21 | cbf_cb and cbf_cr ctxIdx에 대한 초기 값 (Table 9-24)

Initialization variable	cbf_cb and cbf_cr ctxIdx											
	0	1	2	3	4	5	6	7	8	9	10	11
initValue	94	138	182	154	149	107	167	154	149	92	167	154

| 표 C-22 | transform_skip_flag ctxIdx에 대한 초기 값 (Table 9-25)

Initialization variable	transform_skip_flag ctxIdx					
	0	1	2	3	4	5
initValue	139	139	139	139	139	139

표 C-23 last_significant_coefficient_x_prefix ctxIdx에 대한 초기 값 (Table 9-26)

Initialization variable	last_significant_coefficient_x_prefix ctxIdx								
	0	1	2	3	4	5	6	7	8
initValue	110	110	124	125	140	153	125	127	140
	9	10	11	12	13	14	15	16	17
initValue	109	111	143	127	111	79	108	123	63
	18	19	20	21	22	23	24	25	26
initValue	125	110	94	110	95	79	125	111	110
	27	28	29	30	31	32	33	34	35
initValue	78	110	111	111	95	94	108	123	108
	36	37	38	39	40	41	42	43	44
initValue	125	110	124	110	95	94	125	111	111
	45	46	47	48	49	50	51	52	53
initValue	79	125	126	111	111	79	108	123	93

표 C-24 last_significant_coefficient_y_prefix ctxIdx에 대한 초기 값 (Table 9-27)

Initialization variable	last_significant_coefficient_y_prefix ctxIdx								
	0	1	2	3	4	5	6	7	8
initValue	110	110	124	125	140	153	125	127	140
	9	10	11	12	13	14	15	16	17
initValue	109	111	143	127	111	79	108	123	63
	18	19	20	21	22	23	24	25	26
initValue	125	110	94	110	95	79	125	111	110
	27	28	29	30	31	32	33	34	35
initValue	78	110	111	111	95	94	108	123	108
	36	37	38	39	40	41	42	43	44
initValue	125	110	124	110	95	94	125	111	111
	45	46	47	48	49	50	51	52	53
initValue	79	125	126	111	111	79	108	123	93

표 C-25 coded_sub_block_flag ctxIdx에 대한 초기값 (Table 9-28)

Initialization variable	coded_sub_block_flag ctxIdx					
	0	1	2	3	4	5
initValue	91	171	134	141	121	140
	6	7	8	9	10	11
initValue	61	154	121	140	61	154

▌표 C-26▐ significant_coeff_flag ctxIdx에 대한 초기 값 (Table 9-29)

Initialization variable	**significant_coeff_flag ctxIdx**								
	0	**1**	**2**	**3**	**4**	**5**	**6**	**7**	**8**
initValue	111	111	125	110	110	94	124	108	124
	9	**10**	**11**	**12**	**13**	**14**	**15**	**16**	**17**
initValue	107	125	141	179	153	125	107	125	141
	18	**19**	**20**	**21**	**22**	**23**	**24**	**25**	**26**
initValue	179	153	125	107	125	141	179	153	125
	27	**28**	**29**	**30**	**31**	**32**	**33**	**34**	**35**
initValue	140	139	182	182	152	136	152	136	153
	36	**37**	**38**	**39**	**40**	**41**	**42**	**43**	**44**
initValue	136	139	111	136	139	111	155	154	139
	45	**46**	**47**	**48**	**49**	**50**	**51**	**52**	**53**
initValue	153	139	123	123	63	153	166	183	140
	54	**55**	**56**	**57**	**58**	**59**	**60**	**61**	**62**
initValue	136	153	154	166	183	140	136	153	154
	63	**64**	**65**	**66**	**67**	**68**	**69**	**70**	**71**
initValue	166	183	140	136	153	154	170	153	123
	72	**73**	**74**	**75**	**76**	**77**	**78**	**79**	**80**
initValue	123	107	121	107	121	167	151	183	140
	81	**82**	**83**	**84**	**85**	**86**	**87**	**88**	**89**
initValue	151	183	140	170	154	139	153	139	123
	90	**91**	**92**	**93**	**94**	**95**	**96**	**97**	**98**
initValue	123	63	124	166	183	140	136	153	154
	99	**100**	**101**	**102**	**103**	**104**	**105**	**106**	**107**
initValue	166	183	140	136	153	154	166	183	140
	108	**109**	**110**	**111**	**112**	**113**	**114**	**115**	**116**
initValue	136	153	154	170	153	138	138	122	121
	117	**118**	**119**	**120**	**121**	**122**	**123**	**124**	**125**
initValue	122	121	167	151	183	140	151	183	140

❙ 표 C-27 ❙ coeff_abs_level_greater1_flag ctxIdx에 대한 초기 값 (Table 9-30)

Initialization variable	coeff_abs_level_greater1_flag ctxIdx								
	0	1	2	3	4	5	6	7	8
initValue	140	92	137	138	140	152	138	139	153
	9	10	11	12	13	14	15	16	17
initValue	74	149	92	139	107	122	152	140	179
	18	19	20	21	22	23	24	25	26
initValue	166	182	140	227	122	197	154	196	196
	27	28	29	30	31	32	33	34	35
initValue	167	154	152	167	182	182	134	149	136
	36	37	38	39	40	41	42	43	44
initValue	153	121	136	137	169	194	166	167	154
	45	46	47	48	49	50	51	52	53
initValue	167	137	182	154	196	167	167	154	152
	54	55	56	57	58	59	60	61	62
initValue	167	182	182	134	149	136	153	121	136
	63	64	65	66	67	68	69	70	71
initValue	122	169	208	166	167	154	152	167	182

❙ 표 C-28 ❙ coeff_abs_level_greater2_flag ctxIdx에 대한 초기 값 (Table 9-31)

Initialization variable	**coeff_abs_level_greater2_flag ctxIdx**								
	0	**1**	**2**	**3**	**4**	**5**	**6**	**7**	**8**
initValue	138	153	136	167	152	152	107	167	91
	9	**10**	**11**	**12**	**13**	**14**	**15**	**16**	**17**
initValue	122	107	167	107	167	91	107	107	167

참고문헌

[1] Bossen, “Common test conditions and software reference configurations,” document JCTVC-L1100, Geneva, CH, Jan. 2013.

[2] Jo, J. H. Nam, and D. Sim, “Macroblock-Based Adaptive Loop Filter for All Intra Coding”, Optical Engineering, vol. 52, no. 3, pp. 037403, March 2013

[3] Flynn, “Simplifying decoder mismatch checking,” document JCTVC-E490, Geneva, CH, March 2011.

[4] Hellman and W. Wan, “Changes to the Hash SEI calculation for improved usability,” document JCTVC-I0218, Geneva, CH, April 2012.

[5] Rivest, “The MD5 Message-Digest Algorithm.” RFC 1321, Informational, April 1992.

[6] eo back channel messages for conveyance of status information and requests from a video receiver to a video sender, ITU-T Rec. H.271, May 2006.

[7] Bross, W. Han, J. Ohm, G. Sullivan, and T. Wiegand, “High efficiency video coding (HEVC) text specification draft 10,” document JCTVC-L1003, Geneva, CH, Jan. 2013.

부록 D 용어 정리

| 표 D-1 | 한글/영문 용어 대비 표

AC 변환 계수	AC transform coefficient
BLA 픽쳐	broken link access (BLA) picture
B-슬라이스	bi-predictive slice
CRA 픽쳐	clean random access (CRA) picture
IDR 픽쳐	instantaneous decoding refresh (IDR) picture
IRAP 픽쳐	intra random access point (IRAP) picture
NAL 유닛	NAL unit
NAL 유닛 스트림	NAL unit stream
P-슬라이스	predictive slice
RADL 픽쳐	random access decodable leading (RADL) picture
RASL 픽쳐	random access skipped leading (RASL) picture
STSA 픽쳐	step-wise temporal sub-layer access (STSA) picture
TSA 픽쳐	temporal sub-layer access (TSA) picture
VCL NAL 유닛	video coding layer (VCL) NAL unit
z-스캔 순서	z-scan order
기본 스트림	elementary stream
단방향 예측	uni-prediction
독립 슬라이스 세그먼트	independent slice segment
디코딩된 픽쳐 버퍼	decoded picture buffer (DPB)
래스터 스캔	raster scan
로우 바이트 시퀀스 페이로드	raw byte sequence payload (RBSP)
롱텀 참조 픽쳐	long-term reference
리딩 픽쳐	leading picture
문맥 변수	context variable
바이트 스트림 NAL 유닛	byte stream NAL unit
바이트-정렬	byte-aligned
변환 계수	transform coefficient
변환 계수 레벨	transform coefficient level
변환 단위	transform unit
변환 블록	transform block
비 참조 픽쳐	non-reference picture
비트스트림	bitstream

빈 스트링	bin string
색차	chroma
서브 레이어	sub-layer (or temporal sub-layer)
서브 비트스트림 추출 프로세스	sub-bitstream extraction process
성분	component
숏텀 참조 픽쳐	short-term reference
수직 스캔	vertical scan
수평 스캔	horizontal scan
스케일링	scaling
슬라이스	slice
슬라이스 세그먼트	slice segment
슬라이스 세그먼트 헤더	slice segment header
시작 코드 접두어	start code prefix
시퀀스 파라미터 셋	sequence parameter set (SPS)
신택스 구조	syntax structure
신택스 요소	syntax element
실행 금지 바이트	emulation prevention byte
양방향 예측	bi-prediction
양자화 파라미터	quantization parameter
엑세스 유닛	access unit
예측 단위	prediction unit
예측 블록	prediction block
움직임 벡터	motion vector
위-오른쪽 대각선 스캔	up-right diagonal scan
이진화	binarization
이진화 과정	binarization process
인코딩된 픽쳐 버퍼	coded picture buffer (CPB)
임의 접근	random access
잔차 신호	residual
종속 슬라이스 세그먼트	dependent slice segment
주파수 역변환	inverse transform
참조 픽쳐	reference picture
참조 픽쳐 리스트	reference picture list
참조 픽쳐 셋	reference picture set
코딩 블록	coding block
코딩 유닛	coding unit

코딩 트리 블록	coding tree block
코딩 트리 유닛	coding tree unit
타일	tile
타일 스캔	tile scan
타일 열	tile column
타일 행	tile row
프레임	frame
픽쳐	picture
픽쳐 순서 카운트	picture order count
픽쳐 파라미터 셋	picture parameter set (PPS)
필드	field
화면 간 예측	inter prediction
화면 내 슬라이스	intra slice
화면 내 예측	intra prediction
휘도	luma

AC transform coefficient (AC 변환 계수)

2차원 변환 계수 중 최소 한 개의 0이 아닌 주파수 인덱스를 갖는 변환 계수를 AC 변환 계수라 한다. N×N 크기의 2차원 배열 f(x, y)를 변환하여 얻은 2차원 변환 계수 g(u, v)에서 주파수 인덱스 u와 v가 모두 0인 변환계수 g(0, 0)을 DC 변환계수라 하는데, AC 변환 계수는 이 DC 변환 계수를 제외한 모든 N×N-1개의 변환계수를 일컫는다.

access unit (엑세스 유닛)

HEVC의 access unit이란, 한 장의 코딩된 픽쳐와 관련된 NAL 유닛의 집합(Set)을 의미한다. 그림 D-1에서 입력 픽쳐는 두 개의 NAL 유닛으로 구성되는데 이때 두 NAL 유닛을 하나의 access unit이라고 정의한다.

bin (빈)

HEVC 엔트로피 코딩에서, 빈 스트링을 이루는 하나의 비트를 빈이라 한다.

bin string (빈 스트링)

엔트로피 코딩에서, 신택스 요소를 비트스트림으로 부호화하기 위한 중간 단계의 이진 데이터를 빈 스트링이라 한다. 빈 스트링은 엔트로피 부호화 과정에서 신택스 요소에 대한 이진화를 거쳐 얻을 수 있다. 부호화기에서 CABAC 또는 우회 코딩을 통해 빈 스트링으로부터 비트스트림을 생성 할 수 있으며, 복호화기에서는 반대의 과정을 통해 비트스트림으로부터 빈 스트링을 생성할 수 있다.

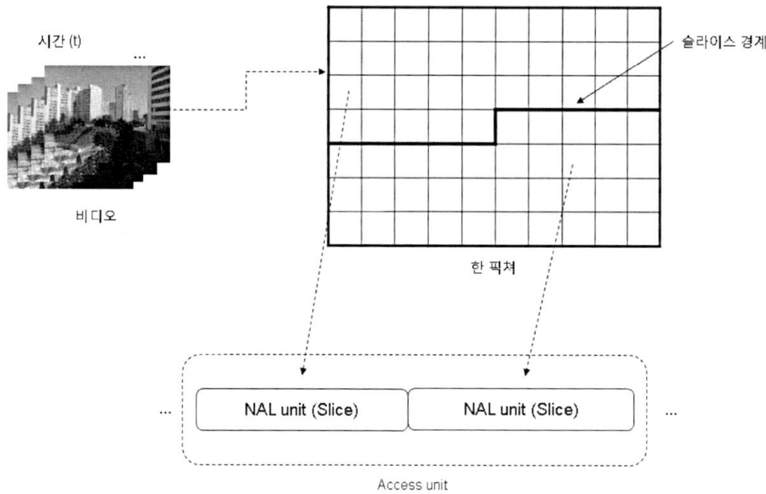

**그림 D-1 Access unit의 설명

binarization (이진화)

엔트로피 코딩에서, 하나의 신택스 요소가 가질 수 있는 모든 값에 대해 정의된 빈 스트링의 집합을 이진화라고 한다. 이진화는 엔트로피 코딩에서 신택스 요소를 빈 스트링으로 변환하거나 반대로 빈 스트링을 신택스 요소로 변환하는데 사용된다.

binarization process (이진화 과정)

엔트로피 코딩에서, 하나의 신택스 요소가 가질 수 있는 모든 값을 빈 스트링으로 사상하는 과정을 이진화 과정이라고 한다. 이 때, 신택스 요소들과 빈 스트링의 집합은 일대일 대응 관계이므로, 엔트로피 복호화에서 역 이진화 과정을 통해 빈 스트링을 원래의 신택스 요소로 변환할 수 있다.

bi-prediction (양방향 예측)

화면 간 예측에서 현재 블록을 위한 예측 블록을 생성함에 있어, 두 장의 참조 픽쳐를 사용하여 하나의 예측 블록을 생성하는 부호화 방법을 양방향 예측이라고 정의한다. 두 장의 참조 픽쳐는 각각의 참조 픽쳐 리스트에서 한 장씩 선택 되고, 움직임 벡터에 의해 총 두 개의 예측 블록이 선택된다. 이러한 두 참조 블록의 가중 평균을 통해 현재 블록의 위한 하나의 예측 블록이 생성된다. 그림 D-2는 과거 픽쳐와 미래 픽쳐에서 선택된 예측 블록의 가중 합을 통해 하나의 예측 블록이 생성되는 예를 보여준다.

**그림 D-2 양방향 예측의 예

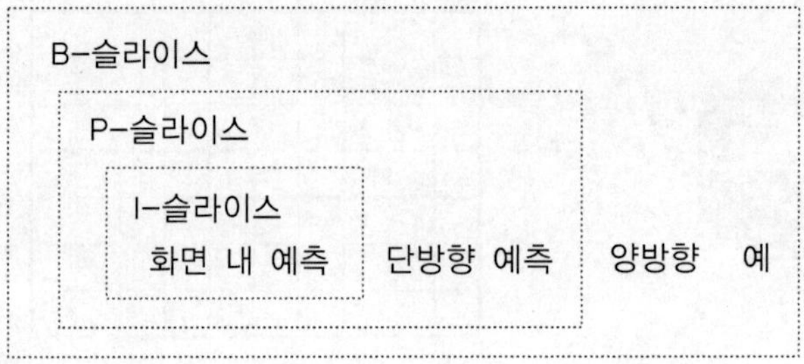

**그림 D-3 슬라이스 종류에 따라 사용 가능한 예측 방법

bi-predictive slice (B-슬라이스)

슬라이스 종류에 따라 슬라이스에 존재하는 부호화 블록의 예측 방법이 제한된다. B-슬라이스 내에 존재하는 부호화 블록은 화면 내 예측과 화면 간 예측을 선택적으로 수행할 수 있다. P-슬라이스와는 달리 B-슬라이스의 화면 간 예측은 하나의 움직임 정보를 사용하는 단방향 예측과 두 개의 움직임 정보를 사용하는 양방향 예측 모두 사용 가능하다.

bitstream (비트스트림)

비디오 데이터를 표현할 수 있는 NAL 유닛 스트림 또는 바이트 스트림 형태의 비트열을 비트스트림이라 한다. 비트스트림은 엔트로피 코딩을 통해 생성된 부호화기의 최종 출력 데이터이며, 복호화기의 입력이다.

broken link access (BLA) picture (BLA 픽쳐)

한 픽쳐에 대한 NAL 유닛 타입이 BLA_W_LP, BLA_W_RADL, 또는 BLA_N_LP인 픽쳐를 의미한다. HEVC에서 비트스트림 결합(Splice)를 수행할 때 결합되는 비트스트림의 IRAP 픽쳐에 대한 리딩 픽쳐가 없는 경우가 BLA_N_LP이고, RADL 픽쳐만 존재하고 RASL 픽쳐는 존재하지 않는 경우에는 BLA_W_RADL이다. 마지막으로 BLA_W_LP는 RADL 영상과 RASL 영상이 동시에 존재하는 경우에 대한 NAL 유닛 타입이다.

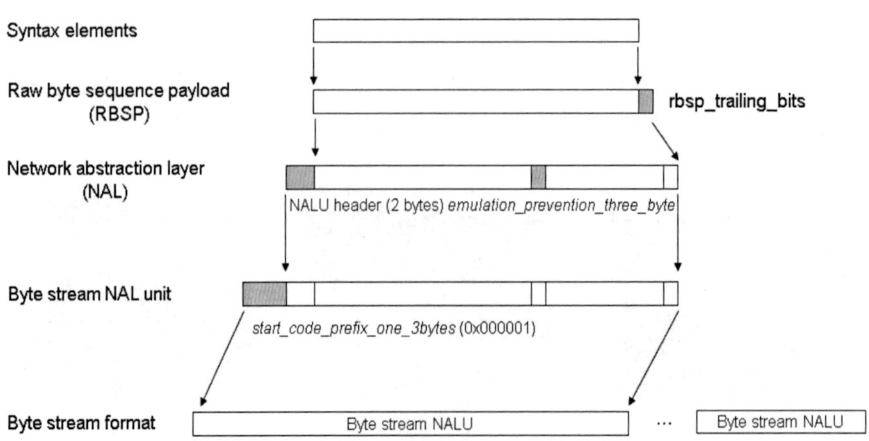

**그림 D-4 Byte stream NAL unit

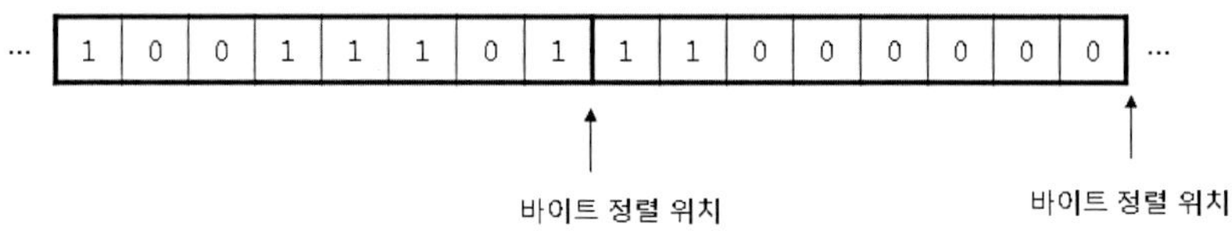

**그림 D-5 Byte-align의 설명

byte stream NAL unit (바이트 스트림 NAL 유닛)

HEVC표준에는 64개의 NAL 유닛이 존재하는데 각 NAL 유닛을 구분하기 위하여 NAL 유닛의 앞부분에 start_code_prefix_one_3bytes 신택스 요소를 추가한 것을 byte stream NAL unit이라 한다. Byte stream NAL unit은 start_code_prefix_one_3bytes 외에도 leading_zero_8bits, zero_byte, trailing_zero_8bits 신택스 요소가 경우에 따라 추가될 수도 있다.

byte-aligned (바이트-정렬)

현재 비트의 위치가 비트스트림의 처음 비트의 위치에 대해서 8의 배수일 때, byte-aligned 되었다고 표현한다. 그림 D-5는 입력 비트스트림의 일부를 보이는데 두 개의 바이트 정렬 위치를 확인할 수 있다.

chroma (색차)

YUV (YCbCr) 컬러 공간에서 휘도(Luminance; Luma) 성분을 제외한 색차(Chrominance; Chroma) 성분들을 Chroma라 통칭하는데, 보통 영상이 취득된 RGB 컬러 공간에서 방송 서비스에서 주로 사용되는 YUV 컬러 공간으로 영상을 변환하는 과정에서 발생한다. 색차 성분으로는 Cb (B-Y)와 Cr (R-Y)이 있으며, 일반적으로 Cb, Cr 성분은 샘플링된 형태로 사용되는 경우가 많다.

clean random access (CRA) picture (CRA 픽쳐)

NAL 유닛 타입이 CRA_NUT인 IRAP (Intra Random Access Point) 픽쳐이다.

coded picture buffer (CPB) (인코딩된 픽쳐 버퍼)

CPB란 인코더에서 압축된 비트스트림의 큐(Queue) 형태의 저장 공간으로, CPB 내에는 디코딩 유닛들이 디코딩 순서에 따라 저장된다. CPB에 저장되는 비트스트림은 AU (Access Unit) 단위로 나뉘며, HEVC 표준에서 CPB의 최대 크기는 HRD (Hypothetical Reference Decoder)가 정의된 표준 문서 Annex C에 기술되어있다. HRD는 실제 디코더에 존재하는 제한된 CPB에 대하여 압축된 비트스트림의 저장량과 입출력 시간에 따른 디코딩 및 영상의 원활한 재생을 보장하기 위하여, 인코더 내에서 디코더의 동작을 에뮬레이션 한다. 이러한 인코더 내부의 디코더 에뮬레이션 과정에서 압축된 비트스트림을 저장하는 공간을 의미한다.

coding block (코딩 블록)

CU를 구성하는 단위로 Y CB, Cb CB, Cr CB가 있다. CU가 세 개의 컴포넌트를 모두 통칭하는데 사용되는 반면, CB (Coding Block)은 각각의 컴포넌트의 블록을 지칭하는데 사용된다.

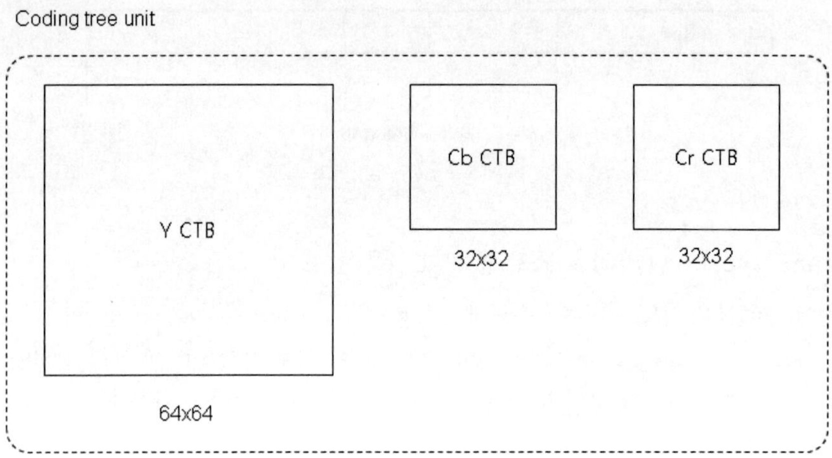

**그림 D-6 Coding tree unit의 예

● coding tree block (코딩 트리 블록)

HEVC에서 픽처는 CTU 단위로 분할되는데 CTU는 Y CTB, Cb CTB, Cr CTB로 구성된다. 즉, CTB는 CTU를 세 개의 컴포넌트 중 Y, Cb, Cr에 해당하는 블록을 가리킬 때 사용된다.

● coding tree unit (코딩 트리 유닛)

Y CTB, Cb CTB, Cr CTB를 묶어서 코딩 트리 유닛(CTU : Coding Tree Unit)이라고 부른다. 그림 D-6은 64×64 크기의 Y CTB와 해당 Y CTB에 대응하는 두 개의 색차 성분에 대한 CTB를 보인다. 입력 영상이 4:2:0인 경우 Cb CTB와 Cr CTB의 크기는 Y CTB의 크기의 1/4이다. HEVC에서 픽처는 먼저 CTU 단위로 분할되고, 각 CTU는 쿼드트리 기반으로 CU로 분할될 수 있다.

● coding unit (코딩 유닛)

Y CB, Cb CB, Cr CB를 묶어서 코딩 유닛(CU : Coding Unit)이라고 부른다. HEVC에서 CTU는 쿼드트리 구조를 통해 CU로 분할될 수 있는데, 한 CU는 화면 내 예측 또는 화면 간 예측이 수행되는 기본 단위이다.

● component (성분)

YUV 컬러 공간을 구성하는 픽셀의 Y, Cb, Cr 각 성분 혹은 이를 성분 별로 저장하고 있는 배열을 각각 통칭하여 component라 한다.

● context variable (문맥 변수)

HEVC의 엔트로피 코딩인 CABAC에서 문맥 변수는 빈의 적응적 이진 산술 부/복호화를 위하여 최근에 부/복호화한 빈들을 통해 산출한 변수를 일컫는다. 문맥 변수는 빈의 확률 정보를 나타내므로 CABAC의 이진 산술 코딩 과정에 직접적인 영향을 미친다. CABAC은 부/복호화된 빈의 값에 따라 문맥 변수를 변경함으로써 문맥 적응적인 코딩을 수행한다. 문맥 변수는 신택스 요소의 위치 및 조건에 따라 초기화, 저장 또는 동기화 될 수 있다.

decoded picture buffer (DPB) (디코딩된 픽쳐 버퍼)

DPB는 디코딩 된 영상을 픽쳐 단위로 저장하는 공간이다. CPB로부터 출력된 비트스트림은 디코딩 과정을 통하여 복원되며, 복원된 영상은 DPB로 예외 없이 입력된다. DPB에 저장된 픽쳐들은 이후에 디코딩 될 영상의 움직임 예측 과정에서 참조될 수 있다. DPB 내에 저장된 복원 픽쳐는 다음의 조건을 만족하게 되면 DPB로부터 출력된다.

- 해당 픽쳐의 display 시간 이후
- RPS (Reference picture set)에 의해 전송되는 참조 픽쳐 정보를 통해 해당 픽쳐가 이후의 디코딩 과정에서 참조되지 않는 'unused for reference'로 분류된 픽쳐인 경우

dependent slice segment (종속 슬라이스 세그먼트)

HEVC의 픽쳐는 여러 슬라이스로 분할될 수 있고, 각 슬라이스는 다시 슬라이스 세그먼트로 분할될 수 있다. 슬라이스 세그먼트 중 슬라이스 세그먼트 헤더를 포함하고 있는 것을 독립 슬라이스 세그먼트(Independent slice segment)라고 부르고, 슬라이스 세그먼트 헤더를 포함하지 않고 있는 것을 종속 슬라이스 세그먼트(Dependent slice segment)라고 한다.

elementary stream (기본 스트림)

오디오, 비디오 부호화기(encoder)를 통해 압축된 비트스트림. Elementary stream은 오디오, 비디오, 메타데이터 등 한 종류의 데이터로만 구성될 수 있으며, 그 포맷은 인코더에 따라 달라질 수 있다.

emulation prevention byte (실행 금지 바이트)

한 NAL 유닛 내에 존재하는 0x03 바이트를 의미한다. Byte stream NAL 유닛을 구성할 때 사용하는 스타트 코드(0x000001)와 동일한 바이트 패턴이 NAL 유닛 내부에 존재하는 것을 막기 위해서 NAL 유닛에 추가되는 바이트이다. 디코더에서는 바이트 스트림 NAL 유닛에서 NAL 유닛을 추출하고, 추출된 NAL 유닛에서 emulation prevention byte를 제거하여 RBSP를 구성한다.

field (필드)

하나의 frame은 두 개의 field로 구성된다. Progressive scan (순차주사) 방식이 아닌 interlace scan (비월주사) 방식으로 영상을 구성하는 경우 top field와 bottom field가 각기 다른 위치에서 다른 순간에 취득되고 디스플레이 된다. 0, 2, 4, … 행을 top field 혹은 even field라 하고, 1, 3, 5,… 행을 bottom field 혹은 odd field라 한다.

frame (프레임)

특정 순간 화면 전체를 구성하는 영상의 단위를 frame이라 한다. 우리가 흔히 말하는 해상도는 한 frame을 구성하는 픽셀의 수를 의미한다. Frame은 0, 2, 4, … 행(row) 으로 구성된 top field와 1, 3, 5, … 행(row)으로 구성된 bottom field 모두를 포함한다.

horizontal scan (수평 스캔)

Residual coding syntax에서 양자화 레벨 및 서브 블록에 대해 정의된 스캔 순서 중 하나. 스캔 순서는

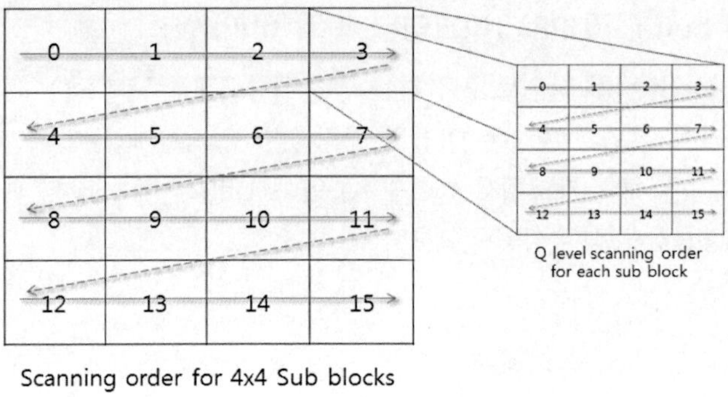

**그림 D-7 서브 블록과 양자화 레벨의 Horizontal 스캔 순서의 예

residual coding syntax에서 양자화 레벨을 시그널링 하는 순서를 정하기 위해 필요하다. 두 개의 임의의 양자화 레벨에 대해, 해당 양자화 레벨이 속한 서브 블록의 스캔 순서가 더 나중인 양자화 레벨이 먼저 시그널링 되며, 두 양자화 레벨이 같은 서브 블록에 포함되어 있을 경우 서브 블록 내 양자화 레벨의 스캔 순서가 나중인 양자화 레벨이 먼저 시그널링 된다. Horizontal scan의 i번째 스캔 순서를 (x_i, y_i)라 할 때, (x_0, y_0)는 (0, 0)이며, 나머지 스캔 순서는 다음과 같이 정의할 수 있다.

$$(x_{i+1}, y_{i+1}) = \begin{matrix} (x_i, y_{i+1}) & i < N-1 \\ (x_{i+1}, 0) & otherwise \end{matrix} \tag{D-1}$$

이 때, N은 서브 블록 또는 양자화 레벨로 이루어진 열의 개수이다. 그림 D-7은 16×16 크기의 양자화 레벨 블록을 각각 4×4크기를 가진 16개의 서브 블록으로 나누었을 경우, 서브 블록과 양자화 레벨의 horizontal 스캔 순서의 예를 보여준다. 서브 블록의 스캔은 수식 D-1에 의해 (0, 0)부터 차례대로 이루어지며, 각각의 서브 블록 내에서 양자화 레벨의 스캔 역시 수식 D-1에 의해 차례대로 이루어진다.

independent slice segment (독립 슬라이스 세그먼트)

슬라이스 세그먼트 중 슬라이스 세그먼트 헤더를 포함하고 있는 것을 의미한다.

instantaneous decoding refresh (IDR) picture (IDR 픽쳐)

IRAP 픽쳐 중 각 NAL 유닛의 타입이 IDR_W_RADL 또는 IDR_N_LP인 픽쳐를 의미한다. IDR 픽쳐는 DPB(Decoded Picture Buffer)를 비우게 된다.

inter prediction (화면 간 예측)

일반적으로 영상은 공간적인 상관도 보다 시간적으로 높은 상관도를 가지기 때문에, 이전 시간에 부호화 된 영상을 참조함으로써 높은 유사성을 갖는 예측 신호를 생성할 수 있다. 인코더에서는 이전 시간에 부호화 된 영상에서 현재 부호화하려는 블록과 상관도가 높은 블록을 탐색하고, 선택된 블록의 위치 정보와 잔차 신호를 디코더로 전송한다. 디코더는 전송된 영상의 선택 정보를 이용하여 인코더와 동일한 예측 블록을 생성하고 전송 된 잔차 신호를 보상하여 복원 영상을 구성한다. 이와 같이 이전 시간에 부호화 된 영상을 참조하여 데이터의 중복을 제거하는 압축 방법을 화면 간 예측이라고 한다.

intra prediction (화면 내 예측)

공간적인 참조만을 허용하는 예측 기술로, 부호화할 블록의 주변에 있는 샘플들을 참조하여 현재 블록을 예측하는 방법을 말한다. 화면 내 예측에서 말하는 주변의 참조 샘플은 예측과 복원으로 재구성된 밝기 값으로 부호화기 및 복호화기에서 참조 샘플로 사용할 수 있다. 화면 내 예측은 연속성을 갖는 평탄한 영역 및 일정한 방향성을 가진 영역에 대해 효과적일 수 있으며, 공간적인 참조만을 사용하기 때문에 임의 접근(random access)을 보장하며, 오류 확산을 방지하는 목적으로 사용되기도 한다.

intra random access point (IRAP) picture(IRAP 픽쳐)

부호화된 픽쳐의 NAL 유닛들이 BLA_W_LP부터 RSV_IRAP_VCL23까지의 타입을 가지는 픽쳐를 의미한다. HEVC에서는 IRAP 픽쳐를 통해서 임의 접근 기능을 제공한다.

intra slice (화면 내 슬라이스)

슬라이스 종류에 따라 슬라이스 내에 존재하는 부호화 블록의 예측 방법이 제한된다. I-슬라이스 내에 존재하는 모든 부호화 블록은 주변 블록과의 공간적 유사성을 이용한 화면 내 예측만을 사용한다.

inverse transform (주파수 역변환)

변환 부호화과정에서 화면 내 또는 화면 간 예측 과정 이후에 생성된 공간 영역의 차분 신호를 주파수 영역으로 변환하는 주파수 변환이 수행될 수 있다. 주파수 역변환은 주파수 변환을 통해 발생된 주파수 영역의 계수들을 다시 공간 영역의 신호로 변환하는 디코딩 과정의 일부이다.

leading picture (리딩 픽쳐)

IRAP 픽쳐들보다 재생 순서는 앞서지만 복호화 순서는 뒤에 있는 픽쳐를 의미한다.

long-term reference (롱텀 참조 픽쳐)

참조 픽쳐 셋에 의해 “used for long-term reference"로 표기 된 복원 픽쳐를 롱텀 참조 픽쳐로 정의한다.

luma (휘도)

YUV (YCbCr) 컬러 공간에서 휘도(Luminance; Luma) 성분을 지칭하는데, 보통 영상이 취득된 RGB 컬러 공간에서 YUV 컬러 공간으로 영상을 변환하는 과정에서 발생한다. 영상의 컬러 성분을 제외한 밝기 값만을 나타내는 것으로 한 픽셀을 구성하기 위한 휘도 성분 하나를 지칭하기도 하고, 일정 범위 이상의 휘도 성분을 저장하는 배열을 지칭하기도 한다.

motion vector (움직임 벡터)

화면 간 예측에서 인코더는 참조한 블록의 위치 정보를 디코더로 전송함으로써 인코더와 디코더는 동일한 예측 신호를 생성한다. 해당 위치 정보는 참조 픽쳐에서 현재 블록과 동일한 위치를 기준으로 참조 블록까지의 이 차원의 상대적인 위치로 표현된다. 이를 “움직임 벡터” 라고 정의한다. 그림 D-8은 선택 된 참조 블록의 위치 정보를 표현하는 이차원의 움직임 벡터의 예를 보여준다. 움직임 벡터는 슬라이스 종류에 따라 한 개 혹은 두 개의 움직임 벡터가 디코더로 전송될 수 있다.

**그림 D-8 이차원 움직임 벡터의 예

NAL unit (NAL 유닛)

H.264/AVC와 HEVC 표준에서 비디오 압축 비트스트림을 네트워크 친화적인 형식으로 구성한 구문 구조(Syntax structure)이다. 한 슬라이스 단위를 하나의 NAL unit으로 구성하는 것이 일반적이며, 시스템 표준에서는 일반적으로 한 프레임을 구성하는 NAL 혹은 NAL 집합을 하나의 access unit으로 간주한다.

NAL unit stream (NAL 유닛 스트림)

NAL unit으로 구성된 연속적인 스트림의 나열

non-reference picture (비 참조 픽쳐)

비 참조 픽쳐 (Non-reference picture)는 DPB 내에서 RPS (Reference Picture Set) 정보에 의해 이후의 디코딩 과정에서 참조되지 않을 픽쳐로 분류된 픽쳐로, "unused for reference"로 표시된 픽쳐를 의미한다. 특정 순간에 DPB 내에서 "unused for reference"로 표시된 픽쳐는 이후의 디코딩 과정에서 다시 "used for reference"로 표시될 수 없다.

picture (픽쳐)

일련의 Y 성분 혹은 Y, Cb, Cr 성분 전체를 일컫는 용어로, 한 picture의 범위는 경우에 따라 한 프레임 혹은 한 필드가 될 수 있다.

picture order count (픽쳐 순서 카운트)

각 픽쳐와 관련된 변수로, CVS (Coded Video Sequence) 내에서 해당 픽쳐를 나타내는 유일한 값이다. 동일한 CVS 내에 존재하는 픽쳐들의 POC를 통하여 각 픽쳐들 간의 상대적인 시간 거리로 표현될 수 있다. 어떤 픽쳐가 DPB에서 출력되는 순간에서 POC는 동일한 CVS 내에서 다른 픽쳐들과 비교하였을 때, 상대적인 출력 순서를 의미한다.

picture parameter set (PPS) (픽쳐 파라미터 셋)

슬라이스 세그먼트 헤더에서 참조되는 파라미터 셋으로 총 64개까지 전송이 가능하다. 개념적으로 슬라이스 보다 상위 레벨에서 데이터를 컨트롤 하는 파라미터들을 포함한다.

prediction block (예측 블록)

PU는 Y PB, Cb PB, Cr PB로 구성된다. 즉, PB는 PU에서 각 컴포넌트 별로 지칭할 때 사용된다.

prediction unit (예측 단위)

PU는 CU로부터 분할되는 단위로 PU 단위에서 서로 다른 예측 블록을 생성할 수 있다. 예를 들어, 한 CU가 화면 간 예측모드로 코딩되었고 두 개의 PU로 분할된 경우 각 PU는 서로 다른 위치에서 움직임 보상될 수 있다. 그러나 한 CU가 두 개의 PU로 분할된다고 할지라도 화면 간 예측과 화면 내 예측이 혼합되어 예측 블록을 생성할 수는 없다.

predictive slice (P-슬라이스)

슬라이스 종류에 따라 슬라이스 내에 존재하는 부호화 블록의 예측 방법이 제한된다. P-슬라이스 내에 존재하는 부호화 블록은 주변 블록과의 유사성을 이용한 화면 내 예측과 시간적인 중복성을 이용한 화면 간 예측의 단방향 예측을 선택적으로 사용할 수 있다.

quantization parameter (양자화 파라미터)

양자화 파라미터는 주파수 계수의 스케일링을 위해 사용되는 변수를 의미한다. 실제로 양자화 및 역양자화에서 사용되는 값은 양자화 단계이며, 양자화 파라미터에 따라 복원 영상의 화질을 선형적으로 변화되도록 각 양자화 파라미터의 값이 양자화 단계에 매핑되어 있다. 양자화 파라미터는 양자화 단계에 매핑되기 때문에 결과적으로는 해당 양자화 파라미터를 통하여 대응되는 양자화 단계 값을 얻을 수 있으며, 양자화 파라미터를 통해 구한 양자화 단계를 사용하여 양자화 및 역 양자화가 수행된다.

random access (임의 접근)

비트스트림 내에서 임의의 위치에서 디코딩을 시작하는 것을 의미한다. 이러한 임의 접근 기능은 비디오 미리보기나 전송시에 필요한 유용한 기능이다.

random access decodable leading (RADL) picture (RADL 픽쳐)

코딩된 픽쳐의 NAL 유닛이 RADL_R 또는 RADL_N의 타입을 가지는 것을 의미한다. 현재 리딩 픽쳐가 디코딩 가능함을 알려주는 용도로 사용된다.

random access skipped leading (RASL) picture (RASL 픽쳐)

코딩된 픽쳐의 NAL 유닛이 RASL 타입을 가지는 것을 의미한다. 현재 리딩 픽쳐가 디코딩 불가능함을 알려주는 용도로 사용된다.

raster scan (래스터 스캔)

영상 한 프레임 전체를 스캔하기 위해 가장 널리 사용되는 방식으로, 0번째 행부터 차례대로 아래로 스캔하는 방식이다. 각각의 행에서는 왼쪽에서 오른쪽으로 scan한다.

raw byte sequence payload (RBSP) (로우 바이트 시퀀스 페이로드)

신택스 구조가 바이트 단위로 정렬되어 있고 NAL 유닛으로 캡슐화되는 것들을 RBSP라고 한다.

RBSP의 대표적 예로는, 시퀀스 파라미터 셋 RBSP, 픽쳐 파라미터 셋 RBSP, 슬라이스 세그먼트 레이어 RBSP 등이 있다.

reference picture (참조 픽쳐)

화면 간 예측에서 사용되는 복원 영상을 "참조 픽쳐"로 정의한다.

reference picture list (참조 픽쳐 리스트)

화면 간 예측에서 사용되는 참조 픽쳐는 인코더 및 디코더의 복잡도를 고려하여 복원 픽쳐의 일부를 사용한다. 하이레벨 신택스에 의해 선택된 복원 픽쳐로 참조 픽쳐 리스트를 구성하고, 하나의 슬라이스는 참조 픽쳐 리스트를 사용하여 화면 간 예측을 수행한다. 부호화 블록의 참조 픽쳐 선택 정보는 참조 픽쳐 리스트로 참조 픽쳐가 추가된 순서를 의미하는 참조 픽쳐 인덱스를 디코더로 전송되기 때문에 인코더와 디코더는 동일한 참조 픽쳐 리스트를 구성해야 한다. 참조 픽쳐 리스트는 슬라이스의 종류에 따라 최대 두개의 리스트가 사용된다.

reference picture set (참조 픽쳐 셋)

화면 간 예측에서 사용되는 참조 픽쳐의 목록을 디코더에 명시적으로 전송하는 기술을 참조 픽쳐 셋이라고 한다. 참조 픽쳐 셋은 디스플레이 시점에 따라 과거 픽쳐와 미래 픽쳐를 구분하고, 픽쳐 종류에 따라 DPB에 보관하는 복원 픽쳐와 참조 픽쳐 리스트의 구성 과정을 결정한다.

residual (잔차 신호)

원본 신호와 예측 신호의 차이

scaling (스케일링)

잔차 신호에 대한 실수 변환 계수의 정수 연산 및 오차를 최소화하기 위해 비트심도를 고려한 스케일 값(scaling factor)을 곱하는 과정을 의미한다.

sequence parameter set (SPS) (시퀀스 파라미터 셋)

PPS에서 참조되는 파라미터 셋으로 프로파일, 레벨, 입력 영상의 너비와 높이, 비트 심도, CTU의 크기등과 같은 데이터를 포함한다.

short-term reference (숏텀 참조 픽쳐)

참조 픽쳐 셋에 의해 "used for short-term reference"로 표기 된 복원 픽쳐를 숏텀 참조 픽쳐로 정의한다.

slice (슬라이스)

같은 access unit안에 존재하는 하나의 독립 슬라이스 세그먼트와 다수의 종속 슬라이스 세그먼트를 말한다. 그림 D-9는 한 픽쳐가 두 개의 슬라이스로 구성됨을 보인다. 첫 번째 슬라이스는 다시 하나의 독립 슬라이스 세그먼트와 두 개의 종속 슬라이스 세그먼트로 구성되어 있다. 픽쳐의 두 번째 슬라이스는 하나의 독립 슬라이스 세그먼트로 구성되어 있다. 슬라이스는 독립과 종속 슬라이스 세그먼트들로 구성되며 그 내부에는 다수의 CTU가 존재한다.

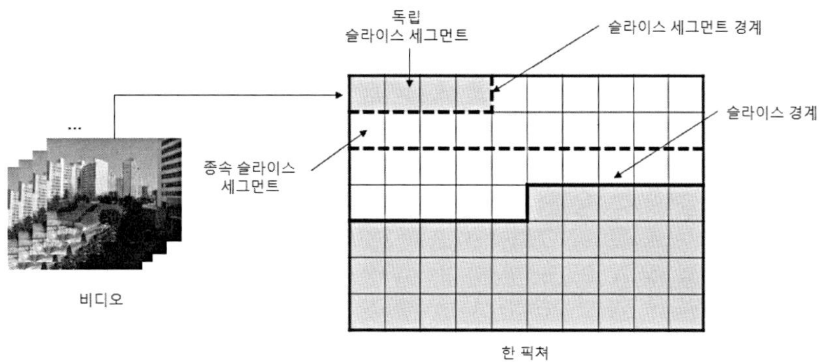

**그림 D-9 슬라이스와 독립 슬라이스 세그먼트

slice segment (슬라이스 세그먼트)

정수개의 CTU를 의미하며 슬라이스 세그먼트 헤더의 포함 여부에 따라 독립 슬라이스 세그먼트와 종속 슬라이스 세그먼트로 구분된다.

slice segment header(슬라이스 세그먼트 헤더)

슬라이스 세그먼트는 슬라이스 세그먼트 헤더와 슬라이스 세그먼트 데이터로 구성된다. Residual과 같은 데이터는 슬라이스 세그먼트 데이터에 위치하며 슬라이스 세그먼트 헤더에는 슬라이스 종류, 슬라이스 단위의 SAO 적용에 관한 플래그, 슬라이스 QP에 관한 신택스 요소 등과 같이 슬라이스 레벨에서 데이터를 컨트롤하는데 사용되는 신택스 요소를 포함한다.

start code prefix (시작 코드 접두어)

여러 NAL 유닛이 연속하여 위치하는 경우 HEVC 디코더는 각 NAL 유닛을 구분할 수 없다. HEVC는 NAL 유닛앞에 '0x000001' 이라는 start code prefix를 붙여서 NAL 유닛을 바이트 스트림 NAL 유닛으로 캡슐화 함으로써 각 NAL 유닛을 구분할 수 있도록 하였다. 바이트 스트림 NAL 유닛의 시퀀스를 바이트 스트림 포맷이라고 부르며, 일반적으로 우리가 비트스트림이라고 부르는 것들은 바이트 스트림 포맷을 의미한다.

step-wise temporal sub-layer access (STSA) picture (STSA 픽쳐)

코딩 된 픽쳐의 NAL 유닛들이 STSA_R 또는 STSA_N 타입을 가지는 것을 의미한다. STSA 픽쳐는 점진적인 시간 상향 스위칭을 위하여 사용되는 픽쳐이다.

sub-bitstream extraction process (서브 비트스트림 추출 프로세스)

시간적 계층성을 지원하기 위해, TemporalId에 따라 비트스트림을 선택적으로 추출하는 프로세스이다. Target TemporalId가 기준이 되며, 이는 추출할 비트스트림의 TemporalId 중 가장 높은 값을 의미한다. 즉, target TemporalId가 2이면, sub-bitstream extraction process에서는 비트스트림 중 TemporalId가 0, 1 또는 2인 NAL 유닛들을 추출하여 복호화기에서 사용할 수 있도록 하며, 3 이상의 TemporalId를 갖는 NAL 유닛들은 버려진다.

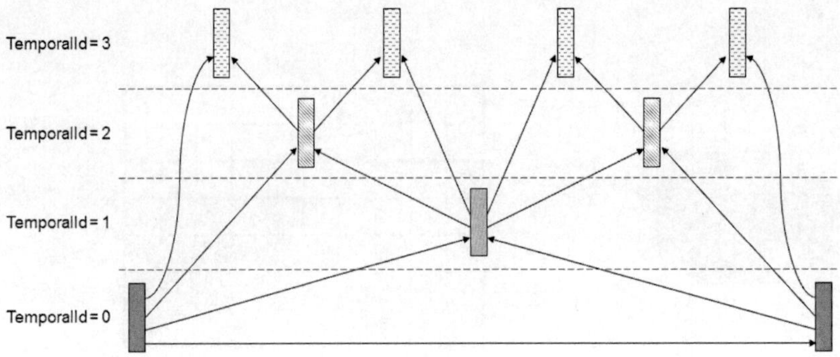

**그림 D-10 시간적 계층 구조를 갖는 계층적 부호화 구조의 예

sub-layer (or temporal sub-layer) (서브 레이어)

시간적(temporal)인 측면의 계층적인 구조를 갖는 비트스트림에서 하나의 시간적 계층을 말한다. 시간적 계층에 따라 하나의 TemporalId를 갖고 있으며, 최하위 계층의 TemporalId는 0이다. TemporalId가 0이 아닌 계층의 경우, 하위 계층을 먼저 복호화 한 후에 현재 계층을 복호화 해야 한다.

syntax element (신택스 요소)

비트스트림 내에서 표현되는 데이터를 의미한다. 예를 들어, SPS를 통해서 기술되는 영상의 높이, 너비 등은 "pic_width_in_luma_samples"와 "pic_height_in_luma_samples" 신택스 요소로 표현된다.

syntax structure (신택스 구조)

비트스트림 내에서 0 또는 그 이상의 신택스 요소들이 정해진 순서에 따라서 표현하는 것을 의미한다.

temporal sub-layer access (TSA) picture (TSA 픽쳐)

코딩 된 픽쳐의 NAL 유닛들이 TSA_R 또는 TSA_N 타입을 가지는 것을 의미한다. TSA 픽쳐는 시간 상향 스위칭을 위해서 사용된다.

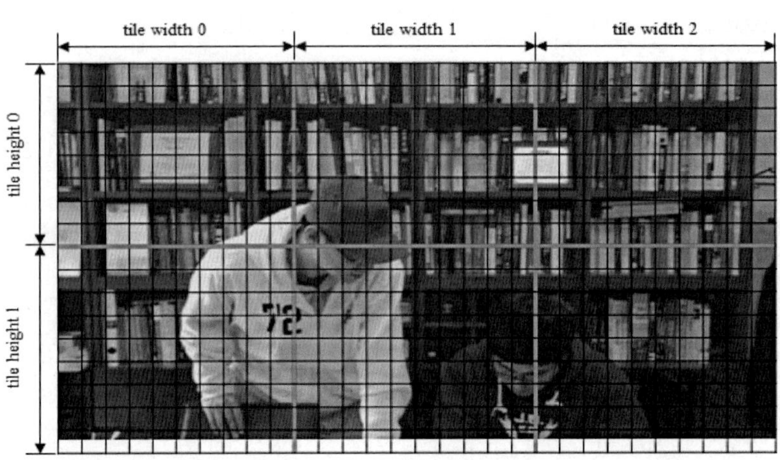

**그림 D-11 HEVC tile 분할의 예

tile (타일)

타일 (Tile)은 코딩 트리 블록 집합으로 하나의 픽쳐를 나눈 사각형 영역을 의미한다. 분할된 각 타일은 인접한 타일과 의존성 없이 병렬적으로 부호화/복호화 될 수 있다. 그림 D-11은 HEVC tile 분할의 예이다. 각각의 타일은 타일에 포함된 CTU 열의 개수 (Tile with)와 행의 개수 (Tile height)를 갖는다.

tile column (타일 열)

하나의 픽쳐에 포함된 타일 열의 개수를 의미하며, 픽쳐 파라미터 셋 내의 신택스에 명시된다.

tile row (타일 행)

하나의 픽쳐에 포함된 타일 행의 개수를 의미하며, 픽쳐 파라미터 셋 내의 신택스에 명시된다.

tile scan (타일 스캔)

하나의 픽쳐 내에서 다중 타일로 분할 된 경우, 타일은 레스터 스캔 순서로 부호화/복호화 된다. 타일 내의 CTU 또한 레스터 스캔 순서로 부호화/복호화 된다.

transform block (변환 블록)

동일한 변환이 수행되는 M×N 크기의 직사각 블록 샘플을 의미한다. 이는 주파수 변환 모듈로 입력되는 샘플 블록으로 휘도 및 색차 성분 각각을 의미한다.

transform coefficient (변환 계수)

디코딩 과정에서 역 양자화의 적용 대상이 되며, 특정 주파수 위치에 따른 1차원 또는 2차원 주파수 영역의 스칼라 값으로, 주파수 변환 계수를 의미한다.

transform coefficient level (변환 계수 레벨)

정수로 표현되는 2차원 주파수 영역 계수를 의미한다. 디코딩 프로세스의 대상이 되는 transform coefficient 값의 스케일링 이전 단계의 값이다.

transform unit (변환 단위)

8×8, 16×16, 32×32 또는 네 개의 4×4 휘도 성분 블록과 해당 휘도 성분에 대응되는 색차 성분의 주파수 변환 블록을 의미한다. Monochrome 영상의 경우에는 8×8, 16×16, 32×32 또는 네 개의 4×4 휘도 성분 블록만을 의미한다.

uni-prediction (단방향 예측)

화면 간 예측에서는 이전 시간에 복원된 영상을 참조하여 하나의 예측 블록을 생성한다. 이러한 예측 블록을 생성함에 있어서, 한 장의 참조 픽쳐에서 한 개의 움직임 벡터를 사용하여 예측 블록을 생성하는 부호화 방법을 단방향 예측이라고 한다.

up-right diagonal scan (위-오른쪽 대각선 스캔)

Residual coding syntax에서 양자화 레벨 및 서브 블록에 대해 정의된 스캔 순서 중 하나. 스캔 순서는

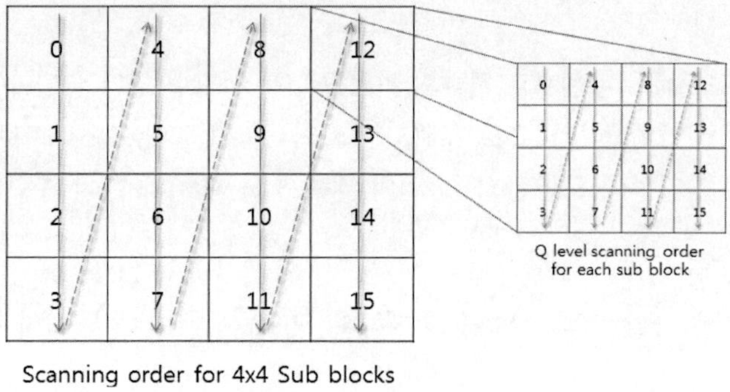

**그림 D-12 서브 블록과 양자화 레벨의 Vertical 스캔 순서의 예

residual coding syntax에서 양자화 레벨을 시그널링 하는 순서를 정하기 위해 필요하다. 두 개의 임의의 양자화 레벨에 대해, 해당 양자화 레벨이 속한 서브 블록의 스캔 순서가 더 나중인 양자화 레벨이 먼저 시그널링 되며, 두 양자화 레벨이 같은 서브 블록에 포함되어 있을 경우 서브 블록 내 양자화 레벨의 스캔 순서가 나중인 양자화 레벨이 먼저 시그널링 된다. Up-right diagonal scan의 i번째 스캔 순서를 (x_i, y_i)라 할 때, (x_0, y_0)는 (0, 0)이며, 나머지 스캔 순서는 다음과 같이 정의할 수 있다.

$$(x_{i+1},\ y_{i+1}) = \begin{matrix} (x_{i+1},\ y_{i-1}) & i > 1 \\ (y_{i+1},\ 0) & otherwise \end{matrix} \tag{D-2}$$

그림 D-12는 16×16 크기의 양자화 레벨 블록을 각각 4×4크기를 가진 16개의 서브 블록으로 나누었을 경우, 서브 블록과 양자화 레벨의 up-right diagonal 스캔 순서의 예를 보여준다. 서브 블록의 스캔은 수식 D-2에 의해 (0, 0)부터 차례대로 이루어지며, 각각의 서브 블록 내에서 양자화 레벨의 스캔 역시 수식 D-2에 의해 차례대로 이루어진다.

vertical scan (수직 스캔)

Residual coding syntax에서 양자화 레벨 및 서브 블록에 대해 정의된 스캔 순서 중 하나. 스캔 순서는 residual coding syntax에서 양자화 레벨을 시그널링 하는 순서를 정하기 위해 필요하다. 두 개의 임의의 양자화 레벨에 대해, 해당 양자화 레벨이 속한 서브 블록의 스캔 순서가 더 나중인 양자화 레벨이 먼저 시그널링 되며, 두 양자화 레벨이 같은 서브 블록에 포함되어 있을 경우 서브 블록 내 양자화 레벨의 스캔 순서가 나중인 양자화 레벨이 먼저 시그널링 된다. Vertical scan의 i번째 스캔 순서를 (x_i, y_i)라 할 때, (x_0, y_0)는 (0, 0)이며, 나머지 스캔 순서는 다음과 같이 정의할 수 있다.

$$(x_{i+1},\ y_{i+1}) = \begin{matrix} (x_{i+1},\ y_{i}) & i < N-1 \\ (0,\ y_{i+1}) & otherwise \end{matrix} \tag{D-3}$$

이 때, N은 서브 블록 또는 양자화 레벨로 이루어진 열의 개수이다. 그림 D-13은 16×16 크기의 양자화 레벨 블록을 각각 4×4크기를 가진 16개의 서브 블록으로 나누었을 경우, 서브 블록과 양자화 레벨의 vertical 스캔 순서의 예를 보여준다. 서브 블록의 스캔은 수식 D-3에 의해 (0, 0)부터 차례대로 이루어지며, 각각의 서브 블록 내에서 양자화 레벨의 스캔 역시 수식 D-3에 의해 차례대로 이루어진다.

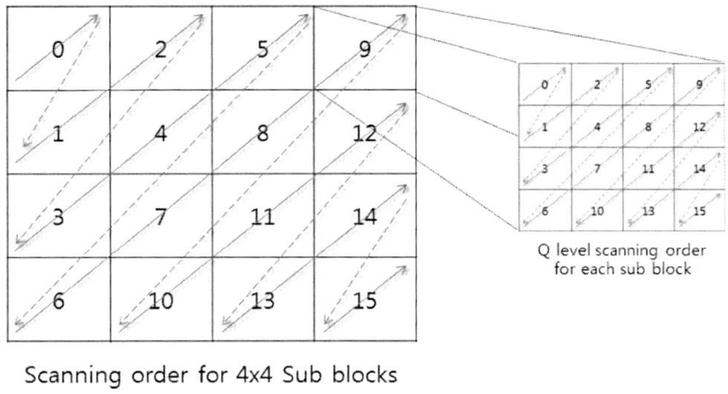

**그림 D-13 서브 블록과 양자화 레벨의 up-right diagonal 스캔 순서의 예

video coding layer (VCL) NAL unit (VCL NAL 유닛)

TRAIL_N부터 RSV_VCL31까지의 NAL 유닛 타입을 의미한다. VCL NAL 유닛은 슬라이스 세그먼트 레이어 RBSP를 포함한다. 즉, 픽처를 압축하여 잔차 신호와 같은 데이터를 포함하고 있는 NAL 유닛을 VCL NAL 유닛이라고 하고 VPS, SPS, PPS와 같은 NAL 유닛을 non-VCL NAL 유닛이라고 한다.

z-scan order (z-스캔 순서)

z-scan order는 쿼드 트리 구조의 코딩 블록으로 파티션 된 코딩 트리 블록의 부/복호화 순서를 정의한다. 코딩 블록이 네 개의 N×N크기의 코딩 블록으로 파티션 되어 있을 경우 코딩 블록의 스캔 순서는 (0, 0)-(1, 0)-(1, 0)-(1, 1)이며, 만약 임의의 코딩 블록이 네 개의 (N/2)×(N/2) 크기의 코딩 블록으로 파티션 되어 있을 경우 (N/2)×(N/2) 크기의 코딩 블록에 대해 먼저 z-scan order의 스캔을 수행한다. 그림 D-14는 여러 코딩 블록으로 파티션된 코딩 트리 블록의 z-scan order의 예를 보여준다.

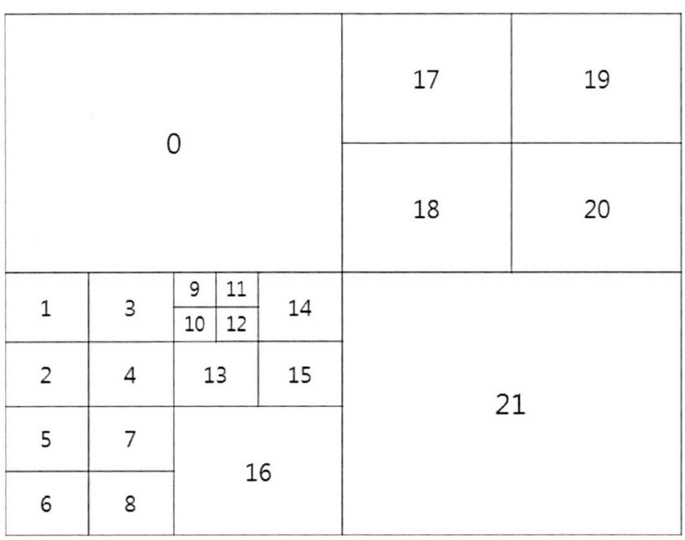

**그림 D-14 코딩 트리 블록의 z-scan order의 예

찾아보기

(S)

(T)

(U)

(V)

(W)

(Y)

(Z)

저자 소개

심 동 규

서강대학교 전자공학과를 졸업하였고, 동 대학원에서 석사학위, 박사학위를 취득하였다.
현대전자에서 선임 연구원 재직 시 MPEG-7 표준화 활동을 하였고, 바로비젼에서는 MPEG-4 비디오 무선 애플리케이션을 개발하였다.
2002년부터 미국 University of Washington에서 Senior research engineer로 3년간 근무하였고, 2005년부터 광운대학교 컴퓨터공학과 교수로 재직 중이다.
2005년 광운대학교 영상처리 시스템 연구실을 개설한 이후, 영상 압축 알고리즘 연구 및 HEVC 코덱 설계를 진행하고 있다.

조 현 호

2008년에 광운대학교 컴퓨터공학과를 졸업하였고, 동 대학원에서 석사학위를 취득하고 박사과정에 재학 중에 있다. 광운대학교 영상처리 시스템 연구실에서 석/박사 과정 동안 비디오 부호화 알고리즘, 부호화기 구조 설계, 비디오 코덱 병렬화 및 최적화에 관한 연구를 수행하고 있다.

정가 39,000원

[개정판]
고효율 영상 부호화 기술 HEVC 표준기술의 이해

2014년 1월 6일 초 판 인쇄
2014년 3월 5일 수정판 발행
2015년 11월 10일 개정판 발행
저 자: 심동규·조현호
발행자: 우명찬·송 준
발행처: 홍릉과학출판사
주 소: 서울시 강북구 인수봉로 50길 10
01093
등 록: 1976년 10월 21일 제5-66호
전 화: (02) 999-2274~5, 903-7037
팩 스: (02) 905-6729
e-mail: hongpub@hongpub.co.kr
http://www.hongpub.co.kr
ISBN: 979-11-5600-404-2

저자와의 협의하에 인지생략